공조냉동기계
기사 실기

예문사

머리말

    기후변화에 대비한 전 세계적 노력에 공조냉동 분야는 건물 및 산업체에서 탄소 저감을 위해 최선의 힘을 보태고 있습니다. 그리고 정보통신시대에서 Smart Grid 설계, Smart City 건립 등 정보통신과 건축물 및 각종 산업을 연결해 주는 핵심적 부분을 담당하고 있습니다. 또한 기계설비법의 제정에 따라 위상이 높아지고 있는 설비분야에서 공조냉동기계기사는 자신의 가치를 인정받을 수 있어 최고의 자격증이라고 생각합니다.

    공조냉동기계기사 실기 시험은 문제의 조건을 면밀히 파악하고, 해당 조건에 부합하는 관련 공식과 이론을 접목하여 계산 및 약술하는 능력을 기르는 것이 중요합니다. 이 책에서는 효과적인 학습 효과를 거두기 위해 각 부분별 이론의 정리와 그에 따른 문제를 우선 배치하여, 각 이론 파트에서의 조건을 파악하고 부합하는 능력을 극대화 하도록 하였습니다. 또한 기출문제를 통해 출제경향을 수월히 파악하여 시험에 합격할 수 있도록 구성하였습니다.

    이 책은 다음과 같이 구성하였습니다.

> 1. 최근 출제경향을 면밀히 분석하여 각 파트별 이론을 구성하였습니다.
> 2. 이론 내용을 문제에 바로 접목시킬 수 있도록 이론 중간에 핵심문제를 삽입하였습니다.
> 3. 각 Chapter 별로 실전문제를 수록하여 이론과 문제의 접목, 실제 출제 유형을 파악할 수 있도록 하였습니다.
> 4. 과년도 기출문제를 수록하여, 수험생들의 실전력 향상을 도모하고자 하였습니다.

    공조냉동기계기사 실기 시험은 문제 조건의 파악과 접목시켜야 하는 공식 및 이론을 적용하는 것이 중요한 시험입니다. 어떻게 접목해야 하는지에 대한 방법론을 반영하여 구성하였으므로 최대한 활용한다면 좋은 결과가 있을 것입니다. 끝으로 이 책을 출간하는 데 애써 주신 예문사 임직원 여러분, 책의 출간을 독려해 주신 주경야독 관계자, 그리고 늘 힘이 되어주는 가족에게 깊은 감사의 말씀을 전합니다. 이 책으로 공부하는 모든 분에게 합격의 영광이 있기를 바랍니다.

저 자
이 석 훈

》 이 책의 특징

핵심이론

어렵고 복잡한 이론을 한눈에 이해할 수 있도록 핵심 내용을 간추려 구성하였습니다.

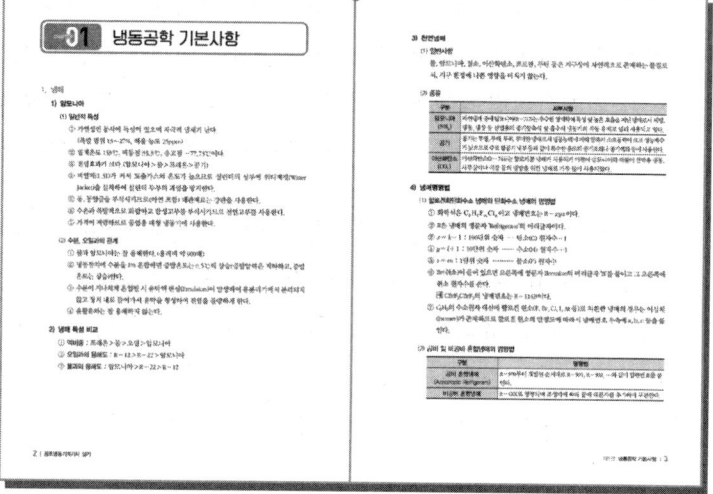

핵심문제 및 실전문제

- 이론 중간에 핵심문제를 삽입하여 문제와 이론을 바로 접목시킬 수 있습니다.
- 각 장이 끝날 때마다 실전문제를 풀어봄으로써 내용의 이해도를 높일 수 있습니다.

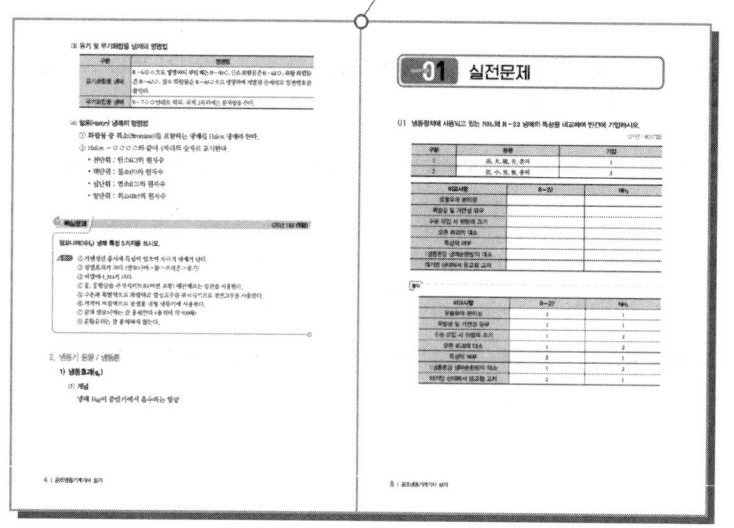

과년도 기출문제

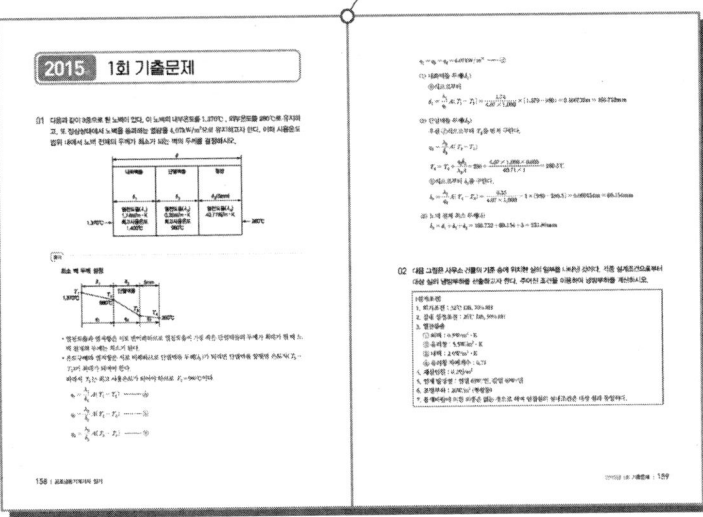

2015~2024년 기출문제를 회차별로 수록하여, 실제 시험과 동일한 조건에서 연습할 수 있도록 하였습니다.

부록

학습에 도움이 될 수 있는 각종 선도 및 환산표를 참고할 수 있습니다.

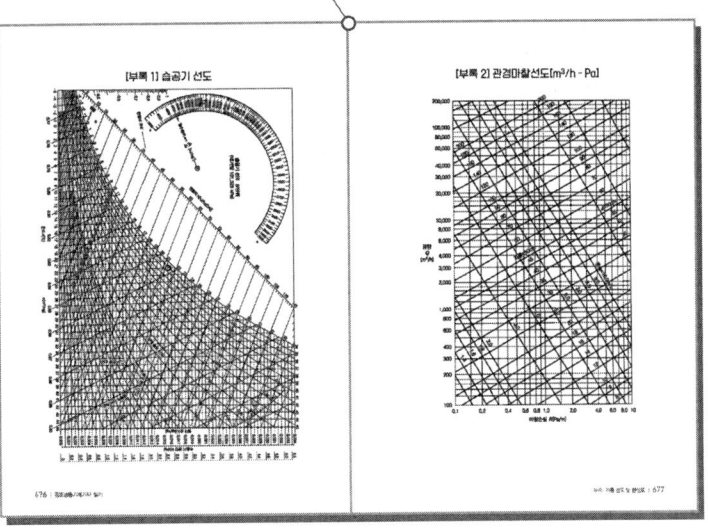

출제기준

공조냉동기계기사 실기

직무 분야	기계	중직무 분야	기계장비 설비·설치	자격 종목	공조냉동기계 기사	적용 기간	2025.1.1.~2029.12.31.

○ 직무내용 : 산업현장, 건축물의 실내 환경을 최적으로 조성하고, 냉동냉장설비 및 기타공작물을 주어진 조건으로 유지하기 위해 공학적 이론을 바탕으로 공조냉동, 유틸리티 등 필요한 설비를 계획, 설계, 시공관리 하는 직무이다.

○ 수행준거
1. 공학적 계산식을 활용하여 열원장비, 공조장비, 반송기기 등에 대한 용량을 산정하고 요구사양에 적합한 장비 및 부품을 선정하는 능력이다.
2. 공학적 계산식을 활용하여 반송기기 등에 대한 용량을 산정하고 요구사양에 적합한 반송기기와 부속기기를 선정하는 능력이다.
3. 설계도서에 따라 설치가 완료된 냉동공조설비의 성능을 인계자와 인수자가 설치상태 및 기능과 성능을 점검하고, 정상적으로 운용할 수 있도록 설비를 인계인수하는 능력이다.
4. 공사계약에 따른 공사기간 내에 설계도서 및 관계규정에 따라 적합하게 공사가 수행되는지 파악하여 계약기간 내에 준공되도록 공정 및 공사를 관리하는 능력이다.
5. 냉동공조설비의 내구수명유지 및 성능저하방지를 위한 연간계획, 중장기계획을 수립하고 각 대상설비 정기적인 검사를 위한 사전준비를 수행하는 능력이다.
6. 보일러설비 등 내구수명유지 및 성능저하 방지를 위해 보수하고 안전성을 확보하기 위해 점검 및 시운전을 수행하는 능력이다.
7. 냉동설비 등 내구수명유지 및 성능저하 방지를 위해 보수하고 안전성을 확보하기 위해 점검 및 시운전을 수행하는 능력이다.
8. 공조설비 등 내구수명유지 및 성능저하 방지를 위해 보수하고 안전성을 확보하기 위해 점검 및 시운전을 수행하는 능력이다.
9. 배관의 노후상태를 확인하고 유체 흐름의 적정성과 내구성을 유지하기 위해 보수공사 또는 교체공사를 수행하는 능력이다.
10. 덕트의 노후상태를 확인하고 유체 흐름의 적정성과 내구성을 유지하기 위해 보수공사 또는 교체공사를 수행하는 능력이다.
11. 냉동공조설비의 유지관리운영에 대한 안전관리를 수행하는 능력이다.
12. 산출된 재료비, 노무비 등을 기초로 관련 기준에 따라 원가계산서를 작성하고 에스컬레이션 등 원가를 관리할 수 있으며 가치공학에 준하여 경제적이고 효율적으로 공사비를 관리하는 능력이다.
13. 냉동공조설비의 에너지절약 및 열효율을 극대화하기 위하여 가스, 유류, 전기 등의 에너지사용량을 측정, 분석 하고 시행하는 능력이다.

실기검정방법	필답형	시험시간	3시간

실기과목명	주요항목	세부항목	세세항목
공조냉동 설계 실무	1. 장비용량계산	1. 열원장비 계산하기	1. 냉난방부하의 특성을 분석하여 열원장비의 특성과 용량을 결정할 수 있다. 2. 경제적 시설투자와 운전을 위하여 열원장비의 수량과 형식을 선정할 수 있다. 3. 열원장비의 유지관리 편의성을 고려하여 효과적으로 배치할 수 있다.

실기과목명	주요항목	세부항목	세세항목
		2. 공조장비 계산하기	1. 실별 온습도조건과 방위별 특성을 고려하여 조닝(구역)별 공조방식을 결정할 수 있다. 2. 경제적 시설투자와 운전을 위하여 공조장비의 수량과 형식을 선정할 수 있다. 3. 공조장비의 유지관리 편의성을 고려하여 효과적으로 배치할 수 있다.
	2. 부속기기 선정	1. 반송기기 용량 계산하기	1. 열원기기와 공조기기의 열매체를 전달하기 위한 펌프, 송풍기의 용량을 계산할 수 있다. 2. 시스템의 안정성과 경제적인 운전을 위하여 동력기기의 형식, 수량, 효율, 운전방식을 적용할 수 있다. 3. 반송기기의 카탈로그 및 성적서를 검토하여 장비의 적합여부를 판단할 수 있다.
		2. 부속기기 선정하기	1. 냉동공조 시스템을 구성하는 열원장비, 공조장비, 반송기기의 안전장치, 부속장치 등을 선정할 수 있다. 2. 부속기기의 카탈로그 및 성적서를 검토하여 장비의 적합여부를 판단할 수 있다.
	3. 설비인계인수	1. 준공도서 작성하기	1. 한글, 엑셀, CAD프로그램 등을 사용하여 준공도서를 작성할 수 있다. 2. 현장에서 설계 변경된 내용을 파악하고 관련 서류를 검토할 수 있다. 3. 설계 변경된 내용을 설계도면에 수정할 수 있다. 4. 준공 내역서를 작성할 수 있다. 5. 준공도서 중 인계문서 및 목록 등을 인수자와 협의할 수 있다.
		2. 준공 검사하기	1. 설계도서대로 적합하게 설치되었는지 판단할 수 있다. 2. 현장여건에 알맞게 설계가 변경되어 설치되었는지 판단할 수 있다. 3. 각종 설비의 작동성능이 적절한지 확인하고 체크리스트를 작성하고 체크할 수 있다. 4. 펀치리스트에 확인하고 처리방법을 검토할 수 있다. 5. 시운전결과보고서를 검토하여 설비의 성능을 파악할 수 있다. 6. 시설물에 관련된 서류를 인계인수할 수 있다.
		3. 운전 교육하기	1. 장비 및 주요 설비 등이 준공과 동시에 유지관리 업무가 수행될 수 있도록 운전매뉴얼을 작성할 수 있다.

출제기준

실기과목명	주요항목	세부항목	세세항목
			2. 설비의 운전자에 대한 운전교육계획서를 작성하고 계획에 따라 운전교육을 실시할 수 있다. 3. 각 시스템의 운영체계 및 장비의 특성을 파악하여 시스템 운용에 필요한 중요사항 및 안전사항을 확인시킬 수 있다. 4. 설비에 대하여 운전자가 매뉴얼에 따라 운영하고 소모품 교체시기 등을 파악하여 설비의 성능에 지장이 없도록 교육을 실시할 수 있다.
	4. 공사관리	1. 관련법규 파악하기	1. 냉동공조설비와 관련된 관계법규(산업안전보건 등)를 파악하고 검토할 수 있다. 2. 공구 및 기계장비의 위험요인을 파악하고 사고를 예방할 수 있다. 3. 산업안전보건기준에 따라 작업에 필요한 안전보호구를 선정하고 지급 및 관리할 수 있다. 4. 작업근로자의 안전한 작업을 위해 안전보호구의 착용여부를 감시할 수 있다. 5. 고압가스사용에 따른 가스 안전사고를 예방할 수 있다. 6. 용접 및 절단에 따른 화재 안전사고를 예방할 수 있다. 7. 안전관리비의 사용기준을 파악하고 적법하게 집행할 수 있다. 8. 관계법규에 따라 공사착공 및 준공검사를 받을 수 있다.
		2. 시공 관리하기	1. 전체공정표와 공종별 시공계획의 수립이 적합한지 검토하여 판단할 수 있다. 2. 공사 중 설치하는 과정을 감독하고 확인하여 시공상태가 설계도서와 일치하는지 판단하고 수정하도록 지시할 수 있다. 3. 검측 및 체크리스트를 작성하여 각 항목별 시공상태를 확인할 수 있다. 4. 하도급 기준의 적합성 및 적정업체의 선정 여부를 검토하여 판단할 수 있다. 5. 시공상세도 작성에 따른 현장과의 일치여부를 검토하고 판단할 수 있다. 6. 준공도면이 실제 시공된 대로 작성되었는지 확인하고 검토할 수 있다.
		3. 기자재 관리하기	1. 공정표에 따라 기자재수급계획이 적합한지 판단하고 검토할 수 있다.

실기과목명	주요항목	세부항목	세세항목
			2. 기자재수급 지연에 따른 공정지연이 발생하지 않도록 관리할 수 있다. 3. 발주 및 제작기간, 반입일정, 반입경로 등을 수립하고 적합한지 검토할 수 있다. 4. 기자재 반입에 따른 검수요청서를 작성하고 검수할 수 있다. 5. 기자재 수불부를 작성하여 자재투입현황을 파악하고 관리할 수 있다. 6. 공사현황을 파악하여 기자재의 청구서를 작성하고 관리할 수 있다. 7. 기자재수급계획서에 따라 기자재의 보관장소를 확보하고 품질을 유지하며 도난을 방지할 수 있다.
		4. 공정 관리하기	1. 총괄공정표 및 공종별 세부 공정표를 작성하고 검토할 수 있다. 2. 주기적으로 공사의 공정률을 확인하고 예정공정과 실시공정을 체크하여 관리할 수 있다. 3. 공정이 지연될 경우 원인을 파악하고 대책을 수립할 수 있다. 4. 공정률을 파악하여 공정률에 따른 기성지급 및 기성청구를 할 수 있다. 5. 공사에 관련된 협력업체를 선정하고 관리할 수 있다.
	5. 유지보수공사 및 검사 계획수립	1. 유지보수공사 관리하기	1. 계약, 공사관리, 공사업체관리, 보수공사의 체계를 수립할 수 있다. 2. 보수공사가 발생하면 현장과 요구사항을 체크하고 공사내용 도면, 시방서작성 등 내부검토를 할 수 있다. 3. 공사 예정가격을 품셈, 내부기준에 의거하여 공사 원가서를 작성하고 품의 및 계약할 수 있다. 4. 품질, 공정, 안전관리를 기본으로 착수(공사안전허가서, 계약이행보증증권, 산재보험), 시공(공정별 검사, 공사일지 작성, 주요부 사진촬영, 일일안전 점검), 완료(하자이행증권) 순으로 공사순서를 관리할 수 있다. 5. 공정관리계획을 수립하고 분야별 공정조정, 자재 및 장비 투입 적정성, 공종 간 선행, 동시, 연관공정 착수시점 등을 관리할 수 있다. 6. 유지보수공사의 자재확보, 공급시기 등 준비상태를 기록 및 관리할 수 있다.

출제기준

실기과목명	주요항목	세부항목	세세항목
			7. 시공계획서, 주간공정표, 진행실적 등 보수공사 공정관리를 할 수 있다. 8. 공사완료 보고서를 작성하고 시공업체를 평가할 수 있다. 9. 사후관리 시 하자확인, 하자보수요청, 설계도서, 시공도면, 각종 시험검사기록서 등 보수이력관리를 할 수 있다.
		2. 냉동기 정비·세관 작업 관리하기	1. 압축식 냉동기의 가동시간, 부품의 소손 및 마모정도에 따라 오버홀 정비 공사를 할 수 있다. 2. 냉동기 기종에 따라 오버홀 정비, 세관공사, 일반정비로 구분하여 정기적인 정비 계획을 수립할 수 있다. 3. 흡수식 냉동기는 직접가열식인 경우 가동시간, 버너 성능측정에 따라 오버홀 정비 공사를 할 수 있다. 4. 응축기 코일 및 냉각수 계통에 대하여 스케일 생성여부에 따라 기계식 세관, 화학 세관을 정기적으로 수행할 수 있다. 5. 압축식 냉동기일 경우 냉매필터, 오일필터, 냉동유를 주기적으로 교체할 수 있다. 6. 냉동기 가동시간, 제품설명서에 의해 냉매를 주기적으로 충전할 수 있다. 7. 흡수식 냉동기인 경우 냉매, 흡수제 등을 가동시간, 제품설명서에 따라 주기적으로 교체할 수 있다. 8. 흡수식 냉동기인 경우 냉매순환펌프 등의 가동상태를 점검하여 성능저하 시 부품 등의 교체 및 보수를 할 수 있다. 9. 압축식 고압 냉동기 중 기준용량을 초과할 경우 고압가스법에 의거 해당관청에 설치신고를 하고 완성검사에 합격 후 자율 및 정기검사를 수행할 수 있다.
		3. 보일러 정비·세관 작업 관리하기	1. 증기보일러의 경우, 에너지합리화법에 의거 최초설치검사 후 정기적으로 계속사용 안전검사를 준비 및 수검할 수 있다. 2. 보일러 개방검사 시 주요기기 등을 분해하여 보일러 내부 튜브 상태 등 스케일 및 부속장치 이상 유무를 확인할 수 있다. 3. 보일러 성능검사 시 운전검사를 통하여 효율을 측정한 후 기준보다 효율이 저하되면 노후 대체할 수 있다.

실기과목명	주요항목	세부항목	세세항목
			4. 압력용기인 냉·온수 배관의 밀폐형 팽창탱크 설치 시 산업안전공단에서 시행하는 완성검사 및 정기검사에 대비할 수 있다.
		4. 검사 관리하기	1. 냉동기 및 보일러 물탱크에 대하여 청소 및 위생검사를 정기적으로 수행할 수 있다. 2. 보일러 및 냉온수기에 공급되는 도시가스설비 설치 시 공급자 자체검사 및 가스안전공사 완성검사에 합격하고 매년 정기검사를 수행할 수 있다. 3. CO_2 측정 및 실내 공기질 측정, 소방검사, 경유연료 사용 시 위험물 관리법 검사 등을 수행할 수 있다. 4. 검사, 성능 측정 시 법적 기준 유지를 위해 보수정비 공사를 할 수 있다. 5. 폐수/폐기물 발생 시 대장에 기록하고 허가업체에 위탁처리할 수 있다. 6. 각종 검사 후 교부받은 합격, 검사필증을 문서관리 규정에 의거하여 관리할 수 있다.
		5. 시운전하기	1. 각 장치별 및 부속설비에 대해 시운전 기준 및 지침서를 작성하고 시운전을 할 수 있다. 2. 최초 설계도서 및 제작성능 시험성적서를 참고하여 항목별 측정범위와 기준치에 의거하여 측정값을 기록할 수 있다. 3. 위험설비를 시운전할 경우 시운전자는 사고예방을 위하여 안전장구를 착용한 후 시운전을 할 수 있다. 4. 가동설비를 시운전할 경우 안전을 고려하여 담당자 등 시운전 관계자 외 출입을 제한할 수 있다. 5. 각 장치별 시운전 전·중·후 점검항목을 작성하고 활용할 수 있다. 6. 각 장치별 시운전 후 각종 장비류를 원상태로 정리 정돈할 수 있다. 7. 장비의 교체, 보수공사가 끝난 후, 성능 평가를 위하여 평가표를 작성할 수 있다.
	6. 보일러설비 유지보수공사	1. 보일러설비 유지보수공사 검토하기	1. 법정 제조사 내구연한을 조사하고, 보수공사 기준, 공사 매뉴얼, 절차서 등을 파악할 수 있다. 2. 보일러 및 부속설비는 사용연수, 가동시간을 기록하고, 각 장치별 성능저하, 마모, 기능불량 발생 시 보수공사를 검토한 후 추진할 수 있다.

» 출제기준

실기과목명	주요항목	세부항목	세세항목
			3. 보일러 본체 및 부속설비의 법정 제조사 내구연한을 참고하여 기한도래, 성능저하 시 교체할 수 있다. 4. 난방부하, 급탕부하, 배관부하, 예열부하를 고려하여 보일러 정격출력의 용량선정을 할 수 있다. 5. 사용처별 열부하를 계산하여 작성하고, 각 기기별 용량선정과 관경을 결정할 수 있다. 6. 보수공사 대상 장치, 기기류의 기능과 역할을 이해하고 사양을 결정할 수 있다. 7. 열사용설비의 전체계통을 파악하고, 단위별 시공 상세 도면을 작성할 수 있다. 8. 각 공사 단위별 품셈에 의한 물량산출 및 단가조사를 통해 공사원가를 산출할 수 있다.
		2. 보일러설비 유지보수 공사 관리하기	1. 열설비의 각 단위별 시방서 및 공사 절차서를 작성할 수 있다. 2. 공사도면, 시방서, 공사범위 등 과업내용에 대하여 현장설명을 할 수 있다. 3. 공사방법과 공사일정을 수립하고, 작업 시 주의사항에 대해 설명할 수 있다. 4. 공정표에 의해 공사관리 감독을 수행하고, 안전관리 계획에 의한 위험요소를 발견하여 제거할 수 있다. 5. 열설비 유지보수공사 후 성능을 검수할 수 있다. 6. 공사 준공 후 하자관리를 할 수 있다.
	7. 냉동설비 유지보수공사	1. 냉동설비 유지보수 공사 검토하기	1. 법정, 제조사 내구연한을 조사하고, 보수공사 기준, 공사 매뉴얼, 절차서 등을 파악할 수 있다. 2. 냉동기 및 부속설비는 사용연수, 가동시간을 기록하고, 각 장치별 성능저하, 마모, 기능불량 발생 시 보수공사를 검토한 후 추진할 수 있다. 3. 냉동기 본체 및 부속설비의 법정, 제조사 내구연한을 참고하여 기한도래, 성능저하 시 교체할 수 있다. 4. 실내부하, 외기부하, 기타부하를 고려하여 냉동기 정격출력의 용량선정을 할 수 있다. 5. 사용처별 열부하를 계산하여 작성하고, 각 기기별 용량선정과 관경을 결정할 수 있다. 6. 보수공사 대상 장치, 기기류의 기능과 역할을 이해하고 사양을 결정할 수 있다.

실기과목명	주요항목	세부항목	세세항목
		2. 냉동설비 유지보수공사 관리하기	1. 냉동설비의 각 단위별 시방서 및 공사 절차서를 작성할 수 있다. 2. 공사도면, 시방서, 공사범위 등 과업내용에 대하여 현장설명을 할 수 있다. 3. 공사방법과 공사일정을 수립하고, 작업 시 주의사항에 대해 설명할 수 있다. 4. 냉동설비 유지보수공사 관리감독을 수행할 수 있다. 5. 냉동설비 유지보수공사 공정관리를 수행할 수 있다. 6. 냉동설비 유지보수공사 위험요소 제거 및 안전관리를 수행할 수 있다. 7. 냉동설비 유지보수공사 후 성능확인 및 시운전을 할 수 있다. 8. 냉동설비의 전체계통을 파악하고, 단위별 시공 상세 도면을 작성할 수 있다. 9. 각 공사 단위별 품셈에 의한 물량산출 및 단가조사를 통해 공사원가를 산출할 수 있다. 10. 공사준공 후 하자관리를 할 수 있다.
	8. 공조설비 유지보수공사	1. 공조설비 유지보수공사 검토하기	1. 법정, 제조사 내구연한을 조사하고, 보수공사 기준, 공사 매뉴얼, 절차서 등을 파악할 수 있다. 2. 공조기 및 부속설비는 사용연수, 가동시간을 기록하고, 각 장치별 성능저하, 마모, 기능불량 발생 시 보수공사를 검토한 후 추진할 수 있다. 3 공조기 본체 및 부속설비의 법정, 제조사 내구연한을 참고하여 기한도래, 성능저하 시 교체할 수 있다. 4. 실내부하, 외기부하를 고려하여 공조기 정격출력의 용량선정을 할 수 있다. 5. 사용처별 부하계산서를 작성하고, 공조방식과 기기별 용량선정 및 관경을 결정할 수 있다. 6. 보수공사 대상 장치, 기기류의 기능과 역할을 이해하고 사양을 결정할 수 있다. 7. 공조기의 전체계통을 파악하고, 단위별 시공 상세 도면을 작성할 수 있다. 8. 각 공사 단위별 품셈에 의한 물량산출 및 단가조사를 통해 공사원가를 산출할 수 있다.
		2. 공조설비 유지보수공사 관리하기	1. 공조 부속설비의 각 단위별 시방서 및 공사 절차서를 작성할 수 있다.

출제기준

실기과목명	주요항목	세부항목	세세항목
			2. 공사도면, 시방서, 공사범위 등 과업내용에 대하여 현장설명을 할 수 있다. 3. 공사방법과 공사일정을 수립하고, 작업 시 주의사항에 대해 설명할 수 있다. 4. 공조기 단위별 교체, 보수 공사 항목을 분류하여 공사할 수 있다. 5. 공정표에 의해 공사관리 감독을 수행하고, 안전관리 계획에 의한 위험요소를 발견하여 제거할 수 있다. 6. 공사완료 후 준공관련서류를 통하여 하자관리를 할 수 있다.
	9. 배관설비 유지보수공사	1. 배관설비 유지보수공사 검토하기	1. 내구연한을 조사하고, 보수공사 기준, 공사 매뉴얼, 절차서 등을 파악할 수 있다. 2. 배관공사는 내구연한을 파악하고 재질과 관에 흐르는 유체의 성질에 따라 교체 및 보수공사를 결정할 수 있다. 3. 사용설비 부하용량에 맞는 배관의 관경을 결정할 수 있다. 4. 배관도면 해독 및 배관적산 방법, 공사비구성 등을 파악할 수 있다. 5. 배관재질, 구경, 사용압력, 사용온도, 용도에 따라 배관의 접합방법을 결정할 수 있다.
		2. 배관설비 유지보수공사 관리하기	1. 각 공사의 단위별 품셈에 의한 물량산출 및 단가조사를 통해 공사원가를 산출할 수 있다. 2. 배관설비 전체계통 파악하여 시방서 및 절차서, 시공 상세 도면을 작성할 수 있다. 3. 공사도면, 시방서, 공사범위 등 과업내용을 현장 설명할 수 있다. 4. 공사계획을 수립하고, 공정별 고려사항을 확인할 수 있다. 5. 배관계통에 설치하는 각종 기기류의 기능과 역할 및 사양을 파악하고, 설치방법과 주의사항을 고려하여 유지보수공사를 수행할 수 있다. 6. 공정표에 의해 공사 감독을 수행하고, 안전관리 계획에 의한 위험요소를 발굴 및 제거할 수 있다. 7. 공사완료 후 준공관련서류를 통하여 하자관리를 할 수 있다.
	10. 덕트설비 유지보수공사	1. 덕트설비 유지보수공사 검토하기	1. 내구연한을 조사하고, 보수공사 기준, 공사 매뉴얼, 절차서 등을 파악할 수 있다.

실기과목명	주요항목	세부항목	세세항목
			2. 내구연한을 파악하고 덕트의 재질과 두께에 따라 교체 및 보수공사를 결정할 수 있다. 3. 풍량과 마찰손실에 따른 덕트관경 및 장방형 덕트의 상당직경을 결정할 수 있다. 4. 도면해독 및 덕트전산 방법, 공사비구성 등을 파악하고 활용할 수 있다. 5. 덕트계통에 설치하는 가공 기기류의 기능과 역할을 파악하고 사양을 결정할 수 있다.
		2. 덕트설비 유지보수 공사 관리하기	1. 덕트계통에 설치하는 각종 기기류의 설치방법 및 주의사항 등을 고려하여 유지보수공사를 수행할 수 있다. 2. 덕트이음 시 모서리 세로음, 피츠버그록, 플랜지 이음과 형상보강 등을 사용할 수 있다. 3. 덕트의 형태를 변형하는 경우에는 적정 각도를 파악하고 적정치 이상일 경우 가이드베인을 설치할 수 있다. 4. 각 공사 단위별 품셈에 의한 물량산출 및 단가조사 통해 공사원가를 산출할 수 있다. 5. 덕트설비 전체계통 파악하고 시방서 및 절차서, 시공 상세 도면을 작성할 수 있다. 6. 공사도면, 시방서, 공사범위 등 과업내용을 현장에 설명할 수 있다. 7. 공사계획을 수립하고, 덕트설치 고려사항에 대하여 파악할 수 있다. 8. 공정표에 의해 공사 감독을 수행하고, 안전관리 계획에 의한 위험요소를 발굴 제거할 수 있다. 9. 공사완료 후 준공서류 등 하자관리를 할 수 있다.
	11. 운영안전관리	1. 안전보건관리하기	1. 산업안전보건법 기준에 따라 작업장 내의 안전관리 기준을 설정하고 위험요인을 파악하여 조치할 수 있다. 2. 산업안전보건 기준에 따라 안전작업 기준을 정기, 수시로 확인, 보완할 수 있다. 3. 산업안전보건 기준에 따라 작업 전, 중, 후 점검을 수행할 수 있다. 4. 산업안전보건 기준에 따라 안전보호구를 선정할 수 있다.
		2. 분야별안전관리하기	1. 보일러 및 흡수식냉동기의 경우 도시가스법 안전관리규정에 의해 관리할 수 있다. 2. 도시가스 안전관리는 가스사용시설 및 기술기준에 의거하여 자율 점검표 등을 통해 누출여부를 점검 및 관리할 수 있다.

» 출제기준

실기과목명	주요항목	세부항목	세세항목
			3. 고압압축식 냉동기의 경우 고압가스 안전관리계획서에 의거하여 관리할 수 있다. 4. 고압 냉동기의 경우 안전기기류 정상 작동 여부를 확인하고 점검표에 의해 적부를 판단하여 부적합사항에 대해 조치할 수 있다. 5. 보일러, 온풍기 열원으로 사용되는 경유, 석유 연료의 저장량이 지정수량 이상일 때는 해당소방서에 위험물 취급허가를 받아 안전관리할 수 있다. 6. 화재안전기준에 따라 인화점, 착화점 등 특성에 맞는 소화설비를 설치하고 예방, 진압, 대피, 인명구조 등 교육 및 소화활동을 할 수 있다. 7. 고압 냉동기의 경우 고전압, 전기안전에 특히 주의하고, 각 배선의 피복상태를 점검하고 누전상태를 점검 및 관리할 수 있다.
	12. 원가관리	1. 원가관리하기	1. 관련 기준에 다른 원가계산서를 작성할 수 있다. 2. 설계변경, 에스컬레이션 등의 원가를 관리할 수 있다.
		2. 설계 VE 검토하기	1. 설계 도서를 바탕으로 개선된 시스템 방안을 제시할 수 있다. 2. 산출된 공사비를 바탕으로 원가절감 방안을 제안할 수 있다. 3. 신기술 사례를 분석하여 성능개선 방안을 제시할 수 있다.
	13. 에너지관리	1. 단열성능관리하기	1. 무기질 보온재, 유기질 보온재의 특징을 확인하고 고온유체, 저온유체 열이동과 보온, 보냉, 방로 시공 등을 분류할 수 있다. 2. 단열재 용도별, 재료별 성능(KS)을 파악하여 확인하고, 유체 특성에 맞게 재료를 구분할 수 있다. 3. 단열재 종류별 취급, 보관할 수 있다. 4. 단열재 철거, 폐기 시 종류별로 폐기물을 분류하고 처리 절차를 수행할 수 있다.
		2. 에너지사용량 분석하기	1. 계측기 보전사항을 파악하고, 정기 및 일상 검사를 통하여 에너지사용량을 확인할 수 있다. 2. 시간대별, 일일, 월별, 계절별, 연간, 연도별로 에너지 사용량을 검침하여 집계 분석할 수 있다.

실기과목명	주요항목	세부항목	세세항목
		3. 냉각수, 냉수, 증기 사용량 분석하기	3. 유사 건물과 유사 장비별로 비교 검증하여 에너지별 단위를 통합 TOE로 환산 분석할 수 있다. 4. 에너지 다소비 사업장일 경우 주기적으로 전문기관에 에너지 진단을 의뢰할 수 있다. 1. 냉동 사이클, 냉수, 냉각수 라인 및 전체 배관계통을 파악하고 배관구경을 산출할 수 있다. 2. 냉수 온도의 상승과 하강에 따라 일어나는 냉동부하의 변화를 파악할 수 있다. 3. 증기압력의 상승과 하강에 일어나는 사용처 부하의 변화를 파악할 수 있다. 4. 증기배관라인 응축수가 있는지 확인하고 증기 감압시스템, 증기트랩장치, Air Vent 설치 등을 통하여 문제를 해결할 수 있다. 5. 냉각수, 냉수, 증기량을 측정, 산출하여 유량의 과부족이 확인될 경우 개선방안을 도출할 수 있다. 6. 냉각수, 냉수 펌프의 성능곡선을 파악하여, 펌프 유량, 양정, 동력의 과부족이 확인될 경우 개선방안을 도출할 수 있다.
		4. T.A.B 공사하기	1. 설계도면, 계산서 및 설계 참고자료 등을 활용하여 에너지 원가분석을 할 수 있다. 2. 설치된 공조 및 열원설비 계통을 토대로 T.A.B 보고서 양식에 각 장비의 사양 등을 기록할 수 있다. 3. T.A.B 보고서를 작성하여 시험조정, 평가 작업을 준비할 수 있다. 4. 공조 및 열원설비의 각 계통이 시공도면 및 장비 제작사의 규격에 나타난 사항과 일치하는지 확인할 수 있다. 5. 공조 및 열원설비에 전원이 올바르게 공급되고 전력을 측정할 수 있는지 확인할 수 있다. 6. 공조 및 열원설비의 공급계통, 분배계통을 시험을 통하여 조정하고, 자동제어 계통을 점검할 수 있다. 7. 각종 장비의 입·출구 및 사용처의 온·습도 측정과 소음측정 등을 할 수 있다. 8. 점검된 사항과 조치된 사항을 분석하여 종합보고서를 작성할 수 있다.

차례

제1편 냉동공학

CHAPTER 01 냉동공학 기본사항
01 냉매 ··· 2
02 냉동기 용량/냉동톤 ··· 4
03 성적계수/냉동능력 ··· 6
■ 실전문제 ·· 8

CHAPTER 02 냉동사이클
01 압축식 냉동사이클 일반 ··· 11
02 냉동효과비, 소요동력비 ··· 12
03 냉동능력, 건조도 ··· 13
04 2단 압축 냉동사이클 ··· 15
05 2원 냉동사이클 ··· 21
06 흡수식 냉동기 ··· 23
■ 실전문제 ·· 26

CHAPTER 03 냉동장치
01 계통 및 장치도 작성 ··· 30
02 압축기 ··· 31
03 증발기 ··· 33
04 응축기 : 응축기 전열면적/냉각열량/열통과율/응축온도 ············· 36
05 각종 부속기기 ··· 38
06 주요 용어 ·· 39
■ 실전문제 ·· 44

CHAPTER 04 전열
01 전열 기본사항 ··· 53
■ 실전문제 ·· 59

제2편 공기조화

CHAPTER 01 공기조화 방식 및 공조부하

- 01 공기조화 방식 ·· 64
- 02 습공기 선도 작도 및 계산 ······························ 66
- 03 공조부하 계산 일반 ······································ 72
- 04 부하량 산출 ·· 77
- ■ 실전문제 ·· 84

CHAPTER 02 공기조화장치

- 01 공기조화계통 전반 ······································ 111
- 02 덕트 및 송풍기 ··· 112
- 03 취출구 ·· 118
- 04 환기량 산출 ··· 119
- 05 냉각코일 ··· 120
- ■ 실전문제 ·· 125

CHAPTER 03 열원 및 반송장치

- 01 반송장치 ··· 135
- 02 보일러 ·· 140
- 03 냉각탑 ·· 144
- 04 적산 ··· 147
- ■ 실전문제 ·· 149

차례

제3편 과년도 기출문제

2015년 1회 기출문제	158
2015년 2회 기출문제	168
2015년 3회 기출문제	180
2016년 1회 기출문제	193
2016년 2회 기출문제	207
2016년 3회 기출문제	219
2017년 1회 기출문제	227
2017년 2회 기출문제	239
2017년 3회 기출문제	257
2018년 1회 기출문제	272
2018년 2회 기출문제	290
2018년 3회 기출문제	307
2019년 1회 기출문제	327
2019년 2회 기출문제	346
2019년 3회 기출문제	368
2020년 1회 기출문제	393
2020년 2회 기출문제	410
2020년 3회 기출문제	432
2020년 4회 기출문제	450
2021년 1회 기출문제	464
2021년 2회 기출문제	480
2021년 3회 기출문제	497
2022년 1회 기출문제	515
2022년 2회 기출문제	531
2022년 3회 기출문제	549
2023년 1회 기출문제	566
2023년 2회 기출문제	584
2023년 3회 기출문제	599
2024년 1회 기출문제	619
2024년 2회 기출문제	633
2024년 3회 기출문제	655

부록 | 각종 선도 및 환산표

[부록 1] 습공기 선도 ·· 676
[부록 2] 관경마찰선도[m³/h - Pa] ··························· 677
[부록 3] 배관마찰선도[L/min - kPa] ······················· 678
[부록 4] 관경마찰선도[m³/h - mmAq] ····················· 679
[부록 5] 관경마찰선도[L/min - mmAq] ···················· 680
[부록 6] 장방형 덕트와 원형 덕트 환산표 ················· 681

CHAPTER 01 냉동공학 기본사항

CHAPTER 02 냉동사이클

CHAPTER 03 냉동장치

CHAPTER 04 전열

냉동공학 기본사항

1. 냉매

1) 암모니아

(1) 일반적 특성
① 가연성인 동시에 독성이 있으며 자극적 냄새가 난다.
　　(폭발 범위 13~27%, 허용 농도 25ppm)
② 임계온도 133℃, 비등점 33.3℃, 응고점 -77.73℃이다.
③ 전열효과가 크다.(암모니아>물>프레온>공기)
④ 비열비(1.31)가 커서 토출가스의 온도가 높으므로 실린더의 상부에 워터재킷(Water Jacket)을 설치하여 실린더 두부의 과열을 방지한다.
⑤ 동, 동합금을 부식시키므로(아연 포함) 배관재료는 강관을 사용한다.
⑥ 수은과 폭발적으로 화합하고 합성고무를 부식시키므로 천연고무를 사용한다.
⑦ 가격이 저렴하므로 공업용 대형 냉동기에 사용한다.

(2) 수분, 오일과의 관계
① 물과 암모니아는 잘 용해한다.(용적비 약 900배)
② 냉동장치에 수분을 1% 혼합하면 증발온도는 0.5℃씩 상승(증발압력은 저하하고, 증발온도는 상승)한다.
③ 수분이 지나치게 혼입될 시 유탁액 현상(Emulsion)이 발생하여 유분리기에서 분리되지 않고 장치 내로 들어가서 유막을 형성하여 전열을 불량하게 한다.
④ 윤활유와는 잘 용해하지 않는다.

2) 냉매 특성 비교
① 액비중 : 프레온>물>오일>암모니아
② 오일과의 용해도 : R-12>R-22>암모니아
③ 물과의 용해도 : 암모니아>R-22>R-12

3) 천연냉매

(1) 일반사항

물, 암모니아, 질소, 이산화탄소, 프로판, 부탄 등은 지구상에 자연적으로 존재하는 물질로서, 지구 환경에 나쁜 영향을 미치지 않는다.

(2) 종류

구분	세부사항
암모니아 (NH_3)	자연냉매 중에 암모니아(R-717)는 우수한 열역학적 특성 및 높은 효율을 지닌 냉매로서 제빙, 냉동, 냉장 등 산업용의 증기압축식 및 흡수식 냉동기의 작동 유체로 널리 사용되고 있다.
공기	공기는 투명, 무해, 무취, 무미한 냉매로서 냉동능력에 비해 압축기 소요동력이 크고 성능계수가 낮으므로 주로 항공기 내부 등과 같이 특수한 용도의 공기조화나 공기액화 등에 사용된다.
이산화탄소 (CO_2)	이산화탄소(R-744)는 할로카본 냉매가 사용되기 이전에 암모니아와 더불어 선박용 냉동, 사무실이나 극장 등의 냉방을 위한 냉매로 가장 많이 사용되었다.

4) 냉매명명법

(1) 할로겐화탄화수소 냉매와 탄화수소 냉매의 명명법

① 화학식은 $C_k H_l F_m Cl_n$ 이고 냉매번호는 $R-xyz$ 이다.

② R은 냉매의 영문자 'Refrigerant'의 머리글자이다.

③ $x = k-1$: 100단위 숫자 ··· 탄소(C) 원자수 -1

④ $y = l+1$: 10단위 숫자 ······ 수소(H) 원자수 $+1$

⑤ $z = m$: 1단위 숫자 ·········· 불소(F) 원자수

⑥ Br(취소)이 들어 있으면 오른쪽에 영문자 Bromine의 머리글자 'B'를 붙이고 그 오른쪽에 취소 원자수를 쓴다.

  예 $CBrF_2 CBrF_2$의 냉매번호는 R-114B이다.

⑦ C_2H_6의 수소원자 대신에 할로겐 원소(F, Br, Cl, I, At 등)로 치환한 냉매의 경우는 이성체(Isomer)가 존재하므로 할로겐 원소의 안정도에 따라서 냉매번호 우측에 a, b, c 등을 붙인다.

(2) 공비 및 비공비 혼합냉매의 명명법

구분	명명법
공비 혼합냉매 (Azeotropic Refrigerant)	R-500부터 개발된 순서대로 R-501, R-502, ···와 같이 일련번호를 붙인다.
비공비 혼합냉매	R-4XX로 명명되며 조성비에 따라 끝에 대문자를 추가하여 구분한다.

(3) 유기 및 무기화합물 냉매의 명명법

구분	명명법
유기화합물 냉매	R-600으로 명명하되 부탄계는 R-60○, 산소 화합물은 R-61○, 유황 화합물은 R-62○, 질소 화합물은 R-63○으로 명명하며 개발된 순서대로 일련번호를 붙인다.
무기화합물 냉매	R-700번대로 하되, 뒤의 2자리에는 분자량을 쓴다.

(4) 할론(Halon) 냉매의 명명법

① 화합물 중 취소(Bromine)를 포함하는 냉매를 Halon 냉매라 한다.

② Halon - ○○○○와 같이 4자리의 숫자로 표시한다.
- 천단위 : 탄소(C)의 원자수
- 백단위 : 불소(F)의 원자수
- 십단위 : 염소(Cl)의 원자수
- 일단위 : 취소(Br)의 원자수

핵심문제 (20년 1회) (5점)

암모니아(NH_3) 냉매 특징 5가지를 쓰시오.

풀이
① 가연성인 동시에 독성이 있으며 자극적 냄새가 난다.
② 전열효과가 크다.(암모니아 > 물 > 프레온 > 공기)
③ 비열비(1.31)가 크다.
④ 동, 동합금을 부식시키므로(아연 포함) 배관재료는 강관을 사용한다.
⑤ 수은과 폭발적으로 화합하고 합성고무를 부식시키므로 천연고무를 사용한다.
⑥ 가격이 저렴하므로 공업용 대형 냉동기에 사용한다.
⑦ 물과 암모니아는 잘 용해한다.(용적비 약 900배)
⑧ 윤활유와는 잘 용해하지 않는다.

2. 냉동기 용량 / 냉동톤

1) 냉동효과(q_e)

(1) 개념

냉매 1kg이 증발기에서 흡수하는 열량

(2) 산출방법

$$q_e = h_a - h_f [kJ/kg]$$

여기서, q_e : 냉동효과(kJ/kg)
h_a : 증발기 출구 증기 냉매의 엔탈피(kJ/kg)
$h_f(=h_e)$: 팽창밸브 직전 고압 액냉매의 엔탈피(kJ/kg)

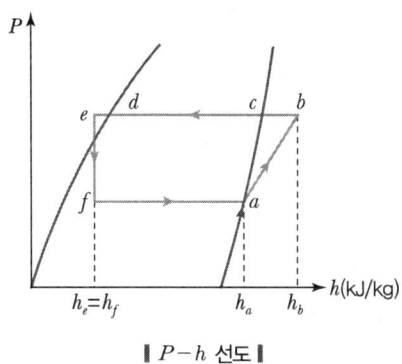

┃ $P-h$ 선도 ┃

2) 냉동톤

핵심문제 (05년 2회, 11년 3회, 18년 2회, 19년 3회, 23년 1회) (5점)

24시간 동안에 30℃의 원료수 5,000kg을 −10℃의 얼음으로 만들 때 냉동기용량(냉동톤)을 구하시오. (단, 냉동기 안전율은 10%로 하고 물의 응고잠열은 334kJ/kg, 물과 얼음의 비열 각각 4.2kJ/kg, 2.1kJ/kg·K이고, 1RT는 3.86kW이다.)

풀이 냉동기 용량(냉동톤)

30℃ 물 →(현열 Q_1)→ 0℃ 물 →(잠열 Q_2)→ 0℃ 얼음 →(현열 Q_3)→ −10℃ 얼음

$Q_1 = G \cdot C_1 \cdot \Delta t_1 = \dfrac{5,000 \times 4.2 \times (30-0)}{24 \times 3,600} = 7.29\text{kW}$

$Q_2 = G \cdot \gamma = \dfrac{5,000 \times 334}{24 \times 3,600} = 19.33\text{kW}$

$Q_3 = G \cdot C_3 \cdot \Delta t_3 = \dfrac{5,000 \times 2.1 \times (0-(-10))}{24 \times 3,600} = 1.22\text{kW}$

∴ 냉동기 용량 $= \dfrac{열량}{1냉동톤} \times 안전율 = \dfrac{7.29+19.33+1.22}{3.86} \times 1.1 = 7.93\text{RT}$

3. 성적계수 / 냉동능력

1) 냉동기 성적계수(Refrigerator Coefficient of Performance, COP_R)

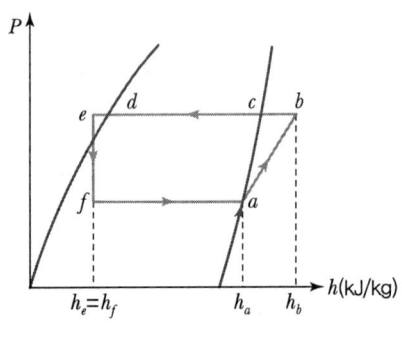

┃ $P-h$ 선도 ┃

(1) 개념

냉동기의 성능을 나타내는 값으로 압축일에 대한 냉동효과와의 비

(2) 이론 성적계수(COP_R)

$$COP_R = \frac{q_e}{AW} = \frac{h_a - h_f}{h_b - h_a} = \frac{Q_e}{Q_c - Q_e} = \frac{T_2}{T_1 - T_2}$$

여기서, Q_e : 냉동능력(kJ/s)
 q_e : 냉동효과(kJ/kg)
 Q_c : 응축기의 시간당 방열량(kJ/s)
 AW : 압축기 소요일(kJ/kg)
 T_1 : 응축기 절대온도(K)
 T_2 : 증발기 절대온도(K)

(3) 실제 성적계수(COP'_R)

$$COP'_R = \frac{q_e}{AW} \times \eta_c \times \eta_m$$

여기서, G : 냉매순환량(kg/s)
 η_c : 압축효율
 η_m : 기계효율

2) 냉동능력(Q_e)

$Q_e = G \cdot \Delta h = G \cdot q_e$

 **핵심문제** (17년 2회) **(8점)**

냉매순환량이 5,000kg/h인 표준냉동장치에서 다음 선도를 참고하여 성적계수와 냉동능력(RT)을 구하시오. (단, 1RT = 3.86kW)

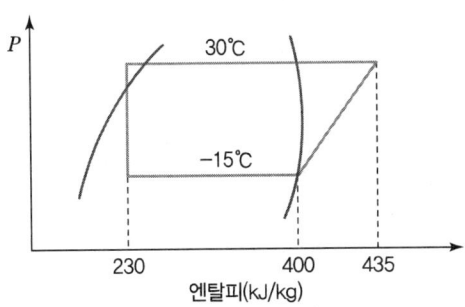

풀이 (1) 성적계수(COP_R)

$$COP_R = \frac{q_e}{AW} = \frac{냉각\ 효과}{압축일} = \frac{400-230}{435-400} = 4.86$$

(2) 냉동능력(Q_e)

$$Q_e = G \cdot \Delta h = G \cdot q_e = \frac{5,000 \times (400-230)}{3,600 \times 3.86} = 61.17 \text{RT}$$

여기서, G : 냉매순환량(kg/s)

CHAPTER 01 실전문제

01 냉동장치에 사용되고 있는 NH₃와 R-22 냉매의 특성을 비교하여 빈칸에 기입하시오.

(21년 1회, 24년 2회) (7점)

구분	분류	기입
1	高, 大, 難, 有, 분리	1
2	低, 小, 易, 無, 용해	2

비교사항	R-22	NH₃
윤활유와 분리성		
폭발성 및 가연성 유무		
수분 유입 시 위험의 크기		
오존 파괴의 대소		
독성의 여부		
1냉동톤당 냉매순환량의 대소		
대기압 상태에서 응고점 고저		

풀이

비교사항	R-22	NH₃
윤활유와 분리성	2	1
폭발성 및 가연성 유무	2	1
수분 유입 시 위험의 크기	1	2
오존 파괴의 대소	1	2
독성의 여부	2	1
1냉동톤당 냉매순환량의 대소	1	2
대기압 상태에서 응고점 고저	2	1

02 오존층이 파괴되는 프레온계 냉매 대신 CO_2 냉매(R-744)를 사용하려 한다. CO_2 냉매의 특징 5가지를 쓰시오.

(20년 3회) (5점)

풀이

① 안정성이 뛰어나다.
② 무취, 무독하고 부식성이 없다.
③ 연소 및 폭발성이 없다.
④ 일반 윤활유와 양호한 상용성을 가지고 있다.
⑤ 포화압력이 높다.
⑥ 다른 냉매에 비하여 증발잠열이 크다.
⑦ 비체적이 매우 작기 때문에 체적유량(동일한 냉동능력에서 냉매순환량)이 적어 냉동장치를 소형화할 수 있다.

03 다음과 같은 냉방부하를 갖는 건물에서 냉동기 부하(RT)를 구하시오. (단, 안전율은 10%이고, 1RT = 3.86kW이다.)

(03년 2회, 09년 3회, 17년 3회) (5점)

실명	냉방부하(kJ/h)		
	8:00	12:00	16:00
A실	120,000	80,000	80,000
B실	100,000	120,000	160,000
C실	40,000	40,000	40,000
계	260,000	240,000	280,000

풀이

냉동기 부하(RT)

(1) 정풍량 또는 정유량 공조방식의 경우는 각 실의 최대부하를 합계한 것이 총 냉방부하가 된다.
(A실 : 120,000kJ/h, B실 : 160,000kJ/h, C실 : 40,000kJ/h)

$$냉동기\ 부하 = \frac{(120,000 + 160,000 + 40,000) \times 1.1}{3,600 \times 3.86} = 25.33RT$$

(2) 변풍량 또는 변유량 공조방식의 경우는 시간대별 부하 합계 중 가장 큰 값이 총 냉방부하가 된다.
(여기서는 16시 부하 합계가 총 냉방부하)

$$냉동기\ 부하 = \frac{280,000 \times 1.1}{3,600 \times 3.86} = 22.16RT$$

04 역카르노 사이클 냉동기의 증발온도 −20℃, 응축온도 35℃일 때, (1) 이론 성적계수와 (2) 실제 성적계수는 약 얼마인가?(단, 팽창밸브 직전의 액온도는 32℃, 흡입가스는 건포화증기이고, 체적효율은 0.65, 압축효율은 0.80, 기계효율은 0.9로 한다.) (18년 2회) (4점)

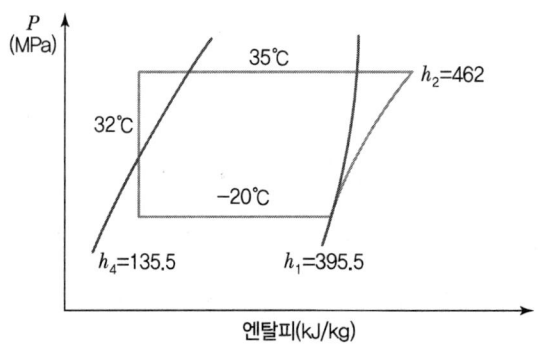

> 풀이

(1) 이론 성적계수

$$\text{이론 성적계수} = \frac{q_e}{AW} = \frac{h_1 - h_4}{h_2 - h_1}$$

$$= \frac{395.5 - 135.5}{462 - 395.5} = 3.91$$

(2) 실제 성적계수

실제 성적계수 = 이론 성적계수 × ($\eta_c \times \eta_m$) = 3.91 × (0.8 × 0.9) = 2.82

여기서, η_c : 압축효율

η_m : 기계효율

02 냉동사이클

1. 압축식 냉동사이클 일반

1) $P-h$ 선도 일반사항

① 종축에 절대압력(P), 횡축에 비엔탈피(h)를 나타낸 선도로서 냉매 1kg이 냉동장치 내를 순환하며 일어나는 물리적인 변화(액체, 기체, 온도, 압력, 건조도, 비체적, 열량 등의 변화)를 쉽게 알아볼 수 있도록 선으로 나타낸 그림이다.

② $P-h$ 선도(압력과 비엔탈피 선도)라 부르며 냉동장치의 운전 상태 및 계산 등에 활용된다.

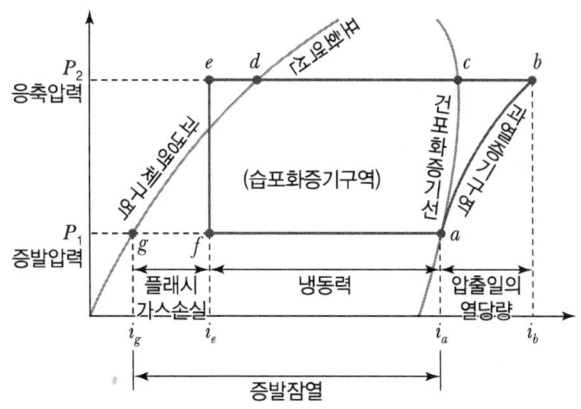

여기서, a : 압축기 흡입지점 = 증발기 출구지점
 b : 압축기 토출지점 = 응축기 입구지점
 c : 응축기에서 응축이 시작되는 지점
 d : 응축기에서 응축이 끝난 지점 = 과냉각이 시작되는 점
 e : 팽창밸브 입구지점
 f : 팽창밸브 출구지점 = 증발기 입구지점

핵심문제 (13년 2회, 19년 3회) (5점)

냉동장치 각 기기의 온도 변화 시에 이론적인 값이 상승하면 O, 감소하면 X, 무관하면 △을 하시오.

상태변화 \ 온도 변화	응축온도 상승	증발온도 상승	과열도 증가	과냉각도 증가
성적계수				
압축기 토출가스온도				
압축일량				
냉동효과				
압축기 흡입가스 비체적				

풀이

상태변화 \ 온도 변화	응축온도 상승	증발온도 상승	과열도 증가	과냉각도 증가
성적계수	×	O	O	O
압축기 토출가스온도	O	×	O	△
압축일량	O	×	O	△
냉동효과	×	O	O	O
압축기 흡입가스 비체적	△	×	O	△

2. 냉동효과비, 소요동력비

핵심문제  (17년 1회) (14점)

피스톤 토출량이 $100\text{m}^3/\text{h}$ 냉동장치에서 A 사이클$(1-2-3-4)$로 운전하다 증발온도가 내려가서 B 사이클$(1'-2'-3'-4')$로 운전될 때 B 사이클의 냉동능력과 소요동력을 A 사이클과 비교하여라.

비체적 $v_1 = 0.85\text{m}^3/\text{kg}$
$v_1' = 1.2\text{m}^3/\text{kg}$
$h_1 = 630\text{kJ/kg}$
$h_1' = 622\text{kJ/kg}$
$h_2 = 676\text{kJ/kg}$
$h_2' = 693\text{kJ/kg}$
$h_3 = 458\text{kJ/kg}$

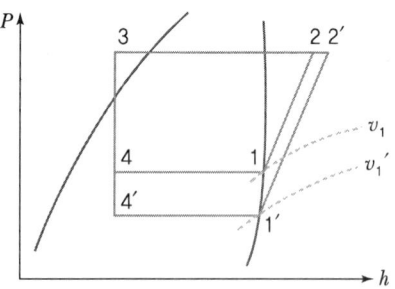

구분	체적효율(η_v)	기계효율(η_m)	압축효율(η_c)
A 사이클	0.78	0.9	0.85
B 사이클	0.72	0.88	0.79

풀이 (1) 냉동능력(Q) 비교

A 사이클 $Q_A = G \cdot \Delta h = \dfrac{V}{v_1}\eta_v \times (h_1 - h_4) = \dfrac{100}{0.85} \times 0.78 \times (630 - 458) = 15{,}783.53 \text{kJ/h}$

여기서, V : 피스톤 토출량(m³/h)
 v_1 : 냉동사이클 A에서의 비체적(m³/kg)

B 사이클 $Q_B = \dfrac{V}{v_1{'}}\eta_v \times (h_1{'} - h_4{'}) = \dfrac{100}{1.2} \times 0.72 \times (622 - 458) = 9{,}840 \text{kJ/h}$

여기서, $v_1{'}$: 냉동사이클 B에서의 비체적

∴ 냉동능력 : A 사이클 > B 사이클

(2) 소요동력(L) 비교

A 사이클 $L_A = G \cdot \Delta h = \dfrac{V}{v_1}\eta_v \times (h_2 - h_1) \times \dfrac{1}{\eta_c \cdot \eta_m}$

$= \dfrac{100}{0.85 \times 3{,}600} \times 0.78 \times (676 - 630) \times \dfrac{1}{0.85 \times 0.9} = 1.53 \text{kW}$

B 사이클 $L_B = \dfrac{V}{v_1{'}}\eta_v \times (h_2{'} - h_1{'}) \times \dfrac{1}{\eta_c \cdot \eta_m}$

$= \dfrac{100}{1.2 \times 3{,}600} \times 0.72 \times (693 - 622) \times \dfrac{1}{0.79 \times 0.88} = 1.70 \text{kW}$

∴ 소요동력 : A 사이클 < B 사이클

3. 냉동능력, 건조도

1) 냉동능력(Q_e)

$Q_e = G \cdot \Delta h = G \cdot q_e$

2) 건조도(건도, x), 습증기의 엔탈피(h)

(1) 건조도(건도, x)

$$x = \dfrac{s - s'}{s'' - s'} = \dfrac{h - h'}{h'' - h'}$$

여기서, s : 수증기의 비엔트로피
 s' : 포화액의 비엔트로피
 s'' : 포화증기의 비엔트로피
 h : 습증기의 엔탈피
 h' : 포화액의 엔탈피
 h'' : 포화증기의 엔탈피

(2) 습증기의 엔탈피(h)

$$h = h' + x(h'' - h')$$

여기서, x : 건도

핵심문제 (08년 3회, 11년 1회, 19년 3회) (7점)

피스톤 압출량 $50\text{m}^3/\text{h}$의 압축기를 사용하는 R-22 냉동장치에서 다음과 같은 값으로 운전될 때 각 물음에 답하시오.

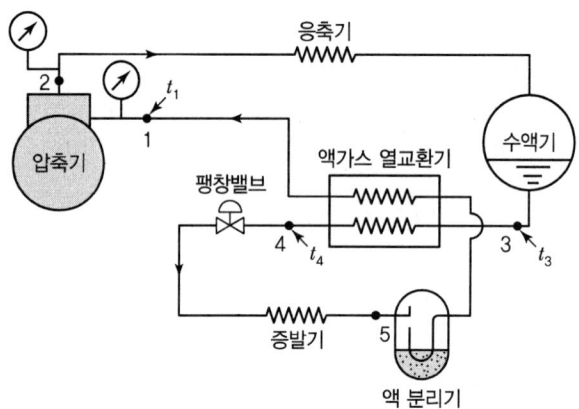

[조건]
- $v_1 = 0.143 \text{m}^3/\text{kg}$
- $t_3 = 25\,℃$
- $t_4 = 15\,℃$
- $h_1 = 620 \text{kJ/kg}$
- $h_4 = 444 \text{kJ/kg}$
- 압축기의 체적효율 $\eta_v = 0.68$
- 증발압력에 대한 포화액의 엔탈피 : $h' = 386 \text{kJ/kg}$
- 증발압력에 대한 포화증기의 엔탈피 : $h'' = 613 \text{kJ/kg}$
- 응축액의 온도에 의한 내부에너지 변화량 : $1.3 \text{kJ/kg} \cdot \text{K}$

(1) 증발기의 냉동능력(kW)을 구하시오.
(2) 증발기 출구의 냉매증기 건조도(x) 값을 구하시오.

풀이 (1) 증발기의 냉동능력(Q_e)

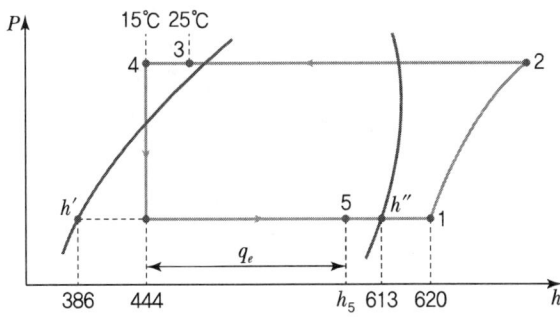

냉동능력 $Q_e = G(h_5 - h_4) = \dfrac{V \times \eta_v}{v_1 \times 3{,}600}(h_5 - h_4)$

여기서, V : 피스톤 압출량, h_5는 열교환기 과정에서의 열평형 원리로 산출한다.

$(h_3 - h_4) = (h_1 - h_5)$

$(h_3 - h_4)$는 잠열변화가 없는 현열변화이다.

$1.3 \times (t_3 - t_4) = (h_1 - h_5)$

$h_5 = h_1 - 1.3(t_3 - t_4) = 620 - 1.3 \times (25 - 15) = 607 \text{kJ/kg}$

∴ 냉동능력 $Q_e = \dfrac{50 \times 0.68}{0.143 \times 3{,}600} \times (607 - 444) = 10.77 \text{kW}$

(2) 증발기 출구 냉매증기 건조도(x)

$x = \dfrac{h_5 - h'}{h'' - h'} = \dfrac{607 - 386}{613 - 386} = 0.97$

4. 2단 압축 냉동사이클

1) 냉동사이클 작도 / 계통도 작도

(1) 2단 압축 1단 팽창

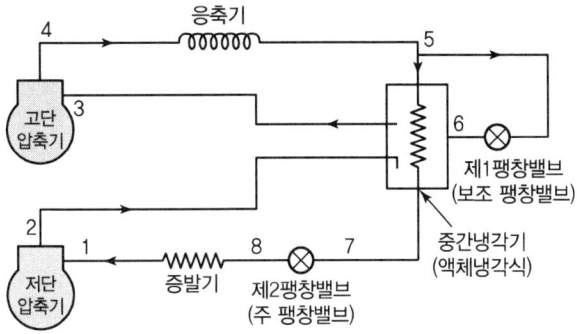

┃2단 압축 1단 팽창 장치도┃

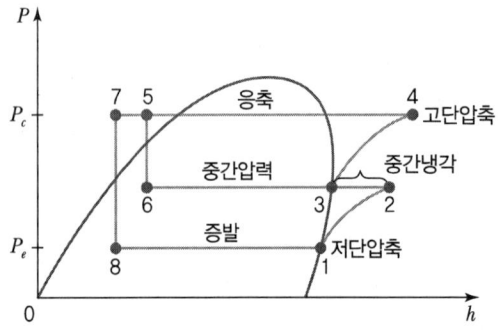

┃2단 압축 1단 팽창 $P-h$ 선도┃

(2) 2단 압축 2단 팽창

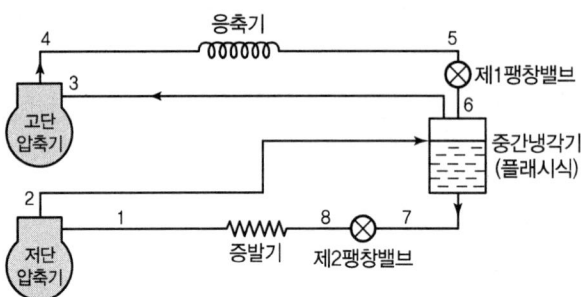

┃2단 압축 2단 팽창 장치도┃

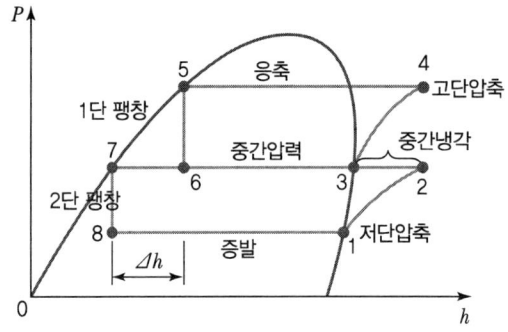

┃2단 압축 2단 팽창 $P-h$ 선도┃

핵심문제 (02년 1회, 05년 3회, 12년 2회, 17년 3회, 21년 3회) **(6점)**

다음과 같은 2단 압축 1단 팽창 냉동장치를 보고 $P-h$ 선도상에 냉동사이클을 그리고 1~8점을 표시하시오.

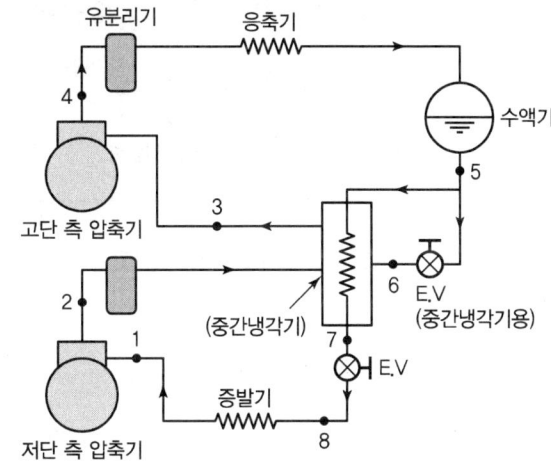

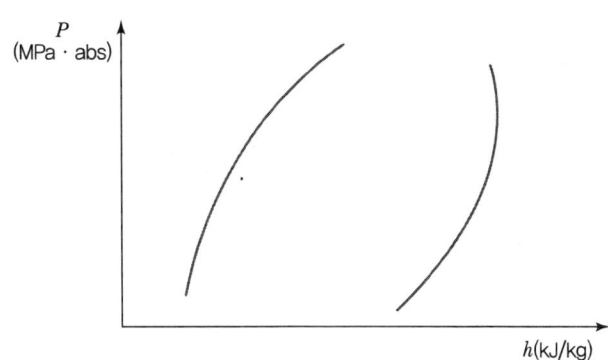

풀이 냉동사이클 표시

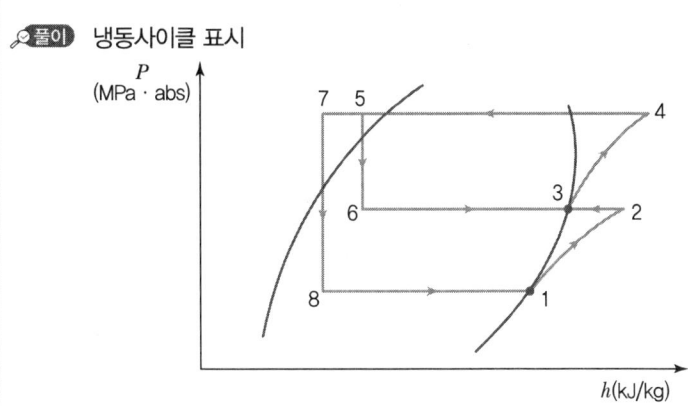

2) 냉매순환량, 피스톤 토출량, 소요동력

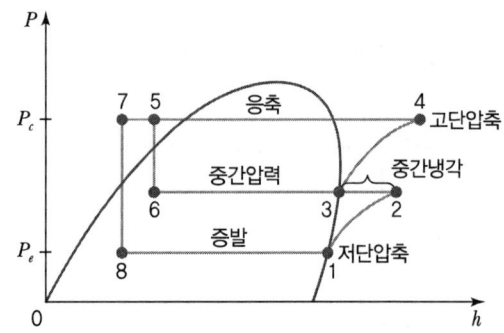

▮ 2단 압축 1단 팽창 $P-h$ 선도 ▮

(1) 중간압력의 선정

$$P_m = \sqrt{P_c \times P_e} \, [\text{kPa}]$$

여기서, P_m : 중간냉각기 절대압력(kPa)　　P_c : 응축기 절대압력(kPa)
　　　　P_e : 증발기 절대압력(kPa)

(2) 저단 측 냉매순환량(G_L)

$$G_L = \frac{Q_e}{(h_1 - h_7)} [\text{kg/h}]$$

여기서, Q_e : 냉동능력(kJ/h)　　h_1 : 증발기 출구 비엔탈피(kJ/kg)
　　　　h_7 : 증발기 입구 비엔탈피(kJ/kg)

(3) 중간냉각기 냉매순환량(G_m)

$$G_m = G_L \cdot \frac{(h_2 - h_3) + (h_5 - h_7)}{(h_3 - h_6)} [\text{kg/h}]$$

(4) 고단 측 냉매순환량(G_H)

$$G_H = G_L + G_m = G_L \cdot \frac{(h_2 - h_7)}{(h_3 - h_6)}$$

(5) 압축기 소요동력

저단 측 압축열량(w_L) = $G_L \times (h_2 - h_1)$
고단 측 압축열량(w_H) = $G_H \times (h_4 - h_3)$

$$압축기\ 소요동력(kW) = \frac{w_L + w_H}{3,600} \quad (1kW = 1kJ/s = 3,600kJ/h)$$

(6) 성적계수(COP_R)

$$COP_R = \frac{(h_1 - h_8)}{(h_2 - h_1) + (h_4 - h_3) \cdot \frac{(h_2 - h_7)}{(h_3 - h_6)}}$$

3) 중간냉각기(Intercooler)의 기능

① 저단 측 압축기(Booster) 토출가스의 과열을 제거하여 고단 측 압축기에서의 과열을 방지한다.(부스터의 용량은 고단 압축기보다 커야 한다.)
② 증발기로 공급되는 냉매액을 과냉시켜서 냉동효과 및 성적계수를 높인다.
③ 고단 측 압축기 흡입가스 중의 액을 분리시켜 액압축을 방지한다.
④ 중간냉각기의 종류로는 플래시식(암모니아 냉매), 액체냉각식(암모니아 냉매), 직접팽창식(Freon 냉매)이 있다.

핵심문제 (13년 1회, 20년 2회) **(6점)**

2단 압축 1단 팽창 $P-h$ 선도와 같은 냉동사이클로 운전되는 장치에서 다음 물음에 답하시오(단, 냉동능력은 252MJ/h이고 압축기의 효율은 다음 표와 같다).

구분	체적효율(η_v)	압축효율(η_c)	기계효율(η_m)
고단	0.8	0.85	0.93
저단	0.7	0.82	0.95

(1) 저단 냉매순환량(G_L) : kg/h
(2) 저단 피스톤 토출량(V_L) : m³/h
(3) 저단 소요동력(N_L) : kW
(4) 고단 냉매순환량(G_H) : kg/h
(5) 고단 피스톤 압출량(V_H) : m³/h
(6) 고단 소요동력(N_H) : kW

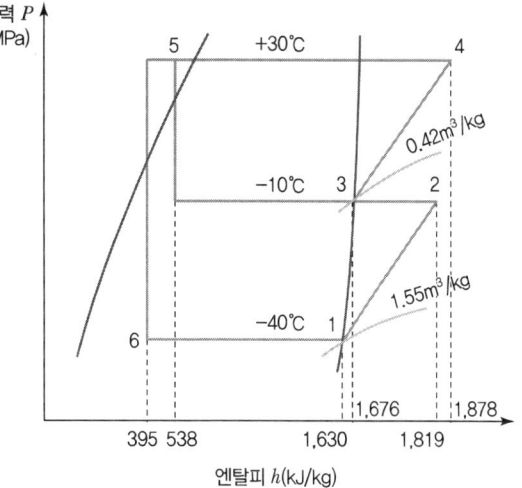

풀이 (1) 저단 냉매순환량(G_L)

$$Q_e = G_L(h_1 - h_6)$$

$$G_L = \frac{Q_e}{h_1 - h_6} = \frac{252 \times 10^3}{1{,}630 - 395} = 204.05 \text{kg/h}$$

(2) 저단 피스톤 토출량(V_L)

$$V_L = \frac{G_L \cdot v_1}{\eta_{VL}} = \frac{204.05 \times 1.55}{0.7} = 451.83 \text{m}^3/\text{h}$$

(3) 저단 소요동력(N_L)

$$N_L = \frac{G_L \times (h_2 - h_1)}{\eta_{cL} \times \eta_{mL}} = \frac{204.05 \times (1{,}819 - 1{,}630)}{3{,}600 \times 0.82 \times 0.95} = 13.75 \text{kW}$$

(4) 고단 냉매순환량(G_H)

- 저단 압축기 토출가스 실제 엔탈피 h_2'를 구한다.

$$\text{압축효율 } \eta_{cL} = \frac{h_2 - h_1}{h_2' - h_1} \rightarrow h_2' = h_1 + \frac{h_2 - h_1}{\eta_{cL}}$$

$$h_2' = 1{,}630 + \frac{1{,}819 - 1{,}630}{0.82} = 1{,}860.49 \text{kJ/kg}$$

- 고단 냉매순환량

$$\frac{G_H}{G_L} = \frac{h_2' - h_6}{h_3 - h_5} \rightarrow G_H = G_L \times \frac{h_2' - h_6}{h_3 - h_5}$$

$$G_H = G_L \times \frac{h_2' - h_6}{h_3 - h_5} = 204.05 \times \frac{1{,}860.49 - 395}{1{,}676 - 538} = 262.77 \text{kg/h}$$

(5) 고단 피스톤 압출량

$$V_H = \frac{G_H \cdot v_3}{\eta_{vH}} = \frac{262.77 \times 0.42}{0.8} = 137.95 \text{m}^3/\text{h}$$

(6) 고단 소요동력

$$N_H = \frac{G_H \times (h_4 - h_3)}{\eta_{cH} \times \eta_{mH}} = \frac{262.77 \times (1{,}878 - 1{,}676)}{3{,}600 \times 0.85 \times 0.93} = 18.65 \text{kW}$$

5. 2원 냉동사이클

1) 2원 냉동사이클의 개요

(1) 2원 냉동사이클의 채택

단일 냉매로는 2단 또는 다단 압축을 하여도 냉매의 특성(극도의 진공 운전, 압축비 과대) 때문에 초저온을 얻을 수 없으므로 비등점이 각각 다른 2개의 냉동사이클을 병렬로 구성하여 고온 측 증발기로 저온 측 응축기를 냉각시켜 −70℃ 이하의 초저온을 얻고자 할 경우에 채택하는 방식이다.

(2) 적용냉매

① 고온 측 냉매 : R−12, R−22 등 비등점이 높은 냉매
② 저온 측 냉매 : R−13, R−14, 에틸렌, 메탄, 에탄 등 비등점이 낮은 냉매

2) 사이클 장치도 및 $P-h$ 선도

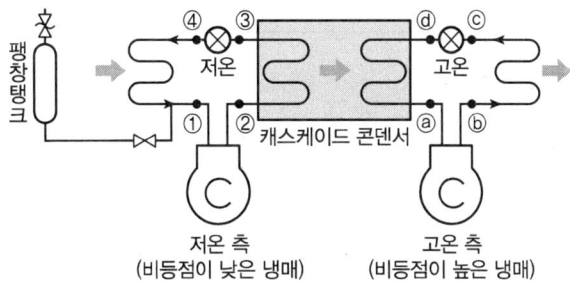

┃2원 냉동사이클 장치도┃

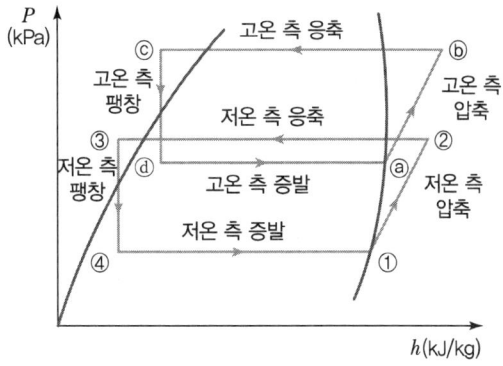

┃2원 냉동사이클 $P-h$ 선도┃

 **핵심문제** (17년 2회) **(10점)**

저온 측 냉매는 R-13으로 증발온도 -100℃, 응축온도 -45℃, 액의 과냉각은 없다. 고온 측 냉매는 R-22로서 증발온도 -50℃, 응축온도 30℃이며, 액은 25℃까지 과냉각된다. 이 2원 냉동사이클의 1냉동톤당의 성적계수를 구하시오. (단, 1RT = 3.86kW)

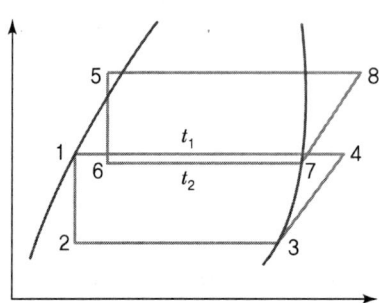

- $h_1 = h_2 = 370.65 \text{kJ/kg}$
- $h_3 = 478.17 \text{kJ/kg}$
- $h_4 = 522.5 \text{kJ/kg}$
- $h_5 = 452.59 \text{kJ/kg}$
- $h_7 = 604.4 \text{kJ/kg}$
- $h_8 = 681.3 \text{kJ/kg}$

풀이 2원 냉동사이클 성적계수

- $COP = \dfrac{Q_e}{W_L + W_H} = \dfrac{G_L(h_3 - h_2)}{G_L(h_4 - h_3) + G_H(h_8 - h_7)}$

- W_L 산출

  $Q_e = G_L(h_3 - h_2)$ 에서

  순환냉매량 $G_L = \dfrac{Q_e}{h_3 - h_2} = \dfrac{1 \times 3.86 \times 3{,}600}{478.17 - 370.65} = 129.24 \text{kg/h}$

  $W_L = G_L(h_4 - h_3) = 129.24 \times (522.5 - 478.17) = 5{,}729.21 \text{kJ/h}$

- W_H 산출

  열평형식 $G_H(h_7 - h_6) = G_L(h_4 - h_1)$ 에서

  $G_H = \dfrac{G_L(h_4 - h_1)}{(h_7 - h_6)} = \dfrac{129.24 \times (522.5 - 370.65)}{(604.4 - 452.59)} = 129.27 \text{kg/h}$

  $W_H = G_H(h_8 - h_7) = 129.27 \times (681.3 - 604.4) = 9{,}940.86 \text{kJ/h}$

  $\therefore COP = \dfrac{Q_e}{W_L + W_H} = \dfrac{1 \times 3.86 \times 3{,}600}{5{,}729.21 + 9{,}940.86} = 0.89$

6. 흡수식 냉동기

(08년 2회, 12년 1회, 18년 1회, 20년 3회) **(10점)**

다음과 같은 조건하에서 냉방용 흡수식 냉동장치에서 증발기가 1RT의 능력을 갖도록 하기 위한 각 물음에 답하시오. (단, 1RT = 3.86kW)

[조건]
1. 냉매와 흡수제 : 물 + 리튬브로마이드
2. 발생기 공급열원 : 80℃의 폐기가스
3. 용액의 출구온도 : 74℃
4. 냉각수 온도 : 25℃
5. 응축온도 : 30℃(압력 31.8mmHg)
6. 증발온도 : 5℃(압력 6.54mmHg)
7. 흡수기 출구 용액온도 : 28℃
8. 흡수기 압력 : 6mmHg
9. 발생기 내의 증기 엔탈피 $h_3' = 3,041.3$ kJ/kg
10. 증발기를 나오는 증기 엔탈피 $h_1' = 2,927.4$ kJ/kg
11. 응축기를 나오는 응축수 엔탈피 $h_3 = 545.1$ kJ/kg
12. 증발기로 들어가는 포화수 엔탈피 $h_1 = 438.4$ kJ/kg

상태점	온도(℃)	압력(mmHg)	농도(wt%)	엔탈피(kJ/kg)
4	74	31.8	60.4	316.5
8	46	6.54	60.4	273.0
6	44.2	6.0	60.4	270.5
2	28.0	6.0	51.2	238.6
5	56.5	31.8	51.2	291.4

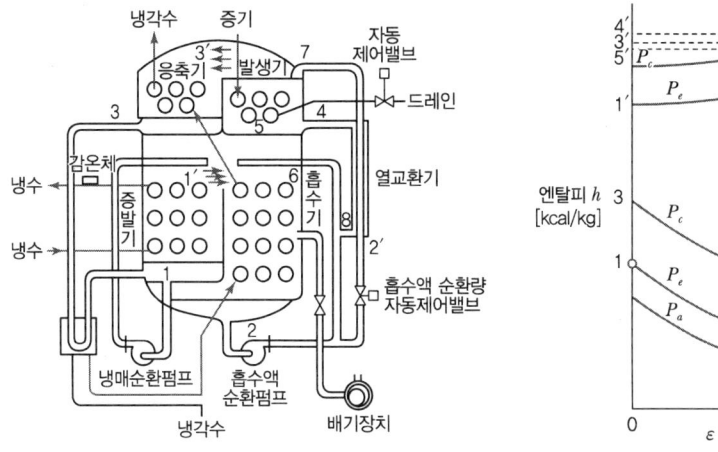
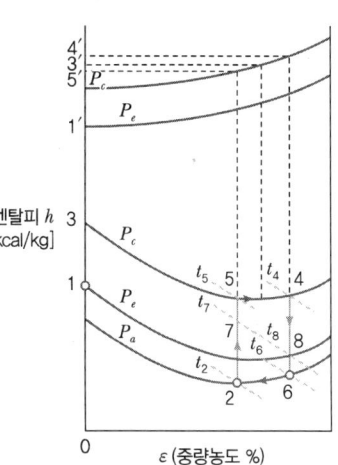

(1) 다음과 같이 나타내는 과정은 어떠한 과정인지 설명하시오.
   ① 4-8 과정
   ② 6-2 과정
   ③ 2-7 과정
(2) 응축기, 흡수기 열량을 구하시오.
(3) 1냉동톤당의 냉매순환량을 구하시오.

풀이

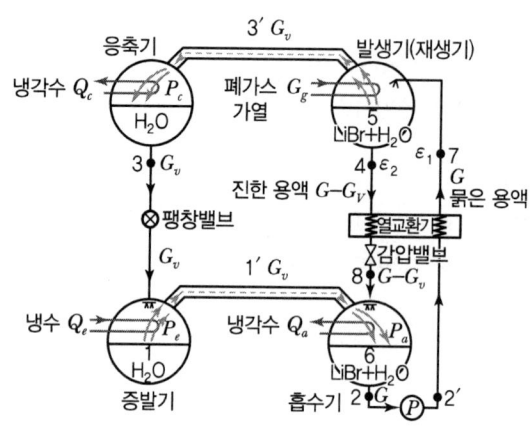

| 장치도 |

(1) 과정 설명
   ① 4-8 과정 : 재생기에서 냉매와 분리되어 농축된 진한 흡수액(LiBr)이 흡수기로 가는 과정으로서, 흡수기로 가는 과정 중 묽은 용액과 열교환하여 온도가 74℃에서 46℃로 냉각된다.
   ② 6-2 과정 : 흡수기에서 진한 흡수액(LiBr)이 냉매인 수증기를 흡수하여 묽은 용액이 되어 흡수기를 빠져 나오는 과정이다. 6은 진한 용액, 2는 묽은 용액 상태이다.
   ③ 2-7 과정 : 흡수기의 묽은 용액이 재생기로 가는 과정 중 중간에 진한 흡수액(LiBr)과 열교환하여 가열된다.

(2) 응축기, 흡수기 열량
   ① 응축기 응축열량(Q_c)은 응축기 열평형식(나간 열량=들어온 열량)을 적용한다.

   $Q_c + G_v h_3 = G_v h_3'$에서

   $Q_c = G_v(h_3' - h_3)$

   여기서, G_v : 냉매(H_2O)

   G_v를 구하기 위해 증발기에서 열평형식을 세우면

   $Q_e + G_v h_3 = G_v h_1'$

   $Q_e = G_v(h_1' - h_3)$

   $G_v = \dfrac{Q_e}{h_1' - h_3} = \dfrac{1 \times 3.86 \times 3,600}{2,927.4 - 545.1} = 5.83\,\text{kg/h}$

   $\therefore Q_c = G_v(h_3' - h_2) = 5.83 \times (3,041.3 - 545.1) = 14,552.85\,\text{kJ/h}$

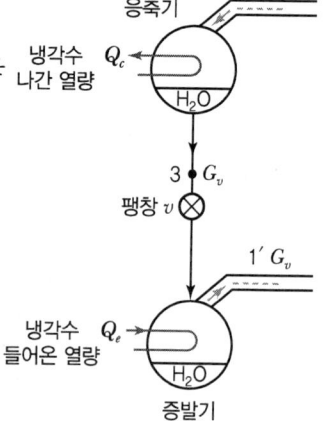

② 흡수기 열량(Q_a)은 흡수기에서 열평형식으로 산출한다.

$Q_a + Gh_2 = (G - G_v)h_8 + G_v h_1'$에서

$$Q_a = (G - G_v)h_8 + G_v h_1' - Gh_2$$
$$= \left[\left(\frac{G}{G_v} - 1\right)h_8 + h_1' - \frac{G}{G_v}h_2\right]G_v$$
$$= [(f-1)h_8 + h_1' - fh_2]G_v$$

여기서, $\dfrac{G}{G_v} = f$(용액순환비)

용액순환비 $f = \dfrac{G}{G_v} = \dfrac{\varepsilon_4}{\varepsilon_4 - \varepsilon_5}$ (여기서, ε은 리튬브로마이드 용액의 농도)

$f = \dfrac{60.4}{60.4 - 51.2} = 6.57$kg/kg($f$는 항상 1보다 크다.)

∴ $Q_a = [(6.57 - 1) \times 273.0 + 2,927.4 - (6.57 \times 238.6)] \times 5.83$
    $= 16,792.78$kJ/h

(3) 1냉동톤당 냉매순환량(G_v)

증발기에서 $Q_e = G_v(h_1' - h_3)$이므로, $G_v = \dfrac{Q_e}{h_1' - h_3} = \dfrac{1 \times 3.86 \times 3,600}{2,927.4 - 545.1} = 5.83$kg/h

CHAPTER 02 실전문제

01 R-22 냉동장치가 아래 냉동사이클과 같이 수랭식 응축기로부터 교축밸브를 통한 핫가스의 일부를 팽창밸브 출구 측에 바이패스하여 용량제어를 행하고 있다. 이 냉동장치의 냉동능력 ϕ_o(kW)를 구하시오.(단, 팽창밸브 출구 측의 냉매와 바이패스된 후의 냉매의 혼합 엔탈피는 h_5, 핫가스의 엔탈피 $h_6 = 635\text{kJ/kg}$이고, 바이패스양은 압축기를 통과하는 냉매유량의 20%이다. 또 압축기의 피스톤 압출량 $V = 200\text{m}^3/\text{h}$, 체적효율 $\eta_v = 0.6$이다.) (08년 1회, 10년 3회, 18년 3회) (8점)

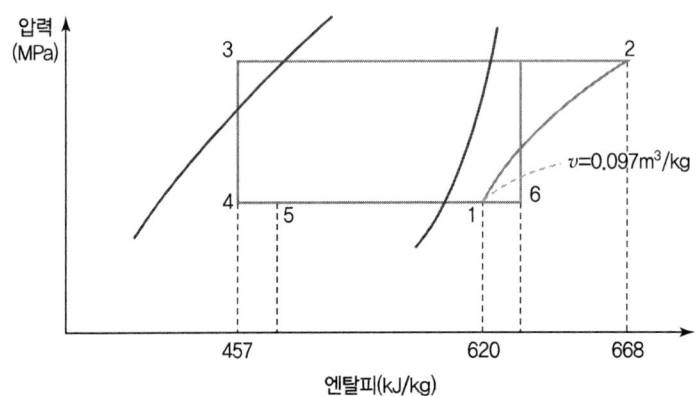

풀이

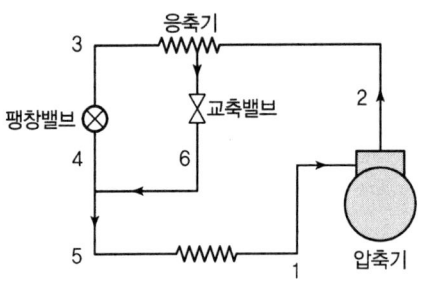
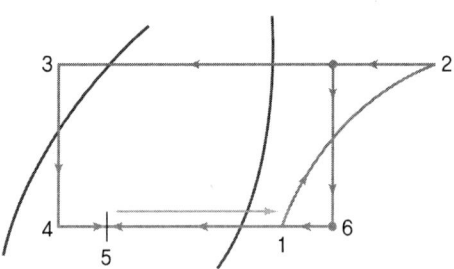

냉동능력(ϕ_o)

$$\phi_o = G \cdot (h_1 - h_5) = \frac{V \cdot \eta_v}{v}(h_1 - h_5)$$

여기서, G는 전체 냉매순환량

$$h_5 = \frac{G_4 \cdot h_4 + G_6 \cdot h_6}{G_4 + G_6} = \frac{0.8 \times 457 + 0.2 \times 635}{0.8 + 0.2} = 492.6\text{kJ/kg}$$

여기서, G_4는 팽창밸브 출구에서의 냉매순환량, G_6는 응축기에서 바이패스된 냉매순환량

$$\therefore 냉동능력\ \Phi_o = G \cdot \Delta h = \frac{V \cdot \eta_v}{v} \cdot (h_1 - h_5) = \frac{200 \times 0.6}{0.097 \times 3,600} \times (620 - 492.6) = 43.78 \text{kW}$$

02 2단 압축 냉동장치의 $P-h$ 선도를 보고 선도상의 각 상태점을 장치도에 기입하고, 장치 구성 요소명을 (A)~(E)에 쓰시오. (09년 2회, 12년 3회, 17년 2회) (12점)

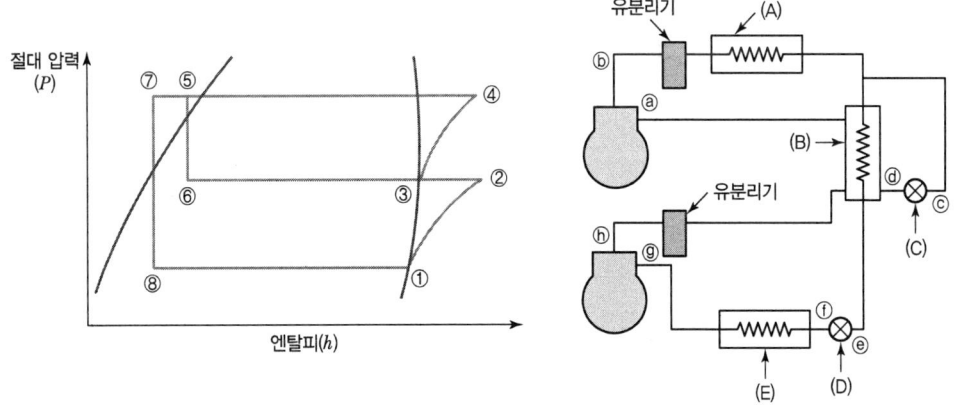

풀이

(1) 상태점 기입

ⓐ-③   ⓑ-④   ⓒ-⑤   ⓓ-⑥
ⓔ-⑦   ⓕ-⑧   ⓖ-①   ⓗ-②

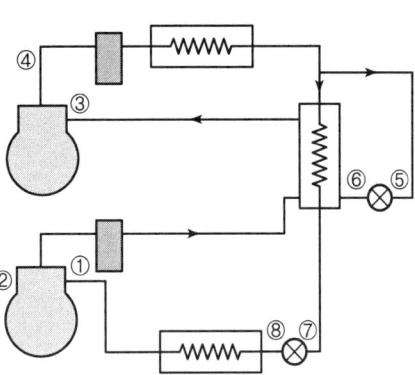

(2) 장치구성 요소명
  A : 응축기   B : 중간냉각기
  C : 제1팽창밸브(보조팽창밸브)   D : 제2팽창밸브(주팽창밸브)
  E : 증발기

03 냉동장치에서 다음의 냉동 System이 작동할 수 있게 배관을 연결하시오. (21년 2회) (8점)

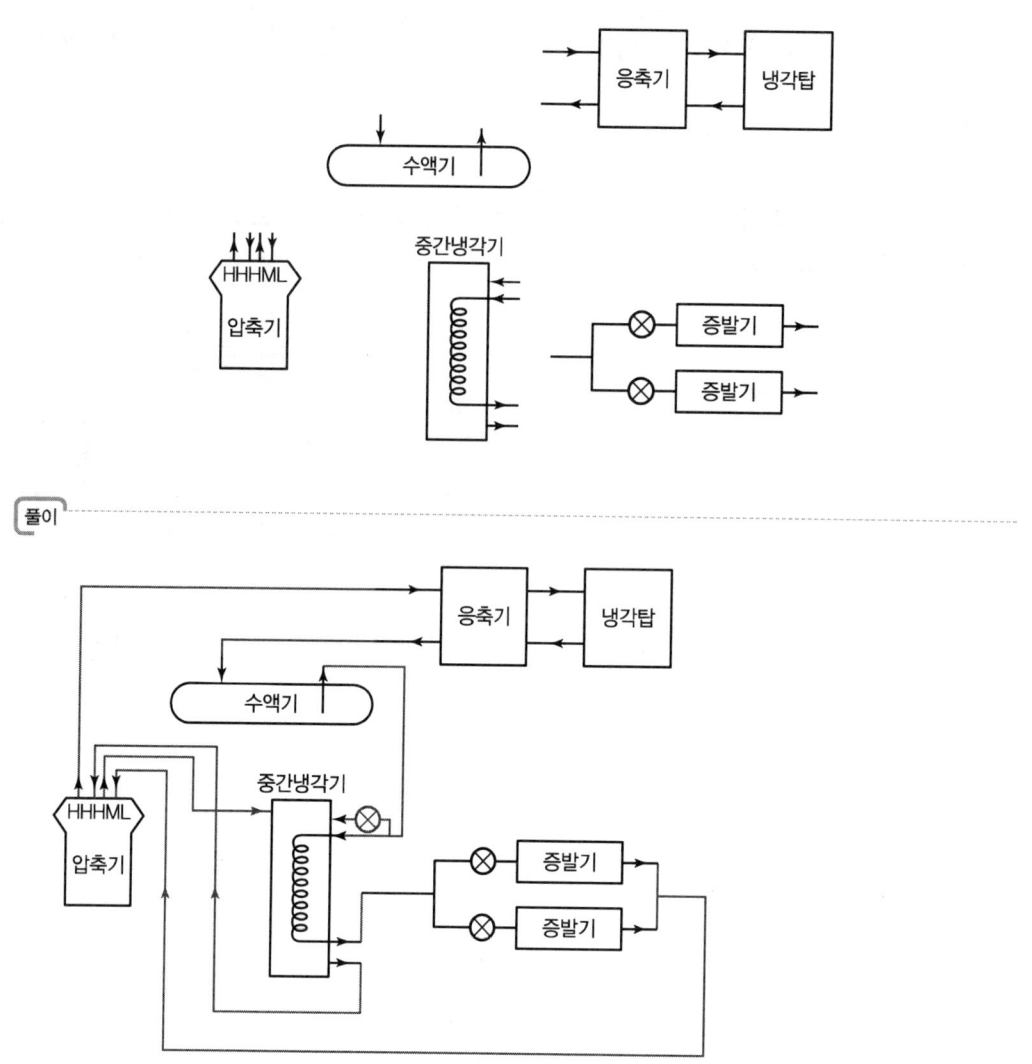

풀이

04 암모니아를 냉매로 사용한 2단 압축 1단 팽창의 냉동장치에서 운전조건이 다음과 같을 때 저단 및 고단의 피스톤 배제량(m³/h)을 계산하시오. (04년 3회, 14년 2회, 20년 1회) (8점)

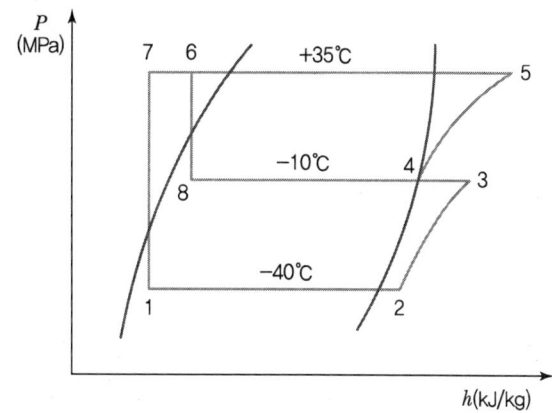

[조건]
- 냉동능력 : 20한국냉동톤
- 1RT = 3.86kW
- 저단 압축기의 체적효율(η_{vl}) : 75%
- 고단 압축기의 체적효율(η_{vh}) : 80%
- $h_1 = 199$ kJ/kg
- $h_2 = 1,451$ kJ/kg
- $h_3 = 1,635$ kJ/kg
- $h_4 = 1,472$ kJ/kg
- $h_5 = 1,724$ kJ/kg
- $h_6 = 371$ kJ/kg
- $v_2 = 1.51$ m³/kg
- $v_4 = 0.4$ m³/kg

풀이

(1) 저단 피스톤 배제량(V_l)
- 저단 측 냉매순환량

$$G_l = \frac{Q_e}{h_2 - h_1} = \frac{20 \times 3.86 \times 3,600}{1,451 - 199} = 221.98 \text{ kg/h}$$

- 저단 피스톤 배제량(V_l)

$$V_l = \frac{G_l \cdot v_2}{\eta_{vl}} = \frac{221.98 \times 1.51}{0.75} = 446.92 \text{ m}^3/\text{h}$$

(2) 고단 피스톤 배제량(V_h)
- 고단 측 냉매순환량(G_h)

$$\frac{G_h}{G_l} = \frac{h_3 - h_7}{h_4 - h_8} = \frac{h_3 - h_1}{h_4 - h_6}$$

$$G_h = G_l \times \frac{h_3 - h_1}{h_4 - h_6} = 221.98 \times \frac{1,635 - 199}{1,472 - 371} = 289.52 \text{ kg/h}$$

- 고단 피스톤 배제량(V_h)

$$V_h = \frac{G_h \cdot v_4}{\eta_{vh}} = \frac{289.52 \times 0.4}{0.8} = 144.76 \text{ m}^3/\text{h}$$

CHAPTER 03 냉동장치

1. 계통 및 장치도 작성

1) 암모니아 수동식 가스퍼저 배관도

핵심문제 (12년 3회, 18년 3회) **(5점)**

다음의 그림과 같은 암모니아 수동식 가스퍼저(불응축가스 분리기)에 대한 배관도를 완성하시오. [단, ABC 선을 적정한 위치와 점선으로 연결하고, 스톱밸브(Stop Vave)는 생략한다.]

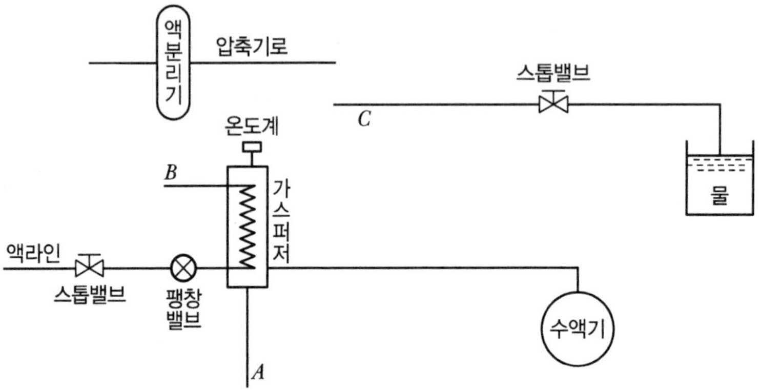

풀이

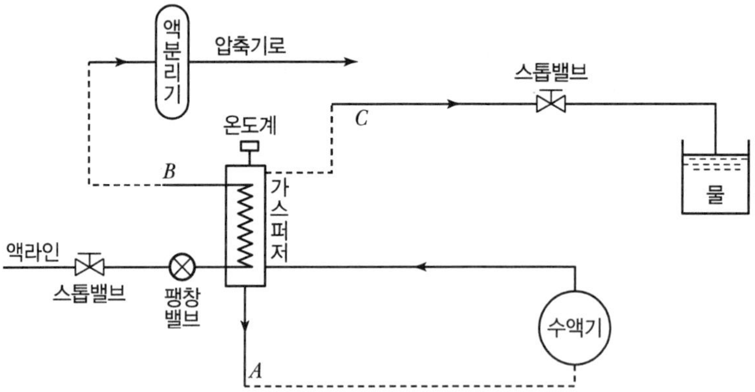

2. 압축기

1) 축동력

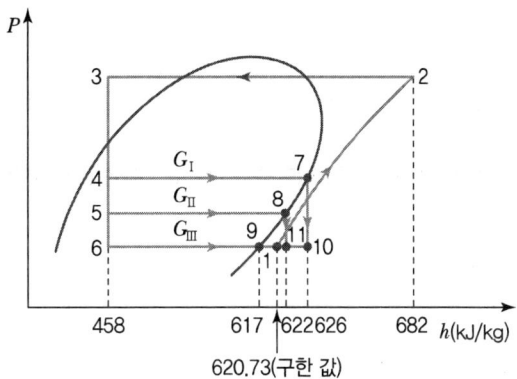

축동력 $L = \dfrac{(G_\mathrm{I} + G_\mathrm{II} + G_\mathrm{III}) \times (h_2 - h_1)}{3{,}600 \times \eta_c \times \eta_m}$ 이므로 G_I, G_II, G_III 및 h_1을 구하여 대입한다.(여기서, G_I, G_II, G_III는 각 증발구간의 냉매순환량, η_c는 압축효율, η_m는 기계효율)

2) 압축기 토출량

(1) 이론적 압축기(피스톤) 토출량(V, Piston Displacement)

① 왕복동 압축기의 경우

$$V_a = \frac{\pi}{4} D^2 \times L \times N \times Z \times 60 [\mathrm{m}^3/\mathrm{h}]$$

여기서, V_a : 이론적 피스톤 압출량(m³/h)
D : 피스톤의 직경 및 실린더의 내경(m)
L : 피스톤의 행정(m)
Z : 기통수(실린더수)
N : 분당 회전수(rpm)

② 회전식 압축기의 경우

$$V_a = \frac{\pi}{4}(D^2 - d^2) \times t \times N \times Z \times 60 [\mathrm{m}^3/\mathrm{h}]$$

여기서, t : 회전 피스톤의 가스 압축 부분의 두께(m) = 실린더 높이
N : 회전 피스톤의 1분간의 표준 회전수(rpm)
D : 실린더의 내경(m)
d : 로터(Rotor)의 지름(m)

(2) 실제적 압축기 토출량(V_{act})

$$\eta_v = \frac{V_{act}}{V} \rightarrow V_{act} = V \cdot \eta_v$$

핵심문제 (14년 3회, 17년 2회, 20년 2회) **(4점)**

왕복동 압축기의 실린더 지름 120mm, 피스톤 행정 65mm, 회전수 1,200rpm, 체적효율 70% 6기통일 때 다음 물음에 답하시오.

(1) 이론적 압축기 토출량 m³/h를 구하시오.
(2) 실제적 압축기 토출량 m³/h를 구하시오.

풀이 (1) 이론적 압축기 토출량(V)

$$V = \frac{\pi D^2}{4} \cdot L \cdot N \cdot Z \cdot 60 \, \text{m}^3/\text{h}$$

여기서, D : 실린더 지름(m), L : 피스톤 행정(m), N : 회전수(rpm), Z : 기통수

$$= \frac{\pi \times 0.12^2}{4} \times 0.065 \times 1,200 \times 6 \times 60$$

$$= 317.58 \, \text{m}^3/\text{h}$$

(2) 실제적 압축기 토출량(V_{act})

$$\eta_v = \frac{V_{act}}{V}$$

$$V_{act} = V \cdot \eta_v = 317.58 \times 0.7 = 222.31 \, \text{m}^3/\text{h}$$

여기서, η_v : 체적효율

3. 증발기

1) 압력조절밸브

(1) 증발압력조정밸브(EPR : Evaporator Pressure Regulator)

① 증발압력(온도)이 소정압력(온도) 이하가 되는 것을 방지(증발온도의 저온화 및 동파를 방지)하는 역할을 한다.
② 증발기에서 압축기에 이르는 흡입배관에 설치한다.
③ 온도작동 팽창밸브(TXV)와 함께 사용하면, 과열도를 일정하게 유지시키는 시스템 특성을 가질 수 있다.
④ 증발온도가 서로 다른 여러 대의 증발기를 한 대의 냉동기로 운전하는 경우, EPR이 없으면 고온(고압) 측의 증발온도가 지나치게 낮아지므로 고온(고압) 측 증발기에 EPR을 설치함으로써 온도저하를 방지한다.

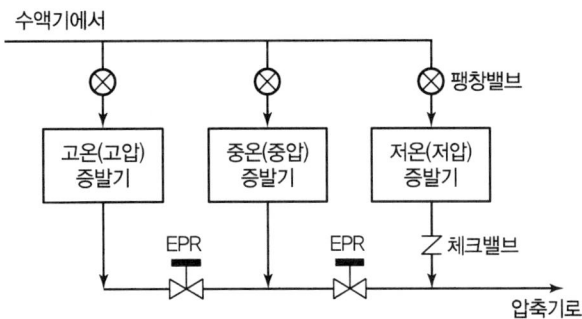

∥ 증발온도가 서로 다른 증발기의 운전 장치도 ∥

(2) 흡입압력조정밸브(SPR : Suction Pressure Regulator)

① 개요
  • 증발압력(온도)이 소정압력(온도) 이상이 되는 것을 방지(증발온도의 고온화를 방지)하는 역할을 한다.
  • 압축기 흡입 측 배관에 설치한다.

② 구조 및 작동원리
  증발압력조정밸브(EPR)와는 반대 구조이다.

③ 용도
  • 높은 흡입압력으로 기동 시나 운전 시 압축기 모터의 과부하를 방지한다.
  • 고압가스 제상으로 흡입압력이 장시간 높을 때 사용한다.
  • 흡입압력 변화가 심한 장치에서 압축기 운전을 안정화시킨다.
  • 저전압으로 높은 흡입압력인 상태에서 기동 시 사용한다.
  • 압축기로의 액백(Liquid Back)을 방지한다.

(3) 응축압력조정밸브(CPR : Condenser Pressure Regulator)
  ① 공랭식 응축기를 연간 운전하는 냉동장치에 사용한다.
  ② 외기온도가 너무 낮아 응축압력 저하로 냉동능력이 감소하는 것을 방지한다.
  ③ 응축기 출구배관에 설치하여 응축기 내의 냉매량을 밸브의 개도에 의해 조절하여 응축압력이 설정압력 이하로 저하되는 것을 방지한다.
  ④ 한랭기에는 일시적으로라도 수액기에 보유하는 냉매만으로 액공급을 해야 할 상황이 생기므로 수액기의 용량은 충분히 큰 것이 필요하다.

핵심문제 (15년 1회, 21년 3회) (6점)

냉동장치에 사용되는 증발압력조정밸브(EPR), 흡입압력조정밸브(SPR), 응축압력조정밸브(CPR, 공랭식 응축기와 수액기가 적용된 냉동장치)에 대해서 설치 위치와 설치 목적을 서술하시오.

풀이 (1) 증발압력조정밸브(Evaporator Pressure Regulator)
  - 설치 위치 : 증발기에서 압축기에 이르는 흡입배관에 설치
  - 설치 목적 : 증발압력(온도)이 소정압력(온도) 이하가 되는 것을 방지(증발온도의 저온화 및 동파 방지)

(2) 흡입압력조정밸브(Suction Pressure Regulator)
  - 설치 위치 : 압축기 흡입 측 배관에 설치
  - 설치 목적 : 증발압력(온도)이 소정압력(온도) 이상이 되는 것을 방지(증발온도의 고온화 방지)

(3) 응축압력조정밸브(Condenser Pressure Regulator)
  - 설치 위치 : 응축기 출구 수액기 입구 사이 설치
  - 설치 목적 : 외기온도가 너무 낮아 응축압력 저하로 냉동능력이 감소하는 것을 방지

2) 증발기 코일 길이(L)

$$q = KA_o \Delta t_m = K(mA_i)\Delta t_m = K(m\pi D_i L)\Delta t_m$$

$$L = \frac{q}{K(m\pi D_i)\Delta t_m}$$

여기서, K : 증발기 외표면 기준 열통과율(W/m² · K)
  q : 증발열량(W)
  A_o : 증발기 외표면적(m²)
  A_i : 증발기 내표면적(m²)
  m : 내외 표면적비
  Δt_m : 냉매와 공기의 평균온도차(℃)
  D_i : 증발기 내경(m)

핵심문제 (10년 2회, 17년 1회, 24년 1회) **(12점)**

냉동능력 R = 4kW인 R-22 냉동시스템의 증발기에서 냉매와 공기의 평균온도차가 8℃로 운전되고 있다. 이 증발기는 내외 표면적비 m = 8.3, 공기 측 열전달률 α_a = 35W/m² · K, 냉매 측 열전달률 α_γ = 698W/m² · K의 플레이트 핀 코일이고, 핀 코일 재료의 열전달 저항은 무시한다. 각 물음에 답하시오.

(1) 증발기의 외표면 기준 열통과율 K(W/m² · K)는?
(2) 증발기 내경이 23.5mm일 때, 증발기 코일 길이는 몇 m인가?

풀이 (1) 증발기의 외표면 기준 열통과율(K)

외표면적 기준 $R = \frac{1}{\alpha_a} + m\left(\frac{l}{\lambda} + \frac{1}{a_r}\right)$

핀 코일 재료의 열전달저항$\left(\frac{l}{\lambda}\right)$은 무시한다는 조건에 따라 0이 되게 된다.

$R = \frac{1}{35} + 8.3 \times \left(0 + \frac{1}{698}\right) = 0.04046$

$\therefore K = \frac{1}{R} = \frac{1}{0.04046} = 24.72 \text{W/m}^2 \cdot \text{K}$

(2) 증발기 코일 길이(l)

$$q = KA_o\Delta t_m = K(mA_i)\Delta t_m = K(m\pi D_i l)\Delta t_m$$

여기서, K : 외표면 기준 열통과율(W/m² · K)
  A_o : 외표면적(m²)
  A_i : 내표면적(m²)
  D_i : 증발기 내경(m)
  Δt_m : 냉매와 공기의 평균 온도차

$l = \frac{q}{K(m\pi D_i)\Delta t_m} = \frac{4 \times 1,000}{24.72 \times (8.3 \times \pi \times 0.0235) \times 8} = 33.01\text{m}$

4. 응축기 : 응축기 전열면적 / 냉각열량 / 열통과율 / 응축온도

   1) 응축열량(q_c)

   $$q_c = KA\Delta t_m = m_c C\Delta t$$

   여기서, K : 열통과율(W/m² · K)
   A : 전열면적(m²)
   $\Delta t_m =$ 응축온도 $- \dfrac{\text{냉각수 입구온도}(t_{w1}) + \text{냉각수 출구온도}(t_{w2})}{2}$
   m_c : 냉각수량(L/min)
   C : 비열(kJ/kg · K)
   $\Delta t =$ 냉각수 출구온도(t_{w2}) $-$ 냉각수 입구온도(t_{w1})

   2) 응축면적(A, 전열면적)

   $$q_c = KA\Delta T = q_e \times C$$
   $$KA\Delta T = q_e \times C$$
   $$A = \frac{q_e \times C}{K \times \Delta T}$$

   여기서, K : 열통과율(W/m²K)
   A : 응축면적(m²)
   ΔT : 응축온도 $-$ 냉각수 온도
   q_e : 냉동능력
   C : 방열계수

   3) 냉각수의 유량(m_c) 산출

   냉각수의 유량은 응축부하(q_c)를 통해 산출한다.

   $$q_c = m_c C\Delta t$$
   $$m_c = \frac{q_c}{C\Delta t} = \frac{q_e + AW}{C\Delta t}$$

   4) 대수평균온도차(LMTD) 산출

   $$\text{대수평균온도차(LMTD)} = \frac{\Delta_1 - \Delta_2}{\ln\dfrac{\Delta_1}{\Delta_2}}$$

   여기서, Δ_1 : 냉각수 입구 측 냉각수와 냉매의 온도차
   Δ_2 : 냉각수 출구 측 냉각수와 냉매의 온도차

(10년 1회, 18년 3회) (5점)

응축기의 전열면적이 $1m^2$, 송풍량이 $280m^3/h$이고 열통과율이 $42W/m^2 \cdot K$일 때, 응축기 입구 공기온도가 $20°C$, 출구 공기온도가 $26°C$라면 응축온도는 몇 $°C$인가?(단, 공기밀도 $1.2kg/m^3$, 비열 $1.01kJ/kg \cdot K$이고 평균온도차는 산술평균온도로 한다.)

풀이 $q = K \cdot A \cdot \Delta t_m = GC_p \Delta t$

$$\Delta t_m = \frac{GC_p \Delta t}{K \cdot A}$$

$$= \frac{Q\rho C_p \Delta t}{K \cdot A}$$

$$= \frac{280 \times 1.2 \times 1.01 \times (26-20) \times 1,000}{42 \times 1 \times 3,600} = 13.47°C$$

$\Delta t_m =$ 응축온도 $- \dfrac{\text{출구 공기온도} + \text{입구 공기온도}}{2} = t_c - \dfrac{20+26}{2}$

$\therefore t_c = \Delta t_m + \dfrac{20+26}{2}$

$= 13.47 + \dfrac{20+26}{2} = 36.47°C$

5. 각종 부속기기

1) 유분리기 / 수액기 / 액분리기

(1) 유분리기
  ① 설치 위치 : 압축기와 응축기 사이
  ② 설치 목적(기능) : 압축기에서 토출되는 냉매가스 중 윤활유(오일입자)를 분리

(2) 수액기
  ① 설치 위치 : 응축기 하부
  ② 설치 목적(기능) : 응축기에서 응축된 고온 고압의 냉매액을 일시 저장하는 목적의 용기

(3) 액분리기
  ① 설치 위치 : 증발기와 압축기 사이의 흡입배관 중에 증발기보다 높은 위치에 설치
  ② 설치 목적(기능) : 흡입가스 중의 액립을 분리하여 증기만 압축기에 흡입시켜서 액압축(Liquid Hammer)으로부터 위험을 방지
  ③ 작동원리 : 액분리기의 구조와 작동원리는 유분리기와 비슷하며, 흡입가스를 용기에 도입하여 유속을 1m/s 이하로 낮추어 액을 중력에 의하여 분리한다.

핵심문제 (21년 1회) (6점)

다음 냉동장치의 설치 위치 및 기능을 서술하시오.

구분	설치 위치	기능
유분리기		
수액기		

풀이

구분	설치 위치	기능
유분리기	압축기와 응축기 사이	압축기에서 토출되는 냉매가스 중 윤활유(오일입자)를 분리
수액기	응축기 하부	응축기에서 응축된 고온 고압의 냉매액을 일시 저장하는 목적의 용기

6. 주요 용어

1) 액백(액압축)현상[Liquid Back(Hammer)]

(1) 개념
① 증발기의 냉매액이 전부 증발하지 못하고, 액체상태로 압축기로 흡입되는 현상을 말한다.
② 냉동장치에서 압축기에 냉매증기가 아닌 냉매액이 회수되어 오는 경우 그 액량이 많으면 압축기가 파손되는 사고가 발생할 수 있다.

(2) 영향
① 흡입관에 성에가 심하게 덮인다.
② 토출가스 온도가 저하되며 심하면 토출관이 차가워진다.
③ 실린더가 냉각되어 이슬이 맺히거나 성에가 낀다.
④ 심할 경우 크랭크 케이스에 성에가 끼고, 수격작용이 일어나 타격음이 난다.
⑤ 소요동력이 증대된다.
⑥ 압력계 및 전류계의 지침이 떨리고 압축기가 파손될 수 있다.

(3) 원인
① 팽창밸브 열림이 과도하게 클 때(속도저하에 따른 압력강하의 폭이 작아진다.)
② 증발기 냉각관에 유막 및 성에가 두껍게 덮였을 때(전열이 불량하여 증발이 제대로 되지 않는다.)
③ 급격한 부하변동(부하감소)
④ 냉매 과충전 시, 냉매순환량이 과도할 때
⑤ 흡입관에 트랩 등과 같은 액이 고이는 장소가 있을 때
⑥ 액분리기의 기능 불량
⑦ 기동 시 흡입밸브를 갑자기 열었을 때

(4) 대책
① 흡입관에 성에가 낄 정도로 경미할 경우에는 팽창밸브 열림을 조절한다.
② 실린더에 성에가 낄 경우에는 흡입스톱밸브를 닫고 팽창밸브를 닫은 후, 정상상태가 될 때까지 운전을 한 다음 흡입스톱밸브를 서서히 열고, 팽창밸브를 재조정한다.
③ 수격작용이 일어날 경우, 압축기를 정지시키고 워터재킷의 냉각수를 배출하고 크랭크 케이스를 가열시켜(액냉매 증발) 열교환을 한 후 재운전하며, 정도가 심하면 압축기 파손 부품을 교환한다.
④ 냉매 충전량을 적정하게 하고 기동조작에 신중을 기한다.
⑤ 액분리기를 설치한다.

핵심문제 (06년 2회, 15년 2회, 20년 2회) **(4점)**

액압축(Liquid Back or Liquid Hammering)의 발생원인 2가지와 액압축 방지(예방)법 4가지 및 압축기에 미치는 영향 2가지를 쓰시오.

🔍 풀이 (1) 액압축 발생원인 2가지
① 팽창밸브 열림이 과도하게 클 때(속도저하에 따른 압력강하의 폭이 작아진다.)
② 증발기 냉각관에 유막 및 성에가 두껍게 덮였을 때(전열이 불량하여 증발이 제대로 되지 않는다.)
③ 급격한 부하변동(부하감소)
④ 냉매 과충전 시, 냉매순환량이 과도할 때
⑤ 흡입관에 트랩 등과 같은 액이 고이는 장소가 있을 때
⑥ 액분리기의 기능 불량
⑦ 기동 시 흡입밸브를 갑자기 열었을 때

(2) 액압축 방지법 4가지
① 흡입관에 성에가 낄 정도로 경미할 경우에는 팽창밸브 열림을 조절한다.
② 실린더에 성에가 낄 경우에는 흡입스톱밸브를 닫고 팽창밸브를 닫은 후, 정상상태가 될 때까지 운전을 한 다음 흡입스톱밸브를 서서히 열고, 팽창밸브를 재조정한다.
③ 수격작용이 일어날 경우, 압축기를 정지시키고 워터재킷의 냉각수를 배출하고 크랭크 케이스를 가열시켜(액냉매 증발) 열교환을 한 후 재운전하며, 정도가 심하면 압축기 파손 부품을 교환한다.
④ 냉매 충전량을 적정하게 하고 기동조작에 신중을 기한다.
⑤ 액분리기를 설치한다.

(3) 압축기에 미치는 영향 2가지
① 흡입관에 성에가 심하게 덮인다.
② 토출가스 온도가 저하되며 심하면 토출관이 차가워진다.
③ 실린더가 냉각되어 이슬이 맺히거나 성에가 낀다.
④ 심할 경우 크랭크 케이스에 성에가 끼고, 수격작용이 일어나 타격음이 난다.
⑤ 소요동력이 증대된다.
⑥ 압력계 및 전류계의 지침이 떨리고 압축기가 파손될 수 있다.

2) 플래시 가스(Flash Gas)

(1) 정의
플래시 가스란 응축기에서 응축된 냉매액이 과냉각이 덜 되어 팽창밸브로 가는 도중 액의 일부가 기체로 된 것을 말한다.(증발기가 아닌 곳에서 증기 발생)

(2) 발생원인
① 액관이 현저하게 입상한 경우
② 액관 및 액관에 설치한 각종 부속기기의 구경이 작은 경우(전자밸브, 드라이어, 스트레이너, 밸브 등)
③ 액관 및 수액기가 직사광선을 받고 있을 경우
④ 액관이 방열되지 않고 따뜻한 곳을 통과할 경우

(3) 발생영향
① 팽창밸브의 능력 감소로 냉매순환이 감소되어 냉동능력이 감소된다.
② 증발압력이 저하하여 압축비의 상승으로 냉동능력당 소요동력이 증대한다.
③ 흡입가스의 과열로 토출가스 온도가 상승하며 윤활유의 성능을 저하하여 윤활 불량을 초래한다.

(4) 방지대책
① 액가스 열교환기를 설치한다.
② 액관 및 부속기기의 구경을 충분한 것으로 사용한다.
③ 압력강하가 적도록 배관 설계를 한다.
④ 액관을 방열한다.
⑤ 냉매를 과냉각한다.
⑥ 액관과 수액기가 외부에서 열을 얻지 않도록 단열한다.

3) 안전두(Safety Head)

(1) 개념
액압축 시 압축기 파손을 방지하기 위해 압축기의 실린더 상부에 설치한 안전장치이다.

(2) 원리
실린더 상부에 있는 토출밸브어셈블리를 안전두 스프링이 누르고 있으며, 실린더 내의 압력이 토출압력보다 약 0.3MPa(3kgf/cm^2) 높아지면 토출밸브어셈블리가 밀어올려져 실린더 내의 높은 압력이 빠져나가게 되어 압축기의 파손을 방지한다.

4) 펌프다운(Pump Down)과 펌프아웃(Pump Out)

(1) 펌프다운(Pump Down)
① 개념 : 냉동장치의 저압 측을 수리하거나 장기간 휴지(정지) 시 저압 측의 냉매를 고압 측의 수액기로 회수하는 것(운전)을 펌프다운이라 한다.
② 적용방법 : 펌프다운 시 저압 측 압력은 대기압보다 약간 높은 $0.01MPa \cdot g(0.1kgf/cm^2 \cdot g)$으로 유지하여 외부공기가 장치 내로 유입되지 않게 한다.

(2) 펌프아웃(Pump Out)
① 개념 : 냉동장치의 고압 측을 수리할 때 냉매를 저압 측 증발기 또는 외부 용기에 모아 보관하는 것(운전)을 펌프아웃이라 한다.
② 적용방법 : 수리가 끝나면 진공시험 후 정상적으로 냉매를 충전시킨다.

5) 적상(착상, Frost)과 제상(Defrost)

(1) 개념
공기 냉각용 증발기에서 대기 중의 수증기가 응축 동결되어 서리 상태로 냉각관 표면에 부착하는 현상을 적상(착상, Frost)이라고 하며, 이를 제거하는 작업을 제상(Defrost)이라고 한다.

(2) 적상(착상, Frost)의 영향
① 전열 불량으로 냉장실 내 온도 상승 및 액압축 초래
② 증발압력 저하로 압축비 상승
③ 증발온도 저하
④ 실린더 과열로 토출가스 온도 상승
⑤ 윤활유의 열화 및 탄화 우려
⑥ 체적효율 저하 및 압축기 소비동력 증대
⑦ 성적계수 및 냉동능력 감소

(3) 제상(Defrost) 방법

구분	방법
압축기 정지 제상 (Off Cycle Defrost)	1일 6~8시간 정도 냉동기를 정지시키는 제상
온공기 제상 (Warm Air Defrost)	압축기 정지 후 Fan을 가동시켜 실내공기로 6~8시간 정도 제상
전열 제상 (Electric Defrost)	증발기에 히터를 설치하여 제상

구분	방법
살수식 제상 (Water Spray Defrost)	10~25℃의 온수를 살수시켜 제상
브라인 분무 제상 (Brine Spray Defrost)	냉각관 표면에 부동액 또는 브라인을 살포시켜 제상
온 브라인 제상 (Hot Brine Defrost)	순환 중인 차가운 브라인을 주기적으로 따뜻한 브라인으로 바꾸어 순환시켜 제상
고압(고온)가스 제상 (Hot Gas Defrost)	• 압축기에서 토출된 고온 고압의 냉매가스를 증발기로 유입시켜 고압(고온)가스의 응축잠열에 의해 제상하는 방법으로 제상시간이 짧고 쉽게 설비할 수 있어 대형일 경우 많이 채용함 • 냉매 충전량이 적은 소형 냉동장치의 경우 정상운전이 힘들어 사용하지 않음

핵심문제

(14년 3회, 20년 1회, 23년 2회) **(5점)**

냉동장치 운전 중에 발생되는 현상과 운전관리에 대한 다음 물음에 답하시오.

(1) 플래시 가스(Flash Gas)에 대하여 설명하시오.
(2) 액압축(Liquid Hammer)에 대하여 설명하시오.
(3) 안전두(Safety Head)에 대하여 설명하시오.
(4) 펌프다운(Pump Down)에 대하여 설명하시오.
(5) 펌프아웃(Pump Out)에 대하여 설명하시오.

풀이 (1) 플래시 가스(Flash Gas)
응축기에서 응축된 냉매액이 과냉각이 덜 되어 팽창밸브로 가는 도중 액의 일부가 기체로 된 것을 말한다.

(2) 액압축(Liquid Hammer)
증발기의 냉매액이 전부 증발하지 못하고, 액체상태로 압축기로 흡입되는 현상을 말한다.

(3) 안전두(Safety Head)
액압축 시 압축기 파손을 방지하기 위해 압축기의 실린더 상부에 설치한 안전장치이다.

(4) 펌프다운(Pump Down)
냉동장치의 저압 측을 수리하거나 장기간 휴지(정지) 시에 저압 측의 냉매를 고압 측의 수액기로 회수하는 것(운전)을 펌프다운이라 한다.

(5) 펌프아웃(Pump Out)
냉동장치의 고압 측을 수리할 때 냉매를 저압 측 증발기 또는 외부 용기에 모아 보관하는 것(운전)을 펌프아웃이라 한다.

01 다음의 그림과 같은 암모니아 수동식 가스퍼저(불응축가스 분리기)에 대한 배관도를 완성하시오.
[단, ABC선을 적정한 위치와 점선으로 연결하고, 스톱밸브(Stop Valve)는 생략한다]

(12년 3회, 19년 3회) (5점)

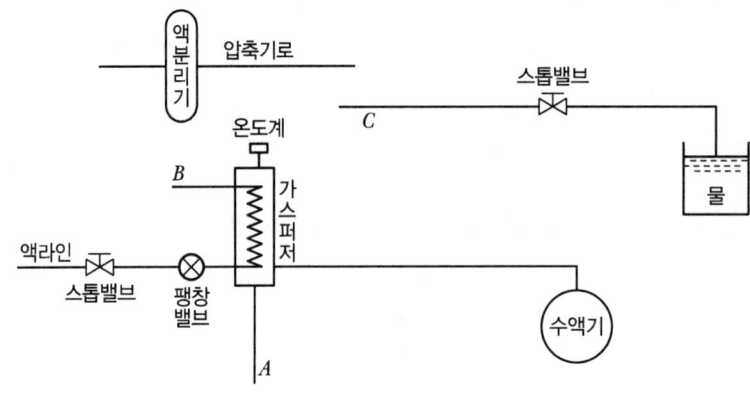

풀이

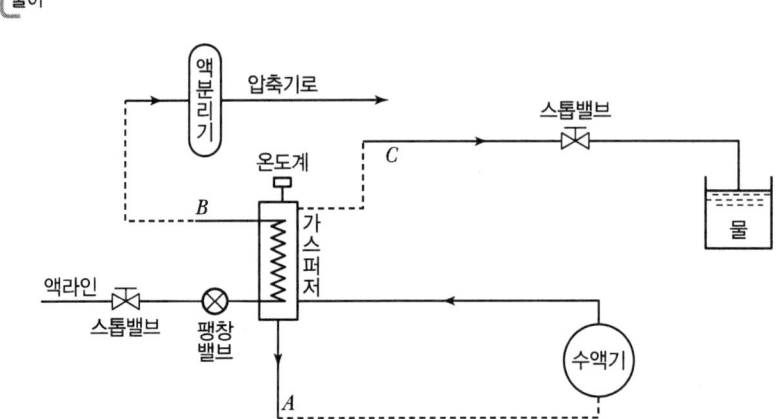

02 다음 그림과 같은 냉동장치에서 압축기 축동력은 몇 kW인가?(단, 1RT = 3.86kW)

(11년 1회, 20년 2회) (6점)

- 장치도

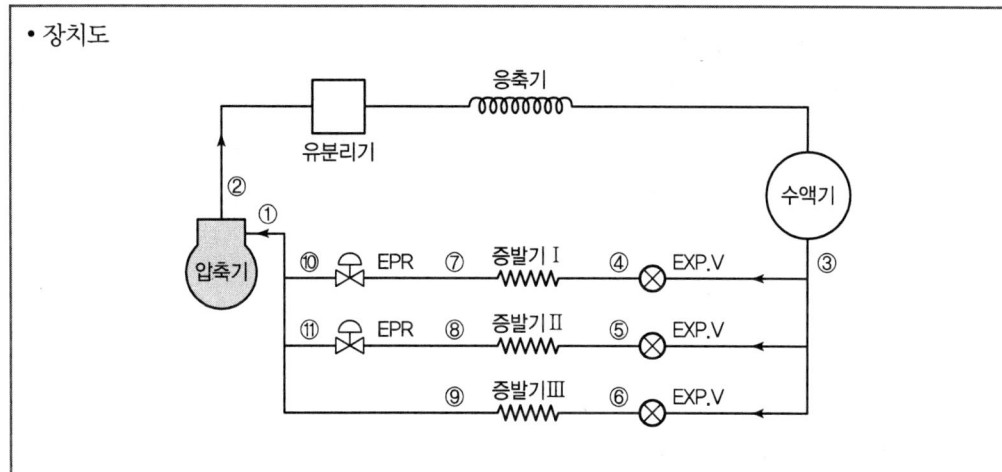

- 증발기의 냉동능력(RT)

증발기	I	II	III
냉동톤	1	2	2

- 냉매의 엔탈피(kJ/kg)

구분	h_2	h_3	h_7	h_8	h_9
h	682	458	626	622	617

- 압축효율 0.65, 기계효율 0.85

풀이

축동력 $L = \dfrac{(G_I + G_{II} + G_{III}) \times (h_2 - h_1)}{3,600 \times \eta_c \times \eta_m}$ 이므로

냉매순환량 G_I, G_{II}, G_{III} 및 엔탈피 h_1을 구하여 대입한다.(여기서, η_c : 압축효율, η_m : 기계효율)

- 냉매순환량

$G_I = \dfrac{Q_{e1}}{h_7 - h_4} = \dfrac{Q_{e1}}{h_7 - h_3} = \dfrac{1 \times 3.86 \times 3,600}{626 - 458} = 82.71 \text{kg/h}$

$G_{II} = \dfrac{Q_{e2}}{h_8 - h_5} = \dfrac{Q_{e2}}{h_8 - h_3} = \dfrac{2 \times 3.86 \times 3,600}{622 - 458} = 169.46 \text{kg/h}$

$G_{III} = \dfrac{Q_{e3}}{h_9 - h_6} = \dfrac{Q_{e3}}{h_9 - h_3} = \dfrac{2 \times 3.86 \times 3,600}{617 - 458} = 174.79 \text{kg/h}$

- 혼합가스의 엔탈피(h_1) 산출을 위한 열평형식

$$G_I h_{10} + G_{II} h_{11} + G_{III} h_9 = (G_I + G_{II} + G_{III})h_1 \text{에서}$$

$$h_1 = \frac{G_I h_{10} + G_{II} h_{11} + G_{III} h_9}{G_I + G_{II} + G_{III}},$$

$h_{10} = h_7$, $h_{11} = h_8$ 이므로

$$h_1 = \frac{(82.71 \times 626) + (169.46 \times 622) + (174.79 \times 617)}{82.71 + 169.46 + 174.79} = 620.73 \text{kJ/kg}$$

$$\therefore \text{축동력 } L = \frac{(82.71 + 169.46 + 174.79) \times (682 - 620.73)}{3,600 \times 0.65 \times 0.85} = 13.15 \text{kW}$$

03 왕복동 압축기의 실린더 지름 120mm, 피스톤 행정 65mm, 회전수 1,200rpm, 체적효율 70%, 6기통일 때 압축기 토출량 m^3/h를 구하시오. (17년 3회) (3점)

> 풀이

$$\text{압축기 토출량} = \frac{\pi D^2}{4} LNZ \times 60 \times \eta_v$$

$$= \frac{\pi \times 0.12^2}{4} \times 0.065 \times 1,200 \times 6 \times 60 \times 0.7$$

$$= 222.30 \text{m}^3/\text{h}$$

여기서, D : 실린더 지름(m)
L : 피스톤 행정(m)
N : 회전수(rpm)
Z : 기통수
η_v : 체적효율

04 다음과 같은 조건의 냉동장치 압축기의 분당 회전수를 구하시오.

(12년 1회, 20년 2회) (2점)

[조건]
1. 압축기 흡입증기의 비체적 : 0.15m³/kg, 압축기 흡입증기의 엔탈피 : 611kJ/kg
2. 압축기 토출증기의 엔탈피 : 687kJ/kg, 팽창밸브 직후의 엔탈피 : 460kJ/kg
3. 냉동능력 : 10RT, 압축기 체적효율 : 65%
4. 압축기 기통경 : 120mm, 행정 : 100mm, 기통수 6기통(단, 1RT=3.86kW)

풀이

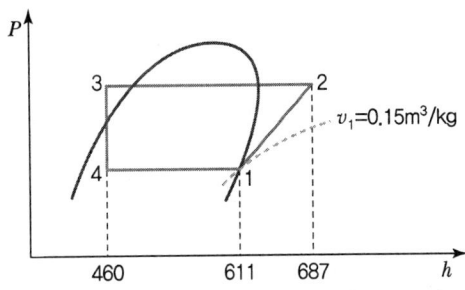

- 피스톤 배출량 $V = \dfrac{\pi}{4} D^2 \cdot L \cdot N \cdot Z \cdot 60$

  $N = \dfrac{4 \cdot V}{\pi D^2 \cdot L \cdot Z \cdot 60}$ [rpm]

  여기서, V : 피스톤 배출량(m³/h)
  D : 기통경(m)
  L : 행정길이(m)
  N : 분당 회전수(rpm)
  Z : 기통수

- V 산출

  냉동능력 $Q_e = G(h_1 - h_4) = \dfrac{V}{v_1} \eta_v (h_1 - h_4)$

  $V = \dfrac{Q_e \cdot v_1}{\eta_v (h_1 - h_4)}$ [m³/h]

- 압축기 분당 회전수를 위 식에서 구하면

  $N = \dfrac{4}{\pi D^2 \cdot L \cdot Z \cdot 60} \times \dfrac{Q_e \cdot v_1}{\eta_v (h_1 - h_4)}$

  $= \dfrac{4}{\pi \times 0.12^2 \times 0.1 \times 6 \times 60} \times \dfrac{10 \times 3.86 \times 3{,}600 \times 0.15}{0.65 \times (611 - 460)}$

  $= 521.60 \text{rpm}$

05 프레온 냉동장치에서 1대의 압축기로 증발온도가 다른 2대의 증발기를 냉각운전하고자 한다. 이때 1대의 증발기에 증발압력조정밸브를 부착하여 제어하고자 한다면, 아래의 냉동장치는 어디에 증발압력조정밸브 및 체크밸브를 부착하여야 하는지 흐름도를 완성하시오. 또 증발압력조정밸브의 기능을 간단히 설명하시오. (03년 2회, 07년 2회(유), 09년 1회, 16년 1회(유), 18년 2회, 23년 3회) (10점)

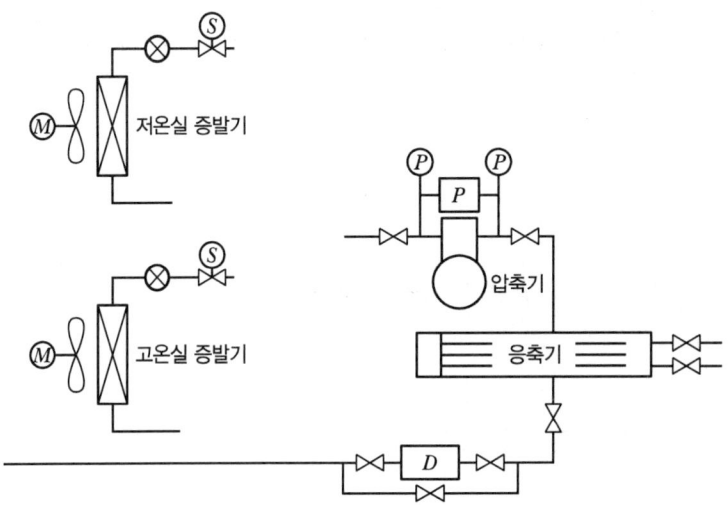

> **풀이**

(1) 냉동장치의 흐름도

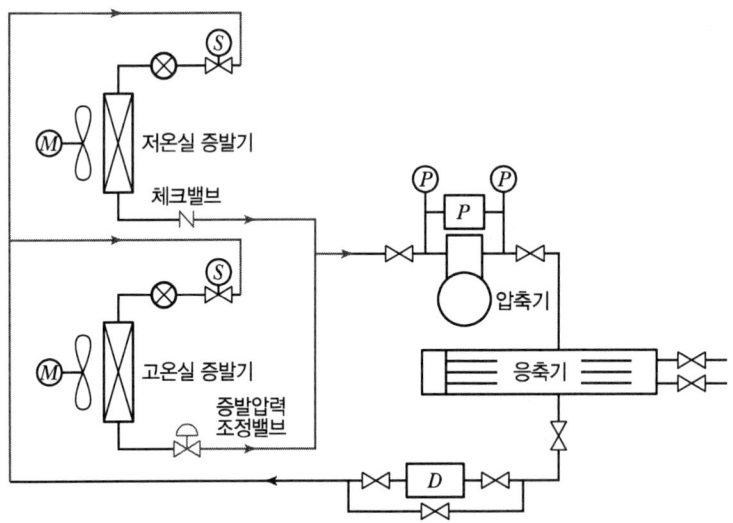

(2) 증발압력조정밸브(EPR)의 기능

증발압력조정밸브(EPR : Evaporator Pressure Regulator)는 증발압력(온도)이 소정압력(온도) 이하가 되는 것을 방지(증발온도의 저온화 및 동파를 방지)하는 역할을 한다.

06 수랭식 응축기의 응축온도 43℃, 냉각수 입구온도 32℃, 출구온도 37℃에서 냉각수 순환수량이 320L/min이다. (10년 2회, 21년 3회) (8점)

(1) 응축열량(kW)을 구하여라.

(2) 전열면적이 20m²이라면 열통과율은 몇 W/m² · K인가?(단, 응축온도와 냉각수 평균온도는 산술평균온도차로 하며 냉각수의 비열은 4.2kJ/kg · K이다.)

(3) 응축조건이 같은 상태에서 냉각수량을 400L/min으로 하면 응축온도는 몇 ℃인가?

> **풀이**
>
> (1) 응축열량(Q_C)
> $Q_C = G \cdot C \cdot \Delta t_w = 320 \times 4.2 \times (37-32) = 6{,}720 \text{kJ/min} = 112 \text{kW}$
>
> (2) 열통과율(K)
>
> $Q_C = K \cdot A \cdot \Delta t_w \rightarrow K = \dfrac{Q_C}{A \cdot \Delta t_m}$
>
> $\therefore K = \dfrac{Q_C}{A \cdot \Delta t_m} = \dfrac{Q_C}{A \cdot t_c - \dfrac{t_1+t_2}{2}} = \dfrac{112 \times 10^3}{20 \times 43 - \dfrac{32+37}{2}} = 658.82 \text{W/m}^2 \cdot \text{K}$
>
> (3) 응축온도(t_c)
> 냉각수량이 달라져 냉각수 출구온도(t_2)가 변하므로, 별도로 냉각수 출구온도(t_2)를 구해주어야 한다.
>
> $\Delta t_m = t_c - \dfrac{t_1+t_2}{2} \rightarrow t_c = \Delta t_m + \dfrac{t_1+t_2}{2}$
>
> 여기서 t_2는
>
> $Q_C = G \cdot C \cdot (t_2 - t_1) \rightarrow t_2 = t_1 + \dfrac{Q_C}{G \cdot C} = 32 + \dfrac{112 \times 60}{400 \times 4.2} = 36℃$
>
> 여기서, 문제조건에 따라 냉각수량 G는 400L/min으로 적용한다.
>
> $\therefore t_c = 8.5 + \dfrac{32+36}{2} = 42.5℃$

07 냉동장치에 사용하는 액분리기에 대하여 다음 물음에 답하시오. (18년 2회) (6점)

(1) 설치 목적
(2) 설치 위치

> **풀이**
>
> (1) 설치 목적
>   흡입가스 중의 액립을 분리하여 증기만 압축기에 흡입시켜서 액압축(Liquid Hammer)으로부터 위험을 방지
>
> (2) 설치 위치
>   증발기와 압축기 사이의 흡입배관 중에 증발기보다 높은 위치에 설치

08 암모니아 냉동장치, 부하변동이 심한 냉동장치 등에서 증발기와 압축기 사이의 흡입가스배관에 액분리기를 설치하여 흡입가스에 냉매액이 혼합되어 있을 때 냉매액을 분리하여 증기만을 압축기에 흡입시켜 액압축으로 인한 압축기의 파손을 방지하게 된다.

(1) 압축기가 액체상태의 냉매를 흡입하는 상태 혹은 현상을 무엇이라 하는가?
(2) 위의 현상을 대비하기 위하여 압축기 전단 흡입측에 액분리기(Accumulator)를 설치한다. 액분리기 내 하부에 모인 냉매액의 용도를 두 가지 쓰시오. (21년 1회) (6점)

> **풀이**
>
> (1) 액백현상(Liquid Back)
> (2) 액분리기 내 하부에 모인 냉매액의 용도
>   ① 액회수 장치를 통해 고압측 수액기로 회수
>   ② 자중에 의해 증발기로 재순환

09 겨울철 냉동장치 운전 중에 고압 측 압력이 갑자기 낮을 경우 장치 내에서 일어나는 현상을 3가지 쓰고 그 이유를 각각 설명하시오. (10년 1회, 13년 3회, 18년 1회, 20년 4회) (6점)

> **풀이**
>
> (1) 팽창밸브 통과하는 냉매량 감소
>   유속(V) 저하에 따른 시간당 통과하는 냉매량(G, 유량) 감소($G = AV$)
>
> (2) 단위시간당 냉동능력 감소
>   통과 냉매량(G)이 감소하므로 단위시간당 냉동능력(Q_e) 감소($Q_e = G \cdot q_e$)
>
> (3) 압축기 소요동력 증가
>   냉동능력 감소에 따라 동일 냉동능력 확보를 위해 압축기 가동시간 증가 및 이에 따른 소요동력 증가

10 겨울철이나 중간기에 응축기의 운전 중 압력이 갑자기 낮아지는 경우가 있다. 다음 물음에 답하시오. (21년 2회) (8점)

(1) 응축기의 압력이 갑자기 낮아지는 이유를 쓰시오.
(2) 응축기를 증발기로 사용할 경우 응축식 증발기에서 압력이 갑자기 낮아지는 경우 조치방법을 3가지 쓰시오.

> **풀이**
>
> (1) 응축기의 압력이 갑자기 낮아지는 이유
>   겨울철 낮은 외기온도에 의해 응축기 통과 공기온도가 낮아짐에 따라 응축기 압력이 갑자기 낮아지게 된다.
>
> (2) 응축식 증발기 압력이 갑자기 낮아지는 경우 조치방법 3가지
>   ① 응축압력조정밸브(CPR : Condenser Pressure Regulator) 설치
>   ② 증발기 통과 풍량 증가
>   ③ 팽창밸브의 개도를 크게하여 많은 냉매가 증발기에 유입되도록 하여 증발압력을 높인다.
>   ④ 히터를 이용하여 증발기에서 냉매의 증발을 촉진시킨다.
>   ⑤ 증발기에 서리가 끼어 있으면 제상하여 증발이 원활하게 이루어지도록 한다.

11 냉동장치의 동 도금(동 부착 : Copper Plating) 현상에 대하여 서술하시오.

(13년 2회, 21년 3회) (6점)

풀이

(1) 발생개념
  ① 프레온계, 탄화수소계 냉매를 사용하는 냉동장치의 동(Copper)배관에 수분이 혼입되면 수분과 프레온계, 탄화수소계 냉매가 작용(가수분해)하여 염산, 불화수소산 등의 산성물질을 발생한다.
  ② 이 산성물질은 동을 침식시켜 분말화하고, 이 분말이 냉동장치를 순환하다가 고온부 실린더 내벽, 피스톤, 밸브 등에 부착(코팅)되는 현상을 동 도금(동 부착, Copper Plating)이라고 한다.

(2) 문제점
  ① 체적효율 및 냉동능력 감소
  ② 각종 소손 발생
  ③ 실린더 과열 및 윤활유 열화

12 아래 표기된 제어 기기의 명칭을 쓰시오.

(17년 3회) (5점)

| ① TEV | ② SV | ③ HPS | ④ OPS | ⑤ DPS |

풀이

① TEV : 온도식 자동팽창밸브(Thermostatic Expansion Valve)
② SV : 전자 밸브(Solenoid Valve)
③ HPS : 고압 차단 스위치(High Pressure cut out Switch)
④ OPS : 유압 보호 스위치(Oil Protection Switch)
⑤ DPS : 고저압 차단 스위치(Dual Pressure cut out Switch)

CHAPTER 04 전열

1. 전열 기본사항

1) 열관류율(열통과율) 및 열손실량 산출

(1) 열관류율(열통과율) 산출

벽체 열관류율은 열저항의 합을 구한 후, 그것의 역수를 취해 구한다.

$$\text{열관류율}(\text{W/m}^2 \cdot \text{K}) = \frac{1}{\sum \text{열저항}(\text{m}^2 \cdot \text{K/W})}$$

(2) 벽체 열손실량 산출

$$q = K \times A \times \Delta t$$

여기서, q : 손실열량(W)
K : 열관류율($\text{W/m}^2 \cdot \text{K}$)
A : 면적(m^2)
Δt : 실내외 온도차(℃)

(3) 배관 열손실량 산출

$$q = \frac{2\pi L(t_i - t_o)}{\frac{1}{\lambda} \ln \frac{d_o}{d_i}}$$

여기서, q : 전열량(W)
L : 관의 길이(m)
t_i : 방열층 내측 온도(℃)
t_o : 방열층 외측 온도(℃)
λ : 열전도율($\text{W/m} \cdot \text{K}$)
d_i : 내부 직경(m)
d_o : 외부 직경(m)

핵심문제 (05년 2회, 18년 2회, 20년 4회, 23년 3회) **(6점)**

다음과 같은 벽체의 열관류율을 구하시오. (단, 외표면 열전달률 $\alpha_o = 23\text{W/m}^2 \cdot \text{K}$, 내표면 열전달률 $\alpha_i = 9\text{W/m}^2 \cdot \text{K}$로 한다.)

재료명	두께(mm)	열전도율(W/m·K)
1. 모르타르	30	1.4
2. 콘크리트	130	1.6
3. 모르타르	20	1.4
4. 스티로폼	50	0.037
5. 석고보드	10	0.21

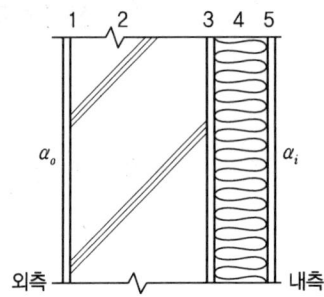

풀이 벽체의 열관류율(K)

$$R = \frac{1}{\alpha_o} + \frac{l_1}{\lambda_1} + \frac{l_2}{\lambda_2} + \frac{l_3}{\lambda_3} + \frac{l_4}{\lambda_4} + \frac{l_5}{\lambda_5} + \frac{1}{\alpha_i}$$

여기서, l은 m 단위로 환산하여 기입한다.

$$= \frac{1}{23} + \frac{0.03}{1.4} + \frac{0.13}{1.6} + \frac{0.02}{1.4} + \frac{0.05}{0.037} + \frac{0.01}{0.21} + \frac{1}{9} = 1.6705$$

$$\therefore K = \frac{1}{R} = \frac{1}{1.6705} = 0.60 \text{W/m}^2 \cdot \text{K}$$

(11년 3회, 16년 2회, 17년 1회, 19년 3회) (6점)

어느 벽체의 구조가 다음과 같은 조건을 갖출 때 각 물음에 답하시오.

[조건]
1. 실내온도 : 25℃, 외기온도 −5℃
2. 외벽의 면적 : 40m²
3. 벽체의 구조
4. 공기층 열 컨덕턴스 : 21.8kJ/m² · h · K

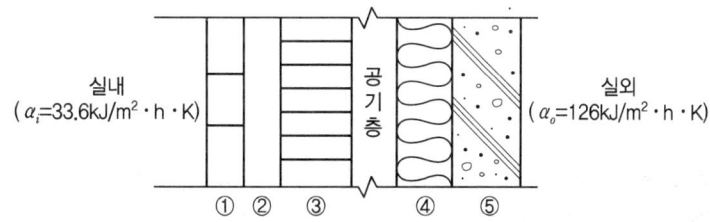

재료	두께(m)	열전도율(kJ/m · h · K)
1. 타일	0.01	4.6
2. 시멘트 모르타르	0.03	4.6
3. 시멘트 벽돌	0.19	5
4. 스티로폼	0.05	0.13
5. 콘크리트	0.10	5.9

(1) 벽체의 열통과율(kJ/m² · h · K)을 구하시오.
(2) 벽체의 손실열량(kJ/h)을 구하시오.
(3) 벽체의 내표면 온도(℃)를 구하시오.

풀이 (1) 벽체 열통과율(K)

$$R = \frac{1}{\alpha_i} + \frac{l_1}{\lambda_1} + \frac{l_2}{\lambda_2} + \frac{l_3}{\lambda_3} + \frac{1}{c} + \frac{l_4}{\lambda_4} + \frac{l_5}{\lambda_5} + \frac{1}{\alpha_o}$$

여기서, c : 공기층 열 컨덕턴스

$$= \frac{1}{33.6} + \frac{0.01}{4.6} + \frac{0.03}{4.6} + \frac{0.19}{5} + \frac{1}{21.8} + \frac{0.05}{0.13} + \frac{0.10}{5.9} + \frac{1}{126} = 0.5318$$

$$\therefore K = \frac{1}{R} = \frac{1}{0.5318} = 1.88 \text{kJ/m}^2 \cdot \text{h} \cdot \text{K}$$

(2) 벽체 손실열량(q)
$$q = KA\Delta t = 1.88 \times 40 \times (25 - (-5)) = 2,256 \text{kJ/h}$$

(3) 벽체 내표면 온도(t_s)

열평형식 $KA\Delta t = \alpha_i A \Delta t_s \rightarrow K\Delta t = \alpha_i \Delta t_s$

$\Delta t_s = \dfrac{K\Delta t}{\alpha_i}$

$= \dfrac{1.88 \times (25-(-5))}{33.6} = 1.68$

∴ $t_s = t_i - \Delta t_s = 25 - 1.68 = 23.32℃$

2) 결로 판정

핵심문제 (03년 1회, 19년 3회, 23년 3회) **(5점)**

실내조건이 온도 27℃, 습도 60%인 정밀기계공장 실내에 피복하지 않은 덕트가 노출되어 있다. 결로방지(結露防止)를 위한 보온이 필요한지 여부를 계산식으로 나타내어 판정하시오. (단, 덕트 내 공기온도를 20℃로 하고 실내노점온도는 $t_a'' = 19.5℃$, 덕트표면 열전달률 $\alpha_0 = 9.3 W/m^2 \cdot K$, 덕트재료 열관류율 $K = 0.58 W/m^2 \cdot K$로 한다.)

풀이 보온 필요여부 판정

$q = K \cdot A(27-20)$

$q_s = \alpha_o \cdot A(27-t_s)$

$q = q_s$

$K \cdot A(27-20) = \alpha_o \cdot A(27-t_s)$

$t_s = 27 - \dfrac{K \times (27-20)}{\alpha_o} = 27 - \dfrac{0.58 \times (27-20)}{9.3} = 26.56℃$

[판정]
덕트표면 온도 $t_s(26.56℃)$ > 실내공기 노점온도 $t_a''(19.5℃)$이므로 결로가 발생하지 않으며, 이에 따라 결로방지를 위한 보온은 필요하지 않다.

3) 냉장고 침입열량

 **핵심문제** (02년 1회, 07년 3회, 09년 2회, 17년 2회, 19년 2회) **(6점)**

어떤 방열벽의 열통과율이 $0.35W/m^2 \cdot K$이며, 벽 면적은 $1,200m^2$인 냉장고가 외기온도 35℃에서 사용되고 있다. 이 냉장고의 증발기는 열통과율이 $29W/m^2 \cdot K$이고 전열면적은 $30m^2$이다. 이때 각 물음에 답하시오.(단, 이 식품 이외의 냉장고 내 발생열 부하는 무시하며, 증발온도는 −15℃로 한다.)

(1) 냉장고 내 온도가 0℃일 때 외기로부터 방열벽을 통해 침입하는 열량은 몇 kW인가?
(2) 냉장고 내 열전달률 $5.8W/m^2 \cdot K$, 전열면적 $600m^2$, 온도 10℃인 식품을 보관했을 때 이 식품의 발생열 부하에 의한 고내 온도는 몇 ℃가 되는가?

풀이 (1) 냉장고 내 온도가 0℃일 때 방열벽 침입열량(q)

$q = K \cdot A \cdot \Delta t$
$= 0.35 \times 1,200 \times (35-0) = 14,700W = 14.7kW$

(2) 식품의 발생열에 의한 고내 온도(t)
① 고내 온도(t) : 냉장고 내에 열평형이 이루어질 때의 온도
② 식품에서의 발생열량+벽체 침입열량=증발기 냉각열량
  • 식품에서 발생열량(q_1)
  $q_1 = K \cdot A \cdot \Delta t = 5.8 \times 600 \times (10-t)$
  • 벽체 침입열량(q_2)
  $q_2 = K \cdot A \cdot \Delta t = 0.35 \times 1,200 \times (35-t)$
  • 증발기 냉각열량(q_3)
  $q_3 = K \cdot A \cdot \Delta t = 29 \times 30 \times (t-(-15))$

$q_1 + q_2 = q_3$
$5.8 \times 600 \times (10-t) + 0.35 \times 1,200 \times (35-t) = 29 \times 30 \times (t+15)$
∴ $t = 7.64℃$

4) 전열면적

핵심문제 (02년 2회, 07년 2회, 09년 1회, 18년 2회) **(4점)**

증기 대 수 원통 다관형(셸 튜브형) 열교환기에서 열교환량 2,100MJ/h, 입구수온 60℃, 출구수온 70℃일 때 관의 전열면적은 얼마인가?(단, 사용 증기온도는 103℃, 관의 열관류율은 2.1kW/m² · K이다.)

풀이 전열면적(A)

$q = K \cdot A \cdot \Delta t_m$ 에서

$$A = \frac{q}{K \cdot \Delta t_m}$$

여기서, Δt_m은 대수평균온도차로 구해준다.

$$\Delta t_m = \frac{\Delta t_1 - \Delta t_2}{\ln \frac{\Delta t_1}{\Delta t_2}} = \frac{43 - 33}{\ln \frac{43}{33}} = 37.78℃$$

여기서, Δt_1(입구 측 온도차) $103 - 60 = 43℃$

Δt_2(출구 측 온도차) $103 - 70 = 33℃$

$$\therefore A = \frac{2,100 \times 10^3}{2.1 \times 37.78 \times 3,600} = 7.35 \text{m}^2$$

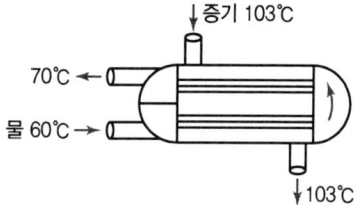

# 실전문제

01 다음과 같은 벽체의 열관류율($W/m^2 \cdot K$)을 계산하시오.

(01년 1회, 09년 1회, 11년 1회, 13년 2회, 14년 3회, 18년 3회) (5점)

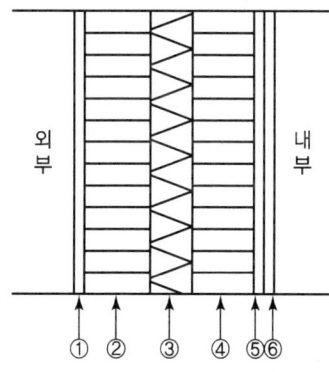

▼ [표 1] 재료표

재료번호	종류	재료두께(mm)	열전도율($W/m \cdot K$)
①	모르타르	20	1.3
②	시멘트벽돌	100	0.78
③	글라스울	50	0.04
④	시멘트벽돌	100	0.78
⑤	모르타르	20	1.3
⑥	비닐벽지	2	0.23

▼ [표 2] 벽 표면의 열전달율($W/m^2 \cdot K$)

실내 측	수직면	8.7
실외 측	수직면	23.3

풀이

벽체의 열관류율(K)

$$R = \frac{1}{\alpha_o} + \frac{l_1}{\lambda_1} + \frac{l_2}{\lambda_2} + \frac{l_3}{\lambda_3} + \frac{l_4}{\lambda_4} + \frac{l_5}{\lambda_5} + \frac{l_6}{\lambda_6} + \frac{1}{\alpha_i}$$

$$= \frac{1}{23.3} + \frac{0.02}{1.3} + \frac{0.1}{0.78} + \frac{0.05}{0.04} + \frac{0.1}{0.78} + \frac{0.02}{1.3} + \frac{0.002}{0.23} + \frac{1}{8.7} = 1.7037$$

$$\therefore K = \frac{1}{R} = \frac{1}{1.7037} = 0.59 W/m^2 \cdot K$$

02 다음과 같은 운전조건을 갖는 브라인 쿨러가 있다. 전열면적이 25m²일 때, 각 물음에 답하시오. (단, 평균온도차는 산출평균온도차를 이용한다.) (20년 3회) (5점)

[조건]
1. 브라인 비중 : 1.24
2. 브라인 비열 : 2.81kJ/kg · K
3. 브라인의 유량 : 200L/min
4. 쿨러로 들어가는 브라인 온도 : $-18℃$
5. 쿨러에서 나오는 브라인 온도 : $-23℃$
6. 쿨러 냉매 증발온도 : $-26℃$

(1) 브라인 쿨러의 냉동부하(kW)를 구하시오.
(2) 브라인 쿨러의 열통과율(W/m² · K)을 구하시오.

풀이

(1) 브라인 쿨러의 냉동부하(q)

$q = GC\Delta t = Q\rho C\Delta t$

$= \dfrac{200 \times 1.24 \times 2.81 \times (-18-(-23))}{60} = 58.07 \text{kW}$

(2) 브라인 쿨러의 열통과율(K)

$q = KA\Delta t_m$

$K = \dfrac{q}{A\Delta t_m}$

$\therefore K = \dfrac{58.07 \times 1,000}{25 \times \left(\dfrac{-18+(-23)}{2} - (-26)\right)} = 422.33 \text{W/m}^2 \cdot \text{K}$

03 냉장실의 냉동부하 7kW, 냉장실 내 온도를 -20℃로 유지하는 나관 상태의 천장 코일의 냉각관 길이(m)를 구하시오.(단, 천장 코일의 증발관 내 냉매의 증발온도는 -28℃, 외표면적 0.19m²/m, 열통과율은 8W/m²K이다.) (08년 1회, 11년 2회, 13년 3회, 16년 3회, 17년 3회, 20년 3회, 23년 1회) (4점)

> **풀이**
>
> **냉각관 길이(L)**
> $q = K \cdot A \cdot \Delta t$
> 여기서, A는 1m당 외표면적(A_k)과 냉각관 길이(L)의 곱이다.
>
> $q = K \cdot A_k \cdot L \cdot \Delta t$
>
> $\therefore L = \dfrac{q}{K \times A_k \times \Delta t}$
>
> $= \dfrac{7 \times 1,000}{8 \times 0.19 \times (-20 - (-28))} = 575.66\text{m}$

04 다음과 같이 3중으로 된 노벽이 있다. 이 노벽의 내부온도를 1,370℃, 외부온도를 280℃로 유지하고, 정상상태에서 노벽을 통과하는 열량을 4.07kW/m²으로 유지하고자 한다. 이때 사용온도 범위 내에서 노벽 전체의 두께가 최소가 되는 벽의 두께를 결정하시오.

(06년 2회, 15년 1회, 19년 2회) (6점)

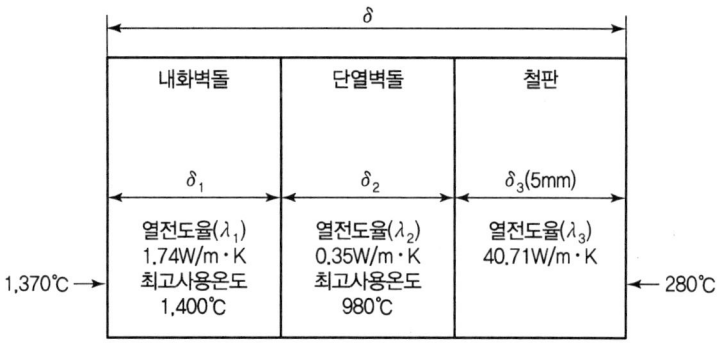

| 풀이 |

최소 벽 두께 결정

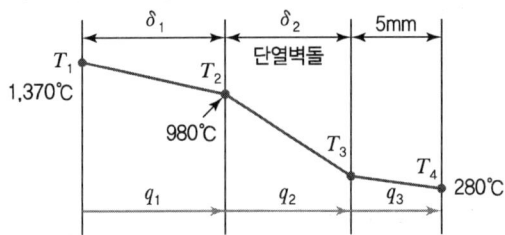

- 열전도율과 열저항은 서로 반비례하므로 열전도율이 가장 작은 단열벽돌의 두께가 최대가 될 때 노벽 전체의 두께는 최소가 된다.
- 온도구배와 열저항은 서로 비례하므로 단일벽돌 두께(δ_2)가 최대가 되려면 단열벽돌 앞뒷면 온도차 ($T_2 - T_3$)가 최대가 되어야 한다. 따라서 T_2는 최고 사용온도가 되어야 하므로 $T_2 = 980℃$ 이다.

$q_1 = \dfrac{\lambda_1}{\delta_1} A(T_1 - T_2)$ ⋯⋯⋯⋯⋯⋯⋯⋯⋯⋯ ⓐ

$q_2 = \dfrac{\lambda_2}{\delta_2} A(T_2 - T_3)$ ⋯⋯⋯⋯⋯⋯⋯⋯⋯⋯ ⓑ

$q_3 = \dfrac{\lambda_3}{\delta_3} A(T_3 - T_4)$ ⋯⋯⋯⋯⋯⋯⋯⋯⋯⋯ ⓒ

$q_1 = q_2 = q_3 = 4.07 \text{kW/m}^2$ ⋯⋯⋯⋯⋯⋯⋯ ⓓ

(1) 내화벽돌 두께(δ_1)

ⓐ식으로부터

$\delta_1 = \dfrac{\lambda_1}{q_1} A(T_1 - T_2) = \dfrac{1.74}{4.07 \times 1,000} \times 1 \times (1,370 - 980) = 0.166732 \text{m} = 166.732 \text{mm}$

(2) 단열벽돌 두께(δ_2)

ⓒ식으로부터 T_3를 먼저 구한다.

$q_3 = \dfrac{\lambda_3}{\delta_3} A(T_3 - T_4)$

$T_3 = T_4 + \dfrac{q_3 \delta_3}{\lambda_3 A} = 280 + \dfrac{4.07 \times 1,000 \times 0.005}{40.71 \times 1} = 280.50 ℃$

ⓑ식으로부터 δ_2를 구한다.

$\delta_2 = \dfrac{\lambda_2}{q_2} A(T_2 - T_3) = \dfrac{0.35}{4.07 \times 1,000} \times 1 \times (980 - 280.5) = 0.060154 \text{m} = 60.154 \text{mm}$

(3) 노벽 전체 최소 두께(δ)

$\delta = \delta_1 + \delta_2 + \delta_3 = 166.732 + 60.154 + 5 = 231.89 \text{mm}$

PART 02 공기조화

CHAPTER 01 공기조화 방식 및 공조부하

CHAPTER 02 공기조화장치

CHAPTER 03 열원 및 반송장치

 공기조화 방식 및 공조부하

1. 공기조화 방식

   1) 유인유닛 방식

      (1) 개념

      중앙의 1차 공조기에서 가열, 냉각, 가습, 감습처리한 공기를 고속·고압으로 각 실 유닛으로 공급하면 유닛의 노즐에서 불어내어, 그 불어낸 압력으로 실내의 2차 공기를 유인하여 혼합·분출한다.

      (2) 특징

장점	• 부하변동에 대응하기 쉽다. • 각 실별로 개별 제어가 가능하다. • 유닛에 송풍기나 전동기 등의 동력장치가 없어 전기배선이 없어도 된다. • 공조기가 소형으로 기계실면적 및 덕트면적이 작다.
단점	• 유닛의 실내 설치로 건축계획상 지장이 있다. • 유닛의 수량이 많아져 유지관리가 어렵다.

   2) 팬코일유닛 방식

      (1) 개념

      ① 물만을 열매로 하여 실내유닛으로 공기를 냉각·가열하는 방식이다.
      ② 냉온수 코일 및 필터가 구비된 소형 유닛을 각 실에 설치하고 중앙기계실에서 냉수 또는 온수를 공급받아 공기조화를 하는 방식이다.

      (2) 특징

장점	• 각 유닛마다의 조절, 운전이 가능하고, 개별 제어를 할 수 있다. • 덕트면적이 필요하지 않다. • 열운반동력이 적게 든다. • 나중에 부하가 증가해도 유닛을 증설하여 대처할 수 있다. • 1차 공기를 사용하는 경우에는 페리미터 방식이 가능하다.
단점	• 공급외기량이 적으므로 실내공기가 오염되기 쉽다. • 필터를 매월 1회 정도 세정, 교체해야 한다. • 외기냉방이 곤란하고, 실내수배관이 필요하다. • 실내배관에 의한 누수의 염려가 있다. • 실내유닛의 방음이나 방진에 유의해야 한다.

핵심문제 (07년 1회, 11년 2회, 17년 1회) **(8점)**

유인유닛 방식과 팬코일유닛 방식의 특징을 설명하시오.

 (1) 유인유닛 방식(Induction Unit System)

중앙의 1차 공조기에서 가열, 냉각, 가습, 감습처리한 공기를 고속·고압으로 각 실 유닛으로 공급하면 유닛의 노즐에서 불어내어, 그 불어낸 압력으로 실내의 2차 공기를 유인하여 혼합·분출한다.

장점	• 부하변동에 대응하기 쉽다. • 각 실별로 개별 제어가 가능하다. • 유닛에 송풍기나 전동기 등의 동력장치가 없어 전기배선이 없어도 된다. • 공조기가 소형으로 기계실면적 및 덕트면적이 작다.
단점	• 유닛의 실내 설치로 건축계획상 지장이 있다. • 유닛의 수량이 많아져 유지관리가 어렵다.

(2) 팬코일유닛 방식(Fan Coil Unit System)

① 물만을 열매로 하여 실내유닛으로 공기를 냉각·가열하는 방식이다.
② 냉온수 코일 및 필터가 구비된 소형 유닛을 각 실에 설치하고 중앙기계실에서 냉수 또는 온수를 공급받아 공기조화를 하는 방식이다.

장점	• 각 유닛마다의 조절, 운전이 가능하고, 개별 제어를 할 수 있다. • 덕트면적이 필요하지 않다. • 열운반동력이 적게 든다. • 나중에 부하가 증가해도 유닛을 증설하여 대처할 수 있다. • 1차 공기를 사용하는 경우에는 페리미터 방식이 가능하다.
단점	• 공급외기량이 적으므로 실내공기가 오염되기 쉽다. • 필터를 매월 1회 정도 세정, 교체해야 한다. • 외기냉방이 곤란하고, 실내수배관이 필요하다. • 실내배관에 의한 누수의 염려가 있다. • 실내유닛의 방음이나 방진에 유의해야 한다.

2. 습공기 선도 작도 및 계산

1) 습공기 선도 작도

(1) 혼합 → 냉각 감습

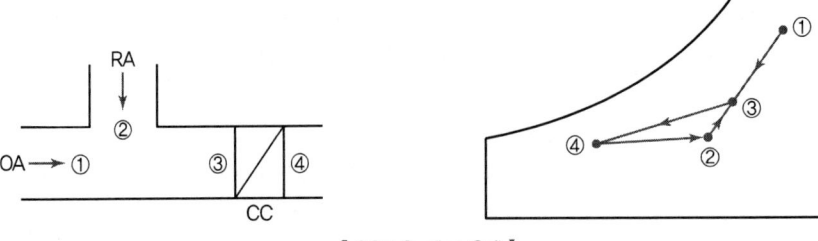

CC : Cooling Coil

(2) 혼합 가열

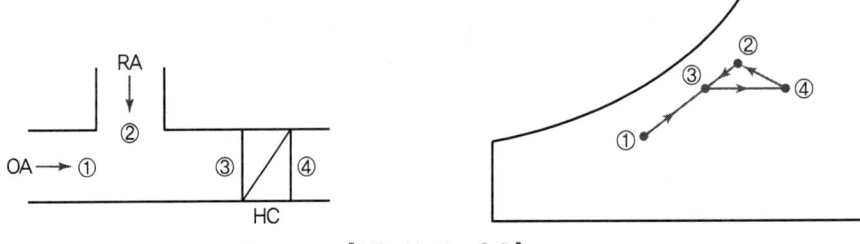

HC : Heating Coil

(3) 혼합 → 온수가습 → 가열

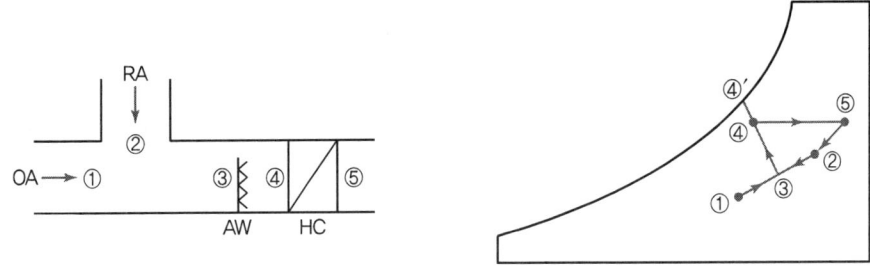

AW : Air Washer

(4) 혼합 → 예열 → 온수가습 → 재열

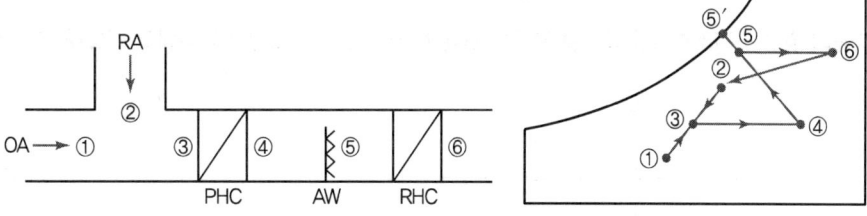

| PHC : Pre-Heating Coil, RHC : Re-Heating Coil |

(5) 혼합 → 증기가습 → 가열

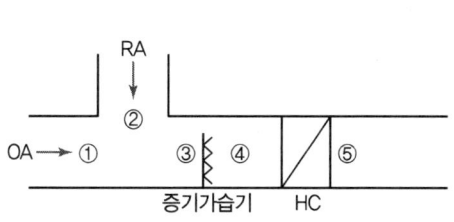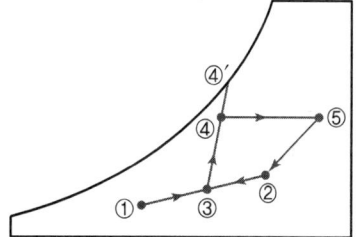

(6) 외기예열 → 혼합 → 온수가습 → 재열

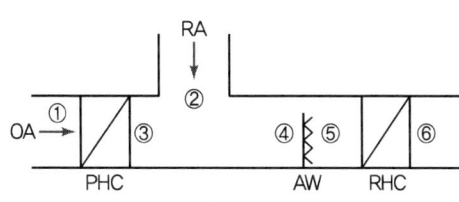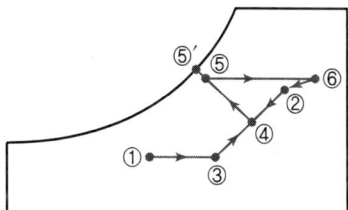

(7) 외기예랭 → 혼합 → 냉각 감습

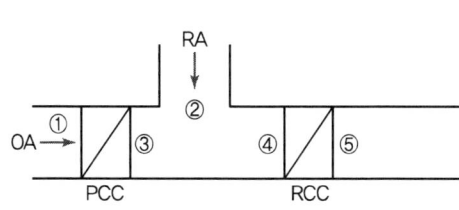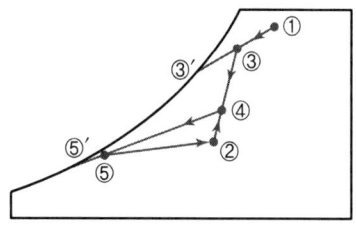

| PCC : Pre-Cooling Coil, RCC : Re-Cooling Coil |

핵심문제　　　　　　　　　　　　　　　　　(05년 3회, 08년 1회, 15년 3회, 17년 3회, 19년 1회) **(5점)**

다음과 같은 공기조화기를 통과할 때 공기상태 변화를 공기 선도상에 나타내고 번호를 쓰시오.

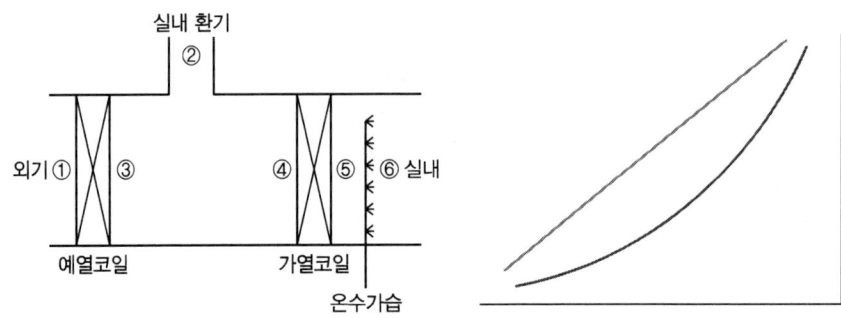

풀이

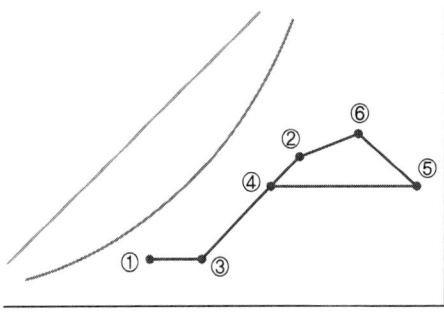

2) 습공기 선도 작도법 예시 및 계산식(예 : 외기예랭 → 혼합 → 냉각감습 과정)

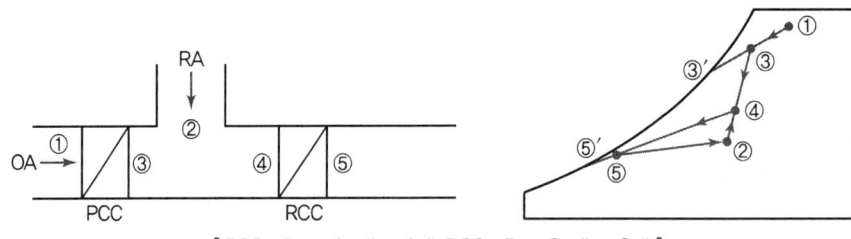

∥ PCC : Pre-Cooling Coil, RCC : Re-Cooling Coil ∥

(1) 작도법 예시

　① 외기 ①과 실내 ②의 상태점을 잡는다.
　② 외기 ①의 상태점과 예랭코일의 장치노점온도에 의해 ⑤점을 선정하여 연결한다.
　③ ①⑤선도상에 예랭기 출구상태 ③점은 예랭기의 효율에 따라 정한다.
　④ ②와 ③의 연결선상에 혼합비에 따라 ④점을 정한다.

⑤ 실내 상태점 ②에서 SHF선과 평행하게 그어서 By-pass Factor, 실내 취출온도차, 취출구 상대습도에 의해 ⑤점을 정한다.
⑥ 혼합공기 상태점 ④에서 냉각코일을 통과한 ⑤점과 선을 긋는다.

(2) 계산식

① 냉각열량(kJ/h)

$$q_{cc} = G(h_4 - h_5) = 1.2Q(h_4 - h_5)$$

② 예랭코일 부하(kJ/h)

$$q_{pc} = G_0(h_1 - h_3) = 1.2Q_0(h_1 - h_3)$$

③ 감습량(kg/h)

$$L = G(x_4 - x_5) = 1.2Q(x_4 - x_5)$$

④ 예랭코일에서 응축수량(kg/h)

$$L_p = G_0(x_1 - x_3) = 1.2Q_0(x_1 - x_3)$$

⑤ 송풍량 G(kg/h), Q(m³/h)

$$G = \frac{q_s}{1.01(t_2 - t_5)}, \quad Q = \frac{q_s}{1.21(t_2 - t_5)}$$

⑥ 공조기 출구온도(℃)

$$t_5 = t_2 - \frac{q_s}{1.01G} = t_2 - \frac{q_s}{1.21Q}$$

핵심문제 (14년 3회, 17년 1회, 23년 2회) (6점)

건구온도 25℃, 상대습도 50%, 5,000kg/h의 공기를 15℃로 냉각할 때와 35℃로 가열할 때의 열량(kW)을 공기 선도에 작도하여 엔탈피로 계산하시오.

풀이 공기 선도에 작도 후 각 상태의 엔탈피를 확인하여 열량을 산정한다.
(이때 습공기 선도상에서 엔탈피를 읽는 부분의 일부 오차는 허용하게 된다.)

(1) 공기 선도 작도

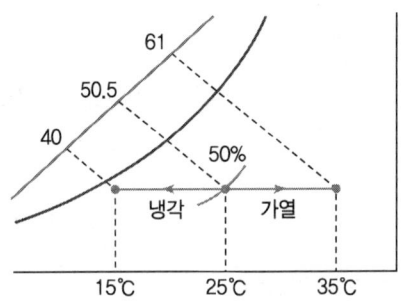

(2) 15℃로 냉각할 때의 열량(q)

$$q = G \cdot \Delta h = \frac{5,000}{3,600} \times (50.5 - 40) = 14.58 \text{kW}$$

(3) 35℃로 가열할 때의 열량(q)

$$q = G \cdot \Delta h = \frac{5,000}{3,600} \times (61 - 50.5) = 14.58 \text{kW}$$

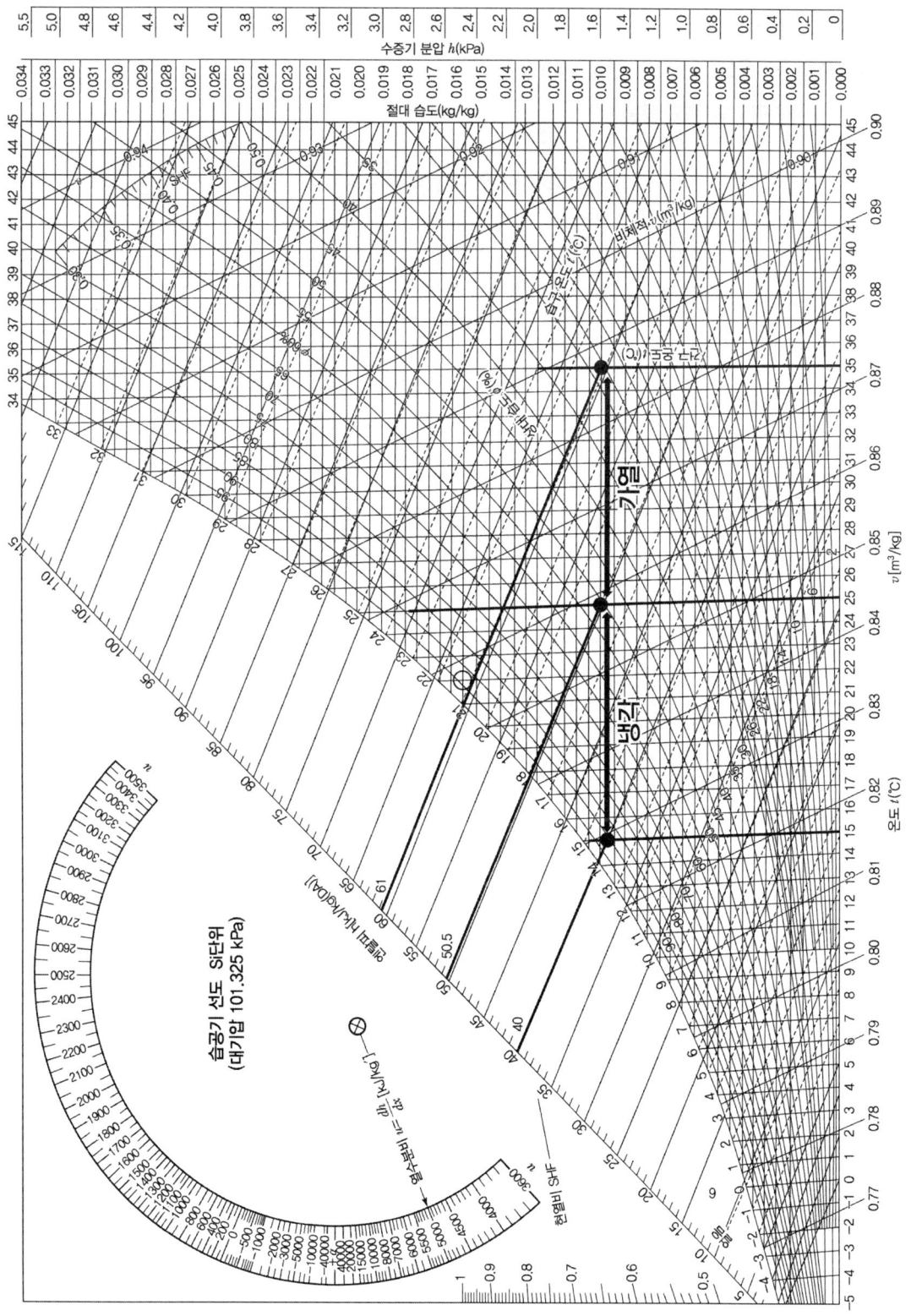

3. 공조부하 계산 일반

1) 혼합공기온도, 현열비, 현열부하(송풍량)

(1) 혼합공기의 온도 산출

$$혼합공기의\ 온도(℃) = \frac{t_1 \times m_1 + t_2 \times m_2}{m_1 + m_2}$$

여기서, t_1, t_2 : 공기의 온도(℃)
m_1, m_2 : 공기의 부피 혹은 질량(m³ 혹은 kg)

(2) 현열비의 산출

$$현열비(SHF) = \frac{현열부하}{전열부하} = \frac{현열부하}{현열부하 + 잠열부하}$$

(3) 현열부하의 산출

$$q_S = Q \cdot \rho \cdot C_p \cdot \Delta t$$

여기서, q_S : 실내발열량(현열부하)(kJ/h)
Q : 틈새바람에 의한 침기량(m³/h)
ρ : 공기의 밀도(1.2kg/m³)
C_p : 공기의 정압비열(1.01kJ/kg · K)
Δt : 실내외 온도차(℃)

(4) 잠열부하의 산출

$$q_L = 2{,}501\, Q\rho\Delta x$$

여기서, 2,501 : 0℃ 증발잠열(kJ/kg)
Δx : 절대습도의 차

핵심문제 (06년 3회, 18년 1회, 21년 3회) **(8점)**

다음과 같은 조건하에서 운전되는 공기조화기에서 각 물음에 답하시오. (단, 공기의 밀도 $\rho = 1.2\text{kg/m}^3$, 비열 $C_p = 1.01\text{kJ/kg} \cdot \text{K}$이다.)

[조건]
1. 외기 : 32℃ DB, 28℃ WB
2. 실내 : 26℃ DB, 50% RH
3. 실내 현열부하 : 40kW, 실내 잠열부하 : 7kW
4. 외기 도입량 : 2,000m³/h

(1) 실내 현열비를 구하시오.
(2) 토출온도와 실내온도의 차를 10.5℃로 할 경우 송풍량(m³/h)을 구하시오.
(3) 혼합점의 온도(℃)를 구하시오.

풀이 (1) 실내 현열비(SHF)

$$SHF = \frac{\text{현열}}{\text{전열}} = \frac{\text{현열}}{\text{현열} + \text{잠열}} = \frac{40}{40+7} = 0.85$$

(2) 송풍량(Q)

$$q_S = Q\rho \cdot C_p \cdot \Delta t$$

$$Q = \frac{q_S}{\rho C_p \Delta t} = \frac{40 \times 3,600}{1.2 \times 1.01 \times 10.5} = 11,315.42\text{m}^3/\text{h}$$

(3) 혼합점의 온도(t_3)

$$t_3 = \frac{Q_1 t_1 + Q_2 t_2}{Q_1 + Q_2} = \frac{Q_1 t_1 + (Q - Q_1) t_2}{Q_1 + (Q - Q_1)} = \frac{2,000 \times 32 + (11,315.42 - 2,000) \times 26}{2,000 + (11,315.42 - 2,000)} = 27.06\text{℃}$$

여기서, Q : 송풍량
Q_1, t_1 : 외기 도입 풍량, 외기온도
Q_2, t_2 : 실내환기량(재순환량 송풍량 – 외기 도입 풍량), 실내온도

2) 코일용량

(1) 가열코일열량

$$q_H = G \cdot C_p \cdot \Delta t \text{ 또는 } q_c = G \cdot \Delta h$$

(2) 냉각코일열량

$$q_c = G \cdot \Delta h$$

(20년 1회) (6점)

어떤 일반 사무실의 취득열량 및 외기부하를 산출하였더니, 다음과 같이 되었다. 이 자료에 의해 (1)~(4)의 값을 구하시오.(단, 취출 온도차는 11℃, 공기밀도 1.2kg/m³, 비열 1.01kJ/kg·K로 한다.)

항목	감열(kJ/h)	잠열(kJ/h)
벽체를 통한 열량	25,000	0
유리창을 통한 열량	33,000	0
바이패스 외기의 열량	600	2,500
재실자의 발열량	4,000	5,000
형광등의 발열량	10,000	0
외기부하	6,000	20,000

(1) 실내취득 감열량(kJ/h)(단, 여유율은 10%로 한다.)
(2) 실내취득 잠열량(kJ/h)(단, 여유율은 10%로 한다.)
(3) 송풍기 풍량(m³/min)
(4) 냉각코일 부하(kW)

풀이 (1) 실내취득 감열량(현열량)(q_S)

$$q_S = (25,000 + 33,000 + 600 + 4,000 + 10,000) \times 1.1 = 79,860 \text{kJ/h}$$

(2) 실내취득 잠열량(q_L)

$$q_L = (2,500 + 5,000) \times 1.1 = 8,250 \text{kJ/h}$$

(3) 송풍기 풍량(Q)

$$q_s = Q \rho C_P \Delta t$$

$$Q = \frac{q_S}{\rho C_P \Delta t} = \frac{79,860}{1.2 \times 1.01 \times 11 \times 60} = 99.83 \text{m}^3/\text{min}$$

(4) 냉각코일 부하(q_{CC})

냉각코일 부하는 실내취득 현열, 실내취득 잠열, 외기부하의 합으로 구한다.

$$q_{CC} = q_S + q_L + q_O = \frac{79,860 + 8,250 + (6,000 + 20,000)}{3,600} = 31.70 \text{kW}$$

여기서, q_O는 외기부하이다.

(11년 1회, 17년 3회) (6점)

다음과 같은 조건의 어느 실을 난방할 경우 물음에 답하시오. (단, 공기의 밀도는 1.2kg/m^3, 공기의 정압비열은 $1.01 \text{kJ/kg} \cdot \text{K}$이다.)

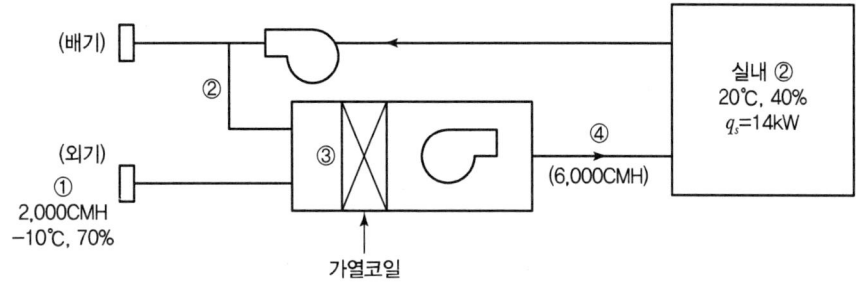

(1) 혼합공기(③점)의 온도를 구하시오.
(2) 취출공기(④점)의 온도를 구하시오.
(3) 가열코일의 용량(kW)을 구하시오.

풀이 (1) 혼합공기 온도(t_3)

$$t_3 = \frac{Q_1 t_1 + Q_2 t_2}{Q_1 + Q_2} = \frac{2,000 \times (-10) + (6,000 - 2,000) \times 20}{6,000} = 10℃$$

여기서, Q_1, t_1 : 외기량, 외기온도
Q_2, t_2 : 실내환기량(재순환량), 실내온도

(2) 취출공기 온도(t_4)

$$q_S = G \cdot C_p \cdot (\Delta t) = Q\rho \cdot C_p \cdot (\Delta t) \text{에서}$$

$$\Delta t = \frac{q_S}{\rho Q \cdot C_p} = \frac{14 \times 3,600}{1.2 \times 6,000 \times 1.0} = 7℃$$

∴ $\Delta t = t_4 - t_2$
$t_4 = t_2 + \Delta t = 20 + 7 = 27℃$

(3) 가열코일 용량(q_H)

$$q_H = G \cdot C_p \cdot (t_4 - t_3) = Q\rho \cdot C_p \cdot (t_4 - t_3)$$
$$= \frac{1.2 \times 6,000}{3,600} \times 1.0 \times (27 - 10) = 34 \text{kW}$$

3) 열수분비

(1) 개념

열수분비란 공기의 상태변화 시 엔탈피 변화량과 절대습도 변화량의 비를 말한다.

(2) 관계식

$$열수분비(u) = \frac{\Delta h}{\Delta x} = \frac{엔탈피의\ 변화량}{절대습도의\ 변화량}$$

핵심문제 (07년 3회, 10년 3회, 15년 2회, 18년 2회, 18년 3회, 20년 4회, 23년 2회) **(8점)**

①의 공기상태 $t_1 = 25℃$, $x_1 = 0.022$kg/kg′, $h_1 = 91.7$kJ/kg, ②의 공기상태 $t_2 = 22℃$, $x_2 = 0.006$kg/kg′, $h_2 = 37.7$kJ/kg일 때 공기 ①을 25%, 공기 ②를 75%로 혼합한 후의 공기 ③의 상태(t_3, x_3, h_3)를 구하고, 공기 ①과 공기 ③ 사이의 열수분비를 구하시오.

풀이 (1) 혼합 후 공기 ③의 상태(t_3, x_3, h_3)

① $t_3 = \dfrac{0.25 \times 25 + 0.75 \times 22}{1} = 22.75℃$

② $x_3 = \dfrac{0.25 \times 0.022 + 0.75 \times 0.006}{1} = 0.01$kg/kg′

③ $h_3 = \dfrac{0.25 \times 91.7 + 0.75 \times 37.7}{1} = 51.2$kJ/kg

(2) 공기 ①과 공기 ③ 사이의 열수분비(u)

$$u = \frac{\Delta h(엔탈피\ 변화량)}{\Delta x(절대습도\ 변화량)} = \frac{h_1 - h_3}{x_1 - x_3} = \frac{91.7 - 51.2}{0.022 - 0.01} = 3{,}375\text{kJ/kg}$$

4. 부하량 산출

1) 난방부하의 계산

(1) 종류

난방부하	개념	열 종류
외부부하	구조체 관류에 의한 손실열량	현열
	틈새바람에 의한 손실열량	현열·잠열
장치부하	덕트 등에서 손실되는 열량	현열
환기부하(외기부하)	환기로 인한 손실열량	현열·잠열

(2) 구조체를 통한 손실열량

$$q = K \cdot A \cdot \Delta t \cdot k'$$

여기서, K : 열관류율(W/m²·K)
　　　　A : 구조체 면적(m²)
　　　　Δt : 구조체 양면의 온도차(K)
　　　　k' : 방위계수(H, N, N·W=1.2 / E, W=1.1 / S=1.0)

(3) 장치부하

① 덕트를 통해 잃은 열량과 공기 누기에 의한 손실은 난방부하를 증가시킨다.
② 덕트를 통해 잃은 열량은 실내 발생 현열부하의 약 1~3% 값으로 구한다.
③ 덕트의 공기 누기량은 덕트의 길이, 형상, 공작, 공기의 압력, 시공의 정도 등에 따라 영향을 받으며, 평균하여 송풍량의 5% 전후, 많을 때는 10%를 가산한다.

(4) 틈새바람(극간풍)부하 및 환기로 인한 손실열량

① 현열
$$q_s = G \cdot C_p \cdot \Delta t = Q \rho C_p \Delta t$$

② 잠열
$$q_L = 2,501\, G \cdot \Delta x = 2,501 \times Q \rho \Delta x$$

여기서, G : 극간풍량(kg/s)
　　　　Q : 극간풍량(m³/s)
　　　　ρ : 공기의 밀도(kg/m³)
　　　　C_p : 건공기 정압비열(kJ/kg·K)
　　　　Δx : 내부와 외부의 절대습도 차
　　　　2,501 : 0℃ 증발잠열

핵심문제   (05년 1회, 18년 1회, 20년 3회) **(10점)**

다음과 같은 조건의 건물 중간층 난방부하를 구하시오.

[조건]
1. 열관류율(W/m² · K) : 천장(0.98), 바닥(1.91), 문(3.95), 유리창(6.63)
2. 난방실의 실내온도 : 25℃, 비난방실의 온도 : 5℃,
   외기온도 : -10℃, 상하층 난방실의 실내온도 : 25℃
3. 벽체 표면의 열전달률

구분	표면위치	대류의 방향	열전달률(W/m² · K)
실내 측	수직	수평(벽면)	9
실외 측	수직	수직 · 수평	23

4. 방위계수

방위	방위계수
북쪽 : 외벽, 창, 문	1.1
남쪽 : 외벽, 창, 문	1.0
동쪽, 서쪽 : 외벽, 창, 문	1.05

※ 내벽은 방위에 관계없이 방위계수 1.0 적용

5. 환기횟수 : 난방실(1회/h), 비난방실(3회/h)
6. 공기의 비열 : 1.01kJ/kg · K, 공기밀도 : 1.2kg/m³

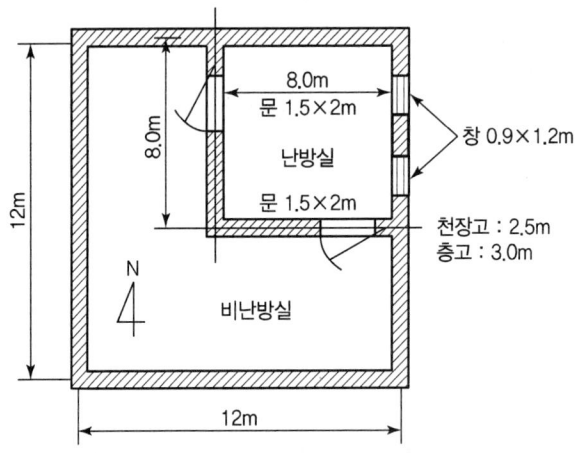

벽체의 종류	구조	재료	두께(mm)	열전도율(W/m·K)
외벽		타일	10	1.3
		모르타르	15	1.5
		콘크리트	120	1.6
		모르타르	15	1.5
		플라스터	3	0.6
내벽		콘크리트	100	1.5

(1) 외벽과 내벽의 열관류율을 구하시오.
(2) 다음 부하계산을 하시오.
  ① 벽체를 통한 부하
  ② 유리창을 통한 부하
  ③ 문을 통한 부하
  ④ 극간풍 부하(환기횟수에 의함)

[풀이] (1) 외벽과 내벽 열관류율(K)
  ① 외벽 열관류율(K_o)

$$R_o = \frac{1}{\alpha_i} + \frac{l_1}{\lambda_1} + \frac{l_2}{\lambda_2} + \frac{l_3}{\lambda_3} + \frac{l_4}{\lambda_4} + \frac{l_5}{\lambda_5} + \frac{1}{\alpha_o}$$

$$= \frac{1}{9} + \frac{0.01}{1.3} + \frac{0.015}{1.5} + \frac{0.120}{1.6} + \frac{0.015}{1.5} + \frac{0.003}{0.6} + \frac{1}{23} = 0.2623$$

$$\therefore K_o = \frac{1}{0.2623} = 3.81 \text{W/m}^2 \cdot \text{K}$$

  ② 내벽 열관류율(K_I)

$$\frac{1}{R_i} = \frac{1}{\alpha_i} + \frac{l_1}{\lambda_1} + \frac{1}{\alpha_i}$$

$$= \frac{1}{9} + \frac{0.1}{1.5} + \frac{1}{9} = 0.2889$$

$$\therefore K_i = \frac{1}{0.2889} = 3.46 \text{W/m}^2 \cdot \text{K}$$

(2) 부하계산
  ① 벽체를 통한 부하 $q_W = K \cdot A \cdot \Delta t \cdot k'$
  - 동쪽 외벽 $q_{WE} = 3.81 \times (8 \times 3 - 0.9 \times 1.2 \times 2) \times (25 - (-10)) \times 1.05 = 3,057.982 \text{W}$
  - 북쪽 외벽 $q_{WN} = 3.81 \times (8 \times 3) \times (25 - (-10)) \times 1.1 = 3,520.44 \text{W}$
  - 서쪽 내벽 $q_{WI} = 3.46 \times (8 \times 2.5 - 1.5 \times 2) \times (25 - 5) \times 1.0 = 1,176.4 \text{W}$
  - 남쪽 내벽 $q_{WI} = 3.46 \times (8 \times 2.5 - 1.5 \times 2) \times (25 - 5) \times 1.0 = 1,176.4 \text{W}$
  ∴ 벽체를 통한 부하 $q_W = 3,057.982 + 3,520.44 + 1,176.4 + 1,176.4 = 8,931.22 \text{W}$

② 유리창을 통한 부하 $q_G = K \cdot A \cdot \Delta t \cdot k'$

$q_G = 6.63 \times (0.9 \times 1.2 \times 2) \times (25-(-10)) \times 1.05 = 526.29\text{W}$

③ 문을 통한 부하 $q_D = K \cdot A \cdot \Delta t \cdot k'$

$q_D = 3.95 \times (1.5 \times 2 \times 2) \times (25-5) \times 1.0 = 474\text{W}$

④ 극간풍 부하

$q_I = Q\rho \cdot C_p \cdot \Delta t$
$= \dfrac{[(8 \times 8 \times 2.5 \times 1) \times 1.2 \times 1.01 \times (25-(-10))] \times 1,000}{3,600} = 1,885.33\text{W}$

2) 냉방부하의 계산

(1) 종류

구분		세부사항	열 종류
실부하	외피부하	전열부하(온도차에 의하여 외벽, 천장, 유리, 바닥 등을 통한 관류열량)	현열
		일사에 의한 부하	현열
		틈새바람에 의한 부하	현열, 잠열
	내부부하	조명기구 발생열	현열
		인체 발생열	현열, 잠열
장치부하		송풍 시 부하	현열
		덕트의 열손실	현열
		재열부하	현열
		혼합손실(이중덕트의 냉온풍 혼합손실)	현열
열원부하		배관열손실	현열
		펌프에서의 열취득	현열
환기부하		환기부하(신선 외기에 의한 부하)	현열, 잠열

(2) 외피(외부)부하

① 지붕을 통한 전도열 $q = K \cdot A \cdot \Delta t_e$

여기서, Δt_e : 상당외기온도차(℃)이며, CLTD$_{corr}$로 대체 가능

※ CLTD$_{corr}$: 냉방부하온도차(Cooling Load Temperature Difference Method Correction)

② 외벽을 통한 전도열 $q = K \cdot A \cdot \Delta t_e$

③ 유리를 통한 전도열 $q = K \cdot A \cdot \Delta t$

④ 유리를 통한 일사량 $q = I \times A \times K$ or SHGC(일사취득계수)

여기서, I : 일사량, A : 면적, K : 차폐계수

⑤ 칸막이벽, 천장, 바닥 등을 통한 전도열 $q = K \cdot A \cdot \Delta t$

⑥ 극간풍에 의한 열취득

전열(q_T) = $G \Delta h = 1.2 Q \Delta h$

현열(q_S) = $G C \Delta t = 1.21 Q \Delta t$

잠열(q_L) = $2,501 G \Delta X = 3,010 Q \Delta X$

(3) 내부부하

① 재실인원에 의한 발열

② 조명으로부터의 발열

③ 동력 사용에 의한 발열

④ 실내기구로부터의 발열

(4) 공조장치부하

① 덕트로부터의 열취득(실내취득 현열량의 3~7%)

② 송풍기로부터의 열취득(실내취득 현열량의 5~13%)

(5) 환기부하

외기 도입에 의한 부하

전열(q_T) = $G \Delta h = 1.2 Q \Delta h$

현열(q_S) = $G C \Delta t = 1.21 Q \Delta t$

잠열(q_L) = $2,501 G \Delta X = 3,010 Q \Delta X$

(02년 2회, 07년 2회, 16년 1회, 19년 1회, 23년 2회) (15점)

다음 설계조건을 이용하여 각 부분의 손실열량을 시간별(10시, 12시)로 각각 구하시오.

[조건]
1. 공조시간 : 10시간
2. 외기 : 10시 31℃, 12시 33℃, 16시 32℃
3. 인원 : 6인
4. 실내설계 온·습도 : 26℃, 50%
5. 조명(형광등) : 20W/m²
6. 각 구조체의 열통과율[K(W/m²·K)] : 외벽 3.5, 칸막이벽 2.3, 유리창 5.8
7. 인체에서의 발열량 : 현열 63W/인, 잠열 69W/인
8. 유리 일사량(W/m²)

구분	10시	12시	16시
일사량	361	52	35

9. 상당 온도차(Δt_e)

구분	N	E	S	W	유리	내벽온도차
10시	5.5	12.5	3.5	5.0	5.5	2.5
12시	4.7	20.0	6.6	6.4	6.5	3.5
16시	7.5	9.0	13.5	9.0	5.6	3.0

10. 유리창 차폐계수 $k_s = 0.70$

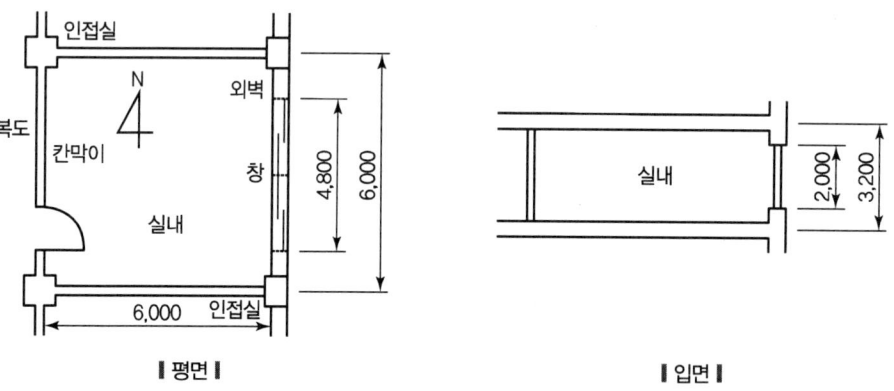

| 평면 | | 입면 |

(1) 벽체를 통한 취득열량
　① 동쪽 외벽
　② 칸막이벽 및 문(단, 문의 열통과율은 칸막이벽과 동일)
(2) 유리창을 통한 취득열량
(3) 조명 발생열량
(4) 인체 발생열량

[풀이] (1) 벽체를 통한 취득열량 $q_W = K \cdot A \cdot \Delta t_e$

① 동쪽 외벽
- 10시 : $q_W = 3.5 \times (6 \times 3.2 - 4.8 \times 2) \times 12.5 = 420\text{W}$
- 12시 : $q_W = 3.5 \times (6 \times 3.2 - 4.8 \times 2) \times 20 = 672\text{W}$

② 칸막이벽 및 문
- 10시 : $q_W = 2.3 \times (6 \times 3.2) \times 3 \times 2.5 = 331.2\text{W}$
- 12시 : $q_W = 2.3 \times (6 \times 3.2) \times 3 \times 3.5 = 463.68\text{W}$

(2) 유리창을 통한 취득열량(관류열량 + 일사량) $q_G = q_{GT} + q_{GR}$
- 10시 : $q_{GT} = K \cdot A \cdot \Delta t_e = 5.8 \times (4.8 \times 2.0) \times 5.5 = 306.24\text{W}$
  $q_{GR} = I_{GR} \cdot A \cdot k_s = 361 \times (4.8 \times 2.0) \times 0.7 = 2{,}425.92\text{W}$
  $\therefore q_G = 306.24 + 2{,}425.92 = 2{,}732.16\text{W}$

- 12시 : $q_{GT} = K \cdot A \cdot \Delta t_e = 5.8 \times (4.8 \times 2.0) \times 6.5 = 361.92\text{W}$
  $q_{GR} = I_{GR} \cdot A \cdot k_s = 52 \times (4.8 \times 2.0) \times 0.7 = 349.44\text{W}$
  $\therefore q_G = 361.92 + 349.44 = 711.36\text{W}$

(3) 조명 발생열량 $q_E = W \times A$
- 10시, 12시 : $q_E = 20\text{W/m}^2 \times 6\text{m} \times 6\text{m} = 720\text{W}$

(4) 인체 발생열량 $q_H = q_{HS} + q_{HL}$
- 10시, 12시 : $q_{HS} = n \cdot H_S = 6 \times 63 = 378\text{W}$
  $q_{HL} = n \cdot H_L = 6 \times 69 = 414\text{W}$
  $\therefore q_H = 378 + 414 = 792\text{W}$

CHAPTER 01 실전문제

01 다음 공기조화 장치도를 보고 공기 선도상에 나타내고 번호를 쓰시오. (단, 냉각은 고장, 실내에 가습을 하고 가습은 온수가습이다.)

(21년 1회) (6점)

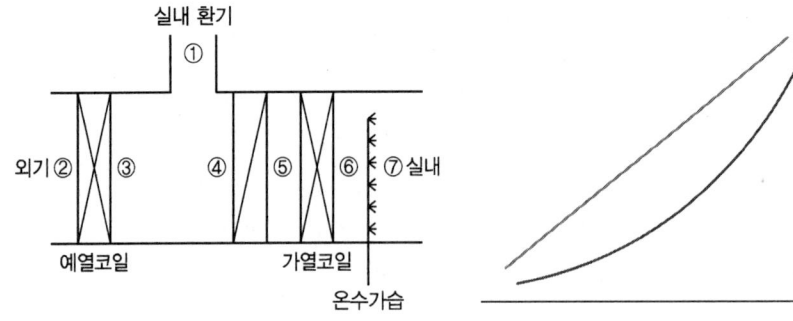

풀이

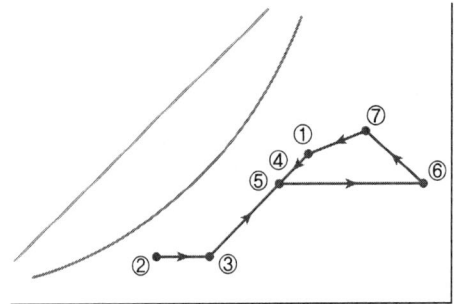

02 혼합, 가열, 가습, 재열하는 공기조화기를 실내와 외기공기의 혼합비율이 2 : 1일 때 선도상에 다음 기호를 표시하여 작도하시오. (단, 가습은 온수가습)　　　　　　　　　　　　　　　　(17년 1회) (8점)

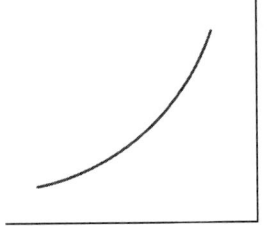

① 외기온도
② 실내온도
③ 혼합상태
④ 1차 온수코일 출구상태
⑤ 가습기 출구상태
⑥ 재열기 출구상태

[풀이]

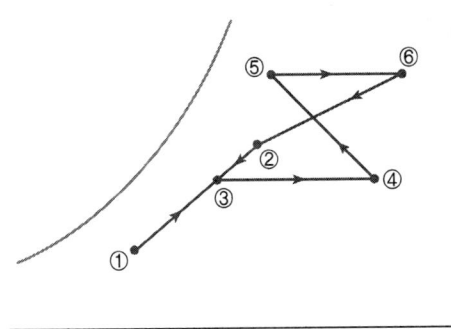

03 단일덕트 방식의 공기조화 시스템을 설계하고자 할 때 어떤 사무소의 냉방부하를 계산한 결과 현열부하 $q_S = 7.0$ kW, 잠열부하 $q_L = 1.7$ kW였다. 주어진 조건을 이용하여 물음에 답하시오.

(02년 3회, 08년 1회, 11년 2회, 18년 1회, 21년 3회) (8점)

[조건]
1. 설계 조건
　① 실내 : 26℃ DB, 50% RH
　② 실외 : 32℃ DB, 70% RH
2. 외기 취입량 : 500 m³/h
3. 공기의 비열 : $C_p = 1.01$ kJ/kg·K
4. 취출 공기온도 : 16℃
5. 공기의 밀도 : $\rho = 1.2$ kg/m³

(1) 냉방풍량을 구하시오.
(2) 현열비(①) 및 실내공기와 실외공기의 혼합온도(②)를 구하고, 공기조화 Cycle(③)을 공기 선도상에 도시하시오.

[풀이]

(1) 냉방풍량(Q)

$$q_S = G \cdot C_p \cdot \Delta t = Q\rho \cdot C_p \cdot \Delta t \text{에서}$$

$$Q = \frac{q_S}{\rho C_p \Delta t} = \frac{7.0 \times 3{,}600}{1.2 \times 1.01 \times (26-16)} = 2{,}079.21\,\mathrm{m^3/h}$$

(2) 현열비(SHF), 혼합공기온도(t_3), 공기조화 Cycle

① 현열비(SHF)

$$SHF = \frac{q_S}{q_S + q_L} = \frac{7}{7+1.7} = 0.80$$

② 혼합공기온도(t_3)

$$t_3 = \frac{Q_1 t_1 + Q_2 t_2}{Q_1 + Q_2} = \frac{(2{,}079.21 - 500) \times 26 + 500 \times 32}{(2{,}079.21 - 500) + 500} = 27.44\,\mathrm{℃}$$

여기서, Q_1, t_1 : 실내환기량(재순환량), 실내온도
Q_2, t_2 : 외기 도입량, 외기(실외)온도

③ 공기조화 Cycle

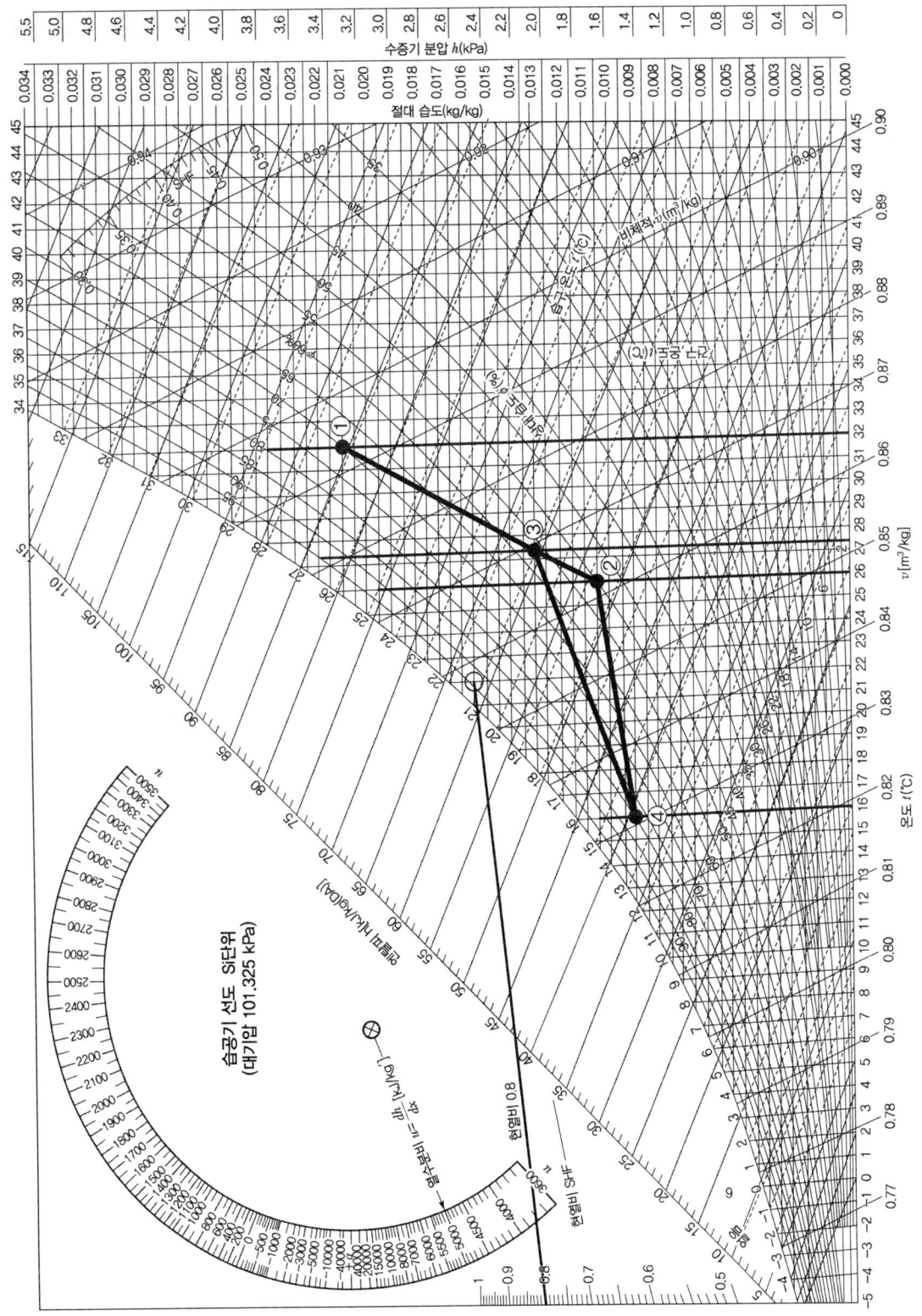

04 공기조화기에서 풍량이 2,000m³/h, 난방코일 가열량 18kW, 입구온도 10℃일 때 출구온도는 몇 ℃인가?(단, 공기밀도 1.2kg/m³, 비열 1.0kJ/kg · K이다.) (12년 3회, 18년 1회) (2점)

풀이

출구 공기온도(t_2) = $q_s = GC_p \Delta t = Q\rho C_p(\Delta t)$ 에서

$$\Delta t = \frac{q_s}{\rho Q C_p} = \frac{18 \times 3,600}{1.2 \times 2,000 \times 1.0} = 27℃$$

∴ $\Delta t = t_2 - t_1 \rightarrow t_2 = t_1 + \Delta t = 10 + 27 = 37℃$

05 다음은 단일덕트 공조 방식을 나타낸 것이다. 주어진 조건과 습공기 선도를 이용하여 각 물음에 답하시오. (02년 1회, 04년 3회, 12년 1회, 18년 1회, 18년 3회) (13점)

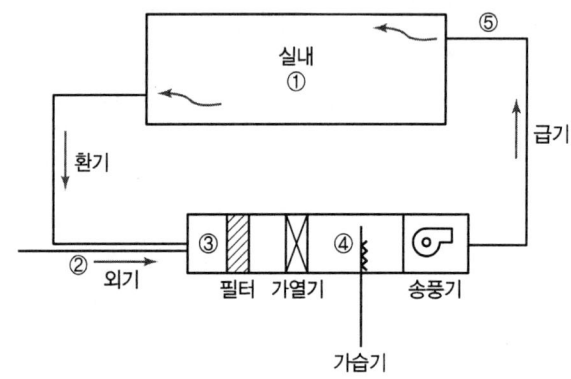

[조건]
1. 실내부하
   ① 현열부하(q_S) : 30kW
   ② 잠열부하(q_L) : 5kW
2. 실내 : 온도 20℃, 상대습도 50%
3. 외기 : 온도 2℃, 상대습도 40%
4. 환기량과 외기량의 비는 3 : 1
5. 공기의 밀도 : 1.2kg/m³
6. 공기의 비열 : 1.01kJ/kg · K
7. 실내 송풍량 : 10,000kg/h
8. 덕트장치 내의 열취득(손실)을 무시한다.
9. 가습은 순환수 분무로 한다.

(1) 계통도를 보고 공기의 상태변화를 습공기 선도상에 나타내고, 장치의 각 위치에 대응하는 점 (①~⑤)을 표시하시오.
(2) 실내부하의 현열비(SHF)를 구하시오.
(3) 취출공기 온도를 구하시오.
(4) 가열기 용량(kW)을 구하시오.
(5) 가습량(kg/h)을 구하시오.

[풀이]

(1) 공기 선도 작성

〈선도 작성 방법〉
1. ①, ②점을 주어진 실내·외 온도 습도에 의해 표시한다.
2. ③점의 온도를 계산에 의해 구하고 ①, ②선분상에 표시한다.
$$t_3 = \frac{G_1 t_1 + G_2 t_2}{G_3} = \frac{3 \times 20 + 1 \times 2}{3+1} = 15.5℃$$
3. 실내부하의 현열비(SHF)를 계산에 의해 구하고 SHF 선과 평행한 선을 ①점에서 ⑤쪽으로 긋는다.
$$SHF = \frac{q_S}{q_S + q_L} = \frac{30}{30+5} = 0.86$$
4. 주어진 실내 송풍량과 실내 현열량에 의해 취출공기온도 t_5를 구하여 SHF와 동일한 기울기 선 (취출선)상에 표시한다.
$$q_S = G \cdot C_p \cdot (t_5 - t_1) \text{에서 } t_5 = t_1 + \frac{q_S}{G \cdot C_p} = 20 + \frac{30 \times 3,600}{10,000 \times 1.01} = 30.69℃$$
5. 가습은 순환수 분무가습이므로 습구온도선을 따라 변화한다.
따라서 ⑤점에서 ④점의 선분은 $t_4' = t_5'$ 또는 $h_4 ≒ h_5$이 된다.
6. ③점에서 수평선(가열과정)을 그어 ⑤점에서 그은 가습과정 선과 만나는 점이 ④점이 된다.

(2) 실내부하의 현열비
$$SHF = \frac{q_S}{q_S + q_L} = \frac{30}{30+5} = 0.86$$

(3) 취출공기온도
$$q_S = G \cdot C_p \cdot (t_5 - t_1) \text{에서 } t_5 = t_1 + \frac{q_S}{G \cdot C_p} = 20 + \frac{30 \times 3,600}{10,000 \times 1.01} = 30.69℃$$

(4) 가열기 용량(q_H)
$$q_H = G \cdot C_p \cdot (t_4 - t_3) = \frac{10,000 \times 1.01 \times (36.2 - 15.5)}{3,600} = 58.08\text{kW}$$

(5) 가습량(L)
$$L = G\Delta x = G(x_5 - x_4) = 10,000 \times (0.008 - 0.0056) = 24\text{kg/h}$$

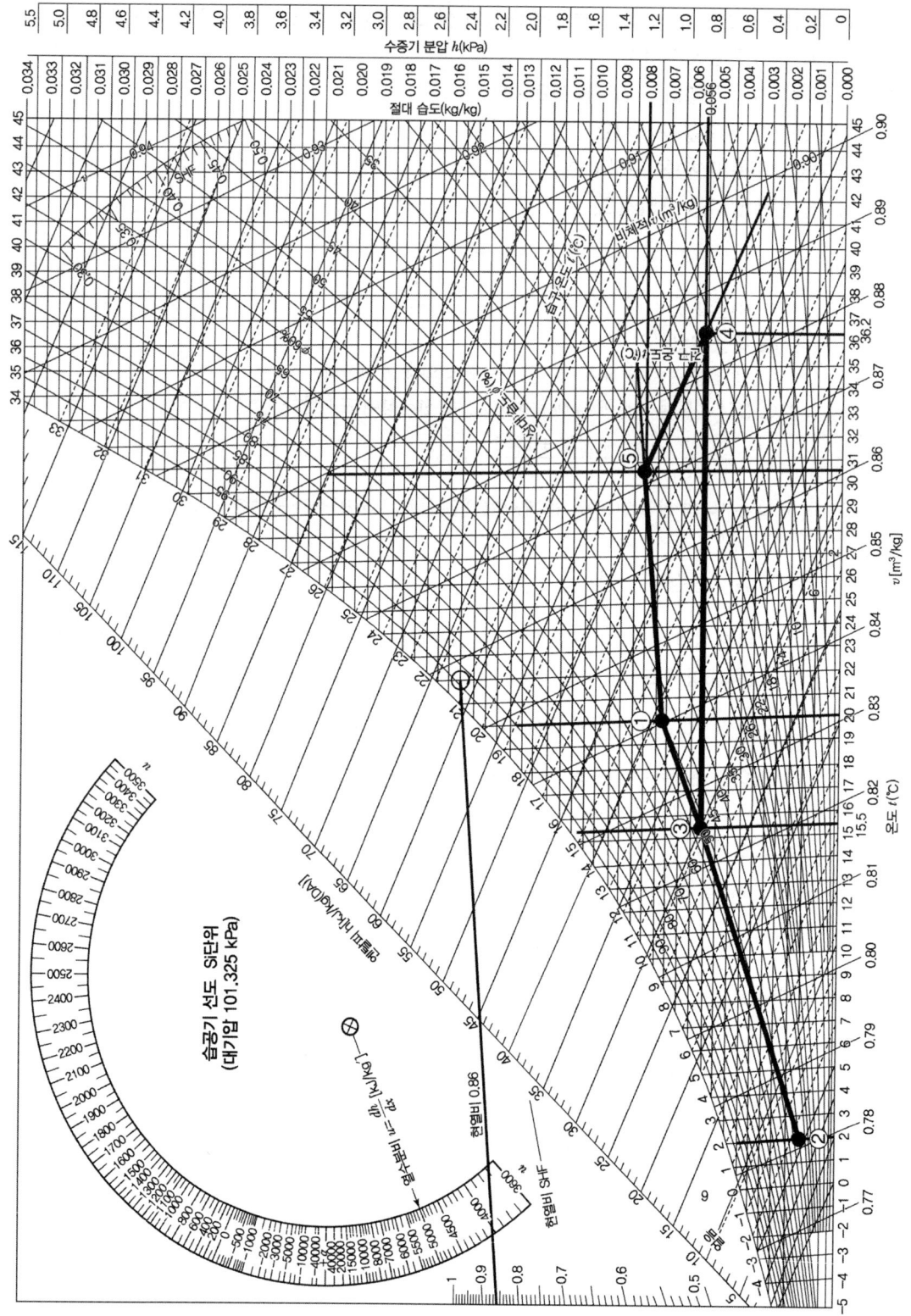

06 다음과 같은 공조시스템 및 계산조건을 이용하여 A실과 B실을 냉방할 경우 각 물음에 답하시오.

(11년 1회, 17년 2회) (15점)

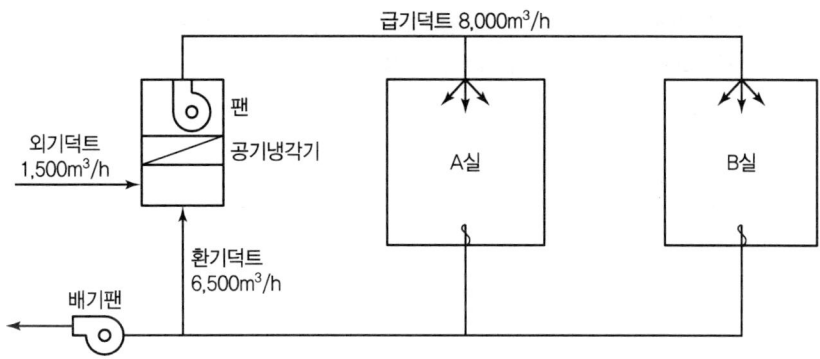

[조건]
1. 외기 : 건구온도 33℃, 상대습도 60%
2. 공기 냉각기 출구 : 건구온도 16℃, 상대습도 90%
3. 송풍량
　① A실 : 급기 5,000m³/h, 환기 4,000m³/h
　② B실 : 급기 3,000m³/h, 환기 2,500m³/h
4. 신선 외기량 : 1,500m³/h
5. 냉방부하
　① A실 : 현열부하 17.4kW, 잠열부하 1.7kW
　② B실 : 현열부하 8.7kW, 잠열부하 1.2kW
6. 송풍기 동력 : 2.7kW
7. 공기의 정압비열 : 1.0kJ/kg·K
8. 덕트 및 공조 시스템에 있어 외부로부터의 열취득은 무시한다.

(1) 급기의 취출구온도를 구하시오.
(2) A실의 건구온도 및 상대습도를 구하시오.
(3) B실의 건구온도 및 상대습도를 구하시오.
(4) 공기냉각기 입구의 건구온도를 구하시오.
(5) 공기냉각기의 냉각열량을 구하시오.

> 풀이

(1) 급기의 취출구온도(t_s)

  냉각기 출구에서 취출구까지 취득되는 열량은 송풍기 동력에 의한 가열량(q)을 기준으로 산출한다.
  (여기서, Δt는 냉각기 출구와 취출구 간의 온도차)

  $q = GC_p \Delta t$

  $\Delta t = \dfrac{q}{GC_p}$

  $\Delta t = \dfrac{q}{\rho Q C_p}$

  $= \dfrac{2.7 \times 3,600}{1.2 \times 8,000 \times 1.0} = 1.01℃$

  $\therefore t_s =$ 냉각기 출구온도 $+ \Delta t = 16 + 1.01 = 17.01℃$

(2) A실의 건구온도 및 상대습도

  ① 건구온도(t_A)

  $q_S = GC_p \Delta t$

  $\Delta t = \dfrac{q_s}{GC_p}$

  여기서, Δt : 취출구와 실내의 온도차

  실내현열(q_s), 취출구와 실내의 온도차를 이용하여 산출한다.

  $\Delta t = \dfrac{q_s}{\rho Q C_p} = \dfrac{17.4 \times 3,600}{1.2 \times 5,000 \times 1.0} = 10.44℃$

  $\therefore t_A = t_s + \Delta t = 17.01 + 10.44 = 27.45℃$

  ② 상대습도(ϕ_A) : 공기 선도를 작성하여 습도를 구한다.

  $SHF = \dfrac{q_s}{q_s + q_L} = \dfrac{17.4}{17.4 + 1.7} = 0.91$

  현열비의 기울기를 이용하여 취출점에서 실내점으로 이어준다.

  $\therefore \phi_A = 46\%$

(3) B실의 건구온도 및 상대습도

  ① 건구온도(t_B)

  $q_s = GC_p \Delta t$

  $\Delta t = \dfrac{q_s}{GC_p}$

  여기서, Δt : 취출구와 실내의 온도차

  실내현열(q_s), 취출구와 실내의 온도차를 이용하여 산출한다.

  $\Delta t = \dfrac{q_s}{\rho Q C_p} = \dfrac{8.7 \times 3,600}{1.2 \times 3,000 \times 1.0} = 8.7℃$

  $\therefore t_B = t_s + \Delta t = 17.01 + 8.7 = 25.71℃$

② 상대습도(ϕ_B) : 공기 선도를 작성하여 습도를 구한다.

$$SHF = \frac{8.7}{8.7+1.2} = 0.88$$

현열비의 기울기를 이용하여 취출점에서 실내점으로 이어준다.

∴ $\phi_B = 52\%$

(4) 공기 냉각기 입구의 건구온도(t_c)

A, B실의 환기혼합온도(t_{AB}) 산출

$$t_{AB} = \frac{4,000 \times 27.45 + 2,500 \times 25.71}{4,000 + 2,500} = 26.78℃$$

공기냉각기 입구점에서의 혼합온도 산출

$$\therefore t_c = \frac{1,500 \times 33 + 6,500 \times 26.78}{1,500 + 6,500} = 27.95℃$$

(5) 공기 냉각기의 냉각열량(q_{cc})

냉각열량 = (A실 + B실 + 송풍기 + 외기)의 전열량으로 구하며

공기 선도에서 공기냉각기 입출구의 엔탈피를 찾아서 활용한다.

혼합 $SHF = \dfrac{17.4+8.7}{(17.4+8.7)+(1.7+1.2)} = 0.9$

$\therefore q_{cc} = G \cdot \Delta h = Q\rho \cdot \Delta h = 8,000 \times 1.2 \times (60-43) = 163,200 \text{kJ/h}$

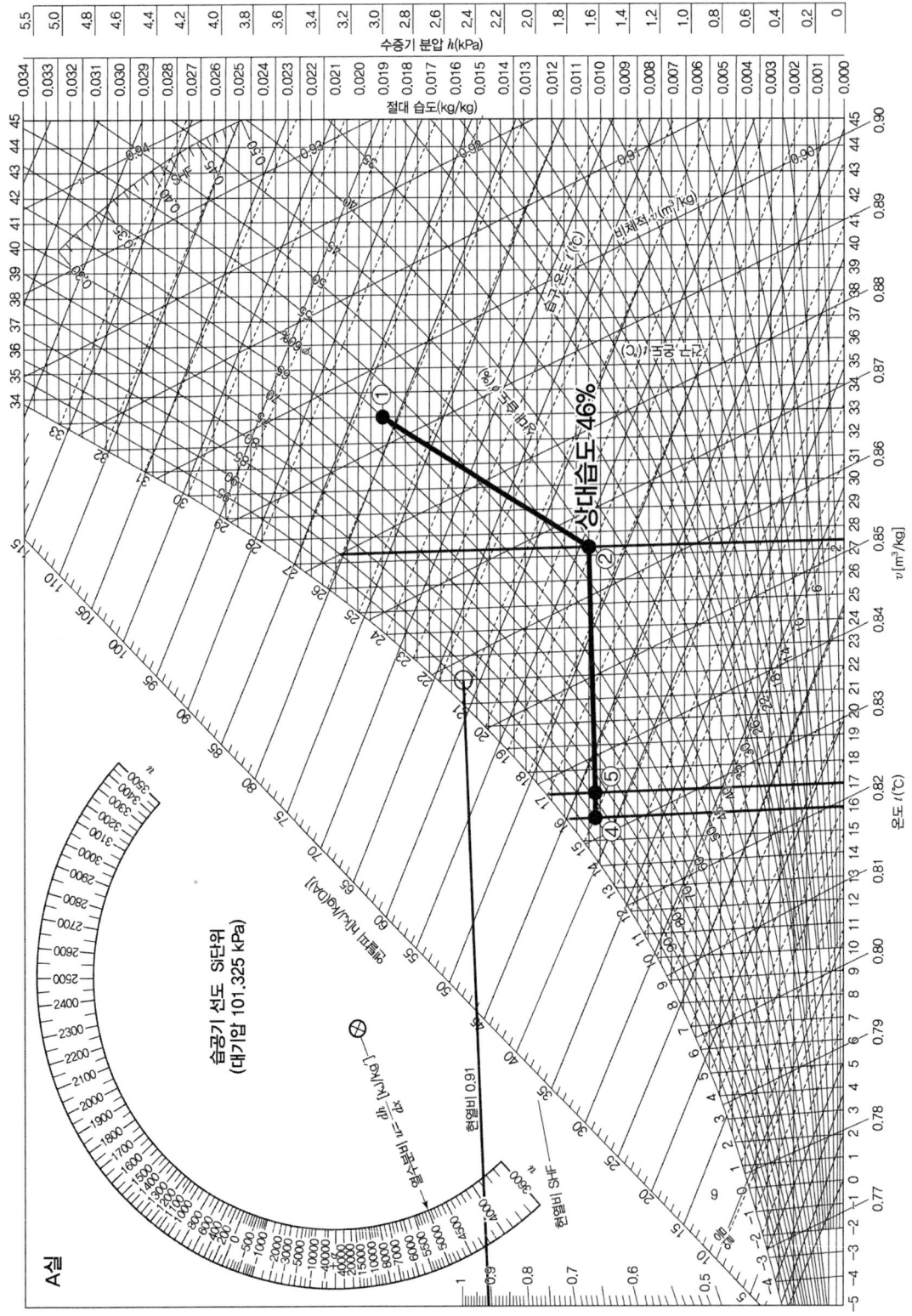

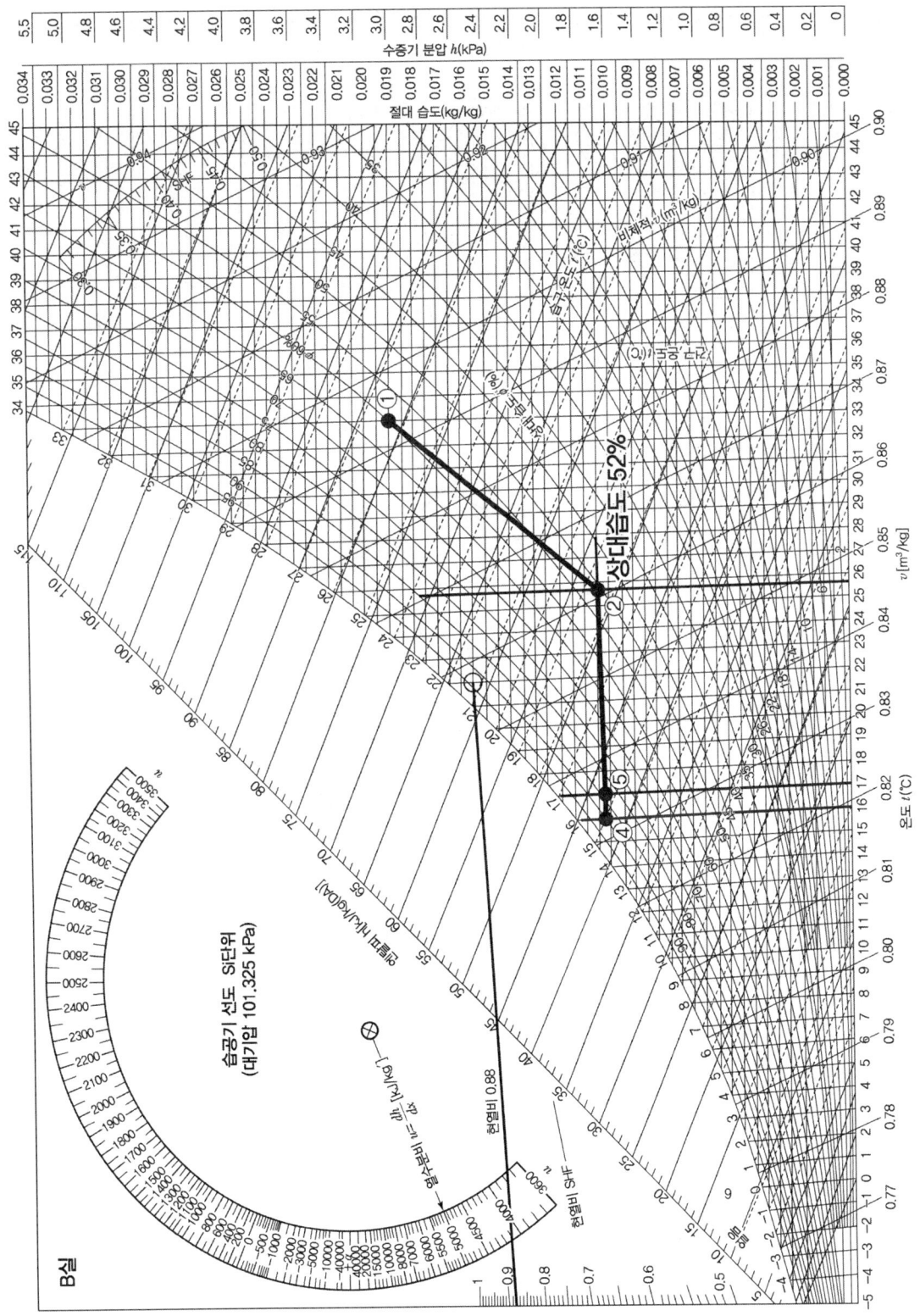

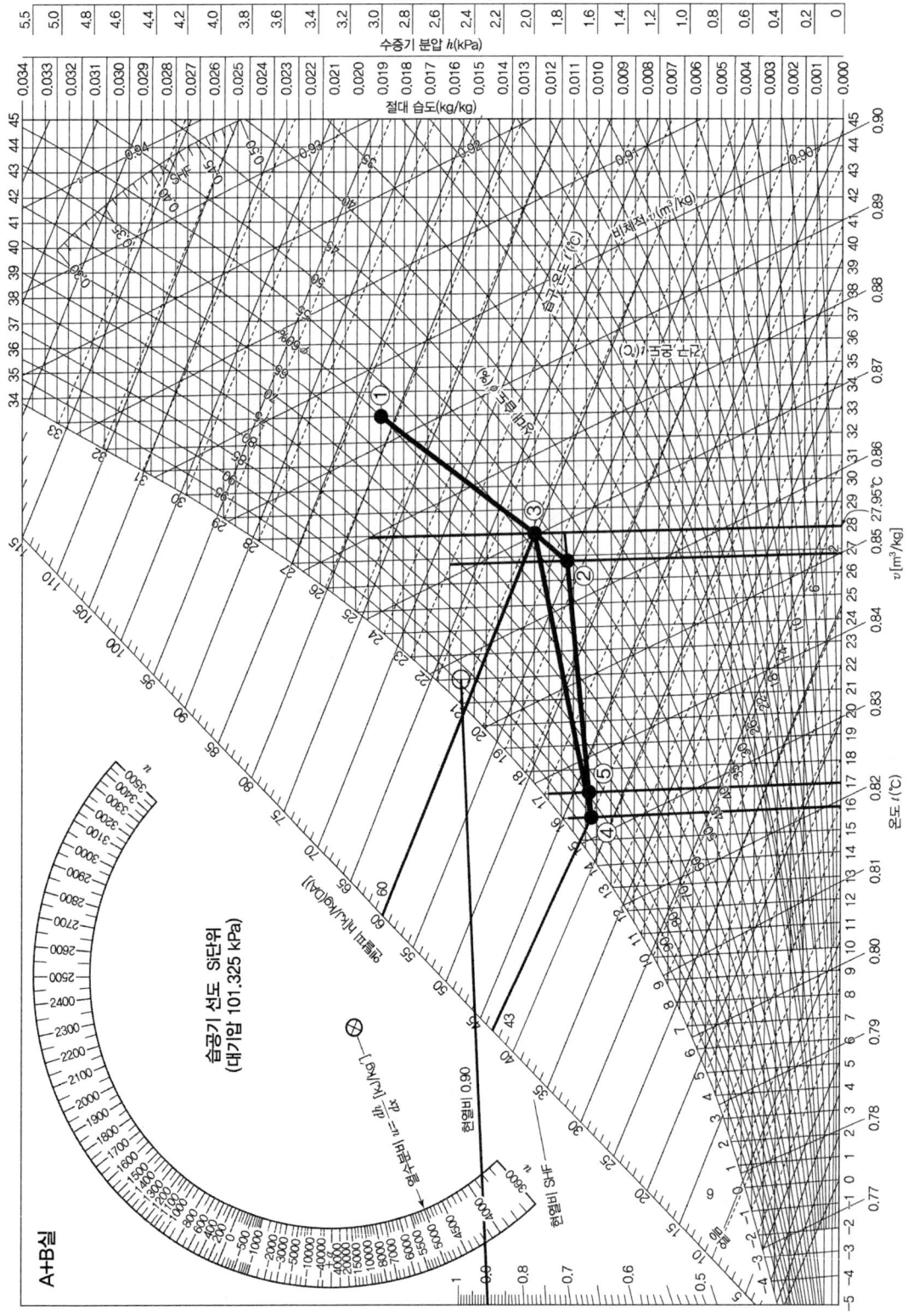

07 다음과 같은 공조시스템에 대해 계산하시오. (15년 3회, 20년 4회, 24년 1회) (10점)

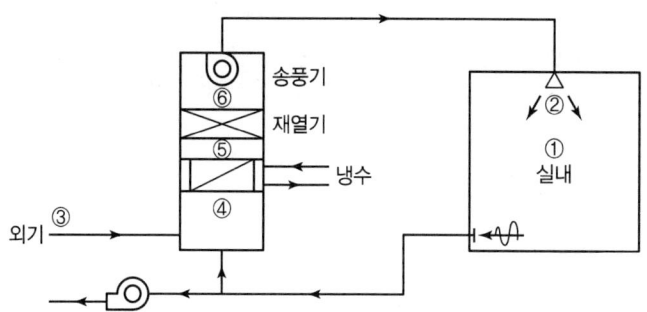

[조건]
- 실내온도 : 25℃, 실내 상대습도 : 50%
- 외기온도 : 31℃, 외기 상대습도 : 60%
- 실내급기풍량 : 6,000m³/h, 외기도입풍량 : 1,000m³/h, 공기밀도 : 1.2kg/m³
- 취출공기온도 : 17℃, 공조기 송풍기 입구온도 : 16.5℃
- 공기냉각기 냉수량 : 1.4L/s, 냉수입구온도(공기냉각기) : 6℃, 냉수출구온도(공기냉각기) : 12℃
- 재열기(전열기) 소비전력 : 5kW
- 공기의 정압비열 : 1.01kJ/kg·K, 냉수의 비열 : 4.2kJ/kg·K
- 0℃ 물의 증발잠열 : 2,501kJ/kg

(1) 실내 냉방 현열부하(kW)를 구하시오.
(2) 실내 냉방 잠열부하(kW)를 구하시오.
(3) 습공기 선도를 작도하시오.

풀이

(1) 실내 냉방 현열부하(q_S)

$$q_S = G \cdot C_p \cdot \Delta t = Q\rho \cdot C_p(t_1 - t_2) = \frac{6,000 \times 1.2 \times 1.01 \times (25-17)}{3,600} = 16.16\text{kW}$$

(2) 실내 냉방 잠열부하(q_L)

$$q_L = 2,501 \times G(x_1 - x_2) = 2,501 \times Q\rho(x_1 - x_2)$$

x_1, x_2를 습공기 선도에서 구하기 위해 습공기 선도를 작성한다.

1) 혼합공기의 온도와 엔탈피(t_4, h_4)

$$t_4 = \frac{Q_1 t_1 + Q_3 t_3}{Q_4} = \frac{(6,000 - 1,000) \times 25 + 1,000 \times 31}{6,000} = 26℃$$

여기서, Q_1, t_1 : 실내 환기량(재순환 공기량), 실내온도
Q_3, t_3 : 외기도입풍량, 외기온도
Q_4 : 실내급기풍량(혼합공기량)

$h_4 = 54.5$kJ/kg(공기 선도에서 혼합점 온도 26℃를 찾고 엔탈피 54.5를 읽는다.)

2) 냉각코일 출구엔탈피(h_5)

   냉각코일 부하 $q_{CC} = G_w \cdot C \cdot \Delta t_w = G_a(h_4 - h_5)$에서

   $h_5 = h_4 - \dfrac{G_w \cdot C \cdot \Delta t_w}{G_a} = 54.5 - \dfrac{(1.4 \times 3{,}600) \times 4.2 \times (12-6)}{1.2 \times 6{,}000} = 36.86 \text{kJ/kg}$

3) 냉각코일 출구온도(t_5)

   재열기부하 $q_{RH} = G_a \cdot C_p(t_6 - t_5)$에서

   $t_5 = t_6 - \dfrac{q_{RH}}{G_a C_p} = t_6 - \dfrac{q_{RH}}{\rho Q_a C_p}$

   여기서, $t_6 = 16.5℃$(재열기 출구=송풍기 입구)

   $\therefore t_5 = 16.5 - \dfrac{5 \times 3{,}600}{(1.2 \times 6{,}000) \times 1.01} = 14.02℃$

4) 공기 선도상에서 t_5와 h_5가 만나는 점 ⑤를 찾는다.
5) ⑤점에서 수평선을 그어 16.5℃와 만나는 점이 재열기 출구점 ⑥이다.
6) ⑤점에서 수평선을 그어 17℃와 만나는 점이 ②점이 된다.

   여기서, $t_6 = 16.5℃$(재열기 출구=송풍기 입구)

7) 실내냉방 잠열부하 q_L은

   $q_L = \dfrac{2{,}501 \times 1.2 \times 6{,}000 \times (0.0098 - 0.009)}{3{,}600} = 4.00 \text{kW}$

(3) 습공기 선도 작도

$SHF = \dfrac{현열}{전열} = \dfrac{16.16}{16.16 + 4} = 0.80$

※ ①점에서 $SHF = 0.80$ 선과 평행한 선을 그어 ②점을 찾고 ⑥점, ⑤점을 찾아서 선도를 작도하는 것도 가능하다.

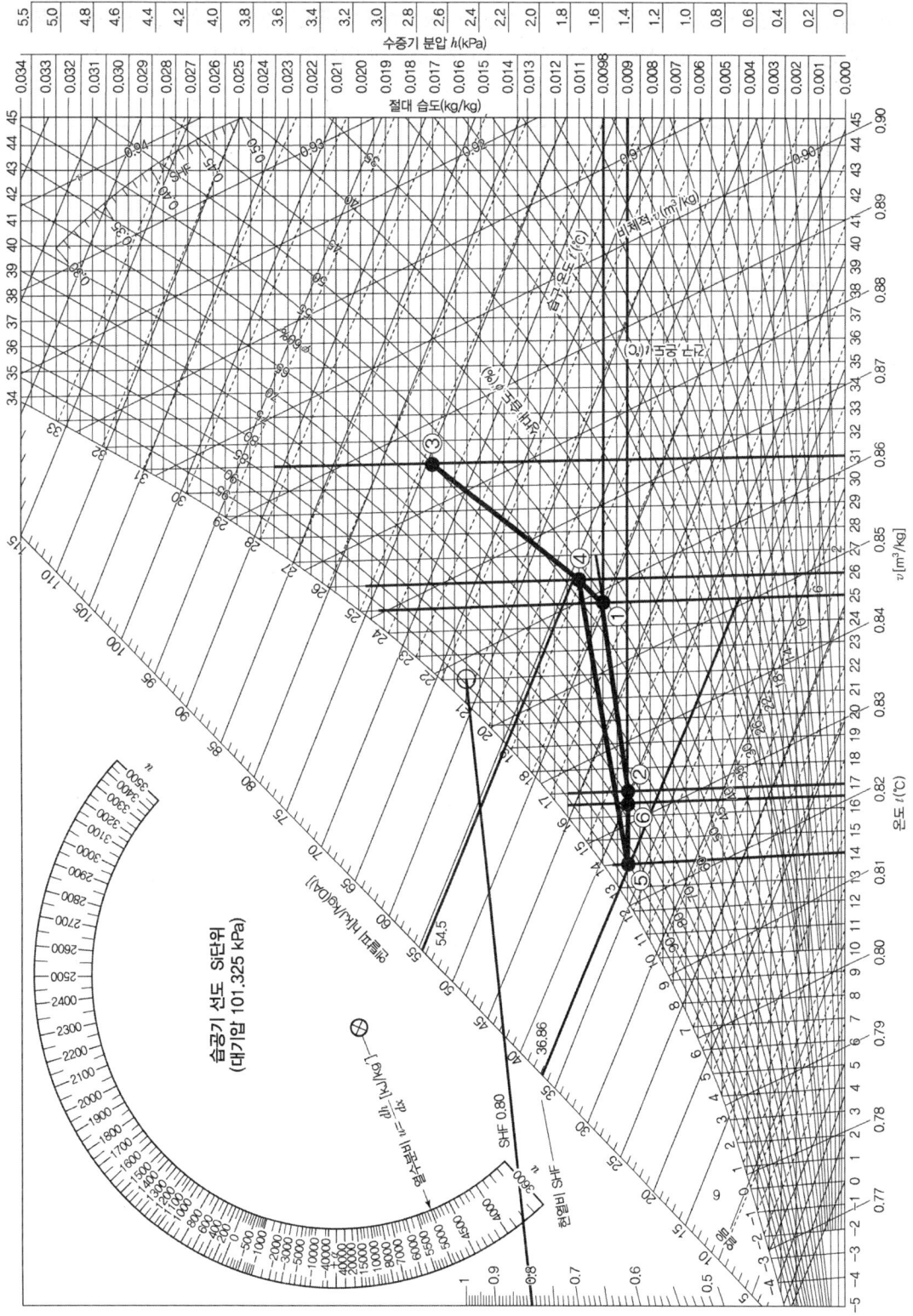

제1장 공기조화 방식 및 공조부하 | 99

08

다음 그림은 사무소 건물의 기준 층에 위치한 실의 일부를 나타낸 것이다. 각종 설계조건으로부터 대상 실의 냉방부하를 산출하고자 한다. 주어진 조건을 이용하여 냉방부하를 계산하시오.

(15년 1회, 19년 2회) (10점)

[설계조건]
1. 외기조건 : 32℃ DB, 70% RH
2. 실내 설정조건 : 26℃ DB, 50% RH
3. 열관류율
   ① 외벽 : 0.5W/m²·K
   ② 유리창 : 5.5W/m²·K
   ③ 내벽 : 2.0W/m²·K
   ④ 유리창 차폐계수 : 0.71
4. 재실인원 : 0.2인/m²
5. 인체 발생열 : 현열 63W/인, 잠열 69W/인
6. 조명부하 : 20W/m²(형광등)
7. 틈새바람에 의한 외풍은 없는 것으로 하며 인접실의 실내조건은 대상 실과 동일하다.

▼ [표 1] 유리창에서의 일사열량(W/m²)

시간 \ 방위	수평	N	NE	E	SE	S	SW	W	NW
10	629	39	101	312	312	101	39	39	39
12	726	43	43	43	103	156	103	43	43
14	629	39	39	39	39	101	312	312	101
16	379	28	28	28	28	28	343	493	349

▼ [표 2] 상당온도차(하기 냉방용(deg))

시간 \ 방위	수평	N	NE	E	SE	S	SW	W	NW
10	12.8	3.9	10.9	14.2	11.0	4.0	3.2	3.3	5.2
12	21.4	5.6	10.6	14.9	13.8	8.1	5.6	5.3	5.2
14	27.2	7.0	9.8	12.4	12.6	11.2	10.2	8.7	7.0
16	26.2	7.6	9.4	10.9	11.0	11.6	15.0	15.0	11.2

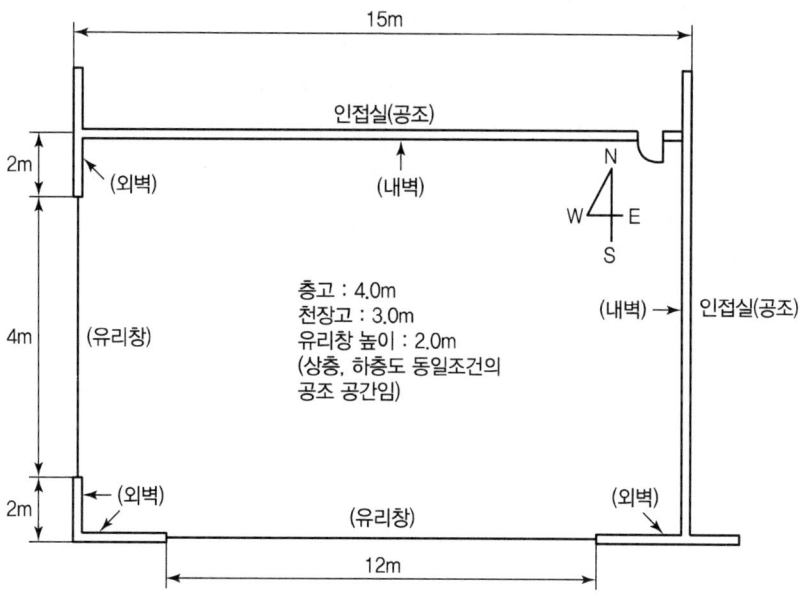

(1) 설계조건에 의해 12시, 14시, 16시의 냉방부하를 구하시오.
   ① 구조체에서의 부하
   ② 유리를 통한 일사에 의한 열부하
   ③ 실내에서의 부하
(2) 실내 냉방부하의 최대 발생시각을 결정하고, 이때의 현열비를 구하시오.
(3) 최대 부하 발생 시의 취출풍량(m³/h)을 구하시오.(단, 취출온도는 15℃, 공기의 비열 1.0kJ/kg · K, 공기의 밀도 1.2kg/m³로 한다. 또한, 실내의 습도 조절은 고려하지 않는다.)

> 풀이

(1) 냉방부하
   ① 구조체에서의 부하
      • 외벽에서의 부하 : $q = K \cdot A \cdot \Delta t_e$
         여기서 Δt_e는 상당온도차로서 〈표 2〉의 값을 적용한다.
         남쪽 벽(S) 12시 $q = 0.5 \times (15 \times 4 - 12 \times 2) \times 8.1 = 145.8\text{W}$
                    14시 $q = 0.5 \times (15 \times 4 - 12 \times 2) \times 11.2 = 201.6\text{W}$
                    16시 $q = 0.5 \times (15 \times 4 - 12 \times 2) \times 11.6 = 208.8\text{W}$
         서쪽 벽(W) 12시 $q = 0.5 \times (8 \times 4 - 4 \times 2) \times 5.3 = 63.6\text{W}$
                    14시 $q = 0.5 \times (8 \times 4 - 4 \times 2) \times 8.7 = 104.4\text{W}$
                    16시 $q = 0.5 \times (8 \times 4 - 4 \times 2) \times 15.0 = 180\text{W}$
      • 유리창에서의 부하(관류부하) : $q = K \cdot A \cdot \Delta t$
         ※ 유리창의 경우에는 축열을 고려하지 않으므로 상당외기온도차를 적용하지 않고, 실내외 온도차를 적용한다.

남쪽 유리창(S) $q = 5.5 \times (12 \times 2) \times (32 - 26) = 792\text{W}$
서쪽 유리창(W) $q = 5.5 \times (4 \times 2) \times (32 - 26) = 264\text{W}$
∴ 12시 부하 $= 145.8 + 63.6 + 792 + 264 = 1,265.4\text{W}$
14시 부하 $= 201.6 + 104.4 + 792 + 264 = 1,362\text{W}$
16시 부하 $= 208.8 + 180 + 792 + 264 = 1,444.8\text{W}$

② 유리를 통한 열사에 의한 열부하 $q = I \cdot A \cdot SC$
여기서, I는 일사열량으로서 〈표 1〉의 값을 적용한다. SC는 차폐계수를 의미한다.

남쪽 유리창(S) 12시 $q = 156 \times (12 \times 2) \times 0.71 = 2,658.24\text{W}$
14시 $q = 101 \times (12 \times 2) \times 0.71 = 1,721.04\text{W}$
16시 $q = 28 \times (12 \times 2) \times 0.71 = 477.12\text{W}$
서쪽 유리창(W) 12시 $q = 43 \times (4 \times 2) \times 0.71 = 244.24\text{W}$
14시 $q = 312 \times (4 \times 2) \times 0.71 = 1,772.16\text{W}$
16시 $q = 493 \times (4 \times 2) \times 0.71 = 2,800.24\text{W}$
∴ 12시 부하 $= 2,658.24 + 244.24 = 2,902.48\text{W}$
14시 부하 $= 1,721.04 + 1,772.16 = 3,493.2\text{W}$
16시 부하 $= 477.12 + 2,800.24 = 3,277.36\text{W}$

③ 실내에서의 부하
인체 현열 $q_S = n \cdot H_S = 0.2 \times (15 \times 8) \times 63 = 1,512\text{W}$
인체 잠열 $q_L = n \cdot H_L = 0.2 \times (15 \times 8) \times 69 = 1,656\text{W}$
조명부하 $q_E = (15 \times 8) \times 20 = 2,400\text{W}$
∴ 12시, 14시, 16시 부하 $= 1,512 + 1,656 + 2,400 = 5,568\text{W}$

(2) 실내 냉방부하 최대 발생시각 및 현열비
① 실내 냉방부하 최대 발생시각 : 14시
12시 : 10,215.88W(1,265.4 + 2,902.48 + 5,568 = 9,735.88)
14시 : 10,903.2W(1,362 + 3,493.2 + 5,568 = 10,423.2)
16시 : 10,770.16W(1,444.8 + 3,277.36 + 5,568 = 10,290.16)

② 현열비 $SHF = \dfrac{\text{현열}}{\text{전열}} = \dfrac{\text{전열} - \text{잠열}}{\text{전열}} = \dfrac{10,423.2 - 1,656}{10,423.2} = 0.84$

(3) 최대부하 발생 시의 취출풍량(Q)
$q_S = m C_p \Delta t = \rho Q C_p \Delta t$에서
$Q = \dfrac{q_S}{\rho C_p \Delta t} = \dfrac{(10,423.2 - 1,656) \times 3,600}{1.2 \times 1.0 \times 10^3 \times (26 - 15)} = 2,391.05 \text{m}^3/\text{h}$

09 다음과 같은 건물의 A실에 대하여 아래 조건을 이용하여 각 물음에 답하시오. (단, A실은 최상층으로 사무실 용도이며, 아래층의 난방 조건은 동일하다.) (06년 2회, 17년 3회, 18년 2회, 23년 3회) (14점)

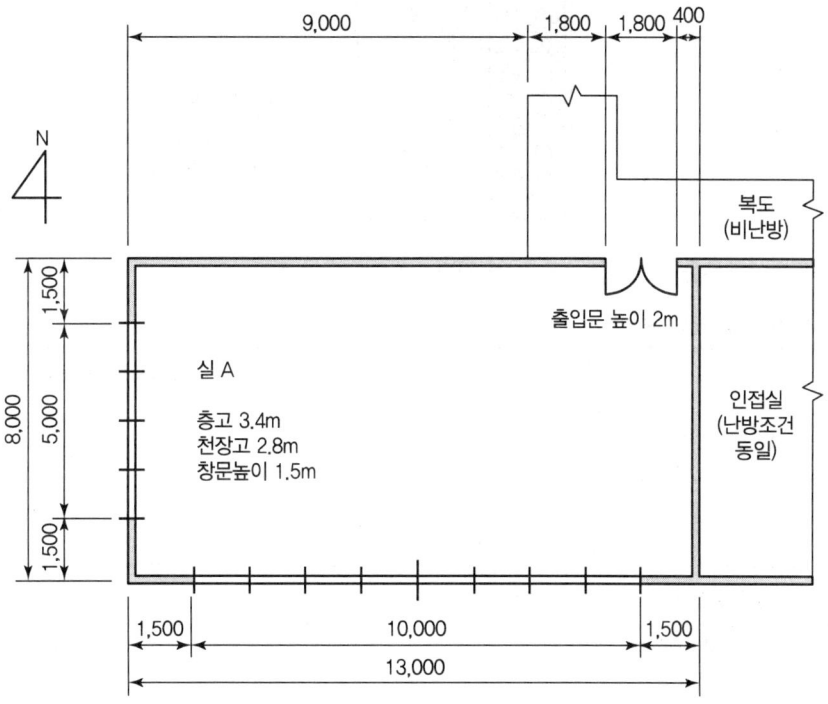

[조건]
1. 난방 설계용 온·습도

구분	난방	비고
실내	20℃ DB, 50% RH, $x=0.00725$ kg/kg'	비공조실은 실내·외의 중간 온도로 약산함
외기	−5℃ DB, 70% RH, $x=0.00175$ kg/kg'	

2. 유리 : 복층유리(공기층 6mm), 블라인드 없음, 열관류율 $K=3.5$ W/m²·K
   출입문 : 목재 플래시문, 열관류율 $K=2.2$ W/m²·K

3. 공기의 밀도 $\rho=1.2$ kg/m³
   공기의 정압비열 $C_p=1.01$ kJ/kg·K
   수분의 증발잠열(상온) $E_a=2,500$ kJ/kg
   100℃ 물의 증발잠열 $E_b=2,256$ kJ/kg

4. 외기 도입량은 25m³/h·인이다.

5. 외벽

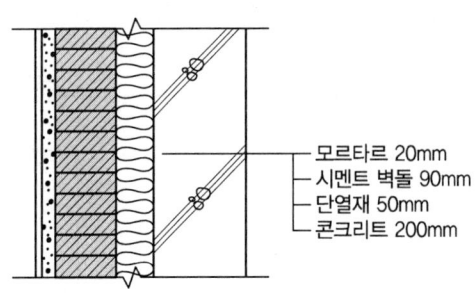

모르타르 20mm
시멘트 벽돌 90mm
단열재 50mm
콘크리트 200mm

6. 내벽 열관류율 : 3.0W/m² · K, 지붕 열관류율 : 0.5W/m² · K

▼ 각 재료의 열전도율

재료명	열전도율(W/m · K)
1. 모르타르	1.4
2. 시멘트 벽돌	1.4
3. 단열재	0.035
4. 콘크리트	1.6

▼ 표면 열전달률 α_i, α_o(W/m² · K)

표면의 종류	난방 시	냉방 시
내면	8.4	8.4
외면	24.2	22.7

▼ 방위계수

방위	N, 수평	E	W	S
방위계수	1.2	1.1	1.1	1.0

▼ 재실인원 1인당 상면적(m²/인)

방의 종류	상면적(m²/인)	방의 종류		상면적(m²/인)
사무실(일반)	5.0		객실	18.0
은행 영업실	5.0	백화점	평균	3.0
레스토랑	1.5		혼잡	1.0
상점	3.0		한산	6.0
호텔로비	6.5	극장		0.5

▼ 환기횟수

실용적(m³)	500 미만	500~1,000	1,000~1,500	1,500~2,000	2,000~2,500	2,500~3,000	3,000 이상
환기횟수(회/h)	0.7	0.6	0.55	0.5	0.42	0.40	0.35

(1) 외벽 열관류율을 구하시오.
(2) 난방부하를 계산하시오.
　① 서측　　　　② 남측　　　　③ 북측
　④ 지붕　　　　⑤ 내벽　　　　⑥ 출입문

풀이

(1) 외벽 열관류율(k)

$$R = \frac{1}{\alpha_i} + \frac{l_1}{\lambda_1} + \frac{l_2}{\lambda_2} + \frac{l_3}{\lambda_3} + \frac{l_4}{\lambda_4} + \frac{1}{\alpha_o}$$

$$= \frac{1}{8.4} + \frac{0.02}{1.4} + \frac{0.09}{1.4} + \frac{0.05}{0.035} + \frac{0.2}{1.6} + \frac{1}{24.2} = 1.7925$$

$$\therefore K = \frac{1}{R} = \frac{1}{1.7925} = 0.56 \text{W/m}^2 \cdot \text{K}$$

(2) 난방부하(q)

　① 서측 $q_W = K \cdot A \cdot \Delta t \cdot k'$

　　• 외벽 $q_{W1} = 0.56 \times (8 \times 3.4 - 5 \times 1.5) \times (20 - (-5)) \times 1.1 = 303.38 \text{W}$
　　　　여기서, 외벽의 벽체 높이는 층고(3.4m)로 한다.
　　• 유리창 $q_{W2} = 3.5 \times (5 \times 1.5) \times (20 - (-5)) \times 1.1 = 721.875 \text{W}$

　∴ 서측 부하 $q_W = q_{W1} + q_{W2} = 303.38 + 721.875 = 1{,}025.26 \text{W}$

　② 남측 $q_s = K \cdot A \cdot \Delta t \cdot k'$

　　• 외벽 $q_{S1} = 0.56 \times (13 \times 3.4 - 10 \times 1.5) \times (20 - (-5)) \times 1.0 = 408.8 \text{W}$
　　　　여기서, 외벽의 벽체 높이는 층고(3.4m)로 한다.
　　• 유리창 $q_{S2} = 3.5 \times (10 \times 1.5) \times (20 - (-5)) \times 1.0 = 1{,}312.5 \text{W}$

　∴ 남측 부하 $q_S = q_{S1} + q_{S2} = 408.8 + 1{,}312.5 = 1{,}721.3 \text{W}$

　③ 북측(외벽) $q_N = K \cdot A \cdot \Delta t \cdot k' = 0.56 \times (9 \times 3.4) \times (20 - (-5)) \times 1.2 = 514.08 \text{W}$

　④ 지붕 $q_R = K \cdot A \cdot \Delta t \cdot k' = 0.5 \times (8 \times 13) \times (20 - (-5)) \times 1.2 = 1{,}560 \text{W}$

　⑤ 내벽 $q_I = K \cdot A \cdot \Delta t = K \cdot A \left(t_1 - \frac{t_i + t_o}{2} \right)$

$$= 3.0 \times (4 \times 2.8 - 1.8 \times 2) \times \left(20 - \frac{20 + (-5)}{2} \right) = 285 \text{W}$$

　여기서, 내벽의 벽체의 높이는 천장고(2.8m)로 한다.

　⑥ 출입문 $q_D = K \cdot A \cdot \Delta t = K \cdot A \left(t_1 - \frac{t_i + t_o}{2} \right)$

$$= 2.2 \times (1.8 \times 2) \times \left(20 - \frac{20 + (-5)}{2} \right) = 99 \text{W}$$

10 다음 그림과 같이 예열 · 혼합 · 순환수분무가습 · 가열하는 장치에서 실내현열부하가 14.8kW 이고, 잠열부하가 4.2kW일 때 다음 물음에 답하시오. (단, 외기량은 전체 순환량의 25%이며, $h_1 = 14\text{kJ/kg}$, $h_2 = 38\text{kJ/kg}$, $h_3 = 24\text{kJ/kg}$, $h_6 = 41.2\text{kJ/kg}$이다.) (15년 2회, 19년 3회) (8점)

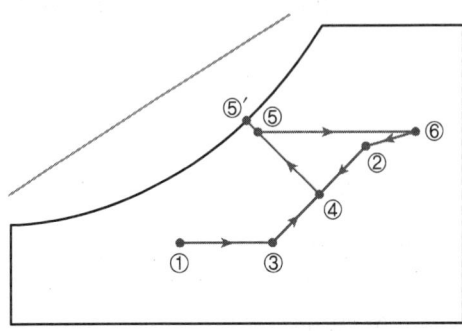

(1) 외기와 환기 혼합 엔탈피 h_4를 구하시오.
(2) 전체 순환공기량(kg/h)을 구하시오.
(3) 예열부하(kW)를 구하시오.
(4) 난방코일 부하(kW)를 구하시오.

[풀이]

(1) 외기와 환기 혼합 엔탈피(h_4)
$$h_4 = \frac{G_2 h_2 + G_3 h_3}{G_4} = \frac{0.75 \times 38 + 0.25 \times 24}{1} = 34.5\text{kJ/kg}$$
여기서, 환기 G_2 : 25%, 외기 G_3 : 75%

(2) 전체 순환공기(kg/h)
실내전열부하(q_T)산출식을 활용한다.
$q_T = G(h_6 - h_2)$에서
$$G = \frac{q_T}{h_6 - h_2} = \frac{(14.8 + 4.2) \times 3{,}600}{41.2 - 38} = 21{,}375\text{kg/h}$$

(3) 예열부하(kW)
$$q_p = G_o(h_3 - h_1) = \frac{(21{,}375 \times 0.25) \times (24 - 14)}{3{,}600} = 14.84\text{kW}$$
여기서, G_o : 외기량

(4) 난방코일 부하(kW)
난방코일 부하 = 실내부하 + 총외기부하 − 예열외기부하
$q_h = G(h_6 - h_5) = G(h_6 - h_2) + G_o(h_2 - h_1) - G_o(h_3 - h_1)$
$= 21{,}375(41.2 - 38) + (21{,}375 \times 0.25) \times (38 - 14) - (21{,}375 \times 0.25) \times (24 - 14)$
$= 143{,}212.5\text{kJ/h} = 39.78\text{kW}$

11 다음 조건과 같이 혼합, 냉각을 하는 공기조화기가 있다. 이에 대해 다음 각 물음에 답하시오.

(11년 2회, 17년 2회) (12점)

[조건]
1. 외기 : 건구온도 33℃, 상대습도 65%
2. 실내 : 건구온도 27℃, 상대습도 50%
3. 부하 : 실내 전열부하 52.5kW, 실내 잠열부하 14.0kW
4. 송풍기 부하는 실내 취득 현열부하의 12% 가산할 것
5. 실내 필요 외기량은 송풍량의 1/5로 하며, 실내인원 120명, 1인당 25.5m³/h
6. 습공기의 비열은 1.0kJ/kg·K, 비용적을 0.83m³/kg(DA)으로 한다.
여기서, kg(DA)은 습공기 중의 건조공기 중량(kg)을 표시하는 기호이다.
또한, 별첨의 습공기 선도를 사용하여 답은 계산 과정을 기입한다.

(1) 상대습도 90%일 때 실내송풍온도(취출온도)는 몇 ℃인가?
(2) 실내풍량(m³/h)을 구하시오.
(3) 냉각코일 입구 혼합온도를 구하시오.
(4) 냉각코일 부하는 몇 kW인가?
(5) 외기부하는 몇 kW인가?
(6) 냉각코일의 제습량은 몇 kg/h인가?

풀이

(1) 실내 송풍온도(t_s) : 공기 선도를 작성하여 t_s를 찾는다.

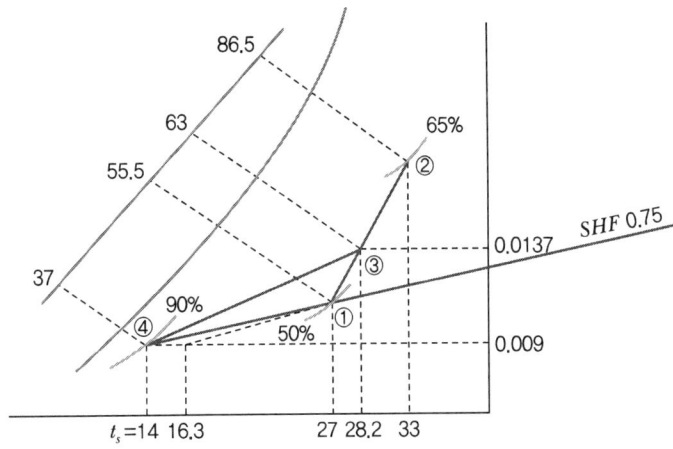

① 송풍기 부하 $q_F = (52.5 - 14.0) \times 0.12 = 4.62\text{kW}$

② $SHF = \dfrac{(52.5 - 14.0) + 4.62}{52.5 + 4.62} = 0.75$

③ 공기 선도의 ①점에서 SHF 0.75 선과 평행한 선을 그어 상대습도 90%와 만나는 점이 취출점이 되며 취출온도 $t_s = 14℃$이다.

(2) 실내풍량(Q)

$$q_S = Q\rho C_P \Delta t = Q\frac{1}{v}C_p \Delta t \text{에서}$$

$$Q = \frac{q_S \cdot v}{C_p \Delta t} = \frac{\{(52.5-14.0)+4.62\} \times 3,600 \times 0.83}{1.0 \times (27-14)} = 9,910.97 \text{m}^3/\text{h}$$

(3) 냉각코일 입구 혼합온도(t_3)

$$t_3 = \frac{G_1 t_1 + G_2 t_2}{G_1 + G_2} = \frac{4 \times 27 + 1 \times 33}{4+1} = 28.2℃$$

G_1(환기)와 G_2(외기)의 비는 문제조건(외기량을 송풍량의 1/5)에 따라 4 : 1로 한다.

(4) 냉각코일 부하(q_{CC})

공기 선도에서 $h_3 = 63\text{kJ/kg}$

$$q_{CC} = G \cdot \Delta h = \frac{Q}{v}(h_3 - h_4) = \frac{9,910.97}{3,600 \times 0.83} \times (63-37) = 86.24\text{kW}$$

(5) 외기부하(q_o)

$$q_O = G_O(h_2 - h_1) = \frac{Q_O}{v}(h_2 - h_1) = \frac{9,910.97}{5 \times 3,600 \times 0.83} \times (86.5-55.5) = 20.56\text{kW}$$

(6) 냉각코일의 제습량(L)

$$L = G \cdot \Delta x = \frac{Q}{v}(x_3 - x_4) = \frac{9,910.97}{0.83} \times (0.0137-0.009) = 56.12\text{kg/h}$$

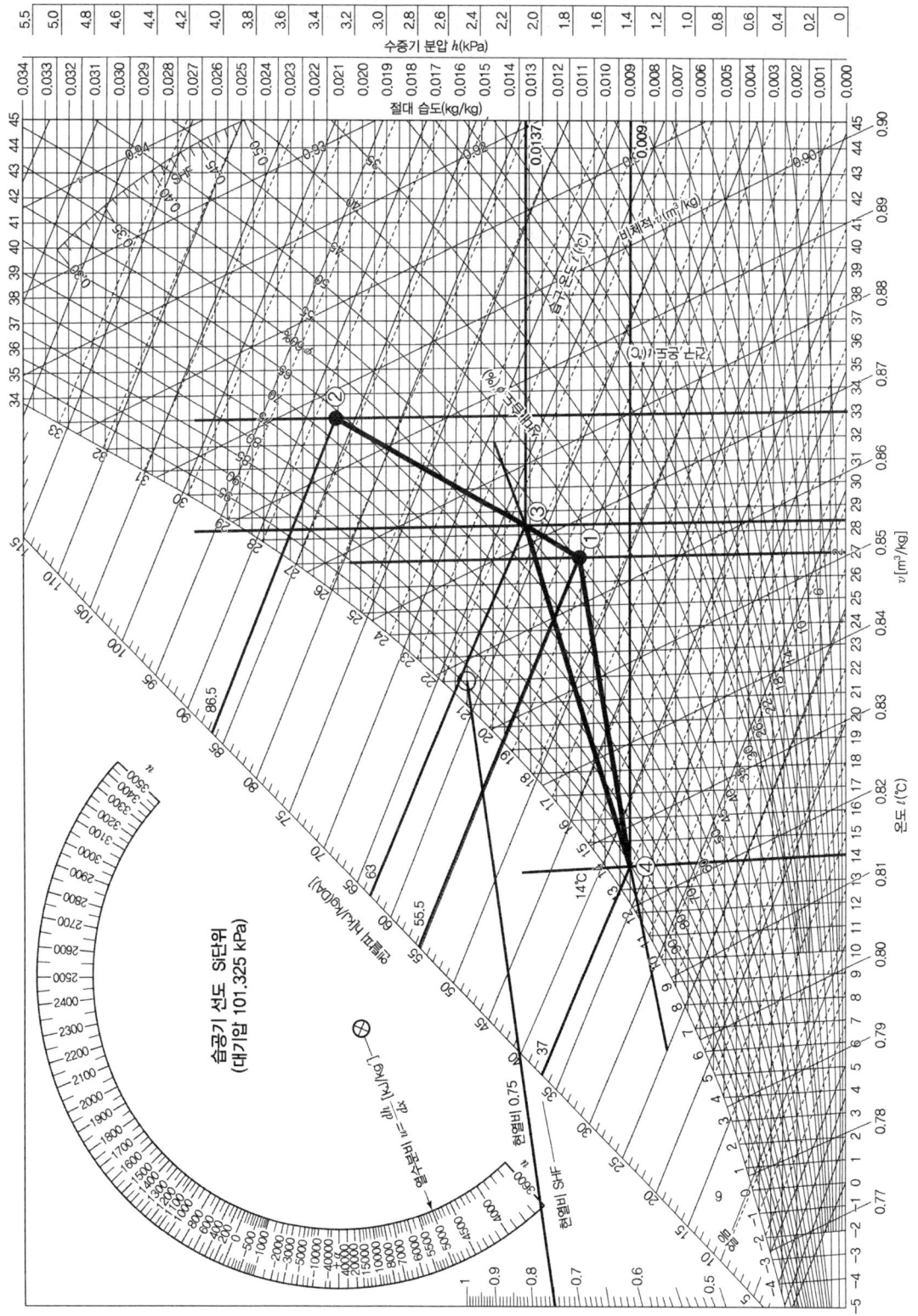

12 공기조화 부하에서 극간풍(틈새바람)을 구하는 방법 3가지와 틈새바람을 방지하는 방법 3가지를 서술하시오. (15년 1회, 17년 3회, 21년 3회, 23년 3회) (6점)

> **풀이**
>
> (1) 극간풍(틈새바람)을 구하는 방법
>   ① 환기횟수에 의한 방법
>   ② 틈새법(Crack법, 틈새길이에 의한 방법)
>   ③ 창 면적에 의한 방법
>
> (2) 극간풍(틈새바람)을 방지하는 방법
>   ① Air Curtain의 사용
>   ② 회전문 설치
>   ③ 충분한 간격을 두고 이중문 설치
>   ④ 이중문의 중간에 강제 대류 Convector 또는 FCU 설치
>   ⑤ 실내를 가압하여 외부압력보다 높게 유지
>   ⑥ 건물 기밀성 유지와 현관의 방풍실 설치, 층간의 구획 철저

공기조화장치

1. 공기조화계통 전반

 (21년 2회) (5점)

다음과 같은 중앙식 공기조화설비의 계통도에서 각 기기의 명칭을 보기에서 골라 쓰시오.

[보기]
1. 냉동기   2. 증기보일러   3. 송풍기   4. 공기조화기
5. 냉각수펌프   6. 냉매펌프   7. 냉수펌프   8. 냉각탑
9. 공기가열기   10. 에어필터   11. 응축기   12. 증발기
13. 공기냉각기   14. 트랩   15. 냉매건조기   16. 보일러 급수펌프
17. 가습기   18. 취출구

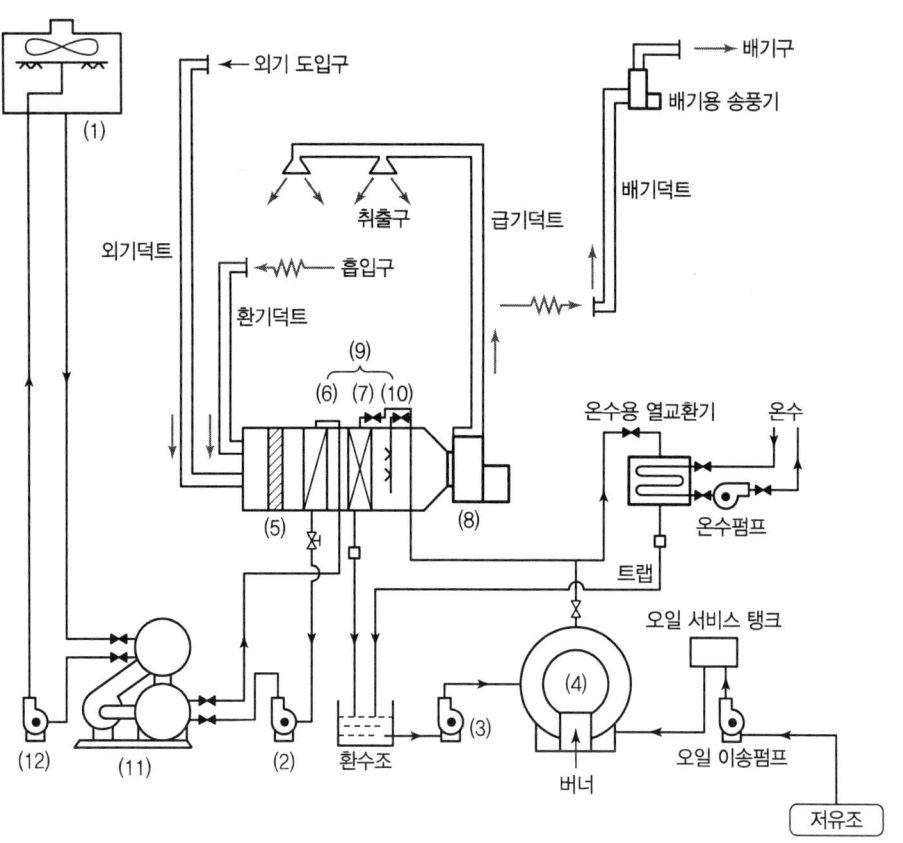

> **풀이** (1) 냉각탑　　　　(2) 냉수펌프　　　(3) 보일러 급수펌프　(4) 증기보일러
> 　　　(5) 에어필터　　　(6) 공기냉각기　　(7) 공기가열기　　　(8) 송풍기
> 　　　(9) 공기조화기　　(10) 가습기　　　　(11) 냉동기　　　　　(12) 냉각수펌프

2. 덕트 및 송풍기

1) 송풍기 전압 / 정압 / 동압

(1) 송풍기 전압 = 배관 마찰저항 + 기기 마찰저항 + 취출구 손실

(2) 송풍기 정압 = 전압 − 토출 측 동압

(3) 송풍기 토출 측 동압

$$동압(Pa) = \frac{\rho \times V^2}{2}$$

여기서, ρ : 밀도(kg/m³), V : 토출 측 유속(m/s)

$$동압(mmAq) = \frac{\gamma \times V^2}{2g}$$

여기서, γ : 비중량(kgf/m³), g : 중력가속도($9.8 m/s^2$)

(06년 2회, 16년 1회, 20년 4회) **(6점)**

아래와 같은 덕트계에서 각 부의 덕트 치수를 구하고, 송풍기 전압 및 정압을 구하시오.

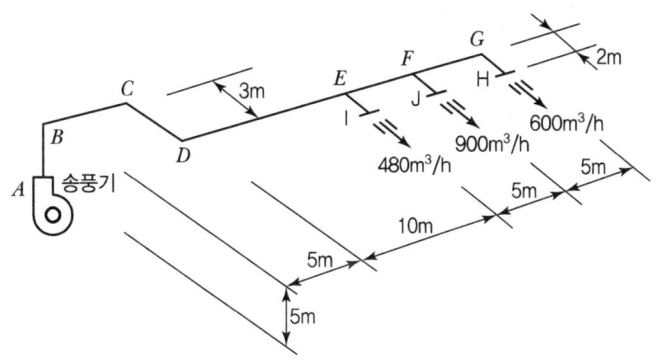

[조건]
1. 취출구 손실은 각 20Pa이고, 송풍기 출구풍속은 8m/s이다.
2. 직관의 마찰손실은 1Pa/m로 한다.
3. 곡관부 1개소의 상당길이는 원형 덕트(직경)의 20배로 한다.
4. 각 기기의 마찰저항은 다음과 같다.
   • 에어필터 : 100Pa
   • 공기냉각기 : 200Pa
   • 공기가열기 : 70Pa
5. 원형 덕트에 상당하는 사각형 덕트의 1변 길이는 20cm로 한다.
6. 풍량에 따라 제작 가능한 덕트의 치수표

풍량(m³/h)	원형 덕트 직경(mm)	사각형 덕트 치수(mm)
2,500	380	650×200
2,200	370	600×200
1,900	360	550×200
1,600	330	500×200
1,100	280	400×200
1,000	270	350×200
750	240	250×200
560	220	200×200

(1) 각 부의 덕트 치수를 구하시오.

구간	풍량(m³/h)	원형 덕트 직경(mm)	사각형 덕트 치수(mm)
A-E			
E-F			
F-H			
F-J			

(2) 송풍기 전압(Pa)을 구하시오.

(3) 송풍기 정압(Pa)을 구하시오.

[풀이] (1) 각 부의 덕트 치수

구간	풍량(m³/h)	원형 덕트 직경(mm)	사각형 덕트 치수(mm)
A-E	1,980	370	600×200
E-F	1,500	330	500×200
F-H	600	240	250×200
F-J	900	270	350×200

(2) 송풍기 전압(P_T)

P_T = (직관 + 곡관 + 에어필터 + 공기냉각기 + 공기가열기)의 마찰저항 + 취출구 손실

직관 마찰저항 = (5+5+3+10+5+5+2)×1 = 35Pa

곡관 B, C, D 마찰저항 = (0.37×20)×3×1 = 22.2Pa

곡관 G 마찰저항 = (0.24×20)×1 = 4.8Pa

∴ P_T = 35 + (22.2 + 4.8) + 100 + 200 + 70 + 20 = 452Pa

(3) 송풍기 정압(P_s)

정압 = 전압 − 토출 측 동압

$$P_s = P_T - \frac{\rho V_d^2}{2} = 452 - \frac{1.2 \times 8^2}{2} = 413.6\text{Pa}$$

여기서, ρ : 공기밀도(1.2kg/m³)

2) 송풍기 동력

(1) 공기동력

$$L = P \times Q$$

여기서, L : 동력(kW), P : 압력(kPa), Q : 유량(m³/s)

(2) 축동력

$$L = \frac{P \times Q}{\eta}$$

여기서, η : 송풍기 효율

(3) 소요동력

$$L = \frac{P \times Q}{\eta \times \eta_t}$$

여기서, η_t : 송풍기 모터 구동효율

핵심문제 (02년 1회, 04년 3회, 06년 2회, 15년 2회, 16년 3회, 18년 1회) **(2점)**

송풍기(Fan)의 전압 효율이 45%, 송풍기 입구와 출구에서의 전압차가 1.2kPa로서, 10,200m³/h의 공기를 송풍할 때 송풍기의 축동력(kW)을 구하시오.

풀이

축동력(kW) $= \dfrac{Q \cdot P_T}{E}$

여기서, Q : 송풍량(m³/s), P_T : 전압(kPa), E : 효율(%)

축동력(kW) $= \dfrac{10{,}200\text{m}^3/\text{h} \times 1.2\text{kPa}}{0.45 \times 3{,}600}$

$= 7.56\text{kW}$

3) 송풍기의 상사법칙

구분	회전수(rpm) $N_1 \to N_2$	날개직경(mm) $D_1 \to D_2$
송풍량 Q(m³/min) 변화	$Q_2 = \dfrac{N_2}{N_1} Q_1$	$Q_2 = \left(\dfrac{D_2}{D_1}\right)^3 Q_1$
압력 P(Pa) 변화	$P_2 = \left(\dfrac{N_2}{N_1}\right)^2 P_1$	$P_2 = \left(\dfrac{D_2}{D_1}\right)^2 P_1$
송풍기 동력 L(kW) 변화	$L_2 = \left(\dfrac{N_2}{N_1}\right)^3 L_1$	$L_2 = \left(\dfrac{D_2}{D_1}\right)^5 L_1$

핵심문제 (14년 1회, 17년 1회, 20년 4회) (6점)

900rpm으로 운전되는 송풍기가 풍량 8,000m³/h, 정압 40mmAq, 동력 15kW의 성능을 나타내고 있는 것으로 한다. 이 송풍기의 회전수를 1,080rpm으로 증가시키면 어떻게 되는가를 계산하시오.

풀이 송풍기 상사법칙을 이용한다.

- 풍량 $Q_2 = \left(\dfrac{N_2}{N_1}\right) \times Q_1 = \left(\dfrac{1,080}{900}\right) \times 8,000 = 9,600 \text{m}^3/\text{h}$

- 정압 $P_2 = \left(\dfrac{N_2}{N_1}\right)^2 \times P_1 = \left(\dfrac{1,080}{900}\right)^2 \times 40 = 57.6 \text{mmAq}$

- 동력 $L_2 = \left(\dfrac{N_2}{N_1}\right)^3 \times L_1 = \left(\dfrac{1,080}{900}\right)^3 \times 15 = 25.92 \text{kW}$

4) 덕트 설계법

구분	내용
정압법 (Equal Friction Method)	• 덕트의 단위길이당 마찰손실 값을 전구간에 동일하게 적용하여 덕트 치수를 정하는 방법이다. • 등마찰손실법이라고도 하며 선도나 덕트 설계용 계산치(Duct Measure)를 이용하여 덕트의 크기를 결정한다. • 공조덕트 설계의 대부분이 정압법에 의해 이루어지며, 각형 및 저속덕트 설계 시 적용한다.
정압재취득법 (Static Pressure Regain Method)	베르누이 정리에 의하여 풍속이 감소하면 그 동압의 차만큼 정압이 상승하기 때문에 정압의 상승분을 다음 구간의 덕트 압력손실에 재이용하는 방법이다.
등속법 (Equal Velocity Method)	덕트의 주관이나 분기관의 풍속을 권장풍속치 내로 정하여 덕트 치수를 결정하며 주로 분체, 분진의 이송 등에 사용하고 원형 및 고속덕트 설계 시 적용한다.
전압법 (Total Pressure Method)	각 취출구까지의 전압력손실이 같아지도록 덕트의 단면을 결정하는 방식이다.

5) 소음 발생원인 및 방지대책

(1) 발생원인

구분	발생원인
송풍기	• 송풍기 운전 중에 발생하는 공기전파음과 고체전파음이 있음 • 저부하 시 Surging 현상 등의 이상 운전으로 인한 소음, 진동 발생 • 송풍기 자체 발생소음은 정압 2승에 비례하여 발생
덕트	• 덕트 내 와류현상과 엘보 등에서 발생 • 덕트 내 풍속 과다에 따른 소음 발생
흡입 · 취출구	• 형상에 따라 소음 발생에 차가 있으며 정류판 셔터 등이 소음 발생원 • 풍량변화에 의한 풍속의 증가

(2) 방지대책

구분	방지대책
송풍기	• 방진가대 및 Canvas 이음 • Surging 현상 발생방지 • 가급적 정압을 낮추는 방안 모색, 저음형 송풍기 채택
덕트	• 덕트의 도중에 흡음재 부착 • 송풍기 출구 부근에 플리넘 체임버(Plenum Chamber) 장치 • 덕트의 적당한 장소에 흡음장치(셀형, 플레이트형) 설치 • 댐퍼나 취출구에 흡음재 부착 • 주덕트 철판 두께를 표준치보다 두껍게 함
흡입 · 취출구	• 소음 발생이 적은 취출구 선정 • 취출구 풍속은 허용풍속 이하로 선정

(20년 1회, 23년 2회) **(6점)**

전공기 방식에서 덕트 소음 방지 방법 3가지를 쓰시오.

풀이 ① 덕트의 도중에 흡음재를 부착한다.
② 송풍기 출구 부근에 플리넘 체임버(Plenum Chamber)를 장치한다.
③ 덕트의 적당한 장소에 흡음장치(셀형, 플레이트형)를 설치한다.
④ 댐퍼나 취출구에 흡음재를 부착한다.
⑤ 주덕트 철판 두께를 표준치보다 두껍게 한다.

3. 취출구

(14년 2회, 20년 3회) **(6점)**

다음 용어를 설명하시오.

(1) 스머징(Smudging) (2) 도달거리(Throw)
(3) 강하거리 (4) 등마찰손실법(등압법)

풀이 (1) 스머징(Smudging)
취출구 바깥쪽 부분으로 유인되는 실내공기에 의해 취출구 바깥쪽 천장면에 먼지 등이 달라붙어 더러워지는 현상을 말한다.

(2) 도달거리(Throw)
취출구에서 취출기류의 풍속이 0.25m/s가 되는 위치까지의 거리이다.

(3) 강하거리
냉풍을 취출할 때, 도달거리에 도달할 때까지 생긴 기류의 강하정도를 강하거리라고 한다.

(4) 등마찰손실법(등압법)
덕트의 단위길이당 마찰손실 값을 전구간에 동일하게 적용하여 덕트 치수를 정하는 방법을 말하며, 정압법이라고도 한다.

4. 환기량 산출

1) 필요환기량(Q)

$$Q = \frac{M}{C_i - C_o}$$

여기서, M : 배기가스 중 일산화탄소량(m³/h)
C_i : 실내의 일산화탄소 허용농도(m³/m³)
C_o : 외기 중의 일산화탄소 농도(m³/m³)

2) 환기횟수(n)

$$n = \frac{Q}{V}$$

여기서, Q : 필요환기량(m³/h)
V : 공간 체적(m³)

핵심문제 (17년 2회) **(3점)**

바닥 면적 600m², 천장 높이 4m 자동차 정비공장에서 항상 10대의 자동차가 엔진을 작동한 상태에 있는 것으로 한다. 자동차의 배기가스 중의 일산화탄소량을 1대당 1m³/h, 외기 중의 일산화탄소 농도를 0.0001%(용적실 내의 일산화탄소 허용 농도를 0.01%) 용적이라 하면, 필요 외기량(환기량)은 어느 정도가 되는가? 또, 환기횟수로 따지면 몇 회가 되는가?(단, 자연 환기는 무시한다.)

풀이 (1) 필요 외기량(환기량 Q)

$$Q = \frac{M}{C_i - C_o}$$

여기서, M : 배기가스 중 일산화탄소량(m³/h)
C_i : 용적실 내의 일산화탄소 허용농도(m³/m³)
C_o : 외기 중의 일산화탄소 농도(m³/m³)

$$= \frac{1 \times 10}{(0.01 - 0.0001) \times 10^{-2}}$$
$$= 101{,}010.1 \, \text{m}^3/\text{h}$$

(2) 환기횟수(n)

$$n = \frac{Q}{V} = \frac{101{,}010.1}{600 \times 4} = 42.09 회/\text{h}$$

5. 냉각코일

1) 냉각코일 관련 계산식

(1) 코일의 열수(N)

$$N = \frac{q_T}{K \cdot A \cdot C_s \cdot LMTD}$$

여기서, q_T : 코일의 전열부하(W)
K : 코일의 열관류율(W/m² · K)
A : 코일 1열의 전열면적(m²)
C_s : 습면보정계수

(2) 코일 내의 순환수량(L, L/min)

$$L = \frac{3.6 \cdot q_T}{C \cdot (t_{w2} - t_{w1}) \cdot 60} = \frac{G(h_1 - h_2)}{(t_{w2} - t_{w1}) \cdot 60}$$

여기서, q_T : 코일의 전열부하(W)
C : 코일 내의 순환수의 비열(kJ/kg · K)
G : 공기의 질량(kg/h)
h_1, h_2 : 입출구 공기의 엔탈피(kJ/kg)

(3) 관 내의 수속(V_w, m/s)

$$V_w = \frac{L}{A_p \cdot n \cdot \gamma \cdot 3{,}600}$$

여기서, L : 순환수량(kg/h)
A_p : 관 내의 단면적(m²)
n : 통로 수(단수)
γ : 물의 비중량(kg/m³)

(4) 대수평균온도차의 산출

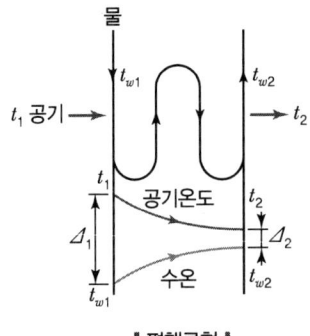

| 평행류형 | 대향류형 |

$$LMTD = \frac{\Delta_1 - \Delta_2}{\ln\left(\dfrac{\Delta_1}{\Delta_2}\right)}$$

여기서, Δ_1 : 공기 입구 측에서 공기와 물의 온도차(℃)
Δ_2 : 공기 출구 측에서 공기와 물의 온도차(℃)
t_1, t_2 : 공기 입출구의 온도(℃)
t_{w1}, t_{w2} : 물 입출구의 온도(℃)

핵심문제 (09년 3회, 15년 3회, 21년 1회, 22년 1회) **(16점)**

다음과 같은 냉수코일의 조건과 도표를 이용하여 각 물음에 답하시오.

[냉수코일 조건]
1. 코일부하 : $q_c = 116\text{kW}$
2. 통과풍량 : $Q_c = 15{,}000\text{m}^3/\text{h}$
3. 단수 : $S = 26$단
4. 풍속 : $V_f = 3\text{m/s}$
5. 유효높이 $a = 992\text{mm}$, 길이 $b = 1{,}400\text{mm}$, 관 안지름 $d_i = 12\text{mm}$
6. 공기 입구온도 : 건구온도 $t_1 = 28℃$, 노점온도 $t_1'' = 19.3℃$
7. 공기 출구온도 : 건구온도 $t_2 = 14℃$
8. 코일의 입·출구 수온차 : 5℃(입구수온 7℃)
9. 코일의 열통과율 : $1{,}012\text{W/m}^2 \cdot \text{K} \cdot$ 열
10. 물의 비열 : $4.2\text{kJ/kg}\cdot\text{K}$
11. 습면 보정계수 : $C_{ws} = 1.4$

(1) 정면 면적 $A_f(\text{m}^2)$를 구하시오.
(2) 냉수량 $L(\text{L/min})$을 구하시오.
(3) 코일 내의 수속 $V_w(\text{m/s})$를 구하시오.
(4) 대수평균온도차(평행류) $\Delta t_m(℃)$를 구하시오.
(5) 코일 열수 N을 구하시오.

계산된 열수(N)	2.26~3.70	3.71~5.00	5.01~6.00	6.01~7.00	7.01~8.00
실제 사용열수(N)	4	5	6	7	8

풀이 (1) 정면 면적(A_f)

$Q_c = A_f V_f$

$A_f = \dfrac{Q_c}{V_f} = \dfrac{15{,}000}{3 \times 3{,}600} = 1.39\text{m}^2$

(2) 냉수량(L/min)

$$q_c = L \cdot C \cdot \Delta t_w$$

$$L = \frac{q_c}{C \cdot \Delta t_w} = \frac{116 \times 60}{4.2 \times 5} = 331.43 \text{kg/min} = 331.43 \text{L/min}$$

여기서, 물의 밀도 $\rho = 1\text{kg/L}$

(3) 코일 내의 수속(V_w)

$$L = A \cdot V_w$$

$$V_w = \frac{L}{A} = \frac{L}{\frac{\pi d_i^2}{4} \times S} = \frac{331.43}{\frac{\pi \times 0.012^2}{4} \times 26 \times 60 \times 1,000} = 1.88 \text{m/s}$$

(4) 대수평균온도차(평행류)(Δt_m)

$$\Delta t_m = \frac{\Delta t_1 - \Delta t_2}{\ln \frac{\Delta t_1}{\Delta t_2}} = \frac{21 - 2}{\ln \frac{21}{2}} = 8.08 ℃$$

여기서, $\Delta 1$: 공기 입구 측 온도차($t_1 - t_{w1} = 28 - 7 = 21$)
   $\Delta 2$: 공기 입구 측 온도차($t_2 - t_{w2} = 14 - (7+5) = 2$)

(5) 코일의 열수(N)

$$q_C = K \cdot A_f \cdot N \cdot \Delta t_m \cdot C_{ws}$$

$$N = \frac{q_C}{K \cdot A_f \cdot \Delta t_m \cdot C_{ws}}$$

$$= \frac{116 \times 1,000}{1,012 \times 1.39 \times 8.08 \times 1.4} = 7.28 ≒ 8열$$

코일의 열수는 조건에 제시된 표에 따라 적용한다.

2) 바이패스 팩터(BF), 콘택트 팩터(CF)

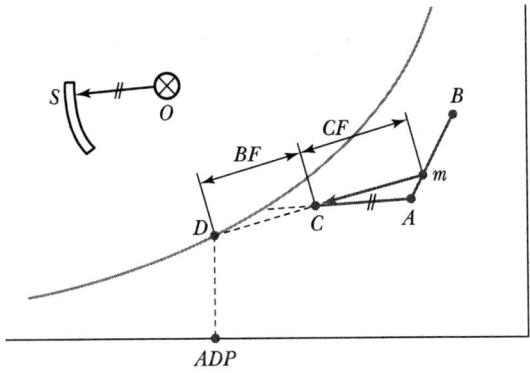

(1) 바이패스 팩터(BF : By-pass Factor)
  ① 바이패스 팩터란 가열·냉각코일을 통과하는 공기 중 코일 표면에 접촉하지 않고 그대로 통과하는 공기의 비율을 말한다.
  ② 위 그림에서 (선분 CD)/(선분 mD)의 길이의 비율을 말한다.

$$BF = \frac{\overline{CD}}{\overline{mD}} = \frac{t_C - t_D}{t_m - t_D} = \frac{x_C - x_D}{x_m - x_D}$$

(2) 콘택트 팩터(CF : Contact Factor)
  바이패스 팩터의 반대 개념으로 가열·냉각코일을 통과하는 공기 중 코일 표면에 완전히 접촉하면서 통과한 공기의 비율을 말한다.

$$CF = \frac{\overline{mC}}{\overline{mD}} = \frac{t_m - t_C}{t_m - t_D} = \frac{x_m - x_C}{x_m - x_D}$$

핵심문제 (05년 3회, 08년 2회, 11년 3회, 16년 2회, 18년 3회) **(5점)**

장치노점이 10℃인 냉수코일이 20℃ 공기를 12℃로 냉각시킬 때 냉수코일의 Bypass Factor(BF)를 구하시오.

 $BF = \dfrac{t_o - t_d}{t_i - t_d} = \dfrac{12 - 10}{20 - 10} = 0.2$

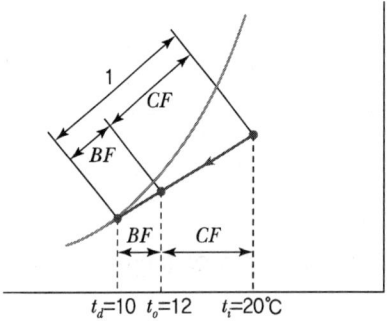

CHAPTER 02 실전문제

01 다음 그림과 같은 중앙식 공기조화 설비의 계통도에서 미완성된 배관도를 완성하고 유체의 흐르는 방향을 화살표로 표시하시오. (15년 3회, 17년 3회) (10점)

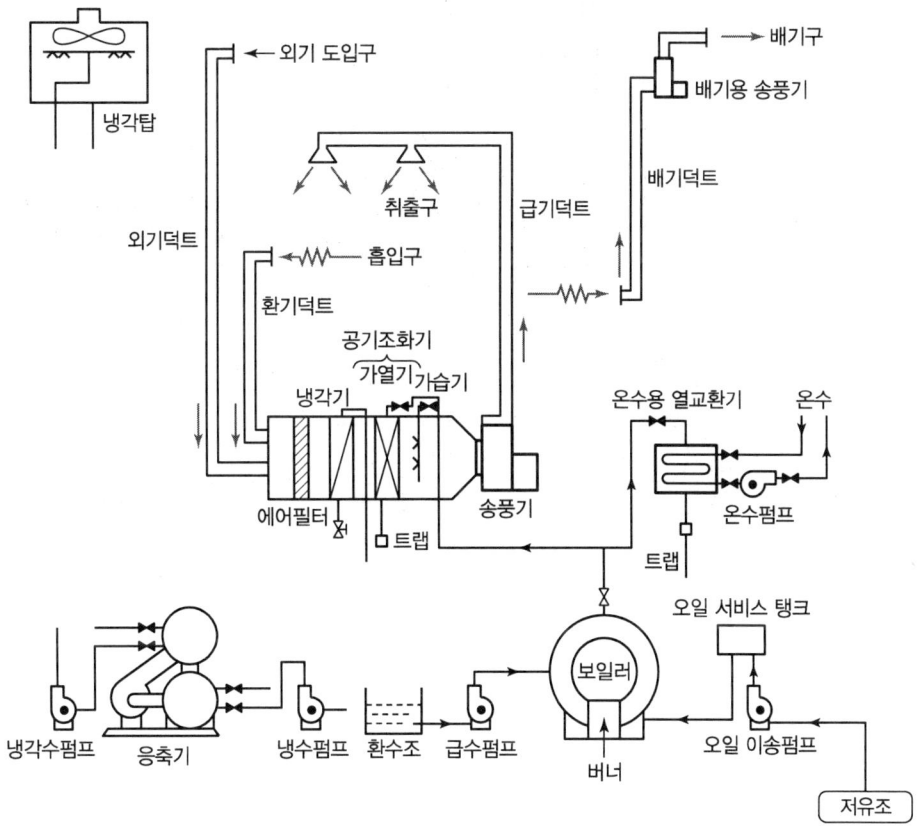

풀이

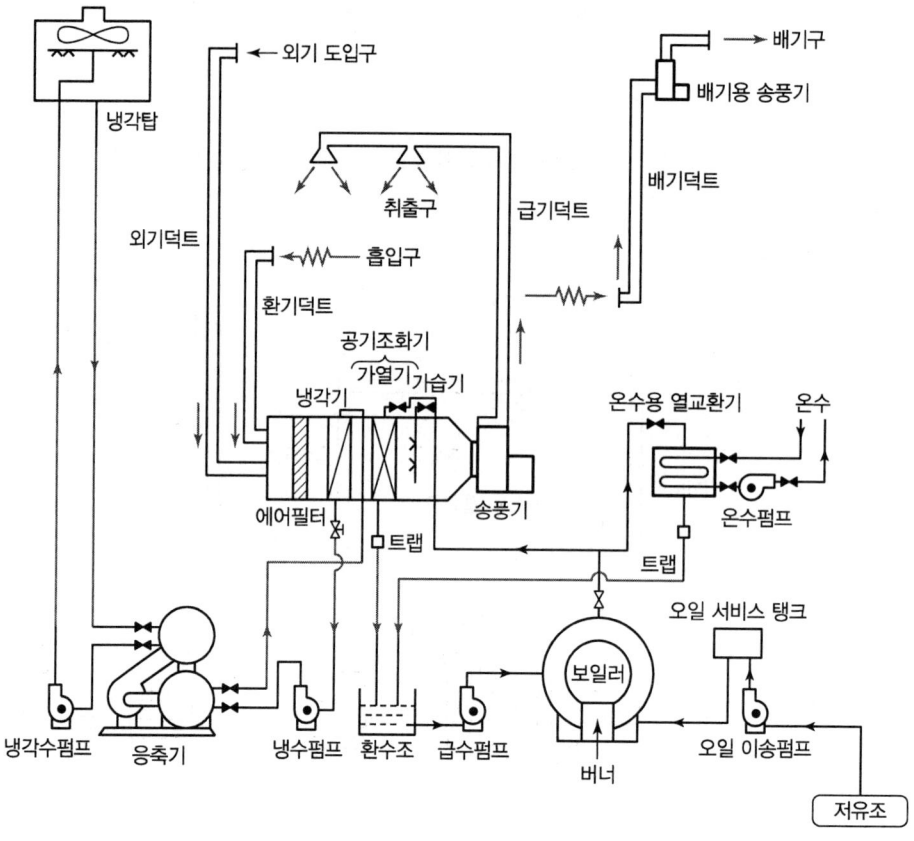

02 어떤 사무소 공조설비 과정이 다음과 같다. 물음에 답하시오.

(10년 2회, 13년 3회, 19년 2회, 23년 3회) (10점)

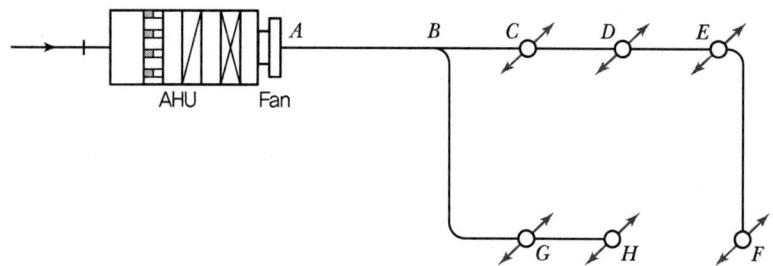

- 덕트 구간 길이
  A~B : 60m, B~C : 6m, C~D : 12m, D~E : 12m, E~F : 20m, B~G : 18m, G~H : 12m

[조건]
- 마찰손실 $R=1.0$Pa/m
- 1개당 취출구 풍량 : 3,000m³/h
- 정압효율 : 50%
- 가열코일 저항 : 150Pa
- 송풍기 저항 : 100Pa
- 국부저항계수 $\zeta=0.29$
- 송풍기 출구 풍속 $V=13$m/s
- 에어필터 저항 : 50Pa
- 냉각기 저항 : 150Pa
- 취출구 저항 : 50Pa

(1) 실내에 설치한 덕트 시스템을 위의 그림과 같이 설계하고자 한다. 각 취출구의 풍량이 동일할 때, 장방형 덕트의 크기를 결정하고 풍속을 구하시오. (단, 공기밀도 1.2kg/m³, 중력가속도 9.8m/s²이다.)

구간	풍량(m³/h)	원형 덕트 지름(cm)	장방형 덕트(cm)	풍속(m/s)
A-B			×35	
B-C			×35	
C-D			×35	
D-E			×35	
E-F			×35	

(2) 송풍기 정압(Pa)을 구하시오.
(3) 송풍기 동력(kW)을 구하시오.

풀이

(1) 장방형 덕트 크기 결정 및 풍속
   덕트 선도에서 원형 덕트 지름을 구하고, 덕트 표에서 장방형 덕트 크기를 구한다.

구간	풍량(m³/h)	원형 덕트 지름(cm)	장방형 덕트(cm)	풍속(m/s)
A-B	18,000	82	190×35	$\dfrac{18,000 \div 3,600}{1.9 \times 0.35} = 7.52$
B-C	12,000	71	135×35	$\dfrac{12,000 \div 3,600}{1.35 \times 0.35} = 7.05$
C-D	9,000	63	105×35	$\dfrac{9,000 \div 3,600}{1.05 \times 0.35} = 6.80$
D-E	6,000	54	75×35	$\dfrac{6,000 \div 3,600}{0.75 \times 0.35} = 6.35$
E-F	3,000	42	45×35	$\dfrac{3,000 \div 3,600}{0.45 \times 0.35} = 5.29$

(2) 송풍기 정압(P_S)

- 정압 = 전압 − 토출 측 동압($\dfrac{\rho V^2}{2}$)
- 전압 = 덕트 마찰손실 + 각종 저항

※ 구간별 마찰손실 산출 후 큰 값을 적용한다.

① A−F 구간 덕트 마찰손실
- 직관 덕트 마찰손실 = (60 + 6 + 12 + 12 + 20) × 1.0 = 110Pa
- 밴드부 마찰손실 = $\zeta \dfrac{\rho V^2}{2} = 0.29 \times \dfrac{1.2 \times 5.29^2}{2} = 4.869$Pa
- ∴ A−F 구간 마찰손실 = 110 + 4.869 = 114.87Pa

② A−H 구간 덕트 마찰손실
- 직관 덕트 마찰손실 = (60 + 18 + 12) × 1.0 = 90Pa
- B부 국부 마찰손실 = $\zeta \dfrac{\rho V_1^2}{2} = 0.29 \times \dfrac{1.2 \times 7.52^2}{2} = 9.839$Pa
- 밴드부 마찰손실 = $\zeta \dfrac{\rho V_2^2}{2} = 0.29 \times \dfrac{1.2 \times 6.35^2}{2} = 7.016$Pa

  (B−G 구간의 풍량 6,000m³/h, 풍속 6.35m/s)
- ∴ A−H 구간 마찰손실 = 90 + 9.839 + 7.016 = 106.86Pa

③ 송풍기 정압 : 덕트 마찰손실 중 큰쪽인 A−F 구간 마찰손실 114.87Pa를 적용한다.

$$P_S = \{114.87 + (150 + 100 + 50 + 150 + 50)\} - \dfrac{1.2 \times 13^2}{2} = 513.47\text{Pa}$$

(3) 송풍기 동력(L)

$$L(\text{kW}) = \dfrac{P_S(\text{kPa}) \times Q(\text{m}^3/\text{s})}{\eta_s} = \dfrac{513.47 \times 18,000}{1,000 \times 3,600 \times 0.5} = 5.13\text{kW}$$

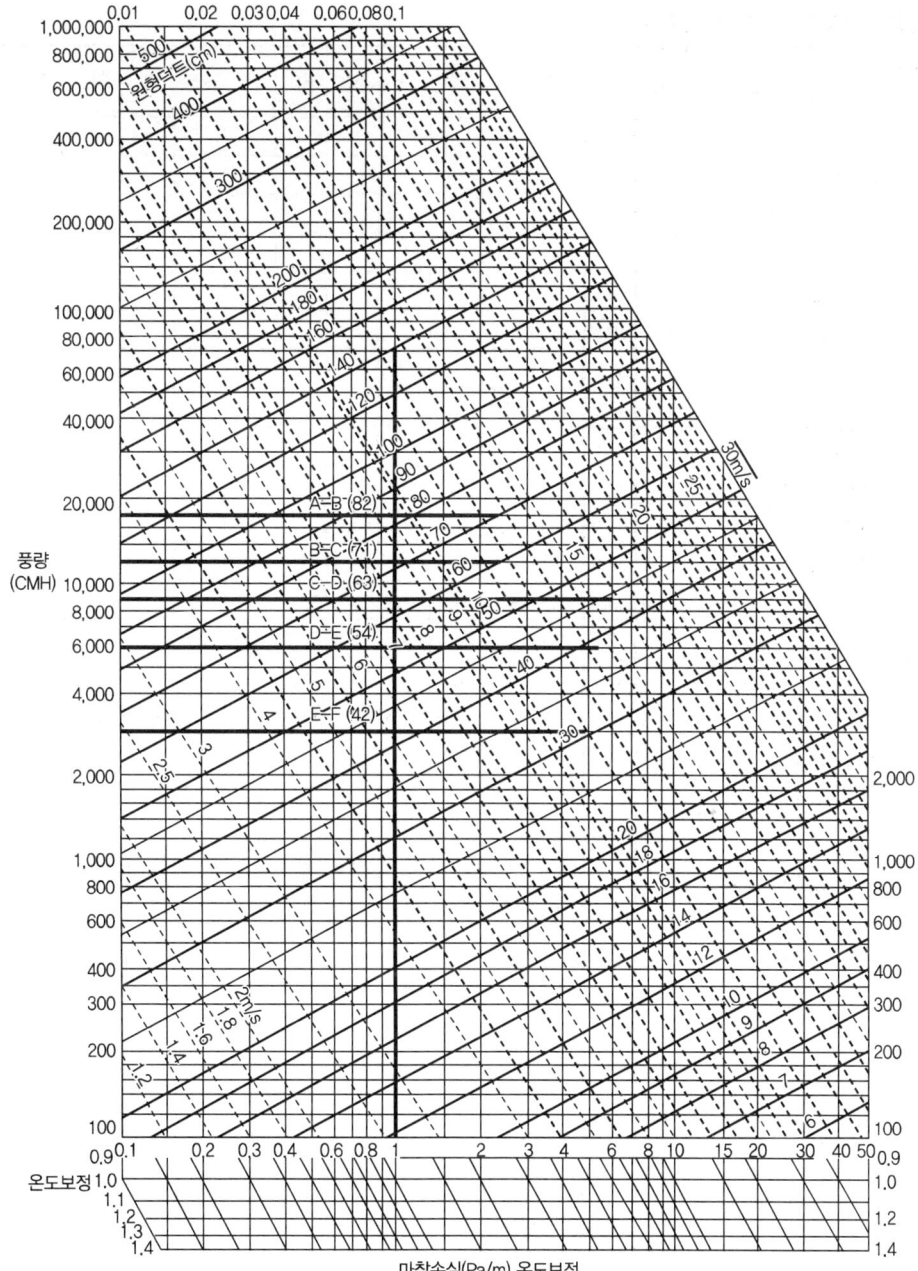

▼ 장방형 덕트와 원형 덕트의 환산표

장변\단변	10	15	20	25	30	35	40	45	50	55	60	65	70	75	80	85	90	95	100
10	10.9																		
15	13.3	16.4																	
20	15.2	18.9	21.9																
25	16.9	21.0	24.4	27.3															
30	18.3	22.9	26.6	29.9	32.8														
35	19.5	24.5	28.6	32.2	35.4	38.3													
40	20.7	26.0	30.5	34.3	37.8	40.9	43.7												
45	21.7	27.4	32.1	36.3	40.0	43.3	46.4	49.2											
50	22.7	28.7	33.7	38.1	42.0	45.6	48.8	51.8	54.7										
55	23.6	29.9	35.1	39.8	43.9	47.7	51.1	54.3	57.3	60.1									
60	24.5	31.0	36.5	41.4	45.7	49.6	53.3	56.7	59.8	62.8	65.6								
65	25.3	32.1	37.8	42.9	47.4	51.5	55.3	58.9	62.2	65.3	68.3	71.1							
70	26.1	33.1	39.1	44.3	49.0	53.3	57.3	61.0	64.4	67.7	70.8	73.7	76.5						
75	26.8	34.1	40.2	45.7	50.6	55.0	59.2	63.0	66.6	69.7	73.2	76.3	79.2	82.0					
80	27.5	35.0	41.4	47.0	52.0	56.7	60.9	64.9	68.7	72.2	75.5	78.7	81.8	84.7	87.5				
85	28.2	35.9	42.4	48.2	53.4	58.2	62.6	66.8	70.6	74.3	77.8	81.1	84.2	87.2	90.1	92.9			
90	28.9	36.7	43.5	49.4	54.8	59.7	64.2	68.6	72.6	76.3	79.9	83.3	86.6	89.7	92.7	95.6	198.4		
95	29.5	37.5	44.5	50.6	56.1	61.1	65.9	70.3	74.4	78.3	82.0	85.5	88.9	92.1	95.2	98.2	101.1	103.9	
100	30.1	38.4	45.4	51.7	57.4	62.6	67.4	71.9	76.2	80.2	84.0	87.6	91.1	94.4	97.6	100.7	103.7	106.5	109.3
105	30.7	39.1	46.4	52.8	58.6	64.0	68.9	73.5	77.8	82.0	85.9	89.7	93.2	96.7	100.0	103.1	106.2	109.1	112.0
110	31.3	39.9	47.3	53.8	59.8	65.2	70.3	75.1	79.6	83.8	87.8	91.6	95.3	98.8	102.2	105.5	108.6	111.7	114.6
115	31.8	40.6	48.1	54.8	60.9	66.5	71.7	76.6	81.2	85.5	89.6	93.6	97.3	100.9	104.4	107.8	111.0	114.1	117.2
120	32.4	41.3	49.0	55.8	62.0	67.7	73.1	78.0	82.7	87.2	91.4	95.4	99.3	103.0	106.6	110.0	113.3	116.5	119.6
125	32.9	42.0	49.9	56.8	63.1	68.9	74.4	79.5	84.3	88.8	93.1	97.3	101.2	105.0	108.6	112.2	115.6	118.8	122.0
130	33.4	42.6	50.6	57.5	64.2	70.1	75.7	80.8	85.7	90.4	94.8	99.0	103.1	106.9	110.7	114.3	117.7	121.1	124.4
135	33.9	43.3	51.4	58.6	65.2	71.3	76.9	82.2	87.2	91.9	96.4	100.7	104.9	108.8	112.6	116.3	119.9	123.3	126.7
140	34.4	43.9	52.2	59.5	66.2	72.4	78.1	83.5	88.6	93.4	98.0	102.4	106.6	110.7	114.6	118.3	122.0	125.5	128.9
145	34.9	44.5	52.9	60.4	67.2	73.5	79.3	84.8	90.0	94.9	99.6	104.1	108.4	112.5	116.5	120.3	124.0	127.6	131.1
150	35.3	45.2	53.6	61.2	68.1	74.5	80.5	86.1	91.3	96.3	101.1	105.7	110.0	114.3	118.3	122.2	126.0	129.7	133.2
155	35.8	45.7	54.4	62.1	69.1	75.6	81.6	87.3	92.6	97.4	102.6	107.2	111.7	116.0	120.1	124.1	127.9	131.7	135.3
160	36.2	46.3	55.1	62.9	70.6	76.6	82.7	88.5	93.9	99.1	104.1	108.8	113.3	117.7	121.9	125.9	129.8	133.6	137.3
165	36.7	46.9	55.7	63.7	70.9	77.6	83.8	89.7	95.2	100.5	105.5	110.3	114.9	119.3	123.6	127.7	131.7	135.6	139.3
170	37.1	47.5	56.4	64.4	71.8	78.5	84.9	90.8	96.4	101.8	106.9	111.8	116.4	120.9	125.3	129.5	133.5	137.5	141.3
175	37.5	48.0	57.1	65.2	72.6	79.5	85.9	91.9	97.6	103.1	108.2	113.2	118.0	122.5	127.0	131.2	135.3	139.3	143.2
180	37.9	48.5	57.7	66.0	73.5	80.4	86.9	93.0	98.8	104.3	109.6	114.6	119.5	124.1	128.6	133.9	137.1	141.2	145.1
185	38.3	49.1	58.4	66.7	74.3	81.4	87.9	94.1	100.0	105.6	110.9	116.0	120.9	125.6	130.2	134.6	138.8	143.0	147.0
190	38.7	49.6	59.0	67.4	75.1	82.2	88.9	95.2	101.2	106.8	112.2	117.4	122.4	127.2	131.8	136.2	140.5	144.7	148.8

03 송수량이 5,000L/min, 전양정 25m, 펌프의 효율이 65%일 때 양수펌프의 축동력(kW)을 구하시오.

(20년 1회) (5점)

> **풀이**
>
> **축동력(L_b)**
>
> $$L_b = \frac{Q \cdot H \cdot \gamma}{\eta} = \frac{5,000 \times 10^{-3} \times 25 \times 1,000}{60 \times 0.65 \times 102} = 31.42 \text{kW}$$
>
> 여기서, Q : 송수량(m³/s), H : 전양정(m), γ : 비중량(kgf/m³)

04 송풍기 흡입압력이 200Pa이고 송풍기 풍량이 150m³/min일 때 송풍기 소요동력(kW)을 구하시오. (단, 송풍기 전압효율 0.65, 구동효율 0.9이다.)

(05년 3회, 14년 1회, 19년 1회) (4점)

> **풀이**
>
> **송풍기 소요동력(L)**
>
> $$L = \frac{P \cdot Q}{\eta_T \cdot \eta_t}$$
>
> $$= \frac{200 \times 10^{-3} \times 150}{60 \times 0.65 \times 0.9} = 0.85 \text{kW}$$
>
> 여기서, P : 압력(kPa), Q : 풍량(m³/s), η_T : 전압효율, η_t : 구동효율

05 500rpm으로 운전되는 송풍기가 풍량 300m³/min, 전압 400Pa, 동력 3.5kW의 성능을 나타내고 있는 것으로 한다. 이 송풍기의 회전수를 1할 증가시키면 어떻게 되는가를 계산하시오.

(05년 2회, 18년 1회, 18년 2회, 19년 3회) (6점)

> **풀이**
>
> 송풍기 상사법칙을 이용한다.
>
> 풍량 $Q_2 = Q_1 \times \left(\frac{N_2}{N_1}\right) = 300 \times \left(\frac{500 \times 1.1}{500}\right) = 330 \text{m}^3/\text{min}$
>
> 전압 $P_2 = P_1 \times \left(\frac{N_2}{N_1}\right)^2 = 400 \times \left(\frac{500 \times 1.1}{500}\right)^2 = 484 \text{Pa}$
>
> 동력 $L_2 = L_1 \times \left(\frac{N_2}{N_1}\right)^3 = 3.5 \times \left(\frac{500 \times 1.1}{500}\right)^3 = 4.66 \text{kW}$

06 취출(吹出)에 관한 다음 용어를 설명하시오. (05년 3회, 14년 1회, 19년 1회) (6점)

(1) 셔터(Shutter)
(2) 전면적(Face Area)

[풀이]

(1) 셔터(Shutter)
취출구 후부에 설치하여 풍량을 조절하는 댐퍼역할을 하는 기기이다.

(2) 전면적(Face Area)
취출구 표면의 바깥둘레를 기준으로 한 면적이다.

07 재실자 20명이 있는 실내에서 1인당 CO_2 발생량이 $0.015m^3/h$일 때 실내 CO_2 농도를 1,000ppm으로 유지하기 위하여 필요한 환기량을 구하시오. (단, 외기의 CO_2 농도는 300ppm이다.)

(05년 1회, 13년 1회, 21년 1회) (5점)

[풀이]

환기량 $Q = \dfrac{M}{C_i - C_o} = \dfrac{20 \times 0.015}{(1{,}000 - 300) \times 10^{-6}} = 428.57 m^3/h$

여기서, M : CO_2 발생량(m^3/h)
C_i : 실내허용 CO_2 농도(m^3/m^3)
C_o : 외기 CO_2 농도(m^3/m^3)

08 다음 조건에서 이 방을 냉방하는 데 필요한 송풍량(m^3/h) 및 냉각열량(kW), 냉수순환량(kg/h), 냉각기 감습수량(kg/h)을 구하시오. (단, 냉수 입출구 온도차는 5℃이다.) (19년 2회) (8점)

[조건]
1. 외기조건 : 건구온도 33℃, 노점온도 25℃
2. 실내조건 : 건구온도 26℃, 상대습도 50%
3. 실내 부하 : 감열부하 58kW, 잠열부하 12kW
4. 도입 외기량 : 송풍 공기량의 30%
5. 냉각기 출구의 공기상태는 상대습도 90%로 한다.
6. 송풍기 및 덕트 등에서의 열부하는 무시한다.
7. 물의 비열은 4.2kJ/kg · K이다.
8. 송풍공기의 비열은 1.01kJ/kg · K, 비용적은 $0.83m^3/kg$로 하여 계산한다. 또한 별첨하는 공기선도를 사용하고, 계산 과정도 기입한다.

풀이

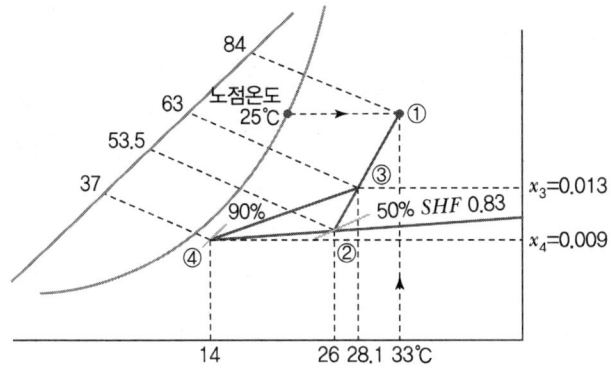

(1) 송풍량(Q)

$$q_S = GC_P \Delta t = Q\rho C_P \Delta t = Q\frac{1}{v}C_P(t_2 - t_4)$$

$$Q = \frac{v \cdot q_S}{C_P(t_2 - t_4)} \; : \text{공기 선도에서 } t_4 \text{를 찾아야 한다.}$$

- $SHF = \dfrac{58}{58+12} = 0.83$
- 실내공기 조건(26℃, 50%) 점에서 SHF 0.83 선과 평행선을 그어 상대습도 90% 선과 만나는 점의 온도 $t_4 = 14℃$를 찾는다.

$$\therefore Q = \frac{0.83 \times 58 \times 3{,}600}{1.01 \times (26-14)} = 14{,}299.01 \mathrm{m^3/h}$$

(2) 냉각열량(q_C)

$$q_C = G(h_3 - h_4) = \rho Q(h_3 - h_4) = \frac{1}{v}Q(h_3 - h_4) \; : h_3, h_4 \text{는 공기 선도에서 찾는다.}$$

- 혼합점 온도 $t_3 = \dfrac{t_1 Q_1 + t_2 Q_2}{Q_3} = \dfrac{33 \times 0.3 + 26 \times 0.7}{1.0} = 28.1℃$
- 공기 선도에서 ①, ②점을 잇고 $t_3 = 28.1℃$와 만나는 곳이 ③점이며 $h_3 = 63\mathrm{kJ/kg}$이다.
- 공기 선도에서 ④점의 엔탈피를 읽으면 $h_4 = 37\mathrm{kJ/kg}$이다.

$$\therefore q_C = \frac{1}{0.83} \times \frac{14{,}299.01}{3{,}600} \times (63 - 37) = 124.42 \mathrm{kW}$$

(3) 냉수순환량(G_w)

$q_C = G_w \cdot C_w \cdot \Delta t_w$ 에서

$$G_w = \frac{q_C}{C_w \cdot \Delta t_w} = \frac{124.42 \times 3{,}600}{4.2 \times 5} = 21{,}329.14 \mathrm{kg/h}$$

(4) 냉각기 감습수량(L)

$$L = G \cdot \Delta x = \frac{Q}{v}(x_3 - x_4) = \frac{14{,}299.01}{0.83} \times (0.013 - 0.009) = 68.91 \mathrm{kg/h}$$

여기서, 절대습도는 습공기선도에서 찾아서 넣어준다.

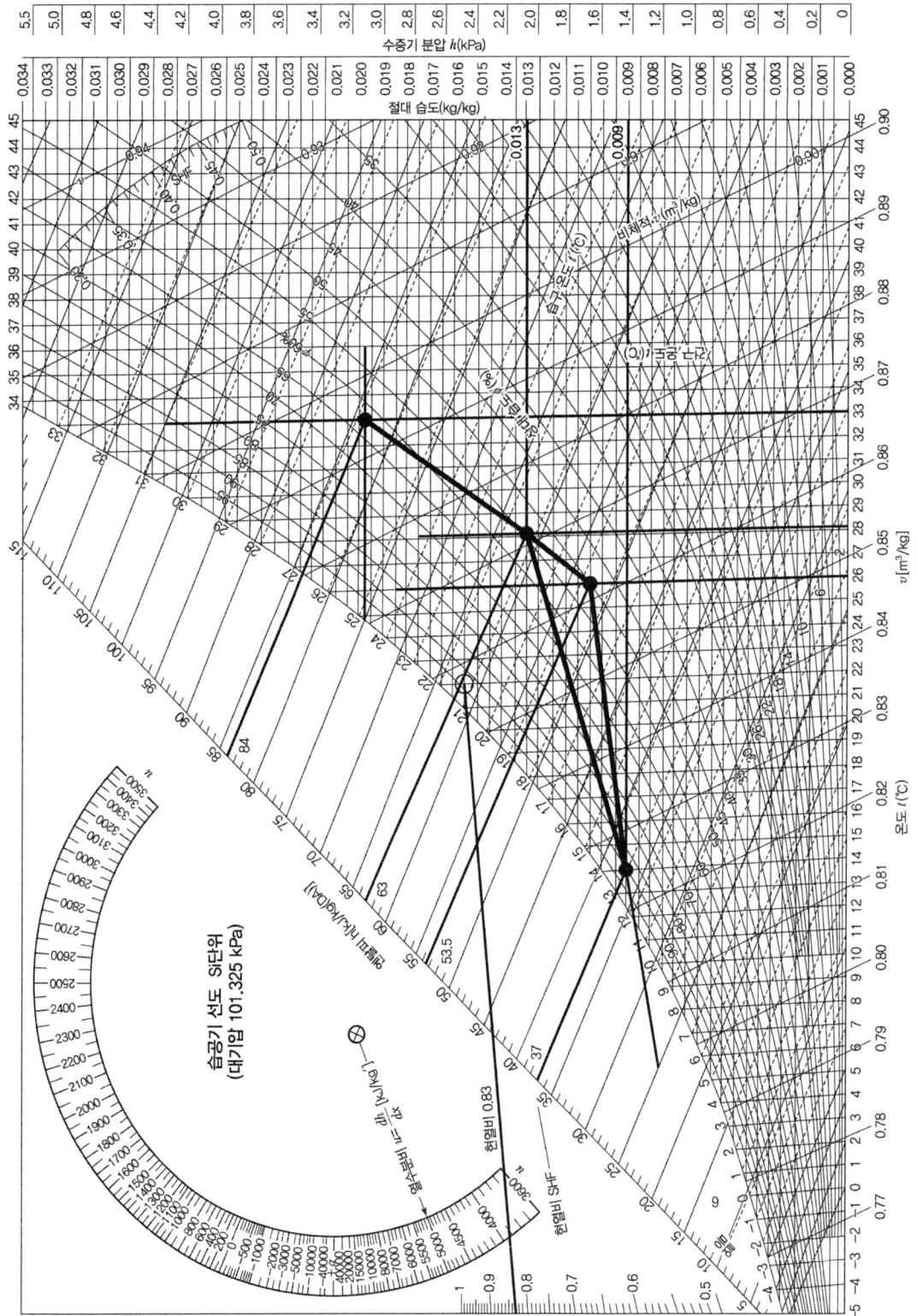

CHAPTER 03 열원 및 반송장치

1. 반송장치
    1) 펌프(Pump)
        (1) 전양정 = 실양정 + 배관 마찰손실 + 기기 마찰손실 + 속도수두

        (2) 펌프의 유량 산출

        $$Q = A \times V = \frac{\pi d^2}{4} \times V$$
        $$\left(\therefore d = \sqrt{\frac{4Q}{\pi V}}\right)$$

        여기서, Q : 수량, A : 단면적
        V : 유속, d : 펌프의 구경(직경)

        (3) 펌프의 동력
        ① 수동력

        $$펌프의\ 수동력 = \frac{QH}{102} = QH\gamma\ [\text{kW}]$$

        여기서, Q : 양수량(m^3/s)
        H : 전양정(m)
        γ : 비중량(kN/m^2)

        ② 축동력

        $$펌프의\ 축동력 = \frac{QH}{102E} = \frac{QH\gamma}{E}\ [\text{kW}]$$

        여기서, E : 효율

        ③ 소요동력

        $$펌프의\ 소요동력 = \frac{QH}{102E} \cdot k = \frac{QH\gamma}{E} \cdot k\ [\text{kW}]$$

        여기서, k : 모터의 전달계수

 (09년 1회, 18년 1회, 20년 2회, 23년 2회) **(4점)**

펌프에서 수직높이 25m의 고가수조와 5m 아래의 지하수까지를 관경 50mm의 파이프로 연결하여 2m/s의 속도로 양수할 때 다음 물음에 답하시오. (단, 배관의 마찰손실은 0.3mAq/100m이다.)

(1) 펌프의 전양정(m)을 구하시오.
(2) 펌프의 유량(m^3/s)을 구하시오.
(3) 펌프의 축동력(kW)을 구하시오. (펌프효율 : 70%)

풀이 (1) 펌프의 전양정(H)

전양정 = 실양정 + 배관마찰 손실수두 + 토출 측 속도수두

$$전양정 = (25+5) + (25+5) \times \frac{0.3}{100} + \frac{2^2}{2 \times 9.8} = 30.29\text{m}$$

(2) 펌프의 유량(Q)

$$Q = A \cdot V = \frac{\pi d^2}{4} \times V = \frac{\pi \times 0.05^2}{4} \times 2 = 3.93 \times 10^{-3} \text{m}^3/\text{s}$$

(3) 펌프의 축동력(L)

$$L = \frac{\gamma H Q}{102 \times \eta} = \frac{1,000 \times 30.29 \times 3.93 \times 10^{-3}}{102 \times 0.7} = 1.67\text{kW}$$

여기서, γ : 비중량(kgf/m^3), H : 전양정(m), Q : 펌프의 유량(m^3/s)

2) 냉수배관시스템

 (08년 2회, 17년 1회) **(12점)**

다음 그림은 냉수 시스템의 배관지름을 결정하기 위한 계통이다. 그림을 참조하여 각 물음에 답하시오.

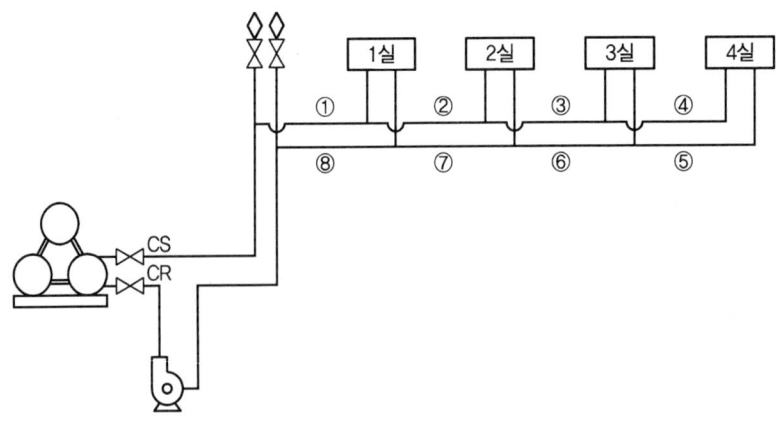

▼ 부하 집계표

실명	현열부하(kW)	잠열부하(kW)
1실	14	3.5
2실	29	6
3실	18	3
4실	35	7

냉수배관 ①~⑧에 흐르는 유량을 구하고, 주어진 마찰저항 도표를 이용하여 관지름을 결정하시오.(단, 냉수의 공급·환수 온도차는 5℃로 하고, 마찰저항 R은 300Pa/m, 물의 비열은 4.2kJ/kg·K이다.)

배관 번호	유량(L/min)	관지름(A)
①, ⑧		
②, ⑦		
③, ⑥		
④, ⑤		

풀이 (1) 각 구간의 유량(G)

$$\text{전열량 } q_T = G \cdot C \cdot \Delta t \rightarrow G = \frac{q_T}{C \cdot \Delta t}$$

- ①, ⑧ 배관
  G_1 = [1실+2실+3실+4실] 유량
  $$= \frac{\{(14+3.5)+(29+6)+(18+3)+(35+7)\} \times 60}{4.2 \times 5} = 330 \text{kg/min} = 330 \text{L/min}$$

- ②, ⑦ 배관
  G_2 = [2실+3실+4실] 유량
  $$= \frac{\{(29+6)+(18+3)+(35+7)\} \times 60}{4.2 \times 5} = 280 \text{kg/min} = 280 \text{L/min}$$

- ③, ⑥ 배관
  G_3 = [3실+4실] 유량
  $$= \frac{\{(18+3)+(35+7)\} \times 60}{4.2 \times 5} = 180 \text{kg/min} = 180 \text{L/min}$$

- ④, ⑤ 배관
  G_4 = 4실 유량
  $$= \frac{(35+7) \times 60}{4.2 \times 5} = 120 \text{kg/min} = 120 \text{L/min}$$

(2) 관지름 결정

배관 마찰저항 표에서 마찰저항 300Pa/m 선과 각 구간의 유량이 만나는 점을 찾아 관지름을 결정한다.(단, 배관은 유량과 마찰저항이 만나는 점의 바로 위 관경을 선정해야 한다.)

배관 번호	유량(L/min)	관지름(A)
①, ⑧	330	80
②, ⑦	280	80
③, ⑥	180	65
④, ⑤	120	50

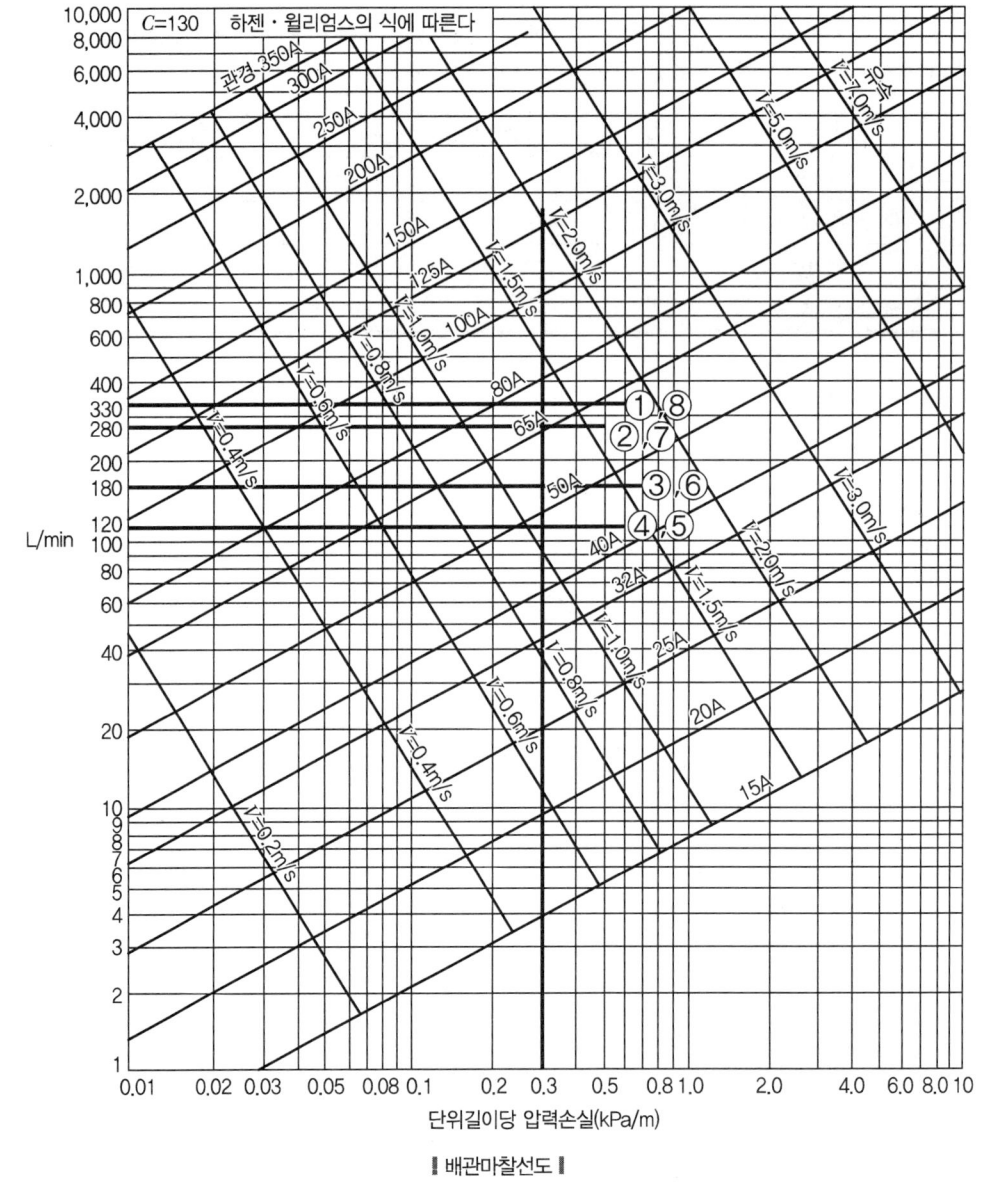

▌배관마찰선도▐

3) 난방배관시스템 : 직환수 배관 / 역환수 배관

핵심문제 (06년 3회, 12년 1회, 18년 2회, 19년 1회) **(4점)**

다음 도면과 같은 온수난방에 있어서 리버스 리턴 방식에 의한 배관도를 완성하시오.(단, A, B, C, D는 방열기를 표시한 것이며, 온수공급관은 실선으로, 귀환관은 점선으로 표시하시오.)

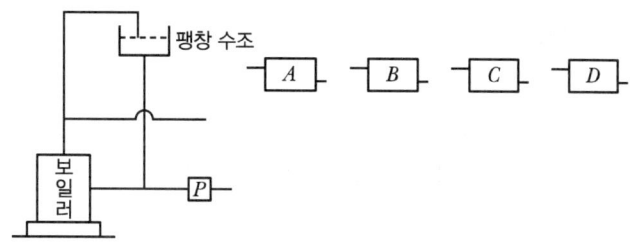

풀이 리버스 리턴(Reverse Return) 배관 방식에 의한 배관도

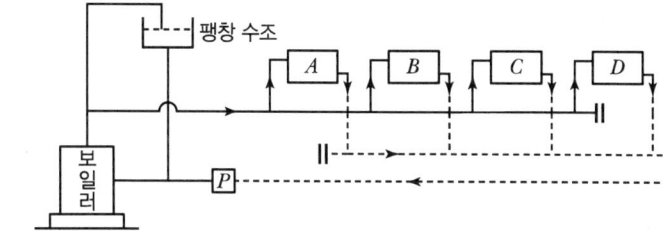

4) 각종 이상현상 수격현상 / 서징현상

(1) 수격현상(Water Hammering)

개념	수격현상(Water Hammer)이란 관 속을 충만하게 흐르는 액체(물)의 속도를 정지시키거나 흘려보내 물의 운동상태를 급격히 변화시킴으로써 일어나는 압력파 현상이다.
원인	• 관 내 유속 또는 압력이 급변할 때 일어나기 쉽다.(밸브 급개폐 및 급조작 시, 펌프 급정지 시, 배관에 굴곡지점이 많을 때) • 관 내 유속이 클 때 일어나기 쉽다.(관경이 작을 때, 수압이 클 때, 20m 이상 고양정일 때) • 감압밸브 미사용 시 일어나기 쉽다.
대책	• 배관 상단 및 기구류 가까이에 공기실(Air Chamber)이나 수격방지기를 설치한다. • 수압을 감소시키고 관 내 유속을 2m/s 이내로 느리게 하는 것이 좋다. • 밸브 및 수전류를 서서히 개폐한다. • 급수관경을 크게 하고, 펌프에 플라이휠(Fly Wheel)을 설치한다. • 가능하면 직선배관으로 한다. • 자동수압조절밸브 및 서지탱크(Surge Tank)를 설치한다. • 펌프의 토출 측에 스모렌스키 체크밸브를 설치한다.

(2) 서징(Surging)

① 산형(山形) 특성의 양정곡선을 갖는 펌프의 산형 왼쪽 부분에서 유량과 양정이 주기적으로 변동하는 현상이다.

② 펌프와 송풍기 등이 운전 중에 한숨을 쉬는 것과 같은 상태가 되어 펌프인 경우 입구와 출구의 진공계, 압력계의 침이 흔들리고 동시에 송출유량이 변화하는 현상, 즉 송출압력과 송출유량 사이에 주기적인 변동이 일어나는 현상을 말한다.

※ 서징발생 3가지 요소
  ㉠ 펌프특성곡선이 산고형
  ㉡ 배관계 도중 공기탱크나 물탱크가 있을 경우
  ㉢ 공기탱크나 물탱크의 유량조절밸브가 탱크의 뒤쪽에 있을 경우

핵심문제 (20년 2회) (4점)

수격현상(Water Hammering)에 대한 다음 물음에 답하시오.
(1) 수격현상이란?
(2) 방지책 2가지를 쓰시오.

풀이 (1) 수격현상

수격현상(Water Hammer)이란 관 속을 충만하게 흐르는 액체(물)의 속도를 정지시키거나 흘려보내 물의 운동상태를 급격히 변화시킴으로써 일어나는 압력파 현상이다.

(2) 방지대책
① 배관 상단 및 기구류 가까이에 공기실(Air Chamber)이나 수격방지기를 설치한다.
② 수압을 감소시키고 관 내 유속을 2m/s 이내로 느리게 하는 것이 좋다.
③ 밸브 및 수전류를 서서히 개폐한다.
④ 급수관경을 크게 하고, 펌프에 플라이휠(Fly Wheel)을 설치한다.
⑤ 가능하면 직선배관으로 한다.
⑥ 자동수압조절밸브 및 서지탱크(Surge Tank)를 설치한다.
⑦ 펌프의 토출 측에 스모렌스키 체크밸브를 설치한다.

2. 보일러

1) 보일러의 효율

(1) 증기보일러의 효율
① 증기보일러의 효율은 공급열량에 대한 발생증기의 열량 비를 말한다.
② 연료가 연소되고 전열되어 증기가 발생되므로, 연료의 연소효율과 전열효율의 곱으로도 표현한다.

$$\text{효율}(\eta) = \frac{\text{발생증기의 열량}}{\text{공급 열량}}$$

$$= \frac{Q}{G_f \cdot H_L} = \frac{G_w(h_2 - h_1)}{G_f \cdot H_L} = \frac{G_e \cdot 2,256.5}{G_f \cdot H_L}$$

여기서, Q : 발생증기의 열량(kJ/h)
G_f : 연료사용량(kg/h)
H_L : 연료의 저위발열량(kJ/kg)
G_w : 실제증발량(kg/h) = 급수량(kg/h)
G_e : 상당증발량(kg/h)
h_1 : 급수의 엔탈피(kJ/kg)
h_2 : 발생증기의 엔탈피(kJ/kg)
2,256.5 : 대기압에서의 증발잠열(kJ/kg)

(2) 온수보일러의 효율

① 온수보일러의 효율은 공급열량에 대한 발생온수의 열량 비를 말한다.
② 정격출력에 대한 공급열량의 비로도 표현한다.

$$\text{효율}(\eta) = \frac{\text{발생온수의 열량}}{\text{공급 열량}} = \frac{Q}{G_f \cdot H_L} = \frac{G \cdot C(t_2 - t_1)}{G_f \cdot H_L}$$

여기서, Q : 발생온수의 열량(kJ/h)
G_f : 연료사용량(kg/h)
H_L : 연료의 저위발열량(kJ/kg)
G : 발생온수량(kg/h) = 급수량(kg/h)
C : 물의 비열(kJ/kg·K)
t_1 : 급수의 온도(K)
t_2 : 온수의 온도(K)

핵심문제
(20년 4회) **(4점)**

매 시간마다 40ton의 석탄을 연소시켜서 8MPa, 온도 400℃의 증기를 매 시간 250ton 발생시키는 보일러의 효율은 얼마인가?(단, 급수 엔탈피 504kJ/kg, 발생증기 엔탈피 3,360kJ/kg, 석탄의 저위발열량 23,100kJ/kg이다.)

풀이 보일러 효율(η_B)

$$\eta_B = \frac{G_w \times (h_2 - h_1)}{G \times H_l} = \frac{250,000 \times (3,360 - 504)}{40,000 \times 23,100} \times 100 = 77.27\%$$

여기서, G_w : 증기발생량(kg/h), h_1 : 급수엔탈피(kJ/kg), h_2 : 증기엔탈피(kJ/kg)
G : 연료소비량(kg/h), H_l : 연료의 저위발생량(kJ/kg)

2) 보일러의 출력

(1) 정미출력(kW) : 난방부하＋급탕부하

부하계산서에 의하여 산출한 난방부하에 급탕부하계산에 의한 가열기 능력의 합을 말한다.

(2) 상용출력(kW) : 난방부하＋급탕부하＋배관부하

보일러의 정상가동상태의 부하를 말한다.

(3) 정격출력(kW) : 난방부하＋급탕부하＋배관부하＋예열부하

① 일반적으로 온수보일러에서는 정격출력으로 장비용량을 산정한다.
② 예열부하란 적정 온수 또는 증기를 공급하기 위해 보일러 운전 초기 5~15분 정도 가열에 쓰이는 열량으로 보일러 크기에 따라 다르다.

(4) 과부하출력

운전 초기 혹은 과부하가 발생하여, 정격출력의 10~20% 정도 증가하여 운전할 때의 출력을 과부하출력이라 한다.

3) 방열기의 표준방열량, 응축수량, 상당방열면적, 방열기 절(Section) 수 산출

(1) 방열기의 표준방열량

① 표준상태에서 방열면적 1m²당 방열되는 방열량
② 온수난방 : 0.523kW/m²(표준상태 온수 80℃, 실온 18.5℃)
③ 증기난방 : 0.756kW/m²(표준상태 증기 102℃, 실온 18.5℃)

(2) 응축수량

① 방열기 내 1m²당 증기가 식어서 응결되는 수량이다.
② 100℃의 증기가 100℃의 물로 될 때 1kg당 0.627kW/kg의 열량이 발생한다.

(3) 상당방열면적(EDR : Equivalent Direct Radiation)

① 보일러의 능력을 방열기의 방열면적으로 표시한 값
② 상당방열면적 산정공식

$$EDR(m^2) = \frac{\text{총 손실열량(전체발열량 또는 난방부하)(kW)}}{\text{표준방열량}(kW/m^2)}$$

여기서, 표준방열량 : 증기난방(0.756kW/m²)
온수난방(0.523kW/m²)

(4) 방열기 절(Section) 수 산정공식

$$방열기\ 절\ 수 = \frac{총\ 손실열량(kW)}{표준방열량(kW/m^2) \times 방열기\ 1절\ 면적(m^2)}$$

핵심문제 (07년 1회, 18년 1회) (8점)

주철제 증기보일러 2기가 있는 장치에서 방열기의 상당방열 면적이 1,500m²이고, 급탕 온수량이 5,000L/h 이다. 급수온도 10℃, 급탕온도 60℃, 보일러 효율 80%, 압력 60kPa의 증발잠열량이 2,293kJ/kg일 때 다음 물음에 답하시오. (단, 물의 비열은 4.2kJ/kg · K, 증기의 표준방열량은 0.756kW/m²이다.)

(1) 주철제 방열기를 사용하여 난방할 경우 방열기 절 수를 구하시오. (단, 방열기 절당면적은 0.26m²이다.)
(2) 배관부하를 난방부하의 10%라고 한다면 보일러의 상용출력(kW)은?
(3) 예열부하를 840,000kJ/h라고 한다면 보일러 1대당 정격출력(kW)은 얼마인가?
(4) 시간당 응축수 회수량(kg/h)은 얼마인가?

풀이

(1) 방열기 절 수 = $\dfrac{난방부하}{표준방열량 \times 방열기\ 절당면적}$

   = $\dfrac{방열기\ 상당방열면적}{방열기\ 절당면적} = \dfrac{1,500}{0.26} = 5,769.23 ≒ 5,770$절

   여기서, 방열기 절 수는 별도 조건이 없으면 소수점 첫째자리에서 올림하여 정수로 표현한다.

(2) 보일러 상용출력 = 난방부하(방열기 부하) + 급탕부하 + 배관손실 부하
   ① 난방부하 = 방열기 상당방열면적 × 표준방열량 = 1,500 × 0.756 = 1,134kW
   ② 급탕부하 = $GC\Delta t$ = 5,000 × 4.2 × (60 − 10) = 1,050,000kJ/h ÷ 3,600 = 291.67kW
   ③ 배관손실 부하 = 난방부하 × 10% = 1,134 × 0.1 = 113.4kW
   ∴ 상용출력 = 1,134 + 291.67 + 113.4 = 1,539.07kW

(3) 보일러 1대당 정격출력
   • 정격출력 = 상용출력 + 예열부하
   ∴ 1대당 정격출력 = 전체정격출력 × $\dfrac{1}{2}$ = $\left(1,539.07 + \dfrac{840,000}{3,600}\right) \times \dfrac{1}{2}$ = 886.20kW

(4) 시간당 응축수 회수량

   응축수 회수량 = $\dfrac{정격출력}{증발잠열량}$

   = $\dfrac{1대당\ 정격출력 \times 2대}{증발잠열량} = \dfrac{886.2 \times 2 \times 3,600}{2,293}$ = 2,782.66kg/h

3. 냉각탑

1) 냉각탑(Cooling Tower)의 성능 평가

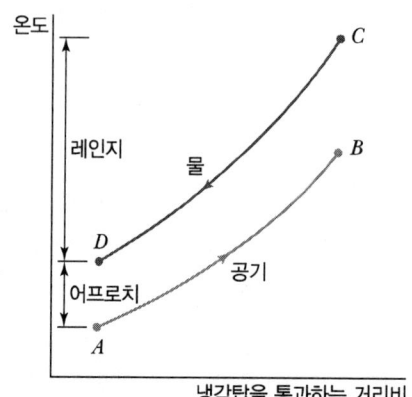

┃ 대향류형 냉각탑에서 물·공기의 온도관계 ┃

(1) 쿨링레인지(Cooling Range)

① 냉각탑 입구 수온과 출구 수온의 온도차(C-D)이다.
② 냉각탑에서 냉각되는 온도차로서 5℃ 정도이다.
③ 외기 습구온도가 낮을수록 냉각이 잘된다.
④ 냉각탑의 크기나 능력에 따라 정해지는 것이 아니고, 부하와 유량에 따라 결정된다.

(2) 쿨링어프로치(Approach)

① 냉각탑 출구 수온과 냉각탑 입구공기 습구온도의 차이(D-A)를 말한다.
② 냉각수가 이론적으로 냉각 가능한 접근값으로서, 작을수록 냉각탑의 열교환 성능이 좋다고 판단한다.
③ 어프로치는 같은 냉각탑에서 부하와 더불어 커지며, 동일한 부하에서는 냉각탑이 크면 클수록 작아진다.

(3) 냉각효율

$$냉각효율 = \frac{냉각탑\ 입구수온 - 냉각탑\ 출구수온}{냉각탑\ 입구수온 - 입구공기의\ 습구온도} = \frac{쿨링레인지}{쿨링레인지 + 쿨링어프로치}$$

(4) 냉각탑 용량(냉각톤)

$$\text{냉각탑 용량} = \frac{\text{냉동기 응축열량}}{1\text{냉각톤(CRT)}} = \frac{\text{냉동기 응축열량(kW)}}{4.54(\text{kW})}$$
$$= \frac{\text{냉동기 증발열량(kW)} \times \text{여유율}}{4.54(\text{kW})}$$

여기서, 1냉각톤(CRT) = 4.54kW
 냉동기 증발열량 = 냉각코일 부하 + 펌프 및 배관손실부하
 냉각코일 부하 = 실내부하 + 외기부하

2) 설치 시 주의사항 및 소음·진동대책

(1) 설치 시 유의사항

① 통풍이 잘되는 곳에 설치할 것
② 진동, 소음이 주거환경에 영향을 미치지 않을 것
③ 물의 비산작용으로 인접건물에 피해가 발생하지 않을 것
④ 겨울철 사용 시 동파방지용 Heater(전기식) 설치
⑤ 건물옥상에 설치 시 운전중량이 건축구조계산에 반영 여부 검토

(2) 설치 시 소음과 진동대책

① 냉각탑을 주위 건물과 이격하여 설치
② Fan의 흡·토출 측에 사일런서 설치
③ 방진가대 및 방진재 설치
④ 차음벽 설치
⑤ 저소음형 냉각탑 이용

핵심문제 (19년 1회) (9점)

냉각탑(Cooling Tower)의 성능 평가에 대한 다음 물음에 답하시오.

(1) 쿨링레인지(Coolling Range)에 대하여 서술하시오.
(2) 쿨링어프로치(Cooling Approach)에 대하여 서술하시오.
(3) 쿨링어프로치(Cooling Approach)의 차이가 크고 작음에 따른 차이점을 쓰시오.
(4) 냉각탑 설치 시 주의사항 2가지만 쓰시오.

풀이 (1) 쿨링레인지(Cooling Range)
① 냉각탑 입구 수온과 출구 수온의 온도차이다.
② 냉각탑에서 냉각되는 온도차로서 5℃ 정도이다.

(2) 쿨링어프로치(Cooling Approach)
냉각탑 출구 수온과 냉각탑 입구공기 습구온도의 차이를 말한다.

(3) 쿨링어프로치(Cooling Approach)의 차이가 크고 작음에 따른 차이점
냉각수가 이론적으로 냉각 가능한 접근값으로서, 작을수록 냉각탑의 열교환 성능이 좋다고 판단한다.

(4) 냉각탑 설치 시 주의사항
① 통풍이 잘되는 곳에 설치할 것
② 진동, 소음이 주거환경에 영향을 미치지 않을 것
③ 물의 비산작용으로 인접건물에 피해가 발생하지 않을 것
④ 겨울철 사용 시 동파방지용 Heater(전기식) 설치
⑤ 건물옥상에 설치 시 운전중량이 건축구조계산에 반영 여부 검토

4. 적산

1) 배관수량 및 금액 산출

핵심문제 (21년 1회, 24년 1회) **(8점)**

다음 배관 도면을 보고 배관 공사에 대한 내역서를 작성하시오.

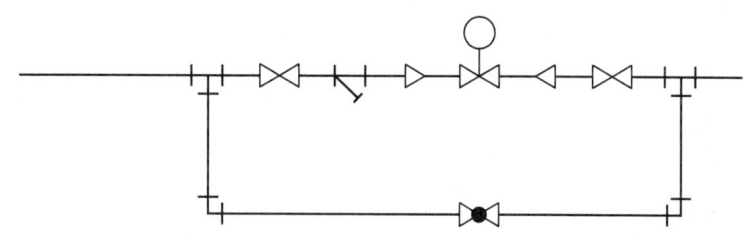

품명	규격	단위	단가(원)	수량	금액
백강관	50mm	m	10,000	4.2	42,000
게이트밸브	50mm	개	18,230		
글로브밸브	50mm	개	17,400		
스트레이너	50mm	개	1,600		
티	50mm	개	1,190		
엘보	50mm	개	1,220		
리듀서	50mm, 25mm	개	1,080		
잡자재	–	–	강관의 3%	–	
지지철물류	–	–	–	–	10,900
인건비	–	인	–	–	157,810
공구손류	–	식	–	–	42,259
계					

풀이

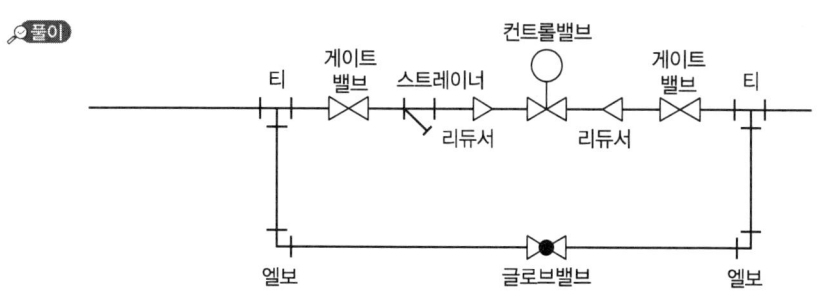

품명	규격	단위	단가(원)	수량	금액
백강관	50mm	m	10,000	4.2	42,000
게이트밸브	50mm	개	18,230	2	36,460
글로브밸브	50mm	개	17,400	1	17,400
스트레이너	50mm	개	1,600	1	1,600
티	50mm	개	1,190	2	2,380
엘보	50mm	개	1,220	2	2,440
리듀서	50mm, 25mm	개	1,080	2	2,160
잡자재	–	–	강관의 3%	–	1,260
지지철물류	–	–	–	–	10,900
인건비	–	인	–	–	157,810
공구손류	–	식	–	–	42,259
계					316,669

2) 배관 입체도 작성 및 엘보 개수 산출

핵심문제 (17년 3회, 20년 1회, 23년 1회) **(4점)**

다음 그림의 배관 평면도를 입체도로 그리고 필요한 엘보 수를 구하시오. (단, 굽힘부분에서는 반드시 엘보를 사용한다.)

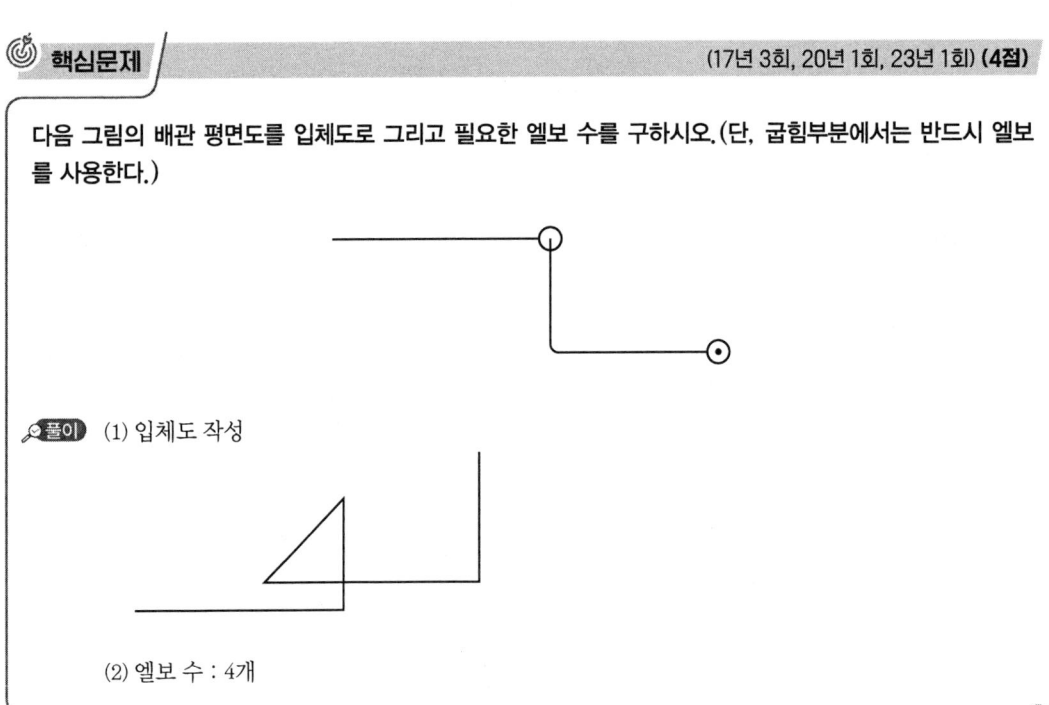

풀이 (1) 입체도 작성

(2) 엘보 수 : 4개

CHAPTER 03 실전문제

01 시간당 최대 급수량(양수량)이 12,000L/h일 때 고가 탱크에 급수하는 펌프의 전양정(m) 및 소요 동력(kW)을 구하시오. (단, 물의 비중량은 9,800N/m³, 흡입관, 토출관의 마찰손실은 실양정의 25%, 펌프 효율은 60%, 펌프 구동은 직결형으로 전동기 여유율은 10%로 한다.)

(05년 3회, 11년 1회, 19년 2회) (7점)

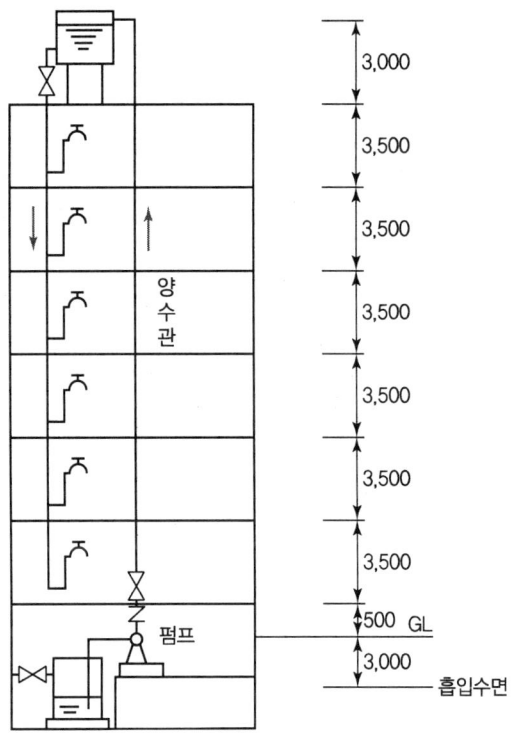

풀이

(1) 급수펌프의 전양정(H) : 실양정 + 배관마찰손실수두
  전양정 $H = (3 + 0.5 + 3.5 \times 6 + 3) \times 1.25 = 34.38\text{m}$

(2) 급수펌프의 소요동력(L_b)

$$L_b = \frac{\gamma \cdot H \cdot Q}{\eta} \times 1.1$$

$$= \frac{9.8 \times 34.38 \times 12}{3,600 \times 0.6} \times 1.1 = 2.06\text{kW}$$

여기서, γ : 비중량(kN/m³), H : 전양정(m), Q : 급수량(m³/s), 전동기 여유율 10% 반영

02 그림과 같은 조건의 온수난방 설비에 대하여 물음에 답하시오.

(03년 1회, 05년 1회, 09년 1회, 18년 2회, 19년 1회) (8점)

[조건]
1. 방열기 출입구온도차 : 10℃
2. 배관손실 : 방열기 방열용량의 20%
3. 순환펌프 양정 : 2m
4. 보일러, 방열기 및 방열기 주변의 지관을 포함한 배관국부저항의 상당길이는 직관길이의 100%로 한다.
5. 배관의 관지름 선정은 표에 의한다.(표 내의 값의 단위는 L/min)
6. 예열부하 할증률은 25%로 한다.
7. 온도차에 의한 자연순환 수두는 무시한다.
8. 배관길이가 표시되어 있지 않은 곳은 무시한다.
9. 온수의 비열은 4.2kJ/kg · K이다.

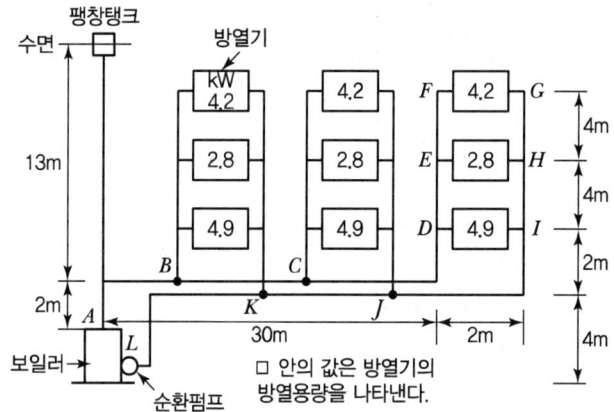

압력강하 (Pa/m)	관경(A)					
	10	15	25	32	40	50
50	2.3	4.5	8.3	17.0	26.0	50.0
100	3.3	6.8	12.5	25.0	39.0	75.0
200	4.5	9.5	18.0	37.0	55.0	110.0
300	5.8	12.6	23.0	46.0	70.0	140.0
500	8.0	17.0	30.0	62.0	92.0	180.0

(1) 전 순환량(L/min)을 구하시오.
(2) B-C 간의 관지름(mm)을 구하시오.
(3) 보일러 용량(kW)을 구하시오.

> 풀이

(1) 전 순환량(Q)

$$q = Q \cdot \rho \cdot C \cdot \Delta t$$

$$Q = \frac{q}{\rho \cdot C \cdot \Delta t}$$

$$= \frac{(4.2 \times 3 + 2.8 \times 3 + 4.9 \times 3) \times 60}{1 \times 4.2 \times 10} = 51 \text{L/min}$$

여기서, q : 방열기 방열용량

Δt : 방열기 입출구 온도차

특별한 조건이 없으면 물의 밀도 ρ는 1kg/L로 한다.

(2) B–C 간의 관지름

B–C 간의 관지름은 B–C 간의 순환수량과 배관의 입력강하(Pa/m)를 산출하고, 관경표를 통해 구한다.

① B–C 간의 순환수량 $Q = \dfrac{q}{\rho \cdot C \cdot \Delta t}$

$$Q = \frac{(4.2 + 2.8 + 4.9) \times 2 \times 60}{1 \times 4.2 \times 10} = 34 \text{L/min}$$

② 순환펌프의 압력강하(R)

$$R = \frac{\text{총압력강하}}{\text{직관길이} + \text{국부저항 상당길이}} = \frac{9,800 \times 2}{88 + 88} = 111.36 \text{Pa/m}$$

여기서, • 가장 먼 방열기까지 직관길이

$$l = 2 + 30 + 2 + (4 \times 4) + 2 + 2 + 30 + 4 = 88 \text{m}$$

• 국부저항 상당길이

$l' = $ 직관길이의 100% = 88m

• 배관의 총 압력강하(마찰손실수두) $H_l = 2$m(순환펌프의 양정)

③ B–C 간의 관지름

허용되는 압력강하이므로 압력강하 111.36의 바로 아래로 작은 압력강하인 100에서 유량 34L/min 이상의 유량을 감당할 수 있는 관경을 찾으면 40A가 된다.

∴ B–C 간 관지름 = 40A

(3) 보일러 용량

보일러 용량(정격출력) = 방열기열량 + 배관손실 + 예열부하

$$= (4.2 + 2.8 + 4.9) \times 3 \times 1.2 \times 1.25$$

$$= 53.55 \text{kW}$$

03 다음과 같은 온수난방설비에서 각 물음에 답하시오. (단, 방열기 입·출구 온도차는 10℃, 국부저항 상당관 길이는 직관길이의 50%, 1m당 마찰손실은 147Pa, 온수비열은 4.2kJ/kg·K이다.)

(02년 3회, 09년 3회, 15년 2회, 18년 3회, 23년 3회) (9점)

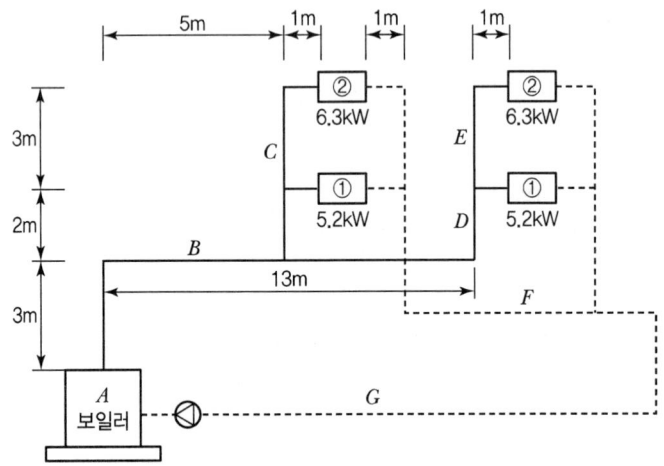

(1) 순환펌프의 전마찰손실(Pa)을 구하시오. (단, 환수관의 길이는 30m이다.)
(2) ①과 ②의 온수순환량(L/min)을 구하시오.
(3) 각 구간의 온수순환량을 구하시오.

구간	B	C	D	E	F	G
순환수량 (L/min)						

> 풀이

(1) 순환펌프의 전마찰손실(H)
  $H = $ (직관길이 + 국부저항상당관 길이) × 단위길이당 마찰손실
   $= [(3+13+2+3+1+30) \times 1.5\text{m})] \times 147\text{Pa/m}$
   $= 11,466\text{Pa}$
  여기서, 직관길이는 가장 먼 방열기를 기준으로 한다.

(2) $q = W \cdot C \cdot \Delta t$에서 ①의 온수순환량($W_1$)

  $W_1 = \dfrac{q_1}{C \cdot \Delta t} = \dfrac{5.2 \times 60}{4.2 \times 10} = 7.43 \text{kg/min} = 7.43 \text{L/min}$

  여기서, 물의 밀도 : 1kg/L

  ②의 온수순환량(W_2)

  $W_2 = \dfrac{q_2}{C \cdot \Delta t} = \dfrac{6.3 \times 60}{4.2 \times 10} = 9.00 \text{kg/min} = 9.00 \text{L/min}$

(3) 각 구간의 온수순환량(Q)

①의 온수순환량 $W_1 = 7.34\text{L/min}$

②의 온수순환량 $W_2 = 9.00\text{L/min}$

B 구간 순환량 $W_B = 2 \times W_1 + 2 \times W_2$
$= 2 \times 7.43 + 2 \times 9.00 = 32.86\text{L/min}$

C 구간 순환량 $W_C = W_2 = 9.00\text{L/min}$

D 구간 순환량 $W_D = W_1 + W_2 = 7.43 + 9.00 = 16.43\text{L/min}$

E 구간 순환량 $W_E = W_2 = 9.00\text{L/min}$

F 구간 순환량 $W_F = W_1 + W_2 = 16.43\text{L/min}$

G 구간 순환량 $W_G = 2W_1 + 2W_2 = 2 \times 7.43 + 2 \times 9.00 = 32.86\text{L/min}$

구간	B	C	D	E	F	G
순환수량 (L/min)	32.86	9.00	16.43	9.00	16.43	32.86

04 서징(Surging) 현상에 대하여 간단히 설명하시오. (20년 2회, 24년 1회) (4점)

 풀이

① 산형(山形) 특성의 양정곡선을 갖는 펌프의 산형 왼쪽 부분에서 유량과 양정이 주기적으로 변동하는 현상이다.

② 펌프와 송풍기 등이 운전 중에 한숨을 쉬는 것과 같은 상태가 되어 펌프인 경우 입구와 출구의 진공계, 압력계의 침이 흔들리고 동시에 송출유량이 변화하는 현상, 즉 송출압력과 송출유량 사이에 주기적인 변동이 일어나는 현상을 말한다.

05 다음 그림은 향류식 냉각탑에서 공기와 물의 온도 변화를 나타낸 것이다. 다음 물음에 답하시오.

(19년 3회) (6점)

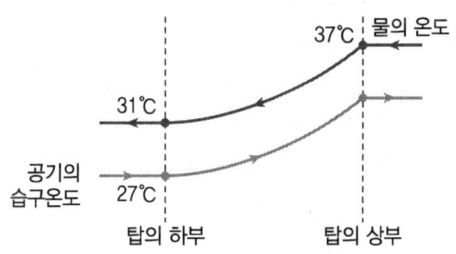

(1) 쿨링레인지는 몇 ℃인가?
(2) 쿨링어프로치는 몇 ℃인가?
(3) 냉각탑의 냉각효율은 몇 %인가?

풀이

(1) 쿨링레인지 : 냉각탑 입구수온 − 냉각탑 출구수온 = 37 − 31 = 6℃
(2) 쿨링어프로치 : 냉각탑 출구수온 − 냉각탑 입구공기의 습구온도 = 31 − 27 = 4℃
(3) 냉각탑의 냉각효율(%)

$$냉각효율 = \frac{냉각탑\ 입구수온 - 냉각탑\ 출구수온}{냉각탑\ 입구수온 - 입구공기의\ 습구온도} \times 100(\%)$$

$$= \frac{37-31}{37-27} \times 100 = 60\%$$

또는

$$냉각효율 = \frac{쿨링레인지}{쿨링레인지 + 쿨링어프로치} \times 100(\%)$$

$$= \frac{6}{6+4} \times 100 = 60\%$$

06 어느 사무실의 취득열량 및 외기부하를 산출하였더니 다음과 같았다. 각 물음에 답하시오. (단, 급기온도와 실온의 차이는 11℃로 하고, 공기의 밀도는 1.2kg/m³, 공기의 정압비열은 1.01kJ/kg·K, 1냉각톤은 4.54kW로 한다. 계산상 안전율은 고려하지 않는다.)   (19년 1회) (6점)

항목	현열(kJ/h)	잠열(kJ/h)
벽체로부터의 열취득	25,000	0
유리로부터의 열취득	33,000	0
바이패스 외기열량	580	2,500
재실자 발열량	4,000	5,000
형광등 발열량	10,000	0
외기부하	5,900	20,000

(1) 현열비를 구하시오.
(2) 냉각코일 부하(kJ/h)를 구하시오.
(3) 냉각탑 용량(냉각톤)을 구하시오. (단, 냉동기 증발열량은 냉각코일 부하에서 펌프 및 배관손실 5%를 적용하며, 응축열량은 증발열량에서 20% 할증한다.)

풀이

(1) 현열비(SHF)
- 실내 취득 현열량 $q_S = 25,000 + 33,000 + 580 + 4,000 + 10,000 = 72,580$ kJ/h
- 실내 취득 잠열량 $q_L = 2,500 + 5,000 = 7,500$ kJ/h

∴ 현열비(SHF) = $\dfrac{\text{현열량}}{\text{전열량}} = \dfrac{72,580}{72,580 + 7,500} = 0.91$

(2) 냉각코일 부하(q_C)

q_C = 실내부하 + 외기부하
 = (실내취득 현열량 + 실내취득 잠열량) + 외기부하
 = (72,580 + 7,500) + (5,900 + 20,000) = 105,980 kJ/h

(3) 냉각탑 용량(냉각톤)

냉동기 증발열량 = 냉각코일 부하 + 펌프 및 배관손실부하(q_c의 5%)
 = 105,980 × 1.05 = 111,279 kJ/h

∴ 냉각탑 용량 = $\dfrac{\text{응축열량}}{\text{1냉각톤(CRT)}} = \dfrac{\text{냉동기 증발열량} \times 1.2}{\text{1냉각톤(CRT)}}$

 = $\dfrac{111,279 \times 1.2}{3,600 \times 4.54} = 8.17$ 냉각톤(CRT)

07 증기보일러에 부착된 인젝터의 작용을 설명하시오. (02년 1회, 16년 3회, 19년 2회) (6점)

풀이

1. 인젝터(Injector)는 보일러의 증기압을 이용하여 급수하는 급수보조장치이다.
2. 증기노즐 끝에 있는 밸브를 열어 증기를 분출시키면 증기노즐 부근이 진공상태가 되어 물을 흡수하게 된다.
3. 혼합노즐에서 물과 공기는 함께 우측으로 흐르다가 혼합노즐 출구에서 공기는 없어지고 수류(물의 흐름)가 강해지면서 급수된다.

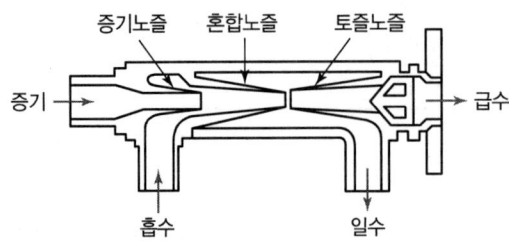

PART 03

과년도 기출문제

2015년 1회 기출문제

01 다음과 같이 3중으로 된 노벽이 있다. 이 노벽의 내부온도를 1,370℃, 외부온도를 280℃로 유지하고, 또 정상상태에서 노벽을 통과하는 열량을 4.07kW/m²으로 유지하고자 한다. 이때 사용온도 범위 내에서 노벽 전체의 두께가 최소가 되는 벽의 두께를 결정하시오.

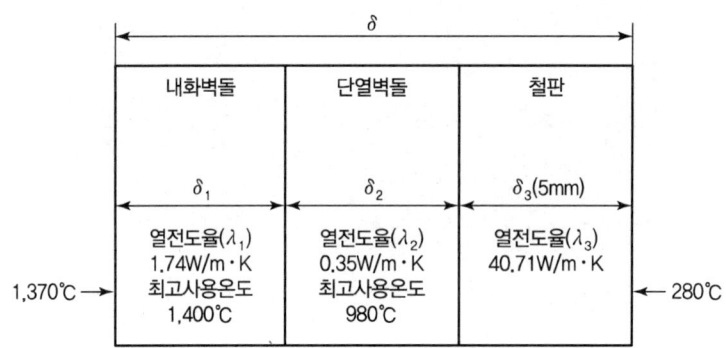

풀이

최소 벽 두께 결정

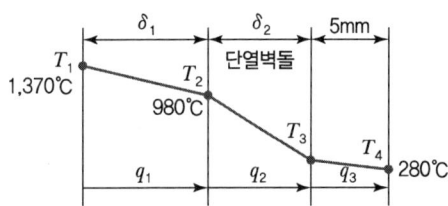

- 열전도율과 열저항은 서로 반비례하므로 열전도율이 가장 작은 단열벽돌의 두께가 최대가 될 때 노벽 전체의 두께는 최소가 된다.
- 온도구배와 열저항은 서로 비례하므로 단열벽돌 두께(δ_2)가 되려면 단열벽돌 앞뒷면 온도차($T_2 - T_3$)가 최대가 되어야 한다.

따라서 T_2는 최고 사용온도가 되어야 하므로 $T_2 = 980℃$이다.

$$q_1 = \frac{\lambda_1}{\delta_1} A(T_1 - T_2) \quad \cdots\cdots \text{ⓐ}$$

$$q_2 = \frac{\lambda_2}{\delta_2} A(T_2 - T_3) \quad \cdots\cdots \text{ⓑ}$$

$$q_3 = \frac{\lambda_3}{\delta_3} A(T_3 - T_4) \quad \cdots\cdots \text{ⓒ}$$

$q_1 = q_2 = q_3 = 4.07 \text{kW/m}^2$ ······ ⓓ

(1) 내화벽돌 두께(δ_1)

ⓐ식으로부터

$\delta_1 = \dfrac{\lambda_1}{q_1} A(T_1 - T_2) = \dfrac{1.74}{4.07 \times 1,000} \times (1,370 - 980) = 0.166732\text{m} = 166.732\text{mm}$

(2) 단일벽돌 두께(δ_2)

우선 ⓒ식으로부터 T_3를 먼저 구한다.

$q_3 = \dfrac{\lambda_3}{\delta_3} A(T_3 - T_4)$

$T_3 = T_4 + \dfrac{q_3 \delta_3}{\lambda_3 A} = 280 + \dfrac{4.07 \times 1,000 \times 0.005}{40.71 \times 1} = 280.5\text{℃}$

ⓑ식으로부터 δ_2를 구한다.

$\delta_2 = \dfrac{\lambda_2}{q_2} A(T_2 - T_3) = \dfrac{0.35}{4.07 \times 1,000} \times 1 \times (980 - 280.5) = 0.060154\text{m} = 60.154\text{mm}$

(3) 노벽 전체 최소 두께(δ)

$\delta_2 = \delta_1 + \delta_2 + \delta_3 = 166.732 + 60.154 + 5 = 231.89\text{mm}$

02 다음 그림은 사무소 건물의 기준 층에 위치한 실의 일부를 나타낸 것이다. 각종 설계조건으로부터 대상 실의 냉방부하를 산출하고자 한다. 주어진 조건을 이용하여 냉방부하를 계산하시오.

[설계조건]
1. 외기조건 : 32℃ DB, 70% RH
2. 실내 설정조건 : 26℃ DB, 50% RH
3. 열관류율
   ① 외벽 : $0.5\text{W/m}^2 \cdot \text{K}$
   ② 유리창 : $5.5\text{W/m}^2 \cdot \text{K}$
   ③ 내벽 : $2.0\text{W/m}^2 \cdot \text{K}$
   ④ 유리창 차폐계수 : 0.71
4. 재실인원 : 0.2인/m^2
5. 인체 발생열 : 현열 63W/인, 잠열 69W/인
6. 조명부하 : 20W/m^2 (형광등)
7. 틈새바람에 의한 외풍은 없는 것으로 하며 인접실의 실내조건은 대상 실과 동일하다.

▼ [표 1] 유리창에서의 일사열량(W/m²)

시간 \ 방위	수평	N	NE	E	SE	S	SW	W	NW
10	629	39	101	312	312	101	39	39	39
12	726	43	43	43	103	156	103	43	43
14	629	39	39	39	39	101	312	312	101
16	379	28	28	28	28	28	343	493	349

▼ [표 2] 상당온도차(하기 냉방용(deg))

시간 \ 방위	수평	N	NE	E	SE	S	SW	W	NW
10	12.8	3.9	10.9	14.2	11.0	4.0	3.2	3.3	5.2
12	21.4	5.6	10.6	14.9	13.8	8.1	5.6	5.3	5.2
14	27.2	7.0	9.8	12.4	12.6	11.2	10.2	8.7	7.0
16	26.2	7.6	9.4	10.9	11.0	11.6	15.0	15.0	11.2

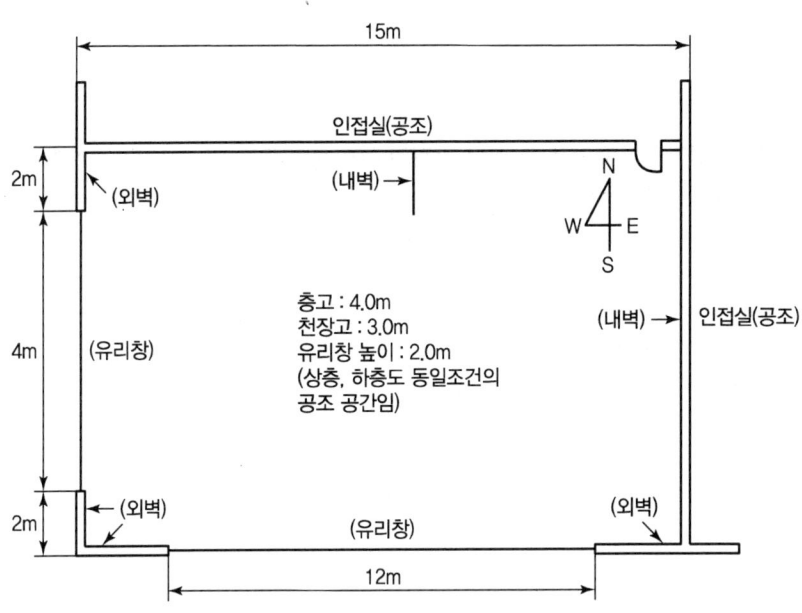

(1) 설계조건에 의해 12시, 14시, 16시의 냉방부하를 구하시오.
   ① 구조체에서의 부하
   ② 유리를 통한 일사에 의한 열부하
   ③ 실내에서의 부하

(2) 실내 냉방부하의 최대 발생시각을 결정하고, 이때의 현열비를 구하시오.
(3) 최대 부하 발생 시의 취출풍량(m^3/h)을 구하시오. (단, 취출온도는 15℃, 공기의 비열 1.0kJ/kg·K, 공기의 밀도 1.2kg/m^3로 한다. 또한, 실내의 습도 조절은 고려하지 않는다.)

> **풀이**
>
> (1) 냉방부하
> ① 구조체에서의 부하
> - 외벽에서의 부하 : $q = K \cdot A \cdot \Delta t_e$
>   여기서 Δt_e는 상당온도차로서 〈표 2〉의 값을 적용한다.
>   남쪽 벽(S) 12시 $q = 0.5 \times (15 \times 4 - 12 \times 2) \times 8.1 = 145.8W$
>   　　　　　14시 $q = 0.5 \times (15 \times 4 - 12 \times 2) \times 11.2 = 201.6W$
>   　　　　　16시 $q = 0.5 \times (15 \times 4 - 12 \times 2) \times 11.6 = 208.8W$
>   서쪽 벽(W) 12시 $q = 0.5 \times (8 \times 4 - 4 \times 2) \times 5.3 = 63.6W$
>   　　　　　14시 $q = 0.5 \times (8 \times 4 - 4 \times 2) \times 8.7 = 104.4W$
>   　　　　　16시 $q = 0.5 \times (8 \times 4 - 4 \times 2) \times 15.0 = 180W$
> - 유리창에서의 부하(관류부하) : $q = K \cdot A \cdot \Delta t$
>   ※ 유리창의 경우에는 축열을 고려하지 않으므로 상당외기온도차를 적용하지 않고, 실내외 온도차를 적용한다.
>   남쪽 유리창(S) $q = 5.5 \times (12 \times 2) \times (32 - 26) = 792W$
>   서쪽 유리창(W) $q = 5.5 \times (4 \times 2) \times (32 - 26) = 264W$
>   ∴ 12시 부하 = 145.8 + 63.6 + 792 + 264 = 1,265.4W
>   　14시 부하 = 201.6 + 104.4 + 792 + 264 = 1,362W
>   　16시 부하 = 208.8 + 180 + 792 + 264 = 1,444.8W
>
> ② 유리를 통한 열사에 의한 열부하 $q = I \cdot A \cdot SC$
>   여기서, I는 일사열량으로서 〈표 1〉의 값을 적용한다. SC는 차폐계수를 의미한다.
>   남쪽 유리창(S) 12시 $q = 156 \times (12 \times 2) \times 0.71 = 2,658.24W$
>   　　　　　　　14시 $q = 101 \times (12 \times 2) \times 0.71 = 1,721.04W$
>   　　　　　　　16시 $q = 28 \times (12 \times 2) \times 0.71 = 477.12W$
>   서쪽 유리창(W) 12시 $q = 43 \times (4 \times 2) \times 0.71 = 244.24W$
>   　　　　　　　14시 $q = 312 \times (4 \times 2) \times 0.71 = 1,772.16W$
>   　　　　　　　16시 $q = 493 \times (4 \times 2) \times 0.71 = 2,800.24W$
>   ∴ 12시 부하 = 2,658.24 + 244.24 = 2,902.48W
>   　14시 부하 = 1,721.04 + 1,772.16 = 3,493.2W
>   　16시 부하 = 477.12 + 2,800.24 = 3,277.36W
>
> ③ 실내에서의 부하
>   인체 현열 $q_S = n \cdot H_S = 0.2 \times (15 \times 8) \times 63 = 1,512W$
>   인체 잠열 $q_L = n \cdot H_L = 0.2 \times (15 \times 8) \times 69 = 1,656W$
>   조명부하 $q_E = (15 \times 8) \times 20 = 2,400W$
>   ∴ 12시, 14시, 16시 부하 = 1,512 + 1,656 + 2,400 = 5,568W

(2) 실내 냉방부하 최대 발생시각 및 현열비
   ① 실내 냉방부하 최대 발생시각 : 14시
      12시 : 10,215.88W (1,265.4+2,902.48+5,568=9,735.88)
      14시 : 10,903.2W (1,362+3,493.2+5,568=10,423.2)
      16시 : 10,770.16W (1,444.8+3,277.36+5,568=10,290.16)
   ② 현열비 $SHF = \dfrac{현열}{전열} = \dfrac{전열-잠열}{전열} = \dfrac{10,423.2-1,656}{10,423.2} = 0.84$

(3) 최대부하 발생 시의 취출풍량(Q)
   $q_S = m C_p \Delta t = \rho Q C_p \Delta t$에서
   $Q = \dfrac{q_S}{\rho C_p \Delta t} = \dfrac{(10,423.2-1,656) \times 3,600}{1.2 \times 1.0 \times 10^3 \times (26-15)} = 2,391.05 \text{m}^3/\text{h}$

03 어떤 방열벽의 열통과율이 0.35W/m²·K이며, 벽 면적은 1,000m²인 냉장고가 외기온도 30℃에서 사용되고 있다. 이 냉장고의 증발기는 열통과율이 29W/m²·K이고 전열면적은 24m²이다. 이때 각 물음에 답하시오.(단, 이 식품 이외의 냉장고 내 발생열 부하는 무시하며, 증발온도는 -10℃로 한다.)

(1) 냉장고 내 온도가 0℃일 때 외기로부터 방열벽을 통해 침입하는 열량은 몇 kW인가?
(2) 냉장고 내 열전달률 5.8W/m²·K, 전열면적 600m², 온도 10℃인 식품을 보관했을 때 이 식품의 발생열 부하에 의한 고내 온도는 몇 ℃가 되는가?

풀이

(1) 냉장고 내 온도가 0℃일 때 방열벽 침입열량(q)
   $q = K \cdot A \cdot \Delta t$
   $= 0.35 \times 1,000 \times (30-0) = 10,500\text{W} = 10.5\text{kW}$

(2) 식품의 발생열에 의한 고내 온도(t)
   ① 발생열량(식품, 침입열량)과 냉각열량이 평형이 되는 온도가 고내 온도가 된다.
      즉, 증발기 냉각열량(q_1) = 식품발생열량(q_2) + 벽체침입열량(q_3)
   ② $q = K \cdot A \cdot \Delta t$에 의해
      $q_1 = q_2 + q_3$
      $k_1 A_1 \Delta t_1 = k_2 A_2 \Delta t_2 + k_3 A_3 \Delta t_3$
      $29 \times 24 \times (t-(-10)) = 5.8 \times 600 \times (10-t) + 0.35 \times 1,000 \times (30-t)$
      ∴ $t = 8.47℃$

04 다음과 같은 공조기 수배관에서 각 구관의 관지름과 펌프용량을 결정하시오. (단, 허용마찰 손실은 $R = 0.8$kPa/m이며, 국부저항 상당길이는 직관길이와 동일한 것으로 한다.)

구간	직관길이
A–B	50m
B–C	5m
C–D	5m
D–E	5m
E'–F	10m

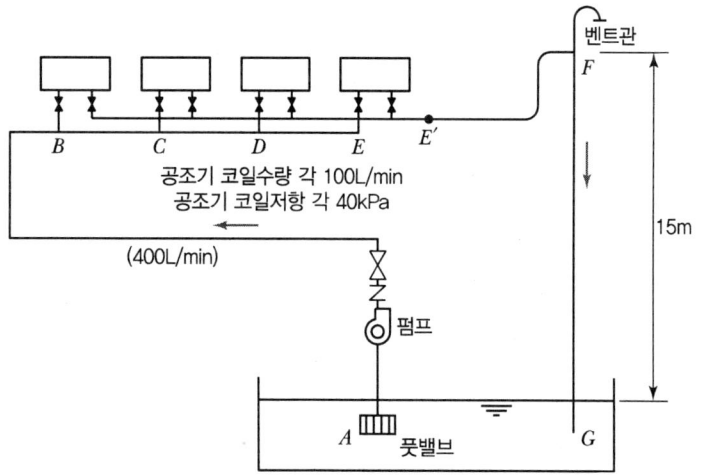

▼ 관지름에 따른 유량($R = 0.8$kPa/m)

관지름(mm)	32	40	50	65	80
유량(L/min)	90	180	380	570	850

(1) 각 구간의 빈 곳을 완성하시오.

구간	유량 (L/min)	R (kPa/m)	관지름 (mm)	직관길이 l(m)	상당길이 l'(m)	마찰저항 P(kPa)	비고
A–B		0.8					–
B–C		0.8					–
C–D		0.8					–
D–E		0.8					–
E'–F		0.8					–
F–G		0.8		15	–	–	실양정

(2) 펌프의 양정 H(m)과 수동력 P(kW)을 구하시오.

> 풀이

(1) 각 구간의 빈 곳을 완성하시오.

구간	유량 (L/min)	R (kPa/m)	관지름 (mm)	직관길이 l(m)	상당길이 l'(m)	마찰저항 P(kPa)	비고
A-B	400	0.8	65	50	50	80	—
B-C	300	0.8	50	5	5	8	—
C-D	200	0.8	50	5	5	8	—
D-E	100	0.8	40	5	5	8	—
E'-F	400	0.8	65	10	10	16	—
F-G	400	0.8	65	15	—	—	실양정

(2) 펌프의 양정(H)과 수동력(P)

① 양정(H)

펌프양정 = 실양정 + 배관마찰손실저항 + 공조기코일저항

- 실양정 : 15m
- 배관마찰손실저항 : 80+8+8+8+16 = 120kPa = 12.245m ($\because$ 1mAq = 9.8kPa)
- 공조기코일저항 : 40kPa = 4.08m

$\therefore$ 펌프양정 = 15 + 12.245 + 4.08 = 31.325 = 31.33m

② 수동력(P)

$$P(\text{kW}) = \frac{QH\gamma}{102}$$

여기서, Q : m³/s, H : m, γ : kgf/m³

$$= \frac{400\text{r/min} \times 31.33\text{m} \times 1,000\text{kgf/m}^3}{102 \times 1,000 \times 60}$$

$$= 2.05\text{kW}$$

05 다음과 같은 중앙식 공기조화설비의 계통도에서 각 기기의 명칭을 보기에서 골라 쓰시오.

[보기]
1. 송풍기 2. 보일러 3. 냉동기
4. 공기조화기 5. 냉수펌프 6. 냉매펌프
7. 냉각수펌프 8. 냉각탑 9. 공기가열기
10. 에어필터 11. 응축기 12. 증발기
13. 공기냉각기 14. 냉매건조기 15. 트랩
16. 가습기 17. 보일러 급수펌프

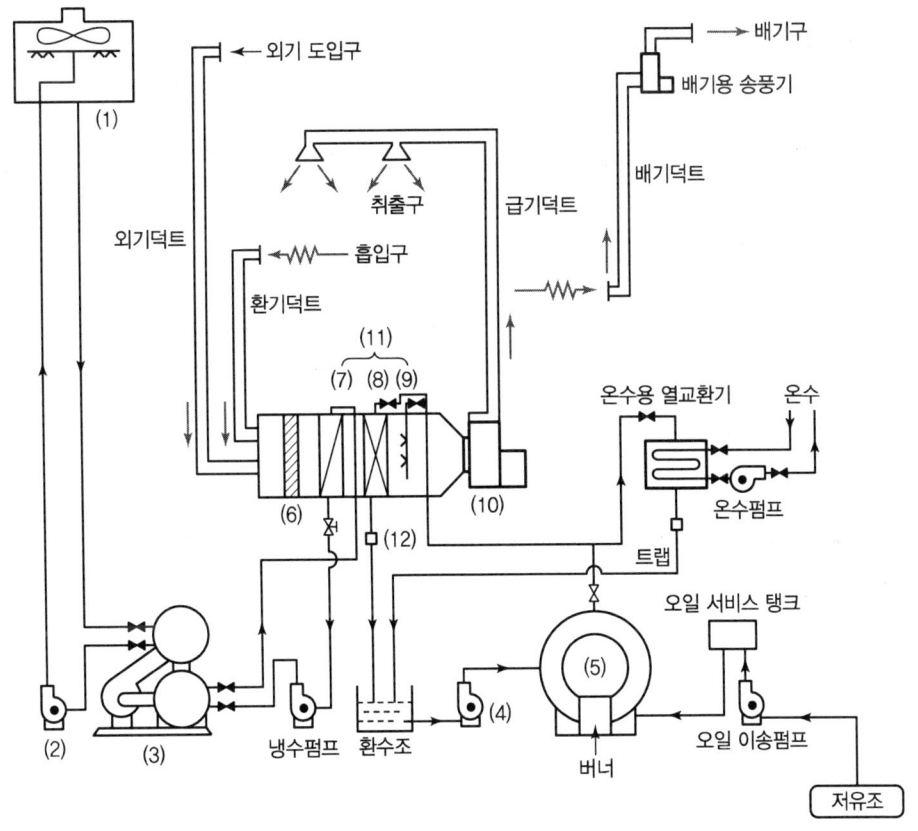

풀이

(1) 냉각탑 (2) 냉각수펌프 (3) 응축기
(4) 보일러급수펌프 (5) 보일러 (6) 에어필터
(7) 공기냉각기 (8) 공기가열기 (9) 가습기
(10) 송풍기 (11) 공기조화기 (12) 트랩

06 냉동장치에 사용되는 증발압력조정밸브(EPR), 흡입압력조정밸브(SPR), 응축압력조정밸브(절수밸브 : WRV)에 대해서 설치위치와 작동원리를 서술하시오.

> **풀이**
>
> (1) 증발압력조정밸브(Evaporator Pressure Regulator)
>   - 설치 위치 : 증발기에서 압축기에 이르는 흡입배관에 설치
>   - 작동원리
>   ① Valve 입구의 냉매압력에 의해 밸브축의 벨로스나 스프링에 힘이 작용하여 밸브를 열게 됨
>   ② 밸브는 조정된 수치보다 증발압력이 높을 경우는 개방, 낮을 경우는 닫혀 있음
>
> (2) 흡입압력조정밸브(Suction Pressure Regulator)
>   - 설치 위치 : 압축기 흡입 측 배관에 설치
>   - 작동원리
>   밸브의 출구압력에 의해서 작동되며 압력이 높으면 밸브가 닫히고, 낮으면 열려서 흡입압력이 일정압력 이상으로 올라가는 것을 방지
>
> (3) 응축압력조정밸브(절수밸브 : Water Regulation Valve)
>   - 설치 위치 : 응축기 출구와 수액기 입구 사이에 설치
>   - 작동원리 : 응축기 입구의 응축압력조절밸브에서 냉매를 응축기 입구와 Bypass시켜 일부 냉매가 응축기를 통과하지 않고 직접 수액기로 유입되도록 하여 응축압력 조정

07 공기조화 부하에서 극간풍(틈새바람)을 구하는 방법 3가지와 틈새바람을 방지하는 방법 3가지를 서술하시오.

> **풀이**
>
> (1) 극간풍(틈새바람)을 구하는 방법
>   ① 환기횟수에 의한 방법
>   ② 틈새법(Crack법, 틈새길이에 의한 방법)
>   ③ 창면적에 의한 방법
>
> (2) 극간풍(틈새바람)을 방지하는 방법
>   ① Air Curtain의 사용
>   ② 회전문 설치
>   ③ 충분히 간격을 두고 이중문 설치
>   ④ 이중문의 중간에 강제 대류 Convector 또는 FCU 설치
>   ⑤ 실내를 가압하여 외부압력보다 높게 유지
>   ⑥ 건물 기밀성 유지와 현관의 방풍실 설치, 층간의 구획 철저

08 다음 도면은 2대의 압축기를 병렬 운전하는 1단 압축 냉동장치의 일부이다. 토출가스배관에 유분리기를 설치하여 완성하시오.

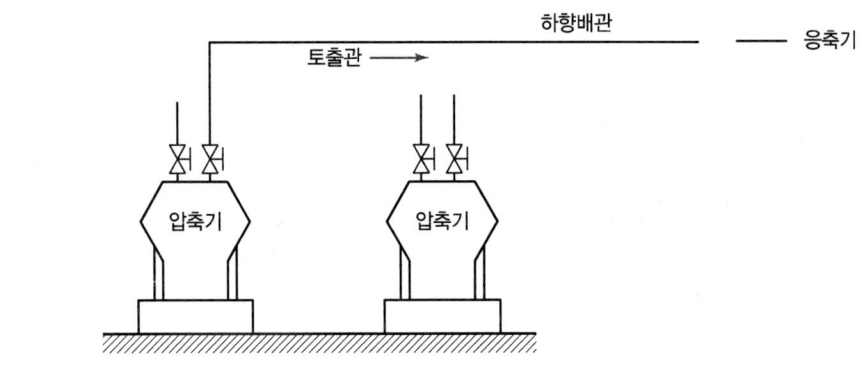

풀이

2015년 2회 기출문제

01 흡수식 냉동장치에서 다음 물음에 답하시오.

(1) 빈칸에 냉매와 흡수제를 쓰시오.

냉매	흡수제

(2) 다음 흡수제의 구비 조건 중 맞으면 O, 틀리면 X하고 수정하시오.
① 용기의 증기압이 높을 것 (   )
② 용액의 농도 변화에 의한 증기압의 변화가 작을 것 (   )
③ 재생하는 열량이 낮을 것 (   )
④ 점도가 높고 부식성이 높을 것 (   )

풀이

(1) 빈칸에 냉매와 흡수제를 쓰시오.

냉매	흡수제
H_2O	LiBr(리튬브로마이드)
NH_3(암모니아)	H_2O

(2) ① 용기의 증기압이 높을 것(X) → 용기의 증기압은 낮을 것
② 용액의 농도 변화에 의한 증기압의 변화가 작을 것(O)
③ 재생하는 열량이 낮을 것(O)
④ 점도가 높고 부식성이 높을 것(X) → 점도가 낮고 부식성은 없어야 함

02 송풍기(Fan)의 전압 효율이 45%, 송풍기 입구와 출구에서의 전압차가 1.2kPa로서, 10,200m³/h의 공기를 송풍할 때 송풍기의 축동력(kW)을 구하시오.

풀이

축동력(kW) $\dfrac{Q \cdot P_T}{E}$

여기서, Q : 송풍량(m³/s), P_T : 전압(kPa), E : 효율(%)

축동력(kW) = $\dfrac{10,200\text{m}^3/\text{h} \times 1.2\text{kPa}}{0.45 \times 3,600}$ = 7.56kW

03. 다음은 저압증기 난방설비의 방열기 용량 및 증기 공급관(복관식)을 나타낸 것이다. 설계 조건과 주어진 증기관 용량표를 이용하여 물음에 답하시오.

[조건]
1. 보일러의 사용 게이지 압력 P_b는 300kPa이며, 가장 먼 방열기의 필요압력 P_r은 25kPa, 보일러로부터 가장 먼 방열기까지의 거리는 50m이다.
2. 배관의 이음, 굴곡, 밸브 등의 직관 상당길이는 직관길이의 100%로 한다. 또한 증기 횡주관의 경우 관말 압력강하를 방지하기 위하여 관지름은 50A 이상으로 설계한다.

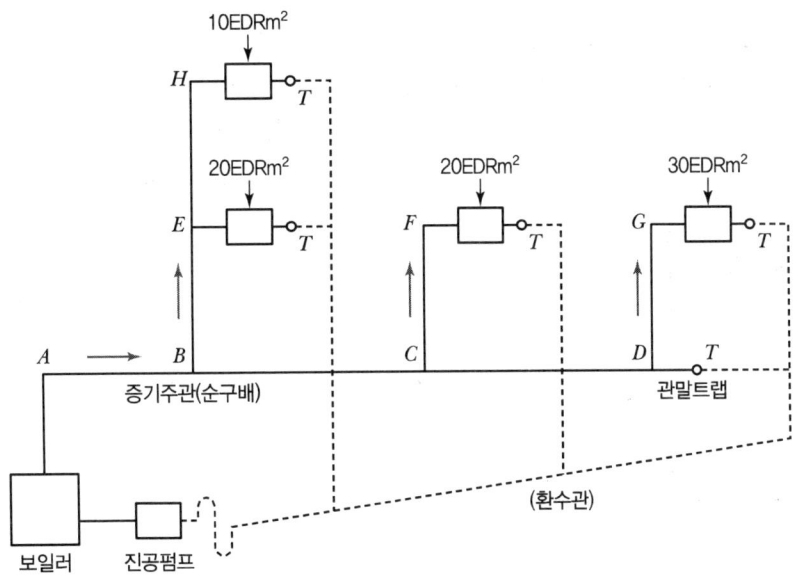

▼ 저압증기관의 용량표(상당방열면적 m²당)

관지름(A)	순구배 횡관 및 하향급기 수직관(복관식 및 단관식) R=압력강하(kPa/100m)						역구배 횡관 및 상향급기 수직관			
							복관식		단관식	
	0.5	1.0	2.0	5.0	10	20	수직관	횡관	수직관	횡관
	A	B	C	D	E	F	G[+1]	H[+3]	I[+2]	J[+3]
20	2.1	3.1	4.5	7.4	10.6	15.3	4.5	—	3.1	—
25	3.9	5.1	8.4	14	20	29	8.4	3.7	5.7	3.0
32	7.7	11.5	17	28	41	59	17	8.2	11.5	6.8
40	12	17.5	26	42	61	88	26	12	17.5	10.4
50	22	33	48	80	115	166	48	21	33	18
65	44	64	94	155	225	325	90	51	63	34
80	70	102	150	247	350	510	130	85	96	55
90	104	150	218	360	520	740	180	134	135	85
100	145	210	300	500	720	1,040	235	192	175	130

압력강하 관지름(A)	순구배 횡관 및 하향급기 수직관(복관식 및 단관식)						역구배 횡관 및 상향급기 수직관			
	R=압력강하(kPa/100m)						복관식		단관식	
	0.5	1.0	2.0	5.0	10	20	수직관	횡관	수직관	횡관
	A	B	C	D	E	F	G[+1]	H[+3]	I[+2]	J[+3]
125	260	370	540	860	1,250	1,800	440	360		240
150	410	600	860	1,400	2,000	2,900	770	610		
200	850	1,240	1,800	2,900	4,100	5,900	1,700	1,340		
250	1,530	2,200	3,200	3,200	7,300	10,400	3,000	2,500		
300	2,450	3,500	3,500	5,000	11,500	17,000	4,800	4,000		

(1) 가장 먼 방열기까지의 허용 압력손실을 구하시오.

(2) 증기 공급관의 각 구간별 관지름을 결정하고 주어진 표를 완성하시오.

구분	구간	EDR(m²)	허용압력손실(kPa/100m)	관지름(A)(mm)
증기 횡주관	A−B			
	B−C			
	C−D			
상향 수직관	B−E			
	E−H			
	C−F			
	D−G			

풀이

(1) 가장 먼 방열기까지의 허용 압력손실(H)

$H = P_b - P_r = 30 - 25 = 5\text{kPa}$

(2) 공급관 관지름 결정

먼저 100m당 허용압력손실(압력강하) R을 구하면

$R = \dfrac{H}{L+L'} \times 100 = \dfrac{5}{50+50} \times 100 = 5\text{kPa/100m}$

여기서, H는 가장 먼 방열기까지의 허용 압력손실

구분	구간	EDR(m²)	허용압력손실(kPa/100m)	관지름(A)(mm)
증기 횡주관	A−B	20+30=50	5	50
	B−C	20+10+20+30=80	5	50
	C−D	30	5	50
상향 수직관	B−E	20+10=30	5	50
	E−H	10	5	32
	C−F	20	5	40
	D−G	30	5	50

① 증기 횡주관 지름 결정
- A−B 구간 : 주어진 저압증기관 용량표에서 압력강하 5.0칸(D)에서 아래로 상당방열면적 80을 찾고 왼쪽으로 가면 관지름 50을 만난다.
- B−C 구간 : 상당방열면적이 50m²이므로 위 방법으로 찾으면 42와 80 사이에 걸린다. 따라서 50m²보다 큰 값 80을 선택하여 왼쪽으로 가면 관지름 50A를 구할 수 있다.
- C−D 구간 : 위와 같은 방법으로 구하면 C−D 구간의 EDR 30m²보다 큰 42에서 왼쪽으로 가면 관지름 40A가 나오는데 주어진 문제에서 50A 이상으로 설계하라고 하였으므로 50A로 한다.

② 상향 수직관 지름 결정
- B−E 구간 : 주어진 표 오른쪽 상향급기 수직관 칸의 복관식 수직관 칸(G^{+1})에서 아래로 내려가면 EDR=30m²보다 큰 값 48을 만난다. 48에서 왼쪽으로 가면 관지름 50A를 찾을 수 있다.
- E−H 구간 : EDR이 10m²이므로 위와 같은 방법으로 구하면 수직관(G^{+1})칸에서 10m²보다 큰 17을 찾아 왼쪽으로 가면 관지름 32A를 구할 수 있다.
- C−F 구간 : EDR이 20m²이므로 수직관(G^{+1})칸의 26을 찾아 왼쪽으로 가면 관지름 40A를 찾을 수 있다.
- D−G 구간 : EDR이 30m²이므로 수직관(G^{+1})칸의 48을 찾아 왼쪽으로 가면 관지름 50A를 찾을 수 있다.

04 열교환기를 쓰고 그림 (a)와 같이 구성되는 냉장장치가 있다. 그 압축기 피스톤 압출량 $V=200$ m³/h이다. 이 냉동장치의 냉동사이클은 그림 (b)와 같고 1, 2, 3, … 점에서의 각 상태값은 다음 표와 같은 것으로 한다.

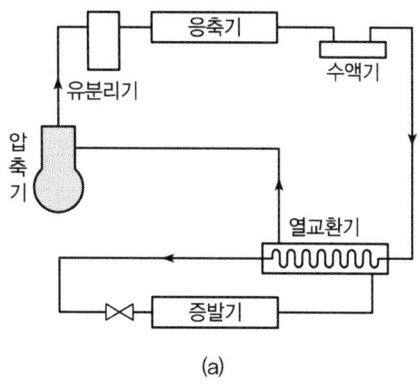
(a)

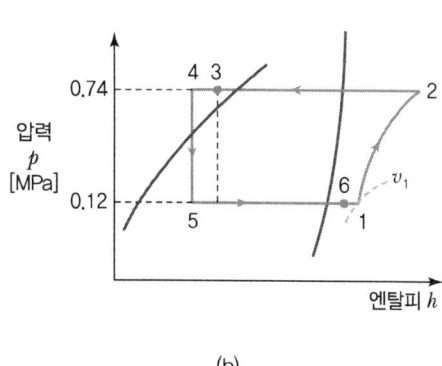
(b)

상태점	엔탈피 h(kJ/kg)	비체적 v(m³/kg)
h_1	365.95	0.125
h_2	409	
h_5	238.27	
h_6	356.5	0.12

위와 같은 운전 조건에서 다음 (1), (2), (3)의 값을 계산식을 표시해 산정하시오.(단, 위의 온도조건에서의 체적효율 $\eta_v = 0.64$, 압축효율 $\eta_c = 0.72$로 한다. 또한 성적계수는 소수점 이하 2자리까지 구하고, 그 이하는 반올림한다.)

(1) 압축기의 냉동능력 $R(\text{kW})$
(2) 이론적 성적계수 ε_o
(3) 실제적 성적계수 ε

풀이

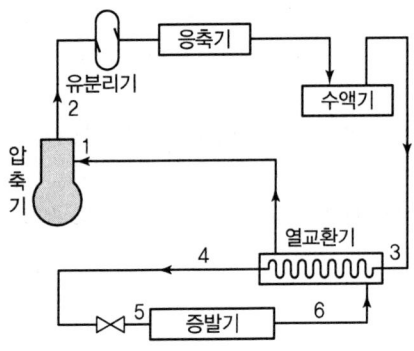
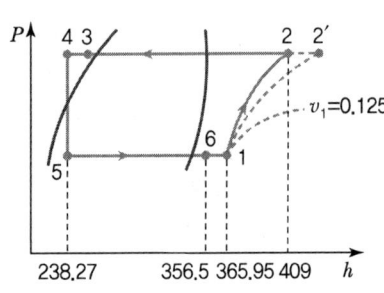

(1) 압축기의 냉동능력(R)

$$\text{냉동능력 } R = G(h_6 - h_5) = \frac{V_{act}}{v_1} \cdot (h_6 - h_5) = \frac{V \cdot \eta_v}{v_1}(h_6 - h_5)$$

$$= \frac{200 \times 0.64}{3,600 \times 0.125} \times (356.5 - 238.27) = 33.63 \text{kW}$$

(2) 이론적 성적계수(ε_o)

$$\varepsilon_o = \frac{q_e}{w} = \frac{h_6 - h_5}{h_2 - h_1} = \frac{356.5 - 238.27}{409 - 365.95} = 2.75$$

(3) 실제적 성적계수(ε)

$$\varepsilon = \frac{q_e}{w'} = \frac{h_6 - h_5}{h_2' - h_1} = \frac{h_6 - h_5}{\dfrac{h_2 - h_1}{\eta_e}} = \frac{h_6 - h_5}{h_2 - h_1} \cdot \eta_c$$

$$= \varepsilon_o \cdot \eta_c$$
$$= 2.75 \times 0.72 = 1.98$$

05 2단 압축 1단 팽창 암모니아 냉매를 사용하는 냉동장치가 응축온도 30℃, 증발온도 −32℃, 제1팽창밸브 직전의 냉매액 온도 25℃, 제2팽창밸브 직전의 냉매액 온도 0℃, 저단 및 고단 압축기 흡입증기를 건조포화증기라고 할 때 다음 각 물음에 답하시오. (단, 저단 압축기 냉매순환량은 1kg/h 이다.)

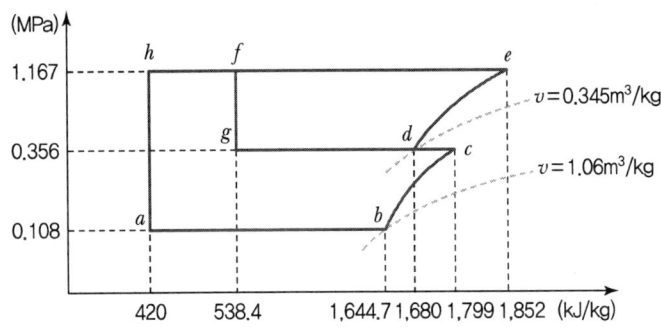

(1) 냉동장치의 장치도를 그리고 각 점(a~h)의 상태를 나타내시오.
(2) 중간냉각기에서 증발하는 냉매량을 구하시오.
(3) 중간냉각기의 기능 3가지를 쓰시오.

풀이

(1) 냉동장치 장치도 작성

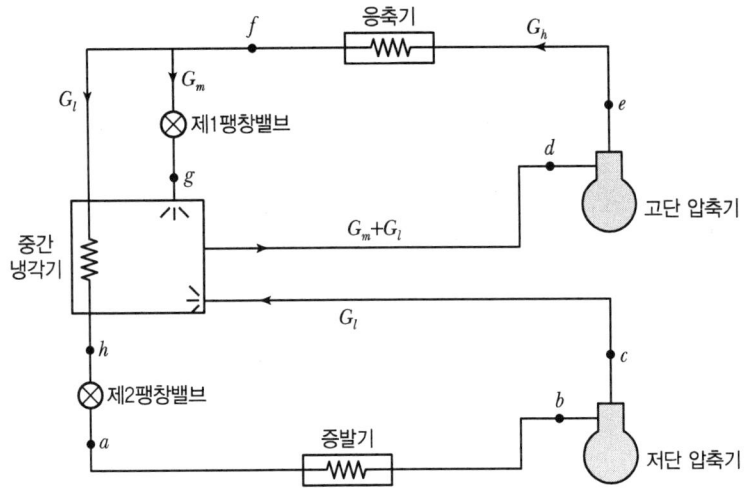

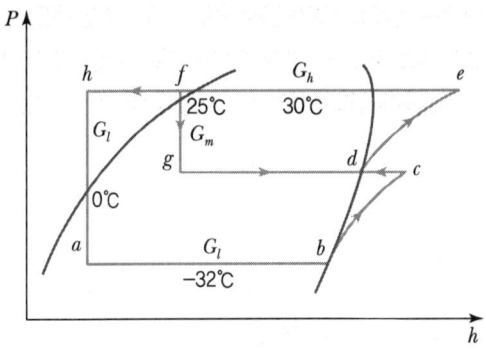

┃ $P-h$ 선도 ┃

(2) 중간냉각기에서 증발하는 냉매량(G_m)

- $G_h = G_l + G_m$
- $\dfrac{G_h}{G_l} = \dfrac{h_c - h_h}{h_d - h_f}$

  여기서, G_h : 고단 압축기 냉매순환량
  G_l : 저단 압축기 냉매순환량
  G_m : 중간냉각기에서 증발하는 냉매량

$G_h = \dfrac{h_c - h_h}{h_d - h_f} \times G_l$

∴ $G_m = G_h - G_l = \dfrac{h_c - h_h}{h_d - h_f} \times G_l - G_l$

$= \dfrac{1,799 - 420}{1,680 - 538.4} \times 1 - 1 = 0.21 \mathrm{kg/h}$

(3) 중간냉각기의 기능

① 저단 측 압축기(Booster) 토출가스의 과열을 제거하여 고단 측 압축기에서의 과열을 방지한다. (부스터의 용량은 고단 압축기보다 커야 한다.)
② 증발기로 공급되는 냉매액을 과냉시켜서 냉동효과 및 성적계수를 높인다.
③ 고단 측 압축기 흡입가스 중의 액을 분리시켜 액압축을 방지한다.
④ 중간냉각기의 종류로는 플래시식(암모니아 냉매), 액체냉각식(암모니아 냉매), 직접팽창식(Freon 냉매)이 있다.

06 다음과 같은 온수난방설비에서 각 물음에 답하시오. (단, 방열기 입·출구 온도차는 10℃, 국부저항 상당관 길이는 직관길이의 50%, 1m당 마찰손실은 147Pa, 온수비열은 4.2kJ/kg·K이다.)

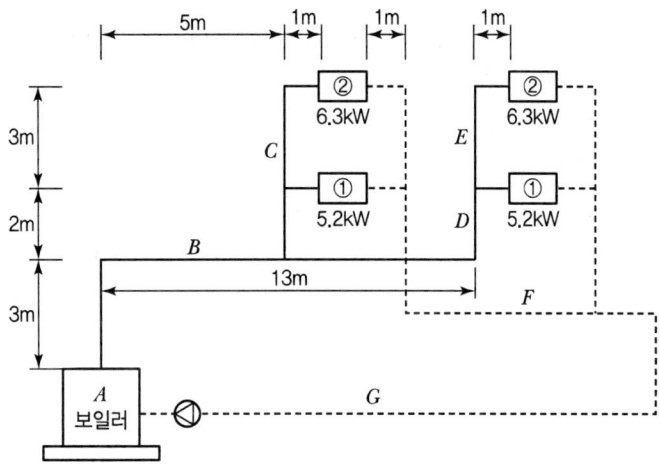

(1) 순환펌프의 전마찰손실(Pa)을 구하시오. (단, 환수관의 길이는 30m이다.)
(2) ①과 ②의 온수순환량(L/min)을 구하시오.
(3) 각 구간의 온수순환량을 구하시오.

구간	B	C	D	E	F	G
순환수량 (L/min)						

> 풀이

(1) 순환펌프의 전마찰손실(H)
H = (직관길이 + 국부저항상당관 길이) × 단위길이당 마찰손실
 = [(3+13+2+3+1+30)×1.5m)] × 147Pa/m
 = 11,466Pa
여기서, 직관길이는 가장 먼 방열기를 기준으로 한다.

(2) $q = W \cdot C \cdot \Delta t$에서 ①의 온수순환량($W_1$)
$$W_1 = \frac{q_1}{C \cdot \Delta t} = \frac{5.2 \times 60}{4.2 \times 10} = 7.43 \text{kg/min} = 7.43 \text{L/min}$$
여기서, 물의 밀도 : 1kg/L

②의 온수순환량(W_2)
$$W_2 = \frac{q_2}{C \cdot \Delta t} = \frac{6.3 \times 60}{4.2 \times 10} = 9.00 \text{kg/min} = 9.00 \text{L/min}$$

(3) 각 구간의 온수순환량(Q)
　　①의 온수순환량 $W_1 = 7.34\text{L/min}$
　　②의 온수순환량 $W_2 = 9.00\text{L/min}$
　　B 구간 순환량 $W_B = 2 \times W_1 + 2 \times W_2 = 2 \times 7.43 + 2 \times 9.00 = 32.86\text{L/min}$
　　C 구간 순환량 $W_C = W_2 = 9.00\text{L/min}$
　　D 구간 순환량 $W_D = W_1 + W_2 = 7.43 + 9.00 = 16.43\text{L/min}$
　　E 구간 순환량 $W_E = W_2 = 9.00\text{L/min}$
　　F 구간 순환량 $W_F = W_1 + W_2 = 16.43\text{L/min}$
　　G 구간 순환량 $W_G = 2W_1 + 2W_2 = 2 \times 7.43 + 2 \times 9.00 = 32.86\text{L/min}$

구간	B	C	D	E	F	G
순환수량 (L/min)	32.86	9.00	16.43	9.00	16.43	32.86

07 R-22 냉동장치에서 응축압력이 1.43MPa(포화온도 40℃), 냉각수량 800L/min, 냉각수 입구온도 32℃, 냉각수 출구온도 36℃, 열통과율 900W/m²·K일 때 냉각면적(m²)을 구하시오. (단, 냉매와 냉각수의 평균온도차는 산술평균 온도차로 하며, 냉각수의 비열은 4.2kJ/kg·K이고, 밀도는 1.0kg/L이다.)

풀이

냉각면적(A)
열 평형식을 통해 산출한다.
응축기 전달열량($K \cdot A \cdot \Delta t_m$) = 냉각수 흡수열량($W \cdot C \cdot \Delta t_w$)
$q = K \cdot A \cdot \Delta t_m = G \cdot C \cdot \Delta t_w$ 에서
$$A = \frac{W \cdot C \cdot \Delta t_w}{K \cdot \Delta t_m} = \frac{\rho Q \cdot C \cdot \Delta t_w}{K \cdot \Delta t_m}$$
여기서, 산술평균 온도차 $\Delta t_m = t_c - \frac{t_{w1}+t_{w2}}{2} = 40 - \frac{32+36}{2} = 6℃$

$$\therefore A = \frac{1 \times 800 \times 4.2 \times (36-32)}{900 \times 10^{-3} \times 60 \times 6} = 41.48\text{m}^2$$

08 ①의 공기상태 $t_1 = 25℃$, $x_1 = 0.022$kg/kg′, $h_1 = 91.7$kJ/kg, ②의 공기상태 $t_2 = 22℃$, $x_2 = 0.006$kg/kg′, $h_2 = 37.7$kJ/kg일 때 공기 ①을 25%, 공기 ②를 75%로 혼합한 후의 공기 ③의 상태(t_3, x_3, h_3)를 구하고, 공기 ①과 공기 ③ 사이의 열수분비를 구하시오.

[풀이]

(1) 혼합 후 공기 ③의 상태(t_3, x_3, h_3)

① $t_3 = \dfrac{0.25 \times 25 + 0.75 \times 22}{1} = 22.75℃$

② $x_3 = \dfrac{0.25 \times 0.022 + 0.75 \times 0.006}{1} = 0.01$kg/kg′

③ $h_3 = \dfrac{0.25 \times 91.7 + 0.75 \times 37.7}{1} = 51.2$kJ/kg

(2) 공기 ①과 공기 ③ 사이의 열수분비(u)

$u = \dfrac{\Delta h(\text{엔탈피 변화량})}{\Delta x(\text{절대습도 변화량})} = \dfrac{h_1 - h_3}{x_1 - x_3} = \dfrac{91.7 - 51.2}{0.022 - 0.01} = 3,375$kJ/kg

09 액압축(Liquid Back or Liquid Hammering)의 발생원인 2가지와 액압축 방지(예방)법 4가지 및 압축기에 미치는 영향 2가지를 쓰시오.

[풀이]

(1) 액압축 발생원인 2가지
 ① 팽창밸브 열림이 과도하게 클 때(속도저하에 따른 압력강하의 폭이 작아진다.)
 ② 증발기 냉각관에 유막 및 성에가 두껍게 덮였을 때(전열이 불량하여 증발이 제대로 되지 않는다.)
 ③ 급격한 부하변동(부하감소)
 ④ 냉매 과충전 시, 냉매순환량이 과도할 때
 ⑤ 흡입관에 트랩 등과 같은 액이 고이는 장소가 있을 때
 ⑥ 액분리기의 기능 불량
 ⑦ 기동 시 흡입밸브를 갑자기 열었을 때
(2) 액압축 방지법 4가지
 ① 흡입관에 성에가 낄 정도로 경미할 경우에는 팽창밸브 열림을 조절한다.
 ② 실린더에 성에가 낄 경우에는 흡입스톱밸브를 닫고 팽창밸브를 닫은 후, 정상상태가 될 때까지 운전을 한 다음 흡입스톱밸브를 서서히 열고, 팽창밸브를 재조정한다.
 ③ 수격작용이 일어날 경우, 압축기를 정지시키고 워터재킷의 냉각수를 배출하고 크랭크 케이스를 가열시켜(액냉매 증발) 열교환을 한 후 재운전하며, 정도가 심하면 압축기 파손 부품을 교환한다.
 ④ 냉매 충전량을 적정하게 하고 기동조작에 신중을 기한다.
 ⑤ 액분리기를 설치한다.

(3) 압축기에 미치는 영향 2가지
① 흡입관에 성에가 심하게 덮인다.
② 토출가스 온도가 저하되며 심하면 토출관이 차가워진다.
③ 실린더가 냉각되어 이슬이 맺히거나 성에가 낀다.
④ 심할 경우 크랭크 케이스에 성에가 끼고, 수격작용이 일어나 타격음이 난다.
⑤ 소요동력이 증대된다.
⑥ 압력계 및 전류계의 지침이 떨리고 압축기가 파손될 수 있다.

10 다음 그림과 같이 예열 · 혼합 · 순환수분무가습 · 가열하는 장치에서 실내현열부하가 14.8kW이고, 잠열부하가 4.2kW일 때 다음 물음에 답하시오. (단, 외기량은 전체 순환량의 25%이며, h_1 = 14kJ/kg, h_2 = 38kJ/kg, h_3 = 24kJ/kg, h_6 = 41.2kJ/kg이다.)

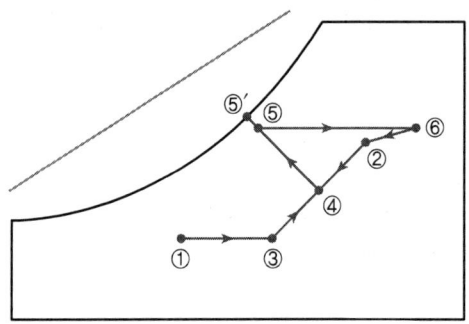

(1) 외기와 환기 혼합 엔탈피 h_4를 구하시오.
(2) 전체 순환공기량(kg/h)을 구하시오.
(3) 예열부하(kW)를 구하시오.
(4) 난방코일 부하(kW)를 구하시오.

풀이

(1) 외기와 환기 혼합 엔탈피(h_4)

$$h_4 = \frac{0.75 \times h_2 + 0.25 \times h_3}{0.25 + 0.75} = \frac{0.75 \times 38 + 0.25 \times 24}{1} = 34.5 \text{kJ/kg}$$

여기서, h_2 : 환기(75%), h_3 : 외기(25%)

(2) 전체 순환공기(kg/h)

$q_T = m(h_6 - h_2)$ 에서

여기서, h_6 : 취출점, h_2 : 실내상태점의 엔탈피

$$m = \frac{q_T}{h_6 - h_2} = \frac{(14.8 + 4.2) \times 3,600}{41.2 - 38} = 21,375 \text{kg/h}$$

(3) 예열부하(kW)

예열부하는 $h_3 - h_1$ 이므로

$q_p = m_o(h_3 - h_1)$

여기서, m_o : 외기 도입량

$q_p = \dfrac{(21,375 \times 0.25) \times (24-14)}{3,600} = 14.84\text{kW}$

(4) 난방코일 부하(kW)

난방코일 부하 $q_H = G(h_6 - h_5)$ 이고 순환수분무(등엔탈피선=등습구온도선)이므로, $h_5 = h_4$ 로 가정하고 산출한다.

$q_H = \dfrac{21,375 \times (41.2 - 34.5)}{3,600} = 39.78\text{kW}$

2015년 3회 기출문제

01 다음 그림과 같은 중앙식 공기조화설비의 계통도에서 각 기기의 명칭을 보기에서 골라 쓰시오.

[보기]
1. 송풍기
2. 보일러
3. 냉동기
4. 공기조화기
5. 냉수펌프
6. 냉대펌프
7. 냉각수펌프
8. 냉각탑
9. 공기가열기
10. 에어필터
11. 응축기
12. 증발기
13. 공기냉각기
14. 냉매건조기
15. 트랩
16. 가습기
17. 보일러 급수펌프
18. 취출구

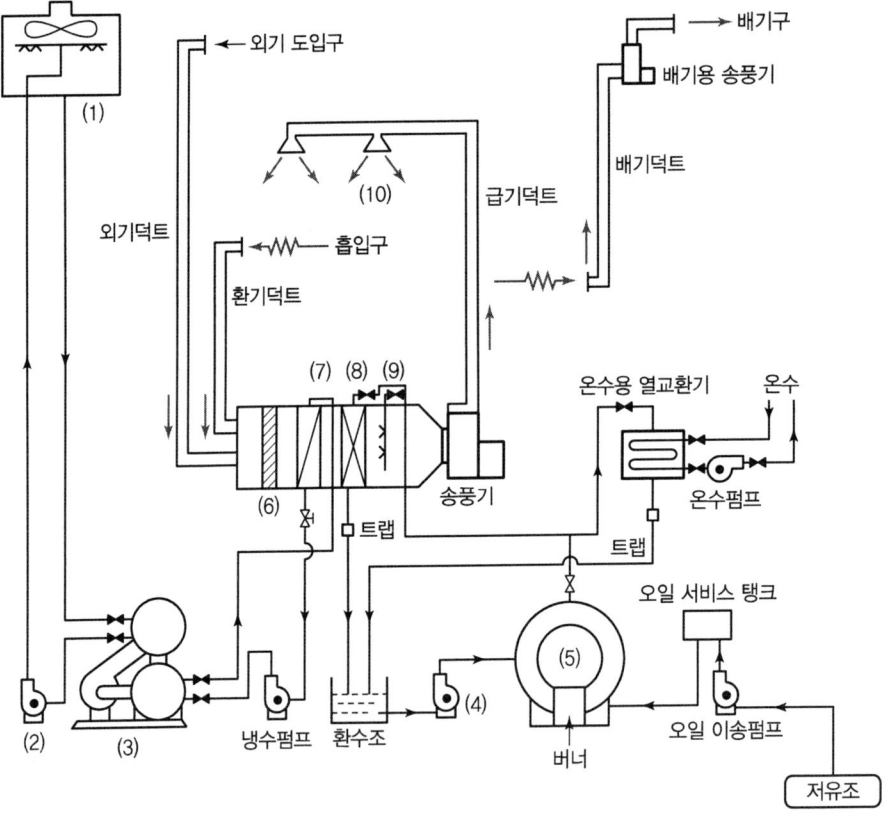

> [풀이]
>
> (1) 냉각탑   (2) 냉각수펌프   (3) 응축기   (4) 보일러급수펌프
> (5) 보일러   (6) 에어필터   (7) 공기냉각기   (8) 공기가열기
> (9) 가습기   (10) 취출구

02 다음과 같은 운전조건을 갖는 브라인 쿨러가 있다. 전열면적이 25m²일 때, 각 물음에 답하시오. (단, 평균온도차는 대수평균온도차를 이용한다.)

> [조건]
> 1. 브라인 비중 : 1.24
> 2. 브라인 비열 : 2.81kJ/kg·K
> 3. 브라인의 유량 : 300L/min
> 4. 쿨러로 들어가는 브라인 온도 : -18℃
> 5. 쿨러에서 나오는 브라인 온도 : -23℃
> 6. 쿨러 냉매 증발온도 : -26℃

(1) 브라인 쿨러의 냉동부하(kW)를 구하시오.
(2) 브라인 쿨러의 열통과율(W/m²·K)을 구하시오.

> [풀이]
>
> (1) 브라인 쿨러의 냉동부하(q)
>
> $q = GC\Delta t = Q\rho C\Delta t$
>
> $= \dfrac{(300 \times 1.24) \times 2.81 \times (-18-(-23))}{60} = 87.11\text{kW}$
>
> (2) 브라인 쿨러의 열통과율(K)
>
> $q = KA\Delta t_m$ 에서
>
> $K = \dfrac{q}{A\Delta t_m}$
>
> $\Delta t_m = \dfrac{\Delta t_1 - \Delta t_2}{\ln \dfrac{\Delta t_1}{\Delta t_2}} = \dfrac{8-3}{\ln \dfrac{8}{3}} = 5.1℃$
>
> 여기서, $\Delta t_1 : -18-(-26) = 8$
> $\Delta t_2 : -23-(-26) = 3$
>
> ∴ $K = \dfrac{87.11 \times 1,000}{25 \times 5.1} = 683.22\text{W/m}^2·\text{K}$

03 다음과 같은 공조시스템에 대해 계산하시오.

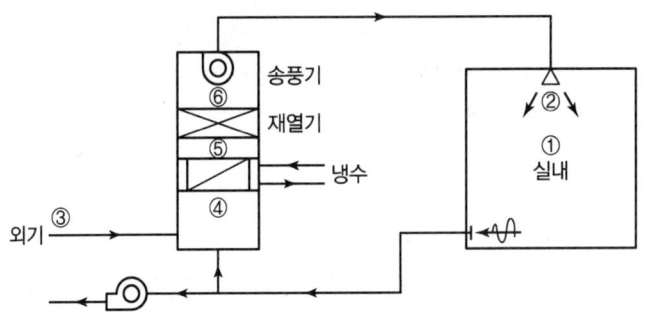

1. 실내온도 : 25℃, 실내 상대습도 : 50%
2. 외기온도 : 31℃, 외기 상대습도 : 60%
3. 실내급기풍량 : 6,000m³/h, 외기도입풍량 : 1,000m³/h, 공기밀도 : 1.2kg/m³
4. 취출공기온도 : 17℃, 공조기 송풍기 입구온도 : 16.5℃
5. 공기냉각기 냉수량 : 1.4L/s, 냉수입구온도(공기냉각기) : 6℃, 냉수출구온도(공기냉각기) : 12℃
6. 재열기(전열기) 소비전력 : 5kW
7. 공기의 정압비열 : 1.01kJ/kg·K, 냉수의 비열 : 4.2kJ/kg·K
8. 0℃ 물의 증발잠열 : 2,501kJ/kg

(1) 실내 냉방 현열부하(kW)를 구하시오.
(2) 실내 냉방 잠열부하(kW)를 구하시오.
(3) 습공기 선도를 작도하시오.

풀이

(1) 실내 냉방 현열부하(q_S)

$$q_S = G \cdot C_p \cdot \Delta t = Q\rho \cdot C_p(t_1 - t_2) = \frac{6,000 \times 1.2 \times 1.01 \times (25-17)}{3,600} = 16.16\text{kW}$$

(2) 실내 냉방 잠열부하(q_L)

$$q_L = 2,501 \times G(x_1 - x_2) = 2,501 \times Q\rho(x_1 - x_2)$$

x_1, x_2를 습공기 선도에서 구하기 위해 습공기 선도를 작성한다.

1) 혼합공기의 온도와 엔탈피(t_4, h_4)

$$t_4 = \frac{Q_1 t_1 + Q_3 t_3}{Q_4} = \frac{(6,000-1,000) \times 25 + 1,000 \times 31}{6,000} = 26℃$$

여기서, Q_1, t_1 : 실내 환기량(재순환공기량), 실내온도
Q_3, t_3 : 외기도입풍량, 외기온도
Q_4 : 실내급기풍량(혼합공기량)

$h_4 = 54.5$kJ/kg(공기 선도에서 혼합점 온도 26℃를 찾고 엔탈피 54.5를 읽는다.)

2) 냉각코일 출구엔탈피(h_5)

   냉각코일 부하 $q_{CC} = G_w \cdot C \cdot \Delta t_w = G_a(h_4 - h_5)$에서

   $h_5 = h_4 - \dfrac{G_w \cdot C \cdot \Delta t_w}{G_a} = 54.5 - \dfrac{(1.4 \times 3{,}600) \times 4.2 \times (12-6)}{1.2 \times 6{,}000} = 36.86 \text{kJ/kg}$

3) 냉각코일 출구온도(t_5)

   재열기부하 $q_{RH} = G_a \cdot C_p(t_6 - t_5)$에서

   $t_5 = t_6 - \dfrac{q_{RH}}{G_a C_p} = t_6 - \dfrac{q_{RH}}{\rho Q_a C_p}$

   여기서, $t_6 = 16.5\,℃$(재열기 출구=송풍기 입구)

   $\therefore t_5 = 16.5 - \dfrac{5 \times 3{,}600}{(1.2 \times 6{,}000) \times 1.01} = 14.02\,℃$

4) 공기 선도상에서 t_5와 h_5가 만나는 점 ⑤를 찾는다.
5) ⑤점에서 수평선을 그어 16.5℃와 만나는 점이 재열기 출구점 ⑥이다.
6) ⑤점에서 수평선을 그어 17℃와 만나는 점이 ②점이 된다.

   여기서, $t_6 = 16.5\,℃$(재열기 출구=송풍기 입구)

7) 실내냉방 잠열부하 q_L은

   $q_L = \dfrac{2{,}501 \times 1.2 \times 6{,}000 \times (0.0098 - 0.009)}{3{,}600} = 4.00 \text{kW}$

(3) 습공기 선도 작도

$SHF = \dfrac{\text{현열}}{\text{전열}} = \dfrac{16.16}{16.16 + 4} = 0.80$

※ ①점에서 SHF=0.80선과 평행한 선을 그어 ②점을 찾고 ⑥점, ⑤점을 찾아서 선도를 작도하는 것이 가능하다.

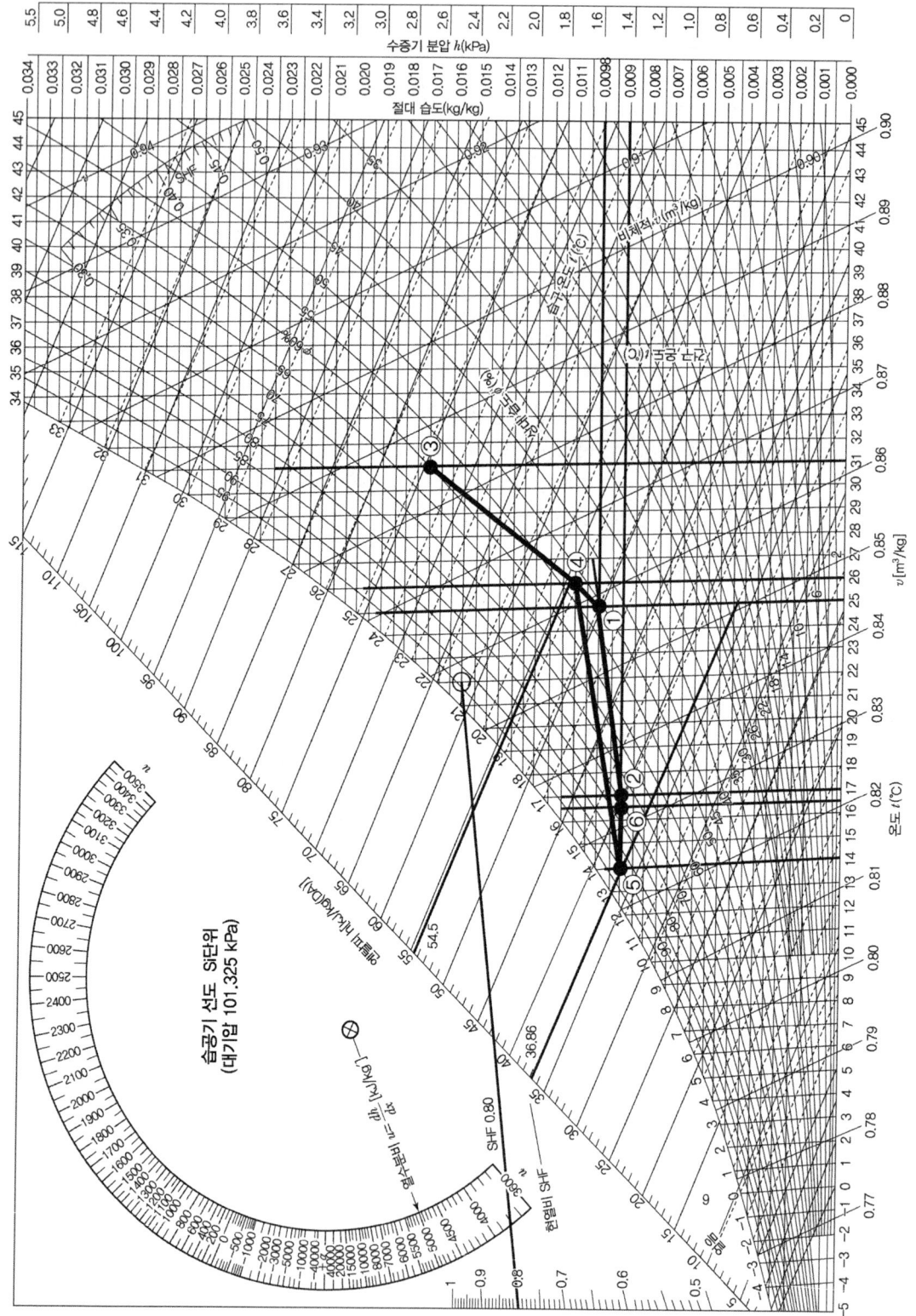

04 다음과 같은 냉수코일의 조건과 도표를 이용하여 각 물음에 답하시오.

[냉수코일 조건]
1. 코일부하 : $q_c = 116$kW
2. 통과풍량 : $Q_c = 15,000$m³/h
3. 단수 : S = 26단
4. 풍속 : $V_f = 3$m/s
5. 유효높이 $a = 992$mm, 길이 $b = 1,400$mm, 관 안지름 $d_i = 12$mm
6. 공기 입구온도 : 건구온도 $t_1 = 28$℃, 노점온도 $t_1'' = 19.3$℃
7. 공기 출구온도 : 건구온도 $t_2 = 14$℃
8. 코일의 입·출구 수온차 : 5℃(입구수온 7℃)
9. 코일의 열통과율 : 1,012W/m²·K·열
10. 물의 비열 : 4.2kJ/kg·K
11. 습면 보정계수 : $C_{ws} = 1.4$

계산된 열수(N)	2.26~3.70	3.71~5.00	5.01~6.00	6.01~7.00	7.01~8.00
실제 사용열수(N)	4	5	6	7	8

(1) 정면 면적 A_f(m²)를 구하시오.
(2) 냉수량 L(L/min)를 구하시오.
(3) 코일 내의 수속 V_w(m/s)를 구하시오.
(4) 대수평균온도차(평행류) Δt_m(℃)를 구하시오.
(5) 코일 열수 N을 구하시오.

풀이

(1) 정면 면적(A_f)

$Q_c = A_f V_f$

$A_f = \dfrac{Q_c}{V_f} = \dfrac{15,000}{3 \times 3,600} = 1.39$m²

(2) 냉수량(L/min)

$q_c = L \cdot C \cdot \Delta t_w$

$L = \dfrac{q_c}{C \cdot \Delta t_w} = \dfrac{116 \times 60}{4.2 \times 5} = 331.43$kg/min $= 331.43$L/min

여기서, 물의 밀도 $\rho = 1$kg/L

(3) 코일 내의 수속(V_w)

$L = A \cdot V_w$

$V_w = \dfrac{L}{A} = \dfrac{L}{\dfrac{\pi d_i^2}{4} \times S} = \dfrac{331.43}{\dfrac{\pi \times 0.012^2}{4} \times 26 \times 60 \times 1,000} = 1.88$m/s

(4) 대수평균온도차(평행류)(Δt_m)

$$\Delta t_m = \frac{\Delta t_1 - \Delta t_2}{\ln \frac{\Delta t_1}{\Delta t_2}} = \frac{21 - 2}{\ln \frac{21}{2}} = 8.08\,℃$$

여기서, Δ_1 : 공기 입구 측 온도차($t_1 - t_{w1} = 28 - 7 = 21$)
Δ_2 : 공기 입구 측 온도차($t_2 - t_{w2} = 14 - (7+5) = 2$)

(5) 코일의 열수(N)

$$q_C = K \cdot A_f \cdot N \cdot \Delta t_m \cdot C_{ws}$$

$$N = \frac{q_C}{K \cdot A_f \cdot \Delta t_m \cdot C_{ws}}$$

$$= \frac{116 \times 1,000}{1,012 \times 1.39 \times 8.08 \times 1.4} = 7.28 ≒ 8열$$

코일의 열수는 제시된 표에 따라 적용한다.

05 다음은 핫가스 제상방식의 냉동장치도이다. 제상요령을 설명하시오.

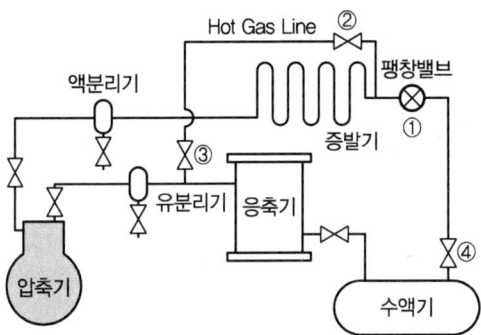

> 풀이

핫 가스 제상요령

(1) 수액기 출구 측 ④번 밸브를 닫아 냉매 액관 중에 냉매액을 회수한다.
(2) 증발기 입구 팽창밸브 ①번을 닫는다.
(3) 밸브 ②와 ③번을 열어 핫가스를 증발기로 유입시킨다.
(4) 제상이 시작되면 핫가스는 증발기 내부에서 응축 액화되어 액분리기 내부에 고인다.
(5) 제상이 끝나면 밸브 ②와 ③번을 닫고 수액기 출구밸브 ④번 및 팽창밸브 ①번 밸브를 열어 정상운전을 실시한다.

06 다음 조건에 대하여 각 물음에 답하시오.

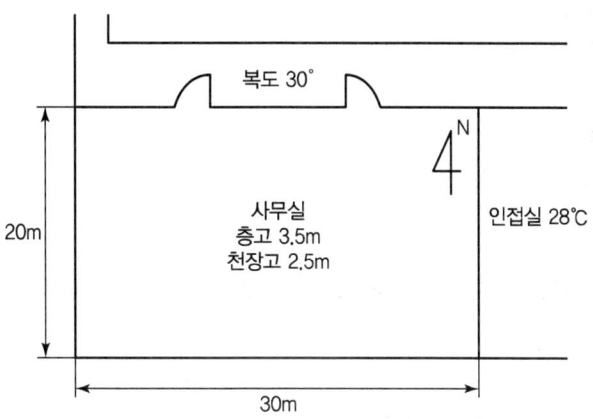

[조건]

구분	건구온도(℃)	상대습도(%)	절대습도(kg/kg′)
실내	27	50	0.0112
실외	32	68	0.0206

1. 상·하층은 사무실과 동일한 공조 상태이다.
2. 남쪽 및 서쪽 벽은 외벽이 40%이고 창면적이 60%이다.
3. 열관류율
   ① 외벽 : 2.91W/m²·K
   ② 내벽 : 3.5W/m²·K
   ③ 내부문 : 3.5W/m²·K
4. 유리는 6mm 반사유리이고, 차폐계수는 0.65이다.
5. 인체발열량
   ① 현열 : 58W/인
   ② 잠열 : 74W/인
6. 침입외기에 의한 실내 환기횟수 : 0.5회/h
7. 실내 사무기기 : 200W×5개, 실내조명(형광등) : 20W/m²
8. 실내인원 : 0.2인/m², 1인당 필요 외기량 : 25m³/h·인
9. 공기의 밀도는 1.2kg/m³, 정압비열은 1.0kJ/kg·K이다.
10. 보정된 외벽의 상당외기온도차 : 남쪽 8.4℃, 서쪽 5℃
11. 유리를 통한 열량의 침입(W/m²)

방위 구분	동	서	남	북
직달일사 I_{GR}	28.7	171.9	58.2	28.7
전도대류 I_{GC}	43.2	82.4	58.2	43.2

(1) 실내부하를 구하시오.
   ① 벽체를 통한 부하
   ② 유리를 통한 부하
   ③ 인체부하
   ④ 조명부하
   ⑤ 실내 사무기기 부하
   ⑥ 틈새부하

(2) 위의 계산결과가 현열취득 q_s = 40.2kW, 잠열취득 q_L = 14.8kW라고 가정할 때 SHF를 구하시오.

(3) 실내취출 온도차가 10℃라 할 때, 실내의 필요 송풍량(m^3/h)을 구하시오.

(4) 환기와 외기를 혼합하였을 때 혼합온도를 구하시오.

[풀이]

(1) 실내부하
   ① 벽체를 통한 부하
      - 외벽 $q = KA\Delta t_e$
         - 남쪽 벽(S) $q = 2.91 \times (30 \times 3.5 \times 0.4) \times 8.4 = 1,026.648W$
         - 서쪽 벽(W) $q = 2.91 \times (20 \times 3.5 \times 0.4) \times 5 = 407.4W$
      - 내벽 $q = KA\Delta t$
         - 동쪽 벽(E) $q = 3.5 \times (20 \times 2.5) \times (28 - 27) = 175W$
         - 북쪽 벽(N) $q = 3.5 \times (30 \times 2.5) \times (30 - 27) = 787.5W$
      ∴ 벽체를 통한 부하 = 2,396.55W

   ② 유리를 통한 부하
      - 직달일사 $q = I_{GR} \cdot A \cdot SC$
         - 남쪽 유리(S) $q = 58.2 \times (30 \times 3.5 \times 0.6) \times 0.65 = 2,383.29W$
         - 서쪽 유리(W) $q = 171.9 \times (20 \times 3.5 \times 0.6) \times 0.65 = 4,692.87W$
      - 전도대류 $q = I_{GC} \cdot A$
         - 남쪽 유리(S) $q = 58.2 \times (30 \times 3.5 \times 0.6) = 3,666.6W$
         - 서쪽 유리(W) $q = 82.4 \times (20 \times 3.5 \times 0.6) = 3,460.8W$
      ∴ 유리를 통한 부하 = 14,203.56W

   ③ 인체부하
      현열부하 $q_s = n \cdot H_s = (30 \times 20 \times 0.2) \times 58 = 6,960W$
      잠열부하 $q_L = n \cdot H_L = (30 \times 20 \times 0.2) \times 74 = 8,880W$
      ∴ 인체부하 = 15,840W

④ 조명부하
$$q = 20 \times 30 \times 20 \times 1 = 12{,}000\text{W}$$

⑤ 실내 사무기기부하
$$q = 200 \times 5 = 1{,}000\text{W}$$

⑥ 틈새부하

현열부하 $q_s = m \cdot C_p \cdot \Delta t = Q\rho \cdot C_p \cdot \Delta t$

$$q_s = \frac{(0.5 \times 30 \times 20 \times 2.5) \times 1.2}{3{,}600} \times 1.0 \times 10^3 \times (32 - 27) = 1{,}250\text{W}$$

잠열부하 $q_L = 2{,}501 \times Q\rho\Delta x$

$$q_L = \frac{2{,}501 \times 10^3 \times (0.5 \times 30 \times 20 \times 2.5) \times 1.2}{3{,}600} \times (0.0206 - 0.0112) = 5{,}877.35\text{W}$$

∴ 틈새부하 = 7,127.35W

(2) $SHF = \dfrac{\text{현열}}{\text{전열}} = \dfrac{40.2}{40.2 + 14.8} = 0.73$

(3) 실내의 필요 송풍량(Q)

$q_s = mC_p\Delta t = Q\rho C_p \Delta t$

실내취득 현열량 $q_s = 2{,}396.55 + 14{,}203.56 + 6{,}960 + 12{,}000 + 1{,}000 + 1{,}250 = 37{,}810.11\text{W}$

$$\therefore Q = \frac{q_s}{\rho C_p \Delta t} = \frac{37{,}810.11 \times 3{,}600}{1.2 \times 1.0 \times 10^3 \times 10} = 11{,}343.03\text{m}^3/\text{h}$$

(4) 환기와 외기 혼합 시 혼합온도(t_3)

외기량 $Q_0 = (0.2 \times 30 \times 20) \times 25 = 3{,}000\text{m}^3/\text{h}$

환기(리턴)량 $Q_R = 11{,}343.03 - 3{,}000 = 8{,}343.03\text{m}^3/\text{h}$

$$\therefore t_3 = \frac{3{,}000 \times 32 + 8{,}343.03 \times 27}{3{,}000 + 8{,}343.03} = 28.32\,\text{℃}$$

07 포화공기를 써서 다음 공기의 엔탈피를 산출하여 그 결과를 보고 어떠한 사실을 알 수 있는가를 설명하시오.

(1) 30℃ DB, 15℃ WB, 17% RH
(2) 25℃ DB, 15℃ WB, 33% RH
(3) 20℃ DB, 15℃ WB, 59% RH
(4) 15℃ DB, 15℃ WB, 100% RH

▼ 포화공기표

온도	포화공기의 수증기분압		절대습도	포화공기의 엔탈피	건조공기의 엔탈피	포화공기의 비체적	건조공기의 비체적
t	p_s	h_s	x_s	i_s	i_a	v_s	v_a
℃	kPa	mm/Hg	kg/kg′	kJ/kg	kJ/kg	m³/kg	m³/kg
11	1.3602	9.840	8.159×10^{-3}	31.62	11.05	0.8155	0.8050
12	1.4018	10.514	8.725×10^{-3}	34.07	12.06	0.8192	0.8078
13	1.4969	11.23	9.326×10^{-3}	36.61	13.06	0.8228	0.8106
14	1.5977	11.98	9.964×10^{-3}	39.24	14.07	0.8265	0.8135
15	1.7044	12.78	0.01064	41.99	15.07	0.8303	0.8163
16	1.8173	13.61	0.01135	44.80	16.08	0.8341	0.8191
17	1.9367	14.53	0.01212	47.77	17.08	0.8380	0.8220
18	2.0633	15.42	0.01293	50.83	18.09	0.8420	0.8248
19	2.1967	16.47	0.1378	54.05	19.09	0.8460	0.8276
20	2.3369	17.53	0.1469	57.36	20.10	0.8501	0.8305
21	2.4860	18.65	0.1564	60.83	21.10	0.8543	0.8333
22	2.6429	19.82	0.01666	64.43	22.11	0.8585	0.8361
23	2.8086	21.07	0.01773	68.20	23.11	0.8629	0.8390
24	2.9832	22.38	0.01887	72.14	24.12	0.8673	0.8418
25	3.1675	23.75	0.02007	76.24	25.12	0.8719	0.8446
26	3.3607	25.21	0.02134	80.51	26.13	0.8766	0.8475
27	3.5647	26.74	0.02268	84.99	27.13	0.8813	0.8503
28	3.7795	28.35	0.02410	89.64	28.14	0.8862	0.8531
29	4.0050	30.04	0.02560	94.54	29.14	0.8912	0.8560
30	4.2433	31.83	0.02718	99.65	30.14	0.8963	0.8588

풀이

(1) 습공기의 엔탈피 산출

$$i = i_a + x \cdot i_w = i_a + 0.622 \frac{P_w}{P - P_w} \cdot i_w = i_a + 0.622 \frac{\phi P_s}{P - \phi P_s} \cdot \frac{i_s - i_a}{x_s}$$

($P_w = \phi P_s$, $i_s = i_a + x_s \cdot i_w$ 이므로 $i_w = (i_s - i_a)/x_s$, P=대기압)

① $i_1 = 30.14 + 0.622 \times \dfrac{0.17 \times 4.2433}{101.325 - 0.17 \times 4.2433} \times \dfrac{99.65 - 30.14}{0.02718} = 41.55 \text{kJ/kg}$

② $i_2 = 25.12 + 0.622 \times \dfrac{0.33 \times 3.1675}{101.325 - 0.33 \times 3.1675} \times \dfrac{76.24 - 25.12}{0.02007} = 41.63 \text{kJ/kg}$

③ $i_3 = 20.1 + 0.622 \times \dfrac{0.59 \times 2.3369}{101.325 - 0.59 \times 2.3369} \times \dfrac{57.36 - 20.1}{0.01469} = 41.86 \text{kJ/kg}$

④ $i_4 = 15.07 + 0.622 \times \dfrac{1.0 \times 1.7044}{101.325 - 1.0 \times 1.7044} \times \dfrac{41.99 - 15.07}{0.01064} = 41.99 \text{kJ/kg}$

(2) 결과를 보고 알 수 있는 사실

습공기의 건구온도와 습도가 다르더라도 습구온도가 같으면 엔탈피 값도 거의 같다는 사실을 알 수 있다. 이에 따라 엔탈피선과 습구온도선이 거의 같음을 확인할 수 있다.

08 다음과 같은 공기조화기를 통과할 때 공기상태 변화를 공기 선도상에 나타내고 번호를 쓰시오.

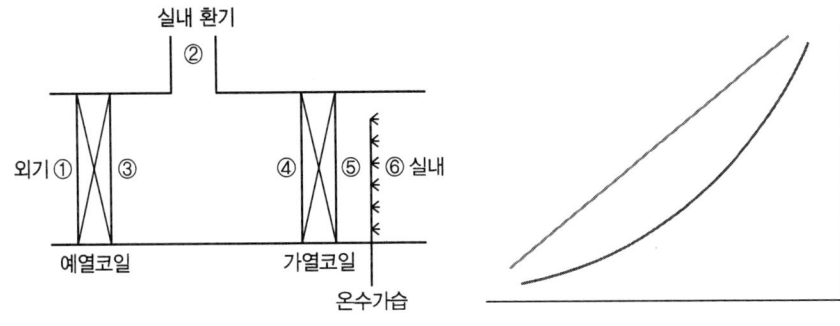

풀이

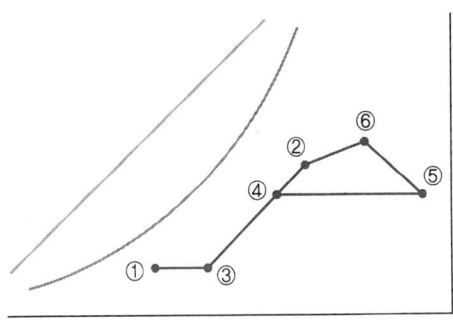

09 다음과 같은 조건에 대해 각 물음에 답하시오.

[조건]
- 응축기 입구의 냉매가스의 엔탈피 : 1,930kJ/kg
- 응축기 출구의 냉매액의 엔탈피 : 650kJ/kg
- 냉매순환량 : 200kg/h
- 냉각수 평균온도 : 32.5℃
- 응축온도 : 40℃
- 응축기의 전열면적 : 12m²

(1) 응축기에서 제거해야 할 열량(kW)을 구하시오.
(2) 응축기의 열통과율(W/m² · K)을 구하시오.

[풀이]

(1) 응축기에서의 제거해야 할 열량(Q_c)

$$Q_c = m\Delta h = \frac{200}{3,600} \times (1,930 - 650) = 71.11 \text{kW}$$

(2) 응축기의 열통과율(K)

$Q_c = KA\Delta t_m$ 에서

$$K = \frac{Q_c}{A\Delta t_m} = \frac{71.11 \times 1,000}{12 \times (40 - 32.5)} = 790.11 \text{W/m}^2 \cdot \text{K}$$

2016년 1회 기출문제

01 프레온 냉동장치에서 1대의 압축기로 증발온도가 다른 2대의 증발기를 냉각운전하고자 한다. 이때 1대의 증발기에 증발압력조정밸브를 부착하여 제어하고자 한다면, 아래의 냉동장치는 어디에 증발압력조정밸브 및 체크밸브를 부착하여야 하는지 흐름도를 완성하시오. 또 증발압력조정밸브의 기능을 간단히 설명하시오.

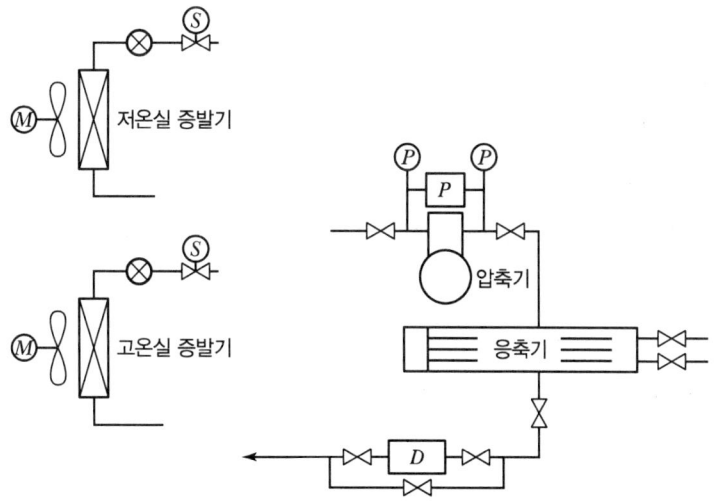

> 풀이

(1) 냉동장치의 흐름도

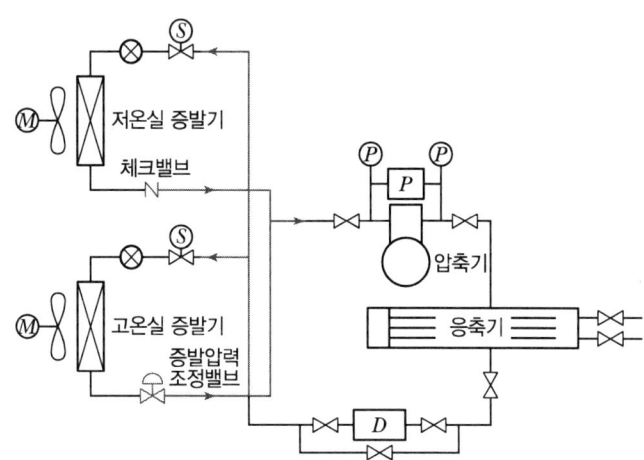

(2) 증발압력조정밸브(EPR)의 기능

증발압력조정밸브(EPR : Evaporator Pressure Regulator)는 증발압력(온도)이 소정압력(온도) 이하가 되는 것을 방지(증발온도의 저온화 및 동파를 방지)하는 역할을 한다.

02 어느 냉장고 내에 100W 전등 20개와 2.2kW 송풍기(전동기 효율 0.85) 2기가 설치되어 있고, 전등은 1일 4시간 사용, 송풍기는 1일 18시간 사용된다고 할 때, 이들 기기(機器)의 냉동부하(kW)를 구하시오.

> [풀이]
>
> **기기냉동부하(q_E)**
>
> - 백열등 부하
>
> $100 \times 20 \times \dfrac{4}{24} = 333.3\text{W} = 0.33\text{kW}$
>
> ※ 1일 사용시간을 1일 전체 시간(24시간)으로 나누어 시간당 부하를 계산한다.
>
> - 송풍기 부하
>
> $\dfrac{2.2 \times 2}{0.85} \times \dfrac{18}{24} = 3.88\text{kW}$
>
> ∴ 기기의 냉동부하 $0.33 + 3.88 = 4.21\text{kW}$

03 다음 물음의 답을 답안지에 써 넣으시오.

그림 (a)는 R-22의 냉동장치의 계통도이며, 그림 (b)는 이 장치의 평형운전 상태에서의 압력(P)-엔탈피(h) 선도이다. 그림 (a)에 있어서 액분리기에서 분리된 액은 열교환기에서 증발하여 ⑨의 상태가 되며, ⑦의 증기와 혼합하여 ①의 증기로 되어 압축기에 흡입된다.

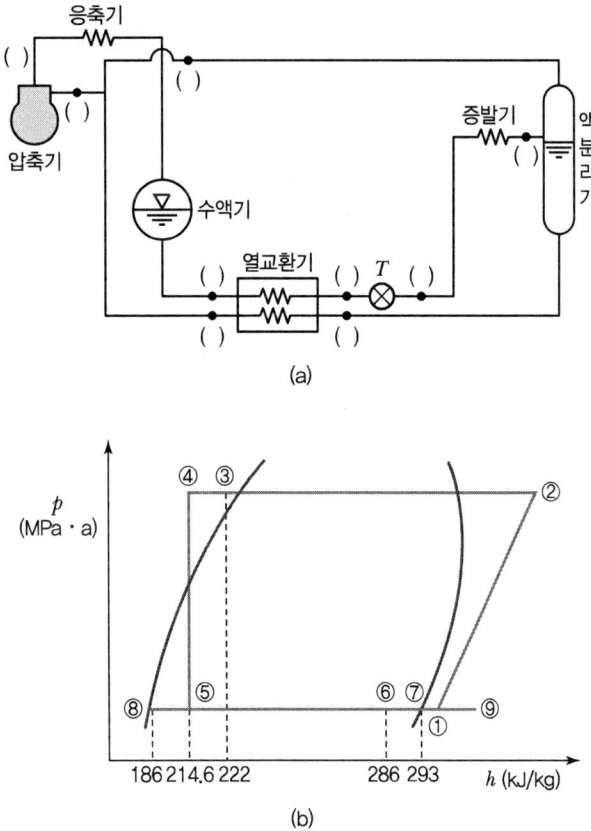

(1) 그림 (b)의 상태점 ①~⑨를 그림 (a)에 각각 기입하시오. (단, 흐름방향도 표시할 것)
(2) 그림 (b)에 표시한 각 점의 엔탈피를 이용하여 ⑨점의 엔탈피 h_9를 구하시오. (단, 액분리기에서 표시되는 냉매액은 0.0654kg/h이다.)

> 풀이

(1) 그림에 상태점 기입

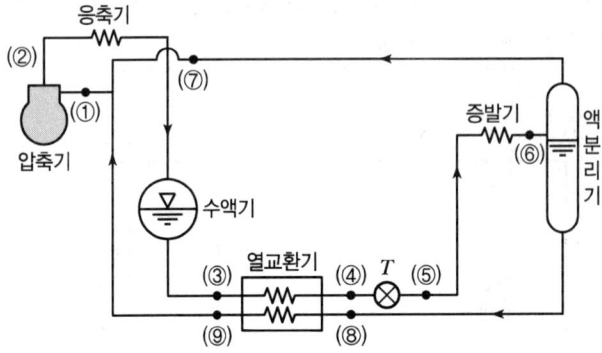

(2) 점 ⑨의 엔탈피 값(h_9)

열교환기에서 열평형식 : $G(h_3 - h_4) = G_L(h_9 - h_8)$

$h_9 = h_8 + \dfrac{G(h_3 + h_4)}{G_L}$ ················· ⓐ

총냉매량 G를 먼저 구하면

$G = G_L + G_G$

여기서, G_L : 냉매액 G_G : 냉매가스

몰리에르선도에서 점 ⑥의 냉매비율 $\dfrac{G_G}{G_L} = \dfrac{h_6 - h_8}{h_7 - h_6}$

$G_G = G_L \left(\dfrac{h_6 - h_8}{h_7 - h_6} \right)$

$\therefore G = G_L + G_L \left(\dfrac{h_6 - h_8}{h_7 - h_6} \right) = G_L \left(1 + \dfrac{h_6 - h_8}{h_7 - h_6} \right)$ ················· ⓑ

$= 0.0654 \times \left(1 + \dfrac{286 - 186}{293 - 286} \right) = 1.0 \text{kg/h}$

$\therefore h_9 = 186 + \dfrac{1.0 \times (222 - 214.6)}{0.0654} = 299.15 \text{kJ/kg}$

또는 ⓐ식에 ⓑ식을 대입하여 직접 h_9을 구해도 된다.

$h_9 = h_8 + \dfrac{G(h_3 - h_4)}{G_L} = h_8 + \dfrac{G_L \left(1 + \dfrac{h_6 - h_8}{h_7 - h_6} \right)(h_3 - h_4)}{G_L}$

$= h_8 + \left(1 + \dfrac{h_6 - h_8}{h_7 - h_6} \right)(h_3 - h_4)$

$= 186 + \left(1 + \dfrac{286 - 186}{293 - 286} \right)(222 - 214.6)$

$= 299.11 \text{kJ/kg}$

04 아래와 같은 덕트계에서 각 부의 덕트 치수를 구하고, 송풍기 전압 및 정압을 구하시오.

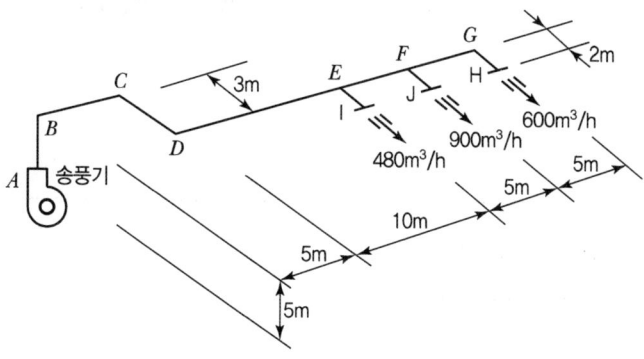

[조건]
1. 취출구 손실은 각 20Pa이고, 송풍기 출구풍속은 8m/s이다.
2. 직관의 마찰손실은 1Pa/m로 한다.
3. 곡관부 1개소의 상당길이는 원형 덕트(직경)의 20배로 한다.
4. 각 기기의 마찰저항은 다음과 같다.
   - 에어필터 : 100Pa
   - 공기냉각기 : 200Pa
   - 공기가열기 : 70Pa
5. 원형 덕트에 상당하는 사각형 덕트의 1변 길이는 20cm로 한다.
6. 풍량에 따라 제작 가능한 덕트의 치수표

풍량(m^3/h)	원형 덕트 직경(mm)	사각형 덕트 치수(mm)
2,500	380	650×200
2,200	370	600×200
1,900	360	550×200
1,600	330	500×200
1,100	280	400×200
1,000	270	350×200
750	240	250×200
560	220	200×200

(1) 각 부의 덕트 치수를 구하시오.

구간	풍량(m³/h)	원형 덕트 직경(mm)	사각형 덕트 치수(mm)
A-E			
E-F			
F-H			
F-J			

(2) 송풍기 전압(Pa)을 구하시오.

(3) 송풍기 정압(Pa)을 구하시오.

풀이

(1) 각 부의 덕트 치수

구간	풍량(m³/h)	원형 덕트 직경(mm)	사각형 덕트 치수(mm)
A-E	1,980	370	600×200
E-F	1,500	330	500×200
F-H	600	240	250×200
F-J	900	270	350×200

(2) 송풍기 전압(P_T)

P_T = (직관+곡관+에어필터+공기냉각기+공기가열기)의 마찰저항+취출구 손실

직관 마찰저항 = (5+5+3+10+5+5+2)×1 = 35Pa

곡관 B, C, D 마찰저항 = (0.37×20)×3×1 = 22.2Pa

곡관 G 마찰저항 = (0.24×20)×1 = 4.8Pa

∴ P_T = 35+(22.2+4.8)+100+200+70+20 = 452Pa

(3) 송풍기 정압(P_s)

정압 = 전압 – 토출 측 동압

$$P_s = P_T - \frac{\rho V_d^2}{2} = 452 - \frac{1.2 \times 8^2}{2} = 413.6\text{Pa}$$

여기서, ρ : 공기밀도 1.2kg/m³

05 그림과 같이 5개의 존(Zone)으로 구획된 실내를 각 존의 부하를 담당하는 계통으로 하고, 각 존을 정풍량 방식 또는 변풍량 방식으로 냉방하고자 한다. 각 존의 냉방 현열부하가 표와 같을 때 각 물음에 답하시오. (단, 실내온도는 26℃, 공기의 정압비열은 1.01kJ/kg·K이다.)

존 \ 시각	8시	10시	12시	14시	16시
N	5,100	5,700	6,000	6,200	5,600
E	7,400	5,200	2,900	2,600	2,400
S	5,300	7,000	9,400	7,200	6,100
W	2,000	2,600	3,300	6,000	7,700
I	9,600	8,800	8,800	9,600	9,300

(1) 각 존에 대해 정풍량(CAV) 공조 방식을 채택할 경우 실 전체의 송풍량(m^3/h)을 구하시오. (단, 최대부하 시의 송풍 공기온도는 15℃이다.)

(2) 변풍량(VAV) 공조 방식을 채택할 경우 실 전체의 최대 송풍량(m^3/h)을 구하시오. (단, 최대부하 시의 송풍 공기온도는 15℃이다.)

(3) 아래와 같은 덕트 시스템에서 각 실마다(4개실) (2)항의 변풍량 방식의 송풍량을 송풍할 때 각 구간마다의 풍량(m^3/h) 및 원형 덕트 지름(cm)을 구하시오. (단, 급기용 덕트를 정압법(R = 1.0Pa/m)으로 설계하고, 각 실마다의 풍량은 같다.)

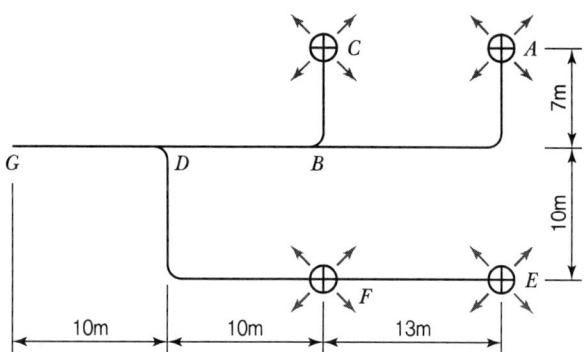

구간	풍량(m^3/h)	원형 덕트 지름(cm)
A-B(C-B)		
B-D		
E-F		
F-D		
D-G		

> 풀이

(1) 정풍량 공조방식 채택 시 송풍량(Q)은 부하변동과 관계없이 각 존의 최대부하에 해당하는 풍량이다.

$q_s = G \cdot C_p \cdot \Delta t = \rho Q \cdot C_p \cdot \Delta t$

$Q = \dfrac{q_s}{\rho \cdot C_p \cdot \Delta t}$

$= \dfrac{(6,200 + 7,400 + 9,400 + 7,700 + 9,600) \times 3,600}{1.2 \times 1.01 \times 10^3 \times (26-15)} = 10,882.09 \mathrm{m^3/h}$

(2) 변풍량 방식은 각 존의 부하변동에 따라 송풍량을 변화시켜 공급하므로 변풍량 공조 방식 채택 시 송풍량(Q)은 시간대별 부하합계 중 가장 큰 값을 부하로 하여 산정한다. (시간대별 최대부하는 14시의 부하합계인 31,600W)

$Q = \dfrac{q_s}{\rho \cdot C_p \cdot \Delta t}$

$= \dfrac{(6,200 + 2,600 + 7,200 + 6,000 + 9,600) \times 3,600}{1.2 \times 1.01 \times 10^3 \times (26-15)} = 8,532.85 \mathrm{m^3/h}$

(3) 각 실마다 변풍량 방식의 송풍량을 송풍할 때 각 구간마다의 풍량과 원형 덕트 지름

구간	풍량(m³/h)	원형 덕트 지름(cm)
A−B(C−B)	8,532.85	62
B−D	17,065.7	79
E−F	8,532.85	62
F−D	17,065.7	79
D−G	34,131.4	103

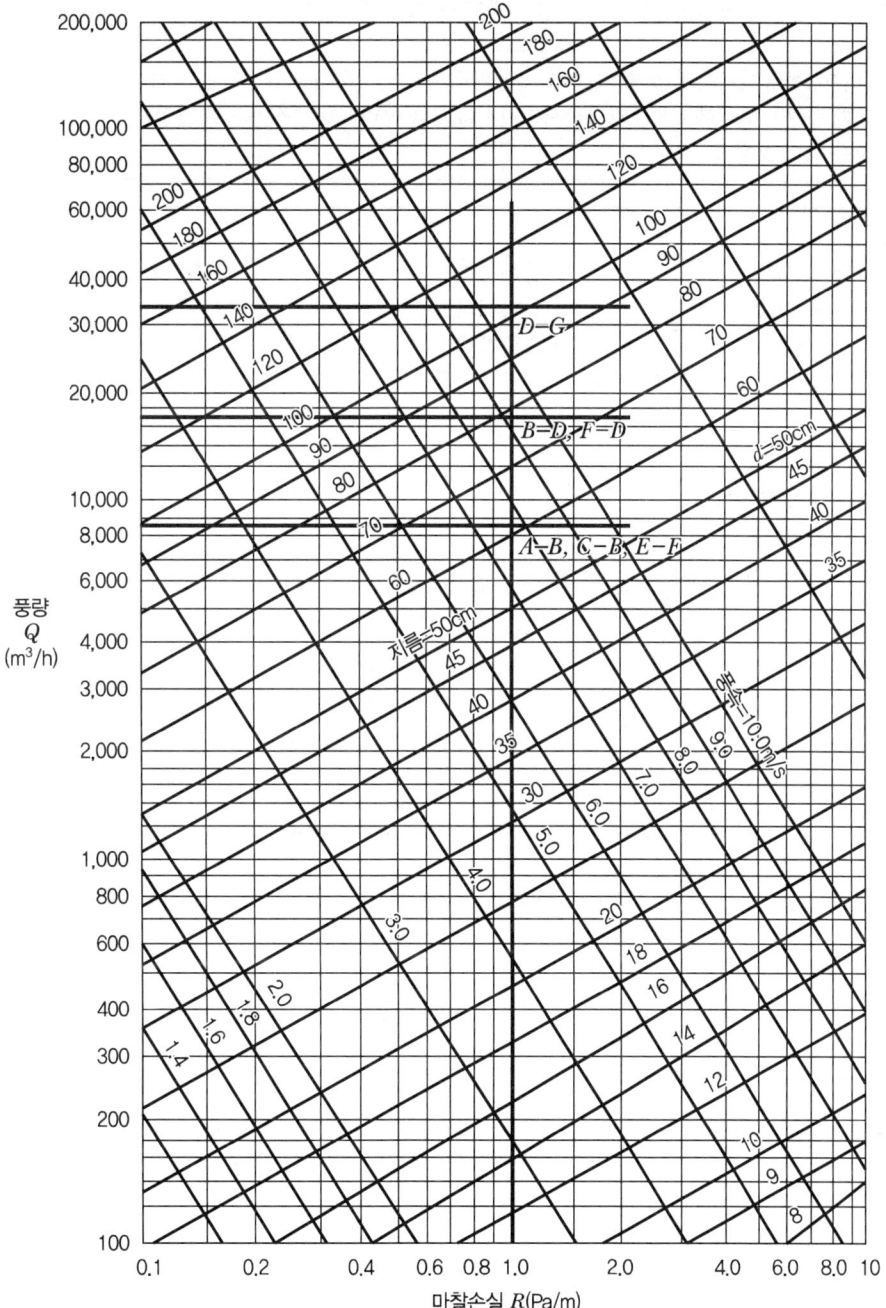

06 다음 ( ) 안에 알맞은 말을 [보기]에서 골라 넣으시오.

표준 냉동장치에서 흡입가스는 (①)을 따라서 (②)하여 과열증기가 되어 외부와 열교환을 하고, 응축기 출구 (③)에서 5℃ 과냉각시켜서 (④)을 따라서 교축작용으로 단열팽창되어 증발기에서 등압선을 따라 포화증기가 된다.

[보기]
- 단열압축
- 등온압축
- 습압축
- 등엔탈피선
- 등비체적선
- 등엔트로피선
- 포화액선
- 습증기선
- 등온선

풀이

① 등엔트로피선   ② 단열압축   ③ 포화액선   ④ 등엔탈피선

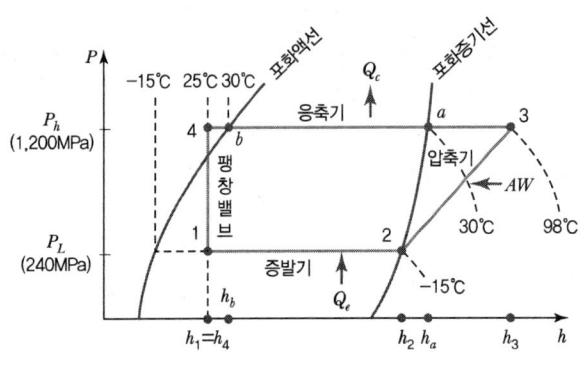

┃ 표준 냉동사이클 $P-h$ 선도 ┃

07 다음 그림과 같은 공조장치를 아래의 조건으로 냉방 운전할 때 공기 선도를 이용하여 그림의 번호를 공기조화 Process에 나타내고, 실내 송풍량 및 공기 냉각기에 공급하는 냉각 수량을 계산하시오. (단, 환기덕트에 의한 공기의 온도 상승은 무시하고, 풍량은 비체적을 0.83m³/kg(DA)로 계산한다.)

1. 실내 온습도 : 건구온도 26℃, 상대습도 50%
2. 외기상태 : 건구온도 33℃, 습구온도 27℃
3. 실내 냉방부하 : 현열부하 10,000W, 잠열부하 1,200W
4. 취입 외기량 : 급기풍량의 25%
5. 실내와 취출공기의 온도차 : 10℃
6. 송풍기 및 급기덕트에 의한 공기의 온도 상승 : 1℃
7. 공기의 밀도 : 1.2kg/m³
8. 공기의 정압비열 : 1.01kJ/kg·K
   냉각수의 비열 : 4.19kJ/kg·K

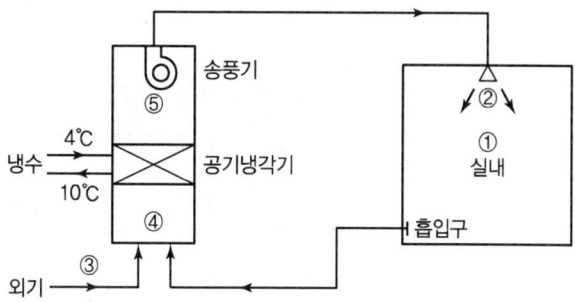

풀이

(1) 공기 선도에 공기조화 Process 표기
- 혼합점 온도 계산(외기 25%, 리턴 75%)

$$t_4 = \frac{33 \times 0.25 + 26 \times 0.75}{1.0} = 27.75℃$$

- SHF 계산

$$SHF = \frac{10,000}{10,000 + 1,200} = 0.89$$

- 점 ② : ①에서 SHF 0.89와 평행선을 긋고, 취출공기 26℃와 10℃ 온도차가 되는 16℃와 만나는 점
- 점 ⑤ : 송풍기 및 급기덕트에 의한 온도 상승이 1℃이므로 왼쪽으로 수평선을 긋고 15℃와 만나는 점

(2) 송풍량(Q)

$$q_s = G \cdot C_p \cdot \Delta t = Q\rho \cdot C_p \cdot \Delta t = Q\frac{1}{v} \cdot C_p \cdot \Delta t$$

여기서, v는 비체적

$$Q = \frac{q_s}{\frac{1}{v} \cdot C_p \cdot \Delta t} = \frac{v \cdot q_s}{C_p \cdot \Delta t} = \frac{0.83 \times 10,000 \times 3,600}{1.01 \times 10^3 \times 10} = 2,958.42 \text{m}^3/\text{h}$$

(3) 냉각수량(L)

공기의 냉각열량과 냉각수의 취득열량의 열평형식을 통해 산출한다.

$G \cdot \Delta h = L \cdot C \cdot \Delta t$에서

$$L = \frac{G \cdot \Delta h}{C \cdot \Delta t} = \frac{\frac{1}{v} \cdot Q \cdot \Delta h}{C \cdot \Delta t} = \frac{Q \cdot (h_4 - h_5)}{v \cdot C \cdot \Delta t}$$

여기서, h_4와 h_5는 각각 냉각코일 입출구 엔탈피이며, 습공기 선도를 통해 찾는다.

$$\therefore L = \frac{2,958.42 \times (61 - 40)}{0.83 \times 4.19 \times (10 - 4)} = 2,977.39 \text{kg/h}$$

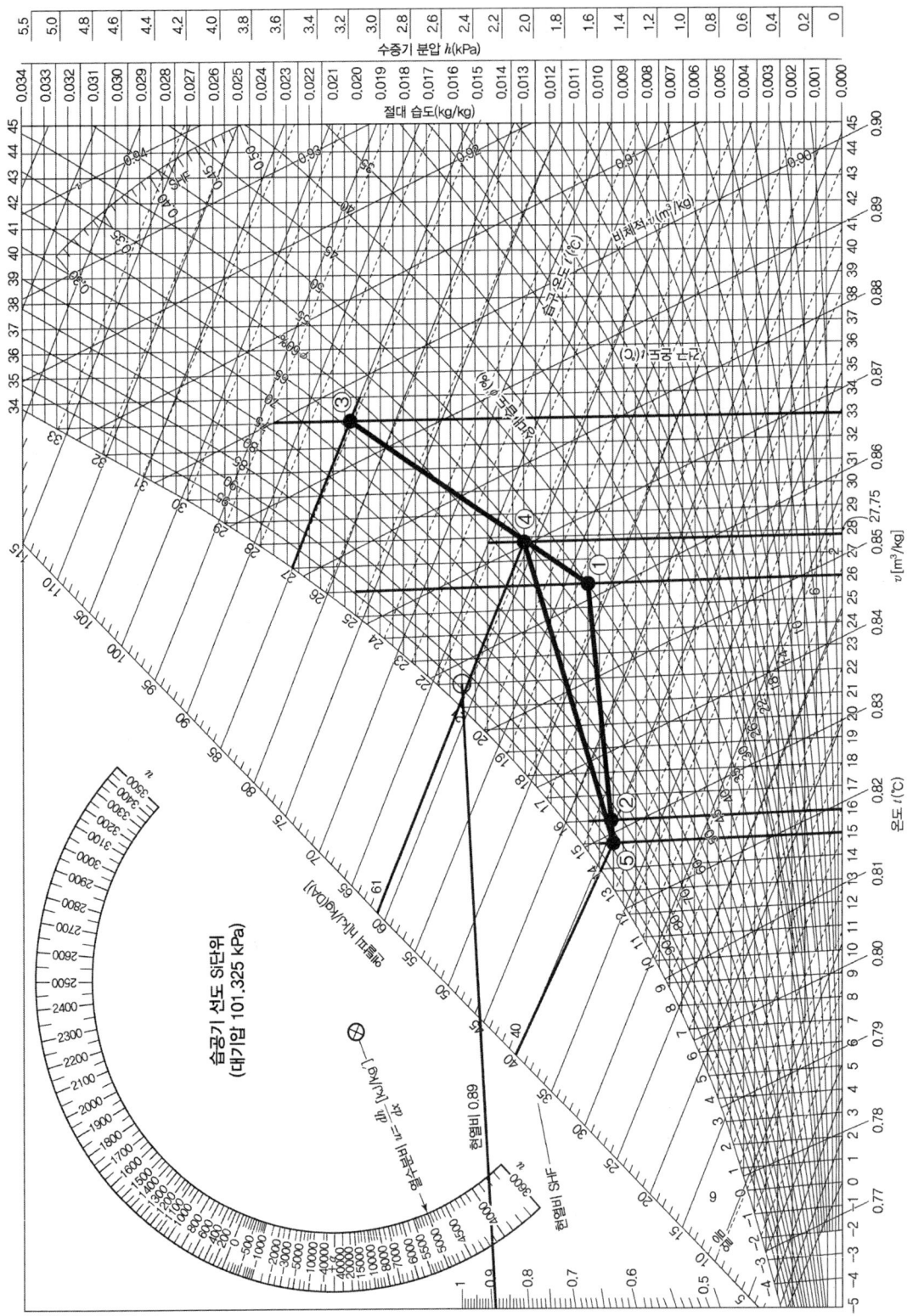

08 다음 설계조건을 이용하여 각 부분의 손실열량을 시간별(10시, 12시)로 각각 구하시오.

[조건]
1. 공조시간 : 10시간
2. 외기 : 10시 31℃, 12시 33℃, 16시 32℃
3. 인원 : 6인
4. 실내설계 온·습도 : 26℃, 50%
5. 조명(형광등) : 20W/m²
6. 각 구조체의 열통과율[K(W/m²·K)] : 외벽 3.5, 칸막이벽 2.3, 유리창 5.8
7. 인체에서의 발열량 : 현열 63W/인, 잠열 69W/인
8. 유리 일사량(W/m²)

구분	10시	12시	16시
일사량	361	52	35

9. 상당 온도차(Δt_e)

구분	N	E	S	W	유리	내벽온도차
10시	5.5	12.5	3.5	5.0	5.5	2.5
12시	4.7	20.0	6.6	6.4	6.5	3.5
16시	7.5	9.0	13.5	9.0	5.6	3.0

10. 유리창 차폐계수 $k_s = 0.70$

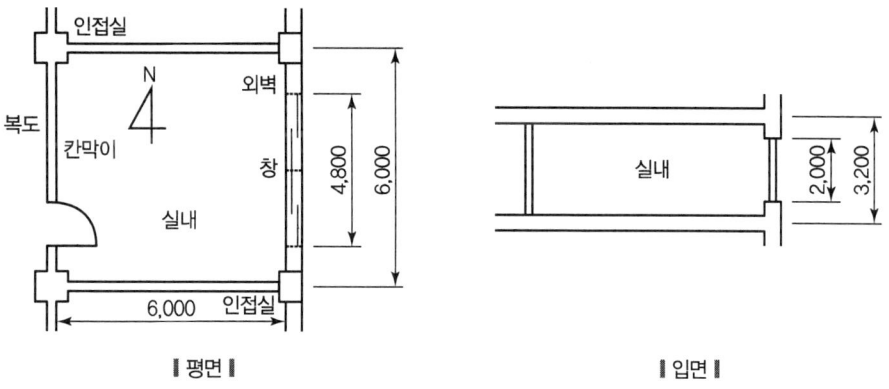

| 평면 | | 입면 |

(1) 벽체를 통한 취득열량
  ① 동쪽 외벽
  ② 칸막이벽 및 문(단, 문의 열통과율은 칸막이벽과 동일)
(2) 유리창을 통한 취득열량
(3) 조명 발생열량
(4) 인체 발생열량

> **풀이**

(1) 벽체를 통한 취득열량 $q_W = K \cdot A \cdot \Delta t_e$

　① 동쪽 외벽
- 10시 : $q_W = 3.5 \times (6 \times 3.2 - 4.8 \times 2) \times 12.5 = 420\text{W}$
- 12시 : $q_W = 3.5 \times (6 \times 3.2 - 4.8 \times 2) \times 20 = 672\text{W}$

　② 칸막이벽 및 문
- 10시 : $q_W = 2.3 \times (6 \times 3.2) \times 3 \times 2.5 = 331.2\text{W}$
- 12시 : $q_W = 2.3 \times (6 \times 3.2) \times 3 \times 3.5 = 463.68\text{W}$

(2) 유리창을 통한 취득열량(관류열량 + 일사량) $q_G = q_{GT} + q_{GR}$
- 10시 : $q_{GT} = K \cdot A \cdot \Delta t_e = 5.8 \times (4.8 \times 2.0) \times 5.5 = 306.24\text{W}$
　　　　$q_{GR} = I_{GR} \cdot A \cdot k_s = 361 \times (4.8 \times 2.0) \times 0.7 = 2,425.92\text{W}$
　　　　$\therefore q_G = 306.24 + 2,425.92 = 2,732.16\text{W}$
- 12시 : $q_{GT} = K \cdot A \cdot \Delta t_e = 5.8 \times (4.8 \times 2.0) \times 6.5 = 361.92\text{W}$
　　　　$q_{GR} = I_{GR} \cdot A \cdot k_s = 52 \times (4.8 \times 2.0) \times 0.7 = 349.44\text{W}$
　　　　$\therefore q_G = 361.92 + 349.44 = 711.36\text{W}$

(3) 조명 발생열량 $q_E = W \times A$
- 10시, 12시 : $q_E = 20\text{W/m}^2 \times 6\text{m} \times 6\text{m} = 720\text{W}$

(4) 인체 발생열량 $q_H = q_{HS} + q_{HL}$
- 10시, 12시 : $q_{HS} = n \cdot H_S = 6 \times 63 = 378\text{W}$
　　　　　　$q_{HL} = n \cdot H_L = 6 \times 69 = 414\text{W}$
　　　　　　$\therefore q_H = 378 + 414 = 792\text{W}$

2016년 2회 기출문제

01 다음과 같은 $P-h$ 선도를 보고 물음에 답하시오. [단, 중간 냉각에 냉각수를 사용하지 않는 것으로 하고, 냉동능력은 1RT(3.86kW)로 한다.]

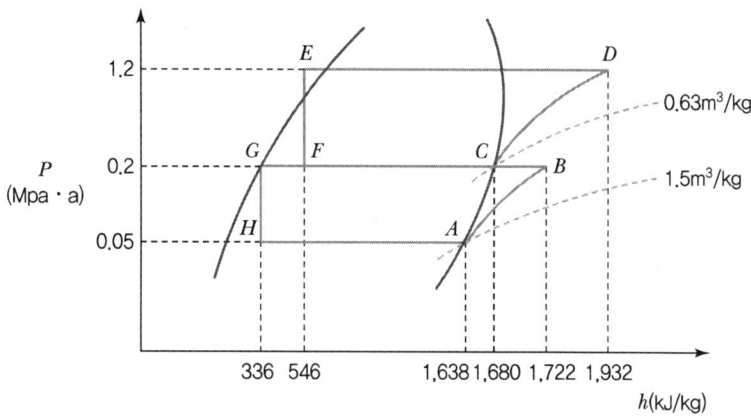

효율 \ 압축비	2	4	6	8	10	24
체적효율(n_v)	0.86	0.78	0.72	0.66	0.62	0.48
기계효율(n_m)	0.92	0.90	0.88	0.86	0.84	0.70
압축효율(n_c)	0.90	0.85	0.79	0.73	0.67	0.52

(1) 저단 측의 냉매순환량 G_L(kg/h), 피스톤 토출량 V_L(m³/h), 압축기 소요동력 N_L(kW)을 구하시오.

(2) 고단 측의 냉매순환량 G_H(kg/h), 피스톤 토출량 V_H(m³/h), 압축기 소요동력 N_H(kW)을 구하시오.

[풀이]

(1) 저단 측 값(G_L, V_L, N_L)

① 냉매순환량(G_L)

$Q_e = G_L \times (h_A - h_H)$ 이므로

$$G_L = \frac{1 \times 3.86 \times 3{,}600}{1{,}638 - 336} = 10.67 \text{kg/h}$$

② 피스톤 토출량(V_L)

저단 측 압축비 $\alpha_1 = \dfrac{0.2}{0.05} = 4$

표에서 압축비 4일 때 체적효율 $\eta_{VL} = 0.78$이므로

$$V_L = \frac{G_L \cdot v_L}{\eta_{VL}} = \frac{10.67 \times 1.5}{0.78} = 20.52\,\mathrm{m^3/h}$$

③ 압축기 소요동력(축동력)

$$N_L = \frac{G_L(h_B - h_A)}{\eta_{cL} \times \eta_{mL}} = \frac{10.67 \times (1{,}722 - 1{,}638)}{3{,}600 \times 0.85 \times 0.9} = 0.33\,\mathrm{kW}$$

(2) 고단 측 값(G_H, V_H, N_H)

① 냉매순환량(G_H)

$$\frac{G_H}{G_L} = \frac{h_B' - h_G}{h_C - h_F} \text{에서 } G_H = G_L \frac{h_B' - h_G}{h_C - h_F}$$

h_B'를 모르므로 h_B'를 먼저 구해야 한다.

압축효율 $\eta_{cL} = \dfrac{h_B - h_A}{h_B' - h_A}$ 에서

$$h_B' = h_A + \frac{h_B - h_A}{\eta_{cL}}c$$

$$= 1{,}638 + \frac{1{,}722 - 1{,}638}{0.85} = 1{,}736.82\,\mathrm{kJ/kg}$$

$$\therefore G_H = 10.67 \times \frac{1{,}736.82 - 336}{1{,}680 - 546} = 13.18\,\mathrm{kg/h}$$

② 피스톤 토출량(V_H)

고단 측 압축비 $\alpha_2 = \dfrac{1.2}{0.2} = 6$

압축비 6일 때 표에서 체적효율 $\eta_{VH} = 0.72$

$$V_H = \frac{G_H \cdot v_H}{\eta_{VH}} = \frac{13.18 \times 0.63}{0.72} = 11.53\,\mathrm{m^3/h}$$

③ 압축기 소요동력(축동력)

$$N_H = \frac{G_H(h_D - h_C)}{\eta_{cH} \times \eta_{mH}} = \frac{13.18 \times (1{,}932 - 1{,}680)}{3{,}600 \times 0.79 \times 0.88} = 1.33\,\mathrm{kW}$$

02 장치노점이 10℃인 냉수코일이 20℃ 공기를 12℃로 냉각시킬 때 냉수코일의 Bypass Factor(BF)를 구하시오.

> 풀이

$$BF = \frac{t_o - t_d}{t_i - t_d} = \frac{12 - 10}{20 - 10} = 0.2$$

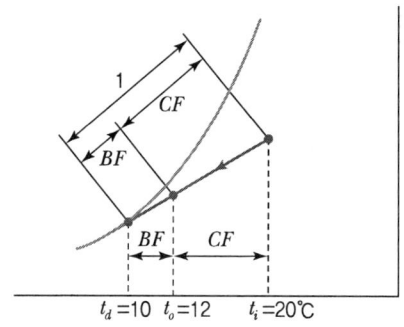

03 다음 그림과 같은 자동차 정비공장이 있다. 이 공장 내에서는 자동차 3대가 엔진 가동상태에서 정비되고 있으며, 자동차 배기가스 중의 일산화탄소량은 1대당 0.12CMH일 때 주어진 조건을 이용하여 각 물음에 답하시오.

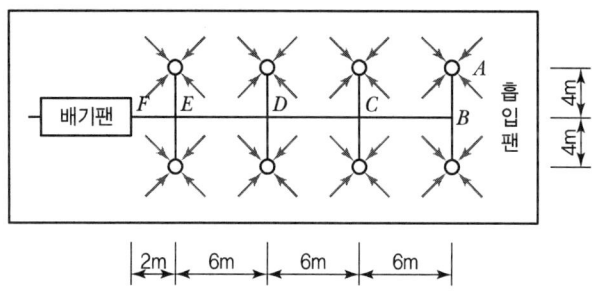

1. 외기 중의 일산화탄소량 0.0001%(용적비), 실내 일산화탄소의 허용농도 0.001%(용적비)
2. 바닥면적 300㎡, 천장높이 : 4m
3. 배기구의 풍량은 모두 같고, 자연환기는 무시한다.
4. 덕트의 마찰손실은 1.0Pa/m로 하고 배기구의 총 압력손실은 30Pa로 한다. 또, 엘보 등의 국부저항은 직관 덕트저항의 50%로 한다.

(1) 필요 환기량(CMH)을 구하시오.
(2) 환기횟수는 몇 회(회/h)가 되는가?
(3) 각 구간별 원형 덕트 크기(cm)를 주어진 선도를 이용하여 구하시오.
(4) A – F 사이의 압력손실(Pa)을 구하시오.

[풀이]

(1) 필요환기량

환기량 $Q = \dfrac{M}{C_i - C_o} = \dfrac{0.12 \times 3}{(0.001 - 0.0001) \times 10^{-2}} = 40{,}000\,\text{CMH}$

여기서, M : 일산화탄소 발생량 C_i : 실내허용농도 C_o : 외기농도

(2) 환기횟수

$Q = n \cdot V$

여기서, V : 실의 체적(m³)

$n = \dfrac{40{,}000}{300 \times 4} = 33.33\,\text{회/h}$

(3) 각 구간별 원형 덕트 크기

- 환기량=40,000CMH이므로 배기구마다 $\dfrac{40{,}000}{8} = 5{,}000\,\text{CMH}$ 배기
- 표에서 마찰손실 1.0Pa/m와 풍량이 만나는 점에서 덕트 지름을 읽는다.

구간	A-B	B-C	C-D	D-E	E-F
풍량(CMH)	5,000	10,000	20,000	30,000	40,000
덕트 지름	50	65	83	98	111

(4) A-F 사이 압력손실

- 직관덕트 압력손실=(4+6+6+6+2)×1.0=24Pa
- 국부저항(엘보등) 압력손실 24×0.5=12Pa
- 배기구 압력손실=30Pa

∴ A-F 사이 압력손실=24+12+30=66Pa

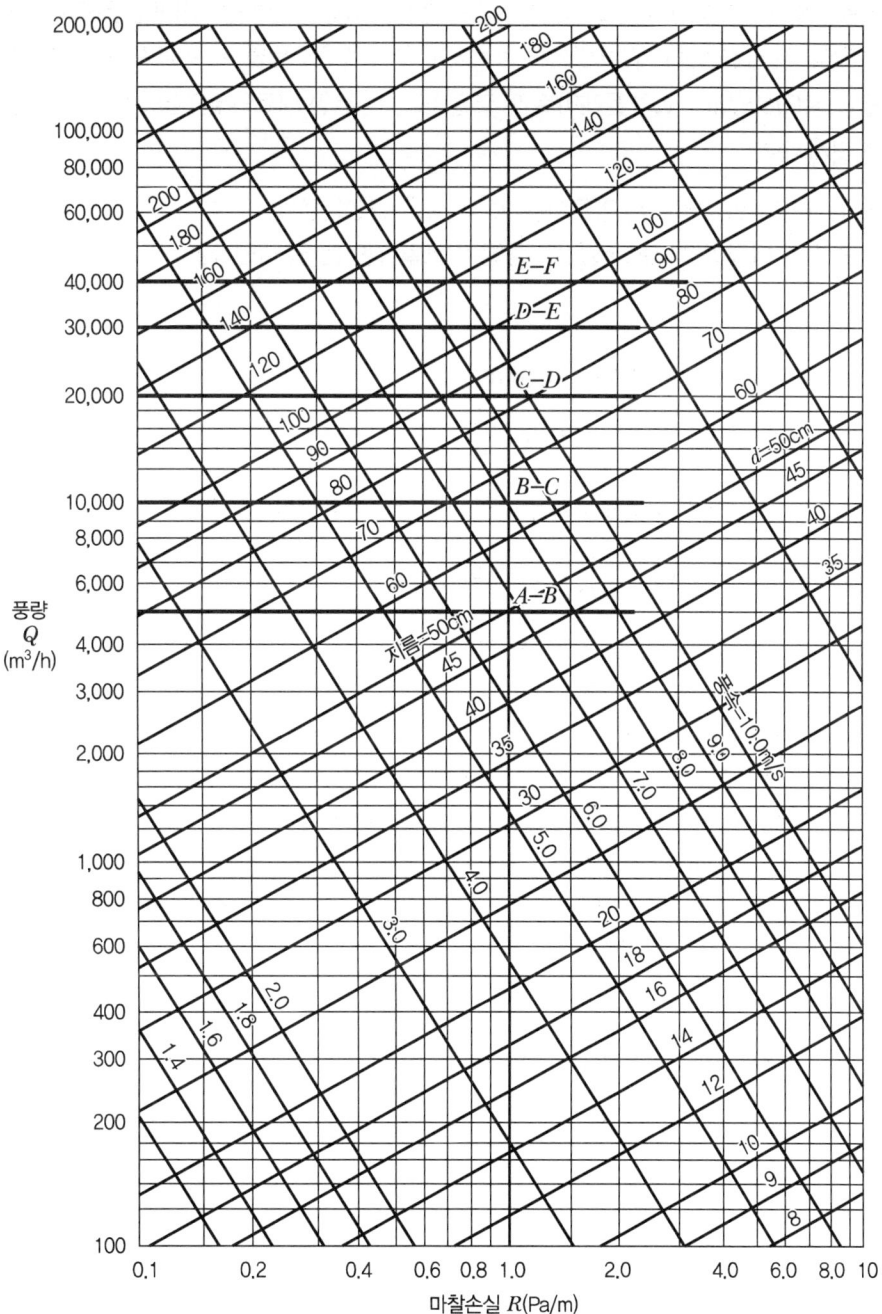

04 냉동능력 R = 4kW인 R-22 냉동시스템의 증발기에서 냉매와 공기의 평균온도차가 8℃로 운전되고 있다. 이 증발기는 내외 표면적비 m = 8.3, 공기 측 열전달률 α_a = 35W/m² · K, 냉매 측 열전달률 α_γ = 698W/m² · K의 플레이트 핀 코일이고, 핀 코일 재료의 열전달 저항은 무시한다. 각 물음에 답하시오.

(1) 증발기의 외표면 기준 열통과율 $K(\text{W/m}^2 \cdot \text{K})$는?

(2) 증발기 내경이 23.5mm일 때, 증발기 코일 길이는 몇 m인가?

풀이

(1) 증발기의 외표면 기준 열통과율(K)

외표면적 기준 $R = \dfrac{1}{\alpha_a} + m\left(\dfrac{l}{\lambda} + \dfrac{1}{\alpha_r}\right)$

핀 코일 재료의 열전달저항$\left(\dfrac{l}{\lambda}\right)$은 무시한다는 조건에 따라 0이 되게 된다.

$R = \dfrac{1}{35} + 8.3 \times \left(0 + \dfrac{1}{698}\right) = 0.04046$

$\therefore K = \dfrac{1}{R} = \dfrac{1}{0.04046} = 24.72 \text{W/m}^2 \cdot \text{K}$

(2) 증발기 코일 길이(l)

$q = KA_o \Delta t_m = K(mA_i)\Delta t_m = K(m\pi D_i l)\Delta t_m$

여기서, K : 외표면 기준 열통과율(W/m² · K)
A_o : 외표면적(m²)
A_i : 내표면적(m²)
D_i : 증발기 내경(m)
Δt_m : 냉매와 공기의 평균 온도차

$l = \dfrac{q}{K(m\pi D_i)\Delta t_m} = \dfrac{4 \times 1{,}000}{24.72 \times (8.3 \times \pi \times 0.0235) \times 8} = 33.01\text{m}$

05 20m(가로)×50m(세로)×4m(높이)의 냉동공장에서 주어진 설계조건으로 300t/d의 얼음(-15℃)을 생산하는 경우 다음 각 물음에 답하시오.

[조건]
1. 원수온도 : 20℃
2. 실내온도 : -20℃
3. 실외온도 : 30℃
4. 환기 : 0.3회/h
5. 형광등 : 15W/m²
6. 실내 작업인원 : 15명(발열량 : 370W/인)
7. 실외 측 열전달계수 : 23W/m²·K
8. 실내 측 열전달계수 : 9W/m²·K
9. 공기의 정압비열은 1.01kJ/kg·K, 물의 비열은 4.2kg/kg·K, 얼음의 비열은 2.1kJ/kg·K, 물의 응고잠열은 334kJ/kg이다.
10. 잠열부하 및 바닥면으로부터의 열손실은 무시한다.
11. 건물구조

구조	종류	두께(m)	열전도율 (W/m·K)	구조	종류	두께(m)	열전도율 (W/m·K)
벽	모르타르	0.01	1.5	천장	모르타르	0.01	1.5
	블록	0.2	1.1		방수층	0.012	0.28
	단열재	0.025	0.07		콘크리트	0.12	1.5
	합판	0.006	0.12		단열재	0.025	0.07

(1) 벽 및 천장의 열통과율(W/m²·K)을 구하시오.
  ① 벽
  ② 천장
(2) 제빙부하(kW)를 구하시오.
(3) 벽체부하(kW)를 구하시오.
(4) 천장부하(kW)를 구하시오.
(5) 환기부하(kW)를 구하시오.
(6) 조명부하(kW)를 구하시오.
(7) 인체부하(kW)를 구하시오.

> 풀이

(1) 벽 및 천장의 열통과율(K)

① 벽 : $R = \dfrac{1}{a_0} + \dfrac{l_1}{\lambda_1} + \dfrac{l_2}{\lambda_2} + \dfrac{l_3}{\lambda_3} + \dfrac{l_4}{\lambda_4} + \dfrac{1}{a_i}$

$= \dfrac{1}{23} + \dfrac{0.01}{1.5} + \dfrac{0.2}{1.1} + \dfrac{0.025}{0.07} + \dfrac{1}{9} = 0.7502$

∴ $K = \dfrac{1}{R} = \dfrac{1}{0.7502} = 1.33 \text{W/m}^2 \cdot \text{K}$

② 천장 : $R = \dfrac{1}{23} + \dfrac{0.01}{1.5} + \dfrac{0.012}{0.28} + \dfrac{0.12}{1.5} + \dfrac{0.025}{0.07} + \dfrac{1}{9} = 0.6412$

$\therefore K = \dfrac{1}{R} = \dfrac{1}{0.6412} = 1.56\text{W/m}^2 \cdot \text{K}$

(2) 제빙부하(Q)

20℃ 원수 $\xrightarrow{Q_1}$ 0℃ 물 $\xrightarrow{Q_2}$ 0℃ 얼음 $\xrightarrow{Q_3}$ -15℃ 얼음

① 20℃ 원수 → 0℃ 냉각 : $Q_1 = G \cdot C \cdot \Delta t$

$Q_1 = \dfrac{300,000}{24 \times 3,600} \times 4.2 \times (20-0) = 291.666\text{kW}$

② 0℃ 물 → 0℃ 얼음 : $Q_2 = G \cdot \gamma$

여기서, γ : 응고잠열 334kJ/kg

$Q_2 = \dfrac{300,000}{24 \times 3,600} \times 334 = 1,159.722\text{kW}$

③ 0℃ 얼음 → 15℃ 얼음 : $Q_3 = G \cdot C \cdot \Delta t$

여기서, C는 얼음의 비열 2.1kJ/kg · K

$Q_3 = \dfrac{300,000}{24 \times 3,600} \times 2.1 \times (0-(-15)) = 109.375\text{kW}$

$\therefore$ 제빙부하 $Q = Q_1 + Q_2 + Q_3 = 291.666 + 1,159.722 + 109.375 = 1,560.76\text{kW}$

(3) 벽체부하 $q_w = K \cdot A \cdot \Delta t$

$q_w = 1.33 \times ((20+50)) \times 2 \times 4) \times (30-(-20)) = 37,240\text{W} = 37.24\text{kW}$

(4) 천장부하 $q_R = K \cdot A \cdot \Delta t$

$q_R = 1.56 \times (20 \times 50) \times (30-(-20)) = 78,000\text{W} = 78\text{kW}$

(5) 환기부하 $q_I = Q_I \rho \cdot C_p \cdot \Delta t$

$q_I = 1.2 \times (20 \times 50 \times 4) \times 0.3 \times 1.01 \times (30-(-20)) = 72,720\text{kJ/h} = 20.2\text{kW}$

(6) 조명부하(형광등) $q_E = W \times A$

$q_E = 15\text{W/m}^2 \times (2\text{m} \times 50\text{m}) = 15,000\text{W} = 15\text{kW}$

(7) 인체부하 $qH = n \cdot H$ (n : 작업인원수)

$q_H = 15 \times 370 = 5,500\text{W} = 5.5\text{kW}$

06 어느 벽체의 구조가 다음과 같은 조건을 갖출 때 각 물음에 답하시오.

[조건]
1. 실내온도 : 25℃, 외기온도 : −5℃
2. 외벽의 면적 : 40m²
3. 공기층 열 컨덕턴스 : 21.8kJ/m² · h · K
4. 벽체구조

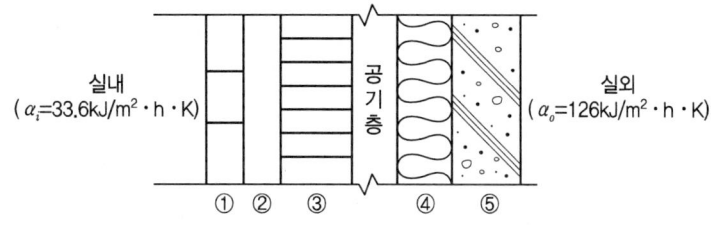

재료	두께(m)	열전도율(kJ/m · h · K)
1. 타일	0.01	4.6
2. 시멘트 모르타르	0.03	4.6
3. 시멘트 벽돌	0.19	5
4. 스티로폼	0.05	0.13
5. 콘크리트	0.10	5.9

(1) 벽체의 열통과율(kJ/m² · h · K)을 구하시오.
(2) 벽체의 손실열량(kJ/h)을 구하시오.
(3) 벽체의 내표면 온도(℃)를 구하시오.

풀이

(1) 벽체 열통과율(K)

$$R = \frac{1}{\alpha_i} + \frac{l_1}{\lambda_1} + \frac{l_2}{\lambda_2} + \frac{l_3}{\lambda_3} + \frac{1}{c} + \frac{l_4}{\lambda_4} + \frac{l_5}{\lambda_5} + \frac{1}{\alpha_o}$$

여기서, c : 공기층 열 컨덕턴스

$$= \frac{1}{33.6} + \frac{0.01}{4.6} + \frac{0.03}{4.6} + \frac{0.19}{5} + \frac{1}{21.8} + \frac{0.05}{0.13} + \frac{0.10}{5.9} + \frac{1}{126} = 0.5318$$

$$\therefore K = \frac{1}{R} = \frac{1}{0.5318} = 1.88 \text{kJ/m}^2 \cdot \text{h} \cdot \text{K}$$

(2) 벽체 손실열량(q)

$$q = KA\Delta t = 1.88 \times 40 \times (25-(-5)) = 2,256 \text{kJ/h}$$

(3) 벽체 내표면 온도(t_s)

열평형식 $KA\Delta t = \alpha_i A \Delta t_s$

$K\Delta t = \alpha_i \Delta t_s$

$\Delta t_s = \dfrac{K\Delta t}{\alpha_i} = \dfrac{1.88 \times (25-(-5))}{33.6} = 1.68$

∴ $t_s = t_i - \Delta t_s = 25 - 1.68 = 23.32℃$

07 건구온도 20℃, 습구온도 10℃의 공기 10,000kg/h를 향하여 압력 200kPa · abs의 포화증기 (2,706kJ/kg) 60kg/h를 분무할 때 습공기 선도를 활용하여 공기 출구의 절대습도와 엔탈피를 계산하시오.

풀이

선도를 통해 입구공기(h_1)의 절대습도와 엔탈피를 찾고, 출구공기(h_2)의 절대습도와 엔탈피를 계산한다.

(1) 증기가습에 의한 출구공기의 절대습도(x_2)

공기 선도에서 입구공기 절대습도 x_1을 찾으면 $x_1 = 0.0036$kg/kg′이다.

공급된 포화증기(증기 100%)가 공기에 들어가므로 절대습도는 Δx만큼 증가한다.

절대습도 $x_2 = x_1 + \Delta x = x_1 + \dfrac{L}{G}$

$= 0.0036 + \dfrac{60}{10,000} = 0.0096$kg/kg′

(2) 증기가습에 의한 출구공기 엔탈피(h_2)

공기 선도에서 입구공기 h_1을 찾으면 $h_1 = 29.7$kJ/kg이다.

포화증기의 비엔탈피 $q(2,706$kJ/kg$)$를 적용하여 출구공기의 엔탈피(h_2)를 산출한다.

엔탈피 $h_2 = h_1 + \Delta h = h_1 + \dfrac{q}{G}$

$= 29.7 + \dfrac{2,706 \times 60}{10,000} = 45.94$kJ/kg

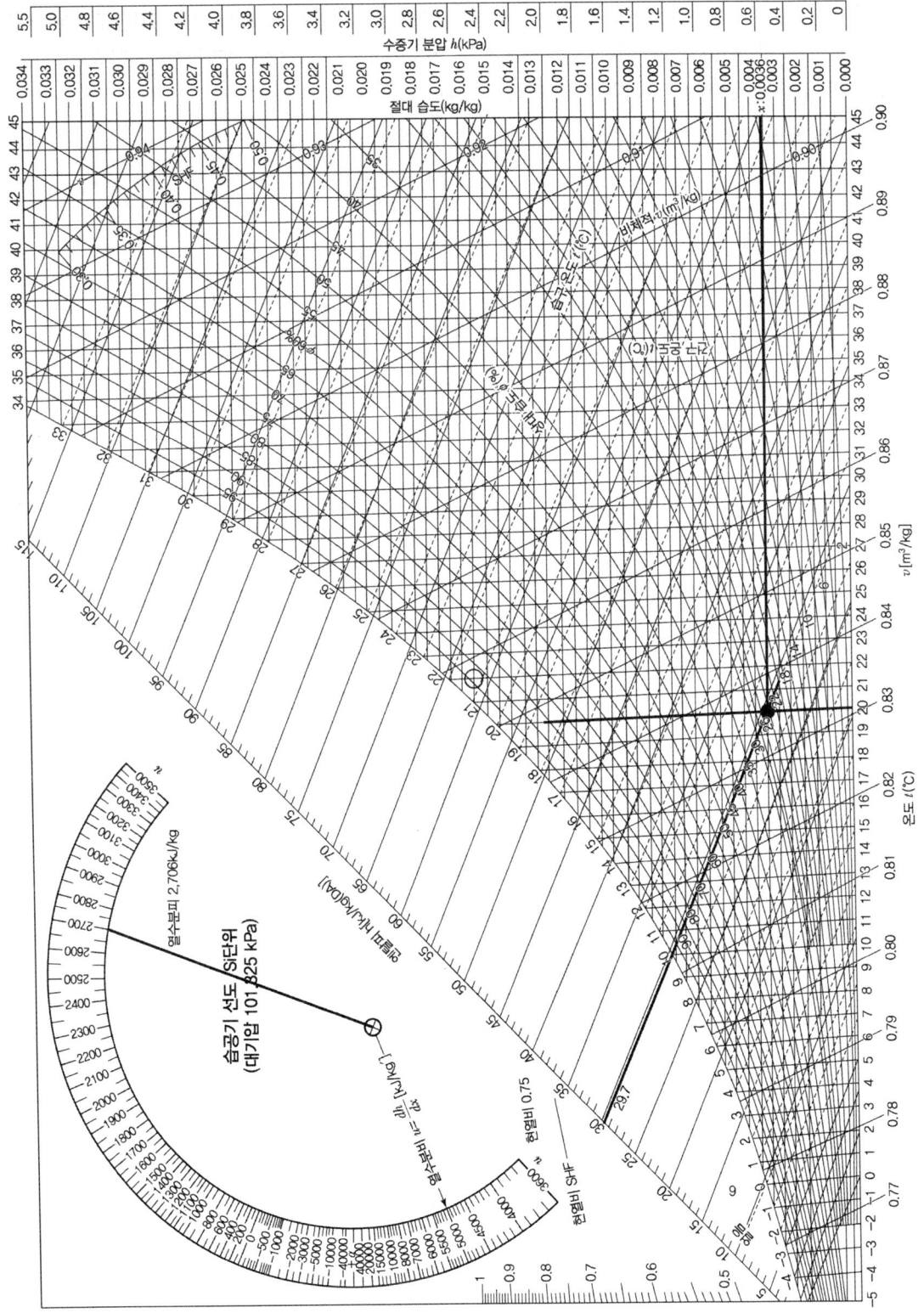

08 냉매번호 2자리수는 메탄(Methane)계 냉매, 냉매번호 3자리수 중 100단위는 에탄(Ethane)계 냉매, 냉매번호 500단위는 공비 혼합냉매, 냉매번호 700단위는 무기물 냉매이며 700단위 뒤의 2자리의 결정은 분자량의 값이다. 다음 냉매의 종류에 해당하는 냉매번호를 (   ) 안에 기입하시오.

(1) 메틸클로라이드　　(　　)　　　　(2) NH_3　　　　(　　)
(3) 탄산가스　　　　　(　　)　　　　(4) CCl_2F_2　　(　　)
(5) 아황산가스　　　　(　　)　　　　(6) 물　　　　　(　　)
(7) $C_2H_4F_2 + CCl_2F_2$　(　　)　　(8) $C_2Cl_2F_4$　(　　)

> 풀이

(1) R−40　　　(2) R−717　　　(3) R−744　　　(4) R−12
(5) R−764　　(6) R−718　　　(7) R−500　　　(8) R−144

2016년 3회 기출문제

01 증기보일러에 부착된 인젝터의 작용을 설명하시오.

> 풀이
>
> 1. 인젝터(Injector)는 보일러의 증기압을 이용하여 급수하는 급수보조장치이다.
> 2. 증기노즐 끝에 있는 밸브를 열어 증기를 분출시키면 증기노즐 부근이 진공상태가 되어 물을 흡수하게 된다.
> 3. 혼합노즐에서 물과 공기는 함께 우측으로 흐르다가 혼합노즐 출구에서 공기는 없어지고 수류(물의 흐름)가 강해지면서 급수된다.

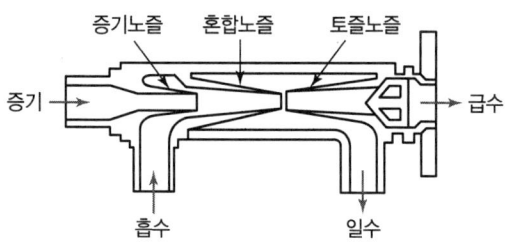

02 다익형 송풍기(일명 시로코팬)는 그 크기에 따라서 No 2, $2\frac{1}{2}$, 3 … 등으로 표시한다. 이때 이 번호의 크기는 어느 부분에 대한 얼마의 크기를 말하는가?

> 풀이
>
> (1) 다익형(원심) 송풍기 번호(No) 산출
>   다익형 송풍기는 원심형 송풍기로서 원심 송풍기 번호(No)를 적용한다.
>
>   원심 송풍기 번호(No) = $\dfrac{송풍기\ 날개(임펠러)의\ 지름(\text{mm})}{150}$
>
> (2) No의 의미
>   ① 원심 송풍기 번호(No)의 크기는 송풍기의 날개(임펠러)의 지름을 150으로 나눈 수치로 나타낸다.
>   ② 예를 들어 송풍기 날개(임펠러) 지름이 450mm이면 No 3가 되며 날개 지름이 600mm이면 No 4가 된다.

03 다음 그림과 같은 2중 덕트 장치도를 보고 공기 선도에 각 상태점을 나타내어 흐름도를 완성시키시오.

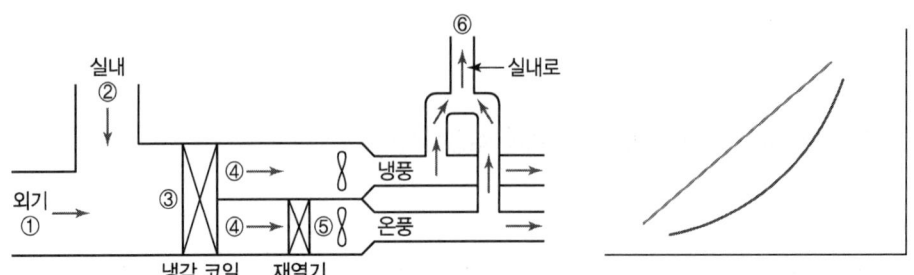

풀이

흐름도 완성

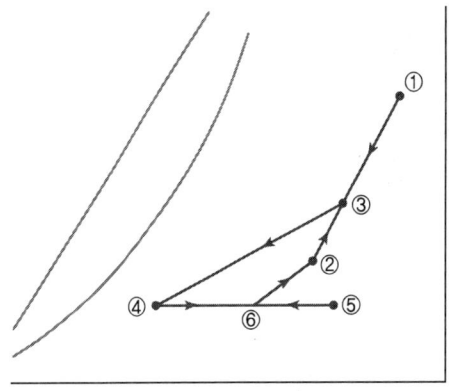

04 다음 조건과 같은 제빙공장에서의 제빙부하(kW)와 냉동부하(RT)를 구하시오.

[조건]
1. 제빙실 내의 동력부하 : 16.5kW
2. 제빙실의 외부로부터의 침입열량 : 4.3kW
3. 제빙능력 : 1일 10톤 생산
4. 1일 결빙 시간 : 20시간
5. 얼음의 최종 온도 : −5℃
6. 원수온도 : 15℃
7. 얼음의 융해잠열 : 334kJ/kg, 얼음의 비열 : 2.1kJ/kg·K
8. 물의 비열 : 4.2kJ/kg·K, 1RT=3.86kW
9. 안전율 : 10%

풀이

(1) 제빙부하(Q)

$$15℃ 물 10톤 \xrightarrow{현열 Q_1} 0℃ 물 10톤 \xrightarrow{잠열 Q_2} 0℃ 얼음 10톤 \xrightarrow{현열 Q_3} -5℃ 얼음 10톤$$

$$Q = \frac{Q_1 + Q_2 + Q_3}{T}(\text{kW})$$

$$= \frac{GC_1 \Delta t_1 + G\gamma + GC_2 \Delta t_2}{T} = \frac{G(C_1 \Delta t_1 + \gamma + C_2 \Delta t_2)}{T}$$

$$= \frac{10,000 \times 4.2 \times (15-0) + 334 + 2.1 \times (0-(-5))}{20 \times 3,600} = 56.60 \text{kW}$$

여기서, T는 결빙시간(sec)

(2) 냉동부하(RT)

$$RT = \frac{(Q + Q_L + Q_O) \times \text{안전율}}{3.86}$$

$$= \frac{(56.60 + 16.5 + 4.3) \times 1.1}{3.86} = 22.06 \text{RT}$$

여기서, Q : 제빙부하(kW)
Q_L : 제빙실 내의 동력부하(kW)
Q_O : 외부로부터의 침입열량(kW)

05 냉매순환량이 5,000kg/L인 표준냉동장치에서 다음 선도를 참고하여 성적계수와 냉동능력(kW)을 구하시오.

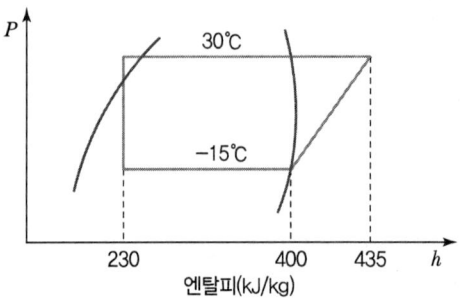

풀이

(1) 성적계수(COP_R)

$$COP_R = \frac{q_e}{AW} = \frac{q_e}{q_c - q_e} = \frac{400-230}{435-400} = 4.86$$

(2) 냉동능력(Q_e)

$$Q_e = G \cdot q_e$$
$$= 5,000 \times (400-230) = 850,000 \text{kJ/h} = 236.11 \text{kJ/s (kW)}$$

06 냉장실의 냉동부하 7kW, 냉장실 내 온도를 −20℃로 유지하는 나관 상태의 천장 코일의 냉각관 길이(m)를 구하시오.(단, 천장 코일의 증발관 내 냉매의 증발온도는 −28℃, 외표면적 0.19m²/m, 열통과율은 8W/m² · K이다.)

풀이

냉각관 길이(L)

$q = K \cdot A \cdot \Delta t$

여기서, A는 1m당 외표면적(A_k)과 냉각관 길이(L)의 곱이다.

$q = K \cdot A_k \cdot L \cdot \Delta t$

$$\therefore L = \frac{q}{K \times A_k \times \Delta t}$$
$$= \frac{7 \times 1,000}{8 \times 0.19 \times (-20-(-28))} = 575.66 \text{m}$$

07 길이에 따른 열관류율이 다음 표와 같을 때 길이 10cm의 열관류율은 몇 W/m² · K인가?(단, 두께나 길이에 관계없이 열전도 비저항은 일정하다. 소수점 5째 자리에서 반올림하여 4자리까지 구하시오.)

길이(cm)	열관류율(W/m² · K)
4	0.071
7.5	0.0378

> **풀이**

길이 10cm의 열관류율(K)

열전도 비저항 $\dfrac{1}{\lambda}$이 일정하므로 λ는 일정하다.

$\dfrac{1}{K} = \dfrac{l}{\lambda} \leftrightarrow \lambda = K \cdot l$에서 λ는 일정하므로

$K_1 l_1 = K_2 l_2 = Kl$이 된다.

$\therefore K = \dfrac{l_1}{l} K_1 = \dfrac{4}{10} \times 0.071 = 0.0284 \text{W/m}^2 \cdot \text{K}$

08 송풍기(Fan)의 전압 효율이 45%, 송풍기 입구와 출구에서 전압차가 1.2kPa로서, 10,200m³/h의 공기를 송풍할 때 송풍기의 축동력(kW)을 구하시오.

> **풀이**

축동력(kW) $\dfrac{Q \cdot P_T}{E}$

여기서, Q : 송풍량(m³/s), P_T : 전압(kPa), E : 효율(%)

축동력(kW) $= \dfrac{10{,}200\text{m}^3/\text{h} \times 1.2\text{kPa}}{0.45 \times 3{,}600}$

$= 7.56\text{kW}$

09 주어진 조건을 이용하여 다음 각 물음에 답하시오. (단, 실내송풍량 $G = 5,000$ kg/h, 실내부하의 현열비 $SHF = 0.86$이고, 공기의 정압비열 = 1.01 kJ/kg·K. 공기조화기의 환기 및 전열교환기의 실내 측 입구공기의 상태는 실내와 동일하다.)

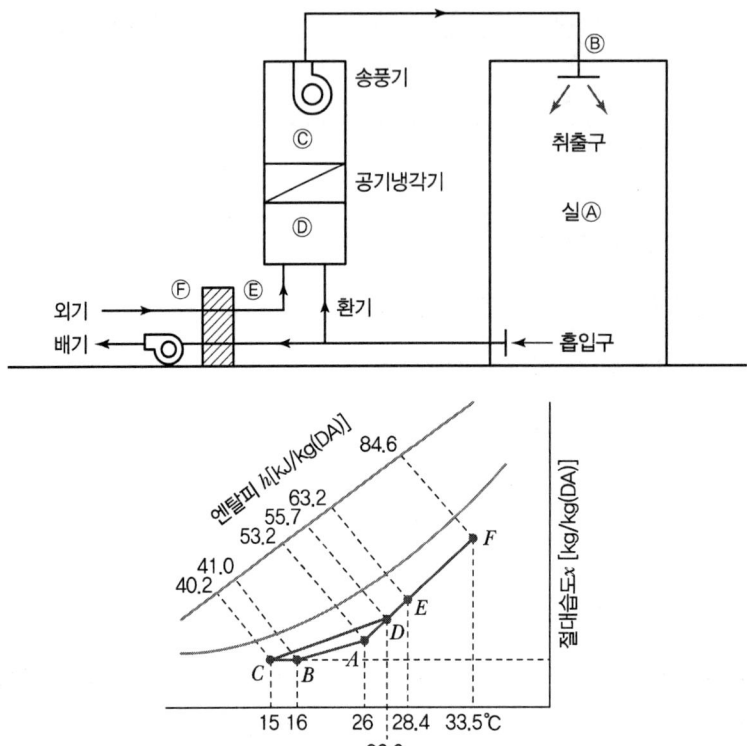

(1) 실내 현열부하 q_s(kW)를 구하시오.
(2) 실내 잠열부하 q_l(kW)를 구하시오.
(3) 공기냉각기의 냉각감습열량 q_c(kW)을 구하시오.
(4) 취입 외기량 G_o(kg/h)을 구하시오.
(5) 전열교환기의 효율 η(%)을 구하시오.

[풀이]

(1) 실내 현열부하(q_s)

$$q_s = G \cdot C_p \cdot \Delta t = G \cdot C_p(t_A - t_B)$$
$$= \frac{5{,}000 \times 1.01 \times (26-16)}{3{,}600} = 14.03 \text{kW}$$

(2) 실내 잠열부하(q_L)

$$q_L = q_r - q_s = G\Delta h - q_S = G(h_A - h_B) - q_s$$
$$= \frac{5{,}000 \times (53.2 - 41.0)}{3{,}600} - 14.03 = 2.91 \text{kW}$$

(3) 공기 냉각기의 냉각감습 열량(q_c)

$$q_c = G\Delta h = G(h_p - h_c) = \frac{5{,}000 \times (55.7 - 40.2)}{3{,}600} = 21.53 \text{kW}$$

(4) 취입 외기량(G_o)

열평형식 $Gh_D = (G - G_o)h_A + G_o h_E$

$G(h_p - h_A) = G_o(h_E - h_A)$

$$G_o = \frac{G(h_D - h_A)}{h_E - h_A} = \frac{5{,}000 \times (55.7 - 53.2)}{63.2 - 53.2} = 1{,}250 \text{kg/h}$$

(5) 전열교환기의 효율 $\eta(\%)$

$$\eta = \frac{h_F - h_E}{h_F - h_A} = \frac{84.6 - 63.2}{84.6 - 53.2} \times 100 = 68.15\%$$

10 사각 덕트 소음방지 방법에서 흡음장치에 대한 종류 3가지를 쓰시오.

[풀이]

1. 스플리터(Splitter)[셀(Cell)형]
2. 공명형
3. 공동형
4. 흡음 체임버
5. 흡음 덕트(Lined Duct)

11 송풍기 총 풍량 6,000m³/h, 송풍기 출구 풍속을 8m/s로 하는 직사각형 단면 덕트 시스템을 등마찰손실법으로 설치할 때 종횡비(a : b)가 3 : 1일 때 단면 덕트 길이(cm)를 구하시오.

> **풀이**
>
> 원형 덕트 지름을 산출한 후 덕트 환산식을 통해 덕트 길이를 산출하는 문제이다.
>
> $Q = AV = \dfrac{\pi}{4}d^2 \cdot V$ 에서
>
> 원형 덕트 지름 $d = \sqrt{\dfrac{4Q}{\pi V}} = \sqrt{\dfrac{4 \times 6,000}{\pi \times 8 \times 3,600}} = 0.51503\text{m} = 51.50\text{cm}$
>
> **각형 덕트의 원형 덕트 환산식**
>
> $d = 1.3 \left[\dfrac{(a \times b)^5}{(a+b)^2} \right]^{\frac{1}{8}}$
>
> 여기서, d : 원형 덕트 지름(cm), a : 각형 덕트의 장변길이(cm), b : 각형 덕트의 단변길이(cm)
>
> $a = 3b$ (∵ 종횡비 $a : b = 3 : 1$)이므로,
>
> $51.50 = 1.3 \left[\dfrac{(3b \times b)^5}{(3b+b)^2} \right]^{\frac{1}{8}} = 1.3 \left[\dfrac{(3b^2)^5}{(4b)^2} \right]^{\frac{1}{8}}$
>
> $= 1.3 \left(\dfrac{3^5 \times b^{10}}{4^2 \times b^2} \right)^{\frac{1}{8}} = 1.3 \left(\dfrac{3^5}{4^2} \times b^8 \right)^{\frac{1}{8}}$
>
> ∴ b(단변) $= 28.20\text{cm}$
> a(장변) $= 3 \times b = 3 \times 28.20 = 84.60\text{cm}$

12 냉동능력이 360,000kJ/h이고 압축기 동력이 20kW이다. 압축효율이 0.8일 때 성능계수를 구하시오.

> **풀이**
>
> $COP = \dfrac{Q_e}{\dfrac{W}{\eta_c}} = \dfrac{Q_e}{W \div \eta_c} = \dfrac{360,000}{20 \times 3,600 \div 0.8} = 4$
>
> 여기서, η_c : 압축효율

2017년 1회 기출문제

01 다음 그림은 냉수 시스템의 배관지름을 결정하기 위한 계통이다. 그림을 참조하여 각 물음에 답하시오.

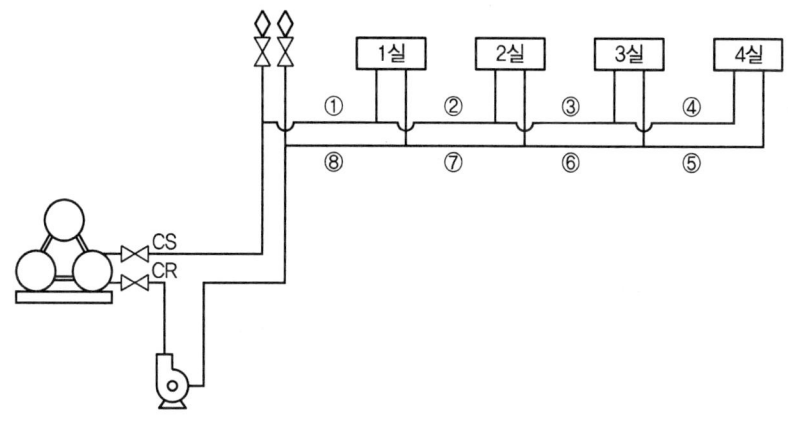

▼ 부하 집계표

실명	현열부하(kW)	잠열부하(kW)
1실	14	3.5
2실	29	6
3실	18	3
4실	35	7

냉수배관 ①~⑧에 흐르는 유량을 구하고, 주어진 마찰저항 도표를 이용하여 관지름을 결정하시오. (단, 냉수의 공급·환수 온도차는 5℃로 하고, 마찰저항 R은 300Pa/m, 물의 비열은 4.2kJ/kg·K이다.)

배관 번호	유량(L/min)	관지름(A)
①, ⑧		
②, ⑦		
③, ⑥		
④, ⑤		

> [풀이]

(1) 각 구간의 유량(G)

전열량 $q_T = G \cdot C \cdot \Delta t \rightarrow G = \dfrac{q_T}{C \cdot \Delta t}$

- ①, ⑧ 배관

  G_1 = [1실 + 2실 + 3실 + 4실] 유량

  $= \dfrac{\{(14+3.5)+(29+6)+(18+3)+(35+7)\} \times 60}{4.2 \times 5} = 330\text{kg/min} = 330\text{L/min}$

- ②, ⑦ 배관

  G_2 = [2실 + 3실 + 4실] 유량

  $= \dfrac{\{(29+6)+(18+3)+(35+7)\} \times 60}{4.2 \times 5} = 280\text{kg/min} = 280\text{L/min}$

- ③, ⑥ 배관

  G_3 = [3실 + 4실] 유량

  $= \dfrac{\{(18+3)+(35+7)\} \times 60}{4.2 \times 5} = 180\text{kg/min} = 180\text{L/min}$

- ④, ⑤ 배관

  G_4 = 4실 유량

  $= \dfrac{(35+7) \times 60}{4.2 \times 5} = 120\text{kg/min} = 120\text{L/min}$

(2) 관지름 결정

배관 마찰저항 표에서 마찰저항 300Pa/m 선과 각 구간의 유량이 만나는 점을 찾아 관지름을 결정한다.(단, 배관은 유량과 마찰저항이 만나는 점의 바로 위 관경을 선정해야 한다.)

배관 번호	유량(L/min)	관지름(A)
①, ⑧	330	80
②, ⑦	280	80
③, ⑥	180	65
④, ⑤	120	50

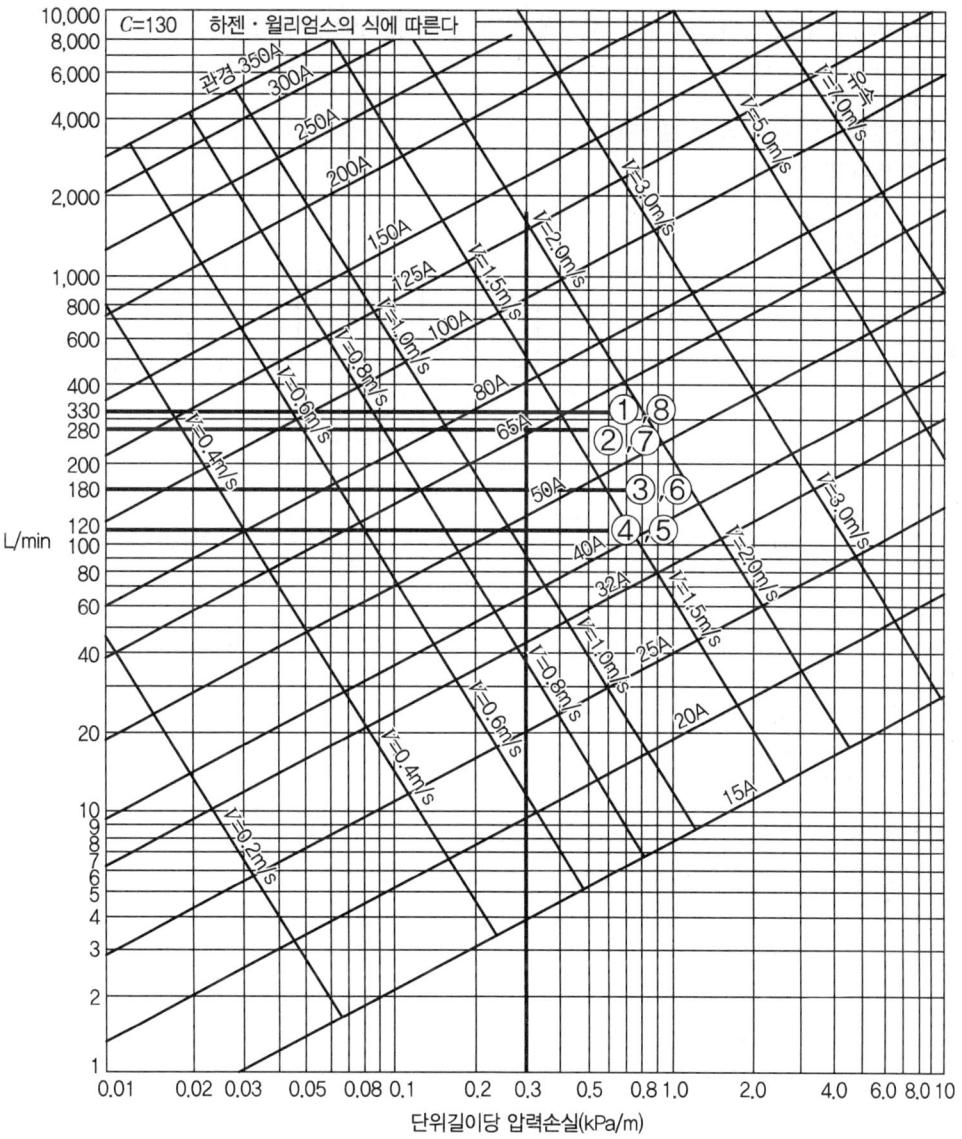

∥ 배관마찰선도 ∥

02 어느 벽체의 구조가 다음과 같은 조건을 갖출 때 각 물음에 답하시오.

[조건]
1. 실내온도 : 25℃, 외기온도 : −5℃
2. 외벽의 면적 : 40m²
3. 공기층 열 컨덕턴스 : 21.8kJ/m² · h · K
4. 벽체의 구조

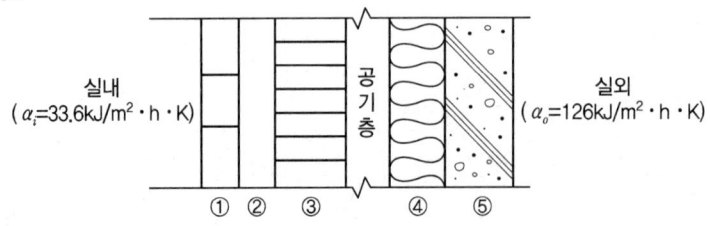

재료	두께(m)	열전도율(kJ/m · h · K)
1. 타일	0.01	4.6
2. 시멘트 모르타르	0.03	4.6
3. 시멘트 벽돌	0.19	5
4. 스티로폼	0.05	0.13
5. 콘크리트	0.10	5.9

(1) 벽체의 열통과율(kJ/m² · h · K)을 구하시오.
(2) 벽체의 손실열량(kJ/h)을 구하시오.
(3) 벽체의 내표면 온도(℃)를 구하시오.

풀이

(1) 벽체 열통과율(K)

$$R = \frac{1}{\alpha_i} + \frac{l_1}{\lambda_1} + \frac{l_2}{\lambda_2} + \frac{l_3}{\lambda_3} + \frac{1}{c} + \frac{l_4}{\lambda_4} + \frac{l_5}{\lambda_5} + \frac{1}{\alpha_o}$$

여기서, c : 공기층 열 컨덕턴스

$$= \frac{1}{33.6} + \frac{0.01}{4.6} + \frac{0.03}{4.6} + \frac{0.19}{5} + \frac{1}{21.8} + \frac{0.05}{0.13} + \frac{0.10}{5.9} + \frac{1}{126} = 0.5318$$

$$\therefore K = \frac{1}{R} = \frac{1}{0.5318} = 1.88 \text{kJ/m}^2 \cdot h \cdot K$$

(2) 벽체 손실열량(q)

$$q = KA\Delta t = 1.88 \times 40 \times (25-(-5)) = 2{,}256 \text{kJ/h}$$

(3) 벽체 내표면 온도(t_s)

열평형식 $KA\Delta t = \alpha_i A \Delta t_s \rightarrow K\Delta t = \alpha_i \Delta t_s$

$\Delta t_s = \dfrac{K\Delta t}{\alpha_i} = \dfrac{1.88 \times (25-(-5))}{33.6} = 1.68$

∴ $t_s = t_i - \Delta t_s = 25 - 1.68 = 23.32℃$

03 혼합, 가열, 가습, 재열하는 공기조화기를 실내와 외기공기의 혼합비율이 2 : 1일 때 선도상에 다음 기호를 표시하여 작도하시오. (단, 가습은 온수가습)

① 외기온도
② 실내온도
③ 혼합상태
④ 1차 온수코일 출구상태
⑤ 가습기 출구상태
⑥ 재열기 출구상태

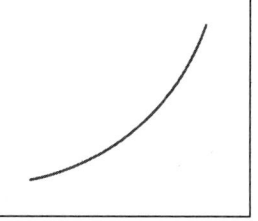

[풀이]

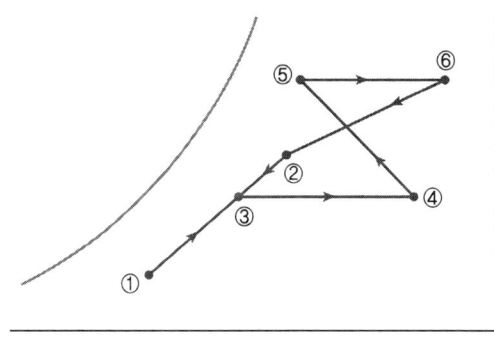

04 900rpm으로 운전되는 송풍기가 풍량 8,000m³/h, 정압 40mmAq, 동력 15kW의 성능을 나타내고 있는 것으로 한다. 이 송풍기의 회전수를 1,080rpm으로 증가시키면 어떻게 되는가를 계산하시오.

> **풀이**
>
> 송풍기 상사법칙을 이용한다.
> - 풍량 $Q_2 = \left(\dfrac{N_2}{N_1}\right) \times Q_1 = \left(\dfrac{1,080}{900}\right) \times 8,000 = 9,600 \text{m}^3/\text{h}$
> - 정압 $P_2 = \left(\dfrac{N_2}{N_1}\right)^2 \times P_1 = \left(\dfrac{1,080}{900}\right)^2 \times 40 = 57.6 \text{mmAq}$
> - 동력 $L_2 = \left(\dfrac{N_2}{N_1}\right)^3 \times L_1 = \left(\dfrac{1,080}{900}\right)^3 \times 15 = 25.92 \text{kW}$

05 냉동능력 R = 4kW인 R-22 냉동시스템의 증발기에서 냉매와 공기의 평균온도차가 8℃로 운전되고 있다. 이 증발기는 내외 표면적비 m = 8.3, 공기 측 열전달률 α_a = 35W/m²·K, 냉매 측 열전달률 α_γ = 698W/m²·K의 플레이트 핀 코일이고, 핀 코일 재료의 열전달 저항은 무시한다. 각 물음에 답하시오.
(1) 증발기의 외표면 기준 열통과율 K(W/m²·K)는?
(2) 증발기 내경이 23.5mm일 때, 증발기 코일 길이는 몇 m인가?

> **풀이**
>
> (1) 증발기의 외표면 기준 열통과율(K)
> 외표면적 기준 $R = \dfrac{1}{\alpha_a} + m\left(\dfrac{l}{\lambda} + \dfrac{1}{a_r}\right)$
>
> 핀 코일 재료의 열전달저항 $\left(\dfrac{l}{\lambda}\right)$은 무시한다는 조건에 따라 0이 되게 된다.
>
> $R = \dfrac{1}{35} + 8.3 \times \left(0 + \dfrac{1}{698}\right) = 0.04046$
>
> $\therefore K = \dfrac{1}{R} = \dfrac{1}{0.04046} = 24.72 \text{W/m}^2 \cdot \text{K}$
>
> (2) 증발기 코일 길이(l)
> $q = KA_o \Delta t_m = K(mA_i) \Delta t_m = K(m\pi D_i l) \Delta t_m$
> 여기서, K : 외표면 기준 열통과율(W/m²·K)
> A_o : 외표면적(m²)
> A_i : 내표면적(m²)
> D_i : 증발기 내경(m)

Δt_m : 냉매와 공기의 평균 온도차

$$l = \frac{q}{K(m\pi D_i)\Delta t_m} = \frac{4 \times 1{,}000}{24.72 \times (8.3 \times \pi \times 0.0235) \times 8} = 33.01\text{m}$$

06 유인유닛 방식과 팬코일유닛 방식의 특징을 설명하시오.

풀이

(1) 유인유닛 방식(Induction Unit System)

중앙의 1차 공조기에서 가열, 냉각, 가습, 감습처리한 공기를 고속·고압으로 각 실 유닛으로 공급하면 유닛의 노즐에서 불어내어, 그 불어낸 압력으로 실내의 2차 공기를 유인하여 혼합·분출한다.

장점	• 부하변동에 대응하기 쉽다. • 각 실별로 개별 제어가 가능하다. • 유닛에 송풍기나 전동기 등의 동력장치가 없어 전기배선이 없어도 된다. • 공조기가 소형으로 기계실면적 및 덕트면적이 작다.
단점	• 유닛의 실내 설치로 건축계획상 지장이 있다. • 유닛의 수량이 많아져 유지관리가 어렵다.

(2) 팬코일유닛 방식(Fan Coil Unit System)

① 물만을 열매로 하여 실내유닛으로 공기를 냉각·가열하는 방식이다.
② 냉온수 코일 및 필터가 구비된 소형 유닛을 각 실에 설치하고 중앙기계실에서 냉수 또는 온수를 공급받아 공기조화를 하는 방식이다.

장점	• 각 유닛마다의 조절, 운전이 가능하고, 개별 제어를 할 수 있다. • 덕트면적이 필요하지 않다. • 열운반동력이 적게 든다. • 나중에 부하가 증가해도 유닛을 증설하여 대처할 수 있다. • 1차 공기를 사용하는 경우에는 페리미터 방식이 가능하다.
단점	• 공급외기량이 적으므로 실내공기가 오염되기 쉽다. • 필터를 매월 1회 정도 세정, 교체해야 한다. • 외기냉방이 곤란하고, 실내수배관이 필요하다. • 실내배관에 의한 누수의 염려가 있다. • 실내유닛의 방음이나 방진에 유의해야 한다.

07 건구온도 25℃, 상대습도 50%, 5,000kg/h의 공기를 15℃로 냉각할 때와 35℃로 가열할 때의 열량(kW)을 공기 선도에 작도하여 엔탈피로 계산하시오.

> **풀이**
>
> 공기 선도에 작도 후 각 상태의 엔탈피를 확인하여, 열량을 산정한다.(이때 습공기 선도상에서 엔탈피를 읽는 부분의 일부 오차는 허용하게 된다.)
>
> (1) 공기 선도 작도
>
>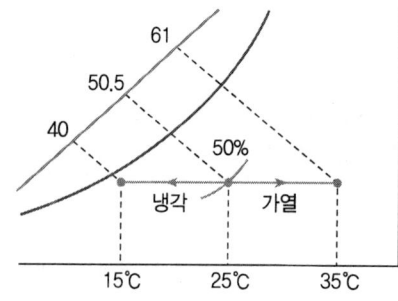
>
> (2) 15℃로 냉각할 때의 열량(q)
>
> $$q = G \cdot \Delta h = \frac{5,000}{3,600} \times (50.5 - 40) = 14.58 \text{kW}$$
>
> (3) 35℃로 가열할 때의 열량(q)
>
> $$q = G \cdot \Delta h = \frac{5,000}{3,600} \times (61 - 50.5) = 14.58 \text{kW}$$

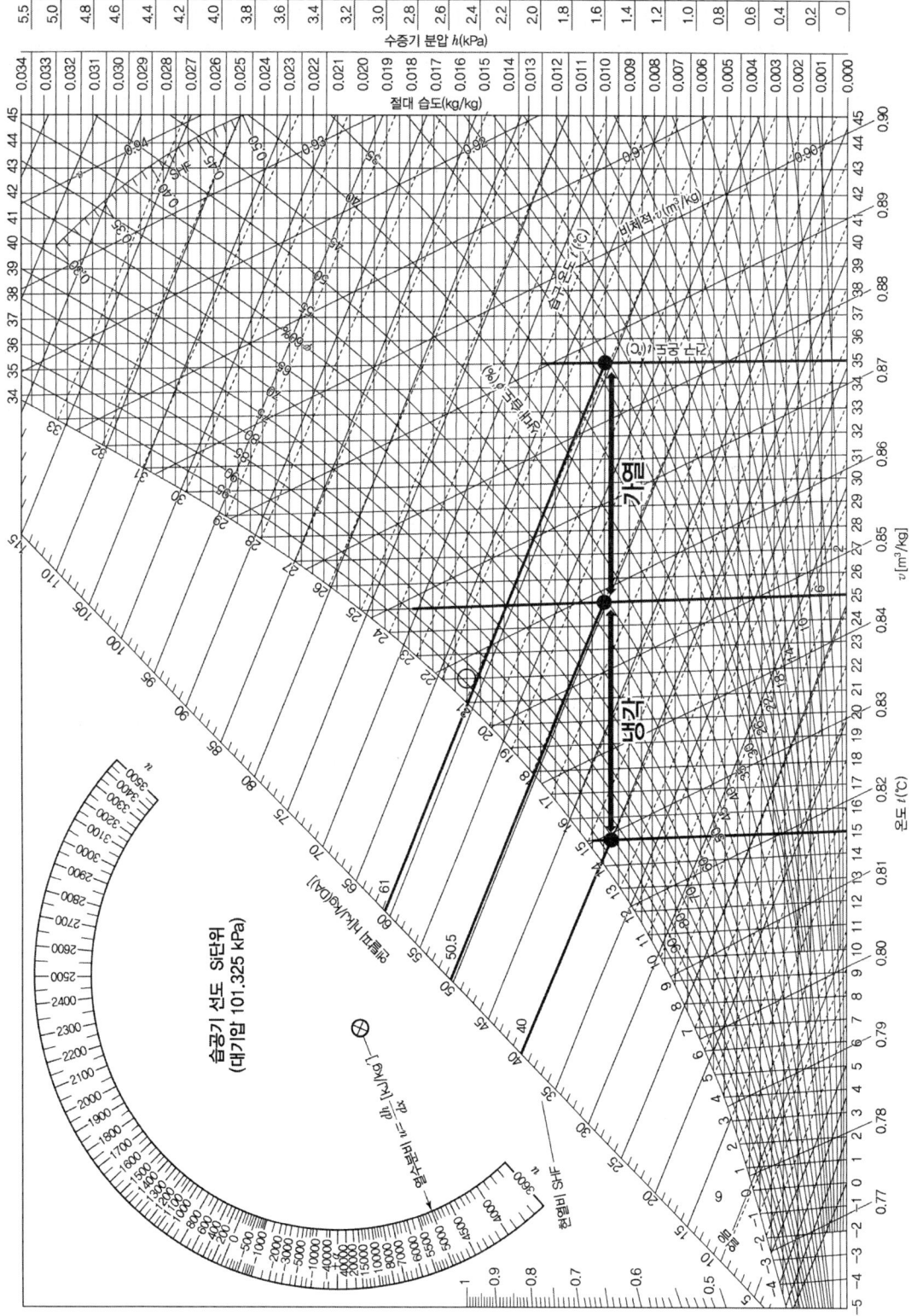

08 피스톤 토출량이 100m³/h 냉동장치에서 A 사이클(1-2-3-4)로 운전하다 증발온도가 내려가서 B 사이클(1'-2'-3'-4')로 운전될 때 B 사이클의 냉동능력과 소요동력을 A 사이클과 비교하여라.

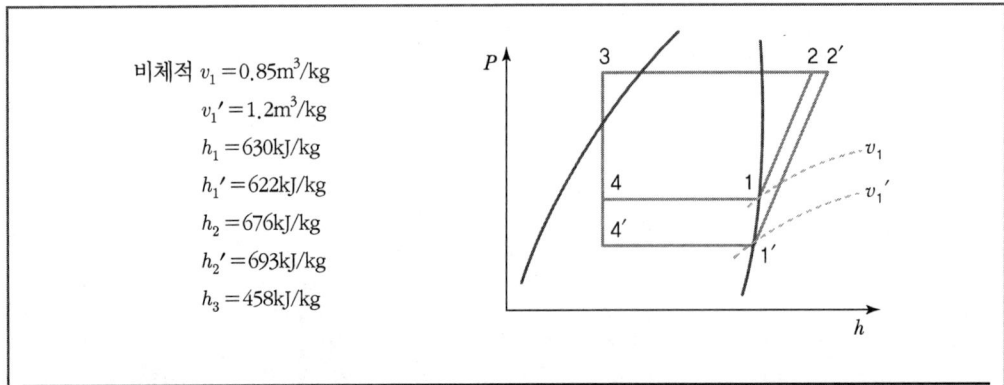

비체적 $v_1 = 0.85\text{m}^3/\text{kg}$
$v_1' = 1.2\text{m}^3/\text{kg}$
$h_1 = 630\text{kJ/kg}$
$h_1' = 622\text{kJ/kg}$
$h_2 = 676\text{kJ/kg}$
$h_2' = 693\text{kJ/kg}$
$h_3 = 458\text{kJ/kg}$

구분	체적효율(η_v)	기계효율(η_m)	압축효율(η_c)
A 사이클	0.78	0.9	0.85
B 사이클	0.72	0.88	0.79

[풀이]

(1) 냉동능력(Q) 비교

A 사이클 $Q_A = G \cdot \Delta h = \dfrac{V}{v_1}\eta_v \times (h_1 - h_4) = \dfrac{100}{0.85} \times 0.78 \times (630 - 458) = 15,783.53\text{kJ/h}$

여기서, V : 피스톤 토출량(m³/h)
v_1 : 냉동사이클 A에서의 비체적(m³/kg)

B 사이클 $Q_B = \dfrac{V}{v_1'}\eta_v \times (h_1' - h_4') = \dfrac{100}{1.2} \times 0.72 \times (622 - 458) = 9,840\text{kJ/h}$

여기서, v_1' : 냉동사이클 B에서의 비체적(m³/kg)

∴ 냉동능력 : A 사이클 > B 사이클

(2) 소요동력(L) 비교

A 사이클 $L_A = G \cdot \Delta h = \dfrac{V}{v_1}\eta_v \times (h_2 - h_1) \times \dfrac{1}{\eta_c \cdot \eta_m}$

$= \dfrac{100}{0.85 \times 3,600} \times 0.78 \times (676 - 630) \times \dfrac{1}{0.85 \times 0.9} = 1.53\text{kW}$

B 사이클 $L_B = \dfrac{V}{v_1'}\eta_v \times (h_2' - h_1') \times \dfrac{1}{\eta_c \cdot \eta_m}$

$= \dfrac{100}{1.2 \times 3,600} \times 0.72 \times (693 - 622) \times \dfrac{1}{0.79 \times 0.88} = 1.70\text{kW}$

∴ 소요동력 : A 사이클 < B 사이클

09 공조장치에서 증발기 부하가 100kW이고 냉각수 순환수량이 0.3m³/min, 성적계수가 2.5이고 응축기 산술평균온도차 5℃에서 냉각수 입구온도 23℃일 때 (1) 응축 필요 부하(kW), (2) 응축기 냉각수 출구온도(℃), (3) 냉매의 응축온도를 구하시오.(단, 냉각수의 비열은 4.2kJ/kg · K이다.)

> **풀이**
>
> (1) 응축 필요 부하(q_c)
>
> • $AW = q_c - q_e \rightarrow q_c = AW + q_e$
>
> 여기서, Q_e : 증발기 부하
>
> • 압축기 부하(AW)
>
> $$COP = \frac{q_e}{AW} \rightarrow AW = \frac{q_e}{COP} = \frac{100}{2.5} = 40\text{kW}$$
>
> ∴ 응축 필요 부하 $q_c = q_e + AW = 100 + 40 = 140\text{kW}$
>
> (2) 응축기 냉각수 출구온도(t_{w2})
>
> $q_c = G \cdot C \Delta t$
>
> $$\Delta t = \frac{q_c}{G \cdot C} = \frac{140 \times 60}{0.3 \times 1,000 \times 4.2} = 6.67℃$$
>
> ∴ $\Delta t = t_{w2} - t_{w1} \rightarrow t_{w2} = t_{w1} + \Delta t = 23 + 6.67 = 29.67℃$
>
> (3) 냉매의 응축온도(t_c)
>
> 산술평균온도차 $\Delta t_m = t_C - \frac{t_{w1} + t_{w2}}{2}$
>
> ∴ $t_C = \Delta t_m + \frac{t_{w1} + t_{w2}}{2} = 5 + \frac{23 + 29.67}{2} = 31.34℃$

10 어느 사무실의 실내 취득 현열량 350kW, 잠열량 150kW 실내 급기온도와 실온 차이가 15℃일 때 송풍량 m³/h를 계산하시오.(단, 공기의 밀도 1.2kg/m³, 비열 1.01kJ/kg · K이다.)

> **풀이**
>
> 실내취득 현열량과 급기와 실내온도 간의 차이를 통해 산출한다.
>
> $q_s = Q \rho C_p \Delta t$에서
>
> $$Q = \frac{q_s}{\rho C_p \Delta t} = \frac{350 \times 3,600}{1.2 \times 1.01 \times 15} = 69,306.93\text{m}^3/\text{h}$$

11 공기조화장치에서 주어진 [조건]을 참고하여 실내외 혼합 공기상태에 대한 물음에 답하시오.

구분	$t(℃)$	$\psi(\%)$	x(kg/kg′)	h(kJ/kg)
실내	26	50	0.0105	52.96
외기	32	65	0.0197	82.56
외기량비	재순환공기 7kg, 외기 도입량 3kg			

(1) 혼합 건구온도(℃)
(2) 혼합 절대습도(kg/kg′)
(3) 혼합 엔탈피(kJ/kg)

> **풀이**

혼합공기의 상태

(1) 혼합 건구온도(t_3)

$$t_3 = \frac{G_1 t_1 + G_2 t_2}{G_1 + G_2} = \frac{7 \times 26 + 3 \times 32}{7+3} = 27.8℃$$

여기서, G_1, T_1 : 실내 재순환공기의 질량, 온도
G_2, T_2 : 도입 외기의 질량, 온도

(2) 혼합 절대습도(x_3)

$$x_3 = \frac{G_1 x_1 + G_2 x_2}{G_1 + G_2} = \frac{7 \times 0.0105 + 3 \times 0.0197}{7+3} = 0.01326 \text{kg/kg}′$$

여기서, x_1 : 실내 재순환공기의 절대습도
x_2 : 도입 외기의 절대습도

(3) 혼합 엔탈피(h_3)

$$h_3 = \frac{G_1 h_1 + G_2 h_2}{G_1 + G_2} = \frac{7 \times 52.96 + 3 \times 82.56}{7+3} = 61.84 \text{kJ/kg}$$

여기서, h_1 : 실내 재순환공기의 엔탈피
h_2 : 도입 외기의 엔탈피

2017년 2회 기출문제

01 다음과 같은 공조시스템 및 계산조건을 이용하여 A실과 B실을 냉방할 경우 각 물음에 답하시오.

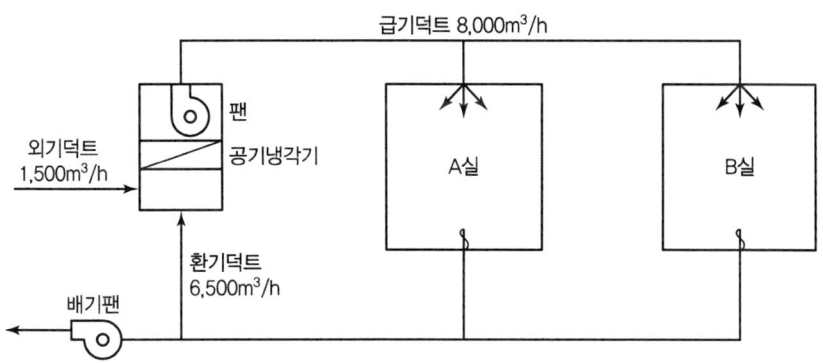

[조건]
1. 외기 : 건구온도 33℃, 상대습도 60%
2. 공기 냉각기 출구 : 건구온도 16℃, 상대습도 90%
3. 송풍량
   ① A실 : 급기 5,000m³/h, 환기 4,000m³/h
   ② B실 : 급기 3,000m³/h, 환기 2,500m³/h
4. 신선 외기량 : 1,500m³/h
5. 냉방부하
   ① A실 : 현열부하 17.4kW, 잠열부하 1.7kW
   ② B실 : 현열부하 8.7kW, 잠열부하 1.2kW
6. 송풍기 동력 : 2.7kW
7. 공기의 정압비열 : 1.0kJ/kg·K
8. 덕트 및 공조 시스템에 있어 외부로부터의 열취득은 무시한다.

(1) 급기의 취출구온도를 구하시오.
(2) A실의 건구온도 및 상대습도를 구하시오.
(3) B실의 건구온도 및 상대습도를 구하시오.
(4) 공기냉각기 입구의 건구온도를 구하시오.
(5) 공기냉각기의 냉각열량을 구하시오.

풀이

(1) 급기의 취출구온도(t_s)

냉각기 출구에서 취출구까지 취득되는 열량은 송풍기 동력에 의한 가열량(q)을 기준으로 산출한다.
(여기서, Δt는 냉각기 출구와 취출구 간의 온도차)

$$q = GC_p \Delta t$$

$$\Delta t = \frac{q}{GC_p}$$

$$\Delta t = \frac{q}{\rho Q C_p}$$

$$= \frac{2.7 \times 3,600}{1.2 \times 8,000 \times 1.0} = 1.01℃$$

∴ t_s = 냉각기 출구온도 + Δt = 16 + 1.01 = 17.01℃

(2) A실의 건구온도 및 상대습도

① 건구온도(t_A)

$$q_S = GC_p \Delta t$$

$$\Delta t = \frac{q_s}{GC_p}$$

여기서, Δt : 취출구와 실내의 온도차

실내현열(q_s), 취출구와 실내의 온도차를 이용하여 산출한다.

$$\Delta t = \frac{q_s}{\rho Q C_p} = \frac{17.4 \times 3,600}{1.2 \times 5,000 \times 1.0} = 10.44℃$$

∴ $t_A = t_s + \Delta t$ = 17.01 + 10.44 = 27.45℃

② 상대습도(ϕ_A) : 공기 선도를 작성하여 습도를 구한다.

$$SHF = \frac{q_s}{q_s + q_L} = \frac{17.4}{17.4 + 1.7} = 0.91$$

현열비의 기울기를 이용하여 취출점에서 실내점으로 이어준다.

∴ $\phi_A = 46\%$

(3) B실의 건구온도 및 상대습도

① 건구온도(t_B)

$$q_s = GC_p \Delta t$$

$$\Delta t = \frac{q_s}{GC_p}$$

여기서, Δt : 취출구와 실내의 온도차

실내현열(q_s), 취출구와 실내의 온도차를 이용하여 산출한다.

$$\Delta t = \frac{q_s}{\rho Q C_p} = \frac{8.7 \times 3,600}{1.2 \times 3,000 \times 1.0} = 8.7℃$$

∴ $t_B = t_s + \Delta t$ = 17.01 + 8.7 = 25.71℃

② 상대습도(ϕ_B) : 공기 선도를 작성하여 습도를 구한다.

$$SHF = \frac{8.7}{8.7 + 1.2} = 0.88$$

현열비의 기울기를 이용하여 취출점에서 실내점으로 이어준다.

∴ $\phi_B = 52\%$

(4) 공기 냉각기 입구의 건구온도(t_c)

A, B실의 환기혼합온도(t_{AB}) 산출

$$t_{AB} = \frac{4{,}000 \times 27.45 + 2{,}500 \times 25.71}{4{,}000 + 2{,}500} = 26.78\,℃$$

공기냉각기 입구점에서의 혼합온도 산출

$$\therefore t_c = \frac{1{,}500 \times 33 + 6{,}500 \times 26.78}{1{,}500 + 6{,}500} = 27.95\,℃$$

(5) 공기 냉각기의 냉각열량(q_{cc})

냉각열량＝(A실＋B실＋송풍기＋외기)의 전열량으로 구하며
공기 선도에서 공기냉각기 입출구의 엔탈피를 찾아서 활용한다.

혼합 $SHF = \dfrac{17.4 + 8.7}{(17.4 + 8.7) + (1.7 + 1.2)} = 0.9$

$\therefore q_{cc} = G \cdot \Delta h = Q\rho \cdot \Delta h = 8{,}000 \times 1.2 \times (60 - 43) = 163{,}200\,\text{kJ/h}$

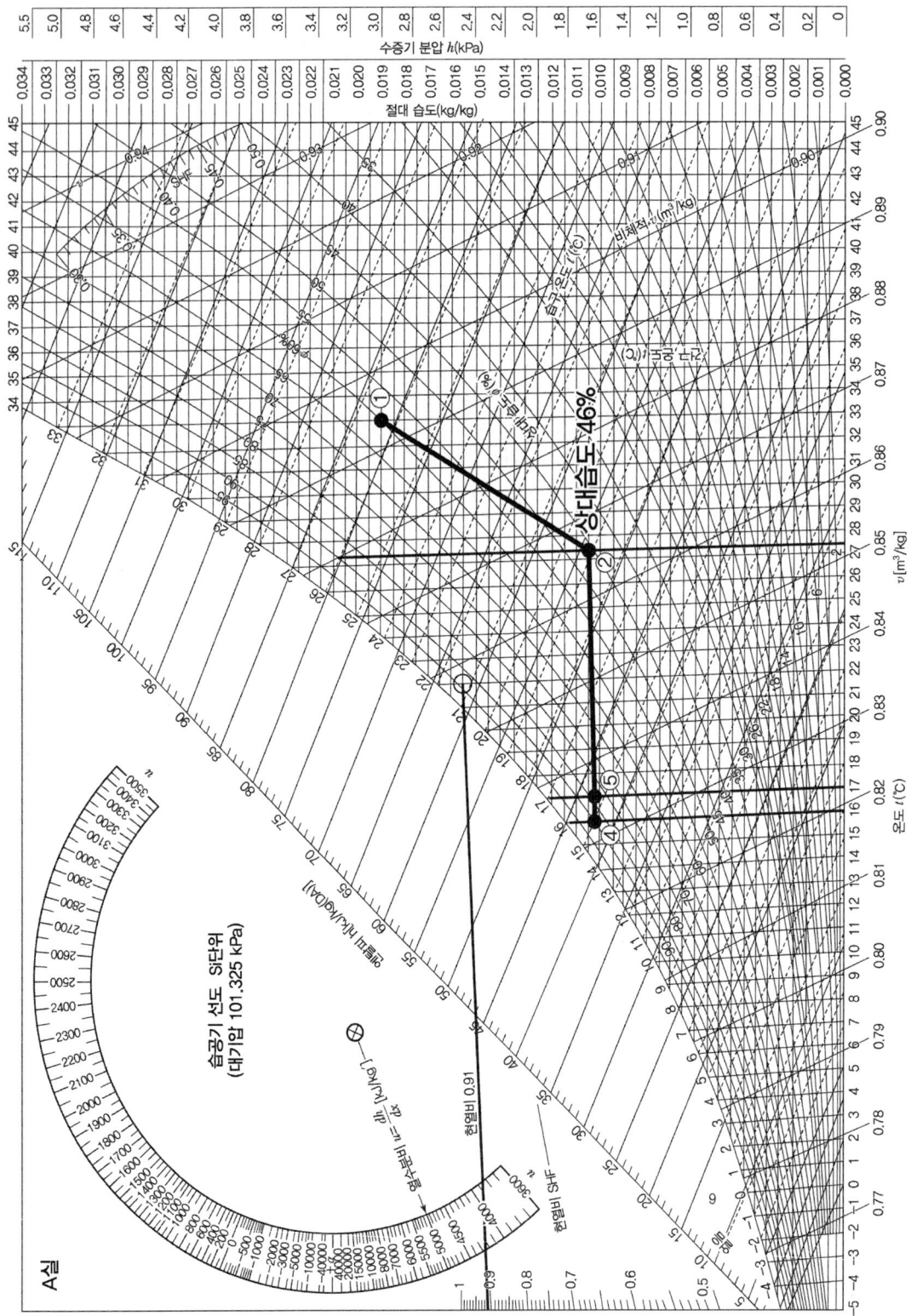

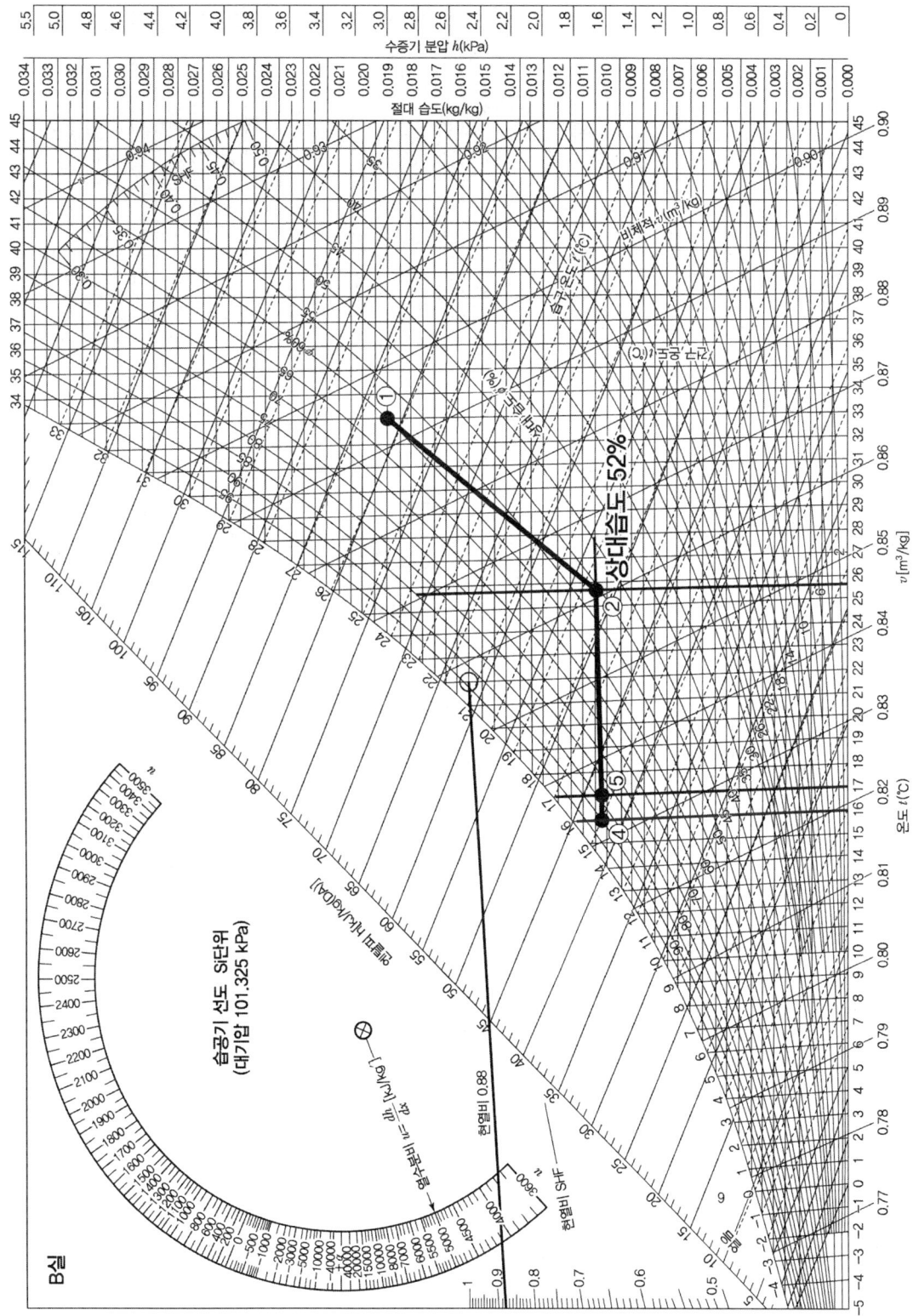

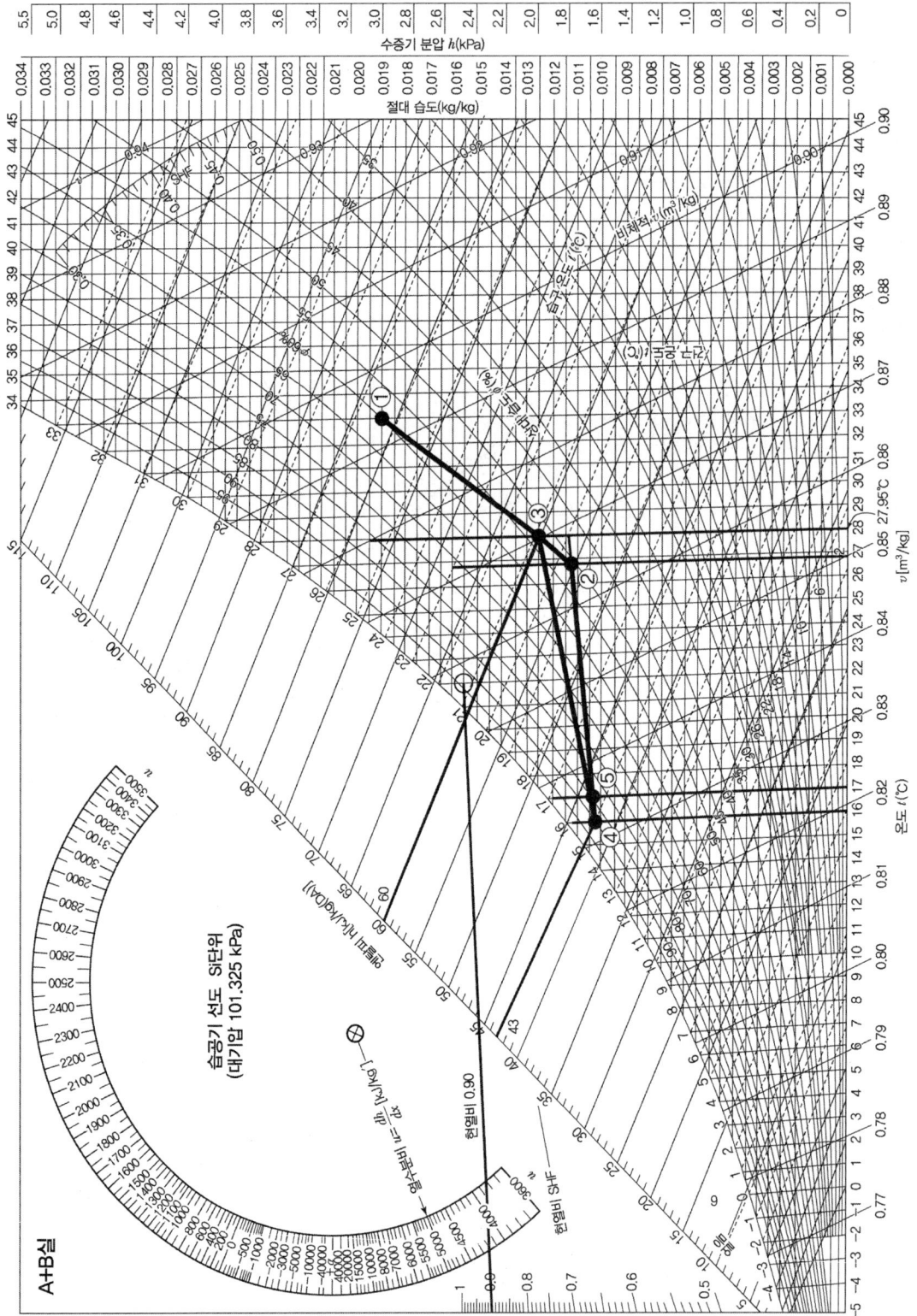

02 어떤 방열벽의 열통과율이 0.35W/m² · K이며, 벽 면적은 1,200m²인 냉장고가 외기온도 35℃에서 사용되고 있다. 이 냉장고의 증발기는 열통과율이 29W/m² · K이고 전열면적은 30m²이다. 이때 각 물음에 답하시오.(단, 이 식품 이외의 냉장고 내 발생열 부하는 무시하며, 증발온도는 -15℃로 한다.)

(1) 냉장고 내 온도가 0℃일 때 외기로부터 방열벽을 통해 침입하는 열량은 몇 kW인가?
(2) 냉장고 내 열전달률 5.8W/m² · K, 전열면적 600m², 온도 10℃인 식품을 보관했을 때 이 식품의 발생열 부하에 의한 고내 온도는 몇 ℃가 되는가?

풀이

(1) 냉장고 내 온도가 0℃일 때 방열벽 침입열량(q)

$q = K \cdot A \cdot \Delta t$
$= 0.35 \times 1,200 \times (35-0) = 14,700\text{W} = 14.7\text{kW}$

(2) 식품의 발생열에 의한 고내 온도(t)
① 고내 온도(t) : 냉장고 내에 열평형이 이루어질 때의 온도
② 식품에서의 발생열량 + 벽체 침입열량 = 증발기 냉각열량

- 식품에서 발생열량(q_1)
  $q_1 = K \cdot A \cdot \Delta t = 5.8 \times 600 \times (10-t)$
- 벽체 침입열량(q_2)
  $q_2 = K \cdot A \cdot \Delta t = 0.35 \times 1,200 \times (35-t)$
- 증발기 냉각열량(q_3)
  $q_3 = K \cdot A \cdot \Delta t = 29 \times 30 \times (t-(-15))$

$q_1 + q_2 = q_3$
$5.8 \times 600 \times (10-t) + 0.35 \times 1,200 \times (35-t) = 29 \times 30 \times (t+15)$
$\therefore t = 7.64℃$

03 다음 조건과 같이 혼합, 냉각을 하는 공기조화기가 있다. 이에 대해 다음 각 물음에 답하시오.

[조건]
1. 외기 : 건구온도 33℃, 상대습도 65%
2. 실내 : 건구온도 27℃, 상대습도 50%
3. 부하 : 실내 전열 부하 52.5kW, 실내 잠열부하 14.0kW
4. 송풍기 부하는 실내 취득 현열부하의 12% 가산할 것
5. 실내 필요 외기량은 송풍량의 1/5로 하며, 실내인원 120명, 1인당 25.5m³/h
6. 습공기의 비열은 1.0kJ/kg · K, 비용적을 0.83m³/kg(DA)으로 한다.
여기서, kg(DA)은 습공기 중의 건조공기 중량(kg)을 표시하는 기호이다.
또한, 별첨의 습공기 선도를 사용하여 답은 계산 과정을 기입한다.

(1) 상대습도 90%일 때 실내 송풍온도(취출온도)는 몇 ℃인가?
(2) 실내풍량(m³/h)을 구하시오.
(3) 냉각코일 입구 혼합온도를 구하시오.
(4) 냉각코일 부하는 몇 kW인가?
(5) 외기부하는 몇 kW인가?
(6) 냉각코일의 제습량은 몇 kg/h인가?

풀이

(1) 실내 송풍온도(t_s) : 공기 선도를 작성하여 t_s를 찾는다.

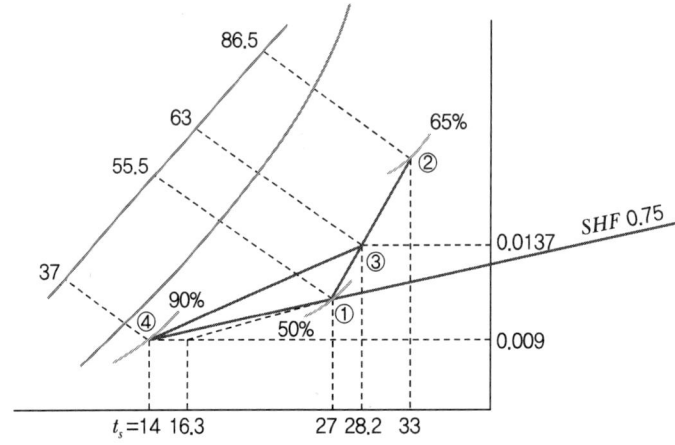

① 송풍기 부하 $q_F = (52.5 - 14.0) \times 0.12 = 4.62 \text{kW}$

② $SHF = \dfrac{(52.5 - 14.0) + 4.62}{52.5 + 4.62} = 0.75$

③ 공기 선도의 점 ①에서 SHF 0.75 선과 평행한 선을 그어 상대습도 90%와 만나는 점이 취출점이 되며 취출온도 $t_s = 14$℃이다.

(2) 실내풍량(Q)

$$q_S = Q\rho C_P \Delta t = Q\frac{1}{v} C_P \Delta t \text{에서}$$

$$Q = \frac{q_S \cdot v}{C_P \Delta t} = \frac{\{(52.5-14.0)+4.62\} \times 3,600 \times 0.83}{1.0 \times (27-14)} = 9,910.97 \text{m}^3/\text{h}$$

(3) 냉각코일 입구 혼합온도(t_3)

$$t_3 = \frac{G_1 t_1 + G_2 t_2}{G_1 + G_2} = \frac{4 \times 27 + 1 \times 33}{4+1} = 28.2 \text{℃}$$

G_1(환기)와 G_2(외기)의 비는 문제조건(외기량을 송풍량의 1/5)에 따라 4 : 1로 한다.

(4) 냉각코일 부하(q_{CC})

공기 선도에서 $h_3 = 63 \text{kJ/kg}$

$$q_{CC} = G \cdot \Delta h = \frac{Q}{v}(h_3 - h_4) = \frac{9,910.97}{3,600 \times 0.83} \times (63-37) = 86.24 \text{kW}$$

(5) 외기부하(q_o)

$$q_O = G_O(h_2 - h_1) = \frac{Q_O}{v}(h_2 - h_1) = \frac{9,910.97}{5 \times 3,600 \times 0.83} \times (86.5 - 55.5) = 20.56 \text{kW}$$

(6) 냉각코일의 제습량(L)

$$L = G \cdot \Delta x = \frac{Q}{v}(x_3 - x_4) = \frac{9,910.97}{0.83} \times (0.0137 - 0.009) = 56.12 \text{kg/h}$$

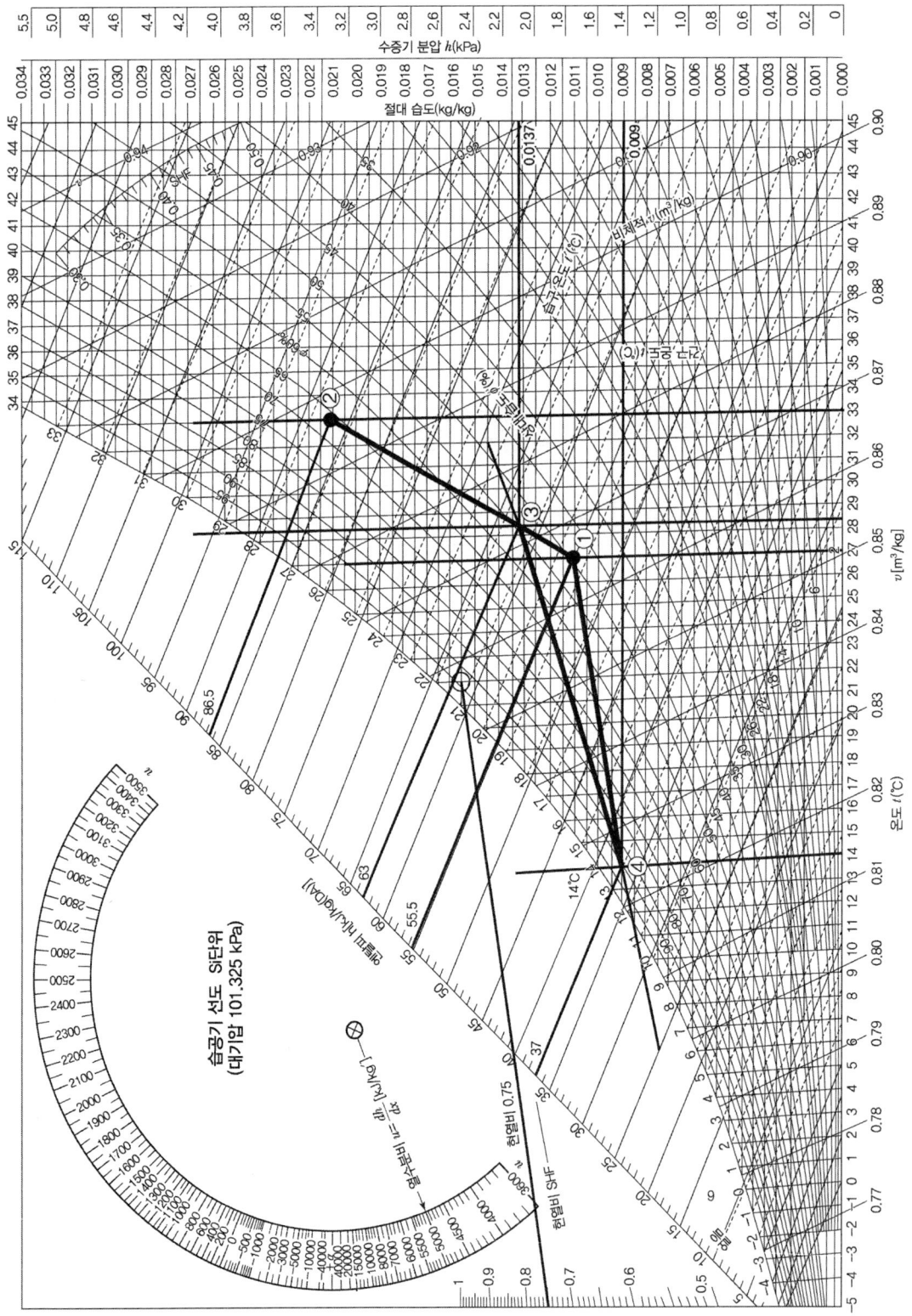

04 2단 압축 냉동장치의 $P-h$ 선도를 보고 선도상의 각 상태점을 장치도에 기입하고, 장치 구성 요소명을 (A)~(E)에 쓰시오.

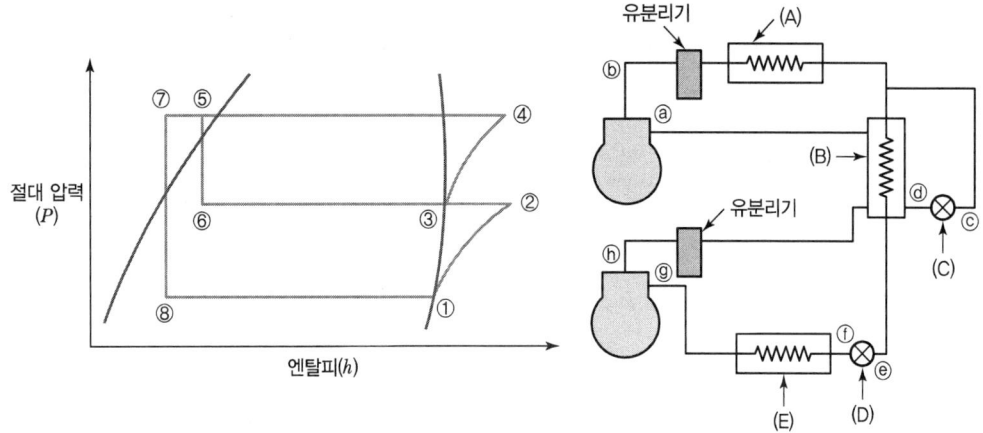

풀이

(1) 상태점 기입

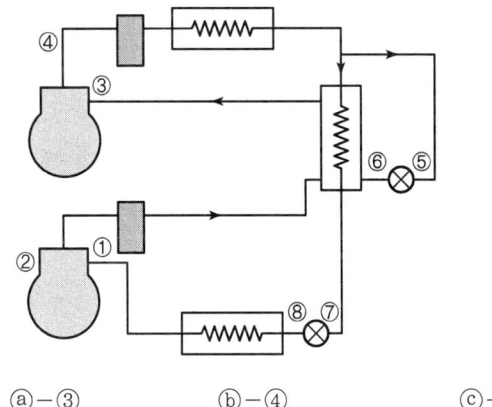

ⓐ-③   ⓑ-④   ⓒ-⑤   ⓓ-⑥
ⓔ-⑦   ⓕ-⑧   ⓖ-①   ⓗ-②

(2) 장치구성 요소명
  A : 응축기
  B : 중간냉각기
  C : 제1팽창밸브(보조팽창밸브)
  D : 제2팽창밸브(주팽창밸브)
  E : 증발기

05 냉매순환량이 5,000kg/h인 표준냉동장치에서 다음 선도를 참고하여 성적계수와 냉동능력(RT)을 구하시오. (단, 1RT = 3.86kW)

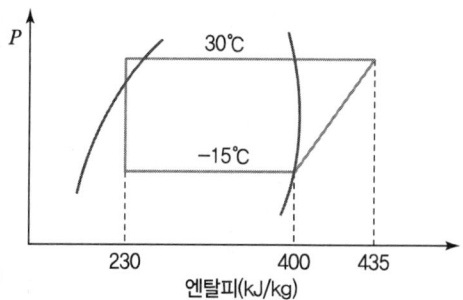

> **풀이**

(1) 성적계수(COP_R)

$$COP_R = \frac{q_e}{AW} = \frac{냉각\ 효과}{압축일} = \frac{400-230}{435-400} = 4.86$$

(2) 냉동능력(Q_e)

$$Q_e = G \cdot \Delta h = G \cdot q_e = \frac{5,000 \times (400-230)}{3,600 \times 3.86} = 61.17 \text{RT}$$

여기서, G : 냉매순환량(kg/s)

06 다음 주어진 조건을 이용하여 사무실 건물의 부하를 구하시오.

[조건]
1. 실내 : 26℃ DB, 50% RH, 절대습도=0.0106kg/kg′
2. 외기 : 32℃ DB, 80% RH, 절대습도=0.0248kg/kg′
3. 천장 : $K=2.0W/m^2 \cdot K$
4. 문 : 목재 패널 $K=2.8W/m^2 \cdot K$
5. 외벽 : $K=3.3W/m^2 \cdot K$
6. 내벽 : $K=3.2W/m^2 \cdot K$
7. 바닥 : 하층 공조로 계산(본 사무실과 동일 조건)
8. 창문 : 1중 보통유리(내측 베니션 블라인드 진한색)
9. 조명 : 형광등 1,800W, 전구 1,000W(주간조명 1/2 점등)
10. 인원수 : 거주 90인
11. 계산시각 : 오전 8시
12. 환기횟수 : 0.5회/h
13. 공기의 정압비열 : 1.01kJ/kg · K
14. 0℃ 포화액의 증발잠열 : 2,501kJ/kg
15. 08시 일사량 : 동쪽 647W/m², 남쪽 44W/m²
16. 08시 유리창 전도열량 : 동쪽 3.1W/m², 남쪽 6.3W/m²

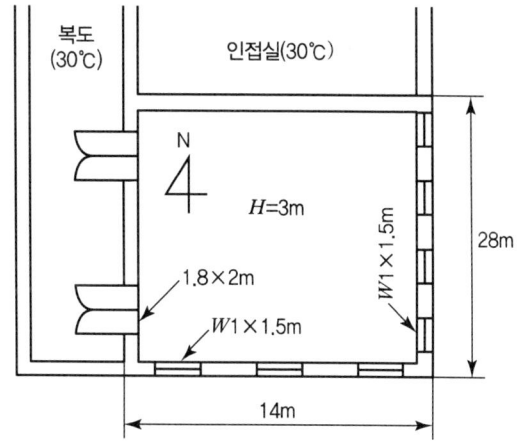

▼ 인체로부터의 발열량(W/인)

작업상태	실온		27℃		26℃		21℃	
	예	전발열량	H_S	H_L	H_S	H_L	H_S	H_L
정좌	극장	103	57	46	62	41	76	27
사무소 업무	사무소	132	58	74	63	69	84	48
착석 업무	공장의 경작업	220	65	155	72	148	107	113
보행 4.8km/h	공장의 중작업	293	88	205	96	197	135	158
볼링	볼링장	425	136	289	141	284	178	247

▼ 외벽 및 지붕의 상당외기온도차 Δt_e (t_o' : 31.7℃, t_i = 26℃)

구분	시각	H	N	NE	E	SE	S	SW	W	NW	지붕
콘크리트	8	4.7	2.3	4.5	5.0	3.5	1.6	2.4	2.8	2.1	7.5
	9	6.8	3.0	7.5	8.7	5.9	1.9	2.5	2.9	2.5	7.5
	10	10.2	3.6	10.2	12.5	8.9	2.7	3.0	3.3	3.0	8.4
	11	14.5	4.2	12.0	15.5	11.7	4.1	3.7	3.9	3.7	10.2
	12	19.3	4.9	12.6	17.1	14.0	5.9	4.5	4.6	3.4	12.9
	13	24.0	5.6	12.3	17.2	15.3	8.0	5.6	5.4	5.2	16.0
	14	28.2	6.3	11.9	16.4	15.5	9.9	7.5	6.5	6.0	19.4
	15	31.4	6.8	11.4	15.2	14.8	14.4	10.0	8.6	6.9	22.7
	16	33.5	7.3	11.1	14.2	14.0	12.2	12.8	11.6	8.6	25.6
	17	34.2	7.6	10.1	13.3	13.1	12.3	15.3	15.1	11.0	27.7
	18	33.4	7.9	10.3	12.4	12.2	11.8	17.2	18.3	13.6	29.0
	19	31.1	8.3	9.7	11.4	14.3	11.0	17.9	20.4	15.7	29.3
	20	27.7	8.3	8.9	10.3	10.2	9.9	17.1	20.3	16.1	28.5

(1) 외벽체를 통한 부하
(2) 내벽체를 통한 부하
(3) 극간풍에 의한 부하
(4) 인체부하

> **풀이**
>
> (1) 외벽체를 통한 부하
>   외기온도(t_o : 32℃)와 상당외기온도차(Δt_e)로 제시된 표의 기준외기온도(t_o' : 31.7℃)가 서로 상이하므로 보정상당온도차($\Delta t_e'$)를 적용한다.
>
>   • 동쪽 벽 $q_w = K \cdot A \cdot \Delta t_e'$
>   보정상당온도차 $\Delta t_e' = \Delta t_e + (t_o - t_o') - (t_i - t_i')$
> $\qquad\qquad\qquad = 5.0 + (32 - 31.7) - (26 - 26) = 5.3℃$
> $q_W = 3.3 \times [28 \times 3 - (1 \times 1.5 \times 4)] \times 5.3 = 1,364.22\text{W}$
>
>   • 남쪽 벽 $q_w = K \cdot A \cdot \Delta t_e'$
> $\Delta t_e' = 1.6 + (32 - 31.7) - (26 - 26) = 1.9℃$
> $q_W = 3.3 \times [14 \times 3 - (1 \times 1.5 \times 3)] \times 1.9 = 235.125 ≒ 235.13\text{W}$
>
>   ∴ 외벽체를 통한 부하 $q = 1,364.22 + 235.13 = 1,599.35\text{W}$
>
> (2) 내벽체를 통한 부하
>   내벽의 경우 일사에 의한 축열이 없으므로 상당외기온도차가 아닌 단순 실내외 온도차를 적용한다.
>   • 서쪽 벽 $q_W = K \cdot A \cdot \Delta t = 3.2 \times [28 \times 3 - (1.8 \times 2 \times 2)] \times (30 - 26) = 983.04\text{W}$
>   • 서쪽 문 $q_D = K \cdot A \cdot \Delta t = 2.8 \times (1.8 \times 2 \times 2) \times (30 - 26) = 80.64\text{W}$
>   • 북쪽 벽 $q_W = K \cdot A \cdot \Delta t = 3.2 \times (14 \times 3) \times (30 - 26) = 537.6\text{W}$
>
>   ∴ 내벽체를 통한 부하 $q = 983.04 + 80.64 + 537.6 = 1,601.28\text{W}$

(3) 극간풍에 의한 부하($q_I = q_{IS} + q_{IL}$)

- 현열 $q_{IS} = G_I \cdot C_P \cdot \Delta t = Q_I \rho \cdot C_P \cdot \Delta t$

$$= \frac{\{(28 \times 14 \times 3) \times 0.5\} \times 1.2 \times 1.01 \times (32 - 26) \times 1,000}{3,600} = 1,187.76 \text{W}$$

- 잠열 $q_{IL} = 2,501 G_I \cdot \Delta x = 2,501 Q_I \rho \cdot \Delta x$

$$= \frac{2,501 \times \{(28 \times 14 \times 3) \times 0.5\} \times 1.2 \times (0.0248 - 0.0106) \times 1,000}{3,600}$$

$$= 6,960.78 \text{W}$$

∴ 극간풍에 의한 부하 $q_I = 1,187.76 + 6,960.78 = 8,148.54 \text{W}$

(4) 인체부하($q_H = q_{HS} + q_{HL}$)

- 현열 $q_{HS} = n \cdot H_S = 90 \times 63 = 5,670 \text{W}$
- 잠열 $q_{HL} = n \cdot H_L = 90 \times 69 = 6,210 \text{W}$

∴ 인체부하 $q_H = 5,670 + 6,210 = 11,880 \text{W}$

07 왕복동 압축기의 실린더 지름 120mm, 피스톤 행정 65mm, 회전수 1,200rpm, 체적효율 70% 6기통일 때 다음 물음에 답하시오.

(1) 이론적 압축기 토출량 m³/h를 구하시오.
(2) 실제적 압축기 토출량 m³/h를 구하시오.

풀이

(1) 이론적 압축기 토출량(V)

$$V = \frac{\pi D^2}{4} \cdot L \cdot N \cdot Z \cdot 60 (\text{m}^3/\text{h})$$

여기서, D : 실린더 지름(m), L : 피스톤 행정(m), N : 회전수(rpm), Z : 기통수

$$= \frac{\pi \times 0.12^2}{4} \times 0.065 \times 1,200 \times 6 \times 60$$

$$= 317.58 \text{m}^3/\text{h}$$

(2) 실제적 압축기 토출량(V_{act})

체적효율 $\eta_v = \dfrac{V_{act}}{V}$

$V_{act} = V \cdot \eta_v = 317.58 \cdot 0.7 = 222.31 \text{m}^3/\text{h}$

여기서, η_v : 체적효율

08 다음 덕트에 대한 문장을 읽고 틀린 곳에 밑줄을 긋고 바로 고쳐 쓰시오.

> (1) 일반적으로 최대 풍속이 20m/s를 경계로 하여 저속 덕트와 고속 덕트로 구별된다.
> (2) 주택에서 쓰이는 저속 덕트의 주 덕트 내 풍속은 약 3m/s 이하로 누른다.
> (3) 공공건물에서 쓰인은 저속비 덕트의 주 덕트 내 풍속은 15m/s 이하로 누른다.
> (4) 장방형 덕트의 아스펙트비는 되도록 10 이내로 하는 것이 좋다.
> (5) 장방형 덕트의 굴곡부에서의 내측 반지름비는 일반적으로 1정도가 쓰인다.

[풀이]

(1) 일반적으로 최대풍속이 <u>15m/s</u>를 경계로 하여 저속 덕트와 고속 덕트로 구별된다.
(2) 주택에서 쓰이는 저속 덕트의 주 덕트 내 풍속은 약 <u>6m/s</u> 이하로 누른다.
(3) 공공건물에서 쓰인은 저속비 덕트의 주 덕트 내 풍속은 <u>8m/s</u> 이하로 누른다.
(4) 장방형 덕트의 아스펙트비는 되도록 <u>4</u> 이내로 하는 것이 좋다.
(5) 장방형 덕트의 굴곡부에서의 내측 반지름비는 일반적으로 1 <u>이상이</u> 쓰인다.

09 바닥 면적 600m², 천장 높이 4m 자동차 정비공장에서 항상 10대의 자동차가 엔진을 작동한 상태에 있는 것으로 한다. 자동차의 배기가스 중의 일산화탄소량을 1대당 1m³/h, 외기 중의 일산화탄소 농도를 0.0001%(용적실 내의 일산화탄소 허용 농도를 0.01%) 용적이라 하면, 필요 외기량(환기량)은 어느 정도가 되는가? 또, 환기횟수로 따지면 몇 회가 되는가?(단, 자연 환기는 무시한다.)

[풀이]

(1) 필요 외기량(환기량, Q)

$$Q = \frac{M}{C_i - C_o}$$

여기서, M : 배기가스 중 일산화탄소량(m³/h)
C_i : 용적실 내의 일산화탄소 허용농도(m³/m³)
C_o : 외기 중의 일산화탄소 농도(m³/m³)

$$= \frac{1 \times 10}{(0.01 - 0.0001) \times 10^{-2}}$$

$$= 101,010.1 \, \text{m}^3/\text{h}$$

(2) 환기횟수(n)

$$n = \frac{Q}{V} = \frac{101,010.1}{600 \times 4} = 42.09 \, \text{회/h}$$

10 저온 측 냉매는 R-13으로 증발온도 -100℃, 응축온도 -45℃, 액의 과냉각은 없다. 고온 측 냉매는 R-22로서 증발온도 -50℃, 응축온도 30℃이며, 액은 25℃까지 과냉각된다. 이 2원 냉동사이클의 1 냉동톤당의 성적계수를 구하시오. (단, 1RT = 3.86kW)

$h_1 = h_2 = 370.65 \text{kJ/kg}$

$h_3 = 478.17 \text{kJ/kg}$

$h_4 = 522.5 \text{kJ/kg}$

$h_5 = h_6 = 452.59 \text{kJ/kg}$

$h_7 = 604.4 \text{kJ/kg}$

$h_8 = 681.3 \text{kJ/kg}$

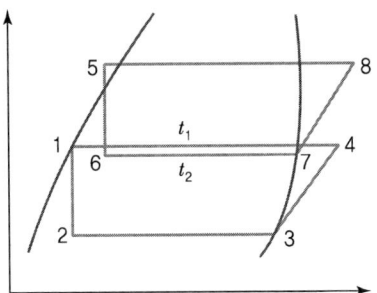

풀이

2원 냉동사이클 성적계수

- $COP = \dfrac{Q_e}{W_L + W_H} = \dfrac{G_L(h_3 - h_2)}{G_L(h_4 - h_3) + G_H(h_8 - h_7)}$

- $Q_e = G_L(h_3 - h_2)$에서

  순환냉매량 $G_L = \dfrac{Q_e}{h_3 - h_2} = \dfrac{1 \times 3.86 \times 3{,}600}{478.17 - 370.65} = 129.24 \text{kg/h}$

  $W_L = G_L(h_4 - h_3) = 129.24 \times (522.5 - 478.17) = 5{,}729.21 \text{kJ/h}$

- 열평형식 $G_H(h_7 - h_6) = G_L(h_4 - h_1)$에서

  $G_H = \dfrac{G_L(h_4 - h_1)}{(h_7 - h_6)} = \dfrac{129.24 \times (522.5 - 370.65)}{(604.4 - 452.59)} = 129.27 \text{kg/h}$

  $W_H = G_H(h_8 - h_7) = 129.27 \times (681.3 - 604.4) = 9{,}940.86 \text{kJ/h}$

  $\therefore COP = \dfrac{Q_e}{W_L + W_H} = \dfrac{1 \times 3.86 \times 3{,}600}{5{,}729.21 + 9{,}940.86} = 0.89$

11 공기 냉동기의 온도에 있어서 압축기 입구가 −5℃, 압축기 출구가 105℃, 팽창기 입구에서 10℃, 팽창기 출구에서 −70℃라면 공기 1kg당의 성적계수와 냉동효과는 몇 kJ/kg인가?(단, 공기 비열은 1.005kJ/kg · K이다.)

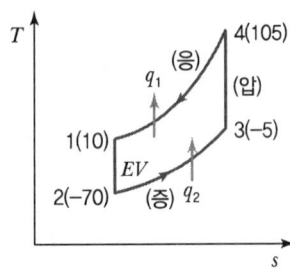

> 풀이

(1) 냉동효과(q_2)

$q_2 = C_p \Delta T = C_p(T_3 - T_2) = 1.005 \times \{(-5+273) - (-70+273)\} = 65.33 \text{kJ/kg}$

여기서, 증발과정은 정압과정이므로 정압비열 C_p 적용

(2) 성적계수(COP)

성적계수 $COP = \dfrac{q_e}{AW} = \dfrac{q_2}{q_1 - q_2} = \dfrac{65.325}{95.475 - 65.325} = 2.17$

여기서, 응축열량 $q_1 = C_p \Delta T = C_p(T_4 - T_1) = 1.005 \times \{(105+273) - (10+273)\}$
$= 95.475 \text{kJ/kg}$

12 공기조화장치에서 열원 설비 장치 4가지를 쓰시오.

> 풀이

1. 보일러 2. 냉동기 3. 냉각탑
4. 히트펌프 5. 축열시스템 등

2017년 3회 기출문제

01 암모니아 응축기에 있어서 다음과 같은 조건일 경우 필요한 냉각면적을 구하시오. (단, 냉각관의 열전도저항은 무시하며 소수점 이하 첫째 자리까지 구하시오.)

[조건]
- 냉매 측의 열전달률 $\alpha_r = 7,000 \text{W/m}^2 \cdot \text{K}$
- 물때의 열저항 $f = 8.6 \times 10^{-5} \text{m}^2 \cdot \text{K/W}$
- 압축기 소요동력 $P = 25 \text{kW}$
- 1RT = 3.86kW
- 냉각수 측의 열전달률 $\alpha_w = 1,400 \text{W/m}^2 \cdot \text{K}$
- 냉동능력 $Q_e = 25 \text{RT}$
- 냉매와 냉각수의 평균온도차 $\Delta t_m = 6℃$

풀이

필요한 냉각면적(A)

응축열량 $Q_c = K \cdot A \cdot \Delta t_m = Q_e + AW$

$$A = \frac{Q_e + AW}{K \cdot \Delta t_m}$$

열관류율 산출

$$R = \frac{1}{\alpha_r} + \frac{l}{\lambda} + f \frac{1}{a_w}$$

냉각관의 열전도 저항 $\left(\frac{l}{\lambda}\right)$ 은 무시한다고 했으므로 0이 된다.

$$= \frac{1}{7,000} + 0 + 8.6 \times 10^{-5} + \frac{1}{1,400} = 0.000943$$

$$K = \frac{1}{R} = \frac{1}{0.000943} = 1,060.45 \text{W/m}^2 \cdot \text{K}$$

∴ 냉각면적 $A = \dfrac{(25 \times 3.86 + 25) \times 1,000}{1,060.45 \times 6} = 19.1 \text{m}^2$

02 다음과 같은 냉방부하를 갖는 건물에서 냉동기 부하(RT)를 구하시오. (단, 안전율은 10%이고, 1RT = 3.86kW이다.)

실명	냉방부하(kJ/h)		
	8:00	12:00	16:00
A실	120,000	80,000	80,000
B실	100,000	120,000	160,000
C실	40,000	40,000	40,000
계	260,000	240,000	280,000

풀이

냉동기 부하(RT)

(1) 정풍량 또는 정유량 공조 방식의 경우는 각 실의 최대부하를 합계한 것이 총 냉방부하가 된다.

즉, A실 : 120,000kJ/h
   B실 : 160,000kJ/h
   C실 : 40,000kJ/h

냉동기 부하 $= \dfrac{(120,000+160,000+40,000) \times 1.1}{3,600 \times 3.86} = 25.33\text{RT}$

(2) 변풍량 또는 변유량 공조 방식의 경우는 시간대별 부하 합계 중 가장 큰 값이 총 냉방부하가 된다.
(여기서는 16시 부하 합계가 총 냉방부하)

냉동기 부하 $= \dfrac{280,000 \times 1.1}{3,600 \times 3.86} = 22.16\text{RT}$

03 아래 표기된 제어 기기의 명칭을 쓰시오.

① TEV　　② SV　　③ HPS　　④ OPS　　⑤ DPS

풀이

① TEV(Thermostatic Expansion Valve) : 온도식 자동팽창밸브
② SV(Solenoid Valve) : 전자 밸브
③ HPS(High Pressure cut out Switch) : 고압 차단 스위치
④ OPS(Oil Protection Switch) : 유압 보호 스위치
⑤ DPS(Dual Pressure cut out Switch) : 고저압 차단 스위치

04 응축온도가 43℃인 횡형 수랭 응축기에서 냉각수 입구온도 32℃, 출구온도 37℃, 냉각수 순환수량 300L/min이고 응축기 전열 면적이 20m²일 때 다음 물음에 답하시오.(단, 응축온도와 냉각수의 평균온도차는 산술평균온도차로 하여 냉각수비열은 4.2kJ/kg·K이다.)

(1) 응축기 냉각열량은 몇 kW인가?
(2) 응축기 열통과율은 몇 W/m²·K인가?
(3) 냉각수 순환량 400L/min일 때 응축온도는 몇 ℃인가?(단, 응축열량, 냉각수 입구수온, 전열면적, 열통과율은 같은 것으로 한다.)

> **풀이**
>
> (1) 응축기 냉각열량(Q_C)
> $$Q_C = G \cdot C \cdot \Delta t_W$$
> $$= 300 \times 4.2 \times (37-32) = 6,300 \text{kJ/min} = 105 \text{kW}$$
>
> (2) 응축기 열통과율(K)
> $$Q_C = K \cdot A \cdot t_m \rightarrow K = \frac{Q_C}{A \cdot \Delta t_m}$$
> 여기서, $\Delta t_m = t_c - \dfrac{t_{w1}+t_{w2}}{2} = 43 - \dfrac{32+37}{2} = 8.5\text{℃}$
> $$K = \frac{105 \times 1,000}{20 \times 8.5} = 617.65 \text{W/m}^2 \cdot \text{K}$$
>
> (3) 냉각수 순환량이 400L/min일 때 응축온도(t_c)
> $$\Delta t_m = t_c - \frac{t_{w1}+t_{w2}}{2} \rightarrow t_c = \Delta t_m + \frac{t_{w1}+t_{w2}}{2}$$
> t_{w2}를 산출하면
> $$t_{w2} = t_{w1} + \frac{Q_C}{G \cdot C} = 32 + \frac{105 \times 60}{400 \times 4.2} = 35.75\text{℃}$$
> $$\therefore t_c = \Delta t_m + \frac{t_{w1}+t_{w2}}{2} = 8.5 + \frac{32+35.75}{2} = 42.38\text{℃}$$

05 다음 그림의 배관 평면도를 입체도로 그리고 필요한 엘보 수를 구하시오.(단, 굽힘부분에서는 반드시 엘보를 사용한다.)

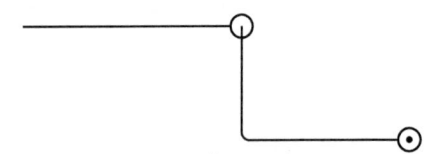

풀이

(1) 입체도 작성

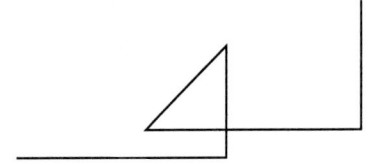

(2) 엘보 수 : 4개

06 왕복동 압축기의 실린더 지름 120mm, 피스톤 행정 65mm, 회전수 1,200rpm, 체적효율 70% 6기통일 때 압축기 토출량 m³/h를 구하시오.

풀이

압축기 토출량 $= \dfrac{\pi d^2}{4} LNz \times 60 \times \eta_v$

여기서, d : 실린더 지름(m), L : 피스톤 행정(m), N : 회전수(rpm)
z : 기통수, η_v : 체적효율

$= \dfrac{\pi \times 0.12^2}{4} \times 0.065 \times 1200 \times 6 \times 60 \times 0.7$

$= 222.30 \text{m}^3/\text{h}$

07 다음과 같은 2단 압축 1단 팽창 냉동장치를 보고 $P-h$ 선도상에 냉동사이클을 그리고 1~8점을 표시하시오.

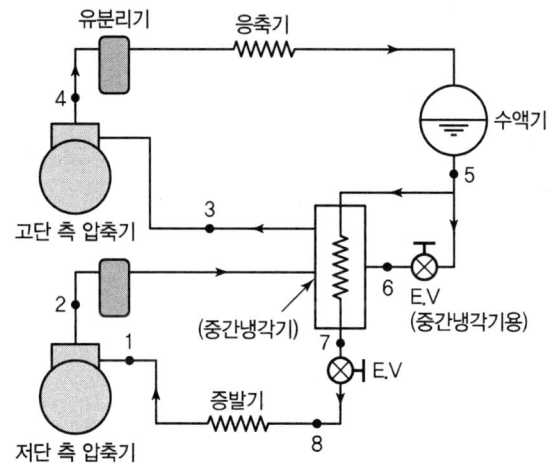

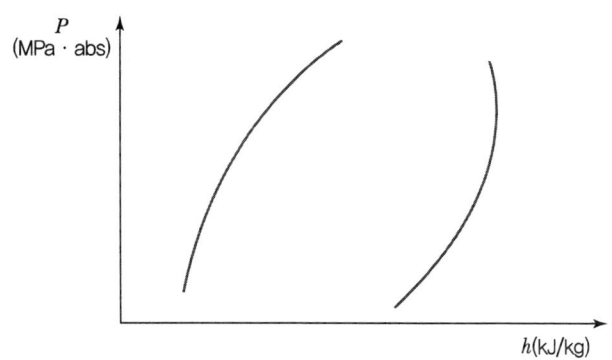

풀이

냉동사이클 표시

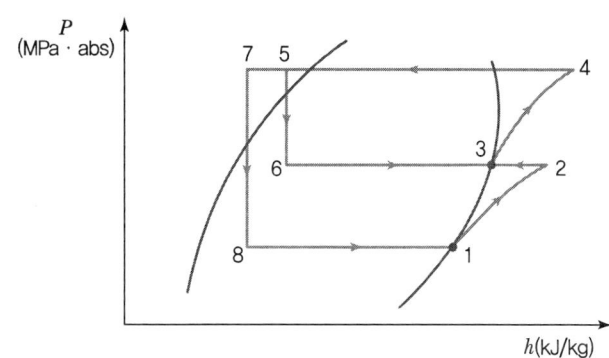

08 다음과 같은 공기조화기를 통과할 때 공기상태 변화를 공기 선도상에 나타내고 번호를 쓰시오.

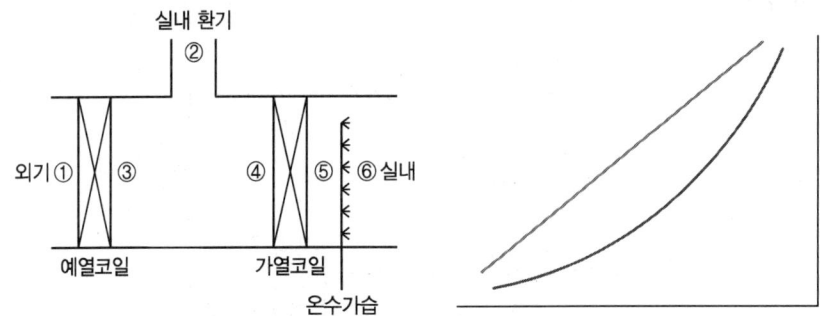

풀이

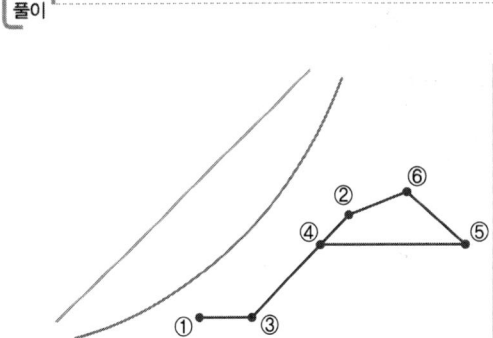

09 냉장실의 냉동부하 7kW, 냉장실 내 온도를 −20℃로 유지하는 나관 상태의 천장 코일의 냉각관 길이(m)를 구하시오. (단, 천장 코일의 증발관 내 냉매의 증발온도는 −28℃, 외표면적 $0.19m^2/m$, 열통과율은 $8W/m^2 \cdot K$이다.)

> **풀이**
>
> **냉각관 길이(L)**
> $q = K \cdot A \cdot \Delta t$
> 여기서, A는 1m당 외표면적(A_k)과 냉각관 길이(L)의 곱이다.
> $q = K \cdot A_k \cdot L \cdot \Delta t$
> $\therefore L = \dfrac{q}{K \times A_k \times \Delta t}$
> $= \dfrac{7 \times 1,000}{8 \times 0.19 \times (-20 - (-28))} = 575.66m$

10 다음과 같은 건물의 A실에 대하여 아래 조건을 이용하여 각 물음에 답하시오. (단, A실은 최상층으로 사무실 용도이며 아래층의 난방 조건은 동일하다.)

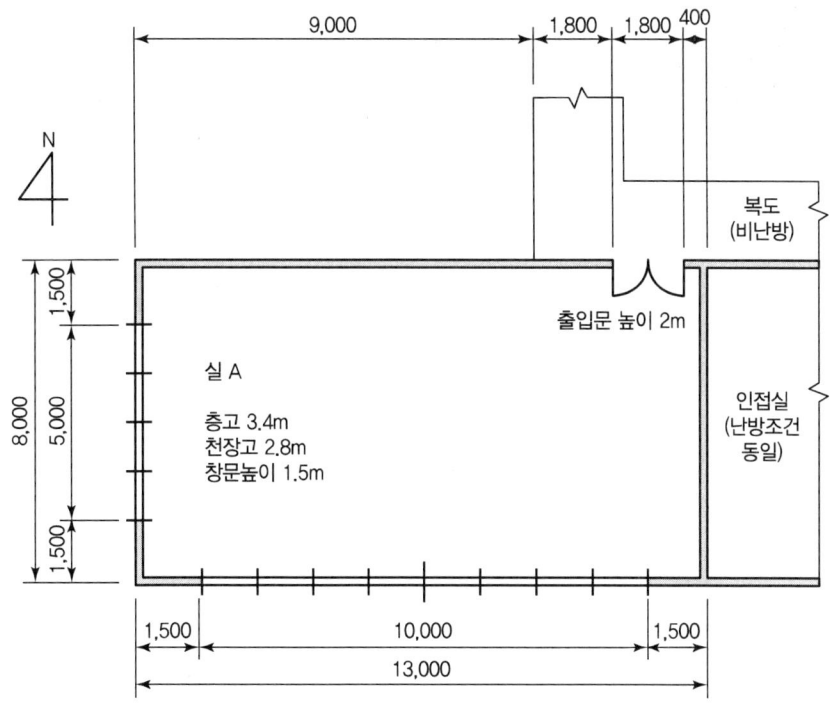

[조건]
1. 난방 설계용 온·습도

구분	난방	비고
실내	20℃ DB, 50%RH, $x=0.00725$kg/kg′	비공조실은 실내·외의 중간 온도로 약산함
외기	-5℃ DB, 70% RH, $x=0.00175$kg/kg′	

2. 유리 : 복층유리(공기층 6mm), 블라인드 없음, 열관류율 $K=3.5$W/m²·K
   출입문 : 목제 플래시문, 열관류율 $K=2.2$W/m²·K

3. 공기의 밀도 $\rho=1.2$kg/m³
   공기의 정압비열 $C_p=1.01$kJ/kg·K
   수분의 증발잠열(상온) $E_a=2,500$kJ/kg
   100℃ 물의 증발잠열 $E_b=2,256$kJ/kg

4. 외기 도입량은 25m³/h·인이다.

5. 외벽

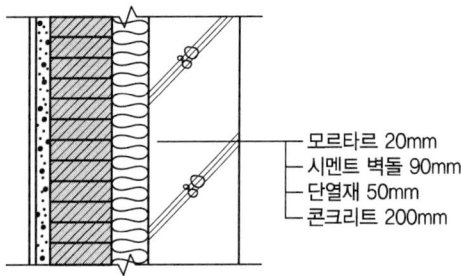
- 모르타르 20mm
- 시멘트 벽돌 90mm
- 단열재 50mm
- 콘크리트 200mm

6. 내벽 열관류율 : 3.0W/m²·K, 지붕 열관류율 : 0.5W/m²·K

▼ 각 재료의 열전도율

재료명	열전도율(W/m·K)
1. 모르타르	1.4
2. 시멘트 벽돌	1.4
3. 단열재	0.035
4. 콘크리트	1.6

▼ 표면 열전달률 α_i, α_o(W/m²·K)

표면의 종류	난방 시	냉방 시
내면	8.4	8.4
외면	24.2	22.7

▼ 방위계수

방위	N, 수평	E	W	S
방위계수	1.2	1.1	1.1	1.0

▼ 재실인원1인당 상면적(m²/인)

방의 종류	상면적(m²/인)	방의 종류		상면적(m²/인)
사무실(일반)	5.0		객실	18.0
은행 영업실	5.0	백화점	평균	3.0
레스토랑	1.5		혼잡	1.0
상점	3.0		한산	6.0
호텔로비	6.5	극장		0.5

▼ 환기횟수

실용적(m³)	500 미만	500~1,000	1,000~1,500	1,500~2,000	2,000~2,500	2,500~3,000	3,000 이상
환기횟수(회/h)	0.7	0.6	0.55	0.5	0.42	0.40	0.35

(1) 외벽 열관류율을 구하시오.
(2) 난방부하를 계산하시오.
 ① 서측 ② 남측 ③ 북측
 ④ 지붕 ⑤ 내벽 ⑥ 출입문

풀이

(1) 외벽 열관류율(K)

$$R = \frac{1}{\alpha_i} + \frac{l_1}{\lambda_1} + \frac{l_2}{\lambda_2} + \frac{l_3}{\lambda_3} + \frac{l_4}{\lambda_4} + \frac{1}{\alpha_o}$$

$$= \frac{1}{8.4} + \frac{0.02}{1.4} + \frac{0.09}{1.4} + \frac{0.05}{0.035} + \frac{0.2}{1.6} + \frac{1}{24.2} = 1.7925$$

$$\therefore K = \frac{1}{R} = \frac{1}{1.7925} = 0.56 \text{W/m}^2 \cdot \text{K}$$

(2) 난방부하(q)

① 서측 $q_W = K \cdot A \cdot \Delta t \cdot k$

• 외벽 $q_{W1} = 0.56 \times (8 \times 3.4 - 5 \times 1.5) \times (20 - (-5)) \times 1.1 = 303.38 \text{W}$

• 유리창 $q_{W2} = 3.5 \times (5 \times 1.5) \times (20 - (-5)) \times 1.1 = 721.875 \text{W}$

∴ 서측부하 $q_W = q_{W1} + q_{W2} = 303.38 + 721.875 = 1,025.26 \text{W}$

② 남측 $q_s = K \cdot A \cdot \Delta t \cdot k$
- 외벽 $q_{S1} = 0.56 \times (13 \times 3.4 - 10 \times 1.5) \times (20 - (-5)) \times 1.0 = 408.8 \text{W}$
  여기서, 외벽의 벽체 높이는 층고(3.4m)로 한다.
- 유리창 $q_{S2} = 3.5 \times (10 \times 1.5) \times (20 - (-5)) \times 1.0 = 1,312.5 \text{W}$
∴ 남측 부하 $q_S = q_{S1} + q_{S2} = 408.8 + 1,312.5 = 1,721.3 \text{W}$

③ 북측(외벽) $q_N = K \cdot A \cdot \Delta t \cdot k$
$q_N = 0.56 \times (9 \times 3.4) \times (20 - (-5)) \times 1.2 = 514.08 \text{W}$

④ 지붕 $q_R = K \cdot A \cdot \Delta t \cdot k$
$q_R = 0.5 \times (8 \times 13) \times (20 - (-5)) \times 1.2 = 1,560 \text{W}$

⑤ 내벽 $q_I = K \cdot A \cdot \Delta t = K \cdot A \cdot \left(t_i - \dfrac{t_i + t_o}{2}\right)$
$q_I = 3.0 \times (4 \times 2.8 - 1.8 \times 2) \times \left(20 - \dfrac{20 + (-5)}{2}\right) = 285 \text{W}$
여기서, 내벽의 벽체 높이는 천장고(2.8m)로 한다.

⑥ 출입문 $q_D = K \cdot A \cdot \Delta t = K \cdot A \cdot \left(t_i - \dfrac{t_i + t_o}{2}\right)$
$q_D = 2.2 \times (1.8 \times 2) \times \left(20 - \dfrac{20 + (-5)}{2}\right) = 99 \text{W}$

11 공기조화 부하에서 극간풍(틈새바람)을 구하는 방법 3가지와 틈새바람을 방지하는 방법 3가지를 서술하시오.

풀이

(1) 극간풍(틈새바람)을 구하는 방법
① 환기횟수에 의한 방법
② 틈새법(Crack법, 틈새길이에 의한 방법)
③ 창면적에 의한 방법

(2) 극간풍(틈새바람)을 방지하는 방법
① Air Curtain의 사용
② 회전문 설치
③ 충분히 간격을 두고 이중문 설치
④ 이중문의 중간에 강제 대류 Convector 또는 FCU 설치
⑤ 실내를 가압하여 외부압력보다 높게 유지
⑥ 건물 기밀성 유지와 현관의 방풍실 설치, 층간의 구획 철저

12 다음과 같은 조건의 어느 실을 난방할 경우 물음에 답하시오. (단, 공기의 밀도는 1.2kg/m³, 공기의 정압 비열은 1.01kJ/kg·K이다.)

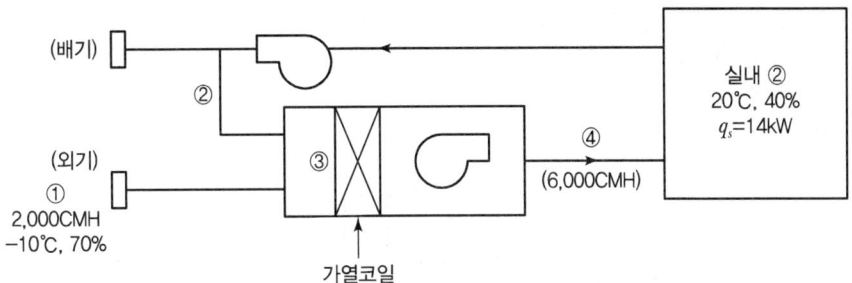

(1) 혼합공기(③점)의 온도를 구하시오.
(2) 취출공기(④점)의 온도를 구하시오.
(3) 가열코일의 용량(kW)을 구하시오.

> **풀이**

(1) 혼합공기 온도(t_3)

$$t_3 = \frac{Q_1 t_1 + Q_2 t_2}{Q_1 + Q_2} = \frac{2{,}000 \times (-10) + (6{,}000 - 2{,}000) \times 20}{6{,}000} = 10\text{℃}$$

여기서, Q_1, t_1 : 외기량, 외기온도
Q_2, t_2 : 실내환기량(재순환량), 실내온도

(2) 취출공기 온도(t_4)

$q_S = G \cdot C_p \cdot \Delta t = Q\rho \cdot C_p \cdot \Delta t$ 에서

$$\Delta t = \frac{q_S}{\rho Q \cdot C_p} = \frac{14 \times 3{,}600}{1.2 \times 6{,}000 \times 1.0} = 7\text{℃}$$

∴ $\Delta t = t_4 - t_2$
$t_4 = t_2 + \Delta t = 20 + 7 = 27\text{℃}$

(3) 가열코일 용량(q_H)

$$q_H = G \cdot C_p \cdot (t_4 - t_3) = Q\rho \cdot C_p \cdot (t_4 - t_3)$$
$$= \frac{1.2 \times 6{,}000}{3{,}600} \times 1.0 \times (27 - 10) = 34\text{kW}$$

13 어느 벽체의 구조가 다음과 같은 조건을 갖출 때 각 물음에 답하시오.

[조건]
1. 실내온도 : 27℃, 외기온도 : 32℃
2. 공기층 열 컨덕턴스 : 5.2W/m² · K
3. 외벽의 면적 : 40m²
4. 벽체의 구조

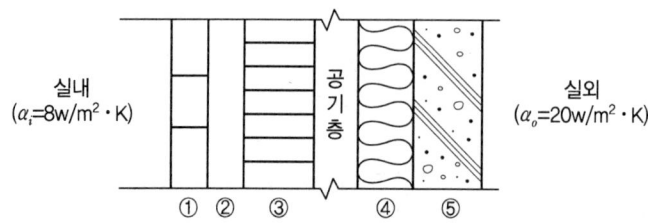

재료	두께(m)	열전도율(W/m · K)
1. 타일	0.01	1.1
2. 시멘트 모르타르	0.03	1.1
3. 시멘트 벽돌	0.19	1.2
4. 스티로폼	0.05	0.03
5. 콘크리트	0.10	.14

(1) 벽체의 열통과율(W/m² · K)을 구하시오.
(2) 벽체의 손실열량(W)을 구하시오.
(3) 벽체의 내표면 온도(℃)를 구하시오

풀이

(1) 벽체 열통과율(K)

$$R = \frac{1}{a_i} + \frac{l_1}{\lambda_1} + \frac{l_2}{\lambda_2} + \frac{l_3}{\lambda_3} + \frac{1}{c} + \frac{l_4}{\lambda_4} + \frac{l_5}{\lambda_5} + \frac{1}{a_o}$$

여기서, c : 공기층 열 컨덕턴스

$$= \frac{1}{8} + \frac{0.01}{1.1} + \frac{0.03}{1.1} + \frac{0.19}{1.2} + \frac{1}{5.2} + \frac{0.05}{0.03} + \frac{0.10}{1.4} + \frac{1}{20} = 2.300$$

$$\therefore K = \frac{1}{R} = \frac{1}{2.300} = 0.435 \text{W/m}^2 \cdot \text{K}$$

(2) 벽체 손실열량(q)

$$q = KA\Delta t = 0.435 \times 40 \times (32 - 27) = 87\text{W}$$

(3) 벽체 내표면 온도(t_s)

$KA(\Delta t) = \alpha_i A(\Delta t_s)$ 에서

여기서, $\Delta t : t_o$(외기온도) $- t_i$(실내온도)

$\Delta t_s : t_s$(벽체 내표면 온도) $- t_i$(실내온도)

$\Delta t_s = \dfrac{K(\Delta t)}{\alpha_i} = \dfrac{0.435 \times (32-27)}{8} = 0.27℃$

∴ $\Delta t_s = t_s - t_i$

$t_s = t_i + \Delta t_s = 27 + 0.27 = 27.27℃$

14 다음 그림과 같은 중앙식 공기조화 설비의 계통도에서 미완성된 배관도를 완성하고 유체의 흐르는 방향을 화살표로 표시하시오.

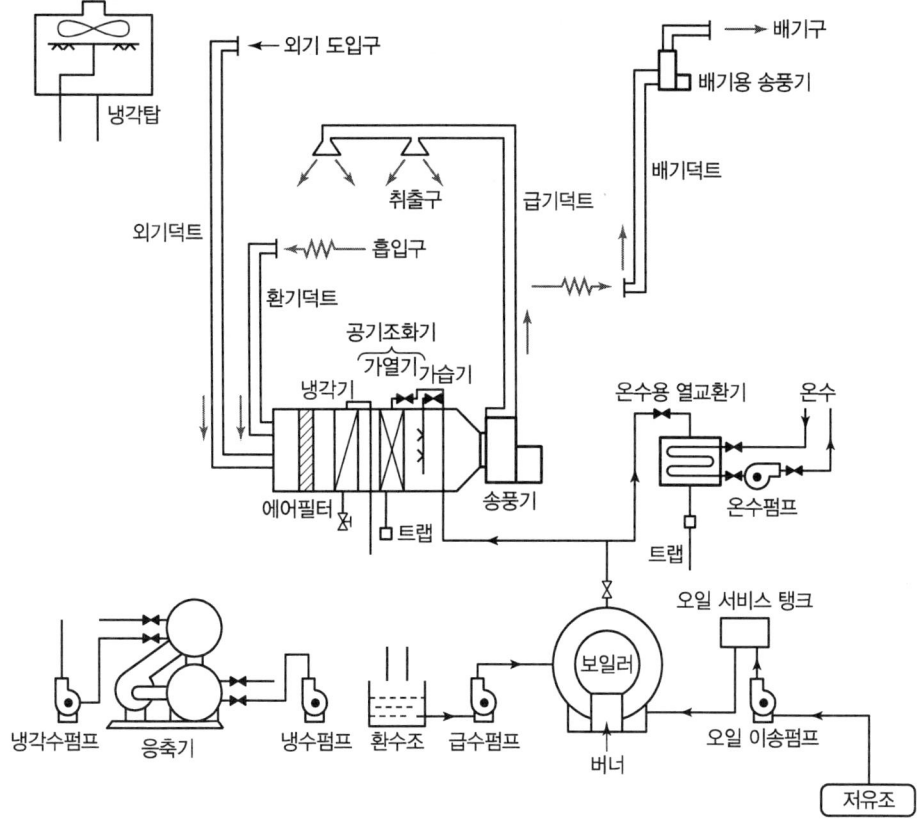

[풀이]

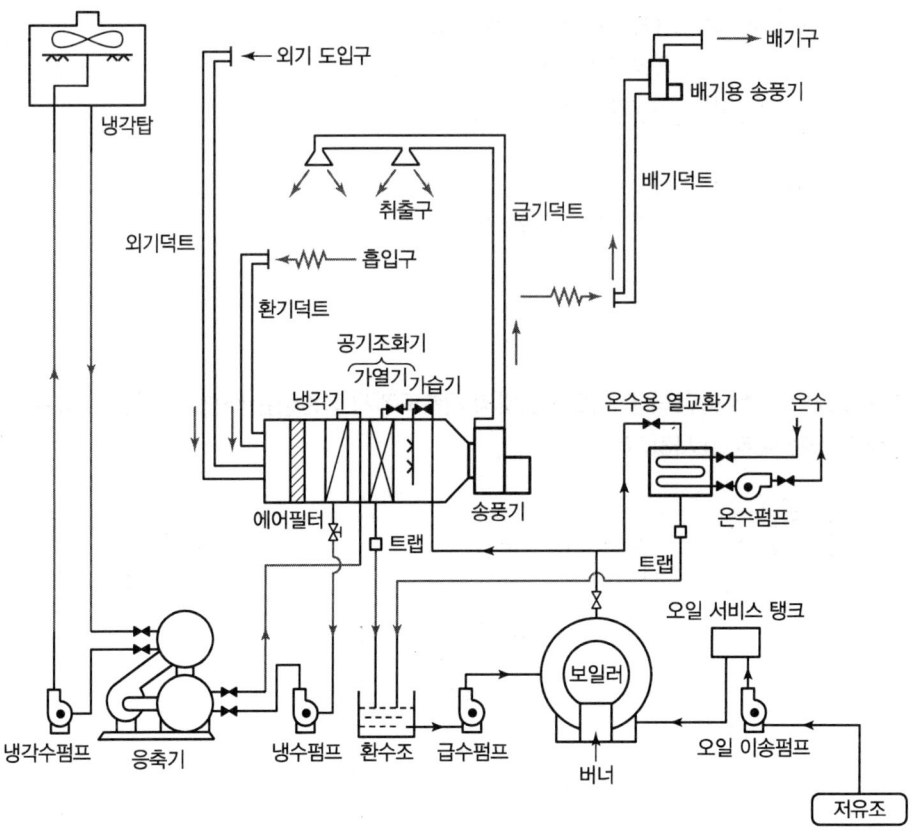

15 조건이 다른 2개의 냉장실에 2대의 압축기를 설치하여 필요시에 따라 교체 운전을 할 수 있도록 흡입 배관과 그에 따른 밸브를 설치하고 완성하시오.

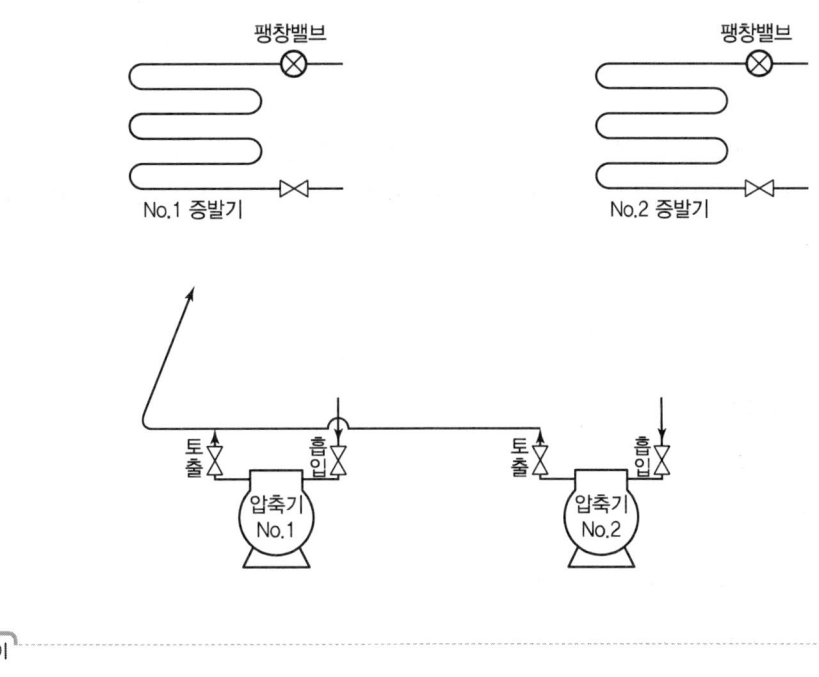

풀이

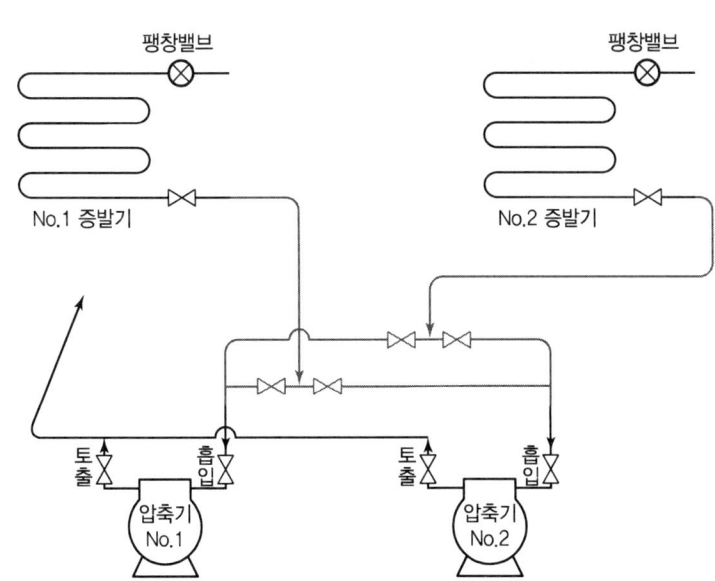

2018년 1회 기출문제

01 흡입 측에 300Pa(전압)의 저항을 갖는 덕트가 접속되고, 토출 측은 평균풍속 10m/s로 직접 대기에 방출하고 있는 송풍기가 있다. 이 송풍기의 축동력(kW)을 구하시오.(단, 풍량은 900m³/h, 정압효율은 0.5로 한다.)

[풀이]

- 송풍기 축동력
  송풍기 정압효율이 주어졌으므로 압력은 정압을 적용한다.
  $$L = \frac{P_S \times Q}{\eta_S} [\text{kW}]$$
  여기서, Q : m³/s, P_S : kPa
  $$= \frac{900 \times 300}{1,000 \times 3,600 \times 0.5} = 0.15 \text{kW}$$
  여기서, 송풍기 정압(P_S)은 다음과 같이 산출한다.

- 송풍기 정압 = 전압 − 토출 측 동압
  $P_S = P_T - P_{V2} = (P_{T2} - P_{T1}) - P_{V2}$
  여기서, $P_{T2} = P_{S2} + P_{V2}$
  토출 측이 대기압에 방출되므로 $P_{S2} = 0 \rightarrow P_{T2} = P_{V2}$
  $P_S = (P_{V2} - P_{T1}) - P_{V2}$ ($\because P_{T2} = P_{V2}$ 대입)
  $\therefore P_S = -P_{T1}$
  $= -(-300) = 300 \text{Pa}$
  (흡입 측에 걸리는 압력은 진공압이므로 300Pa을 −300Pa로 적용)

02 다음과 같은 조건의 건물 중간층 난방부하를 구하시오.

[조건]
1. 열관류율(W/m²·K) : 천장(0.98), 바닥(1.91), 문(3.95), 유리창(6.63)
2. 난방실의 실내온도 : 25℃, 비난방실의 온도 : 5℃
   외기온도 : −10℃, 상하층 난방실의 실내온도 : 25℃
3. 벽체 표면의 열전달률

구분	표면위치	대류의 방향	열전달률(W/m²·K)
실내 측	수직	수평(벽면)	9
실외 측	수직	수직·수평	23

4. 방위계수

방위	방위계수
북쪽 : 외벽, 창, 문	1.1
남쪽 : 외벽, 창, 문	1.0
동쪽, 서쪽 : 외벽, 창, 문	1.05

※ 내벽은 방위에 관계없이 방위계수 1.0 적용

5. 환기횟수 : 난방실(1회/h), 비난방실(3회/h)
6. 공기의 비열 : 1.01kJ/kg·K, 공기 밀도 : 1.2kg/m³

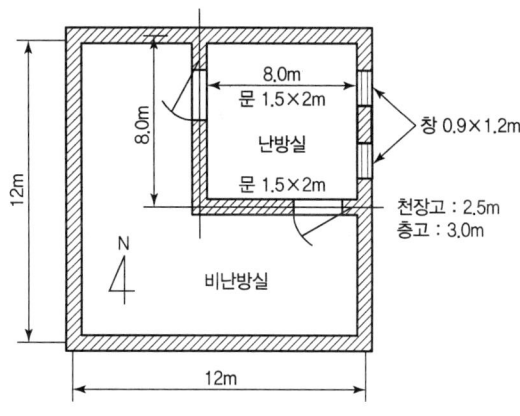

벽체의 종류	구조	재료	두께(mm)	열전도율(W/m·K)
외벽		타일	10	1.3
		모르타르	15	1.5
		콘크리트	120	1.6
		모르타르	15	1.5
		플라스터	3	0.6
내벽		콘크리트	100	1.5

(1) 외벽과 내벽의 열관류율을 구하시오.
(2) 다음 부하계산을 하시오.
　① 벽체를 통한 부하　　　　② 유리창을 통한 부하
　③ 문을 통한 부하　　　　　④ 극간풍 부하(환기횟수에 의함)

풀이

(1) 외벽과 내벽 열관류율(K)
　① 외벽 열관류율(K_o)
$$R_o = \frac{1}{\alpha_i} + \frac{l_1}{\lambda_1} + \frac{l_2}{\lambda_2} + \frac{l_3}{\lambda_3} + \frac{l_4}{\lambda_4} + \frac{l_5}{\lambda_5} + \frac{1}{\alpha_o}$$
$$= \frac{1}{9} + \frac{0.01}{1.3} + \frac{0.015}{1.5} + \frac{0.120}{1.6} + \frac{0.015}{1.5} + \frac{0.003}{0.6} + \frac{1}{23} = 0.2623$$
$$\therefore K_o = \frac{1}{0.2623} = 3.81 \text{W/m}^2 \cdot \text{K}$$

　② 내벽 열관류율(K_I)
$$\frac{1}{R_i} = \frac{1}{\alpha_i} + \frac{l_1}{\lambda_1} + \frac{1}{\alpha_i} = \frac{1}{9} + \frac{0.1}{1.5} + \frac{1}{9} = 0.2889$$
$$\therefore K_i = \frac{1}{0.2889} = 3.46 \text{W/m}^2 \cdot \text{K}$$

(2) 부하계산
　① 벽체를 통한 부하 $q_W = K \cdot A \cdot \Delta t \cdot k'$
　　• 동쪽 외벽 $q_{WE} = 3.81 \times (8 \times 3 - 0.9 \times 1.2 \times 2) \times (25 - (-10)) \times 1.05 = 3{,}057.982 \text{W}$
　　• 북쪽 외벽 $q_{WN} = 3.81 \times (8 \times 3) \times (25 - (-10)) \times 1.1 = 3{,}520.44 \text{W}$
　　• 서쪽 내벽 $q_{WI} = 3.46 \times (8 \times 2.5 - 1.5 \times 2) \times (25 - 5) \times 1.0 = 1{,}176.4 \text{W}$
　　• 남쪽 내벽 $q_{WI} = 3.46 \times (8 \times 2.5 - 1.5 \times 2) \times (25 - 5) \times 1.0 = 1{,}176.4 \text{W}$
　　∴ 벽체를 통한 부하 $q_W = 3{,}057.982 + 3{,}520.44 + 1{,}176.4 + 1{,}176.4 = 8{,}931.22 \text{W}$

　② 유리창을 통한 부하 $q_G = K \cdot A \cdot \Delta t \cdot k'$
$$q_G = 6.63 \times (0.9 \times 1.2 \times 2) \times (25 - (-10)) \times 1.05 = 526.29 \text{W}$$

　③ 문을 통한 부하 $q_D = K \cdot A \cdot \Delta t \cdot k'$
$$q_D = 3.95 \times (1.5 \times 2 \times 2) \times (25 - 5) \times 1.0 = 474 \text{W}$$

　④ 극간풍 부하(q_I)
$$q_I = Q\rho \cdot C_p \cdot \Delta t$$
$$= \frac{[(8 \times 8 \times 2.5 \times 1) \times 1.2 \times 1.01 \times (25 - (-10))] \times 1{,}000}{3{,}600} = 1{,}885.33 \text{W}$$

※ 문제에서 절대습도에 대한 조건이 명기되어 있지 않으므로 잠열에 대한 극간풍 부하는 산출하지 않는다.

03 다음은 단일덕트 공조 방식을 나타낸 것이다. 주어진 조건과 습공기 선도를 이용하여 각 물음에 답하시오.

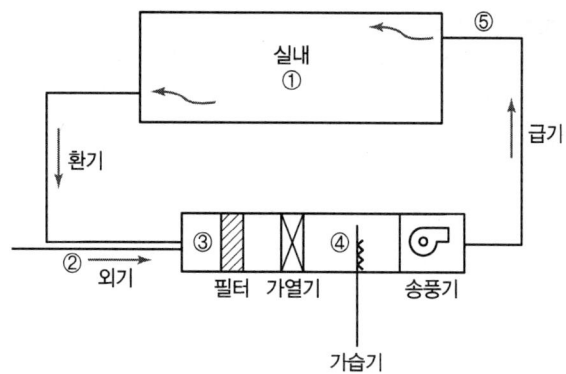

[조건]
1. 실내부하
   ① 현열부하(q_S) : 30kW
   ② 잠열부하(q_L) : 5kW
2. 실내 : 온도 20℃, 상대습도 50%
3. 외기 : 온도 2℃, 상대습도 40%
4. 환기량과 외기량의 비는 3 : 1
5. 공기의 밀도 : 1.2kg/m³
6. 공기의 비열 : 1.01kJ/kg · K
7. 실내 송풍량 : 10,000kg/h
8. 덕트장치 내의 열취득(손실)을 무시한다.
9. 가습은 순환수 분무로 한다.

(1) 계통도를 보고 공기의 상태변화를 습공기 선도상에 나타내고, 장치의 각 위치에 대응하는 점 (①~⑤)을 표시하시오.
(2) 실내부하의 현열비(SHF)를 구하시오.
(3) 취출공기 온도를 구하시오.
(4) 가열기 용량(kW)을 구하시오.
(5) 가습량(kg/h)을 구하시오.

> **풀이**

(1) 공기 선도 작성

〈선도 작성 방법〉

1. ①, ②점을 주어진 실내·외 온도 습도에 의해 표시한다.
2. ③점의 온도를 계산에 의해 구하고 ①, ②선분상에 표시한다.

$$t_3 = \frac{G_1 t_1 + G_2 t_2}{G_3} = \frac{3 \times 20 + 1 \times 2}{3 + 1} = 15.5℃$$

3. 실내부하의 현열비(SHF)를 계산에 의해 구하고 SHF 선과 평행한 선을 ①점에서 ⑤쪽으로 긋는다.

$$SHF = \frac{q_S}{q_S + q_L} = \frac{30}{30 + 5} = 0.86$$

4. 주어진 실내 송풍량과 실내 현열량에 의해 취출공기온도 t_5를 구하여 SHF와 동일한 기울기 선(취출선)상에 표시한다.

$$q_S = G \cdot C_p \cdot (t_5 - t_1) \text{에서 } t_5 = t_1 + \frac{q_S}{G \cdot C_p} = 20 + \frac{30 \times 3{,}600}{10{,}000 \times 1.01} = 30.69℃$$

5. 가습은 순환수 분무가습이므로 습구온도선을 따라 변화한다.
 따라서 ⑤점에서 ④점의 선분은 $t_4' = t_5'$ 또는 $h_4 ≒ h_5$이 된다.
6. ③점에서 수평선(가열과정)을 그어 ⑤점에서 그은 가습과정 선과 만나는 점이 ④점이 된다.

(2) 실내부하의 현열비

$$SHF = \frac{q_S}{q_S + q_L} = \frac{30}{30 + 5} = 0.86$$

(3) 취출공기온도

$$q_S = G \cdot C_p \cdot (t_5 - t_1) \text{에서 } t_5 = t_1 + \frac{q_S}{G \cdot C_p} = 20 + \frac{30 \times 3{,}600}{10{,}000 \times 1.01} = 30.69℃$$

(4) 가열기 용량(q_H)

$$q_H = G \cdot C_p \cdot (t_4 - t_3) = \frac{10{,}000 \times 1.01 \times (36.2 - 15.5)}{3{,}600} = 58.08\text{kW}$$

(5) 가습량(L)

$$L = G \Delta x = G(x_5 - x_4) = 10{,}000 \times (0.008 - 0.0056) = 24\text{kg/h}$$

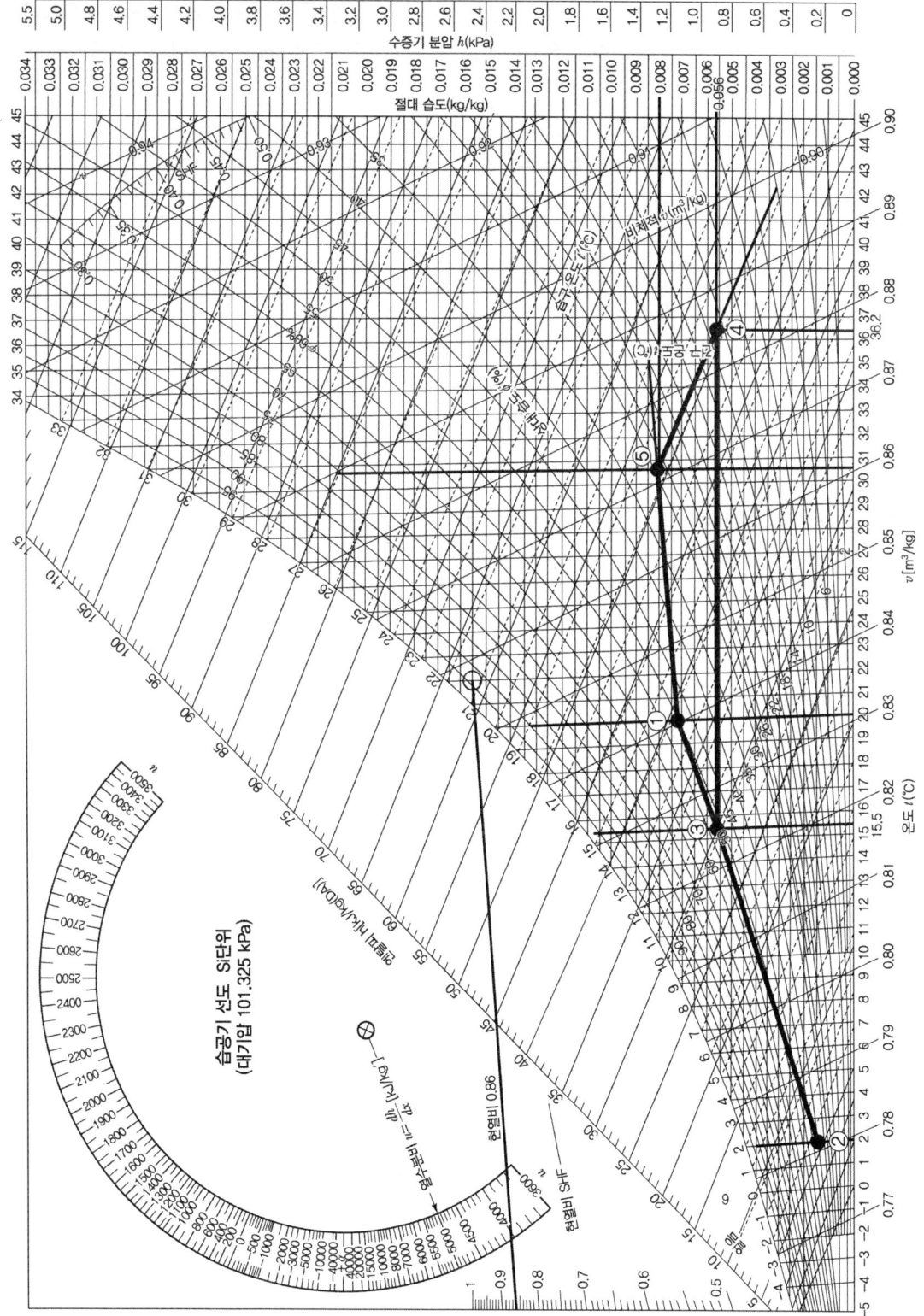

04 500rpm으로 운전되는 송풍기가 풍량 300m³/min, 전압 400Pa, 동력 3.5kW의 성능을 나타내고 있는 것으로 한다. 이 송풍기의 회전수를 1할 증가시키면 어떻게 되는가를 계산하시오.

[풀이]

송풍기 상사법칙을 이용한다.(1할 증가는 10% 증가를 의미한다.)

- 풍량 $Q_2 = Q_1 \times \left(\dfrac{N_2}{N_1}\right) = 300 \times \left(\dfrac{500 \times 1.1}{500}\right) = 330 \text{m}^3/\text{min}$

- 정압 $P_2 = P_1 \times \left(\dfrac{N_2}{N_1}\right)^2 = 400 \times \left(\dfrac{500 \times 1.1}{500}\right)^2 = 484 \text{Pa}$

- 동력 $L_2 = L_1 \times \left(\dfrac{N_2}{N_1}\right)^3 = 3.5 \times \left(\dfrac{500 \times 1.1}{500}\right)^3 = 4.66 \text{kW}$

05 송풍기(Fan)의 전압 효율이 45%, 송풍기 입구와 출구에서의 전압차가 1.2kPa로서, 10,200m³/h의 공기를 송풍할 때 송풍기의 축동력(kW)을 구하시오.

[풀이]

축동력(kW) $= \dfrac{Q \cdot P_T}{E}$

여기서, Q : 송풍량(m³/s), P_T : 전압(kPa), E : 효율(%)

축동력(kW) $= \dfrac{10,200 \text{m}^3/\text{h} \times 1.2 \text{kPa}}{0.45 \times 3,600} = 7.56 \text{kW}$

06 다음과 같은 조건하에서 운전되는 공기조화기에서 각 물음에 답하시오. (단, 공기의 밀도 $\rho = 1.2\text{kg/m}^3$, 비열 $C_p = 1.01\text{kJ/kg} \cdot \text{K}$이다.)

[조건]
1. 외기 : 32℃ DB, 28℃ WB
2. 실내 : 26℃ DB, 50% RH
3. 실내 현열부하 : 40kW, 실내 잠열부하 : 7kW
4. 외기 도입량 : 2,000m³/h

(1) 실내 현열비를 구하시오.
(2) 토출온도와 실내온도의 차를 10.5℃로 할 경우 송풍량(m³/h)을 구하시오.
(3) 혼합점의 온도(℃)를 구하시오.

풀이

(1) 실내 현열비(SHF)

$$SHF = \frac{현열}{전열} = \frac{현열}{현열 + 잠열}$$

$$= \frac{40}{40+7} = 0.85$$

(2) 송풍량(Q)

$$q_S = Q\rho \cdot C_p \cdot \Delta t$$

$$Q = \frac{q_S}{\rho C_p \Delta t}$$

$$= \frac{40 \times 3,600}{1.2 \times 1.01 \times 10.5} = 11,315.42 \text{m}^3/\text{h}$$

(3) 혼합점의 온도(t_3)

$$t_3 = \frac{Q_1 t_1 + Q_2 t_2}{Q_1 + Q_2} = \frac{Q_1 t_1 + (Q - Q_1) t_2}{Q_1 + (Q - Q_1)}$$

여기서, Q : 송풍량
Q_1, t_1 : 외기 도입 풍량, 외기온도
Q_2, t_2 : 실내환기량(재순환량, 송풍량 − 외기도입풍량), 실내온도

$$= \frac{2,000 \times 32 + (11,315.42 - 2,000) \times 26}{2,000 + (11,315.42 - 2,000)} = 27.06℃$$

07 주철제 증기보일러 2기가 있는 장치에서 방열기의 상당방열 면적이 1,500m²이고, 급탕 온수량이 5,000L/h이다. 급수온도 10℃, 급탕온도 60℃, 보일러 효율 80%, 압력 60kPa의 증발잠열량이 2,293kJ/kg일 때 다음 물음에 답하시오.(단, 물의 비열은 4.2kJ/kg · K, 증기의 표준방열량은 0.756kW/m²이다.)

(1) 주철제 방열기를 사용하여 난방할 경우 방열기 절 수를 구하시오.(단, 방열기 절당 면적은 0.26m²이다.)
(2) 배관부하를 난방부하의 10%라고 한다면 보일러의 상용출력(kW)은?
(3) 예열부하를 840,000kJ/h라고 한다면 보일러 1대당 정격출력(kW)은 얼마인가?
(4) 시간당 응축수 회수량(kg/h)은 얼마인가?

[풀이]

(1) 방열기 절 수 = $\dfrac{난방부하}{표준방열량 \times 방열기\ 절당면적}$

$= \dfrac{방열기\ 상당방열면적}{방열기\ 절당면적} = \dfrac{1,500}{0.26} = 5,769.23 ≒ 5,770$ 절

여기서, 방열기 절수는 별도 조건이 없으면 소수점 첫째자리에서 올림하여 정수로 표현한다.

(2) 보일러 상용출력 = 난방부하(방열기 부하) + 급탕부하 + 배관손실 부하
  ① 난방부하 = 방열기 상당방열면적 × 표준방열량 = 1,500 × 0.756 = 1,134kW
  ② 급탕부하 = $GC\Delta t$ = 5,000 × 4.2 × (60 − 10) = 1,050,000kJ/h ÷ 3,600 = 291.67kW
  ③ 배관손실 부하 = 난방부하 × 10% = 1,134 × 0.1 = 113.4kW
  ∴ 상용출력 = 1,134 + 291.67 + 113.4 = 1,539.07kW

(3) 보일러 1대당 정격출력
  • 정격출력 = 상용출력 + 예열부하
  ∴ 1대당 정격출력 = 전체정격출력 × $\dfrac{1}{2}$ = $\left(1,539.07 + \dfrac{840,000}{3,600}\right) \times \dfrac{1}{2}$ = 886.20kW

(4) 시간당 응축수 회수량

응축수 회수량 = $\dfrac{정격출력}{증발잠열량}$

$= \dfrac{1대당\ 정격출력 \times 2대}{증발잠열량} = \dfrac{886.2 \times 2 \times 3,600}{2,293} = 2,782.66$ kg/h

08 단일덕트 방식의 공기조화 시스템을 설계하고자 할 때 어떤 사무소의 냉방부하를 계산한 결과 현열부하 q_S = 7.0kW, 잠열부하 q_L = 1.7kW였다. 주어진 조건을 이용하여 물음에 답하시오.

[조건]
1. 설계 조건
   ① 실내 : 26℃ DB, 50% RH
   ② 실외 : 32℃ DB, 70% RH
2. 외기 취입량 : 500m³/h
3. 공기의 비열 : C_p = 1.01kJ/kg · K
4. 취출 공기온도 : 16℃
5. 공기의 밀도 : ρ = 1.2kg/m³

(1) 냉방풍량을 구하시오.
(2) 현열비(①) 및 실내공기와 실외공기의 혼합온도(②)를 구하고, 공기조화 Cycle을 공기 선도상에 도시하시오.

풀이

(1) 냉방풍량(Q)

$q_S = G \cdot C_p \cdot \Delta t = Q\rho \cdot C_p \cdot \Delta t$ 에서

$$Q = \frac{q_S}{\rho C_p \Delta t} = \frac{7.0 \times 3{,}600}{1.2 \times 1.01 \times (26-16)} = 2{,}079.21\text{m}^3/\text{h}$$

(2) 현열비(SHF), 혼합공기온도(t_3), 공기조화 Cycle

① 현열비(SHF)

$$SHF = \frac{q_S}{q_S + q_L} = \frac{7}{7+1.7} = 0.80$$

② 혼합공기온도(t_3)

$$t_3 = \frac{Q_1 t_1 + Q_2 t_2}{Q_1 + Q_2} = \frac{(2{,}079.21 - 500) \times 26 + 500 \times 32}{(2{,}079.21 - 500) + 500} = 27.44℃$$

여기서, Q_1, t_1 : 실내환기량(재순환량), 실내온도
   Q_2, t_2 : 외기 도입량, 외기(실외)온도

③ 공기조화 Cycle

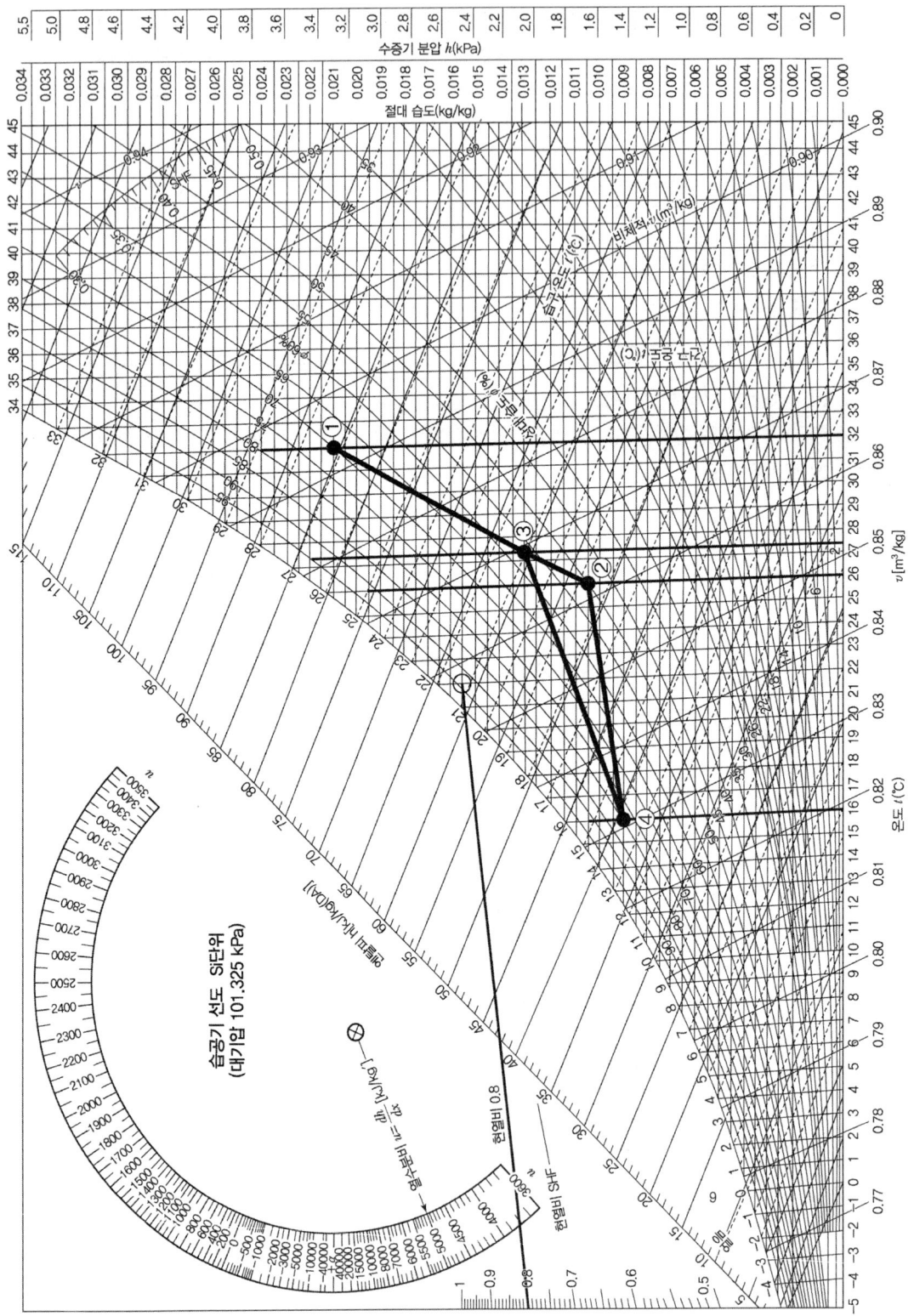

09 펌프에서 수직높이 25m의 고가수조와 5m 아래의 지하수까지를 관경 50mm의 파이프로 연결하여 2m/s의 속도로 양수할 때 다음 물음에 답하시오. (단, 배관의 마찰손실은 0.3mAq/100m이다.)

(1) 펌프의 전양정(m)을 구하시오.
(2) 펌프의 유량(m^3/s)을 구하시오.
(3) 펌프의 축동력(kW)을 구하시오. (펌프효율 : 70%)

풀이

(1) 펌프의 전양정(H)
전양정 = 실양정 + 배관마찰 손실수두 + 토출 측 속도수두

전양정 $= (25+5) + (25+5) \times \dfrac{0.3}{100} + \dfrac{2^2}{2 \times 9.8} = 30.29\text{m}$

(2) 펌프의 유량(Q)

$Q = A \cdot V = \dfrac{\pi d^2}{4} \times V = \dfrac{\pi \times 0.05^2}{4} \times 2 = 3.93 \times 10^{-3} \text{m}^3/\text{s}$

(3) 펌프의 축동력(L)

$L = \dfrac{\gamma H Q}{102 \times \eta}$

여기서, γ : 비중량(kgf/m³), H : 전양정(m), Q : 펌프의 유량(m³/s)

$= \dfrac{1{,}000 \times 30.29 \times 3.93 \times 10^{-3}}{102 \times 0.7} = 1.67\text{kW}$

10 실내 현열 발생량 q_s = 31,269.6kJ/h이고, 실내온도 26℃, 취출구온도 16℃에서 공기밀도 1.2kg/m³, 비열 1.01kJ/kg · K일 때 취출송풍질량 kg/h은 얼마인가?

풀이

취출풍량(G) $q_S = G \cdot C_p \cdot \Delta t$

$G = \dfrac{q_s}{C_p \Delta t} = \dfrac{31{,}269.6}{1.01 \times (26-16)} = 3{,}096 \text{kg/h}$

11 겨울철에 냉동장치 운전 중에 고압 측 압력이 갑자기 낮을 경우 장치 내에서 일어나는 현상을 3가지 쓰고 그 이유를 각각 설명하시오.

> **풀이**
>
> (1) 팽창밸브 통과하는 냉매량 감소
>   유속(V) 저하에 따른 시간당 통과하는 냉매량(G, 유량) 감소($G = AV$)
>
> (2) 단위시간당 냉동능력 감소
>   통과 냉매량(G)이 감소하므로 단위시간당 냉동능력(Q_e) 감소($Q_e = G \cdot q_e$)
>
> (3) 압축기 소요동력 증가
>   냉동능력 감소에 따라 동일 냉동능력 확보를 위해 압축기 가동시간 증가 및 이에 따른 소요동력 증가

12 공기조화기에서 풍량이 2,000m³/h, 난방코일 가열량 18kW, 입구온도 10℃일 때 출구온도는 몇 ℃인가?(단, 공기밀도 1.2kg/m³, 비열 1.0kJ/kg · K이다.)

> **풀이**
>
> **출구 공기온도(t_2) 산출**
>
> $q_s = GC_p \Delta t = Q\rho C_p (\Delta t)$
>
> $\Delta t = \dfrac{q_s}{Q\rho C_p} = \dfrac{18 \times 3,600}{2,000 \times 1.2 \times 1.0} = 27℃$
>
> $\therefore \Delta t = t_2 - t_1 \rightarrow t_2 = t_1 + \Delta t = 10 + 27 = 37℃$

13 다음과 같은 조건을 가진 냉방용 흡수식 냉동장치에서 증발기가 1RT의 능력을 갖도록 하기 위한 다음 각 물음에 답하시오. (단, 1RT = 3.86kW)

[조건]
1. 냉매와 흡수제 : 물 + 리튬브로마이드
2. 발생기 공급열원 : 80℃의 폐기가스
3. 용액의 출구온도 : 74℃
4. 냉각수 온도 : 25℃
5. 응축온도 : 30℃ (압력 31.8mmHg)
6. 증발온도 : 5℃ (압력 6.54mmHg)
7. 흡수기 출구 용액온도 : 28℃
8. 흡수기 압력 : 6mmHg
9. 발생기 내의 증기 엔탈피 $h_3' = 3,041.3$ kJ/kg
10. 증발기를 나오는 증기 엔탈피 $h_1' = 2,927.4$ kJ/kg
11. 응축기를 나오는 응축수 엔탈피 $h_3 = 545.1$ kJ/kg
12. 증발기로 들어가는 포화수 엔탈피 $h_1 = 438.4$ kJ/kg

상태점	온도(℃)	압력(mmHg)	농도(wt%)	엔탈피(kJ/kg)
4	74	31.8	60.4	316.5
8	46	6.54	60.4	273.0
6	44.2	6.0	60.4	270.5
2	28.0	6.0	51.2	238.6
5	56.5	31.8	51.2	291.4

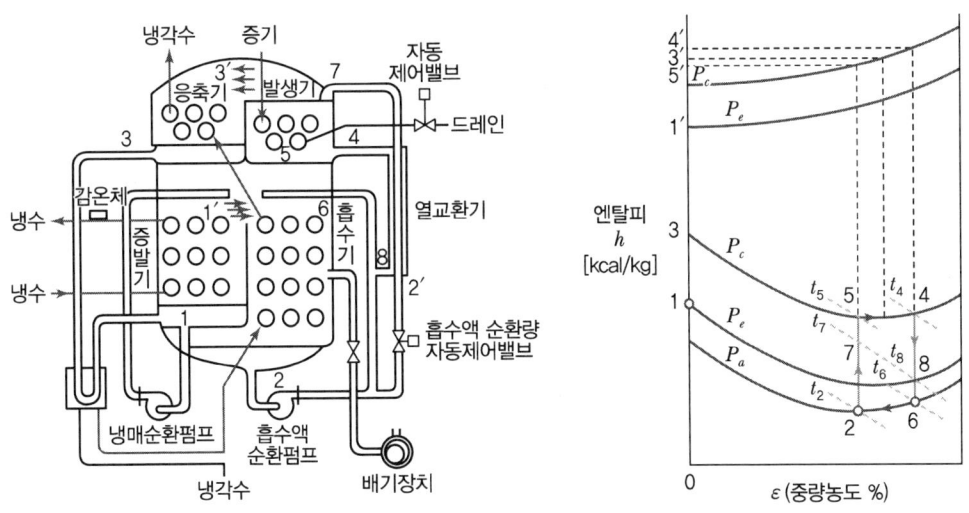

(1) 다음과 같이 나타내는 과정은 어떠한 과정인지 설명하시오.
   ① 4-8 과정   ② 6-2 과정   ③ 2-7 과정
(2) 응축기, 흡수기 열량을 구하시오.
(3) 1냉동톤당 냉매순환량을 구하시오.

> 풀이

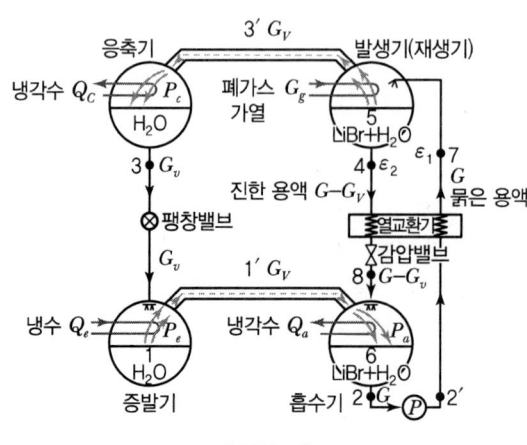

| 장치도 |

(1) 과정 설명
   ① 4-8 과정 : 재생기에서 냉매와 분리되어 농축된 진한 흡수액(LiBr)이 흡수기로 가는 과정으로서, 흡수기로 가는 과정 중 묽은 용액과 열교환하여 온도가 74℃에서 46℃로 냉각된다.
   ② 6-2 과정 : 흡수기에서 진한 흡수액(LiBr)이 냉매인 수증기를 흡수하여 묽은 용액이 되어 흡수기를 빠져나오는 과정이다. 6은 진한 용액, 2는 묽은 용액 상태이다.
   ③ 2-7 과정 : 흡수기의 묽은 용액이 재생기로 가는 과정 중 진한 흡수액(LiBr)과 열교환하여 가열된다.

(2) 응축기, 흡수기 열량
   ① 응축기 응축열량(Q_c)은 응축기 열평형식(나간 열량=들어온 열량)을 적용한다.
   $Q_c + G_v h_3 = G_v h_3{'}$에서
   $Q_c = G_v(h_3{'} - h_3)$
        여기서, G_v : 냉매(H_2O)
   G_v를 구하기 위해 증발기에서 열평형식을 세우면
   $Q_e + G_v h_3 = G_v h_1{'}$에서
   $Q_e = G_v(h_1{'} - h_3)$
   $G_v = \dfrac{Q_e}{h_1{'} - h_3} = \dfrac{1 \times 3.86 \times 3,600}{2,927.4 - 545.1} = 5.83 \text{kg/h}$
   $\therefore Q_c = G_v(h_3{'} - h_3) = 5.83 \times (3,041.3 - 545.1) = 14,552.85 \text{kJ/h}$

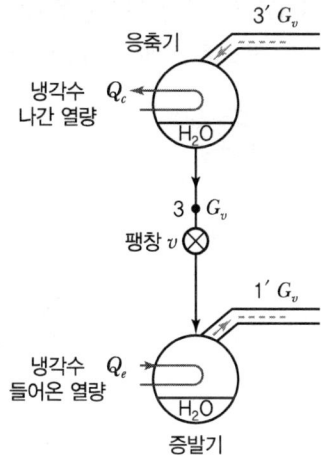

② 흡수기 열량(Q_a)은 흡수기에서 열평형식으로 산출한다.

$Q_a + Gh_2 = (G - G_v)h_8 + G_v h_1'$에서

$Q_a = (G - G_v)h_8 + G_v h_1' - Gh_2$

$\quad = \left[\left(\dfrac{G}{G_v} - 1\right)h_8 + h_1' - \dfrac{G}{G_v}h_2\right]G_v$

$\quad = [(f-1)h_8 + h_1' - fh_2]G_v$

여기서, $\dfrac{G}{G_v} = f$(용액순환비)

용액순환비 $f = \dfrac{G}{G_v} = \dfrac{\varepsilon_4}{\varepsilon_4 - \varepsilon_5}$ (여기서, ε는 리튬브로마이드 용액의 농도)

$f = \dfrac{60.4}{60.4 - 51.2} = 6.57 \text{kg/kg}$($f$는 항상 1보다 크다)

$\therefore Q_a = [(6.57 - 1) \times 273.0 + 2{,}927.4 - (6.57 \times 238.6)] \times 5.83$

$\qquad = 16{,}792.78 \text{kJ/h}$

(3) 1냉동톤당 냉매순환량(G_v)

증발기에서 $Q_e = G_v(h_1' - h_3)$이므로, $G_v = \dfrac{Q_e}{h_1' - h_3} = \dfrac{1 \times 3.86 \times 3{,}600}{2{,}927.4 - 545.1} = 5.83 \text{kg/h}$

14 다음의 그림은 각종 송풍기의 임펠러 형상을 나타낸 것이고, [보기]는 각종 송풍기의 명칭이다. 이들 중에서 가장 관계가 깊은 것끼리 골라서 번호와 기호를 선으로 연결하시오. [해답 예 : (8) – (a)]

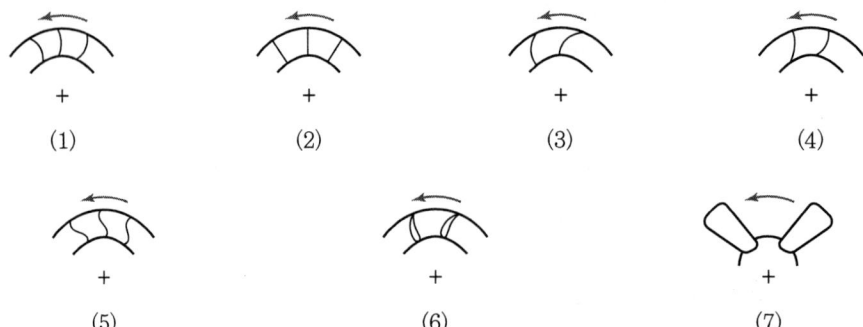

[보기]
(a) 터보 팬(사일런트형)   (b) 에어로 휠 팬
(c) 시로코 팬(다익송풍기)   (d) 리밋 로드 팬
(e) 플레이트 팬   (f) 프로펠러 팬
(g) 터보 팬(일반형)

풀이

(1)–(c)   (2)–(e)   (3)–(a)   (4)–(g)
(5)–(d)   (6)–(b)   (7)–(f)

15 R – 502를 냉매로 하고 A, B 2대의 증발기를 동일 압축기에 연결해서 쓰는 냉동장치가 있다. 증발기 A에는 증발압력조정밸브가 설치되고, A와 B의 운전 조건은 다음 표와 같으며, 응축온도는 35℃인 것으로 한다. 이 냉동장치의 냉동사이클을 $P-h$ 선도상에 그렸을 때 다음과 같다면 전체 냉매 순환량은 g/s인가?(단, 1RT = 3.86kW)

증발기	냉동부하(RT)	증발온도(℃)	팽창밸브전 액온도 (℃)	증발기 출구의 냉매증기 상태
A	2	−10	30	과열도 10℃
B	4	−30	30	건조 포화증기

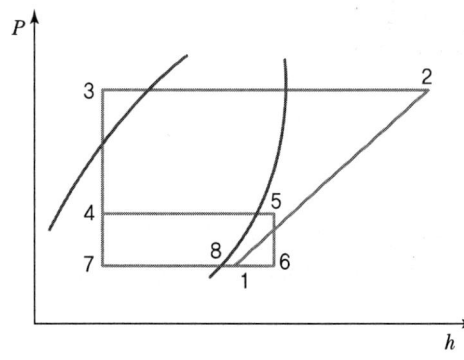

$h_1 = 558.3 \text{kJ/kg}$

$h_2 = 599 \text{kJ/kg}$

$h_3 = h_4 = h_7 = 456 \text{kJ/kg}$

$h_5 = 571 \text{kJ/kg}$

$h_8 = 553 \text{kJ/kg}$

> 풀이

- A 증발기(4 → 5) 냉매순환량(G_A)

$Q_A = G_A(h_5 - h_4)$

$G_A = \dfrac{Q_A}{h_5 - h_4} = \dfrac{2 \times 3.86 \times 1,000}{571 - 456} = 67.13 \text{g/s}$

- B 증발기(7 → 8) 냉매순환량(G_B)

$Q_B = G_B(h_8 - h_7)$

$G_B = \dfrac{Q_B}{h_8 - h_7} = \dfrac{4 \times 3.86 \times 1,000}{553 - 456} = 159.175 \text{g/s}$

∴ 전체 냉매순환량 $G = G_A + G_B (\text{g/s})$

$= 67.13 + 159.175 = 226.31 \text{g/s}$

2018년 2회 기출문제

01 500rpm으로 운전되는 송풍기가 풍량 300m³/min, 전압 400Pa, 동력 3.5kW의 성능을 나타내고 있는 것으로 한다. 이 송풍기의 회전수를 1할 증가시키면 어떻게 되는가를 계산하시오.

풀이

송풍기 상사법칙을 이용한다.

- 풍량 $Q_2 = Q_1 \times \left(\dfrac{N_2}{N_1}\right) = 300 \times \left(\dfrac{500 \times 1.1}{500}\right) = 330 \text{m}^3/\text{min}$

- 정압 $P_2 = P_1 \times \left(\dfrac{N_2}{N_1}\right)^2 = 400 \times \left(\dfrac{500 \times 1.1}{500}\right)^2 = 484 \text{Pa}$

- 동력 $L_2 = L_1 \times \left(\dfrac{N_2}{N_1}\right)^3 = 3.5 \times \left(\dfrac{500 \times 1.1}{500}\right)^3 = 4.66 \text{kW}$

02 냉동장치에 사용하는 액분리기에 대하여 다음 물음에 답하시오.

(1) 설치 목적
(2) 설치 위치

풀이

(1) 설치 목적
흡입가스 중의 액립을 분리하여 증기만 압축기에 흡입시켜서 액압축(Liquid Hammer)으로부터 위험을 방지

(2) 설치 위치 : 증발기와 압축기 사이의 흡입배관 중에 증발기보다 높은 위치에 설치

03 다음 그림 (a), (b)는 응축온도 35℃, 증발온도 −35℃로 운전되는 냉동사이클을 나타낸 것이다. 이 두 냉동사이클 중 어느 것이 에너지 절약 차원에서 유리한가를 계산하여 비교하시오.

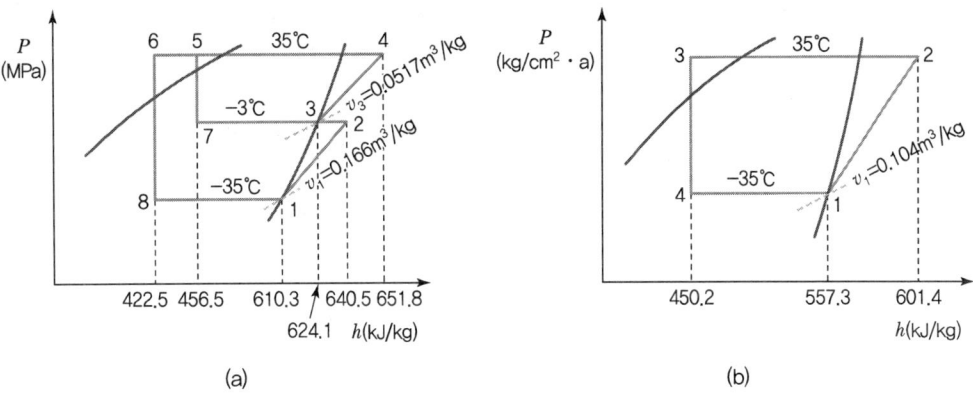

(a)　　　　　　　　　　　　(b)

> **풀이**
>
> 에너지 절약을 비교하려면 성적계수를 비교하면 된다.
> (1) 2단 압축 1단 팽창 사이클 성적계수(COP_1)
>
> $$COP_1 = \frac{Q_e}{AW_1 + AW_2} = \frac{G_L(h_1 - h_8)}{G_L(h_2 - h_1) + G_H(h_4 - h_3)}$$
>
> $$= \frac{h_1 - h_8}{(h_2 - h_1) + \dfrac{h_2 - h_6}{h_3 - h_7}(h_4 - h_3)}$$
>
> $$= \frac{610.3 - 422.5}{(640.5 - 610.3) + \dfrac{640.5 - 422.5}{624.1 - 456.5}(651.8 - 624.1)} = 2.835$$
>
> 여기서, G_H : 고단 측 냉매순환량
> G_L : 저단 측 냉매순환량
>
> $$\frac{G_H}{G_L} = \frac{h_2 - h_6}{h_3 - h_7}$$
>
> (2) 1단 압축 1단 팽창 사이클 성적계수(COP_2)
>
> $$COP_2 = \frac{Q_e}{A_W} = \frac{h_1 - h_4}{h_2 - h_1} = \frac{557.3 - 450.2}{601.4 - 557.3} = 2.428$$
>
> ∴ 2단 압축 1단 팽창 사이클인 (a)의 성적계수(2.835)가 1단 압축 1단 팽창 사이클인 (b)의 성적계수 (2.428)보다 크므로 (a) 사이클이 에너지 절약 차원에서 유리하다.

04 냉동장치의 운전상태 및 계산의 활용에 이용되는 몰리에르 선도($P-i$ 선도)의 구성요소의 명칭과 해당되는 단위를 번호에 맞게 기입하시오.

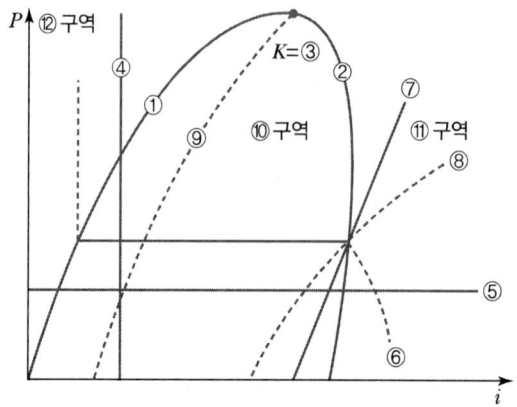

> 풀이

번호	명칭	단위(SI)
①	포화액선	없음
②	건포화 증기선	없음
③	임계점	없음
④	등엔탈피선	kJ/kg
⑤	등압력선	Pa(abs)
⑥	등온도선	℃
⑦	등엔트로피선	kJ/kg · K
⑧	등비체적선	m^3/kg
⑨	등건조도선	없음
⑩구역	습포화 증기구역(습증기)	없음
⑪구역	과열 증기구역	없음
⑫구역	과냉각 액체구역	없음

05 24시간 동안에 30℃의 원료수 5,000kg을 −10℃의 얼음으로 만들 때 냉동기용량(냉동톤)을 구하시오. (단, 냉동기 안전율은 10%로 하고 물의 응고잠열은 334kJ/kg, 물과 얼음의 비열이 4.2, 2.1kJ/kg·K이고, 1RT는 3.86kW이다.)

> **풀이**

냉동기 용량(냉동톤)

30℃ 물 →현열 Q_1→ 0℃ 물 →잠열 Q_2→ 0℃ 얼음 →현열 Q_3→ −10℃ 얼음

$Q_1 = G \cdot C_1 \cdot \Delta t_1 = \dfrac{5,000 \times 4.2 \times (30-0)}{24 \times 3,600} = 7.29\text{kW}$

$Q_2 = G \cdot \gamma = \dfrac{5,000 \times 334}{24 \times 3,600} = 19.33\text{kW}$

$Q_3 = G \cdot C_3 \cdot \Delta t_3 = \dfrac{5,000 \times 2.1 \times (0-(-10))}{24 \times 3,600} = 1.22\text{kW}$

∴ 냉동기 용량 $= \dfrac{열량}{1\ 냉동톤} \times 안전율$

$= \dfrac{7.29 + 19.33 + 1.22}{3.86} \times 1.1 = 7.93\text{RT}$

06 증기 대 수 원통 다관형(셸 튜브형) 열교환기에서 열교환량 2,100MJ/h, 입구수온 60℃, 출구수온 70℃일 때 관의 전열면적은 얼마인가?(단, 사용 증기온도는 103℃, 관의 열관류율은 2.1kW/$m^2 \cdot K$이다.)

풀이

전열면적(A)

$q = K \cdot A \cdot \Delta t_m$에서

$$A = \frac{q}{K \cdot \Delta t_m}$$

여기서, Δt_m은 대수평균온도차로 구해준다.

$$\Delta t_m = \frac{\Delta t_1 - \Delta t_2}{\ln \frac{\Delta t_1}{\Delta t_2}} = \frac{43 - 33}{\ln \frac{43}{33}} = 37.78℃$$

여기서, Δt_1(입구 측 온도차) $103 - 60 = 43℃$
Δt_2(출구 측 온도차) $103 - 70 = 33℃$

$$\therefore A = \frac{2,100 \times 10^3}{2.1 \times 37.78 \times 3,600} = 7.35 m^2$$

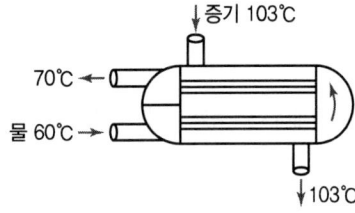

07 다음과 같은 건물의 A실에 대하여 아래 조건을 이용하여 각 물음에 답하시오. (단, A실은 최상층으로 사무실 용도이며 아래층의 난방 조건은 동일하다.)

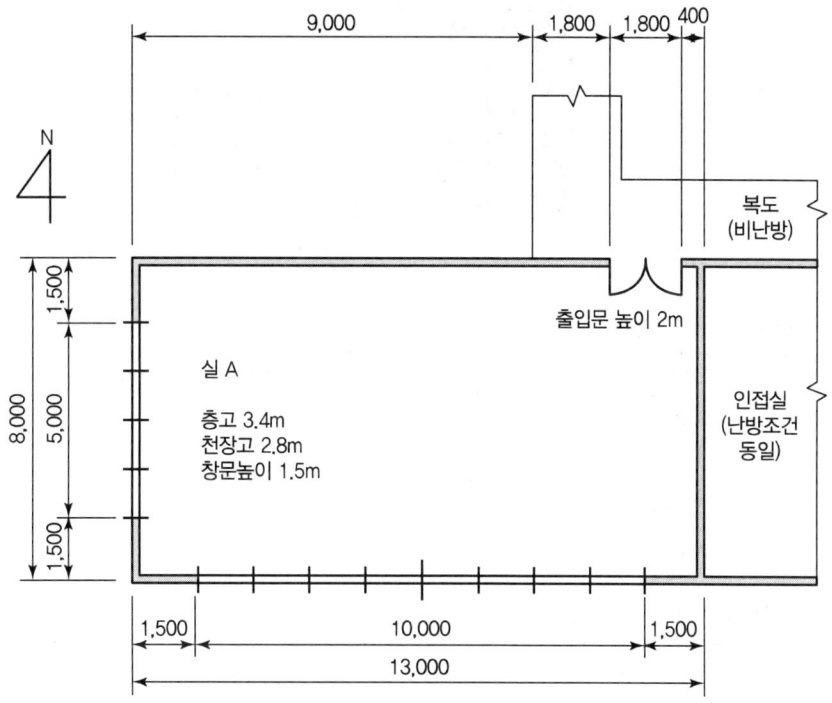

[조건]
1. 난방 설계용 온·습도

구분	난방	비고
실내	20℃ DB, 50% RH, $x=0.00725$ kg/kg′	비공조실은 실내·외의 중간 온도로 약산함
외기	−5℃ DB, 70% RH, $x=0.00175$ kg/kg′	

2. 유리 : 복층유리(공기층 6mm), 블라인드 없음, 열관류율 $K=3.5$ W/m²·K
   출입문 : 목제 플래시문, 열관류율 $K=2.2$ W/m²·K

3. 공기의 밀도 $\rho=1.2$ kg/m³
   공기의 정압비열 $C_p=1.01$ kJ/kg·K
   수분의 증발잠열(상온) $E_a=2,500$ kJ/kg
   100℃ 물의 증발잠열 $E_b=2,256$ kJ/kg

4. 외기 도입량은 25m³/h·인이다.

5. 외벽

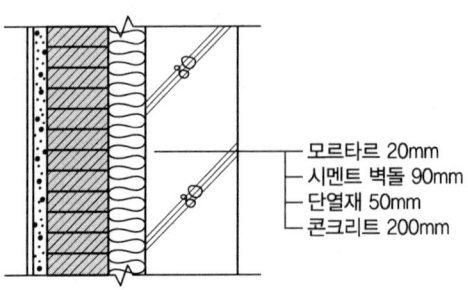

- 모르타르 20mm
- 시멘트 벽돌 90mm
- 단열재 50mm
- 콘크리트 200mm

6. 내벽 열관류율 : 3.0W/m²·K, 지붕 열관류율 : 0.5W/m²·K

▼ 각 재료의 열전도율

재료명	열전도율(W/m·K)
1. 모르타르	1.4
2. 시멘트 벽돌	1.4
3. 단열재	0.035
4. 콘크리트	1.6

▼ 표면 열전달률 α_i, α_o(W/m²·K)

표면의 종류	난방 시	냉방 시
내면	8.4	8.4
외면	24.2	22.7

▼ 방위계수

방위	N, 수평	E	W	S
방위계수	1.2	1.1	1.1	1.0

▼ 재실인원1인당 상면적(m²/인)

방의 종류	상면적(m²/인)	방의 종류		상면적(m²/인)
사무실(일반)	5.0		객실	18.0
은행 영업실	5.0		평균	3.0
레스토랑	1.5	백화점	혼잡	1.0
상점	3.0		한산	6.0
호텔로비	6.5	극장		0.5

▼ 환기횟수

실용적(m³)	500 미만	500~1,000	1,000~1,500	1,500~2,000	2,000~2,500	2,500~3,000	3,000 이상
환기횟수(회/h)	0.7	0.6	0.55	0.5	0.42	0.40	0.35

(1) 외벽 열관류율을 구하시오.
(2) 난방부하를 계산하시오.
　① 서측　　　　② 남측　　　　③ 북측
　④ 지붕　　　　⑤ 내벽　　　　⑥ 출입문

> 풀이

(1) 외벽 열관류율(K)

$$R = \frac{1}{\alpha_i} + \frac{l_1}{\lambda_1} + \frac{l_2}{\lambda_2} + \frac{l_3}{\lambda_3} + \frac{l_4}{\lambda_4} + \frac{1}{\alpha_o}$$

$$= \frac{1}{8.4} + \frac{0.02}{1.4} + \frac{0.09}{1.4} + \frac{0.05}{0.035} + \frac{0.2}{1.6} + \frac{1}{24.2} = 1.7925$$

$$\therefore K = \frac{1}{R} = \frac{1}{1.7925} = 0.56 \text{W/m}^2 \cdot \text{K}$$

(2) 난방부하(q)

① 서측 $q_W = K \cdot A \cdot \Delta t \cdot k$
- 외벽 $q_{W1} = 0.56 \times (8 \times 3.4 - 5 \times 1.5) \times (20 - (-5)) \times 1.1 = 303.38\text{W}$
　외벽의 벽체 높이는 층고(3.4m)를 적용한다.
- 유리창 $q_{W2} = 3.5 \times (5 \times 1.5) \times (20 - (-5)) \times 1.1 = 721.875\text{W}$
∴ 서측 부하 $q_W = q_{W1} + q_{W2} = 303.38 + 721.875 = 1,025.26\text{W}$

② 남측 $q_S = K \cdot A \cdot \Delta t \cdot k'$
- 외벽 $q_{S1} = 0.56 \times (13 \times 3.4 - 10 \times 1.5) \times (20 - (-5)) \times 1.0 = 408.8\text{W}$
- 유리창 $q_{S2} = 3.5 \times (10 \times 1.5) \times (20 - (-5)) \times 1.0 = 1,312.5\text{W}$
∴ 남측 부하 $q_S = q_{S1} + q_{S2} = 408.8 + 1,312.5 = 1,721.3\text{W}$

③ 북측(외벽) $q_N = K \cdot A \cdot \Delta t \cdot k'$
$q_N = 0.56 \times (9 \times 3.4) \times (20 - (-5)) \times 1.2 = 514.08\text{W}$

④ 지붕 $q_R = K \cdot A \cdot \Delta t \cdot k'$
$q_R = 0.5 \times (8 \times 13) \times (20 - (-5)) \times 1.2 = 1,560\text{W}$

⑤ 내벽 $q_I = K \cdot A \cdot \Delta t = K \cdot A \cdot \left(t_i - \frac{t_i + t_o}{2} \right)$

$q_I = 3.0 \times (4 \times 2.8 - 1.8 \times 2) \times \left(20 - \frac{20 + (-5)}{2} \right) = 285\text{W}$

내벽의 벽체 높이는 천장고(2.8m)를 적용한다.

⑥ 출입문 $q_D = K \cdot A \cdot \Delta t = K \cdot A \cdot \left(t_i - \frac{t_i + t_o}{2} \right)$

$q_D = 2.2 \times (1.8 \times 2) \times \left(20 - \frac{20 + (-5)}{2} \right) = 99\text{W}$

08 다음과 같은 벽체의 열관류율을 구하시오. (단, 외표면 열전달률 α_o = 23W/m² · K, 내표면 열전달률 α_i = 9W/m² · K로 한다.)

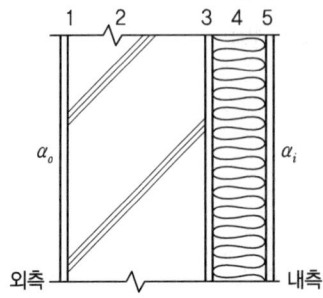

재료명	두께(mm)	열전도율(W/m · K)
1. 모르타르	30	1.4
2. 콘크리트	130	1.6
3. 모르타르	20	1.4
4. 스티로폼	50	0.037
5. 석고보드	10	0.21

풀이

벽체의 열관류율(K)

$$R = \frac{1}{\alpha_o} + \frac{l_1}{\lambda_1} + \frac{l_2}{\lambda_2} + \frac{l_3}{\lambda_3} + \frac{l_4}{\lambda_4} + \frac{l_5}{\lambda_5} + \frac{1}{\alpha_i}$$

여기서, l은 m 단위로 환산하여 기입한다.

$$= \frac{1}{23} + \frac{0.03}{1.4} + \frac{0.13}{1.6} + \frac{0.02}{1.4} + \frac{0.05}{0.037} + \frac{0.01}{0.21} + \frac{1}{9} = 1.6705$$

$$\therefore K = \frac{1}{R} = \frac{1}{1.6705} = 0.60 \text{W/m}^2 \cdot \text{K}$$

09 프레온 냉동장치에서 1대의 압축기로 증발온도가 다른 2대의 증발기를 냉각운전하고자 한다. 이때 1대의 증발기에 증발압력조정밸브를 부착하여 제어하고자 한다면, 아래의 냉동장치는 어디에 증발압력조정밸브 및 체크밸브를 부착하여야 하는지 흐름도를 완성하시오. 또 증발압력조정밸브의 기능을 간단히 설명하시오.

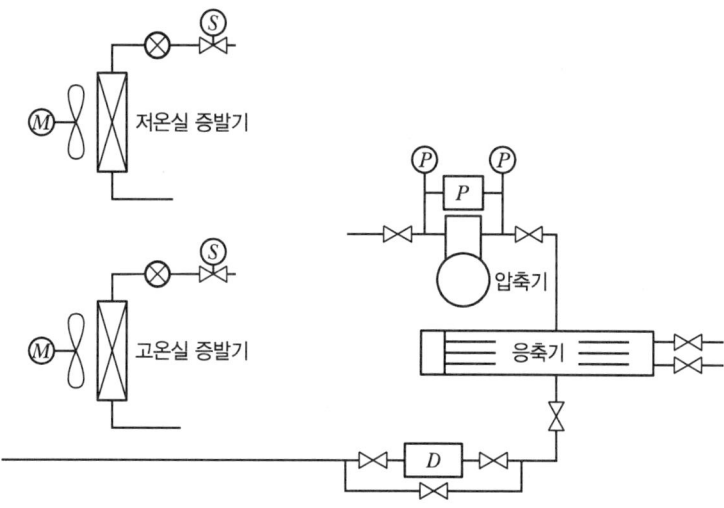

풀이

(1) 냉동장치의 흐름도

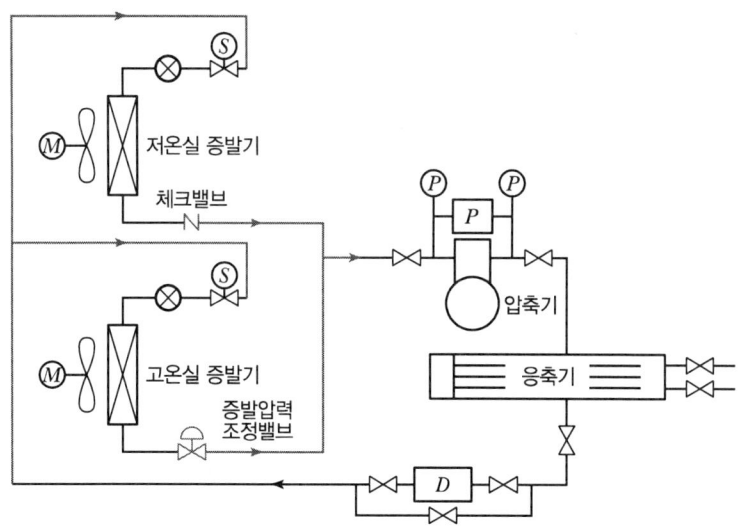

(2) 증발압력조정밸브(EPR)의 기능

증발압력조정밸브(EPR : Evaporator Pressure Regulator)는 증발압력(온도)이 소정압력(온도) 이하가 되는 것을 방지(증발온도의 저온화 및 동파를 방지)하는 역할을 한다.

10 다음 도면과 같은 온수난방에 있어서 리버스 리턴 방식에 의한 배관도를 완성하시오. (단, A, B, C, D는 방열기를 표시한 것이며, 온수공급관은 실선으로, 귀환관은 점선으로 표시하시오.)

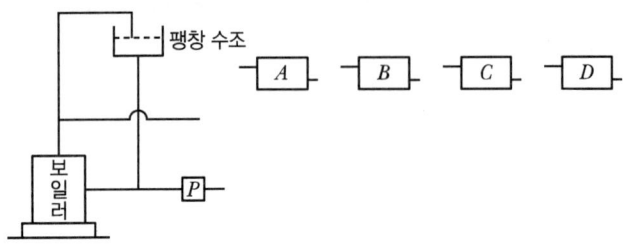

[풀이]

리버스 리턴(Reverse Return) 배관 방식에 의한 배관도

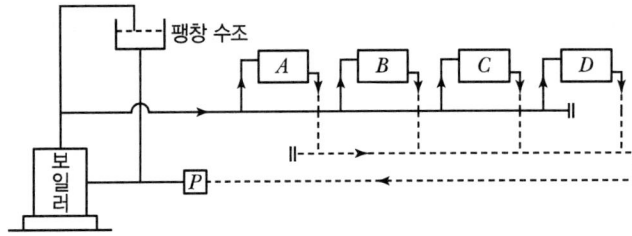

11 장치노점이 10℃인 냉수코일이 20℃ 공기를 12℃로 냉각시킬 때 냉수코일의 Bypass Factor(BF)를 구하시오.

[풀이]

$$BF = \frac{t_o - t_d}{t_i - t_d} = \frac{12 - 10}{20 - 10} = 0.2$$

12 다음과 같은 냉각수 배관 시스템에 대해 각 물음에 답하시오. (단, 냉동기 냉동능력은 150RT, 응축기 수저항은 80kPa, 배관의 마찰손실은 40kPa/100m이고, 냉각수량은 1냉동톤당 13L/min이다.)

▼ 관경산출표 40kPa/100m 기준

관경(mm)	32	40	50	65	80	100	125	150
유량(L/min)	90	180	320	500	720	1,800	2,100	3,200

▼ 밸브, 이음쇠류 1개당 상당길이(m)

관경(mm)	게이트밸브	체크밸브	엘보	티	리듀서(1/2)
100	1.4	12	3.1	6.4	3.1
125	1.8	15	4.0	7.6	4.0
150	2.1	18	4.9	9.1	4.9

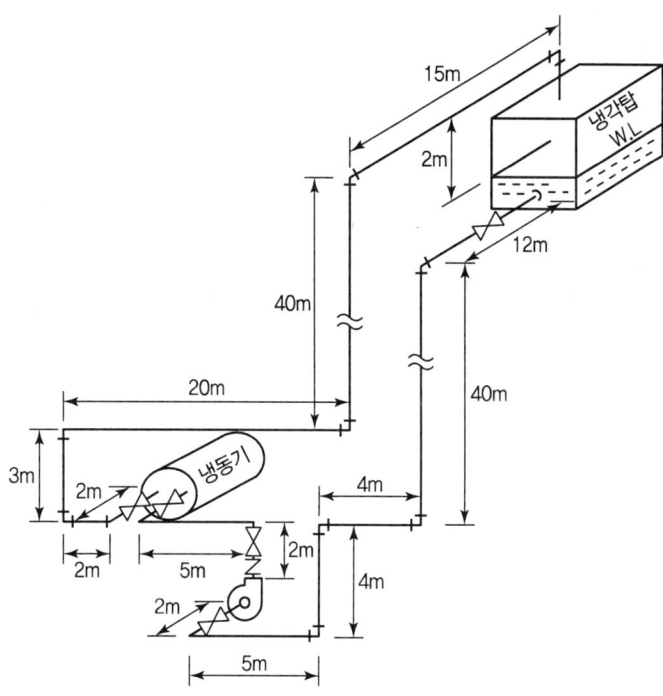

(1) 배관 마찰손실 ΔP(kPa)를 구하시오. (단, 직관부의 길이는 158m이다.)
(2) 펌프양정 H(mAq)를 구하시오.
(3) 펌프의 수동력 P(kW)를 구하시오.

> 풀이

(1) 배관 마찰손실(ΔP)

   밸브 및 이음쇠의 직관상당길이(l')
   - 냉각수유량 150RT×13L/min=1,950L/min
   - 냉각수유량에 따라 관경산출표에서 관경 125mm 선정
   - 상당길이표를 통해 관경 125mm에 해당하는 상당길이 산출
     - 게이트밸브의 직관 상당길이=1.8×5개=9m
     - 체크밸브의 직관 상당길이=15×1개=15m
     - 엘보의 직관 상당길이=4.0×13개=52m

   $l' = 9+15+52 = 76$m

   ∴ 마찰손실수두 $\Delta P = (l+l')R = (158+76) \times \dfrac{40}{100} = 93.6$kPa

   여기서, l : 직관부 길이

(2) 펌프양정(H)

   H = 실양정+배관손실수두+기기저항

   $= 2 + \dfrac{93.6}{9.8} + \dfrac{80}{9.8} = 19.71$mAq

   여기서, 1mAq=9.8kPa

(3) 펌프의 수동력(P)

   $P(\text{kW}) = \dfrac{\gamma H Q}{102}$

   여기서, γ : kgf/m³, H : m, Q : m³/s

   $= \dfrac{1{,}000 \times 19.71 \times 1{,}950}{102 \times 1{,}000 \times 60} = 6.28$kW

13 역카르노 사이클 냉동기의 증발온도 −20℃, 응축온도 35℃일 때, (1) 이론 성적계수와 (2) 실제 성적계수는 약 얼마인가?(단, 팽창밸브 직전의 액온도는 32℃, 흡입가스는 건포화증기이고, 체적효율은 0.65, 압축효율은 0.80, 기계효율은 0.9로 한다.)

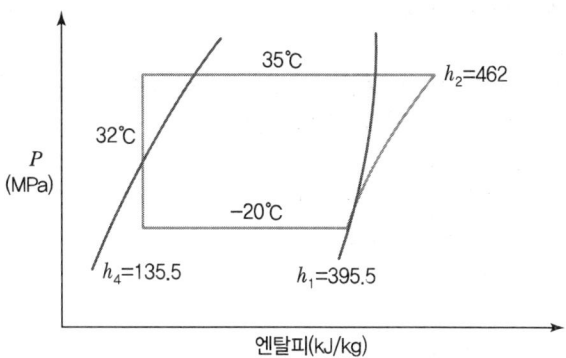

> 풀이

(1) 이론 성적계수

$$\text{이론 성적계수} = \frac{q_e}{AW} = \frac{h_1 - h_4}{h_2 - h_1}$$

$$= \frac{395.5 - 135.5}{462 - 395.5} = 3.91$$

(2) 실제 성적계수

실제 성적계수 = 이론 성적계수 × $(\eta_c \times \eta_m)$
= 3.91 × (0.8 × 0.9) = 2.82

여기서, η_c : 압축효율, η_m : 기계효율

14 그림과 같은 조건의 온수난방 설비에 대하여 물음에 답하시오.

[조건]
1. 방열기 출입구온도차 : 10℃
2. 배관손실 : 방열기 방열용량의 20%
3. 순환펌프 양정 : 2m
4. 보일러, 방열기 및 방열기 주변의 지관을 포함한 배관국부저항의 상당길이는 직관길이의 100%로 한다.
5. 배관의 관지름 선정은 표에 의한다.(표 내의 값의 단위는 L/min)
6. 예열부하 할증률은 25%로 한다.
7. 온도차에 의한 자연순환 수두는 무시한다.
8. 배관길이가 표시되어 있지 않은 곳은 무시한다.
9. 온수의 비열은 4.2kJ/kg·K이다.

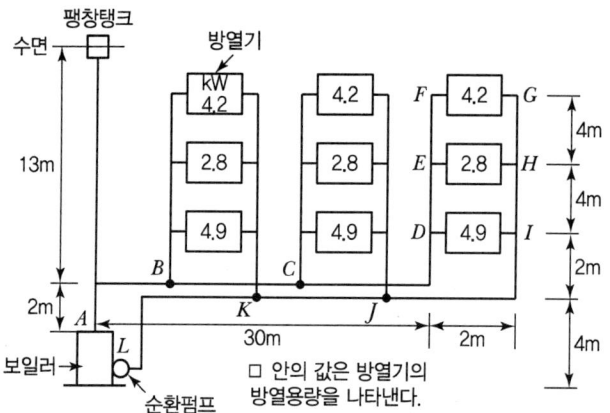

압력강하 (Pa/m)	관경(A)					
	10	15	25	32	40	50
50	2.3	4.5	8.3	17.0	26.0	50.0
100	3.3	6.8	12.5	25.0	39.0	75.0
200	4.5	9.5	18.0	37.0	55.0	110.0
300	5.8	12.6	23.0	46.0	70.0	140.0
500	8.0	17.0	30.0	62.0	92.0	180.0

(1) 전 순환량(L/min)을 구하시오.
(2) B-C 간의 관지름(mm)을 구하시오.
(3) 보일러 용량(kW)을 구하시오.

[풀이]

(1) 전 순환량(Q)

$q = Q \cdot \rho \cdot C \cdot \Delta t$

$Q = \dfrac{q}{\rho \cdot C \cdot \Delta t}$

$= \dfrac{(4.2 \times 3 + 2.8 \times 3 + 4.9 \times 3) \times 60}{1 \times 4.2 \times 10} = 51 \text{L/min}$

여기서, q : 방열기 방열용량
Δt : 방열기 입출구 온도차

(2) B−C 간의 관지름

B−C 간의 관지름은 B−C 간의 순환수량과 배관의 압력강하(Pa/m)를 산출하고, 관경표를 통해 구한다.

① B−C 간의 순환수량 $Q = \dfrac{q}{\rho \cdot C \cdot \Delta t} = \dfrac{(4.2 + 2.8 + 4.9) \times 2 \times 60}{1 \times 4.2 \times 10} = 34 \text{L/min}$

② 순환펌프의 압력강하(R)

$R = \dfrac{\text{총 압력강하}}{\text{직관 길이} + \text{국부저항 상당길이}} = \dfrac{9,800 \times 2}{88 + 88} = 111.36 \text{Pa/m}$

여기서,
- 가장 먼 방열기까지 직관길이
  $l = 2 + 30 + 2 + (4 \times 4) + 2 + 2 + 30 + 4 = 88\text{m}$
- 국부저항 상당길이
  $l' = $ 직관길이의 100% = 88m
- 배관의 총 압력강하(마찰손실수두)
  $H_l = 2\text{m}$(순환펌프의 양정)

③ B−C 간의 관지름

허용되는 압력강하이므로 압력강하 111.36의 바로 아래로 작은 압력강하인 100에서 유량 34L/min 이상의 유량을 감당할 수 있는 관경을 찾으면 40A가 된다.

∴ B−C 간 관지름 = 40A

(3) 보일러 용량

보일러 용량(정격출력) = 방열기열량 + 배관손실 + 예열부하
$= (4.2 + 2.8 + 4.9) \times 3 \times 1.2 \times 1.25$
$= 53.55 \text{kW}$

15 ①의 공기상태 $t_1 = 25℃$, $x_1 = 0.022$kg/kg′, $h_1 = 91.7$kJ/kg, ②의 공기상태 $t_2 = 22℃$, $x_2 = 0.006$kg/kg′, $h_2 = 37.7$kJ/kg일 때 공기 ①을 25%, 공기 ②를 75%로 혼합한 후의 공기 ③의 상태(t_3, x_3, h_3)를 구하고, 공기 ①과 공기 ③ 사이의 열수분비를 구하시오.

> 풀이
>
> (1) 혼합 후 공기 ③의 상태(t_3, x_3, h_3)
>
> ① $t_3 = \dfrac{0.25 \times 25 + 0.75 \times 22}{1} = 22.75℃$
>
> ② $x_3 = \dfrac{0.25 \times 0.022 + 0.75 \times 0.006}{1} = 0.01$kg/kg′
>
> ③ $h_3 = \dfrac{0.25 \times 91.7 + 0.75 \times 37.7}{1} = 51.2$kJ/kg
>
> (2) 공기 ①과 공기 ③ 사이의 열수분비(u)
>
> $u = \dfrac{\Delta h(\text{엔탈피 변화량})}{\Delta x(\text{절대습도 변화량})} = \dfrac{h_1 - h_3}{x_1 - x_3} = \dfrac{91.7 - 51.2}{0.022 - 0.01} = 3,375$kJ/kg

2018년 3회 기출문제

01 어떤 냉동장치의 증발기 출구상태가 건조포화 증기인 냉매를 흡입 압축하는 냉동기가 있다. 증발기의 냉동능력이 10RT, 그리고 압축기 체적효율이 65%라고 한다면, 이 압축기의 분당 회전수는 얼마인가?(단, 이 압축기는 기통 지름 : 120mm, 행정 : 100mm, 기통수 : 6기통, 압축기 흡입증기의 비체적 : 0.15m³/kg, 압축기 흡입증기의 엔탈피 626kJ/kg, 압축기 토출증기의 엔탈피 : 689kJ/kg, 팽창밸브 직후의 엔탈피 462kJ/kg, 1RT = 3.86kW)

> **풀이**
>
> **압축기의 분당 회전수(N)**
>
> $V = \dfrac{\pi D^2}{4} \cdot L \cdot N \cdot Z \cdot 60 \,[\text{m}^3/\text{h}]$ 에서
>
> $N = \dfrac{V}{\dfrac{\pi D^2}{4} \cdot L \cdot Z \cdot 60}\,[\text{rpm}]$
>
> ∴ 압축기 분당 회전수 $N = \dfrac{Q_e \cdot v_1}{\dfrac{\pi}{4} D^2 \cdot L \cdot Z \cdot 60 \cdot \eta_v \cdot \Delta h}$
>
> $= \dfrac{(10 \times 3.86 \times 3{,}600) \times 0.15}{\dfrac{\pi}{4} \times 0.12^2 \times 0.1 \times 6 \times 60 \times 0.65 \times (626 - 462)}$
>
> $= 480.25 \,\text{rpm}$
>
> 여기서, V는 다음과 같이 정리된다.
>
> 냉동능력 $Q_e = G \cdot \Delta h = \rho V_{act} \cdot \Delta h = \dfrac{1}{v_1} V_{act} \cdot \Delta h$
>
> $\eta_v = \dfrac{V_{act}}{V}$ 에서 $V_{act} = V \cdot \eta_v$ 이므로
>
> $Q_e = \dfrac{1}{v_1} V \cdot \eta_v \cdot \Delta h$ 에서
>
> $V = \dfrac{Q_e \cdot v_1}{\eta_v \cdot \Delta h}$

02 응축기의 전열면적이 $1m^2$, 송풍량이 $280m^3/h$이고 열통과율이 $42W/m^2 \cdot K$일 때, 응축기 입구 공기온도가 20℃, 출구 공기온도가 26℃라면 응축온도는 몇 ℃인가?(단, 공기밀도 $1.2kg/m^3$, 비열 $1.01kJ/kg \cdot K$이고 평균온도차는 산술평균온도로 한다.)

풀이

$$q = K \cdot A \cdot \Delta t_m = GC_p \Delta t$$

$$\Delta t_m = \frac{GC_p \Delta t}{K \cdot A}$$

$$= \frac{Q\rho C_p \Delta t}{K \cdot A}$$

$$= \frac{280 \times 1.2 \times 1.01 \times (26-20) \times 1,000}{42 \times 1 \times 3,600} = 13.47℃$$

$$\Delta t_m = 응축온도 - \frac{출구공기온도 + 입구공기온도}{2} = t_c - \frac{20+26}{2}$$

$$\therefore t_c = \Delta t_m + \frac{20+26}{2}$$

$$= 13.47 + \frac{20+26}{2} = 36.47℃$$

03 장치노점이 10℃인 냉수코일이 20℃ 공기를 12℃로 냉각시킬 때 냉수코일의 Bypass Factor(BF)를 구하시오.

풀이

$$BF = \frac{t_o - t_d}{t_i - t_d} = \frac{12-10}{20-10} = 0.2$$

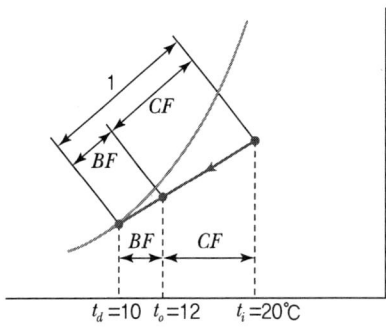

04 ①의 공기상태 $t_1 = 25℃$, $x_1 = 0.022$kg/kg′, $h_1 = 91.7$kJ/kg, ②의 공기상태 $t_2 = 22℃$, $x_2 = 0.006$kg/kg′, $h_2 = 37.7$kJ/kg일 때 공기 ①을 25%, 공기 ②를 75%로 혼합한 후의 공기 ③의 상태(t_3, x_3, h_3)를 구하고, 공기 ①과 공기 ③ 사이의 열수분비를 구하시오.

[풀이]

(1) 혼합 후 공기 ③의 상태(t_3, x_3, h_3)

① $t_3 = \dfrac{0.25 \times 25 + 0.75 \times 22}{1} = 22.75℃$

② $x_3 = \dfrac{0.25 \times 0.022 + 0.75 \times 0.006}{1} = 0.01$kg/kg′

③ $h_3 = \dfrac{0.25 \times 91.7 + 0.75 \times 37.7}{1} = 51.2$kJ/kg

(2) 공기 ①과 공기 ③ 사이의 열수분비(u)

$u = \dfrac{\Delta h(\text{엔탈피 변화량})}{\Delta x(\text{절대습도 변화량})} = \dfrac{h_1 - h_3}{x_1 - x_3} = \dfrac{91.7 - 51.2}{0.022 - 0.01} = 3{,}375$kJ/kg

---

05 다음 물음의 ( ) 안에 알맞은 답을 쓰시오.

(1) 송풍기 동력 kW를 구하는 식 $Q \cdot P_S \times \dfrac{1}{\eta_S}$에서 Q의 단위는 (①)이고, P_S는 (②)로서 단위는 kPa이고, η_S는 (③)이다.

(2) R-500, R-501, R-502는 (   ) 냉매이다.

[풀이]

(1) ① m³/s
② 정압
③ 정압효율

(2) 공비혼합(共沸混合)

06 다음의 그림과 같은 암모니아 수동식 가스퍼저(불응축가스 분리기)에 대한 배관도를 완성하시오 [단, ABC선을 적정한 위치와 점선으로 연결하고, 스톱밸브(Stop Valve)는 생략한다].

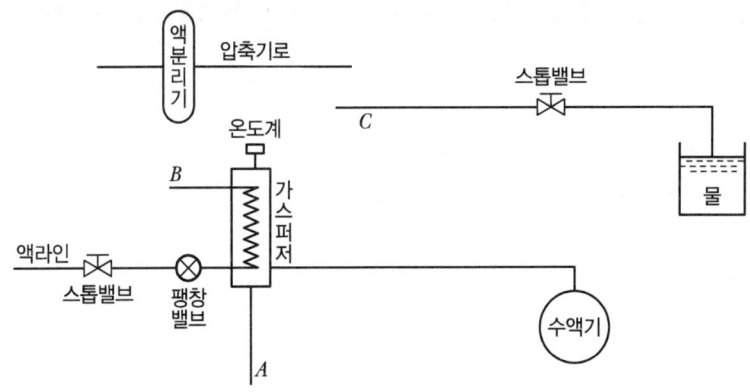

풀이

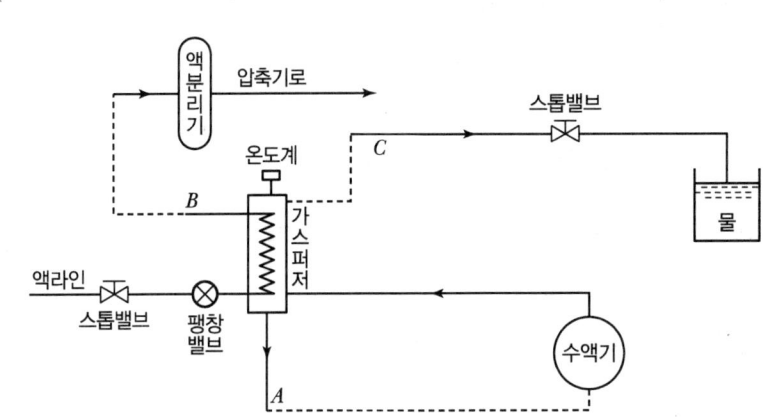

07 R-22 냉동장치가 아래 냉동사이클과 같이 수랭식 응축기로부터 교축밸브를 통한 핫가스의 일부를 팽창밸브 출구 측에 바이패스하여 용량제어를 행하고 있다. 이 냉동장치의 냉동능력 ϕ_o(kW)를 구하시오. (단, 팽창밸브 출구 측의 냉매와 바이패스된 후의 냉매의 혼합 엔탈피는 h_5, 핫가스의 엔탈피 $h_6 = 635$kJ/kg이고, 바이패스양은 압축기를 통과하는 냉매유량의 20%이다. 또 압축기의 피스톤 압출량 $V = 200$m³/h, 체적효율 $\eta_v = 0.6$이다.)

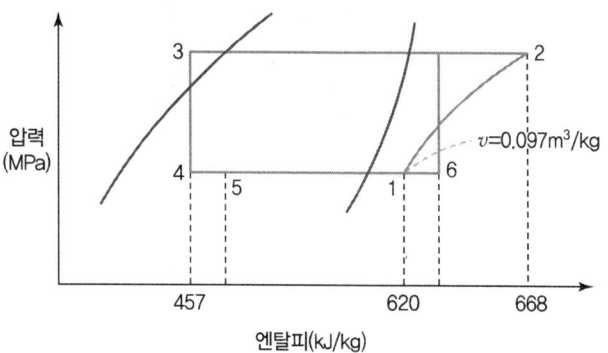

풀이

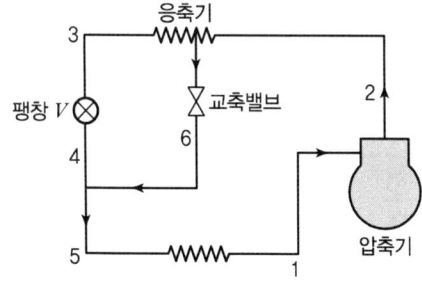
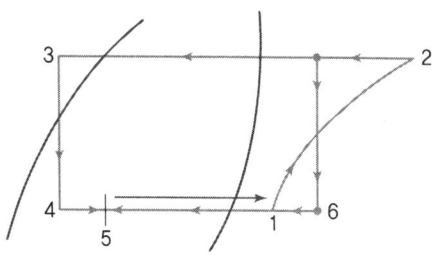

냉동능력(ϕ_o)

$$\phi_o = G \cdot (h_1 - h_5) = \frac{V \cdot \eta_v}{v}(h_1 - h_5)$$

여기서, G는 전체 냉매순환량

$$h_5 = \frac{G_4 \cdot h_4 + G_6 \cdot h_6}{G_4 + G_6} = \frac{0.8 \times 457 + 0.2 \times 635}{0.8 + 0.2} = 492.6 \text{kJ/kg}$$

여기서, G_4는 팽창밸브 출구에서의 냉매순환량, G_6는 응축기에서 바이패스된 냉매순환량

$\therefore$ 냉동능력 $\phi_o = \dfrac{200 \times 0.6}{0.097 \times 3,600} \times (620 - 492.6) = 43.78$kW

08 다음과 같은 벽체의 열관류율($W/m^2 \cdot K$)을 구하시오.

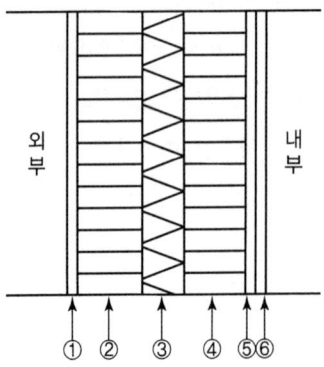

▼ 재료표

재료번호	종류	재료 두께(mm)	열전도율($W/m \cdot K$)
①	모르타르	20	1.3
②	시멘트벽돌	100	0.78
③	글라스울	50	0.04
④	시멘트벽돌	100	0.78
⑤	모르타르	20	1.3
⑥	비닐벽지	2	0.23

▼ 벽 표면의 열전달율($W/m^2 \cdot K$)

실내 측	수직면	8.7
실외 측	수직면	23.3

[풀이]

벽체의 열관류율(K)

$$R = \frac{1}{\alpha_o} + \frac{l_1}{\lambda_1} + \frac{l_2}{\lambda_2} + \frac{l_3}{\lambda_3} + \frac{l_4}{\lambda_4} + \frac{l_5}{\lambda_5} + \frac{l_6}{\lambda_6} + \frac{1}{\alpha_i}$$

$$= \frac{1}{23.3} + \frac{0.03}{1.3} + \frac{0.1}{0.78} + \frac{0.05}{0.04} + \frac{0.1}{0.78} + \frac{0.02}{1.3} + \frac{0.002}{0.23} + \frac{1}{8.7} = 1.7037$$

$$\therefore K = \frac{1}{R} = \frac{1}{1.7037} = 0.59 W/m^2 \cdot K$$

09 어떤 사무소에 표준 덕트 방식의 공기조화 시스템을 아래 조건과 같이 설계하고자 한다.

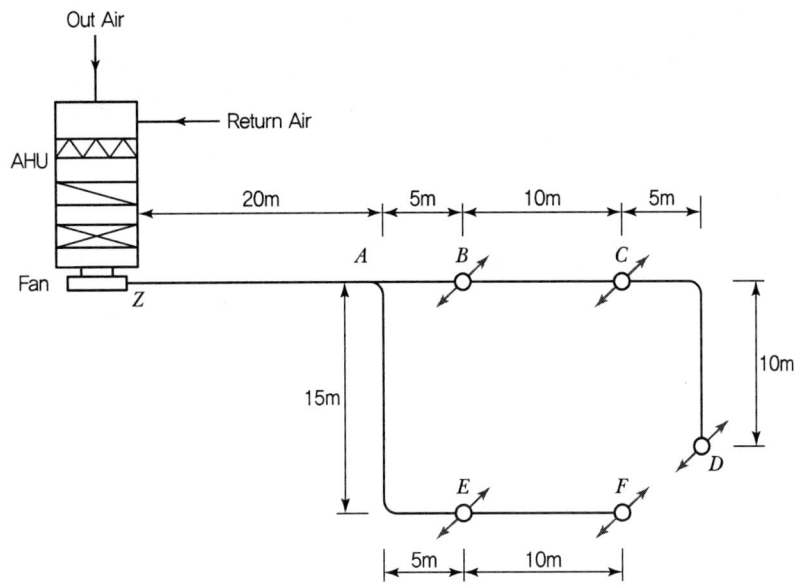

(1) 실내에 설치한 덕트 시스템을 위의 그림과 같이 설치하고자 한다. 각 취출구의 풍량이 동일할 때 장방형 덕트의 크기를 결정하고, Z-F 구간의 마찰손실을 구하시오.(단, 마찰손실 $R = 1.0$ Pa/m, 국부저항은 덕트길이의 50%, 취출구 저항 50Pa, 댐퍼저항 50Pa, 공기밀도 1.2 kg/m³이다.)

구간	풍량(m³/h)	원형 덕트 지름(mm)	장방형 덕트(mm)	풍속(m/s)
Z-A	18,000		1,000×	
A-B	10,800		1,000×	
B-C	7,200		1,000×	
C-D	3,600		1,000×	
A-E	7,200		1,000×	
E-F	3,600		1,000×	

(2) 송풍기 토출 정압을 구하시오(단, 국부저항은 덕트 길이의 50%이다.)

> 풀이

(1) 장방형 덕트 크기 결정, Z-F 구간 마찰손실
 ① 장방형 덕트 크기 결정
  - 덕트 마찰손실 선도에서 원형덕트 지름을 구하고, 장방형 덕트는 덕트환산표에서 덕트크기를 구하며, 최종 설치될 장방형 덕트 기준으로 풍속을 구한다.
  - 풍속(m/s) = $\dfrac{풍량(m^3/s)}{장방향\ 덕트\ 단면적(m^2)}$

구간	풍량(m³/h)	원형 덕트 지름(mm)	장방형 덕트(mm)	풍속(m/s)
Z-A	18,000	800	1,000×550	$\dfrac{18,000 m^3/h \div 3,600}{1m \times 0.55m} = 9.09 m/s$
A-B	10,800	670	1,000×400	$\dfrac{10,800 m^3/h \div 3,600}{1m \times 0.40m} = 7.5 m/s$
B-C	7,200	580	1,000×350	$\dfrac{7,200 m^3/h \div 3,600}{1m \times 0.35m} = 5.71 m/s$
C-D	3,600	440	1,000×200	$\dfrac{3,600 m^3/h \div 3,600}{1m \times 0.2m} = 5.0 m/s$
A-E	7,200	580	1,000×350	$\dfrac{7,200 m^3/h \div 3,600}{1m \times 0.35m} = 5.71 m/s$
E-F	3,600	440	1,000×200	$\dfrac{3,600 m^3/h \div 3,600}{1m \times 0.2m} = 5.0 m/s$

 ② Z-F 구간 마찰손실
  - 직관 마찰손실 = (20+15+5+10)×1.0 = 50Pa
  - 분기부, 곡관 마찰손실은 덕트길이의 50%이므로 50×0.5 = 25Pa
  ∴ Z-F 구간 마찰손실 = 50+25 = 75Pa

(2) 송풍기 토출정압(P_{S2})

 송풍기 토출정압(P_{S2}) = 토출전압(P_{T2}) − 토출 측 동압(P_{D2})
 토출전압 P_{T2} = 직관마찰손실 + 분기부, 곡관마찰손실 + 취출구저항 + 댐퍼저항
    = 50+25+50+50 = 175Pa

 ∴ 송풍기 토출정압 $P_{S2} = P_{T2} - P_{D2} = P_{T2} - \dfrac{\rho v_2^2}{2}$

    $= 175 - \dfrac{1.2 \times 9.09^2}{2} = 130.37 Pa$

여기서, 풍속 V_2는 송풍기의 토출 측이므로 Z-A 구간의 풍속을 따른다.

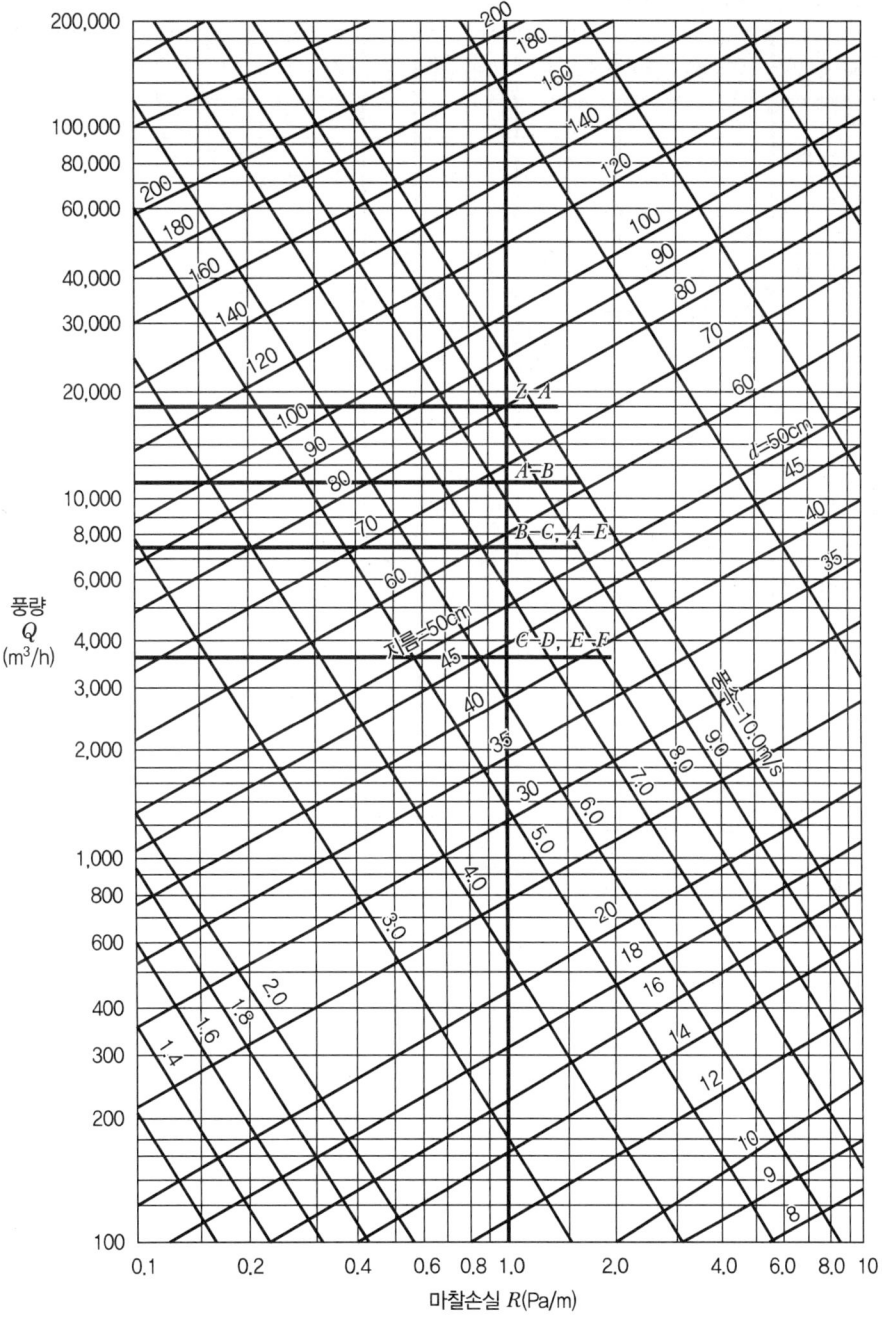

▼ 장방형 덕트와 원형 덕트의 환산표

장변\단변	10	15	20	25	30	35	40	45	50	55	60	65	70	75	80	85	90	95	100
10	10.9																		
15	13.3	16.4																	
20	15.2	18.9	21.9																
25	16.9	21.0	24.4	27.3															
30	18.3	22.9	26.6	29.9	32.8														
35	19.5	24.5	28.6	32.2	35.4	38.3													
40	20.7	26.0	30.5	34.3	37.8	40.9	43.7												
45	21.7	27.4	32.1	36.3	40.0	43.3	46.4	49.2											
50	22.7	28.7	33.7	38.1	42.0	45.6	48.8	51.8	54.7										
55	23.6	29.9	35.1	39.8	43.9	47.7	51.1	54.3	57.3	60.1									
60	24.5	31.0	36.5	41.4	45.7	49.6	53.3	56.7	59.8	62.8	65.6								
65	25.3	32.1	37.8	42.9	47.4	51.5	55.3	58.9	62.2	65.3	68.3	71.1							
70	26.1	33.1	39.1	44.3	49.0	53.3	57.3	61.0	64.4	67.7	70.8	73.7	76.5						
75	26.8	34.1	40.2	45.7	50.6	55.0	59.2	63.0	66.6	69.7	73.2	76.3	79.2	82.0					
80	27.5	35.0	41.4	47.0	52.0	56.7	60.9	64.9	68.7	72.2	75.5	78.7	81.8	84.7	87.5				
85	28.2	35.9	42.4	48.2	53.4	58.2	62.6	66.8	70.6	74.3	77.8	81.1	84.2	87.2	90.1	92.9			
90	28.9	36.7	43.5	49.4	54.8	59.7	64.2	68.6	72.6	76.3	79.9	83.3	86.6	89.7	92.7	95.6	198.4		
95	29.5	37.5	44.5	50.6	56.1	61.1	65.9	70.3	74.4	78.3	82.0	85.5	88.9	92.1	95.2	98.2	101.1	103.9	
100	30.1	38.4	45.4	51.7	57.4	62.6	67.4	71.9	76.2	80.2	84.0	87.6	91.1	94.4	97.6	100.7	103.7	106.5	109.3
105	30.7	39.1	46.4	52.8	58.6	64.0	68.9	73.5	77.8	82.0	85.9	89.7	93.2	96.7	100.0	103.1	106.2	109.1	112.0
110	31.3	39.9	47.3	53.8	59.8	65.2	70.3	75.1	79.6	83.8	87.8	91.6	95.3	98.8	102.2	105.5	108.6	111.7	114.6
115	31.8	40.6	48.1	54.8	60.9	66.5	71.7	76.6	81.2	85.5	89.6	93.6	97.3	100.9	104.4	107.8	111.0	114.1	117.2
120	32.4	41.3	49.0	55.8	62.0	67.7	73.1	78.0	82.7	87.2	91.4	95.4	99.3	103.0	106.6	110.0	113.3	116.5	119.6
125	32.9	42.0	49.9	56.8	63.1	68.9	74.4	79.5	84.3	88.8	93.1	97.3	101.2	105.0	108.6	112.2	115.6	118.8	122.0
130	33.4	42.6	50.6	57.5	64.2	70.1	75.7	80.8	85.7	90.4	94.8	99.0	103.1	106.9	110.7	114.3	117.7	121.1	124.4
135	33.9	43.3	51.4	58.6	65.2	71.3	76.9	82.2	87.2	91.9	96.4	100.7	104.9	108.8	112.6	116.3	119.9	123.3	126.7
140	34.4	43.9	52.2	59.5	66.2	72.4	78.1	83.5	88.6	93.4	98.0	102.4	106.6	110.7	114.6	118.3	122.0	125.5	128.9
145	34.9	44.5	52.9	60.4	67.2	73.5	79.3	84.8	90.0	94.9	99.6	104.1	108.4	112.5	116.5	120.3	124.0	127.6	131.1
150	35.3	45.2	53.6	61.2	68.1	74.5	80.5	86.1	91.3	96.3	101.1	105.7	110.0	114.3	118.3	122.2	126.0	129.7	133.2
155	35.8	45.7	54.4	62.1	69.1	75.6	81.6	87.3	92.6	97.4	102.6	107.2	111.7	116.0	120.1	124.1	127.9	131.7	135.3
160	36.2	46.3	55.1	62.9	70.6	76.6	82.7	88.5	93.9	99.1	104.1	108.8	113.3	117.7	121.9	125.9	129.8	133.6	137.3
165	36.7	46.9	55.7	63.7	70.9	77.6	83.8	89.7	95.2	100.5	105.5	110.3	114.9	119.3	123.6	127.7	131.7	135.6	139.3
170	37.1	47.5	56.4	64.4	71.8	78.5	84.9	90.8	96.4	101.8	106.9	111.8	116.4	120.9	125.3	129.5	133.5	137.5	141.3

10 다음과 같은 온수난방설비에서 각 물음에 답하시오. (단, 방열기 입·출구 온도차는 10℃, 국부저항 상당관 길이는 직관길이의 50%, 1m당 마찰손실은 147Pa, 온수비열은 4.2kJ/kg·K이다.)

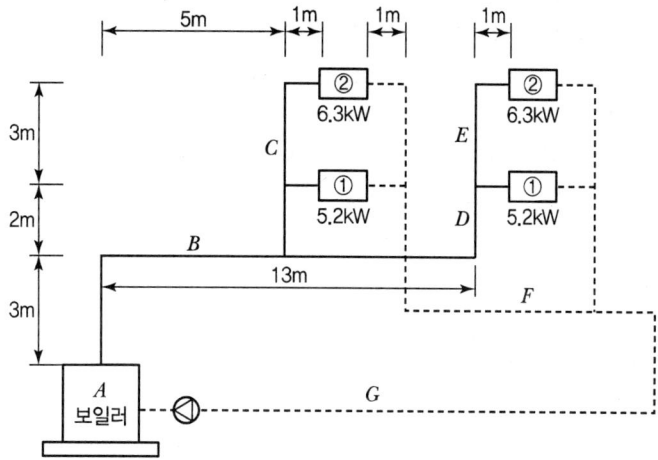

(1) 순환펌프의 전마찰손실(Pa)을 구하시오. (단, 환수관의 길이는 30m이다.)
(2) ①과 ②의 온수순환량(L/min)을 구하시오.
(3) 각 구간의 온수순환량을 구하시오.

구간	B	C	D	E	F	G
순환수량 (L/min)						

> **풀이**

(1) 순환펌프의 전마찰손실(H)
H = (직관길이 + 국부저항상당관 길이) × 단위길이당 마찰손실
= [(3+13+2+3+1+30)×1.5m)] × 147Pa/m
= 11,466Pa
여기서, 직관길이는 가장 먼 방열기를 기준으로 한다.

(2) $q = W \cdot C \cdot \Delta t$에서 ①의 온수순환량($W_1$)

$W_1 = \dfrac{q_1}{C \cdot \Delta t} = \dfrac{5.2 \times 60}{4.2 \times 10} = 7.43 \text{kg/min} = 7.43 \text{L/min}$

여기서, 물의 밀도 : 1kg/L

②의 온수순환량(W_2)

$W_2 = \dfrac{q_2}{C \cdot \Delta t} = \dfrac{6.3 \times 60}{4.2 \times 10} = 9.00 \text{kg/min} = 9.00 \text{L/min}$

(3) 각 구간의 온수순환량(Q)

　　①의 온수순환량 $W_1 = 7.34 \text{L/min}$

　　②의 온수순환량 $W_2 = 9.00 \text{L/min}$

　　B 구간 순환량 $W_B = 2 \times W_1 + 2 \times W_2$
　　　　　　　　　　$= 2 \times 7.43 + 2 \times 9.00 = 32.86 \text{L/min}$

　　C 구간 순환량 $W_C = W_2 = 9.00 \text{L/min}$

　　D 구간 순환량 $W_D = W_1 + W_2 = 7.43 + 9.00 = 16.43 \text{L/min}$

　　E 구간 순환량 $W_E = W_2 = 9.00 \text{L/min}$

　　F 구간 순환량 $W_F = W_1 + W_2 = 16.43 \text{L/min}$

　　G 구간 순환량 $W_G = 2W_1 + 2W_2 = 2 \times 7.43 + 2 \times 9.00 = 32.86 \text{L/min}$

구간	B	C	D	E	F	G
순환수량 (L/min)	32.86	9.00	16.43	9.00	16.43	32.86

11 실내조건이 온도 27℃, 습도 60%인 정밀기계공장 실내에 피복하지 않은 덕트가 노출되어 있다. 결로방지를 위한 보온이 필요한지 여부를 계산식으로 나타내어 판정하시오. (단, 덕트 내 공기온도를 20℃로 하고 실내노점온도는 $t_a'' = 18.5℃$, 덕트표면 열전달률 $\alpha_0 = 9.3 \text{W/m}^2 \cdot \text{K}$, 덕트재료 열관류율 $K = 0.6 \text{W/m}^2 \cdot \text{K}$로 한다.)

풀이

보온 필요여부 판정

$q = KA\Delta t$

$q_s = \alpha_o A \Delta t_s$

$q = q_s$

$KA\Delta t = \alpha_o A \Delta t_s$

$\Delta t_s = \dfrac{K \times (\Delta t)}{\alpha_o} = \dfrac{0.6 \times (27-20)}{9.3} = 0.45℃$

$\Delta t_s = t_i - t_s \rightarrow t_s = t_i - \Delta t_s = 27 - 0.45 = 26.55℃$

판정

덕트표면온도 t_s(26.56℃) > 실내공기 노점온도 t_a''(18.5℃)이므로 결로 발생하지 않으며, 이에 따라 결로방지를 위한 보온은 필요하지 않다.

12 공조기 A, B, C에 관한 다음 물음에 주어진 조건을 참고하여 답하시오.

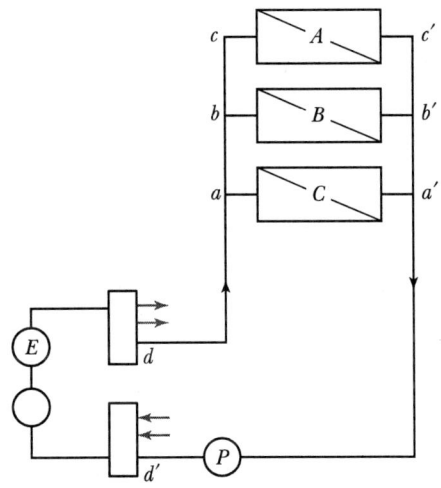

[조건]
1. 각 공조기의 냉각코일 최대부하는 다음과 같다.

부하 \ 공조기	A	B	C
현열부하(kW)	71	74	77
잠열부하(kW)	13	13.5	14

2. 공조기를 통과하는 냉수 입구온도 5℃, 출구온도 10℃이다.
3. 관지름 결정은 단위길이당 마찰저항 $R=0.7$kPa/m이다.
4. 2차 측 배관의 국부저항은 직관길이 저항의 25%로 한다.
5. 공조기의 마찰저항은 냉수코일 40kPa, 제어밸브류 50kPa로 한다.
6. 냉수속도는 2m/s로 한다.
7. $d'-E-d$의 배관길이는 20m로 하고, 펌프양정 산정 시 여유율은 5%, 펌프효율(η_p)은 60%로 한다.
8. 순환수의 비열은 4.2kJ/kg·K로 한다.

(1) 배관 지름 및 수량을 구하시오.

구분 \ 구간	b-c, c'-b'	a-b, b'-a'	d-a, a'-d'	d'-E-d
관지름 d(mm)				125
수량(L/min)				1,500
왕복길이(m)	30	30	100	20

(2) 펌프의 양정(mAq)을 구하시오.
(3) 펌프를 구동하기 위한 축동력(kW)을 구하시오.

> 풀이

(1) 배관(냉수코일) 지름 및 수량
  ① 배관(냉수코일)의 수량
   $q = G \cdot C \cdot \Delta t$

   $G = \dfrac{q}{C \cdot \Delta t}$

   b-c 구간 $G_{b-c} = \dfrac{(71+13) \times 60}{4.2 \times (10-5)} = 240 \text{kg/min} = 240 \text{L/min}$

   여기서, 물의 밀도는 특별한 조건이 없으면 1kg/m³로 한다.

   a-b 구간 $G_{a-b} = \dfrac{\{(71+13)+(74+13.5)\} \times 60}{4.2 \times (10-5)} = 490 \text{kg/min} = 490 \text{L/min}$

   d-a 구간 $G_{d-a} = \dfrac{\{(71+13)+(74+13.5)+(77+14)\times 60\}}{4.2 \times (10-5)} = 750 \text{kg/min} = 750 \text{L/min}$

  ② 배관의 지름 : 마찰손실수두 표에서 유량에 해당하는 관지름을 구한다.

구분 \ 구간	b-c, c'-b'	a-b, b'-a'	d-a, a'-d'	d'-E-d
관지름 d(mm)	65	80	100	125
수량(L/min)	240	490	750	1,500
왕복길이(m)	30	30	100	20

(2) 펌프의 양정(mAq)

   펌프의 양정 = (배관마찰손실수두 + 기기마찰저항) × 여유율

   2차 측 배관 마찰손실수두 = (30+30+100) × 1.25 × 0.7 = 140kPa

   기기 마찰 저항 = 40+50 = 90kPa

   ∴ 펌프의 양정(전양정) $H_T = \dfrac{(140+90) \times 1.05}{9.8} = 24.64 \text{mAq}$

(3) 펌프의 축동력(L_b)

   $L_b = \dfrac{\gamma H Q}{102 \eta_p} [\text{kW}]$

   여기서, γ : 비중량(kgf/m³), H : 양정(m), Q : 유량(m³/s), η_p : 효율

   $L_b = \dfrac{1,000 \times 24.64 \times 750}{102 \times 1,000 \times 60 \times 0.6} = 5.03 \text{kW}$

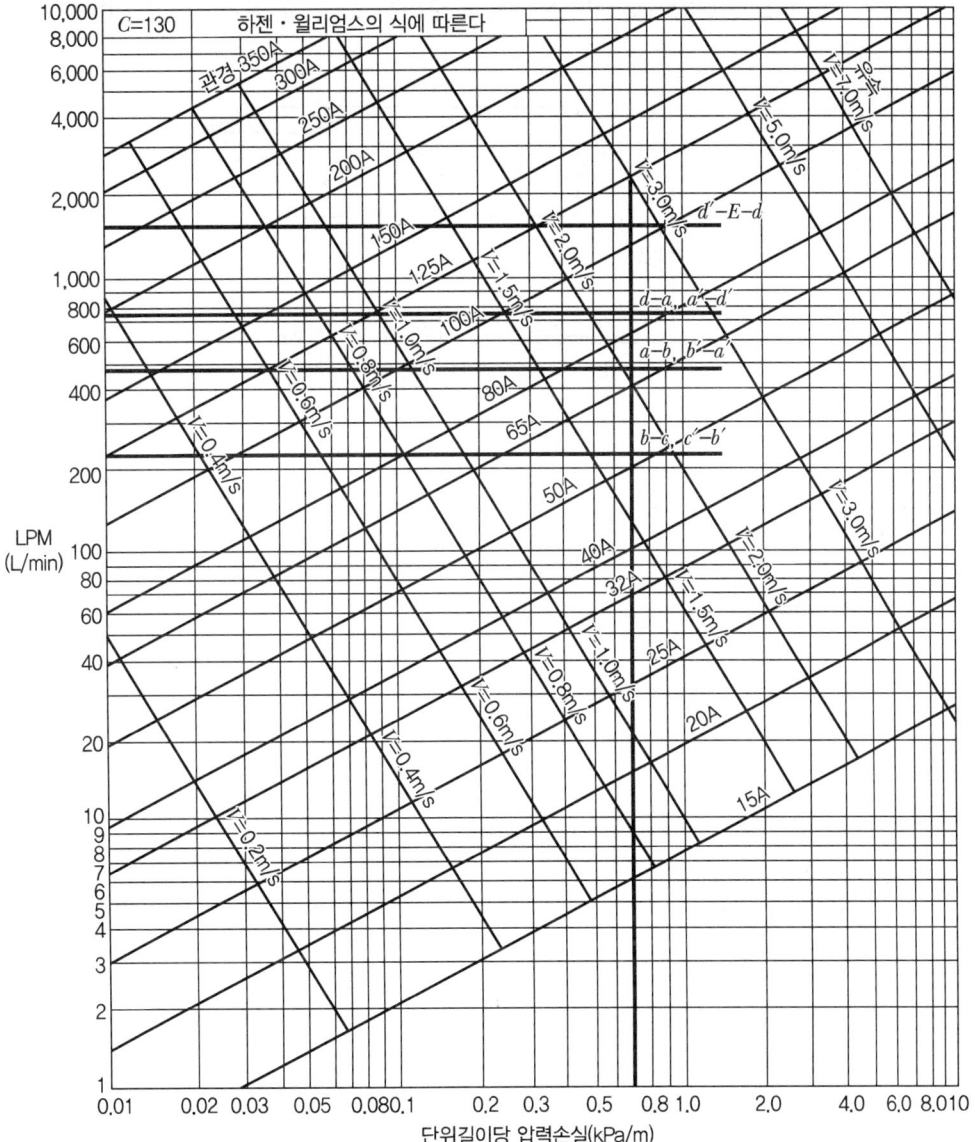

13 다음은 단일 덕트 공조방식을 나타낸 것이다. 주어진 조건과 습공기 선도를 이용하여 각 물음에 답하시오.

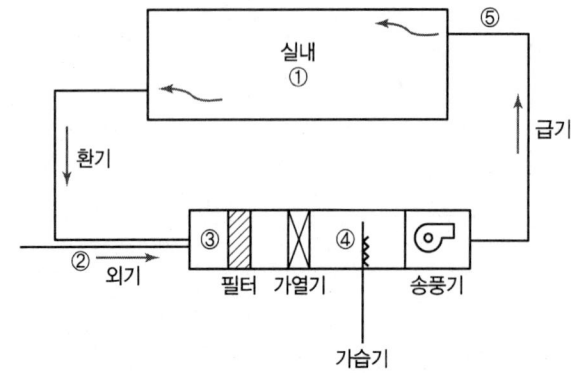

[조건]
1. 실내부하
    ① 현열부하(q_S) : 30kW
    ② 잠열부하(q_L) : 5kW
2. 실내 : 온도 20℃, 상대습도 50%
3. 외기 : 온도 2℃, 상대습도 40%
4. 환기량과 외기량의 비 : 3 : 1
5. 공기의 밀도 : 1.2kg/m³
6. 공기의 비열 : 1.01kJ/kg·K
7. 실내 송풍량 : 10,000kg/h
8. 덕트장치 내의 열취득(손실)을 무시한다.
9. 가습은 순환수 분무로 한다.

(1) 계통도를 보고 공기의 상태변화를 습공기 선도상에 나타내고, 장치의 각 위치에 대응하는 점(①~⑤)을 표시하시오.
(2) 실내부하의 현열비(SHF)를 구하시오.
(3) 취출공기 온도를 구하시오.
(4) 가열기 용량(kW)을 구하시오.
(5) 가습량(kg/h)을 구하시오.

풀이

(1) 공기 선도 작성

〈선도 작성 방법〉

1. ①, ②점을 주어진 실내·외 온도 습도에 의해 표시한다.
2. ③점의 온도를 계산에 의해 구하고 ①, ②선분상에 표시한다.

$$t_3 = \frac{G_1 t_1 + G_2 t_2}{G_3} = \frac{3 \times 20 + 1 \times 2}{3 + 1} = 15.5℃$$

3. 실내부하의 현열비(SHF)를 계산에 의해 구하고 SHF 선과 평행한 선을 ①점에서 ⑤쪽으로 긋는다.

$$SHF = \frac{q_S}{q_S + q_L} = \frac{30}{30 + 5} = 0.86$$

4. 주어진 실내 송풍량과 실내 현열량에 의해 취출공기온도 t_5를 구하여 SHF와 동일한 기울기 선(취출선)상에 표시한다.

$$q_S = G \cdot C_p \cdot (t_5 - t_1) \text{에서 } t_5 = t_1 + \frac{q_S}{G \cdot C_p} = 20 + \frac{30 \times 3,600}{10,000 \times 1.01} = 30.69℃$$

5. 가습은 순환수 분무가습이므로 습구온도선을 따라 변화한다.
   따라서 ⑤점에서 ④점의 선분은 $t_4' = t_5'$ 또는 $h_4 ≒ h_5$이 된다.
6. ③점에서 수평선(가열과정)을 그어 ⑤점에서 그은 가습과정 선과 만나는 점이 ④점이 된다.

(2) 실내부하의 현열비

$$SHF = \frac{q_S}{q_S + q_L} = \frac{30}{30 + 5} = 0.86$$

(3) 취출공기온도

$$q_S = G \cdot C_p \cdot (t_5 - t_1) \text{에서 } t_5 = t_1 + \frac{q_S}{G \cdot C_p} = 20 + \frac{30 \times 3,600}{10,000 \times 1.01} = 30.69℃$$

(4) 가열기 용량(q_H)

$$q_H = G \cdot C_p \cdot (t_4 - t_3) = \frac{10,000 \times 1.01 \times (36.2 - 15.5)}{3,600} = 58.08\text{kW}$$

(5) 가습량(L)

$$L = G\Delta_x = G(x_5 - x_4) = 10,000 \times (0.008 - 0.0056) = 24\text{kg/h}$$

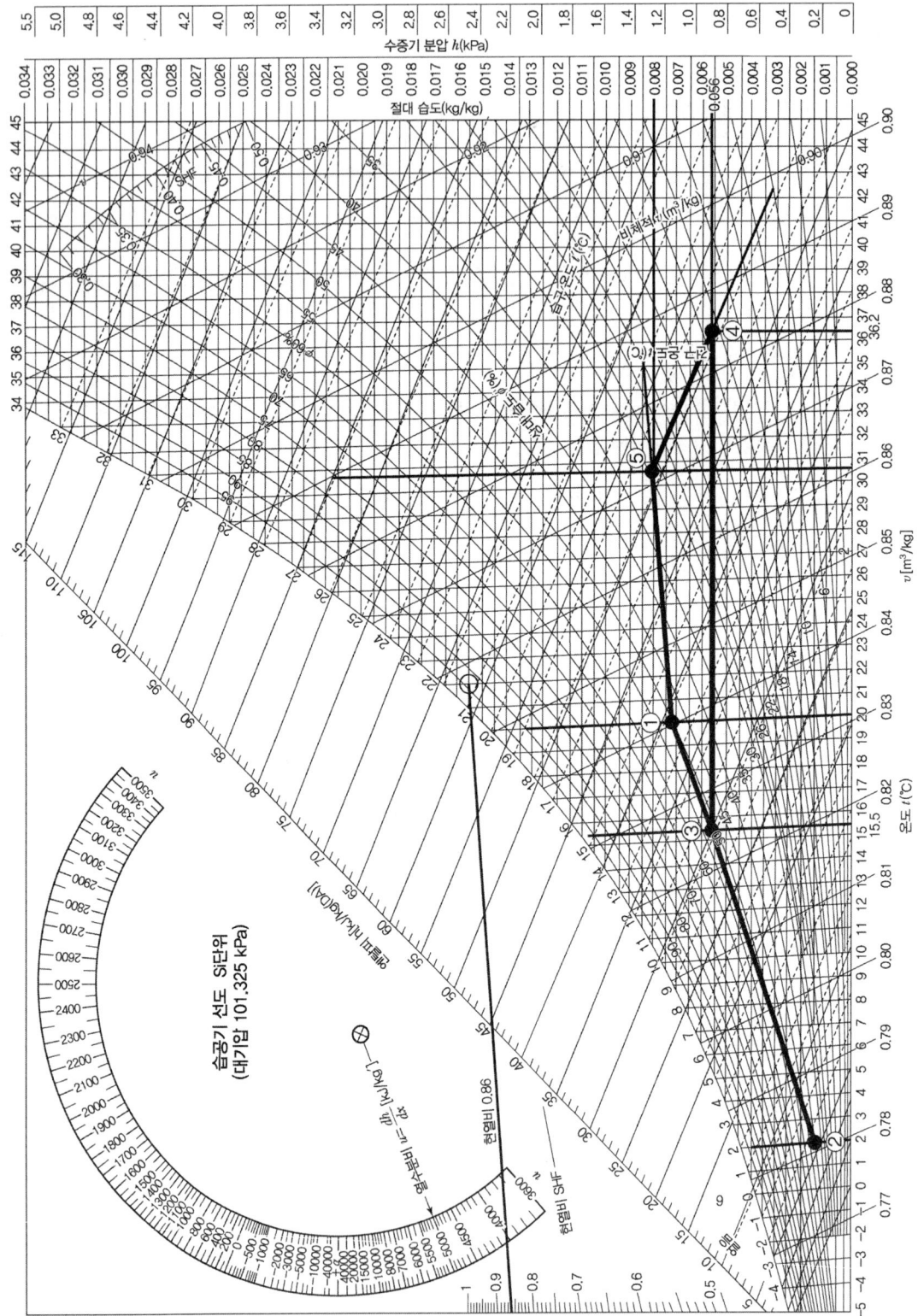

14 다음 조건에 대하여 각 물음에 답하시오.(단, 사무실은 최상층이다.)

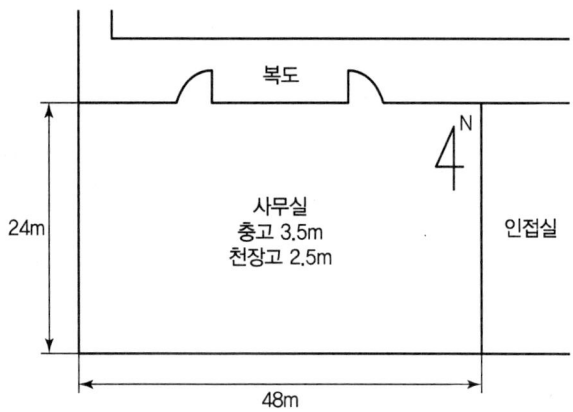

구분	건구온도(℃)	절대습도(kg/kg')
실내	26	0.0107
실외	31	0.0186

[조건]
1. 인접실과 하층은 동일한 공조상태이다.
2. 지붕 열통과율 $K=1.76W/m^2 \cdot K$이고, 상당외기온도차 $\Delta t_e = 3.9℃$이다.
3. 조명은 바닥면적당 $20W/m^2$, 형광등, 제거율 0.25이다.
4. 외기 도입량은 바닥면적당 $5m^3/h \cdot m^2$이다.
5. 인원수 0.5인$/m^2$, 인체 발생 현열 58W/인, 잠열 73W/인이다.
6. 공기의 밀도 $1.2kg/m^3$, 비열 $1.91kJ/kg \cdot K$, 포화액증발잠열 $2,501kJ/kg$

(1) 인체의 발열부하(W) ① 현열, ② 잠열을 구하시오.
(2) 조명부하(W)를 구하시오.
(3) 지붕부하(W)를 구하시오.
(4) 외기부하(W) ① 현열, ② 잠열을 구하시오.

▣ 풀이

(1) 인체발열부하
  ① 현열 q_{HS} = 면적 × 면적당 인원수 × 인당 인체 발생 현열
    $= n \cdot H_S = (48 \times 24) \times 0.5 \times 58 = 33,408W$
  ② 잠열 q_{HL} = 면적 × 면적당 인원수 × 인당 인체 발생 잠열
    $= n \cdot H_L = (48 \times 24) \times 0.5 \times 73 = 42,048W$

(2) 조명부하(형광등)
  $q_E = W \times f$ (여기서, f는 발열률이며 "1 − 제거율"과 같다.)
    $= (48 \times 24) \times 20 \times (1-0.25) = 17,280W$

(3) 지붕부하
$q = K \cdot A \cdot \Delta t_e = 1.76 \times (48 \times 24) \times 3.9 = 7,907.33 \text{W}$

(4) 외기부하
① 현열 $q_S = G \cdot C_P \cdot \Delta t = Q\rho \cdot C_P \cdot \Delta t$
$= \dfrac{(48 \times 24) \times 5 \times 1.2}{3,600} \times 1.01 \times 10^3 \times (31-26) = 9,696 \text{W}$

② 잠열 $q_L = \gamma \cdot G \cdot \Delta x = 2,501 \cdot Q\rho \cdot \Delta x$
$= 2,501 \times 10^3 \times \dfrac{(48 \times 24) \times 5 \times 1.2 \times (0.0186 - 0.0107)}{3,600} = 37,935.17 \text{W}$

15 송풍기 상사법칙에서 비중량이 일정하고 같은 덕트 장치의 회전수가 N_1에서 N_2로 변경될 때 풍량(Q), 전압(P), 동력(L)에 대하여 설명하시오.

> **풀이**
>
> N_1에서 N_2로 변경될 때 풍량(Q), 전압(P), 동력(L)
>
> ① 풍량 $Q_2 = \left(\dfrac{N_2}{N_1}\right) \times Q_1$: 풍량은 회전수 변화량에 비례하여 변한다.
>
> ② 정압 $P_2 = \left(\dfrac{N_2}{N_1}\right)^2 \times P_1$: 전압은 회전수 변화량의 2승에 비례하여 변한다.
>
> ③ 동력 $L_2 = \left(\dfrac{N_2}{N_1}\right)^3 \times L_1$: 동력은 회전수 변화량의 3승에 비례하여 변한다.

2019년 1회 기출문제

01 다음과 같은 공기조화기를 통과할 때 공기상태 변화를 공기 선도상에 나타내고 번호를 쓰시오.

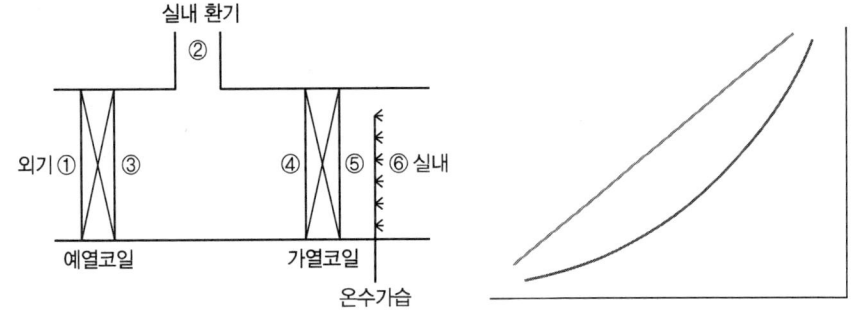

풀이

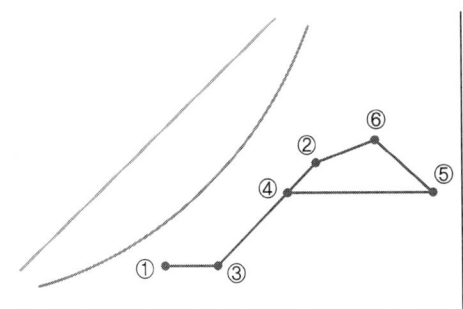

02 2단 압축 냉동장치의 $P-h$ 선도를 보고 선도상의 각 상태점을 장치도에 기입하고, 고단 측 압축기와 저단측 압축기에 흐르는 냉매 순환량비를 계산식을 표기하여 구하시오.

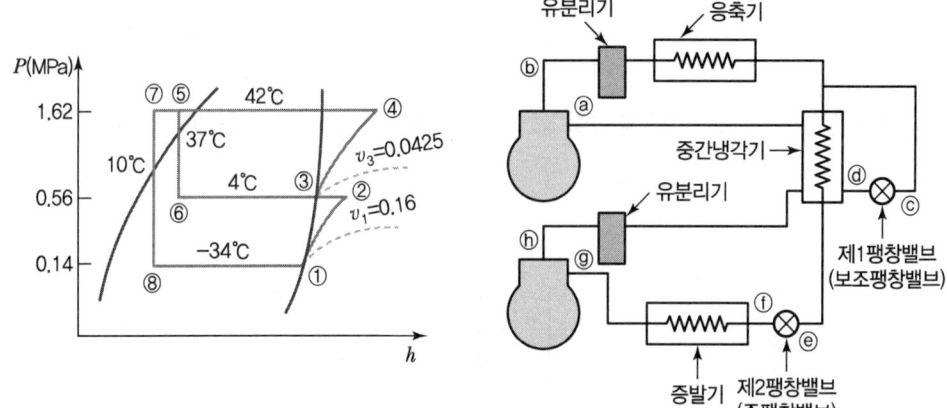

$h_1 = 609 \text{kJ/kg}$

$h_2 = 645 \text{kJ/kg}$

$h_3 = 624 \text{kJ/kg}$

$h_4 = 649 \text{kJ/kg}$

$h_5 = h_6 = 464 \text{kJ/kg}$

$h_7 = h_8 = 430 \text{kJ/kg}$

(1) 선도상의 각 상태점을 장치도에 기입하시오.
(2) 냉매순환량의 비를 계산하시오.

풀이

(1) 선도상의 각 상태점을 장치도에 기입

ⓐ-③   ⓑ-④   ⓒ-⑤   ⓓ-⑥
ⓔ-⑦   ⓕ-⑧   ⓖ-①   ⓗ-②

(2) 냉매순환량의 비(G_H / G_L)

$$\frac{G_H}{G_L} = \frac{h_2 - h_7}{h_3 - h_6} = \frac{645 - 430}{624 - 464} = 1.34$$

고단 측의 냉매순환량이 저단 측 냉매순환량보다 1.34배 많다.

03 증발온도 −20℃인 R−12 냉동기 50RT에 사용하는 수랭식 셸 앤드 튜브형(Shell & Tube Type) 응축기를 다음 순서에 따라 계산하시오.

[실제조건]
1. 동관의 관벽두께 : 2.0mm
2. 물때의 두께 : 0.2mm
3. 냉매 측 표면 열전달률 : 1,500W/m² · K
4. 물 측 표면 열전달률 : 2,000W/m² · K
5. 1RT당 응축열량 : 4.54kW
6. 동관의 열전도율 : 300W/m · K
7. 물때의 열전도율 : 1.0W/m · K
8. 냉각수 입구수온 : 25℃
9. 냉매 응축온도 : 39.2℃
10. 1RT당 냉각수 유량 : 12.2L/min, 냉각수 비열 : 4.2kJ/kg · K

(1) 열관류율 K(W/m² · K)를 구하시오.
(2) 냉각수 출구온도 t_2(℃)
(3) 총 냉각수 순환수량(L/min)을 구하시오.

풀이

(1) 열관류율(K)

$$R = \frac{1}{\alpha_i} + \frac{l_1}{\lambda_1} + \frac{l_2}{\lambda_2} + \frac{1}{\alpha_o}$$

$$= \frac{1}{1,500} + \frac{2.0 \times 10^{-3}}{300} + \frac{0.2 \times 10^{-3}}{1.0} + \frac{1}{2,000} = 0.001373$$

$$\therefore K = \frac{1}{R} = \frac{1}{0.001373} = 728.33 \text{W/m}^2 \cdot \text{K}$$

(2) 냉각수 출구온도(t_2)

$$q = G \cdot C \cdot \Delta t = Q\rho \cdot C \cdot \Delta t$$

$$\Delta t = \frac{q}{\rho Q \cdot C}$$

$$= \frac{4.54 \times 60}{1.0 \times 12.2 \times 4.2} = 5.32℃$$

※ 특별한 조건이 없으면 물의 밀도는 1kg/L

$\therefore \Delta t = t_2 - t_1 \rightarrow t_2 = t_1 + \Delta t = 25 + 5.32 = 30.32℃$

(3) 총 냉각수 순환수량
총 냉각수 순환수량 = 냉동기 용량(RT) × 1RT당 냉각수량 = 50 × 12.2 = 610L/min

04 냉각탑(Cooling Tower)의 성능 평가에 대한 다음 물음에 답하시오.

(1) 쿨링레인지(Cooling Range)에 대하여 서술하시오.
(2) 쿨링어프로치(Cooling Approach)에 대하여 서술하시오.
(3) 쿨링어프로치(Cooling Approach)의 차이가 크고 작음에 따른 차이점을 쓰시오.
(4) 냉각탑 설치 시 주의사항 2가지만 쓰시오.

풀이

(1) 쿨링레인지(Cooling Range)
   ① 냉각탑 입구 수온과 출구 수온의 온도차이다.
   ② 냉각탑에서 냉각되는 온도차로서 5℃ 정도이다.

(2) 쿨링어프로치(Cooling Approach)
   냉각탑 출구 수온과 냉각탑 입구공기 습구온도의 차이를 말한다.

(3) 쿨링어프로치(Cooling Approach)의 차이가 크고 작음에 따른 차이점
   냉각수가 이론적으로 냉각 가능한 접근값으로서, 작을수록 냉각탑의 열교환 성능이 좋다고 판단한다.

(4) 냉각탑 설치 시 주의사항
   ① 통풍이 잘되는 곳에 설치할 것
   ② 진동, 소음이 주거환경에 영향을 미치지 않을 것
   ③ 물의 비산작용으로 인접건물에 피해가 발생하지 않을 것
   ④ 겨울철 사용 시 동파방지용 Heater(전기식) 설치
   ⑤ 건물옥상에 설치 시 운전중량이 건축구조계산에 반영 여부 검토

05 다음과 같이 2대의 증발기를 이용하는 냉동장치에서 고압가스 제상을 위한 배관을 완성하시오.

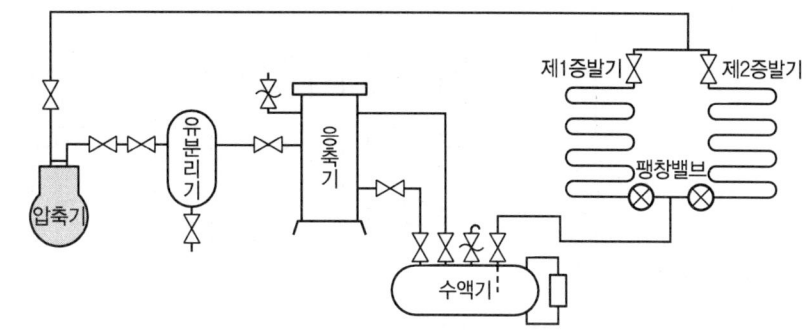

풀이

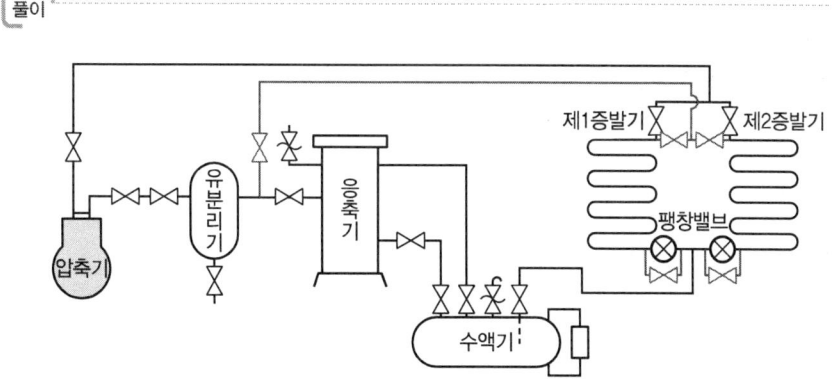

06 온수난방 장치가 다음 조건과 같이 운전되고 있을 때 물음에 답하시오.

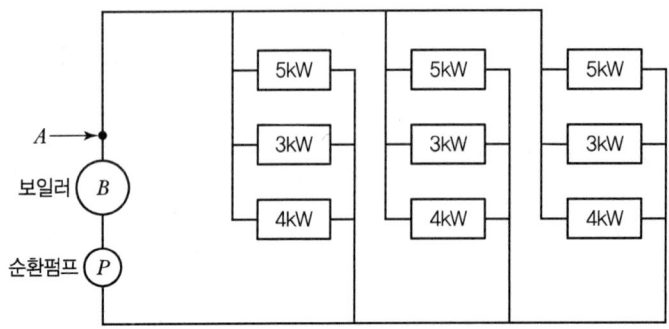

[조건]
1. 방열기 출입구의 온수온도차는 10℃로 한다.
2. 방열기 이외의 배관에서 발생되는 열손실은 방열기 전체 용량의 20%로 한다.
3. 보일러 용량은 예열부하의 여유율 30%를 포함한 값이다.
4. 그 외의 손실은 무시한다.
5. 물의 비열은 4.2kJ/kg·K이다.

(1) A점의 온수순환량(L/min)을 구하시오.
(2) 보일러 용량(kW)을 구하시오.

> 풀이

(1) A점의 온수순환량(W)

$q = W \cdot C \cdot \Delta t$에서

$$W = \frac{q}{C \cdot \Delta t}$$

$$= \frac{(5 \times 3 + 3 \times 3 + 4 \times 3) \times 60}{4.2 \times 10} = 51.43 \text{L/min}$$

(2) 보일러 용량(q_B)

q_B = 방열기용량 × 배관열손실 할증 × 예열부하 여유율 할증

$= (5 \times 3 + 3 \times 3 + 4 \times 3) \times 1.2 \times 1.3 = 56.16 \text{kW}$

07 다음 그림 (a)와 같은 배관 계통도로서 표시되는 R-22 냉동장치가 있다. 액분리기로 분리된 저압 냉매액은 열교환기에서 고압 냉매액에 의해 가열되어 그림의 H와 같은 상태의 증기가 되어, 이것이 액분리기에서 나온 건조 포화증기와 혼합되어 A의 상태로서 압축기에 흡입되는 것으로 한다. 여기서, 증발기에서 나오는 냉매증기가 항상 건조도 0.914인 습증기라는 상태에서 운전이 계속되고, 운전상태에서의 냉동사이클은 그림 (b)와 같은 것으로 한다. 또 B, C, D, K, M에서의 상태값은 다음 표와 같다. 이와 같은 냉동사이클에 있어서 압축기 일량 $w(\text{kJ/kg})$에 관한 계산식을 표시하여 산정하시오.

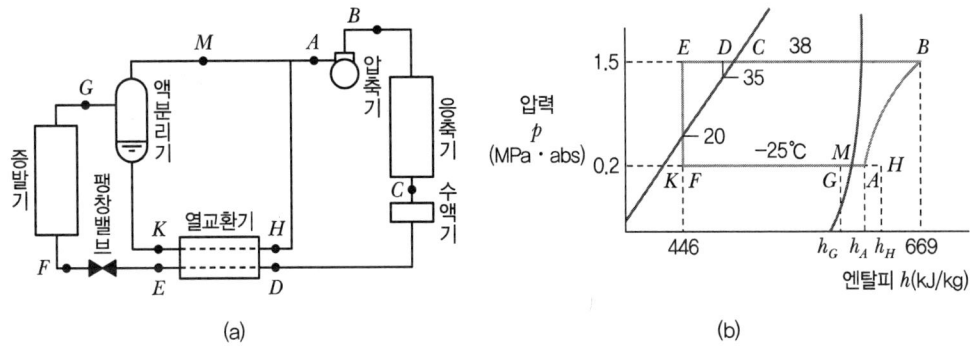

(a)   (b)

기호	온도(℃)	엔탈피(kJ/kg)
B	80	669
C	38	471
D	35	467
E	20	446
K(포화액)	-25	392
M(건조 포화증기)	-25	617

풀이

- 냉매증기량(G_G)과 냉매액(G_L)

  조건에서 증발기에서 나오는 냉매증기 건조도는 0.914이므로, 냉매량($G = G_G + G_L$) 1kg의 질량은 냉매증기 $G_G = 0.914\text{kg}$, 냉매액 $G_L = 1 - 0.914 = 0.086\text{kg}$로 구성된다.

- 열교환기에서 열평형식을 통한 h_H 산출

  $G_L(h_H - h_K) = G(h_D - h_E)$

  $h_H = h_K + \dfrac{G(h_D - h_E)}{G_L}$

  $= 392 + \dfrac{1 \times (467 - 446)}{0.086}$

  $= 636.19 \text{kJ/kg}$

- 압축기 입구 냉매 엔탈피(h_A) 산출

  $h_A = G_G \cdot h_M + G_L \cdot h_H$
  $= 0.914 \times 617 + 0.086 \times 636.19$
  $= 618.65 \text{kJ/kg}$

- 압축기 일량(W)

  $W = h_B - h_A = 669 - 618.65 = 50.35 \text{kJ/kg}$

08 다음 도면과 같은 온수난방에 있어서 리버스 리턴 방식에 의한 배관도를 완성하시오. (단, A, B, C, D는 방열기를 표시한 것이며, 온수공급관은 실선으로, 귀환관은 점선으로 표시하시오.)

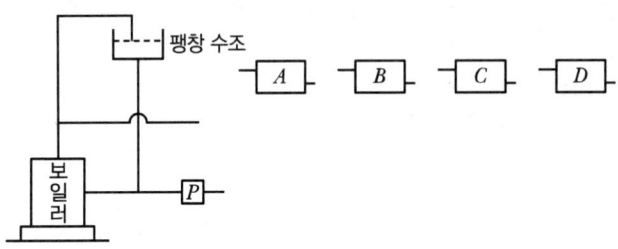

풀이

리버스 리턴(Reverse Return) 배관 방식에 의한 배관도

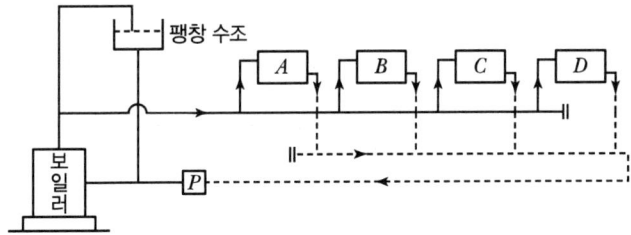

09 그림과 같은 조건의 온수난방 설비에 대하여 물음에 답하시오.

[조건]
1. 방열기 출입구온도차 : 10℃
2. 배관손실 : 방열기 방열용량의 20%
3. 순환펌프 양정 : 2m
4. 보일러, 방열기 및 방열기 주변의 지관을 포함한 배관국부저항의 상당길이는 직관길이의 100%로 한다.
5. 배관의 관지름 선정은 표에 의한다.(표 내의 값의 단위는 L/min)
6. 예열부하 할증률은 25%로 한다.
7. 온도차에 의한 자연순환 수두는 무시한다.
8. 배관길이가 표시되어 있지 않은 곳은 무시한다.
9. 온수의 비열은 4.2kJ/kg·K이다.

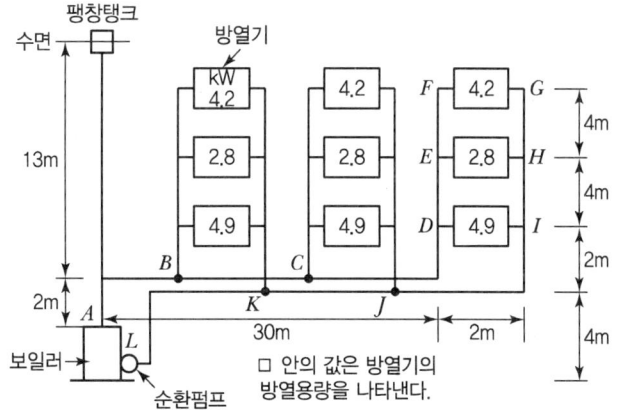

압력강하 (Pa/m)	관경(A)					
	10	15	25	32	40	50
50	2.3	4.5	8.3	17.0	26.0	50.0
100	3.3	6.8	12.5	25.0	39.0	75.0
200	4.5	9.5	18.0	37.0	55.0	110.0
300	5.8	12.6	23.0	46.0	70.0	140.0
500	8.0	17.0	30.0	62.0	92.0	180.0

(1) 전 순환량(L/min)을 구하시오.
(2) B–C 간의 관지름(mm)을 구하시오.
(3) 보일러 용량(kW)을 구하시오.
(4) C–D 간의 순환수량(L/min)을 구하시오.

> 풀이

(1) 전 순환량(Q)

$q = Q \cdot \rho \cdot C \cdot \Delta t$

$Q = \dfrac{q}{\rho \cdot C \cdot \Delta t}$

$= \dfrac{(4.2 \times 3 + 2.8 \times 3 + 4.9 \times 3) \times 60}{1 \times 4.2 \times 10} = 51\text{L/min}$

여기서, q : 방열기 방열용량

Δt : 방열기 입출구 온도차

특별한 조건이 없으면 물의 밀도 ρ는 1kg/L

(2) B-C 간의 관지름

B-C 간의 관지름은 B-C 간의 순환수량과 배관의 압력강하(Pa/m)를 산출하고, 관경표를 통해 구한다.

① B-C 간의 순환수량 $Q = \dfrac{q}{\rho \cdot C \cdot \Delta t} = \dfrac{(4.2 + 2.8 + 4.9) \times 2 \times 60}{1 \times 4.2 \times 10} = 34\text{L/min}$

② 순환펌프의 압력강하(R)

$R = \dfrac{\text{총 압력강하}}{\text{직관 길이} + \text{국부저항 상당길이}} = \dfrac{9{,}800 \times 2}{88 + 88} = 111.36\text{Pa/m}$

여기서,

• 가장 먼 방열기까지 직관길이

$l = 2 + 30 + 2 + (4 \times 4) + 2 + 2 + 30 + 4 = 88\text{m}$

• 국부저항 상당길이

$l' = $ 직관길이의 $100\% = 88\text{m}$

• 배관의 총 압력강하(마찰손실수두) $H_l = 2\text{m}$(순환펌프의 양정)

③ B-C 간의 관지름

허용되는 압력강하이므로 압력강하 111.36의 바로 아래로 작은 압력강하인 100에서 유량 34L/min 이상의 유량을 감당할 수 있는 관경을 찾으면 40A가 된다.

∴ B-C 간 관지름 = 40A

(3) 보일러 용량

보일러 용량(정격출력) = 방열기열량 + 배관손실 + 예열부하

$= (4.2 + 2.8 + 4.9) \times 3 \times 1.2 \times 1.25$

$= 53.55\text{kW}$

(4) C-D 간의 순환수량(Q)

$q = \rho \cdot Q \cdot C \cdot \Delta t$에서

$Q = \dfrac{q}{\rho \cdot C \cdot \Delta t}$

$= \dfrac{(4.2 + 2.8 + 4.9) \times 60}{1 \times 4.2 \times 10} = 17\text{L/min}$

10 손실열량 744kW인 아파트가 있다. 다음의 설계조건에 의한 열교환기의 (1) 코일 전열면적, (2) 가열코일의 길이, (3) 열교환기 동체의 안지름을 계산하시오.(단, 2pass 열교환기로 온수의 비열은 생략하되, 소수점 이하는 반올림한다.)

[조건]
1. 스팀압력 : 0.2MPa, 119℃(t_1, t_2를 같은 온도로 본다.)
2. 온수 공급온도 : 70℃
3. 온수 환수온도 : 60℃
4. 온수 평균유속 : 1m/s
5. 온수의 비열 : 4.2kJ/kg · K
6. 가열코일 : 동관, 바깥지름(D) : 20mm, 안지름(d) : 17.2mm(두께 1.4mm)
7. 평균 온도차 : $MTD = \dfrac{\Delta t_1 - \Delta t_2}{2.3\log\left(\dfrac{\Delta t_1}{\Delta t_2}\right)}$
8. 코일피치 $P = 2D$
9. 코일 1가닥의 길이 : 2m
10. 총괄 전열계수 : K

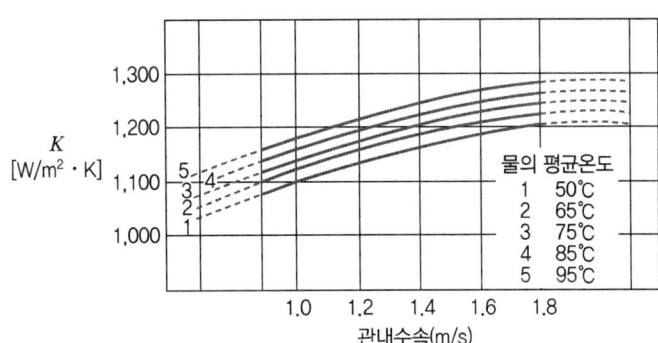

풀이

(1) 코일의 전열면적(A)

대수평균온도차 : $\Delta t_m = \dfrac{\Delta t_1 - \Delta t_2}{2.3\log\left(\dfrac{\Delta t_1}{\Delta t_2}\right)}$

$= \dfrac{59 - 49}{2.3\log\left(\dfrac{59}{49}\right)} = 53.91℃$

여기서, Δt_1 : 스팀온도 − 온수환수온도(119 − 60)
Δt_2 : 스팀온도 − 온수공급온도(119 − 70)

총괄 전열계수 K를 그래프에서 구하면 물의 평균온도 곡선 2번 $\left(\dfrac{60+70}{2}=65℃\right)$, 온수 평균유속 1m/s이므로 $K=1,120\text{W/m}^2\cdot\text{K}$

$q=K\cdot A\cdot \Delta t_m$

$\therefore A=\dfrac{q}{K\cdot \Delta t_m}=\dfrac{744\times 1,000}{1,120\times 53.91}=12\text{m}^2$

(2) 가열코일의 길이(l)

$A=\pi Dl$

$\therefore l=\dfrac{A}{\pi D}=\dfrac{12}{\pi\times 0.02}=191\text{m}$

(3) 열교환기 동체의 안지름(D_e)

온수수량 $Q=\dfrac{q}{\rho\cdot C\cdot \Delta t}=\dfrac{744\times 3,600}{1,000\times 4.2\times 10}=63.77\text{m}^3/\text{h}$

유속 1.0m/s를 얻기 위한 코일의 가닥수(n)

$n=\dfrac{Q}{\dfrac{\pi d^2}{4}\times v}=\dfrac{63.77}{\dfrac{\pi\times 0.0172^2}{4}\times 1.0\times 3,600}=76.2≒77$가닥

(코일 가닥수는 특별한 조건이 없으면 올림하여 정수를 만든다.)

2Pass이므로 코일의 총가닥수 $N=77\times 2=154$가닥

$\therefore$ 동체의 안지름 $D_e=\dfrac{P}{3}(\sqrt{69+12N}-3)+D$

$=\dfrac{2\times 20}{3}(\sqrt{69+12\times 154}-3)+20=564\text{mm}\,(\because P=2D)$

11 다음 설계조건을 이용하여 각 부분의 손실열량을 시간별(10시, 12시)로 각각 구하시오.

[조건]
1. 공조시간 : 10시간
2. 외기 : 10시 31℃, 12시 33℃, 16시 32℃
3. 인원 : 6인
4. 실내설계 온·습도 : 26℃, 50%
5. 조명(형광등) : 20W/m²
6. 각 구조체의 열통과율[K(W/m²·K)] : 외벽 3.5, 칸막이벽 2.3, 유리창 5.8
7. 인체에서의 발열량 : 현열 63W/인, 잠열 69W/인
8. 유리 일사량(W/m²)

구분	10시	12시	16시
일사량	361	52	35

9. 상당 온도차(Δt_e)

구분	N	E	S	W	유리	내벽온도차
10시	5.5	12.5	3.5	5.0	5.5	2.5
12시	4.7	20.0	6.6	6.4	6.5	3.5
16시	7.5	9.0	13.5	9.0	5.6	3.0

10. 유리창 차폐계수 $k_s = 0.70$

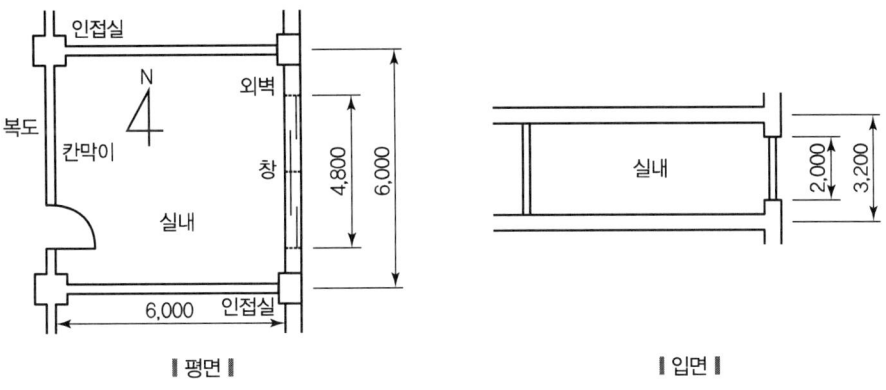

∥평면∥　　　　　　　　∥입면∥

(1) 벽체를 통한 취득열량
　① 동쪽 외벽
　② 칸막이벽 및 문(단, 문의 열통과율은 칸막이벽과 동일)
(2) 유리창을 통한 취득열량
(3) 조명 발생열량
(4) 인체 발생열량

[풀이]

(1) 벽체를 통한 취득열량 $q_W = K \cdot A \cdot \Delta t_e$

　① 동쪽 외벽
　　• 10시 : $q_W = 3.5 \times (6 \times 3.2 - 4.8 \times 2) \times 12.5 = 420\text{W}$
　　• 12시 : $q_W = 3.5 \times (6 \times 3.2 - 4.8 \times 2) \times 20 = 672\text{W}$

　② 칸막이벽 및 문
　　• 10시 : $q_W = 2.3 \times (6 \times 3.2) \times 3 \times 2.5 = 331.2\text{W}$
　　• 12시 : $q_W = 2.3 \times (6 \times 3.2) \times 3 \times 3.5 = 463.68\text{W}$

(2) 유리창을 통한 취득열량(관류열량 + 일사량) $q_G = q_{GT} + q_{GR}$

　• 10시 : $q_{GT} = K \cdot A \cdot \Delta t_e = 5.8 \times (4.8 \times 2.0) \times 5.5 = 306.24\text{W}$
　　　　　$q_{GR} = I_{GR} \cdot A \cdot k_s = 361 \times (4.8 \times 2.0) \times 0.7 = 2{,}425.92\text{W}$
　　∴ $q_G = 306.24 + 2{,}425.92 = 2{,}732.16\text{W}$

　• 12시 : $q_{GT} = K \cdot A \cdot \Delta t_e = 5.8 \times (4.8 \times 2.0) \times 6.5 = 361.92\text{W}$
　　　　　$q_{GR} = I_{GR} \cdot A \cdot k_s = 52 \times (4.8 \times 2.0) \times 0.7 = 349.44\text{W}$
　　∴ $q_G = 361.92 + 349.44 = 711.36\text{W}$

(3) 조명 발생열량 $q_E = W \times A$

　• 10시, 12시 : $q_E = 20\text{W/m}^2 \times 6\text{m} \times 6\text{m} = 720\text{W}$

(4) 인체 발생열량 $q_H = q_{HS} + q_{HL}$

　• 10시, 12시 : $q_{HS} = n \cdot H_S = 6 \times 63 = 378\text{W}$
　　　　　　　　$q_{HL} = n \cdot H_L = 6 \times 69 = 414\text{W}$
　　∴ $q_H = 378 + 414 = 792\text{W}$

12 다음과 같은 조건에 의해 온수 코일을 설계할 때 각 물음에 답하시오.

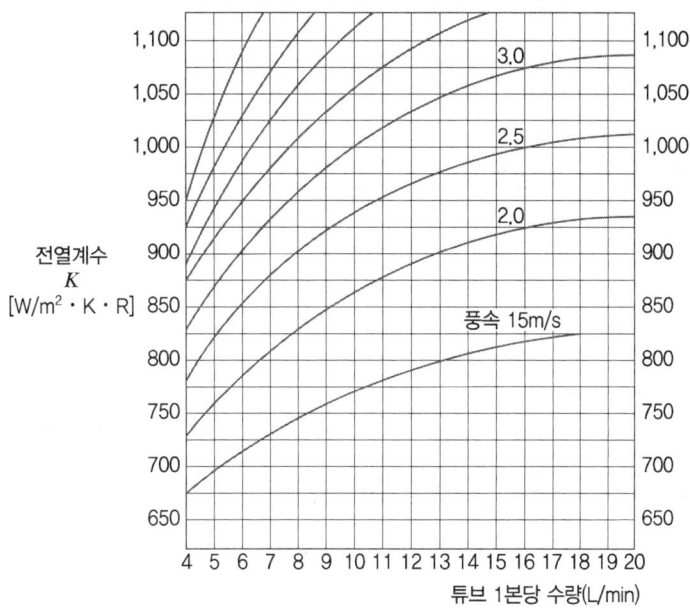

[조건]
1. 외기온도 $t_o = -10℃$
2. 실내온도 $t_r = 21℃$
3. 송풍량 $Q = 10,800 \text{m}^3/\text{h}$
4. 난방부하 $q = 100\text{kW}$
5. 코일입구 수온 $t_{w1} = 60℃$
6. 수량 $L = 145\text{L/min}$
7. 송풍량에 대한 외기량의 비율 = 20%
8. 공기와 물은 향류
9. 공기의 정압비열 $C_p = 1.01\text{kJ/kg} \cdot \text{K}$
10. 공기의 밀도 $\rho = 1.2\text{kg/m}^3$
11. 물의 비열은 $4.2\text{kJ/kg} \cdot \text{K}$

(1) 코일입구 공기온도 $t_3(℃)$를 구하시오.

(2) 코일출구 공기온도 $t_4(℃)$를 구하시오.

(3) 코일 정면면적 $F_a(\text{m}^2)$를 구하시오. (단, 통과풍속은 2.5m/s로 한다.)

(4) 코일 단수 (n)를 구하시오. (단, 코일 유효길이 b = 1,600mm, 피치 P = 38mm)

(5) 코일 1개당 수량(L/min)을 구하시오.

(6) 코일출구 수온 $t_{w2}(℃)$을 구하시오.

(7) 전열계수 $K(\text{W/m}^2 \cdot \text{K} \cdot \text{R})$를 구하시오.

(8) 대수평균 온도차 MTD(℃)를 구하시오.
(9) 코일열수(N)을 구하시오.

풀이

(1) 코일입구 공기온도(t_3)

$$t_3 = \frac{Q_1 t_r + Q_2 t_o}{Q_3} = \frac{(10,800 \times 0.8) \times 21 + (10,800 \times 0.2) \times (-10)}{10,800} = 14.8℃$$

여기서, Q_1, t_r : 실내 측으로부터의 환기량(재순환량), 실내온도

Q_2, t_o : 외기로부터의 유입량, 외기온도

Q_3 : 송풍량($Q_1 + Q_2$)

(2) 코일출구 공기온도(t_4)

$$q_S = G \cdot C_p \cdot \Delta t = Q\rho \cdot C_p \cdot \Delta t$$

$$\Delta t = \frac{q_S}{\rho Q \cdot C_p} = \frac{100 \times 3,600}{1.2 \times 10,800 \times 1.01} = 27.50℃$$

∴ $\Delta t = t_4 - t_r \rightarrow t_4 = t_r + \Delta t = 21 + 27.50 = 48.50℃$

(3) 코일 정면면적(F_a)

$$Q = F_a \cdot v_a$$

$$F_a = \frac{Q}{v_a} = \frac{10,800}{2.5 \times 3,600} = 1.2 \text{m}^2$$

(4) 코일 단수(n)

$$F_a = (n \times P) \times b$$

$$n = \frac{F_a}{P \times b} = \frac{1.2}{0.038 \times 1.6} = 19.73 ≒ 20단$$

여기서, 코일 단수는 특별한 조건이 없으면 소수점 첫째자리에서 올림하여 정수로 구한다.

(5) 코일(튜브) 1개당 수량(l)

전수량 $L = l \times n$

$$\ell = \frac{L}{n} = \frac{145}{20} = 7.25 \text{L/min}$$

(6) 코일출구 수온(t_{w2})

$$q_C = G \cdot C_p \cdot (t_4 - t_3) = Q\rho \cdot C_p \cdot (t_4 - t_3) \quad \cdots\cdots\cdots ⓐ$$

$$q_C = L \cdot C \cdot (t_{w1} - t_{w2}) \quad \cdots\cdots\cdots\cdots\cdots\cdots\cdots\cdots\cdots ⓑ$$

ⓐ = ⓑ이므로,

$$t_{w2} = t_{w1} - \frac{Q\rho \cdot C_p \cdot (t_4 - t_3)}{L \cdot C}$$

$$= 60 - \frac{1.2 \times 10,800 \times 1.01 \times (48.50 - 14.8)}{145 \times 60 \times 4.2} = 47.93℃$$

(7) 전열계수(K)

주어진 표에서 코일(튜브) 1본(개)당 수량 7.25L/min과 풍속 2.5m/s가 만나는 점에서 전열계수 K 값을 읽는다.

$K = 880 \text{W/m}^2 \cdot \text{K} \cdot \text{R}$

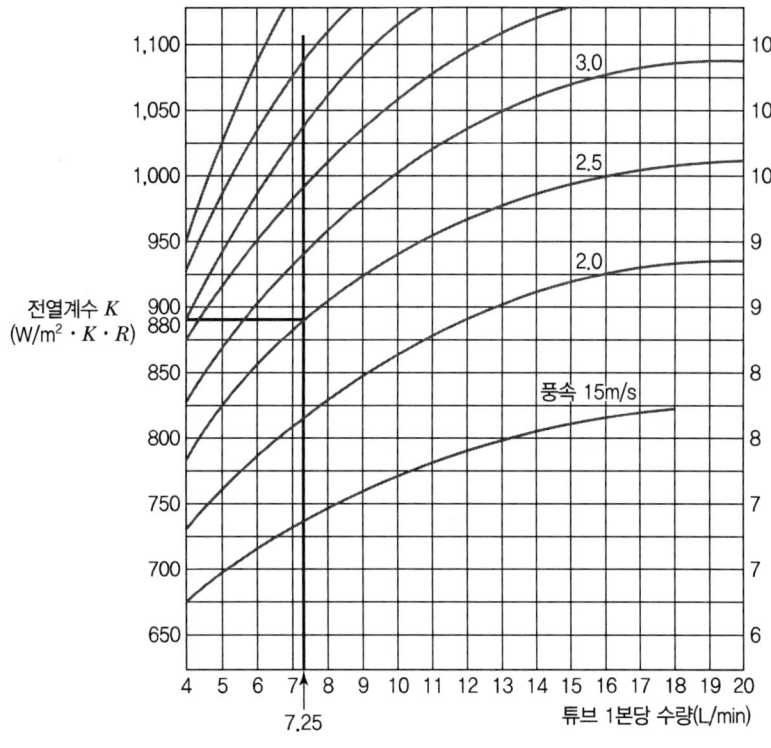

(8) 대수평균온도차(MTD)

$$MTD = \frac{\Delta t_1 - \Delta t_2}{\ln \frac{\Delta t_1}{\Delta t_2}} = \frac{33.13 - 11.5}{\ln \frac{33.13}{11.5}} = 20.44\text{℃}$$

여기서, Δt_1 : 코일출구수온 − 코일입구공기온도(47.93 − 14.8)

Δt_2 : 코일입구수온 − 코일출구공기온도(60 − 48.5)

(9) 코일열수(N)

$q_C = K \cdot F_a \cdot N \cdot \Delta t_m$

$N = \dfrac{q_C}{K \cdot F_a \cdot \Delta t_m} = \dfrac{Q \rho C_p (t_4 - t_3)}{K \cdot F_a \cdot \Delta t_m} = \dfrac{10{,}800 \times 1.2 \times 1.01 \times (48.5 - 14.8)}{880 \times 10^{-3} \times 3{,}600 \times 1.2 \times 20.44} = 5.68 ≒ 6열$

여기서, 코일열수는 특별한 조건이 없으면 소수점 첫째자리에서 올림하여 정수로 표기한다.

13 송풍기 흡입압력이 200Pa이고 송풍기 풍량이 150m³/min일 때 송풍기 소요동력(kW)을 구하시오. (단, 송풍기 전압효율 0.65, 구동효율 0.9이다.)

> **풀이**
>
> **송풍기 소요동력(L)**
>
> $$L = \frac{P_T \cdot Q}{\eta_T \cdot \eta_t}$$
>
> 여기서, P : 압력(kPa)
> Q : 풍량(m³/s)
> η_T : 전압효율
> η_t : 구동효율
>
> $$= \frac{200 \times 10^{-3} \times 150}{60 \times 0.65 \times 0.9} = 0.85 \text{kW}$$

14 취출(吹出)에 관한 다음 용어를 설명하시오.

(1) 셔터
(2) 전면적(Face Area)

> **풀이**
>
> (1) 셔터(Shutter)
>   취출구 후부에 설치하여 풍량을 조절하는 댐퍼역할을 하는 기기이다.
>
> (2) 전면적(Face Area)
>   취출구 표면의 바깥둘레를 기준으로 한 면적이다.

15 어느 사무실의 취득열량 및 외기부하를 산출하였더니 다음과 같았다. 각 물음에 답하시오. (단, 급기온도와 실온의 차이는 11℃로 하고, 공기의 밀도는 1.2kg/m³, 공기의 정압비열은 1.01kJ/kg·K, 1냉각톤은 4.54kW로 한다. 계산상 안전율은 고려하지 않는다.)

항목	현열(kJ/h)	잠열(kJ/h)
벽체로부터의 열취득	25,000	0
유리로부터의 열취득	33,000	0
바이패스 외기열량	580	2,500
재실자 발열량	4,000	5,000
형광등 발열량	10,000	0
외기부하	5,900	20,000

(1) 현열비를 구하시오.
(2) 냉각코일 부하(kJ/h)를 구하시오.
(3) 냉각탑 용량(냉각톤)을 구하시오. (단, 냉동기증발열량은 냉각코일 부하에서 펌프 및 배관손실 5%를 적용하며, 응축열량은 증발열량에서 20% 할증한다.)

> 풀이

(1) 현열비(SHF)
- 실내 취득 현열량 $q_S = 25{,}000 + 33{,}000 + 580 + 4{,}000 + 10{,}000 = 72{,}580 \text{kJ/h}$
- 실내 취득 잠열량 $q_L = 2{,}500 + 5{,}000 = 7{,}500 \text{kJ/h}$

∴ 현열비(SHF) = $\dfrac{\text{현열량}}{\text{전열량}} = \dfrac{72{,}580}{72{,}580 + 7{,}500} = 0.91$

(2) 냉각코일 부하(q_C)

q_C = 실내부하 + 외기부하
= (실내취득 현열량 + 실내취득 잠열량) + 외기부하
= (72,580 + 7,500) + (5,900 + 20,000) = 105,980kJ/h

(3) 냉각탑 용량(냉각톤)

냉동기 증발열량 = 냉각코일 부하 + 펌프 및 배관손실부하(q_c의 5%)
= 105,980 × 1.05 = 111,279kJ/h

∴ 냉각탑 용량 = $\dfrac{\text{응축열량}}{1\text{냉각톤(CRT)}} = \dfrac{\text{냉동기 증발열량} \times 1.2}{1\text{냉각톤(CRT)}}$

= $\dfrac{111{,}297 \times 1.2}{3{,}600 \times 4.54}$ = 8.17냉각톤(CRT)

2019년 2회 기출문제

01 어떤 방열벽의 열통과율이 0.35W/m²·K이며, 벽 면적은 1,200m²인 냉장고가 외기온도 35℃에서 사용되고 있다. 이 냉장고의 증발기는 열통과율이 29W/m²·K이고 전열면적은 30m²이다. 이때 각 물음에 답하시오.(단, 이 식품 이외의 냉장고 내 발생열 부하는 무시하며, 증발온도는 -15℃로 한다.)

(1) 냉장고 내 온도가 0℃일 때 외기로부터 방열벽을 통해 침입하는 열량은 몇 kW인가?
(2) 냉장고 내 열전달률 5.8W/m²·K, 전열면적 600m², 온도 10℃인 식품을 보관했을 때 이 식품의 발생열 부하에 의한 고내 온도는 몇 ℃가 되는가?

풀이

(1) 냉장고 내 온도가 0℃일 때 방열벽 침입열량(q)
$$q = K \cdot A \cdot \Delta t$$
$$= 0.35 \times 1,200 \times (35-0) = 14,700\text{W} = 14.7\text{kW}$$

(2) 식품의 발생열에 의한 고내 온도(t)
  ① 고내 온도(t) : 냉장고 내에 열평형이 이루어질 때의 온도
  ② 식품에서의 발생열량 + 벽체 침입열량 = 증발기 냉각열량
   • 식품에서 발생열량(q_1)
   $$q_1 = K \cdot A \cdot \Delta t = 5.8 \times 600 \times (10-t)$$
   • 벽체 침입열량(q_2)
   $$q_2 = K \cdot A \cdot \Delta t = 0.35 \times 1,200 \times (35-t)$$
   • 증발기 냉각열량(q_3)
   $$q_3 = K \cdot A \cdot \Delta t = 29 \times 30 \times (t-(-15))$$
   $q_1 + q_2 = q_3$
   $5.8 \times 600 \times (10-t) + 0.35 \times 1,200 \times (35-t) = 29 \times 30 \times (t+15)$
   ∴ $t = 7.64$℃

02 공기조화 방식에서 전공기 방식 3종류를 쓰고, 각각 장점 3가지씩 쓰시오.

> 풀이

(1) 단일덕트 정풍량 방식(CAV : Constant Air Volume System)
   ① 외기냉방이 가능하여 청정도가 높다.
   ② 유지관리가 용이하다.
   ③ 고성능 공기정화장치가 가능하다.
   ④ 소규모에서 설치비가 저렴하다.

(2) 단일덕트 변풍량 방식(VAV : Variable Air Volume System)
   ① 실온을 유지하므로 에너지 손실이 가장 적다.
   ② 각 실별 또는 존별로 개별적 제어가 가능하다.
   ③ 토출공기의 풍량조절이 용이하다.
   ④ 칸막이 등 부하변동에 대응하기 쉽다.
   ⑤ 설치비가 저렴하고, 외기냉방이 가능하다.
   ⑥ 설비용량이 적어서 경제적인 운전이 가능하다.
   ⑦ 부분부하 시 송풍기 동력 절감이 가능하다.

(3) 이중덕트 방식
   ① 각 실별로 개별 제어가 양호하다.
   ② 계절마다 냉난방 전환이 필요하지 않다.
   ③ 전공기 방식이므로 냉온수관이 필요 없다.
   ④ 공조기가 집중되어 운전, 보수가 용이하다.
   ⑤ 칸막이 변경에 따라 임의로 계획을 바꿀 수 있다.

(4) 멀티존유닛 방식
   ① 배관이나 조절장치 등을 집중시킬 수 있다.
   ② 존(Zone) 제어가 가능하다.
   ③ 중간기에 비해 여름, 겨울의 냉난방 시 에너지 혼합손실이 적다.

03 다음 조건에서 이 방을 냉방하는 데 필요한 송풍량(m³/h) 및 냉각열량(kW), 냉수순환량(kg/h), 냉각기 감습수량(kg/h)을 구하시오.(단, 냉수 입출구 온도차는 5℃이다.)

[조건]
1. 외기조건 : 건구온도 33℃, 노점온도 25℃
2. 실내조건 : 건구온도 26℃, 상대습도 50%
3. 실내부하 : 감열부하 58kW, 잠열부하 12kW
4. 도입 외기량 : 송풍 공기량의 30%
5. 냉각기 출구의 공기상태는 상대습도 90%로 한다.
6. 송풍기 및 덕트 등에서의 열부하는 무시한다.
7. 물의 비열은 4.2kJ/kg · K이다.
8. 송풍공기의 비열은 1.01kJ/kg · K, 비용적은 0.83m³/kg로 하여 계산한다. 또한 별첨하는 공기 선도를 사용하고, 계산 과정도 기입한다.

풀이

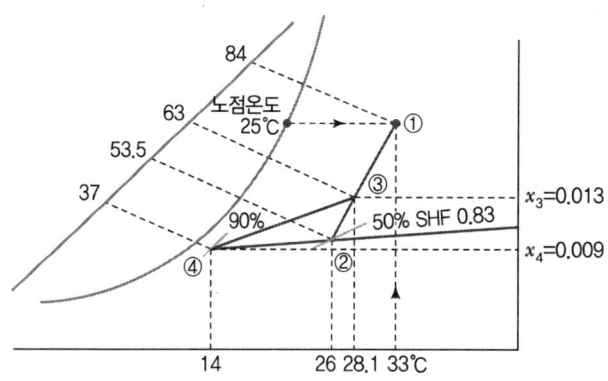

(1) 송풍량(Q)

$$q_S = GC_P\Delta t = Q\rho C_P \Delta t = Q\frac{1}{v}C_p(t_2 - t_4)$$

$$Q = \frac{v \cdot q_S}{C_P(t_2 - t_4)} \text{ : 공기 선도에서 } t_4\text{를 찾아야 한다.}$$

- $SHF = \dfrac{58}{58+12} = 0.83$

- 실내공기 조건(26℃, 50%) 점에서 SHF 0.83 선과 평행선을 그어 상대습도 90% 선과 만나는 점의 온도 $t_4 = 14℃$를 찾는다.

$$\therefore Q = \frac{0.83 \times 58 \times 3,600}{1.01 \times (26-14)} = 14,299.01 \text{m}^3/\text{h}$$

(2) 냉각열량(q_C)

$$q_C = G(h_3 - h_4) = Q\rho(h_3 - h_4) = Q\frac{1}{v}(h_3 - h_4) : h_3, h_4 \text{는 공기선도에서 찾는다.}$$

- 혼합점 온도 $t_3 = \dfrac{t_1 Q_1 + t_2 Q_2}{Q_3} = \dfrac{33 \times 0.3 + 26 \times 0.7}{1.0} = 28.1℃$
- 공기 선도에서 ①, ②점을 잇고 $t_3 = 28.1℃$와 만나는 곳이 ③점이며 $h_3 = 63\text{kJ/kg}$이다.
- 공기 선도에서 ④점의 엔탈피를 읽으면 $h_4 = 37\text{kJ/kg}$이다.

$$\therefore q_C = \frac{1}{0.83} \times \frac{14,299.01}{3,600} \times (63 - 37) = 124.42\text{kW}$$

(3) 냉수순환량(G_w)

$q_C = G_w \cdot C_w \cdot \Delta t_w$ 에서

$$G_w = \frac{q_C}{C_w \cdot \Delta t_w} = \frac{124.42 \times 3,600}{4.2 \times 5} = 21,329.14\text{kg/h}$$

(4) 냉각기 감습수량(L)

$$L = G \cdot \Delta x = \frac{Q}{v}(x_3 - x_4)$$

절대습도(x_3, x_4)는 습공기 선도를 이용하여 찾는다.

$$= \frac{14,299.01}{0.83} \times (0.013 - 0.009) = 68.91\text{kg/h}$$

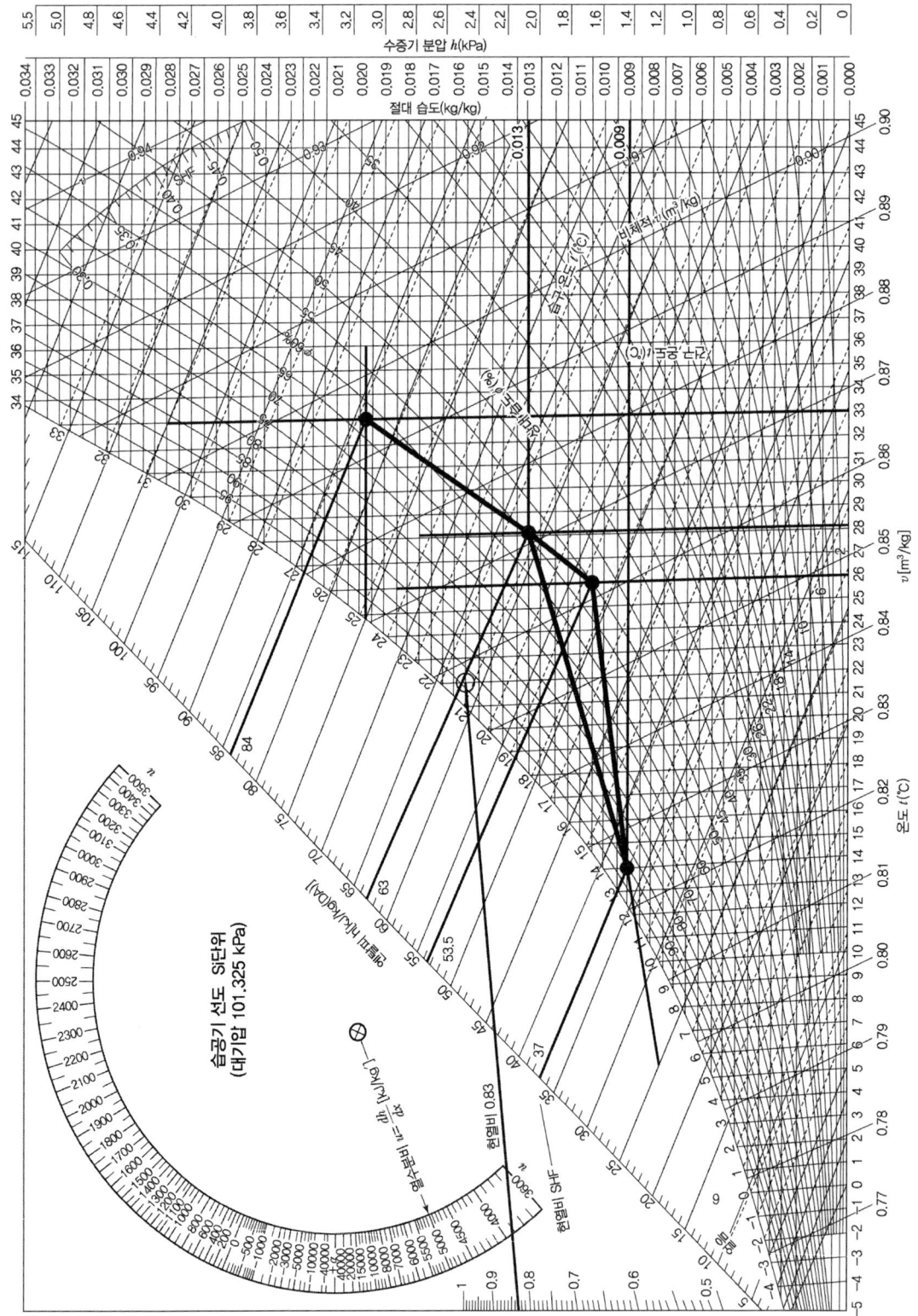

04 응축온도가 43℃인 횡형 수랭식 응축기에서 냉각수 입구온도 32℃, 출구온도 37℃, 냉각수 순환수량 300L/min이고 응축기 전열 면적이 20m²일 때 다음 물음에 답하시오.(단, 응축온도와 냉각수의 평균온도차는 산술평균온도차로 하며 냉각수비열은 4.2kJ/kg · K이다.)

(1) 응축기 냉각열량은 몇 kW인가?
(2) 응축기 열통과율은 몇 W/m² · K인가?
(3) 냉각수 순환량 400L/min일 때 응축온도는 몇 ℃인가?(단, 응축열량, 냉각수 입구 수온, 전열면적, 열통과율은 같은 것으로 한다.)

풀이

(1) 응축기 냉각열량(Q_C)

$$Q_C = G \cdot C \cdot \Delta t_w$$
$$= 300 \times 4.2 \times (37-32) = 6,300 \text{kJ/min} = 105 \text{kW}$$

(2) 응축기 열통과율(K)

$$Q_C = K \cdot A \cdot \Delta t_m$$

$$K = \frac{Q_C}{A \cdot \Delta t_m}$$

여기서, $\Delta t_m = t_c - \dfrac{t_{w1}+t_{w2}}{2} = 43 - \dfrac{32+37}{2} = 8.5$℃

$$K = \frac{105 \times 1,000}{20 \times 8.5} = 617.65 \text{W/m}^2 \cdot \text{K}$$

(3) 냉각수 순환량이 400L/min일 때 응축온도(t_c)

냉각수량이 달라져 냉각수 출구온도 t_{w2}가 변하므로, 별도로 냉각수 출구온도 t_{w2}를 구해 주어야 한다.

$$\Delta t_m = t_c - \frac{t_{w1}+t_{w2}}{2}$$

$$t_c = \Delta t_m + \frac{t_{w1}+t_{w2}}{2}$$

t_{w2}를 산출하면

$$Q_C = G \cdot C \cdot (t_{w2}-t_{w1})$$

$$t_{w2} = t_{w1} + \frac{Q_C}{G \cdot C} = 32 + \frac{105 \times 60}{400 \times 4.2} = 35.75℃$$

$$\therefore t_c = \Delta t_m + \frac{t_{w1}+t_{w2}}{2} = 8.5 + \frac{32+35.75}{2} = 42.38℃$$

여기서, Δt_m 응축열량이 동일하므로 기존 응축조건에 따라 산출($\Delta t_m = 43 - \dfrac{32+37}{2} = 8.5$)

05 시간당 최대 급수량(양수량)이 12,000L/h일 때 고가 탱크에 급수하는 펌프의 전양정(m) 및 소요동력(kW)을 구하시오. (단, 물의 비중량은 9,800N/m³, 흡입관, 토출관의 마찰손실은 실양정의 25%, 펌프 효율은 60%, 펌프 구동은 직결형으로 전동기 여유율은 10%로 한다.)

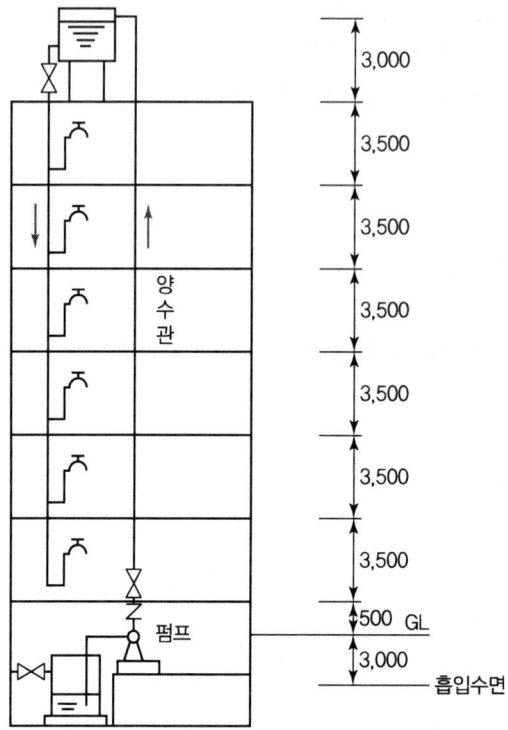

풀이

(1) 급수펌프의 전양정(H) : 실양정 + 배관마찰손실수두
전양정 $H = (3 + 0.5 + 3.5 \times 6 + 3) \times 1.25 = 34.38\text{m}$

(2) 급수펌프의 소요동력(L_b)

$$L_b = \frac{\gamma \cdot H \cdot Q}{\eta} \times 1.1$$

여기서, γ : 비중량(kN/m³), H : 전양정(m), Q : 급수량(m³/s), 전동기 여유율 10% 반영

$$= \frac{9.8 \times 34.38 \times 12}{3,600 \times 0.6} \times 1.1 = 2.06\text{kW}$$

06 다음 그림과 같은 두께 100mm의 콘크리트 벽 내측을 두께 50mm의 방열층으로 시공하고, 그 내면의 두께 15mm의 목재로 마무리한 냉장실 외벽이 있다. 각 층의 열전도율 및 열전달률의 값은 다음 표와 같다. 외기온도 30℃, 상대습도 85%, 냉장실 온도 −30℃인 경우 다음 물음에 답하시오.

재질	열전도률(W/m · K)	재질		열전달률(W/m² · K)
콘크리트	1.0	벽면	외표면	23
방열재	0.06		내표면	7
목재	0.17			

공기온도(℃)	상대습도(%)	노점온도(℃)
30	80	26.2
30	90	28.2

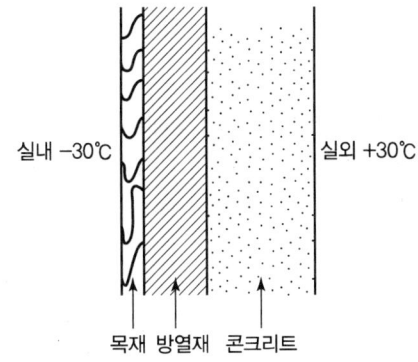

(1) 열통과율(W/m² · K)을 구하시오.
(2) 외벽 표면온도(℃)를 구하고 결로여부를 판별하시오.

[풀이]

(1) 열통과율(K)

$$R = \frac{1}{\alpha_o} + \frac{l_1}{\lambda_1} + \frac{l_2}{\lambda_2} + \frac{l_3}{\lambda_3} + \frac{1}{\alpha_i}$$

$$= \frac{1}{23} + \frac{0.1}{1.0} + \frac{0.05}{0.06} + \frac{0.015}{0.17} + \frac{1}{7} = 1.2079$$

$$\therefore K = \frac{1}{R} = \frac{1}{1.2079} = 0.83 \text{W/m}^2 \cdot \text{K}$$

(2) 외벽 표면온도 및 결로여부 판별
  ① 외벽 표면온도(t_S)
  열평형식 $\alpha_o \cdot A \cdot \Delta t_S = K \cdot A \cdot \Delta t$
  $\Delta t_S = \frac{K}{\alpha_o} \Delta t = \frac{K}{\alpha_o}(t_o - t_i)$

$$\Delta t_S = \frac{0.83}{23} \times (30-(-30)) = 2.17\,℃$$

$$\therefore\ \Delta t_S = t_o - t_S$$
$$t_S = t_o - \Delta t_S = 30 - 2.17 = 27.83\,℃$$

② 결로 여부 판별
- 외기온도 30℃, 상대습도 85%일 때의 노점온도 t_D를 주어진 표에서 직선보간법으로 구한다.

$$\frac{85-80}{90-80} = \frac{t_D - 26.2}{28.2 - 26.2}\text{에서}$$

$$t_D = 26.2 + \frac{85-80}{90-80}(28.2 - 26.2) = 27.2\,℃$$

- 결로 여부 판별 : 외벽 표면온도 t_S(27.83℃)가 외기 노점온도 t_D(27.2℃)보다 높으므로 결로는 발생하지 않는다.

07 다음과 같이 3중으로 된 노벽이 있다. 이 노벽의 내부온도를 1,370℃, 외부온도를 280℃로 유지하고, 또 정상상태에서 노벽을 통과하는 열량을 4.07kW/m²으로 유지하고자 한다. 이때 사용온도 범위 내에서 노벽 전체의 두께가 최소가 되는 벽의 두께를 결정하시오.

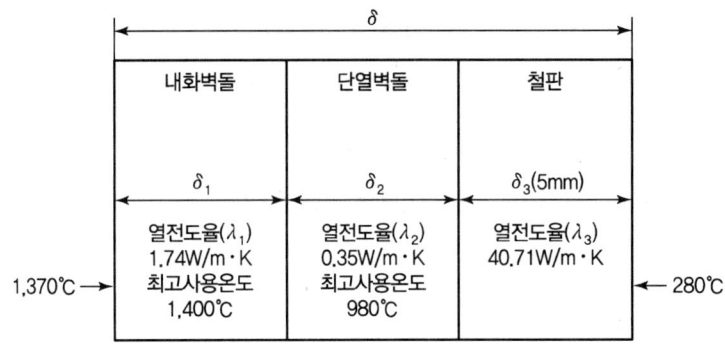

풀이

최소 벽 두께 결정

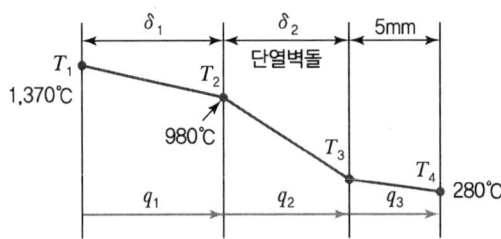

- 열전도율과 열저항은 서로 반비례하므로 열전도율이 가장 작은 단열벽돌의 두께가 최대가 될 때 노벽 전체의 두께는 최소가 된다.
- 온도구배와 열저항은 서로 비례하므로 단일벽돌 두께(δ_2)가 최대가 되려면 단열벽돌 앞뒷면 온도차 ($T_2 - T_3$)가 최대가 되어야 한다. 따라서 T_2는 최고 사용온도가 되어야 하므로 $T_2 = 980℃$이다.

$$q_1 = \frac{\lambda_1}{\delta_1} A(T_1 - T_2) \quad \cdots\cdots\cdots\cdots ⓐ$$

$$q_2 = \frac{\lambda_2}{\delta_2} A(T_2 - T_3) \quad \cdots\cdots\cdots\cdots ⓑ$$

$$q_3 = \frac{\lambda_3}{\delta_3} A(T_3 - T_4) \quad \cdots\cdots\cdots\cdots ⓒ$$

$$q_1 = q_2 = q_3 = 4.07 \text{kW/m}^2 \quad \cdots\cdots\cdots\cdots ⓓ$$

(1) 내화벽돌 두께(δ_1)

ⓐ식으로부터

$$\delta_1 = \frac{\lambda_1}{q_1} A(T_1 - T_2) = \frac{1.74}{4.07 \times 1,000} \times 1 \times (1,370 - 980) = 0.166732 \text{m} = 166.732 \text{mm}$$

(2) 단열벽돌 두께(δ_2)

ⓒ식으로부터 T_3를 먼저 구한다.

$$q_3 = \frac{\lambda_3}{\delta_3} A(T_3 - T_4)$$

$$T_3 = T_4 + \frac{q_3 \delta_3}{\lambda_3 A} = 280 + \frac{4.07 \times 1,000 \times 0.005}{40.71 \times 1} = 280.5℃$$

ⓑ식으로부터 δ_2를 구한다.

$$\delta_2 = \frac{\lambda_2}{q_2} A(T_2 - T_3) = \frac{0.35}{4.07 \times 1,000} \times 1 \times (980 - 280.5) = 0.060154 \text{m} = 60.154 \text{mm}$$

(3) 노벽 전체 최소 두께(δ)

$$\delta = \delta_1 + \delta_2 + \delta_3 = 166.732 + 60.154 + 5 = 231.89 \text{mm}$$

08 50RT, R-22 냉동장치에서 증발식 응축기가 다음과 같은 조건일 때 과냉각도를 결정하시오.

[조건]
- 관 압력손실 : 10kPa
- 밸브 기타의 압력손실 : 30kPa
- 액주의 압력손실 : 291kPa
- 응축온도 : 30℃

▼ R-22의 온도, 압력 관계

온도	압력(kPa·abs)	온도	압력(kPa·abs)	온도	압력(kPa·abs)
10	680.70	20	909.93	30	1,191.88
12	722.65	22	961.89	32	1,255.20
14	766.50	24	1,016.01	34	1,320.97
16	812.29	26	1,072.34	36	1,389.24
18	860.08	28	1,130.95	38	1,460.06

풀이

과냉각도는 냉매가 액체상태로서 응축압력에서의 온도와 팽창밸브직전 압력에 따른 온도의 차로 구한다.
- 포화온도가 30℃이므로 R-22표에 따라 응축압력 $P_C = 1,191.88$ kPa
- 압력손실 ΔP = 관 압력손실 + 액주의 압력손실 + 밸브 기타의 압력손실
  $= 10 + 291 + 30 = 331$ kPa
- 팽창밸브직전 압력 P = 응축압력 − 압력손실 = $1,191.88 - 331 = 860.88$ kPa

팽창밸브직전 압력이 860.88kPa이므로, 표에 따라 액상을 유지할 수 있는 온도는 18℃(압력 860.08kPa)가 된다.

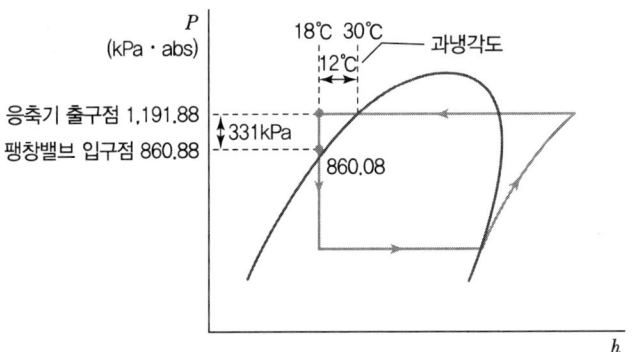

∴ 과냉각도 = 30 − 18 = 12℃

09 다음 그림은 사무소 건물의 기준 층에 위치한 실의 일부를 나타낸 것이다. 각종 설계조건으로부터 대상 실의 냉방부하를 산출하고자 한다. 주어진 조건을 이용하여 냉방부하를 계산하시오.

[설계조건]
1. 외기조건 : 32℃ DB, 70% RH
2. 실내 설정조건 : 26℃ DB, 50% RH
3. 열관류율
   ① 외벽 : 0.5W/m²·K
   ② 유리창 : 5.5W/m²·K
   ③ 내벽 : 2.0W/m²·K
   ④ 유리창 차폐계수 : 0.71
4. 재실인원 : 0.2인/m²
5. 인체 발생열 : 현열 63W/인, 잠열 69W/인
6. 조명부하 : 20W/m²(형광등)
7. 틈새바람에 의한 외풍은 없는 것으로 하며 인접실의 실내조건은 대상 실과 동일하다.

▼ [표 1] 유리창에서의 일사열량(W/m²)

시간\방위	수평	N	NE	E	SE	S	SW	W	NW
10	629	39	101	312	312	101	39	39	39
12	726	43	43	43	103	156	103	43	43
14	629	39	39	39	39	101	312	312	101
16	379	28	28	28	28	28	343	493	349

▼ [표 2] 상당온도차(하기 냉방용(deg))

시간\방위	수평	N	NE	E	SE	S	SW	W	NW
10	12.8	3.9	10.9	14.2	11.0	4.0	3.2	3.3	5.2
12	21.4	5.6	10.6	14.9	13.8	8.1	5.6	5.3	5.2
14	27.2	7.0	9.8	12.4	12.6	11.2	10.2	8.7	7.0
16	26.2	7.6	9.4	10.9	11.0	11.6	15.0	15.0	11.2

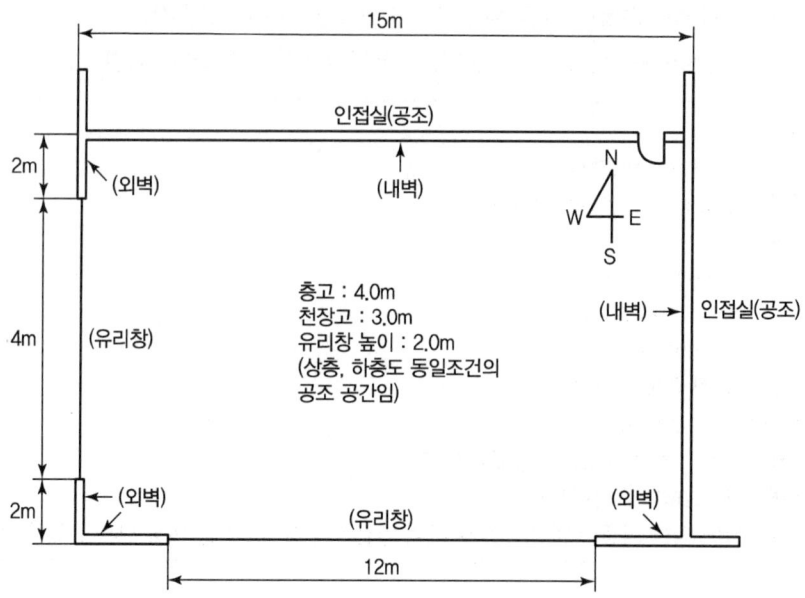

(1) 설계조건에 의해 12시, 14시, 16시의 냉방부하를 구하시오.
   ① 구조체에서의 부하
   ② 유리를 통한 일사에 의한 열부하
   ③ 실내에서의 부하
(2) 실내 냉방부하의 최대 발생시각을 결정하고, 이때의 현열비를 구하시오.
(3) 최대 부하 발생 시의 취출풍량(m^3/h)을 구하시오. (단, 취출온도는 15℃, 공기의 비열 1.0kJ/kg·K, 공기의 밀도 1.2kg/m^3로 한다. 또한, 실내의 습도 조절은 고려하지 않는다.)

풀이

(1) 냉방부하
   ① 구조체에서의 부하
      • 외벽에서의 부하 : $q = K \cdot A \cdot \Delta t_e$
      여기서 Δt_e는 상당온도차로서 〈표 2〉의 값을 적용한다.
      남쪽 벽(S) 12시 $q = 0.5 \times (15 \times 4 - 12 \times 2) \times 8.1 = 145.8\text{W}$
               14시 $q = 0.5 \times (15 \times 4 - 12 \times 2) \times 11.2 = 201.6\text{W}$
               16시 $q = 0.5 \times (15 \times 4 - 12 \times 2) \times 11.6 = 208.8\text{W}$
      서쪽 벽(W) 12시 $q = 0.5 \times (8 \times 4 - 4 \times 2) \times 5.3 = 63.6\text{W}$
               14시 $q = 0.5 \times (8 \times 4 - 4 \times 2) \times 8.7 = 104.4\text{W}$
               16시 $q = 0.5 \times (8 \times 4 - 4 \times 2) \times 15.0 = 180\text{W}$
      • 유리창에서의 부하(관류부하) : $q = K \cdot A \cdot \Delta t$
      ※ 유리창의 경우에는 축열을 고려하지 않으므로 상당외기온도차를 적용하지 않고, 실내외 온도차를 적용한다.

남쪽 유리창(S) $q = 5.5 \times (12 \times 2) \times (32-26) = 792W$
서쪽 유리창(W) $q = 5.5 \times (4 \times 2) \times (32-26) = 264W$
∴ 12시 부하 $= 145.8 + 63.6 + 792 + 264 = 1,265.4W$
14시 부하 $= 201.6 + 104.4 + 792 + 264 = 1,362W$
16시 부하 $= 208.8 + 180 + 792 + 264 = 1,444.8W$

② 유리를 통한 열사에 의한 열부하 $q = I \cdot A \cdot SC$
여기서, I는 일사열량으로서 〈표 1〉의 값을 적용한다. SC는 차폐계수를 의미한다.

남쪽 유리창(S) 12시 $q = 156 \times (12 \times 2) \times 0.71 = 2,658.24W$
14시 $q = 101 \times (12 \times 2) \times 0.71 = 1,721.04W$
16시 $q = 28 \times (12 \times 2) \times 0.71 = 477.12W$
서쪽 유리창(W) 12시 $q = 43 \times (4 \times 2) \times 0.71 = 244.24W$
14시 $q = 312 \times (4 \times 2) \times 0.71 = 1,772.16W$
16시 $q = 493 \times (4 \times 2) \times 0.71 = 2,800.24W$

∴ 12시 부하 $= 2,658.24 + 244.24 = 2,902.48W$
14시 부하 $= 1,721.04 + 1,772.16 = 3,493.2W$
16시 부하 $= 477.12 + 2,800.24 = 3,277.36W$

③ 실내에서의 부하
인체 현열 $q_S = n \cdot H_S = 0.2 \times (15 \times 8) \times 63 = 1,512W$
인체 잠열 $q_L = n \cdot H_L = 0.2 \times (15 \times 8) \times 69 = 1,656W$
조명부하 $q_E = (15 \times 8) \times 20 = 2,400W$
∴ 12시, 14시, 16시 부하 $= 1,512 + 1,656 + 2,400 = 5,568W$

(2) 실내 냉방부하 최대 발생시각 및 현열비
① 실내 냉방부하 최대 발생시각 : 14시
12시 : $10,215.88W(1,265.4 + 2,902.48 + 5,568 = 9,735.88)$
14시 : $10,903.2W(1,362 + 3,493.2 + 5,568 = 10,423.2)$
16시 : $10,770.16W(1,444.8 + 3,277.36 + 5,568 = 10,290.16)$

② 현열비 $SHF = \dfrac{현열}{전열} = \dfrac{전열 - 잠열}{전열} = \dfrac{10,423.2 - 1,656}{10,423.2} = 0.84$

(3) 최대부하 발생 시의 취출풍량(Q)
$q_S = mC_p \Delta t = \rho Q C_p \Delta t$에서
$Q = \dfrac{q_S}{\rho C_p \Delta t} = \dfrac{(10,423.2 - 1,656) \times 3,600}{1.2 \times 1.0 \times 10^3 \times (26-15)} = 2,391.05 m^3/h$

10 어떤 사무소 공조설비 과정이 다음과 같다. 물음에 답하시오.

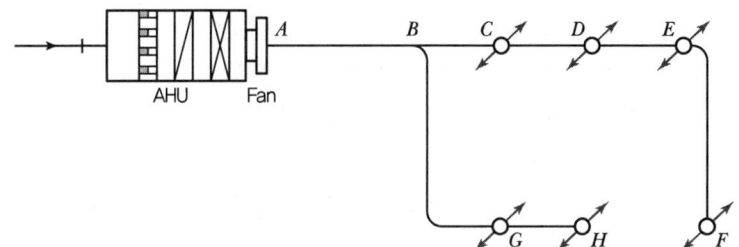

- 덕트 구간 길이
  A~B : 60m, B~C : 6m, C~D : 12m, D~E : 12m, E~F : 20m, B~G : 18m, G~H : 12m

[조건]
- 마찰손실 R=1.0Pa/m
- 1개당 취출구 풍량 : 3,000m³/h
- 정압효율 : 50%
- 가열 코일 저항 : 150Pa
- 송풍기 저항 : 100Pa
- 국부저항계수 ζ=0.29
- 송풍기 출구 풍속 V=13m/s
- 에어필터 저항 : 50Pa
- 냉각기 저항 : 150Pa
- 취출구 저항 : 50Pa

(1) 실내에 설치한 덕트 시스템을 위의 그림과 같이 설계하고자 한다. 각 취출구의 풍량이 동일할 때, 장방형 덕트의 크기를 결정하고 풍속을 구하시오. (단, 공기밀도 1.2kg/m³, 중력가속도 9.8m/s²이다.)

구간	풍량(m³/h)	원형 덕트 지름(cm)	장방형 덕트(cm)	풍속(m/s)
A-B			×35	
B-C			×35	
C-D			×35	
D-E			×35	
E-F			×35	

(2) 송풍기 정압(Pa)을 구하시오.
(3) 송풍기 동력(kW)을 구하시오.

풀이

(1) 장방형 덕트 크기 결정 및 풍속

덕트 선도에서 원형 덕트 지름을 구하고, 덕트표에서 장방형 덕트 크기를 구한다.

구간	풍량(m³/h)	원형 덕트 지름(cm)	장방형 덕트(cm)	풍속(m/s)
A-B	18,000	82	190×35	$\frac{18,000 \div 3,600}{1.9 \times 0.35} = 7.52$
B-C	12,000	71	135×35	$\frac{12,000 \div 3,600}{1.35 \times 0.35} = 7.05$
C-D	9,000	63	105×35	$\frac{9,000 \div 3,600}{1.05 \times 0.35} = 6.80$
D-E	6,000	54	75×35	$\frac{6,000 \div 3,600}{0.75 \times 0.35} = 6.35$
E-F	3,000	42	45×35	$\frac{3,000 \div 3,600}{0.45 \times 0.35} = 5.29$

(2) 송풍기 정압(P_S)

- 정압 = 전압 - 토출 측 동압($\frac{\rho V^2}{2}$)
- 전압 = 덕트 마찰손실 + 각종저항

구간별 마찰손실 산출 후 큰 값을 적용한다.

① A-F 구간 덕트 마찰손실
- 직관덕트 마찰손실 = $(60+6+12+12+20) \times 1.0 = 110$ Pa
- 밴드부 마찰손실 = $\zeta \frac{\rho V^2}{2} = 0.29 \times \frac{1.2 \times 5.29^2}{2} = 4.869$ Pa
- ∴ A-F 구간 마찰손실 = $110 + 4.869 = 114.87$ Pa

② A-H 구간 덕트 마찰손실
- 직관덕트 마찰손실 = $(60+18+12) \times 1.0 = 90$ Pa
- B부 국부 마찰손실 = $\zeta \frac{\rho V_1^2}{2} = 0.29 \times \frac{1.2 \times 7.52^2}{2} = 9.839$ Pa
- 밴드부 마찰손실 = $\zeta \frac{\rho V_2^2}{2} = 0.29 \times \frac{1.2 \times 6.35^2}{2} = 7.016$ Pa

  (B-G 구간의 풍량 6,000m³/h, 풍속 6.35m/s)

- ∴ A-H 구간 마찰손실 = $90 + 9.839 + 7.016 = 106.86$ Pa

③ 송풍기 정압 : 덕트 마찰손실 중 큰쪽인 A-F 구간 마찰손실 114.87Pa를 적용한다.

$$P_S = \{114.87 + (150+100+50+150+50)\} - \frac{1.2 \times 13^2}{2} = 513.47 \text{ Pa}$$

(3) 송풍기 동력(L)

$$L(\text{kW}) = \frac{P_S(\text{kPa}) \times Q(\text{m}^3/\text{s})}{\eta_s} = \frac{513.47 \times 18,000}{1,000 \times 3,600 \times 0.5} = 5.13 \text{ kW}$$

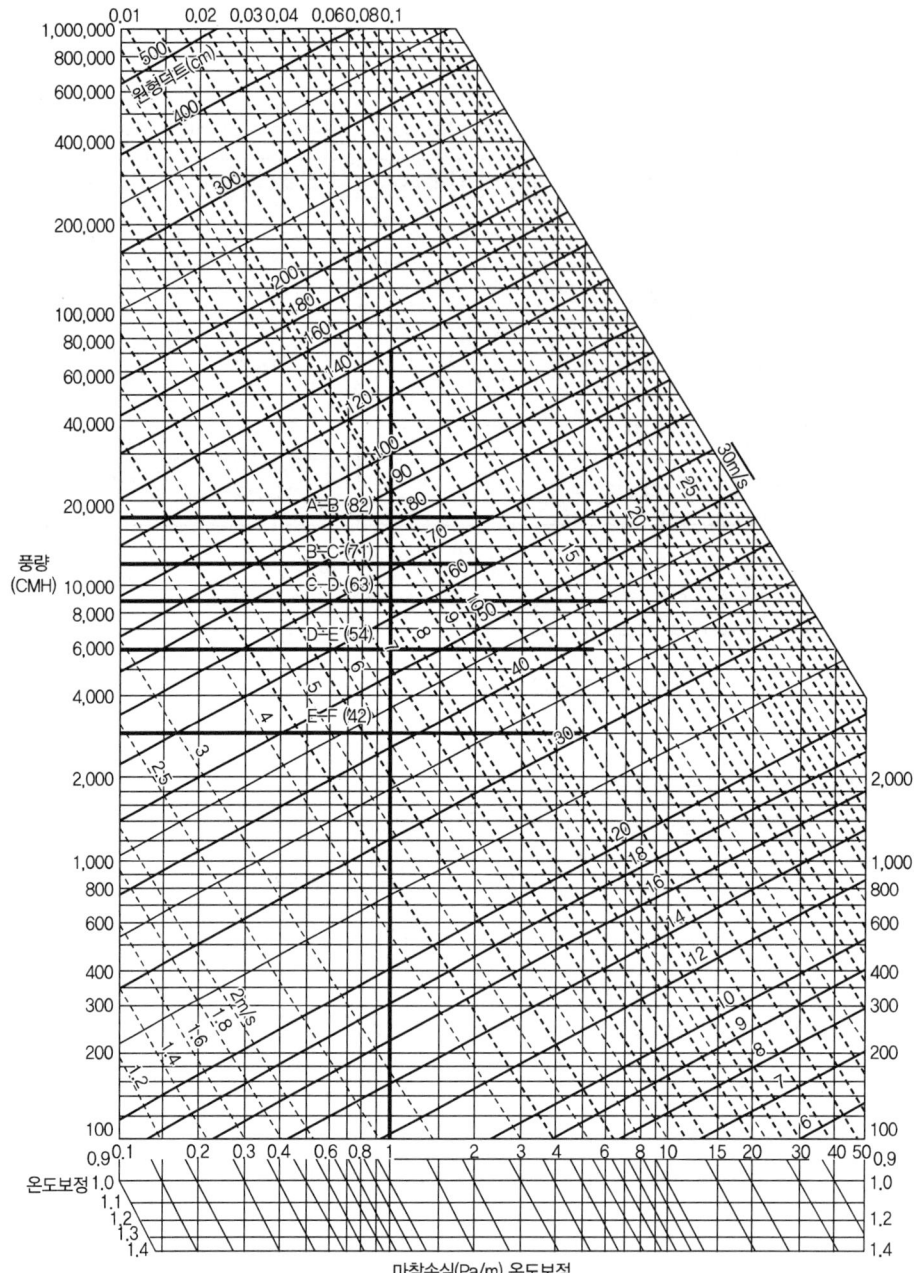

▼ 장방형 덕트와 원형 덕트의 환산표

장변\단변	10	15	20	25	30	35	40	45	50	55	60	65	70	75	80	85	90	95	100
10	10.9																		
15	13.3	16.4																	
20	15.2	18.9	21.9																
25	16.9	21.0	24.4	27.3															
30	18.3	22.9	26.6	29.9	32.8														
35	19.5	24.5	28.6	32.2	35.4	38.3													
40	20.7	26.0	30.5	34.3	37.8	40.9	43.7												
45	21.7	27.4	32.1	36.3	40.0	43.3	46.4	49.2											
50	22.7	28.7	33.7	38.1	42.0	45.6	48.8	51.8	54.7										
55	23.6	29.9	35.1	39.8	43.9	47.7	51.1	54.3	57.3	60.1									
60	24.5	31.0	36.5	41.4	45.7	49.6	53.3	56.7	59.8	62.8	65.6								
65	25.3	32.1	37.8	42.9	47.4	51.5	55.3	58.9	62.2	65.3	68.3	71.1							
70	26.1	33.1	39.1	44.3	49.0	53.3	57.3	61.0	64.4	67.7	70.8	73.7	76.5						
75	26.8	34.1	40.2	45.7	50.6	55.0	59.2	63.0	66.6	69.7	73.2	76.3	79.2	82.0					
80	27.5	35.0	41.4	47.0	52.0	56.7	60.9	64.9	68.7	72.2	75.5	78.7	81.8	84.7	87.5				
85	28.2	35.9	42.4	48.2	53.4	58.2	62.6	66.8	70.6	74.3	77.8	81.1	84.2	87.2	90.1	92.9			
90	28.9	36.7	43.5	49.4	54.8	59.7	64.2	68.6	72.6	76.3	79.9	83.3	86.6	89.7	92.7	95.6	198.4		
95	29.5	37.5	44.5	50.6	56.1	61.1	65.9	70.3	74.4	78.3	82.0	85.5	88.9	92.1	95.2	98.2	101.1	103.9	
100	30.1	38.4	45.4	51.7	57.4	62.6	67.4	71.9	76.2	80.2	84.0	87.6	91.1	94.4	97.6	100.7	103.7	106.5	109.3
105	30.7	39.1	46.4	52.8	58.6	64.0	68.9	73.5	77.8	82.0	85.9	89.7	93.2	96.7	100.0	103.1	106.2	109.1	112.0
110	31.3	39.9	47.3	53.8	59.8	65.2	70.3	75.1	79.6	83.8	87.8	91.6	95.3	98.8	102.2	105.5	108.6	111.7	114.6
115	31.8	40.6	48.1	54.8	60.9	66.5	71.7	76.6	81.2	85.5	89.6	93.6	97.3	100.9	104.4	107.8	111.0	114.1	117.2
120	32.4	41.3	49.0	55.8	62.0	67.7	73.1	78.0	82.7	87.2	91.4	95.4	99.3	103.0	106.6	110.0	113.3	116.5	119.6
125	32.9	42.0	49.9	56.8	63.1	68.9	74.4	79.5	84.3	88.8	93.1	97.3	101.2	105.0	108.6	112.2	115.6	118.8	122.0
130	33.4	42.6	50.6	57.5	64.2	70.1	75.7	80.8	85.7	90.4	94.8	99.0	103.1	106.9	110.7	114.3	117.7	121.1	124.4
135	33.9	43.3	51.4	58.6	65.2	71.3	76.9	82.2	87.2	91.9	96.4	100.7	104.9	108.8	112.6	116.3	119.9	123.3	126.7
140	34.4	43.9	52.2	59.5	66.2	72.4	78.1	83.5	88.6	93.4	98.0	102.4	106.6	110.7	114.6	118.3	122.0	125.5	128.9
145	34.9	44.5	52.9	60.4	67.2	73.5	79.3	84.8	90.0	94.9	99.6	104.1	108.4	112.5	116.5	120.3	124.0	127.6	131.1
150	35.3	45.2	53.6	61.2	68.1	74.5	80.5	86.1	91.3	96.3	101.1	105.7	110.0	114.3	118.3	122.2	126.0	129.7	133.2
155	35.8	45.7	54.4	62.1	69.1	75.6	81.6	87.3	92.6	97.4	102.6	107.2	111.7	116.0	120.1	124.1	127.9	131.7	135.3
160	36.2	46.3	55.1	62.9	70.6	76.6	82.7	88.5	93.9	99.1	104.1	108.8	113.3	117.7	121.9	125.9	129.8	133.6	137.3
165	36.7	46.9	55.7	63.7	70.9	77.6	83.8	89.7	95.2	100.5	105.5	110.3	114.9	119.3	123.6	127.7	131.7	135.6	139.3
170	37.1	47.5	56.4	64.4	71.8	78.5	84.9	90.8	96.4	101.8	106.9	111.8	116.4	120.9	125.3	129.5	133.5	137.5	141.3
175	37.5	48.0	57.1	65.2	72.6	79.5	85.9	91.9	97.6	103.1	108.2	113.2	118.0	122.5	127.0	131.2	135.3	139.3	143.2
180	37.9	48.5	57.7	66.0	73.5	80.4	86.9	93.0	98.8	104.3	109.6	114.6	119.5	124.1	128.6	133.9	137.1	141.2	145.1
185	38.3	49.1	58.4	66.7	74.3	81.4	87.9	94.1	100.0	105.6	110.9	116.0	120.9	125.6	130.2	134.6	138.8	143.0	147.0
190	38.7	49.6	59.0	67.4	75.1	82.2	88.9	95.2	101.2	106.8	112.2	117.4	122.4	127.2	131.8	136.2	140.5	144.7	148.8

11 다음은 R-22용 콤파운드 압축기를 이용한 2단 압축 1단 팽창 냉동장치의 이론 냉동사이클을 나타낸 것이다. 이 냉동장치의 냉동능력이 15RT일 때 각 물음에 답하시오. (단, 배관에서의 열손실은 무시한다.

> - 압축기의 체적효율(저단 및 고단) : 0.75
> - 압축기의 압축효율(저단 및 고단) : 0.73
> - 압축기의 기계효율(저단 및 고단) : 0.90

(1) 저단 압축기와 고단 압축기의 기통수비가 얼마인 압축기를 선정해야 하는가?
(2) 압축기의 실제 소요동력(kW)은 얼마인가?

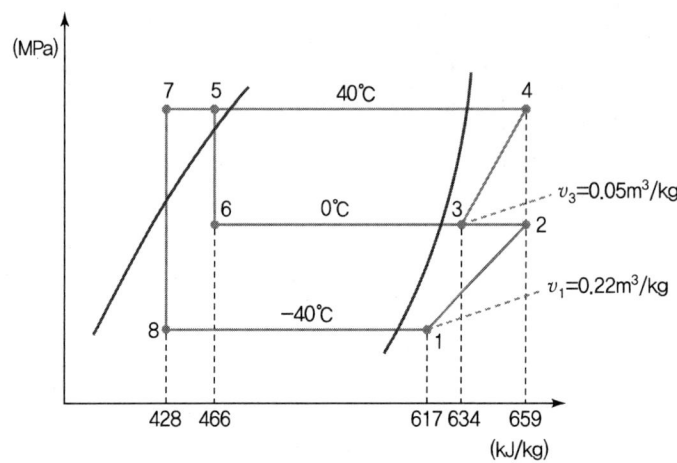

풀이

(1) 기통수비 산출
   기통수비는 저단피스톤 배출량과 고단피스톤 배출량의 비를 의미한다.
   - 저단 압축기 피스톤 배출량(V_l)

   $$Q_e = G_l(h_1 - h_8)$$

   $$G_l = \frac{Q_e}{h_1 - h_8} = \frac{15 \times 3.86 \times 3,600}{617 - 428} = 1,102.857 \text{kg/h}$$

   $$\therefore V_l = \frac{G_l \cdot v_1}{\eta_V} = \frac{1,102.857 \times 0.22}{0.75} = 323.50 \text{m}^3/\text{h}$$

   - 고단 압축기 피스톤 배출량(V_h)

   $$\eta_c = \frac{h_2 - h_1}{h_2' - h_1} \text{에서 } h_2' = h_1 + \frac{h_2 - h_1}{\eta_c}$$

   $$h_2' = 617 + \frac{659 - 617}{0.73} = 674.534 \text{kJ/kg}$$

$$\frac{G_h}{G_l} = \frac{h_2' - h_7}{h_3 - h_6}$$

$$G_h = G_l \cdot \frac{h_2' - h_7}{h_3 - h_6} = 1{,}102.857 \times \frac{674.534 - 428}{634 - 466} = 1{,}618.403 \text{kJ/h}$$

$$\therefore V_h = \frac{G_h \cdot v_3}{\eta_V} = \frac{1{,}618.403 \times 0.05}{0.75} = 107.89 \text{m}^3/\text{h}$$

∴ 기통수비 = 저단 피스톤 배출량 : 고단 피스톤 배출량
= 323.50 : 107.89 ≒ 3 : 1

(2) 압축기의 실제소요동력(L_b)

$$L_b = \frac{L}{\eta_c \cdot \eta_m} = \frac{G_l(h_2 - h_1) + G_h(h_4 - h_3)}{\eta_c \cdot \eta_m}$$

$$= \frac{1{,}102.857 \times (659 - 617) + 1{,}618.403 \times (659 - 634)}{0.73 \times 0.9 \times 3{,}600} = 36.69 \text{kW}$$

12 증기보일러에 부착된 인젝터의 작용을 설명하시오.

풀이

1. 인젝터(Injector)는 보일러의 증기압을 이용하여 급수하는 급수보조장치이다.
2. 증기노즐 끝에 있는 밸브를 열어 증기를 분출시키면 증기노즐 부근이 진공상태가 되어 물을 흡수하게 된다.
3. 혼합노즐에서 물과 공기는 함께 우측으로 흐르다가 혼합노즐 출구에서 공기는 없어지고 수류(물의 흐름)가 강해지면서 급수된다.

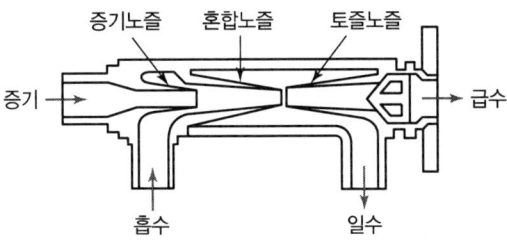

13 다음 회로도는 삼상유도전동기 정역 운전회로이다. 회로의 동작 설명 중 맞는 번호를 고르시오.

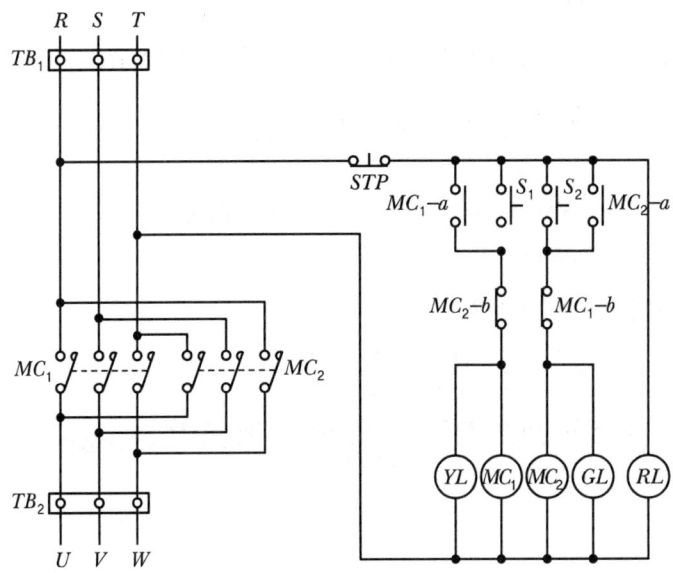

[동작 상태]
(가) 전원을 투입하면 YL이 점등된다.
(나) S_1을 누르면 MC_1이 여자되어 전동기는 정회전하며, YL은 점등되고 GL은 소등된다.
(다) S_2를 누르면 MC_2가 여자되어 전동기는 역회전하며, YL은 점등되고 GL은 소등된다.
(라) 이 회로는 자기유지회로이다.
(마) STP를 누르면 모든 동작이 정지된다.

> 풀이

회로의 동작설명 중 맞는 번호
(나), (라), (마)

14 다음 그림은 냉매액 순환방식을 채택하는 냉동장치의 계통도이다. 필요한 배관과 밸브를 완성하시오.

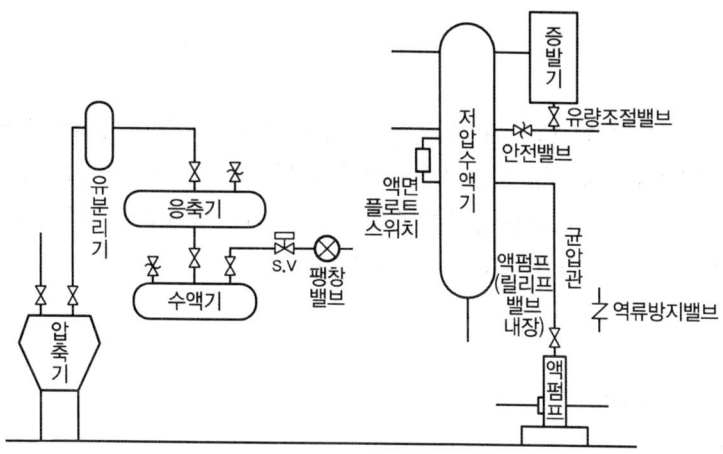

> 풀이

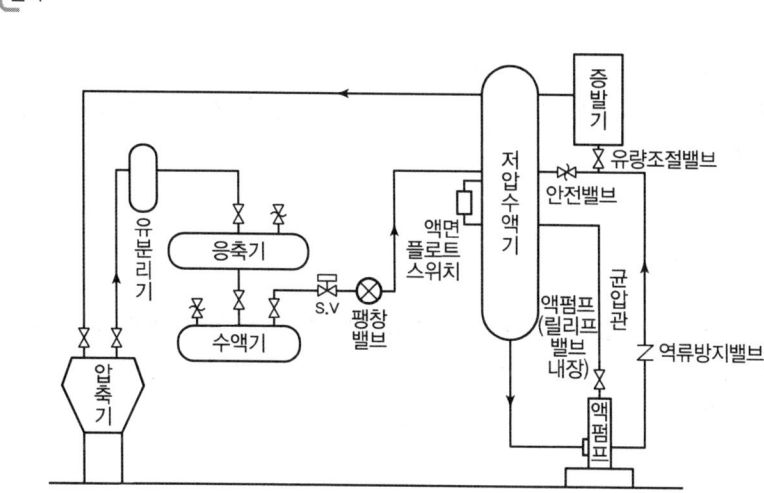

2019년 3회 기출문제

01 실내조건이 온도 27℃, 습도 60%인 정밀기계공장 실내에 피복하지 않은 덕트가 노출되어 있다. 결로방지(結露防止)를 위한 보온이 필요한지 여부를 계산식으로 나타내어 판정하시오. (단, 덕트 내 공기온도를 20℃로 하고 실내노점온도는 $t_a'' = 19.5℃$, 덕트표면 열전달률 $\alpha_0 = 9.3 W/m^2 \cdot K$, 덕트재료 열관류율 $K = 0.58 W/m^2 \cdot K$로 한다.)

풀이

보온 필요여부 판정

$q = q_s$

$K \cdot A \Delta t = \alpha_o \cdot A \Delta t_S$ 에서

$\Delta t_S = \dfrac{K \times \Delta t}{\alpha_o} = \dfrac{0.58 \times (27-20)}{9.3} = 0.44℃$

$\Delta t_S = t_i - t_S \rightarrow t_S = t_i - \Delta t_S = 27 - 0.44 = 26.56℃$

∴ 표면온도 $t_S(26.56℃) >$ 노점온도 $t_a''(19.5℃)$이므로, 결로 발생하지 않으며, 이에 따라 결로 방지를 위한 보온 필요하지 않다.

02 다음 그림과 같이 예열·혼합·순환수분무가습·가열하는 장치에서 실내현열부하가 14.8kW이고, 잠열부하가 4.2kW일 때 다음 물음에 답하시오. (단, 외기량은 전체 순환량의 25%이며, $h_1 = 14kJ/kg$, $h_2 = 38kJ/kg$, $h_3 = 24kJ/kg$, $h_6 = 41.2kJ/kg$이다.)

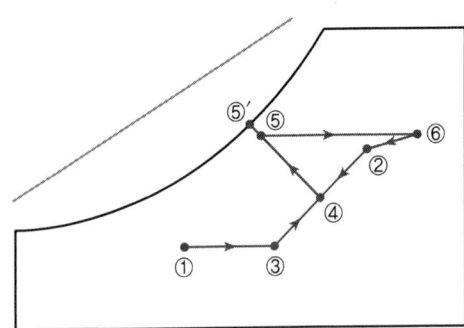

(1) 외기와 환기 혼합 엔탈피 h_4를 구하시오.

(2) 전체 순환공기량(kg/h)을 구하시오.

(3) 예열부하(kW)를 구하시오.

(4) 난방코일 부하(kW)를 구하시오.

풀이

(1) 외기와 환기 혼합 엔탈피(h_4)

$$h_4 = \frac{G_2 h_2 + G_3 h_3}{G_4}$$

여기서, 환기 G_2 : 25%, 외기 G_3 : 75%

$$= \frac{0.75 \times 38 + 0.25 \times 24}{1} = 34.5 \text{kJ/kg}$$

(2) 전체 순환공기(kg/h)

실내 전열부하(q_T) 산출식을 활용한다.

$q_T = G(h_6 - h_2)$에서

$$G = \frac{q_T}{h_6 - h_2}$$

$$= \frac{(14.8 + 4.2) \times 3{,}600}{41.2 - 38} = 21{,}375 \text{kg/h}$$

(3) 예열부하(kW)

$q_p = G_o(h_3 - h_1)$

여기서, G_o : 외기량

$$= \frac{(21{,}375 \times 0.25) \times (24 - 14)}{3{,}600} = 14.84 \text{kW}$$

(4) 난방코일 부하(kW)

난방코일 부하＝실내부하＋총외기부하－예열외기부하

$q_h = G(h_6 - h_5) = G(h_6 - h_2) + G_o(h_2 - h_1) - G_o(h_3 - h_1)$

$= 21{,}375(41.2 - 38) + (21{,}375 \times 0.25) \times (38 - 14) - (21{,}375 \times 0.25) \times (24 - 14)$

$= 143{,}212.5 \text{kJ/h} = 39.78 \text{kW}$

03 냉동장치 각 기기의 온도 변화 시에 이론적인 값이 상승하면 ○, 감소하면 ×, 무관하면 △을 하시오.

상태변화 \ 온도 변화	응축온도 상승	증발온도 상승	과열도 증가	과냉각도 증가
성적계수				
압축기 토출가스온도				
압축일량				
냉동효과				
압축기 흡입가스 비체적				

> 풀이

상태변화 \ 온도 변화	응축온도 상승	증발온도 상승	과열도 증가	과냉각도 증가
성적계수	×	○	○	○
압축기 토출가스온도	○	×	○	△
압축일량	○	×	○	△
냉동효과	×	○	○	○
압축기 흡입가스 비체적	△	×	○	△

04 어느 건물의 기준층 배관을 적산한 결과 다음과 같은 산출 근거가 나왔다. 이 배관 공사에 대한 내역서를 작성하시오. (단, 강관부속류의 가격은 직관가격의 50%, 지지철물의 가격은 직관가격의 10%, 배관의 할증률은 10%, 공구손료는 인건비의 3%이다.)

(1) 산출근거서(정미량)

품명	규격	직관길이 및 수량
백강관	25mm	40m
백강관	50mm	50m
게이트 밸브	청동제 10kg/cm², 50mm	4개

(2) 품셈
  ① 강관배관(m당)

규격	배관공(인)	보통인부(인)
25mm	0.147	0.037
50mm	0.248	0.063

  ② 밸브류 설치 : 개소당 배관공 0.07인

(3) 단가

품명	규격	단위	단가 (원)
백강관	25mm	m	1,200
백강관	50mm	m	1,500
게이트 밸브	50mm	개	9,000

배관공 : 45,000원/인

보통인부 : 25,000원/인

(4) 내역서

품명	규격	단위	수량	단가	금액
백강관	25mm	m			
백강관	50mm	m			
게이트 밸브	청동제 10kg/cm^2, 50mm	개			
강관부속류					
지지철물류					
인건비	배관공	인			
인건비	보통인부	인			
공구손료		식			
계					

> 풀이

- 배관수량(할증적용)
  백강관(25mm) = 40 × 1.1 = 44m
  백강관(50mm) = 50 × 1.1 = 55m
- 게이트 밸브 : 4개
- 인건비(할증 전 재료량 적용)
  배관공 : 40 × 0.147 + 50 × 0.248 + 4 × 0.07 = 18.56인
  보통인부 : 40 × 0.037 + 50 × 0.063 = 4.63인
- 공구손료 = (835,200 + 115,750) × 0.03 = 28,528.5 = 28,528원(원단위 미만 절사 적용)

품명	규격	단위	수량	단가	금액
백강관	25mm	m	44	1,200	52,800
백강관	50mm	m	55	1,500	82,500
게이트 밸브	청동제 10kg/cm^2, 50mm	개	4	9,000	36,000
강관부속류	직관의 50%				67,650
지지철물류	직관의 10%				13,530
인건비	배관공	인	18.56	45,000	835,200

품명	규격	단위	수량	단가	금액
인건비	보통인부	인	4.63	25,000	115,750
공구손료	인건비의 3%	식			28,528
계					1,231,958

05 피스톤 압출량 $50m^3/h$의 압축기를 사용하는 R-22 냉동장치에서 다음과 같은 값으로 운전될 때 각 물음에 답하시오.

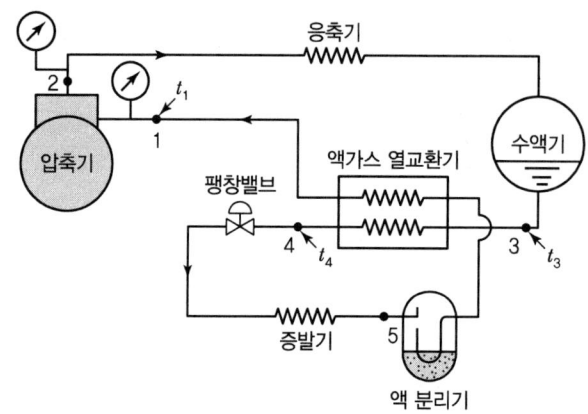

[조건]
1. $v_1 = 0.143 m^3/kg$
2. $t_3 = 25℃$
3. $t_4 = 15℃$
4. $h_1 = 620 kJ/kg$
5. $h_4 = 444 kJ/kg$
6. 압축기의 체적효율 $\eta_v = 0.68$
7. 증발압력에 대한 포화액의 엔탈피 : $h' = 386 kJ/kg$
8. 증발압력에 대한 포화증기의 엔탈피 : $h'' = 613 kJ/kg$
9. 응축액의 온도에 의한 내부에너지 변화량 : $1.3 kJ/kg \cdot K$

(1) 증발기의 냉동능력(kW)을 구하시오.
(2) 증발기 출구의 냉매증기 건조도(x) 값을 구하시오.

풀이

(1) 증발기의 냉동능력(Q_e)

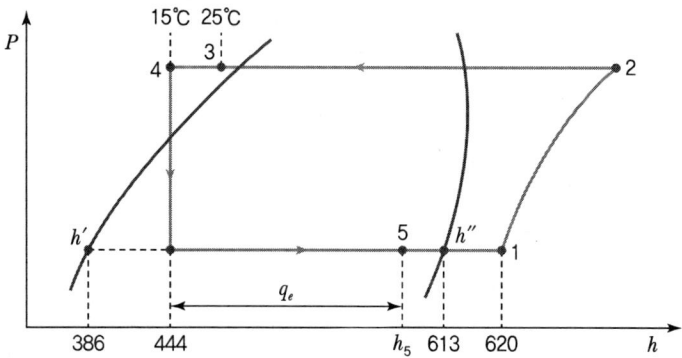

냉동능력 $Q_e = G(h_5 - h_4) = \dfrac{V \times \eta_v}{v_1 \times 3,600}(h_5 - h_4)$

여기서, V는 피스톤 압출량, h_5는 열교환기 과정에서 열평형 원리로 산출한다.

$(h_3 - h_4) = (h_1 - h_5)$

$(h_3 - h_4)$는 잠열변화가 없는 현열변화이다.

$1.3 \times (t_3 - t_4) = (h_1 - h_5)$

$h_5 = h_1 - 1.3(t_3 - t_4)$

$\quad = 620 - 1.3 \times (25 - 15) = 607 \text{kJ/kg}$

$\therefore$ 냉동능력 $Q_e = \dfrac{50 \times 0.68}{0.143 \times 3,600} \times (607 - 444) = 10.77 \text{kW}$

(2) 증발기 출구 냉매증기 건조도(x)

$x = \dfrac{h - h'}{h'' - h'} = \dfrac{h_5 - h'}{h'' - h'} = \dfrac{607 - 386}{613 - 386} = 0.97$

06 다음 그림은 향류식 냉각탑에서 공기와 물의 온도 변화를 나타낸 것이다. 다음 물음에 답하시오.

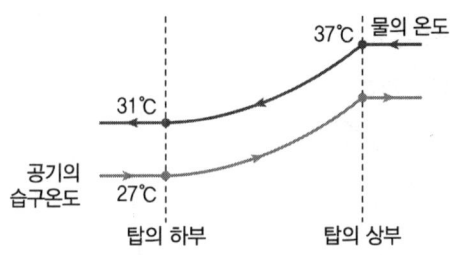

(1) 쿨링레인지는 몇 ℃인가?
(2) 쿨링어프로치는 몇 ℃인가?
(3) 냉각탑의 냉각효율은 몇 %인가?

풀이

(1) 쿨링레인지 : 냉각탑 입구수온 − 냉각탑 출구수온 = 37 − 31 = 6℃
(2) 쿨링어프로치 : 냉각탑 출구수온 − 냉각탑 입구공기의 습구온도 = 31 − 27 = 4℃
(3) 냉각탑의 냉각효율(%)

$$냉각효율 = \frac{냉각탑\ 입구수온 - 냉각탑\ 출구수온}{냉각탑\ 입구수온 - 입구공기의\ 습구온도} \times 100(\%)$$

$$= \frac{37-31}{37-27} \times 100 = 60\%$$

또는

$$냉각효율 = \frac{쿨링레인지}{쿨링레인지 + 쿨링어프로치} \times 100(\%)$$

$$= \frac{6}{6+4} \times 100 = 60\%$$

07 외기온도가 −5℃이고, 실내 공급 공기온도를 18℃로 유지하는 히트펌프가 있다. 실내 총 손실열량이 60kW일 때 열펌프 성적계수와 외기로부터 침입되는 열량은 약 몇 kW인가?

풀이

(1) 열펌프 성적계수(COP_H)

$$COP_H = \frac{T_H}{T_H - T_L} = \frac{(18+273)}{(18+273)-(-5+273)} = 12.65$$

(2) 외기로부터 침입되는 열량(Q_L)

$$COP_H = \frac{T_H}{T_H - T_L} = \frac{Q_H}{Q_H - Q_L}$$

$$(Q_H - Q_L) \cdot COP_H = Q_H$$

$$Q_L = Q_H - \frac{Q_H}{COP_H} = 60 - \frac{60}{12.65} = 55.26 \text{kW}$$

08 500rpm으로 운전되는 송풍기가 풍량 300m³/min, 전압 400Pa, 동력 3.5kW의 성능을 나타내고 있는 것으로 한다. 이 송풍기의 회전수를 1할 증가시키면 어떻게 되는가를 계산하시오.

풀이

송풍기 상사법칙을 이용한다.

- 풍량 $Q_2 = Q_1 \times \left(\dfrac{N_2}{N_1}\right) = 300 \times \left(\dfrac{500 \times 1.1}{500}\right) = 330 \text{m}^3/\text{min}$

- 전압 $P_2 = P_1 \times \left(\dfrac{N_2}{N_1}\right)^2 = 400 \times \left(\dfrac{500 \times 1.1}{500}\right)^2 = 484 \text{Pa}$

- 동력 $L_2 = L_1 \times \left(\dfrac{N_2}{N_1}\right)^3 = 3.5 \times \left(\dfrac{500 \times 1.1}{500}\right)^3 = 4.66 \text{kW}$

09 다음과 같은 건물의 A실에 대하여 아래 조건을 이용하여 각 물음에 답하시오. (단, 실 A는 최상층으로 사무실 용도이며, 아래층의 냉·난방 조건은 동일하다.)

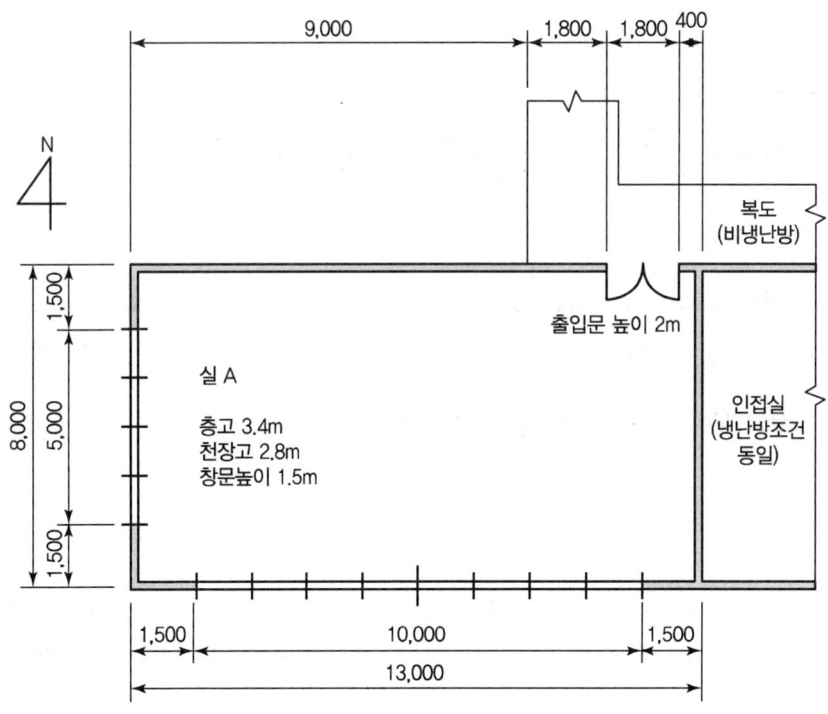

[조건]
1. 냉·난방 설계용 온·습도

구분	냉방	난방	비고
실내	26℃ DB, 50% RH, $x=0.0105$kg/kg′	20℃ DB, 50% RH, $x=0.00725$kg/kg′	비공조실은 실내·외의 중간온도로 약산함
외기	32℃ DB, 70% RH, $x=0.021$kg/kg′ (7월 23일, 14 : 00)	−5℃ DB, 70% RH, $x=0.00175$kg/kg′	

2. 유리 : 복층유리(공기층 6mm), 블라인드 없음, 열관류율 $K=3.5\text{W/m}^2\cdot\text{K}$
   출입문 : 목제 플래시문, 열관류율 $K=2.2\text{W/m}^2\cdot\text{K}$

3. 공기의 밀도 $\rho=1.2\text{kg/m}^3$
   공기의 정압비열 $C_p=1.01\text{kJ/kg}\cdot\text{K}$
   수분의 증발잠열(상온) $E_a=2,501\text{kJ/kg}$
   100℃ 물의 증발잠열 $E_b=2,256\text{kJ/kg}$

4. 외기 도입량은 25m³/h·인이다.

5. 벽체의 구조

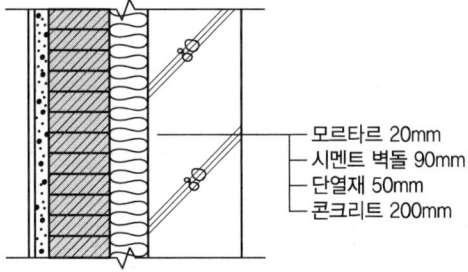

외벽($K=0.56\text{W/m}^2 \cdot \text{K}$)

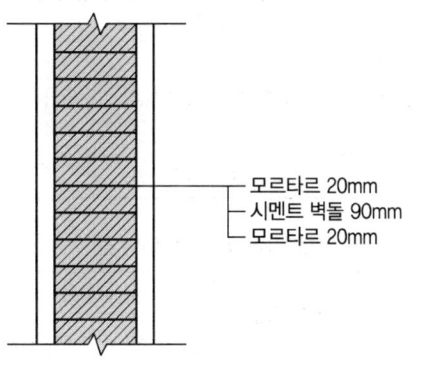

내벽($K=3.01\text{W/m}^2 \cdot \text{K}$)

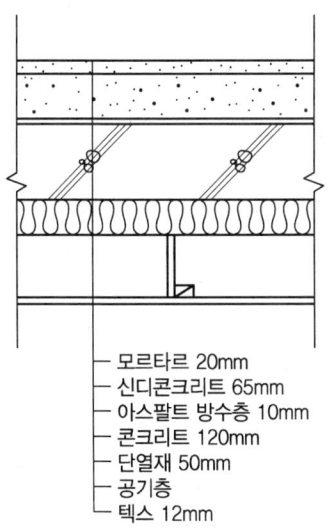

- 모르타르 20mm
- 신디콘크리트 65mm
- 아스팔트 방수층 10mm
- 콘크리트 120mm
- 단열재 50mm
- 공기층
- 텍스 12mm

지붕($K=0.45\text{W/m}^2 \cdot \text{K}$)

▼ 차폐계수

유리	블라인드	차폐계수
보통 단층	없음	1.0
	밝은색	0.65
	중등색	0.75
흡열 단층	없음	0.8
	밝은색	0.55
	중등색	0.65
보통 이층(중간 블라인드)	밝은색	0.4
보통 복층(공기층 6mm)	없음	0.9
	밝은색	0.6
	중등색	0.7

유리	블라인드	차폐계수
외측 흡열 내측 보통	없음	0.75
	밝은색	0.55
	중등색	0.65
외측 보통 내측 거울	없음	0.65

▼ 인체로부터의 발열량[W/인]

작업상태	예	실온	27℃		26℃		21℃	
		전발열량	H_S	H_L	H_S	H_L	H_S	H_L
정좌	극장	103	57	46	62	41	76	27
사무소 업무	사무소	132	58	74	63	69	84	48
착석 업무	공장의 경작업	220	65	155	72	148	107	113
보행 4.8km/h	공장의 중작업	203	88	205	96	197	135	158
볼링	볼링장	425	136	289	141	284	178	247

▼ 방위계수

방위	N, 수평	E	W	S
방위계수	1.2	1.1	1.1	1.0

벽의 타입	II	III	IV

구조 예	• 목조의 벽, 지붕
	• 두께 합계
	  20~70mm의 중량벽
		• II+단열층
		• 두께 합계
		  70~110mm의 중량벽
			• III의 중량벽+단열층
			• 두께 합계
			  110~160mm의 중량벽

벽의 타입	V	VI	VII

구조 예	• IV의 중량벽+단열층
	• 두께 합계
	  160~230mm의 중량벽
		• V의 중량벽+단열층
		• 두께 합계
		  230~300mm의 중량벽
			• IV의 중량벽+단열층
			• 두께 합계
			  300~380mm의 중량벽

▼ 창유리의 표준 일사열취득(W/m²)

계절	방위	시각(태양시)														합
		오전								오후						
		5	6	7	8	9	10	11	12	1	2	3	4	5	6	7	
여름철 (7월 23일)	수평	1	58	209	379	518	629	702	726	702	629	518	379	209	58	1	5,718
	N·그늘	44	73	46	28	34	39	42	43	42	39	34	28	46	73	0	567
	NE	0	293	384	349	288	101	42	43	42	39	34	28	21	12	0	1,626
	E	0	322	476	493	435	312	137	43	42	39	34	28	21	12	0	2,394
	SE	0	150	278	343	354	312	219	103	42	39	34	28	21	12	0	1,935
	S	0	12	21	28	53	101	141	156	141	101	53	28	21	12	0	868

계절	방위	시각(태양시)														합
		오전								오후						
		5	6	7	8	9	10	11	12	1	2	3	4	5	6	7	
여름철 (7월 23일)	SW	0	12	21	28	34	39	42	103	219	312	354	343	278	150	0	1,935
	W	0	12	21	28	34	39	42	43	137	312	436	493	476	322	0	2,394
	NW	0	12	21	28	34	39	42	43	42	101	238	349	384	293	0	1,626

실용적 (m³)	500 미만	500~1,000	1,000~1,500	1,500~2,000	2,000~2,500	2,500~3,000	3,000 이상
환기횟수 (회/h)	0.7	0.6	0.55	0.5	0.42	0.40	0.35

▼ 인원의 참고치

방의 종류	상면적 (m²/인)	방의 종류		상면적 (m²/인)
사무실(일반)	5.0	백화점	객실	18.0
은행 영업실	5.0		평균	3.0
레스토랑	1.5		혼잡	1.0
상점	3.0		한산	6.0
호텔로비	6.5	극장		0.5

▼ 조명용 전력의 계산치

방의 종류	조명용 전력 (W/m²)
사무실(일반)	25
은행 영업실	65
레스토랑	25
상점	30

▼ Δt_e(상당온도차) : 하계냉방용(℃)

구조체의 종류	방위	시각(태양시)												
		오전							오후					
		6	7	8	9	10	11	12	1	2	3	4	5	6
II	수평	1.1	4.6	10.7	17.6	24.1	29.3	32.8	34.4	34.2	32.1	28.4	23.0	16.6
	N·그늘	1.3	3.4	4.3	4.8	5.9	7.1	7.9	8.4	8.7	8.8	8.7	8.8	9.1
	NE	3.2	9.9	14.0	16.0	15.0	12.3	9.8	9.1	9.0	8.9	8.7	8.0	6.9
	E	3.4	11.2	17.6	20.8	21.1	18.8	14.6	10.9	9.6	9.1	8.8	8.0	6.9
	SE	1.9	6.6	11.8	15.8	18.1	18.4	16.7	13.6	10.7	9.5	8.9	8.1	7.0
	S	0.3	1.0	2.3	4.7	8.1	11.4	13.7	14.8	14.8	13.6	11.4	9.0	7.3
	SW	0.3	1.0	2.3	4.0	5.7	7.0	9.2	13.0	16.8	19.7	21.0	20.2	17.1
	W	0.3	1.0	2.3	4.0	5.7	7.0	7.9	10.0	14.7	19.6	23.5	25.1	23.1
	NW	0.3	1.0	2.3	4.0	5.7	7.0	7.9	8.4	9.9	13.4	17.3	20.0	19.7

		수평	3.7	3.6	4.3	6.1	8.7	11.9	15.2	18.4	21.2	23.3	24.6	24.8	23.9
		N·그늘	2.0	2.1	2.4	2.8	3.2	3.8	4.5	5.1	5.7	6.3	6.7	7.1	7.4
		NE	2.2	3.1	4.7	6.5	8.1	9.0	9.4	9.4	9.4	9.3	9.2	9.1	8.8
		E	2.3	3.3	5.3	7.7	10.1	11.7	12.6	12.6	12.2	11.8	11.3	10.8	10.2
V		SE	2.2	2.6	3.8	5.5	7.5	9.4	10.8	11.6	11.6	11.4	11.1	10.6	10.2
		S	2.0	1.8	1.8	2.1	2.9	4.1	5.6	7.1	8.4	9.5	10.0	10.0	9.7
		SW	2.8	2.4	2.3	2.5	2.9	3.5	4.3	5.5	7.2	9.1	11.1	12.8	13.8
		W	3.2	2.7	2.5	2.7	3.0	3.6	4.3	5.1	6.4	8.3	10.7	13.1	15.0
		NW	2.8	2.4	2.3	2.4	2.9	3.5	4.1	4.8	5.6	6.7	8.2	10.1	11.8
		수평	6.7	6.1	6.1	6.7	8.0	9.9	12.0	14.3	16.6	18.5	20.0	20.9	21.1
		N·그늘	3.0	2.9	2.9	3.0	3.2	3.6	4.0	4.4	4.9	5.3	5.7	6.1	6.4
		NE	3.3	3.6	4.3	5.4	6.4	7.3	7.8	8.1	8.3	8.4	8.5	8.5	8.5
		E	3.7	3.9	4.9	6.2	7.7	9.1	10.0	10.5	10.7	10.7	10.6	10.4	10.1
VI		SE	3.5	3.5	4.0	4.9	6.1	7.3	8.5	9.3	9.8	10.0	10.0	9.9	9.7
		S	3.3	4.0	2.8	2.8	3.1	3.7	4.6	5.6	6.6	7.4	8.1	8.4	8.6
		SW	4.5	4.0	3.7	3.5	3.6	3.8	4.2	4.9	5.9	7.2	8.6	9.9	11.0
		W	5.1	4.5	4.1	3.9	3.9	4.1	4.4	4.8	5.6	6.7	8.3	10.0	11.5
		NW	4.3	3.9	3.6	3.4	3.5	3.7	4.1	4.5	5.0	5.6	6.7	7.9	9.2
		수평	10.0	9.4	9.0	9.0	9.4	10.1	11.1	12.2	13.5	14.8	15.9	16.8	17.3
		N·그늘	4.0	3.8	3.7	3.7	3.7	3.8	4.0	4.2	4.4	4.7	4.9	5.2	5.5
		NE	4.7	4.7	4.0	5.3	5.8	6.3	6.6	4.0	7.2	7.3	7.5	7.6	7.7
		E	5.4	5.3	5.6	6.1	6.8	7.6	8.2	8.9	8.9	9.1	9.3	9.3	9.3
VII		SE	5.2	5.0	5.0	5.3	5.8	6.4	7.1	7.6	8.0	8.3	8.5	8.7	8.7
		S	4.6	4.3	4.1	3.9	3.9	4.1	4.5	4.9	5.6	6.0	6.5	6.8	7.1
		SW	6.1	5.7	5.4	5.1	5.0	4.9	5.0	5.2	5.7	6.3	7.0	7.8	8.5
		W	6.8	6.3	6.0	5.7	5.5	5.4	5.4	5.5	5.8	6.3	7.1	8.0	8.9
		NW	5.7	5.3	5.0	4.8	4.7	4.7	4.7	4.9	5.1	5.4	5.9	6.5	7.3

A 실의 7월 23일 14 : 00 취득열량을 현열부하와 잠열부하로 구분하여 구하고, 외기부하를 구하시오. (단, 덕트 등 기기로부터의 열 취득 및 여유율은 무시한다.)

(1) 실내부하

① 현열부하(W)

㉮ 태양 복사열(유리창)

㉯ 태양 복사열의 영향을 받는 전도열(지붕, 외벽)

㉰ 외벽, 지붕 이외의 전도열

㉣ 틈새바람에 의한 부하
㉤ 인체에 의한 발생열
㉥ 조명에 의한 발생열(형광등)
② 잠열부하(W)
㉮ 틈새바람에 의한 부하
㉯ 인체에 의한 발생열

(2) 외기부하(W)
① 현열부하
② 잠열부하

> 풀이

(1) 실내부하
① 현열부하
㉮ 태양 복사열(유리창) $q_{GR} = I_{GR} \cdot A_G \cdot k_s$

여기서, I_{GR} : 일사취득열량, A_G : 유리창의 면적, k_s : 차폐계수
- 남쪽 $q_{GR} = 101 \times (10 \times 1.5) \times 0.9 = 1,363.5$W
- 서쪽 $q_{GR} = 312 \times (5 \times 1.5) \times 0.9 = 2,106$W
- ∴ 태양복사열(유리창) = 1,363.5 + 2,106 = 3,469.5W

㉯ 태양 복사열의 영향을 받는 전도열 $q = K \cdot A \cdot \Delta t_e$

여기서, Δt_e : 상당온도차
- 지붕 $q_H = 0.45 \times (13 \times 8) \times 16.6 = 776.88$W

  여기서, 지붕(Δt_e) : 265mm의 중량벽이므로 벽의 타입은 Ⅵ이며 오후 2시의
  수평 $\Delta t_e = 16.6$℃

- 남쪽 외벽 $q_S = 0.56 \times (13 \times 3.4 - 10 \times 1.5) \times 5.6 = 91.571$W

  여기서, 외벽(Δt_e) : 360mm의 중량벽이므로 벽의 타입은 Ⅶ이며 오후 2시의
  남쪽(S) $\Delta t_e = 5.6$℃

- 서쪽 외벽 $q_W = 0.56 \times (8 \times 3.4 - 5 \times 1.5) \times 5.8 = 63.985$W

  여기서, 서측(W) $\Delta t_e = 5.8$℃

- 북쪽 외벽 $q_N = 0.56 \times (9 \times 3.4) \times 4.4 = 75.398$W

  여기서, 북쪽(N) $\Delta t_e = 4.4$℃

- ∴ 태양복사열의 영향을 받는 전도열 = 776.88 + 91.571 + 63.985 + 75.398 = 1,007.83W

㉰ 외벽, 지붕 이외의 전도열(내벽, 출입문, 유리창) $q = K \cdot A \cdot \Delta t$
내벽, 유리창 및 출입문 태양열에 의해 축열되는 부분이 아니므로 특별한 조건이 없으면 상당
외기온도차를 적용하지 않는다.

- 내벽 $q_{IW} = 3.01 \times (4 \times 2.8 - 1.8 \times 2) \times \left(\dfrac{32+26}{2} - 26\right) = 68.628$W

- 출입문 $q_D = 2.2 \times (1.8 \times 2) \times \left(\dfrac{32+26}{2} - 26\right) = 23.76$W

- 남쪽 유리창 $q_{GT} = 3.5 \times (10 \times 1.5) \times (32-26) = 315\text{W}$
- 서쪽 유리창 $q_{GT} = 3.5 \times (5 \times 1.5) \times (32-26) = 157.5\text{W}$
∴ 외벽, 지붕 이외의 전도열 $= 68.628 + 23.76 + 315 + 157.5 = 564.89\text{W}$

㉣ 틈새바람에 의한 부하

틈새바람(극간풍) 부하는 환기횟수를 통한 틈새바람량으로 산출하며, 외기 부하와 구별해야 한다.

- 틈새바람량 $Q_I =$ 실용적 × 환기회수 $= (13 \times 8 \times 2.8) \times 0.7 = 203.84\text{m}^3/\text{h}$
- 틈새바람에 의한 부하 $q_{IS} = \rho \cdot Q_I \cdot C_p \cdot \Delta t$

$$= \frac{1.2 \times 203.84}{3,600} \times 1.01 \times 10^3 \times (32-26) = 411.76\text{W}$$

㉤ 인체에 의한 발생열 $q_{HS} = n \cdot H_S$

$$q_{HS} = \left(\frac{13 \times 8}{5}\right) \times 63 = 1,310.4\text{W}$$

㉥ 조명에 의한 발생열(형광등)

$$q_E = (13 \times 8 \times 25) = 2,600\text{W}$$

② 잠열부하

㉠ 틈새바람에 의한 부하(q_{IL})

$$q_{IL} = 2,501\, G_I \cdot \Delta x = 2,501 \rho Q_I \cdot \Delta x$$

$$= 2,501 \times 10^3 \times \frac{1.2 \times 203.84}{3,600} \times (0.021 - 0.0105) = 1,784.31\text{W}$$

㉡ 인체에 의한 발생열 $q_{HL} = n \cdot H_L$

$$q_{HL} = \left(\frac{13 \times 8}{5}\right) \times 69 = 1,435.2\text{W}$$

(2) 외기부하(q_F)

① 현열부하 $q_{FS} = \rho Q_F \cdot C_p \cdot \Delta t$

여기서, Q_F : 외기 도입량

$$q_{FS} = 1.2 \times \left(\frac{25}{3,600} \times \frac{13 \times 8}{5}\right) \times 1.01 \times 10^3 \times (32-26) = 1,050.4\text{W}$$

② 잠열부하 $q_{FL} = 2,501 \rho Q_F \cdot \Delta x$

여기서, Q_F : 외기 도입량

$$q_{FL} = 2,501 \times 10^3 \times 1.2 \times \left(\frac{25}{3,600} \times \frac{13 \times 8}{5}\right) \times (0.021 - 0.0105) = 4,551.82\text{W}$$

10 어느 벽체의 구조가 다음과 같은 조건을 갖출 때 각 물음에 답하시오.

[조건]
1. 실내온도 : 25℃, 외기온도 : -5℃
2. 외벽의 면적 : 40m²
3. 공기층 열 컨덕턴스 : 21.8kJ/m² · h · K
4. 벽체의 구조

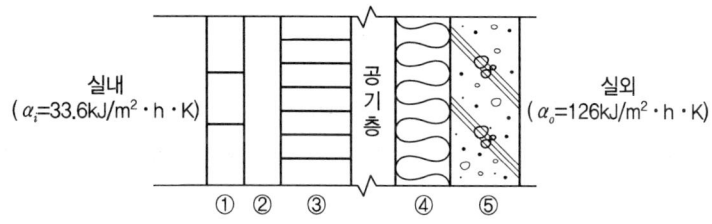

재료	두께(m)	열전도율(kJ/m · h · K)
1. 타일	0.01	4.6
2. 시멘트 모르타르	0.03	4.6
3. 시멘트 벽돌	0.19	5
4. 스티로폼	0.05	0.13
5. 콘크리트	0.10	5.9

(1) 벽체의 열통과율(kJ/m² · h · K)을 구하시오.
(2) 벽체의 손실열량(kJ/h)을 구하시오.
(3) 벽체의 내표면 온도(℃)를 구하시오.

풀이

(1) 벽체 열통과율(K)

$$R = \frac{1}{\alpha_i} + \frac{l_1}{\lambda_1} + \frac{l_2}{\lambda_2} + \frac{l_3}{\lambda_3} + \frac{1}{c} + \frac{l_4}{\lambda_4} + \frac{l_5}{\lambda_5} + \frac{1}{\alpha_o}$$

여기서, c : 공기층 열 컨덕턴스

$$= \frac{1}{33.6} + \frac{0.01}{4.6} + \frac{0.03}{4.6} + \frac{0.19}{5} + \frac{1}{21.8} + \frac{0.05}{0.13} + \frac{0.10}{5.9} + \frac{1}{126} = 0.5318$$

$$\therefore K = \frac{1}{R} = \frac{1}{0.5318} = 1.88 \text{kJ/m}^2 \cdot \text{h} \cdot \text{K}$$

(2) 벽체 손실열량(q)

$$q = KA\Delta t = 1.88 \times 40 \times (25 - (-5)) = 2{,}256 \text{kJ/h}$$

(3) 벽체 내표면 온도(t_s)

열평형식 $KA\Delta t = \alpha_i A \Delta t_s$

$K\Delta t = \alpha_i \Delta t_s$

$\Delta t_s = \dfrac{K\Delta t}{\alpha_i} = \dfrac{1.88 \times (25-(-5))}{33.6} = 1.68$

$\therefore\ t_s = t_i - \Delta t_s = 25 - 1.68 = 23.32\ ℃$

11 24시간 동안에 30℃의 원료수 5,000kg을 -10℃의 얼음으로 만들 때 냉동기용량(냉동 톤)을 구하시오. (단, 냉동기 안전율은 10%로 하고 물의 응고잠열은 334kJ/kg, 물과 얼음의 비열 각각 4.2kJ/kg, 2.1kJ/kg·K이고, 1RT는 3.86kW이다.)

> **풀이**
>
> **냉동기 용량(냉동톤)**
>
> 30℃ 물 →현열 Q_1→ 0℃ 물 →잠열 Q_2→ 0℃ 얼음 →현열 Q_3→ -10℃ 얼음
>
> $Q_1 = G \cdot C_1 \cdot \Delta t_1 = \dfrac{5{,}000 \times 4.2 \times (30-0)}{24 \times 3{,}600} = 7.29\text{kW}$
>
> $Q_2 = G \cdot \gamma = \dfrac{5{,}000 \times 334}{24 \times 3{,}600} = 19.33\text{kW}$
>
> $Q_3 = G \cdot C_3 \cdot \Delta t_3 = \dfrac{5{,}000 \times 2.1 \times (0-(-10))}{24 \times 3{,}600} = 1.22\text{kW}$
>
> $\therefore$ 냉동기 용량 $= \dfrac{\text{열량}}{1\text{냉동톤}} \times \text{안전율} = \dfrac{7.29+19.33+1.22}{3.86} \times 1.1 = 7.93\text{RT}$

12 어떤 사무소 공간의 냉방부하를 산정한 결과 현열부하 q_S = 24,000kJ/h, 잠열부하 q_L = 6,000kJ/h이었으며, 표준 덕트 방식의 공기조화 시스템을 설계하고자 한다. 외기 취입량을 500m³/h, 취출 공기 온도를 16℃로 하였을 경우 다음 각 물음에 답하시오. (단, 실내 설계 조건 26℃ DB, 50% RH, 외기 설계조건 32℃ DB, 70% RH, 공기의 비열 C_p = 1.00kJ/kg·K, 공기의 밀도 ρ = 1.2kg/m³ 이다.)

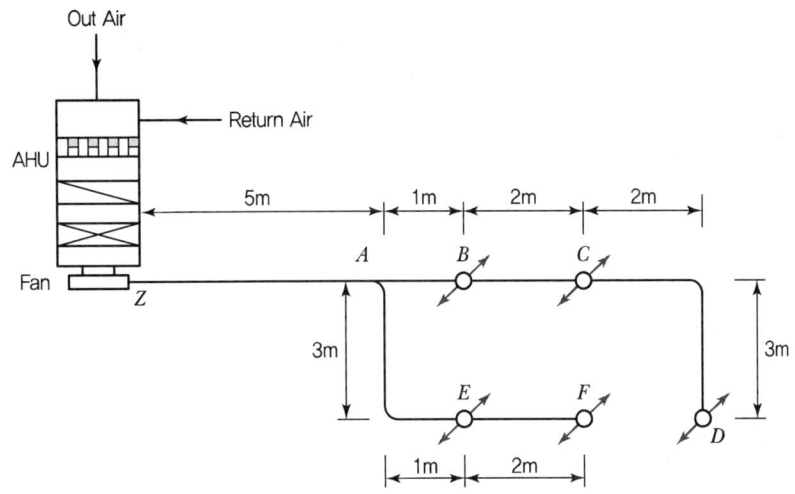

(1) 냉방풍량을 구하시오.
(2) 이때의 현열비 및 공조기 내에서 실내공기 ①과 외기 ②가 혼합되었을 때 혼합 공기 ③의 온도를 구하고, 공기조화 사이클을 습공기 선도상에 도시하시오. (단, 공기 선도를 이용한다.)
(3) 실내에 설치된 덕트 시스템을 위의 그림과 같이 설계하고자 한다. 각 취출구의 풍량이 동일할 때 장방형 덕트의 크기를 결정하고, Z-F 구간의 마찰손실을 구하시오. (단, 마찰손실 R = 1.0Pa/m, 중력가속도 g = 9.8m/s², Z-F 구간의 밴드부분에서 $\frac{r}{W}$ = 1.5로 한다.)

구간	풍량(m³/h)	원형 덕트 지름(cm)	장방형 덕트(cm)	풍속(m/s)
Z-A			×25	
A-B			×25	
B-C			×25	
C-D			×15	
A-E			×25	
E-F			×15	

명칭	그림	계산식	저항계수				
장방형 엘보 (90°)		$\Delta p_t = \lambda \dfrac{l'}{d} \dfrac{v^2}{2} \rho$	H/W	$r/W=0.5$	0.75	1.0	1.5
			0.25	$l'/W=25$	12	7	3.5
			0.5	33	16	9	4
			1.0	45	19	11	4.5
			4.0	90	35	17	6
장방형 덕트의 분기		직통부 (1 → 2) $\Delta p_t = \zeta_r \dfrac{v_1^2}{2} \rho$	$v_2/v_1 < 1.0$일 때 대개 무시한다. $v_2/v_1 \geq 1.0$일 때, $\zeta_r = 0.46 - 1.24x + 0.93x^2$ $x = \left(\dfrac{v_2}{v_1}\right) \times \left(\dfrac{a}{b}\right)^{\frac{1}{4}}$				
		분기부 (1 → 3) $\Delta p_t = \zeta_B \dfrac{v_1^2}{2} \rho$	x	0.25	0.5	0.75	1.0	1.25
			ζ_B	0.3	0.2	0.2	0.4	0.65
			다만, $x = \left(\dfrac{v_3}{v_1}\right) \times \left(\dfrac{a}{b}\right)^{\frac{1}{4}}$				

풀이

(1) 냉방풍량(Q)

$$q_S = G \cdot C_p \cdot \Delta t = Q\rho \cdot C_p \cdot \Delta t$$

$$Q = \dfrac{q_S}{\rho \cdot C_p \cdot \Delta t} = \dfrac{24{,}000}{1.2 \times 1.0 \times (26-16)} = 2{,}000 \, \text{m}^3/\text{h}$$

여기서, Δt는 실내온도와 취출온도차로 산정된다.

(2) 현열비, 혼합공기 온도, 공기조화 사이클 작성

① 현열비(SHF)

$$SHF = \dfrac{q_S}{q_S + q_L} = \dfrac{24{,}000}{24{,}000 + 6{,}000} = 0.8$$

② 혼합공기 온도(t_3)

$$t_3 = \dfrac{Q_1 t_1 + Q_2 t_2}{Q_3} = \dfrac{1{,}500 \times 26 + 500 \times 32}{2{,}000} = 27.5\,°\text{C}$$

여기서, Q_1, t_1 : 실내 환기(재순환공기)량, 실내온도

Q_2, t_2 : 외기 도입량, 실외온도

Q_3 : 송풍량

③ 공기조화 사이클 작성

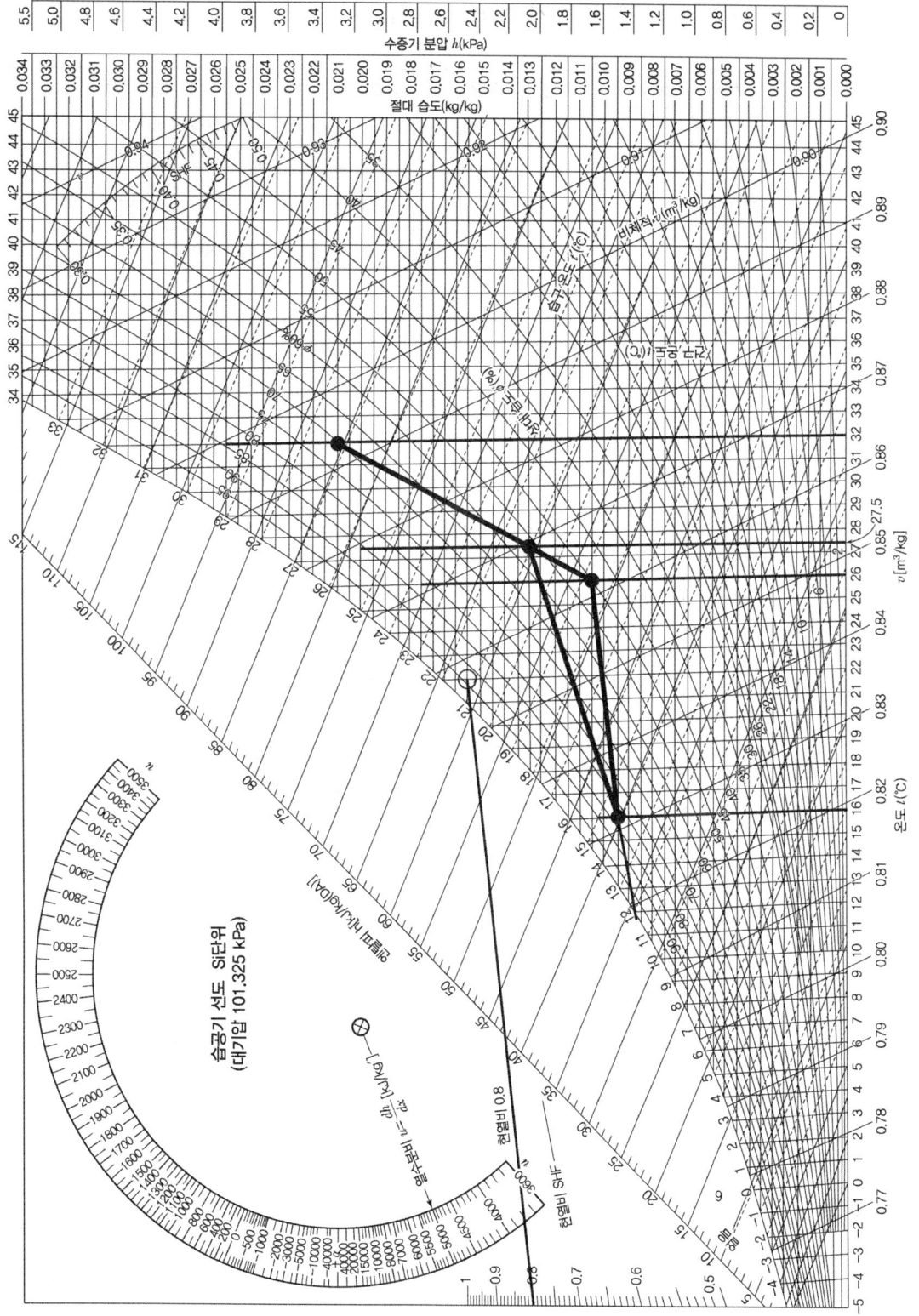

(3) 장방향 덕트 크기 결정 및 Z-F 구간 마찰손실 계산
　㉮ 덕트의 크기 결정

구간	풍량(m³/h)	원형 덕트 지름(cm)	장방형 덕트(cm)	풍속(m/s)
Z-A	2,000	36	45×25	$\dfrac{2{,}000\text{m}^3/\text{h} \div 3{,}600}{0.45\text{m} \times 0.25\text{m}} = 4.94$
A-B	1,200	30	35×25	$\dfrac{1{,}200\text{m}^3/\text{h} \div 3{,}600}{0.35\text{m} \times 0.25\text{m}} = 3.81$
B-C	800	25.5	25×25	$\dfrac{800\text{m}^3/\text{h} \div 3{,}600}{0.25\text{m} \times 0.25\text{m}} = 3.56$
C-D	400	19.3	25×15	$\dfrac{400\text{m}^3/\text{h} \div 3{,}600}{0.25\text{m} \times 0.25\text{m}} = 2.96$
A-E	800	25.5	25×25	$\dfrac{800\text{m}^3/\text{h} \div 3{,}600}{0.25\text{m} \times 0.25\text{m}} = 3.56$
E-F	400	19.3	25×15	$\dfrac{400\text{m}^3/\text{h} \div 3{,}600}{0.25\text{m} \times 0.25\text{m}} = 2.96$

　㉯ Z-F 구간 마찰손실 계산(ΔP_l)
　　① 직관 마찰손실(ΔP_{l1})
　　　$\Delta P_{l1} = l \times R = (5+3+1+2) \times 1.0 = 11\text{Pa}$
　　② A분기부의 마찰손실(ΔP_{l2})

　　　주어진 표의 분기부(1 → 3)에서 $x = \left(\dfrac{v_3}{v_1}\right) \times \left(\dfrac{a}{b}\right)^{\frac{1}{4}}$

　　　분기덕트크기를 풍량비율로 나눈다.
　　　(이 경우 때문에 분기부에서의 풍속은 $v_1 = v_2 = v_3$가 된다.)

　　　$b = \dfrac{800}{2{,}000} \times 45 = 18\text{cm}$

　　　$x = \left(\dfrac{4.94}{4.94}\right) \times \left(\dfrac{25}{18}\right)^{\frac{1}{4}} = 1.09$

　　　표에서 직선보간법으로 ζ_B를 구하면

　　　$\dfrac{1.09 - 1.0}{1.25 - 1.0} = \dfrac{\zeta_B - 0.4}{0.65 - 0.4}$

　　　$\zeta_B = 0.4 + \dfrac{(0.65 - 0.4)}{(1.25 - 1.0)} \times (1.09 - 1.0) = 0.49$

　　　표에서 주어진 식 ΔP_t식을 이용하여

　　　$\Delta P_{l2} = \zeta_B \dfrac{\rho v_1^2}{2}$

　　　　　$= 0.49 \times \dfrac{1.2 \times 4.94^2}{2} = 7.174\text{Pa}$

　　③ 엘보에서 마찰손실(ΔP_{l3})
　　　$\dfrac{r}{W} = 1.5$로 주어졌고, $\dfrac{H}{W} = \dfrac{25}{25} = 1.0$이므로 도표에서 $\dfrac{l'}{W} = 4.5$가 된다.

$l' = 4.5 \times W = 4.5 \times 25 = 112.5\text{cm} = 1.125\text{m}$

$\Delta P_{l3} = l' \times R = 1.125 \times 1.0 = 1.125\text{Pa}$

∴ Z-F 구간 총 마찰손실

$\Delta P_l = \Delta P_{l1} + \Delta P_{l2} + \Delta P_{l3} = 11 + 7.174 + 1.125 = 19.30\text{Pa}$

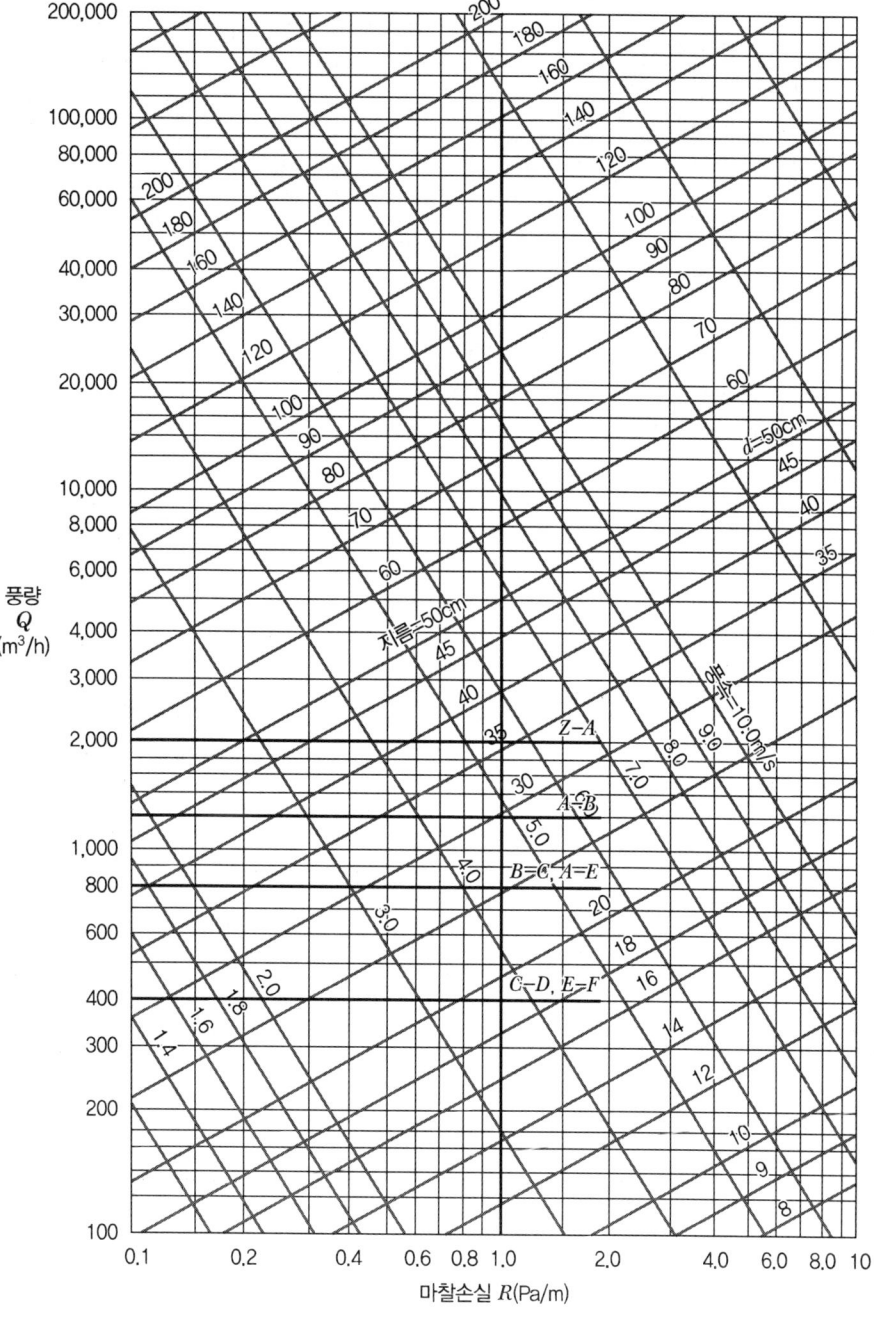

▼ 장방형 덕트와 원형 덕트의 환산표

장변\단변	10	15	20	25	30	35	40	45	50	55	60	65	70	75	80	85	90	95	100
10	10.9																		
15	13.3	16.4																	
20	15.2	18.9	21.9																
25	16.9	21.0	24.4	27.3															
30	18.3	22.9	26.6	29.9	32.8														
35	19.5	24.5	28.6	32.2	35.4	38.3													
40	20.7	26.0	30.5	34.3	37.8	40.9	43.7												
45	21.7	27.4	32.1	36.3	40.0	43.3	46.4	49.2											
50	22.7	28.7	33.7	38.1	42.0	45.6	48.8	51.8	54.7										
55	23.6	29.9	35.1	39.8	43.9	47.7	51.1	54.3	57.3	60.1									
60	24.5	31.0	36.5	41.4	45.7	49.6	53.3	56.7	59.8	62.8	65.6								
65	25.3	32.1	37.8	42.9	47.4	51.5	55.3	58.9	62.2	65.3	68.3	71.1							
70	26.1	33.1	39.1	44.3	49.0	53.3	57.3	61.0	64.4	67.7	70.8	73.7	76.5						
75	26.8	34.1	40.2	45.7	50.6	55.0	59.2	63.0	66.6	69.7	73.2	76.3	79.2	82.0					
80	27.5	35.0	41.4	47.0	52.0	56.7	60.9	64.9	68.7	72.2	75.5	78.7	81.8	84.7	87.5				
85	28.2	35.9	42.4	48.2	53.4	58.2	62.6	66.8	70.6	74.3	77.8	81.1	84.2	87.2	90.1	92.9			
90	28.9	36.7	43.5	49.4	54.8	59.7	64.2	68.6	72.6	76.3	79.9	83.3	86.6	89.7	92.7	95.6	198.4		
95	29.5	37.5	44.5	50.6	56.1	61.1	65.9	70.3	74.4	78.3	82.0	85.5	88.9	92.1	95.2	98.2	101.1	103.9	
100	30.1	38.4	45.4	51.7	57.4	62.6	67.4	71.9	76.2	80.2	84.0	87.6	91.1	94.4	97.6	100.7	103.7	106.5	109.3
105	30.7	39.1	46.4	52.8	58.6	64.0	68.9	73.5	77.8	82.0	85.9	89.7	93.2	96.7	100.0	103.1	106.2	109.1	112.0
110	31.3	39.9	47.3	53.8	59.8	65.2	70.3	75.1	79.6	83.8	87.8	91.6	95.3	98.8	102.2	105.5	108.6	111.7	114.6
115	31.8	40.6	48.1	54.8	60.9	66.5	71.7	76.6	81.2	85.5	89.6	93.6	97.3	100.9	104.4	107.8	111.0	114.1	117.2
120	32.4	41.3	49.0	55.8	62.0	67.7	73.1	78.0	82.7	87.2	91.4	95.4	99.3	103.0	106.6	110.0	113.3	116.5	119.6
125	32.9	42.0	49.9	56.8	63.1	68.9	74.4	79.5	84.3	88.8	93.1	97.3	101.2	105.0	108.6	112.2	115.6	118.8	122.0
130	33.4	42.6	50.6	57.5	64.2	70.1	75.7	80.8	85.7	90.4	94.8	99.0	103.1	106.9	110.7	114.3	117.7	121.1	124.4
135	33.9	43.3	51.4	58.6	65.2	71.3	76.9	82.2	87.2	91.9	96.4	100.7	104.9	108.8	112.6	116.3	119.9	123.3	126.7
140	34.4	43.9	52.2	59.5	66.2	72.4	78.1	83.5	88.6	93.4	98.0	102.4	106.6	110.7	114.6	118.3	122.0	125.5	128.9
145	34.9	44.5	52.9	60.4	67.2	73.5	79.3	84.8	90.0	94.9	99.6	104.1	108.4	112.5	116.5	120.3	124.0	127.6	131.1
150	35.3	45.2	53.6	61.2	68.1	74.5	80.5	86.1	91.3	96.3	101.1	105.7	110.0	114.3	118.3	122.2	126.0	129.7	133.2
155	35.8	45.7	54.4	62.1	69.1	75.6	81.6	87.3	92.6	97.4	102.6	107.2	111.7	116.0	120.1	124.1	127.9	131.7	135.3
160	36.2	46.3	55.1	62.9	70.6	76.6	82.7	88.5	93.9	99.1	104.1	108.8	113.3	117.7	121.9	125.9	129.8	133.6	137.3
165	36.7	46.9	55.7	63.7	70.9	77.6	83.8	89.7	95.2	100.5	105.5	110.3	114.9	119.3	123.6	127.7	131.7	135.6	139.3
170	37.1	47.5	56.4	64.4	71.8	78.5	84.9	90.8	96.4	101.8	106.9	111.8	116.4	120.9	125.3	129.5	133.5	137.5	141.3

13 2대의 증발기가 압축기 위쪽에 위치하고 각각 다른 층에 설치되어 있는 경우 프레온 증발기 출구와 흡입구 배관을 연결하는 배관 계통을 도시하시오.

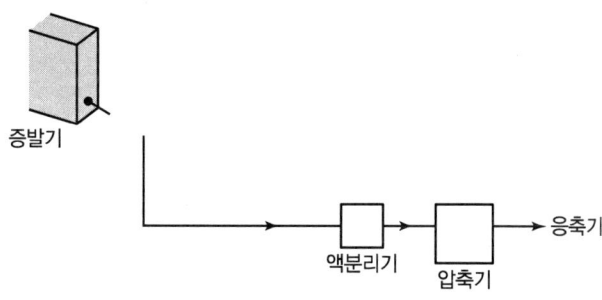

[풀이]

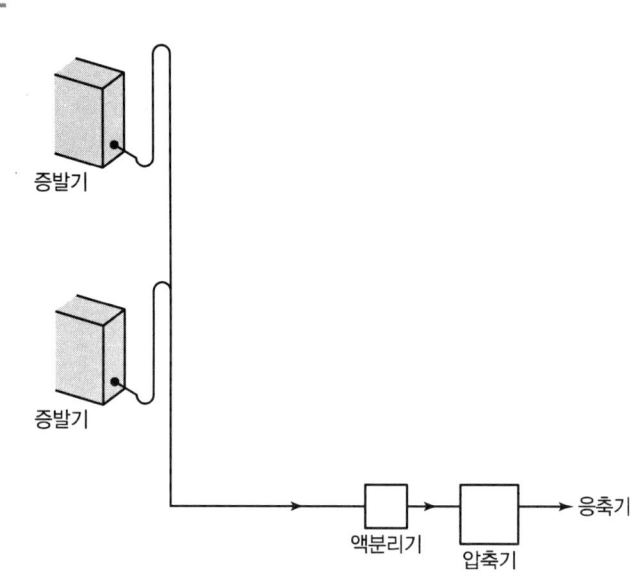

14 어느 냉장고 내에 100W 전등 20개와 2.2kW 송풍기(전동기 효율 0.85) 2기가 설치되어 있고, 전등은 1일 4시간 사용, 송풍기는 1일 18시간 사용된다고 할 때, 이들 기기(機器)의 냉동부하(kW)를 구하시오.

> 풀이

기기부하

① 전등에 따른 냉동부하 $= \dfrac{(100 \times 20)}{1,000} \times \dfrac{4}{24} = 0.33\text{kW}$

② 송풍기부하 $= \dfrac{송풍기\ 출력}{전동기\ 효율}$ $\left(\because 전동기효율 = \dfrac{송풍기\ 출력}{송풍기\ 부하}\right)$

$\qquad\qquad = \dfrac{2.2 \times 2}{0.85} \times \dfrac{18}{24} = 3.88\text{kW}$

∴ 기기부하 $= 0.33 + 3.88 = 4.21\text{kW}$

2020년 1회 기출문제

01 그림과 같은 온풍로 난방에서 다음 각 물음에 답하시오. (단, 공기의 정압비열은 1.0kJ/kg · K)

[조건]
1. 덕트 도중에서의 열손실 및 잠열부하는 무시한다.
2. 각 취출구에서의 풍량은 같다.
3. 덕트의 P점에서 송풍기 소음 파워레벨은 중심 주파수 210c/s(Hz)의 옥타브 벤드에 대해 81dB이다. 또한 P점과 각 취출구 간의 덕트에 의한 자연감음 및 덕트 취출구에서의 발생소음은 무시한다.
4. 취출구는 모두 750mm×250mm의 베인 격자 취출구로 한다.

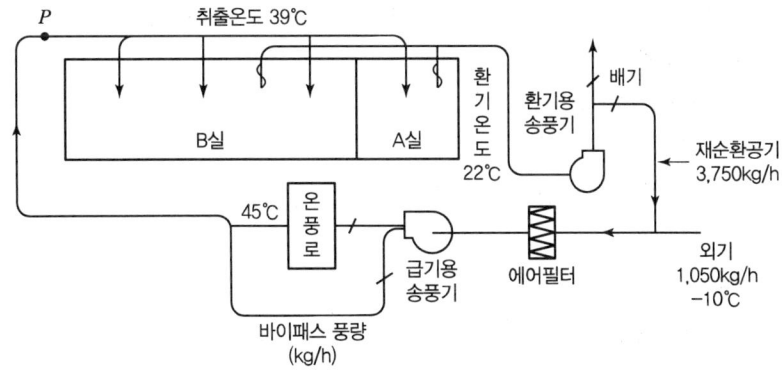

(1) A실의 실내부하(kW)
(2) 외기부하(kW)
(3) 바이패스 풍량(kg/h)
(4) 온풍로 출력(kW)

풀이

(1) A실의 실내부하(q_a)

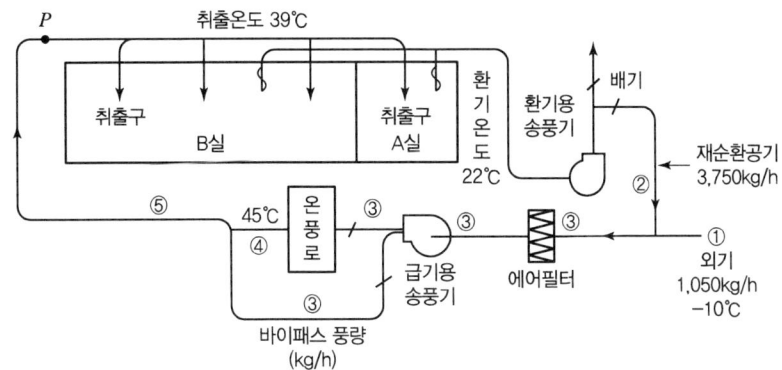

4개의 취출구 중 A실에 1개가 있으므로 A실의 풍량 $G_a = \dfrac{3{,}750 + 1{,}050}{4} = 1{,}200 \text{kg/h}$

$q_a = G_a \cdot C_p \cdot (t_5 - t_2) = \dfrac{1{,}200}{3{,}600} \times 1.0 \times (39 - 22) = 5.67 \text{kW}$

(2) 외기부하(q_o)

$q_o = G_o \cdot C_p \cdot (t_2 - t_1) = \dfrac{1{,}050}{3{,}600} \times 1.0 \times (22 - (-10)) = 9.33 \text{kW}$

(3) 바이패스 풍량(G_B)

$t_3 = \dfrac{G_1 \cdot t_1 + G_2 \cdot t_2}{G_3} = \dfrac{1{,}050 \times (-10) + 3{,}750 \times 22}{1{,}050 + 3{,}750} = 15\,℃$

여기서, G_1, t_1 : 외기 도입량, 실외온도

$\qquad\quad G_2, t_2$: 실내 환기(재순환)량, 실내온도

$\qquad\quad G_3$: 실내 송풍량(전체 송풍량)

온풍로를 통과한 공기(④)와 바이패스한 공기(③)가 합쳐져서 취출공기 온도 t_5(39℃)가 되므로 열평형식에 의해

$(G - G_B) C_p t_4 + G_B C_p t_3 = G C_p t_5$

$G_B(t_3 - t_4) = G(t_5 - t_4)$

$\therefore G_B = \dfrac{G(t_5 - t_4)}{(t_3 - t_4)} = \dfrac{4{,}800 \times (39 - 45)}{(15 - 45)} = 960 \text{kg/h}$

(4) 온풍로 출력

$q = G \cdot C_p \cdot (t_5 - t_3) = \dfrac{4{,}800}{3{,}600} \times 1.0 \times (39 - 15) = 32 \text{kW}$

또는

$q = (G - G_B) \cdot C_p \cdot (t_4 - t_3)$

$\quad = \dfrac{(4{,}800 - 960) \times 1.0 \times (45 - 15)}{3{,}600} = 32 \text{kW}$

02 다음과 같은 정오(12시) 최상층 사무실에 대해서 물음에 답하시오.

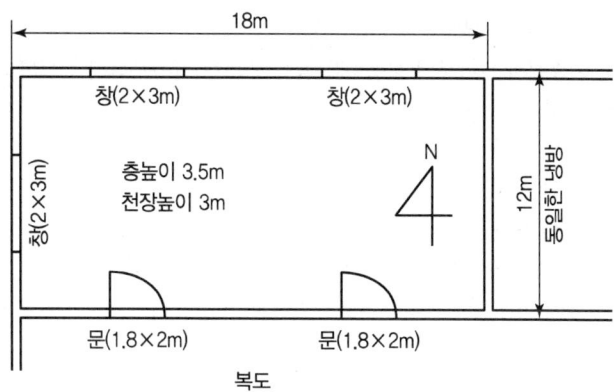

[조건]
1. 구조체의 열관류율 K(W/m² · K)
   외벽 : 4, 내벽 : 5, 지붕 : 1.6, 창 : 5.5, 문 : 5.5
2. 12시의 상당 외기온도차(℃)
   N : 5.4, W : 4.9, E : 15.4, S : 7.4, 지붕 : 20
3. 유리창의 표준 일사 열취득(W/m²)
   N : 71, W : 71, S : 219
4. 시간당 환기횟수 : 0.8회/h, 재실 인원 : 0.25인/m²
5. 인체발생열량 : 잠열, 현열 각 58W/인, 조명기구 : 백열등 30W/m²
6. 취출온도차 : 11℃, 외기와 환기의 혼합비율 1 : 3
7. 실내외 조건 : 실내 27℃ DB, 50% RH, $x = 0.0111$kg/kg′
              실외 33℃ DB, 70% RH, $x = 0.0224$kg/kg′
8. 복도의 온도는 실내온도와 외기온도의 평균으로 한다.
9. 공기의 비열은 1.01kJ/kg · K, 밀도는 1.2kg/m³, 물의 증발잠열은 2294kJ/kg이다.
10. 유리창 차폐계수는 N : 1, W : 0.8

다음 정오(12시)의 냉방부하(W)를 구하시오.

(1) 유리창(서쪽)을 통한 부하를 구하시오.

(2) 외벽(서쪽)을 통한 부하를 구하시오.

(3) 지붕을 통한 부하를 구하시오.

(4) 내벽을 통한 부하를 구하시오.

(5) 문을 통한 부하를 구하시오.

[풀이]

(1) 유리창(서쪽)을 통한 부하
   냉방부하 산출에서 유리창의 경우 태양복사에 의한 일사부하가 전도에 의한 관류부하를 모두 고려해 주어야 한다.
   ① 일사에 의한 부하
   $$q_{GR} = I \cdot A \cdot SC = 71 \times (2 \times 3) \times 0.8 = 340.8\text{W}$$
   ② 관류에 의한 부하
   $$q_{GT} = K \cdot A \cdot \Delta t = 5.5 \times (2 \times 3) \times (33-27) = 198\text{W}$$
   ※ 유리창의 경우에는 축열을 고려하지 않으므로 상당외기온도차를 적용하지 않고, 실내외 온도차를 적용한다.
   ∴ 유리창을 통한 부하 $q_G = 340.8 + 198 = 538.8\text{W}$

(2) 외벽(서쪽)을 통한 부하
   $$q_W = K \cdot A \cdot \Delta t_e = 4 \times (12 \times 3.5 - 2 \times 3) \times 4.9 = 705.6\text{W}$$

(3) 지붕을 통한 부하
   $$q_R = K \cdot A \cdot \Delta t_e = 1.6 \times (18 \times 12) \times 20 = 6{,}912\text{W}$$

(4) 내벽을 통한 부하
   $$q_{IW} = K \cdot A \cdot \Delta t = 5 \times (18 \times 3.0 - 1.8 \times 2 \times 2) \times \left(\frac{33+27}{2} - 27\right) = 702\text{W}$$
   여기서, 내벽과 접한 복도의 온도는 실내와 실외의 평균온도로 한다.

(5) 문을 통한 부하
   $$q_D = K \cdot A \cdot \Delta t = 5.5 \times (1.8 \times 2 \times 2) \times \left(\frac{33+27}{2} - 27\right) = 118.8\text{W}$$

03 다음에 열거하는 난방용 기기가 기능을 발휘할 수 있도록 기호를 서로 연결하여 배관 계통도를 완성하시오.

풀이

배관 계통도 완성

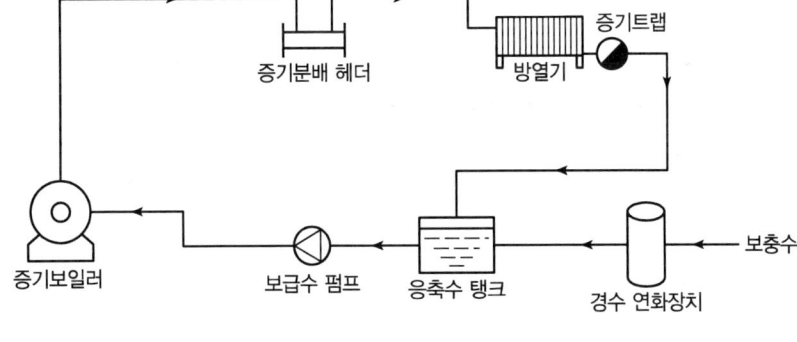

04 송수량이 5,000L/min, 전양정 25m, 펌프의 효율이 65%일 때 양수펌프의 축동력(kW)을 구하시오.

풀이

축동력(L_b)

$$L_b = \frac{Q \cdot H \cdot \gamma}{102 \cdot \eta} = \frac{5,000 \times 10^{-3} \times 25 \times 1,000}{60 \times 102 \times 0.65} = 31.42 \text{kW}$$

여기서, Q : 송수량(m³/s), H : 전양정(m), γ : 비중량(kgf/m³)

05 어떤 일반 사무실의 취득열량 및 외기부하를 산출하였더니, 다음과 같이 되었다. 이 자료에 의해 (1)~(4)의 값을 구하시오. (단, 취출 온도차는 11℃, 공기밀도 1.2kg/m³, 비열 1.01kJ/kg·K로 한다.)

항목	감열(kJ/h)	잠열(kJ/h)
벽체를 통한 열량	25,000	0
유리창을 통한 열량	33,000	0
바이패스 외기의 열량	600	2,500
재실자의 발열량	4,000	5,000
형광등의 발열량	10,000	0
외기부하	6,000	20,000

(1) 실내취득 감열량(kJ/h)(단, 여유율은 10%로 한다.)
(2) 실내취득 잠열량(kJ/h)(단, 여유율은 10%로 한다.)
(3) 송풍기 풍량(m³/min)
(4) 냉각코일 부하(kW)

[풀이]

(1) 실내취득 감열량(현열량)(q_S)

$q_S = (25,000 + 33,000 + 600 + 4,000 + 10,000) \times 1.1 = 79,860 \text{kJ/h}$

(2) 실내취득 잠열량(q_L)

$q_L = (2,500 + 5,000) \times 1.1 = 8,250 \text{kJ/h}$

(3) 송풍기 풍량(Q)

$q_s = Q\rho C_P \Delta t$

$Q = \dfrac{q_S}{\rho C_P \Delta t} = \dfrac{79,860}{1.2 \times 1.01 \times 11 \times 60} = 99.83 \text{m}^3/\text{min}$

(4) 냉각코일 부하(q_{CC})

냉각코일 부하는 실내취득 현열, 실내취득 잠열, 외기부하의 합으로 구한다.

$q_{CC} = q_S + q_L + q_O = \dfrac{79,860 + 8,250 + (6,000 + 20,000)}{3,600} = 31.70 \text{kW}$

여기서, q_O : 외기부하

06 암모니아를 냉매로 사용한 2단 압축 1단 팽창의 냉동장치에서 운전조건이 다음과 같을 때 저단 및 고단의 피스톤 배제량(m³/h)을 계산하시오.

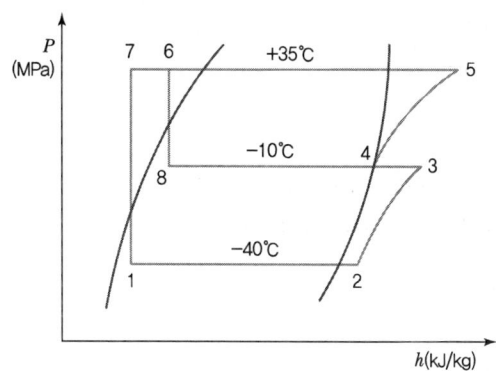

[조건]
1. 냉동능력 : 20한국냉동톤
2. 저단 압축기의 체적효율(η_{vl}) : 75%
3. 고단 압축기의 체적효율(η_{vh}) : 80%
4. $h_1 = 199 \text{kJ/kg}$
5. $h_2 = 1{,}451 \text{kJ/kg}$
6. $h_3 = 1{,}635 \text{kJ/kg}$
7. $h_4 = 1{,}472 \text{kJ/kg}$
8. $h_5 = 1{,}724 \text{kJ/kg}$
9. $h_6 = 371 \text{kJ/kg}$
10. $v_2 = 1.51 \text{m}^3/\text{kg}$
11. $v_4 = 0.4 \text{m}^3/\text{kg}$
12. 단, 1RT = 3.86kW

[풀이]

(1) 저단 피스톤 배제량(V_l)

저단 측 냉매순환량

$$G_l = \frac{Q_e}{h_2 - h_1} = \frac{20 \times 3.86 \times 3{,}600}{1{,}451 - 199} = 221.98 \text{kg/h}$$

저단 피스톤 배제량(V_l)

$$V_l = \frac{G_l \cdot v_2}{\eta_{vl}} = \frac{221.98 \times 1.51}{0.75} = 446.92 \text{m}^3/\text{h}$$

(2) 고단 피스톤 배제량(V_h)

고단 측 냉매순환량(G_h)

$$\frac{G_h}{G_l} = \frac{h_3 - h_7}{h_4 - h_8} = \frac{h_3 - h_1}{h_4 - h_6}$$

$$G_h = G_l \times \frac{h_3 - h_1}{h_4 - h_6} = 221.98 \times \frac{1{,}635 - 199}{1{,}472 - 371} = 289.52 \text{kg/h}$$

고단 피스톤 배제량(V_h)

$$V_h = \frac{G_h \cdot v_4}{\eta_{vh}} = \frac{289.52 \times 0.4}{0.8} = 144.76 \text{m}^3/\text{h}$$

07 다음과 같은 냉수코일의 조건과 도표를 이용하여 각 물음에 답하시오.

[냉수코일 조건]
1. 코일부하 : $q_c = 116\text{kW}$
2. 통과풍량 : $Q_c = 15,000\text{m}^3/\text{h}$
3. 단수 : S = 26단
4. 풍속 : $V_f = 3\text{m/s}$
5. 유효높이 $a = 992\text{mm}$, 길이 $b = 1,400\text{mm}$, 관 안지름 $d_i = 12\text{mm}$
6. 공기 입구온도 : 건구온도 $t_1 = 28℃$, 노점온도 $t_1'' = 19.3℃$
7. 공기 출구온도 : 건구온도 $t_2 = 14℃$
8. 코일의 입·출구 수온차 : 5℃(입구수온 7℃)
9. 코일의 열통과율 : 1,012W/m²·K·열
10. 물의 비열 : 4.2kJ/kg·K
11. 습면 보정계수 : $C_{ws} = 1.4$

(1) 전면 면적 $A_f(\text{m}^2)$를 구하시오.
(2) 코일 열수 N을 구하시오.(단, 코일 내 냉수와 공기는 대향류로 흐른다.)

계산된 열수(N)	2.26~3.70	3.71~5.00	5.01~6.00	6.01~7.00	7.01~8.00
실제 사용열수(N)	4	5	6	7	8

풀이

(1) 정면 면적(A_f)

$Q_c = A_f V_f$

$A_f = \dfrac{Q_c}{V_f} = \dfrac{15,000}{3 \times 3,600} = 1.39\text{m}^2$

(2) 코일의 열수(N)

$q_c = K \cdot A_f \cdot N \cdot \Delta t_m \cdot C_{ws}$

$N = \dfrac{q_c}{K \cdot A_f \cdot \Delta t_m \cdot C_{ws}} = \dfrac{116 \times 1,000}{1,012 \times 1.39 \times 10.89 \times 1.4} = 5.40 ≒ 6열$

※ 대수평균온도차 Δt_m

$\Delta t_m = \dfrac{\Delta t_1 - \Delta t_2}{\ln \dfrac{\Delta t_1}{\Delta t_2}} = \dfrac{16 - 7}{\ln \dfrac{16}{7}} = 10.89℃$

여기서, Δt_1 : 공기 입구 측 온도차(28−12=16)
Δt_2 : 공기 출구 측 온도차(14−7=7)

08 다음 그림의 배관 평면도를 입체도로 그리고 필요한 엘보 수를 구하시오. (단, 굽힘부분에서는 반드시 엘보를 사용한다.)

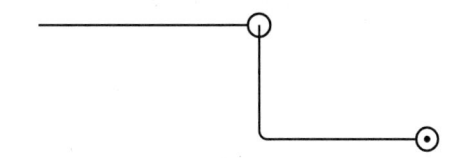

> **풀이**

(1) 입체도 작성

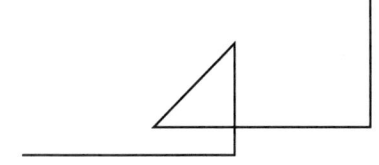

(2) 엘보 수 : 4개

09 암모니아(NH_3) 냉매 특징 5가지를 쓰시오.

> **풀이**

① 가연성인 동시에 독성이 있으며 자극적 냄새가 난다.
② 전열효과가 크다. (암모니아 > 물 > 프레온 > 공기)
③ 비열비(1.31)가 크다.
④ 동, 동합금을 부식시키므로(아연 포함) 배관재료는 강관을 사용한다.
⑤ 수은과 폭발적으로 화합하고 합성고무를 부식시키므로 천연고무를 사용한다.
⑥ 가격이 저렴하므로 공업용 대형 냉동기에 사용한다.
⑦ 물과 암모니아는 잘 용해한다. (용적비 약 900배)
⑧ 윤활유와는 잘 용해하지 않는다.

10 다음 그림과 같은 배기덕트 계통에서 측정한 결과 풍량은 3,000m³/h이고, ①, ②, ③, ④의 각 점에서의 전압과 정압은 다음 표와 같다. 이때 다음 각 항을 구하시오.(단, ②-송풍기-③ 사이의 압력손실은 무시하고, 1kW = 367,200kgf · m/h로 한다.)

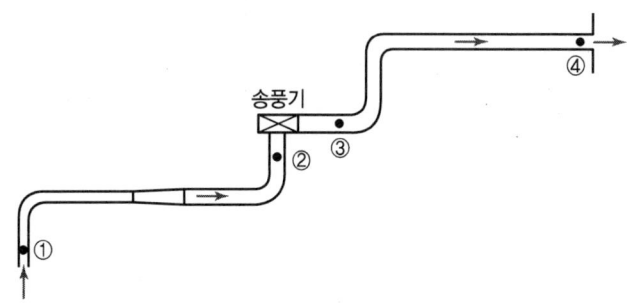

위치	전압(mmAq)	정압(mmAq)
①	−7.5	−16.3
②	−16.1	−20.8
③	10.6	5.9
④	4.7	0

(1) 송풍기 전압(mmAq) (2) 송풍기 정압(mmAq)
(3) 덕트계의 압력손실(mmAq) (4) 송풍기의 공기동력(kW)

풀이

(1) 송풍기 전압(P_T)

전압 $P_T = P_{T3}$(토출 측 전압) $- P_{T2}$(흡입 측 전압)
$= 10.6 - (-16.1) = 26.7 \text{mmAq}$

(2) 송풍기 정압(P_S)

정압 $P_S = P_T$(전압) $- P_{V3}$(토출 측 동압)
동압 P_{V3}(토출 측 동압) $= P_{T3}$(토출 측 전압) $- P_{S3}$(토출 측 정압)
∴ 정압 $P_S = P_T - (P_{T3} - P_{S3})$
$= 26.7 - (10.6 - 5.9) = 22 \text{mmAq}$

(3) 덕트계의 압력손실(P_l)

덕트계의 압력손실은 송풍기의 전압과 같다.
∴ $P_l = 26.7 \text{mmAq}$

(4) 송풍기의 공기동력(L_a)

$$L_a = P_T \times Q = \frac{26.7 \times 3,000}{367,200} = 0.22 \text{kW}$$

11 R-22를 냉매로 하는 2단 압축 1단 팽창 이론 냉동사이클을 나타내었다. 이 냉동장치의 냉동능력을 45kW라 할 때 각 물음에 답하시오.

[조건]
1. 저단 압축기 : 압축효율 $\eta_{cL}=0.72$, 기계효율 $\eta_{mL}=0.80$
2. 고단 압축기 : 압축효율 $\eta_{cH}=0.75$, 기계효율 $\eta_{mH}=0.80$

(1) 저단 냉매순환량 G_L(kg/h)를 구하시오.
(2) 고단 냉매순환량 G_H(kg/h)를 구하시오.
(3) 성적계수를 구하시오.

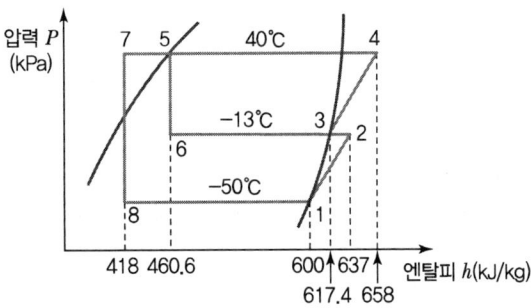

> 풀이

(1) 저단 냉매순환량(G_L)

$$Q_e = G_L \Delta h = G_L(h_1 - h_8)$$

$$G_L = \frac{Q_e}{h_1 - h_8} = \frac{45 \times 3,600}{600 - 418} = 890.11 \text{kg/h}$$

(2) 고단 냉매순환량(G_H)

h_2' 산출

$\eta_{cL} = \dfrac{h_2 - h_1}{h_2' - h_1}$ 에서

$$h_2' = h_1 + \frac{h_2 - h_1}{\eta_{cL}}$$

$$= 600 + \frac{637 - 600}{0.72} = 651.389 \text{kJ/kg}$$

$$\frac{G_H}{G_L} = \frac{h_2' - h_7}{h_3 - h_6}$$

$$G_H = G_L \frac{h_2' - h_7}{h_3 - h_6}$$

$$= 890.11 \times \frac{651.389 - 418}{617.4 - 460.6} = 1,324.88 \text{kg/h}$$

(3) 성적계수(COP)

$$COP = \frac{Q_e}{\dfrac{G_L(h_2-h_1)}{\eta_{cL} \times \eta_{mL}} + \dfrac{G_H(h_4-h_3)}{\eta_{cH} \times \eta_{mH}}}$$

$$= \frac{45 \times 3{,}600}{\dfrac{890.11 \times (637-600)}{0.72 \times 0.8} + \dfrac{1{,}324.88 \times (658-617.4)}{0.75 \times 0.8}}$$

$$= 1.10$$

12 전공기 방식에서 덕트 소음 방지 방법 3가지를 쓰시오.

풀이

① 덕트의 도중에 흡음재를 부착한다.
② 송풍기 출구 부근에 플리넘 체임버(Plenum Chamber)를 장치한다.
③ 덕트의 적당한 장소에 흡음장치(셀형, 플레이트형)를 설치한다.
④ 댐퍼나 취출구에 흡음재를 부착한다.
⑤ 주덕트 철판 두께를 표준치보다 두껍게 한다.

13 다음과 같은 공조장치가 아래 [조건]으로 운전되고 있다. 각 물음에 답하시오. (단, 송풍기 입구와 취출구 온도, 흡입구와 공조기 입구온도는 각각 동일하며, 물(水) 가습에 의한 공기의 상태 변화는 습구온도 선상에 일정한 상태로 변화한다.)

[조건]
1. 실내온도 : 22℃
2. 실내 상대습도 : 45%
3. 실내 급기량(V_s) : 10,000m³/h
4. 취입 외기량(V_o) : 2,000m³/h
5. 외기온도 : 5℃, 상대습도 45%
6. 실내 난방부하 : 현열부하(q_s) = 17,400W, 잠열부하(q_l) = 3,600W
7. 온수온도 : 입구온도 45℃, 출구온도 40℃
8. 공기의 정압비열(C_P) : 1.0kJ/kg·K
9. 공기의 밀도(ρ_a) : 1.2kg/m³
10. 물의 증발잠열(γ) : 2,500kJ/kg
11. 물의 비열(C) : 4.19kJ/kg·K

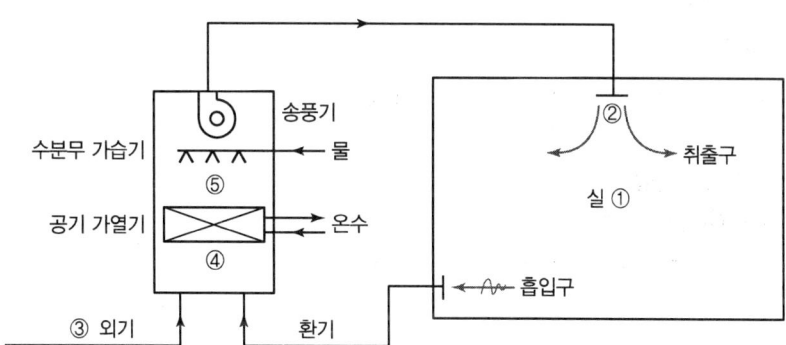

(1) 장치도에 나타낸 운전상태 ①~⑤를 공기 선도상에 나타내시오.
(2) 공기 가열기의 가열량(kW)을 구하시오.
(3) 온수량(kg/h)의 구하시오.
(4) 가습기의 가습량(kg/h)을 구하시오.

풀이

(1) 공기 선도상에 운전상태 표기

혼합공기온도(t_4)

$$t_4 = \frac{Q_1 t_1 + Q_3 t_3}{Q_4} = \frac{(8,000 \times 22) + (2,000 \times 5)}{10,000} = 18.6℃$$

여기서, Q_1, t_1 : 실내공기 환기량(재순환량), 실내온도
  Q_3, t_3 : 취입외기량, 외기온도
  Q_4 : 실내급기량

- 현열비(SHF)

$$SHF = \frac{q_S}{q_S + q_L} = \frac{17,400}{17,400 + 3,600} = 0.83$$

- 취출온도(t_2)

    $q_S = Q\rho C_p \Delta t$

    여기서, q_S : 현열부하

    $$\Delta t = \frac{q_S}{\rho Q C_p} = \frac{17,400 \times 10^{-3} \times 3,600}{1.2 \times 10,000 \times 1.0} = 5.22℃$$

    ∴ $\Delta t = t_2 - t_1$

    $t_2 = t_1 + \Delta t = 22 + 5.22 = 27.22℃$

(2) 공기 가열기의 가열량(q_H)

$q_H = G \cdot C_P \cdot \Delta t = Q\rho\, C_P \Delta t$
$= 10,000 \times 1.2 \times 1.0 \times (30.9 - 18.6)$
$= 147,600 \text{kJ/h} = 41 \text{kW}$

(3) 온수량(G_w)

$q_H = G_w \cdot C \cdot \Delta t_w$

$$G_w = \frac{q_H}{C \cdot \Delta t_m} = \frac{41 \times 3,600}{4.19 \times (45 - 40)} = 7,045.35 \text{kg/h}$$

(4) 가습기의 가습량(L)

$L = G(x_2 - x_5) = Q\rho(x_2 - x_5)$
$= 10,000 \times 1.2 \times (0.008 - 0.0065) = 18 \text{kg/h}$

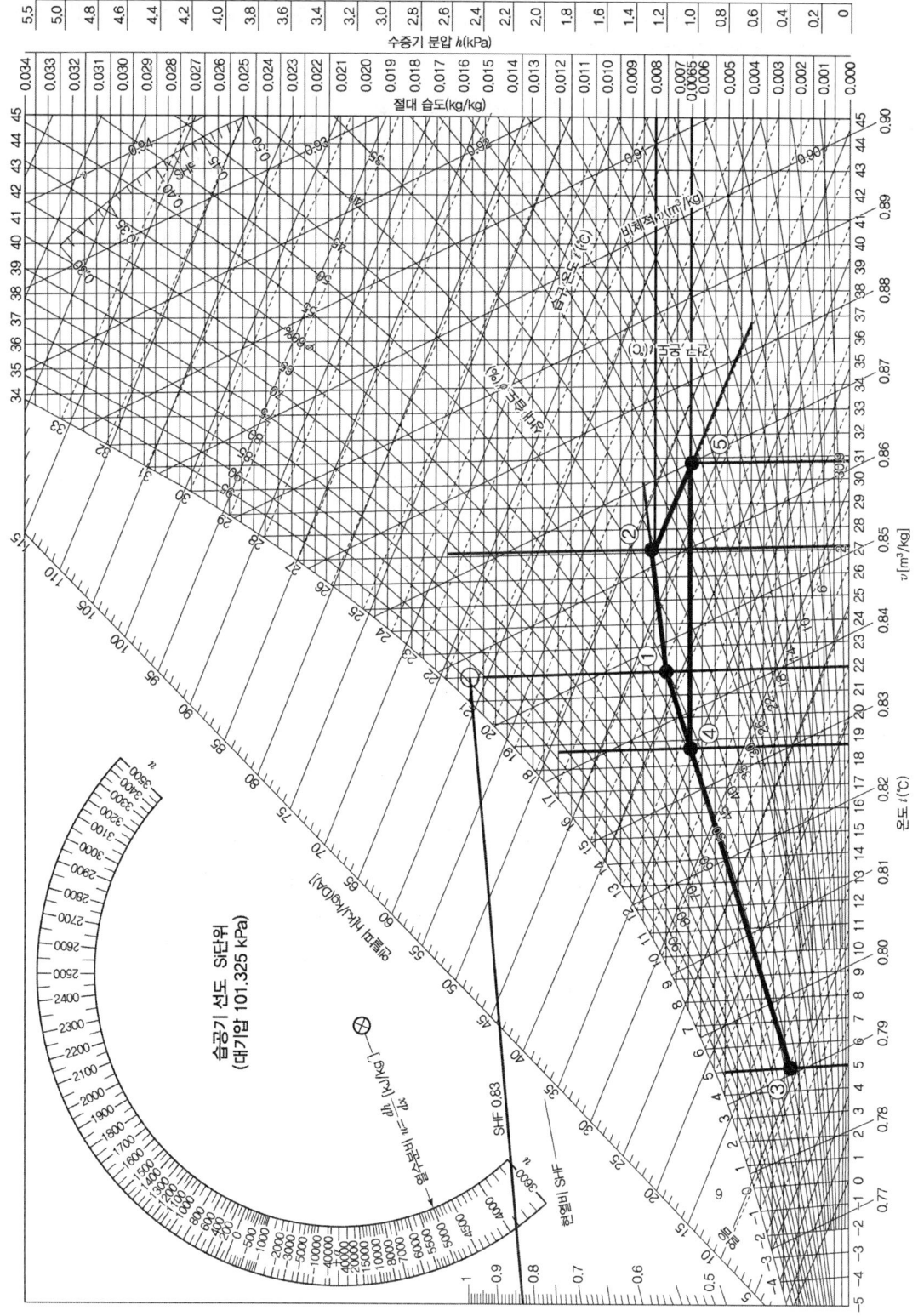

14 다음 배관도는 냉수(Brine)를 냉각시켜 공급하는 공기조화 장치도이다. 팽창밸브에 공급하는 액관과 압축기 흡입관을 연결하시오.

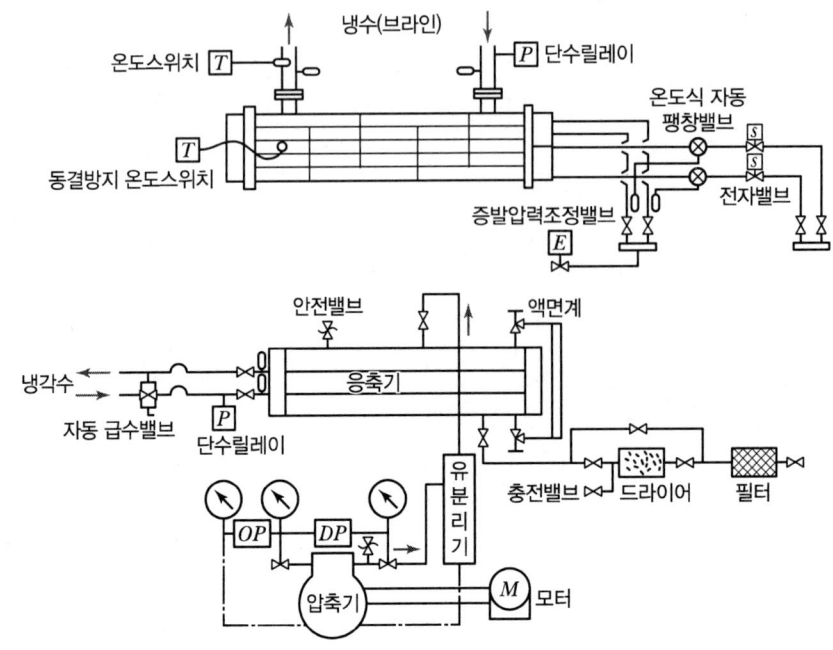

풀이

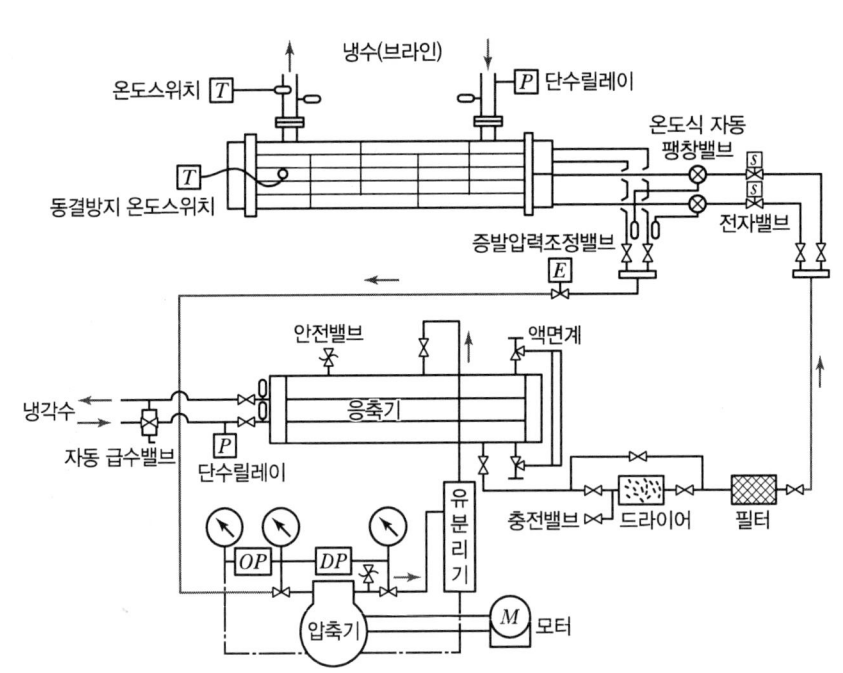

15 냉동장치 운전 중에 발생되는 현상과 운전관리에 대한 다음 물음에 답하시오.

(1) 플래시 가스(Flash Gas)에 대하여 설명하시오.
(2) 액압축(Liquid Hammer)에 대하여 설명하시오.
(3) 안전두(Safety Head)에 대하여 설명하시오.
(4) 펌프다운(Pump Down)에 대하여 설명하시오.
(5) 펌프아웃(Pump Out)에 대하여 설명하시오.

풀이

(1) 플래시 가스(Flash Gas)
플래시 가스란 응축기에서 응축된 냉매액이 과냉각이 덜 되어 팽창밸브로 가는 도중 액의 일부가 기체로 된 것을 말한다.

(2) 액압축(Liquid Hammer)
증발기의 냉매액이 전부 증발하지 못하고, 액체상태로 압축기로 흡입되는 현상을 말한다.

(3) 안전두(Safety Head)
액압축 시 압축기 파손을 방지하기 위해 압축기의 실린더 상부에 설치한 안전장치이다.

(4) 펌프다운(Pump Down)
냉동장치의 저압 측을 수리하거나 장기간 휴지(정지) 시에 저압 측의 냉매를 고압 측의 수액기로 회수하는 것(운전)을 펌프다운이라 한다.

(5) 펌프아웃(Pump Out)
냉동장치의 고압 측을 수리할 때 냉매를 저압 측 증발기 또는 외부 용기에 모아 보관하는 것(운전)을 펌프아웃이라 한다.

2020년 2회 기출문제

01 서징(Surging)현상에 대하여 간단히 설명하시오.

풀이

① 산형(山形) 특성의 양정곡선을 갖는 펌프의 산형 왼쪽 부분에서 유량과 양정이 주기적으로 변동하는 현상이다.
② 펌프와 송풍기 등이 운전 중에 한숨을 쉬는 것과 같은 상태가 되어 펌프인 경우 입구와 출구의 진공계, 압력계의 침이 흔들리고 동시에 송출유량이 변화하는 현상, 즉 송출압력과 송출유량 사이에 주기적인 변동이 일어나는 현상을 말한다.

02 수격현상(Water Hammering)에 대한 다음 물음에 답하시오.

(1) 수격현상이란?
(2) 방지책 2가지를 쓰시오.

풀이

(1) 수격현상이란
수격현상(Water Hammering)이란 관 속을 충만하게 흐르는 액체(물)의 속도를 정지시키거나 흘려보내 물의 운동상태를 급격히 변화시킴으로써 일어나는 압력파 현상이다.

(2) 방지대책
① 배관 상단 및 기구류 가까이에 공기실(Air Chamber)이나 수격방지기를 설치한다.
② 수압을 감소시키고 관 내 유속을 2m/s 이내로 느리게 하는 것이 좋다.
③ 밸브 및 수전류를 서서히 개폐한다.
④ 급수관경을 크게 하고, 펌프에 플라이휠(Fly Wheel)을 설치한다.
⑤ 가능하면 직선배관으로 한다.
⑥ 자동수압조절밸브 및 서지탱크(Surge Tank)를 설치한다.
⑦ 펌프의 토출 측에 스모렌스키 체크밸브를 설치한다.

03 액압축(Liquid Back or Liquid Hammering)의 발생원인 2가지와 액압축 방지(예방)법 4가지 및 압축기에 미치는 영향 2가지를 쓰시오.

> 풀이

1. 액압축 발생원인 2가지
   ① 팽창밸브 열림이 과도하게 클 때(속도저하에 따른 압력강하의 폭이 작아진다.)
   ② 증발기 냉각관에 유막 및 성에가 두껍게 덮였을 때(전열이 불량하여 증발이 제대로 되지 않는다.)
   ③ 급격한 부하변동(부하감소)
   ④ 냉매 과충전 시, 냉매순환량이 과도할 때
   ⑤ 흡입관에 트랩 등과 같은 액이 고이는 장소가 있을 때
   ⑥ 액분리기의 기능 불량
   ⑦ 기동 시 흡입밸브를 갑자기 열었을 때

2. 액압축 방지법 4가지
   ① 흡입관에 성에가 낄 정도로 경미할 경우에는 팽창밸브 열림을 조절한다.
   ② 실린더에 성에가 낄 경우에는 흡입스톱밸브를 닫고 팽창밸브를 닫은 후, 정상상태가 될 때까지 운전을 한 다음 흡입스톱밸브를 서서히 열고, 팽창밸브를 재조정한다.
   ③ 수격작용이 일어날 경우, 압축기를 정지시키고 워터재킷의 냉각수를 배출하고 크랭크 케이스를 가열시켜(액냉매 증발) 열교환을 한 후 재운전하며, 정도가 심하면 압축기 파손 부품을 교환한다.
   ④ 냉매 충전량을 적정하게 하고 기동조작에 신중을 기한다.
   ⑤ 액분리기를 설치한다.

3. 압축기에 미치는 영향 2가지
   ① 흡입관에 성에가 심하게 덮인다.
   ② 토출가스 온도가 저하되며 심하면 토출관이 차가워진다.
   ③ 실린더가 냉각되어 이슬이 맺히거나 성에가 낀다.
   ④ 심할 경우 크랭크 케이스에 성에가 끼고, 수격작용이 일어나 타격음이 난다.
   ⑤ 소요동력이 증대된다.
   ⑥ 압력계 및 전류계의 지침이 떨리고 압축기가 파손될 수 있다.

04 펌프에서 수직높이 25m의 고가수조와 5m 아래의 지하수까지를 관경 50mm의 파이프로 연결하여 2m/s의 속도로 양수할 때 다음 물음에 답하시오.(단, 배관의 마찰손실은 0.3mAq/100m이다.)

(1) 펌프의 전양정(m)을 구하시오.
(2) 펌프의 유량(m^3/s)을 구하시오.
(3) 펌프의 축동력(kW)을 구하시오.(펌프효율 : 70%)

풀이

(1) 펌프의 전양정(H)

전양정 = 실양정 + 배관마찰 손실수두 + 토출 측 속도수두

$$전양정 = (25+5) + (25+5) \times \frac{0.3}{100} + \frac{2^2}{2 \times 9.8} = 30.29 \text{m}$$

(2) 펌프의 유량(Q)

$$Q = A \cdot V = \frac{\pi d^2}{4} \times V = \frac{\pi \times 0.05^2}{4} \times 2 = 3.93 \times 10^{-3} \text{m}^3/\text{s}$$

(3) 펌프의 축동력(L)

$$L = \frac{\gamma HQ}{102 \times \eta} = \frac{1,000 \times 30.29 \times 3.93 \times 10^{-3}}{102 \times 0.7} = 1.67 \text{kW}$$

여기서, γ : 비중량(kgf/m^3)
H : 전양정(m)
Q : 펌프의 유량(m^3/s)

05 다음 그림과 같은 냉동장치에서 압축기 축동력은 몇 kW인가?(단, 1RT = 3.86kW)

(1) 장치도

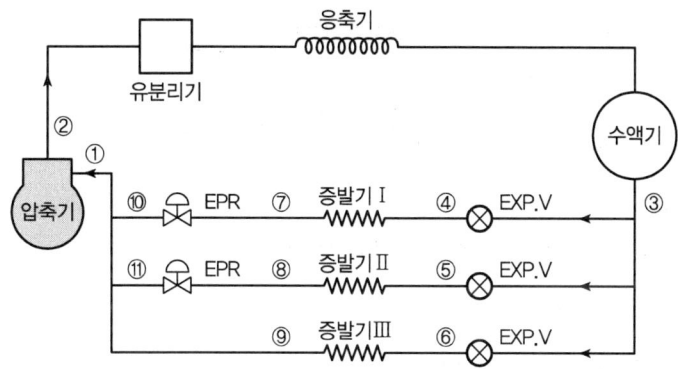

(2) 증발기의 냉동능력(RT)

증발기	I	II	III
냉동톤	1	2	2

(3) 냉매의 엔탈피(kJ/kg)

구분	h_2	h_3	h_7	h_8	h_9
h	682	458	626	622	617

(4) 압축효율 0.65, 기계효율 0.85

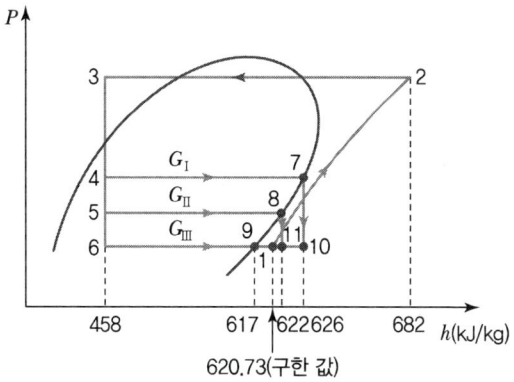

축동력 $L = \dfrac{(G_I + G_{II} + G_{III}) \times (h_2 - h_1)}{3{,}600 \times \eta_c \times \eta_m}$ 이므로

냉매순환량 G_I, G_{II}, G_{III} 및 엔탈피 h_1을 구하여 대입한다.
(여기서, η_c : 압축효율, η_m : 기계효율)

• 냉매순환량

$$G_\mathrm{I} = \frac{Q_{e1}}{h_7 - h_4} = \frac{Q_{e1}}{h_7 - h_3} = \frac{1 \times 3.86 \times 3{,}600}{626 - 458} = 82.71\,\mathrm{kg/h}$$

$$G_\mathrm{II} = \frac{Q_{e2}}{h_8 - h_5} = \frac{Q_{e2}}{h_8 - h_3} = \frac{2 \times 3.86 \times 3{,}600}{622 - 458} = 169.46\,\mathrm{kg/h}$$

$$G_\mathrm{III} = \frac{Q_{e3}}{h_9 - h_6} = \frac{Q_{e3}}{h_9 - h_3} = \frac{2 \times 3.86 \times 3{,}600}{617 - 458} = 174.79\,\mathrm{kg/h}$$

• 혼합가스의 엔탈피(h_1)

$$(G_\mathrm{I} + G_\mathrm{II} + G_\mathrm{III})h_1 = G_\mathrm{I} h_{10} + G_\mathrm{II} h_{11} + G_\mathrm{III} h_9$$

$$h_1 = \frac{G_\mathrm{I} h_{10} + G_\mathrm{II} h_{11} + G_\mathrm{III} h_9}{G_\mathrm{I} + G_\mathrm{II} + G_\mathrm{III}}$$

여기서, $h_{10} = h_7$, $h_{11} = h_8$이므로

$$h_1 = \frac{(82.71 \times 626) + (169.46 \times 622) + (174.79 \times 617)}{82.71 + 169.46 + 174.79} = 620.73\,\mathrm{kJ/kg}$$

$$\therefore \text{축동력 } L = \frac{(82.71 + 169.46 + 174.79) \times (682 - 620.73)}{3{,}600 \times 0.65 \times 0.85} = 13.15\,\mathrm{kW}$$

06 왕복동 압축기의 실린더 지름 120mm, 피스톤 행정 65mm, 회전수 1,200rpm, 체적효율 70% 6기통일 때 다음 물음에 답하시오.

(1) 이론적 압축기 토출량 $\mathrm{m^3/h}$를 구하시오.
(2) 실제적 압축기 토출량 $\mathrm{m^3/h}$를 구하시오.

풀이

(1) 이론적 압축기 토출량(V)

$$V = \frac{\pi D^2}{4} \cdot L \cdot N \cdot Z \cdot 60\,[\mathrm{m^3/h}]$$

여기서, D : 실린더 지름(m), L : 피스톤 행정(m), N : 회전수(rpm), Z : 기통수

$$= \frac{\pi \times 0.12^2}{4} \times 0.065 \times 1{,}200 \times 6 \times 60$$

$$= 317.58\,\mathrm{m^3/h}$$

(2) 실제적 압축기 토출량(V_{act})

체적효율 $\eta_v = \dfrac{V_{act}}{V}$

$$V_{act} = V \cdot \eta_v = 317.58 \times 0.7 = 222.31\,\mathrm{m^3/h}$$

여기서, η_v : 체적효율

07 그림의 장치도는 냉동기의 액관에서 플래쉬 가스(Flash Gas)의 발생을 방지하기 위해 증발기 출구의 냉매증기와 수액기 출구의 냉매액을 액-가스 열교환기로 열교환시킨 것이다. 또 압축기 출구 냉매가스 과열을 방지하기 위해 열교환기 출구의 냉매 증기에 수액기 출구로부터 액의 일부를 열교환기 직후의 냉매가스에 분사해서 습포화상태의 증기가 압축기에 흡입된다. 이 냉동장치에서의 각 냉매의 엔탈피 값과 운전조건이 아래와 같을 때 다음 각 항목에 답하시오.(단, 그림의 6번 증기는 과열증기 상태이고 배관의 열손실은 무시하며 냉각수의 비열은 $4.18 kJ/kg \cdot K$로 한다.)

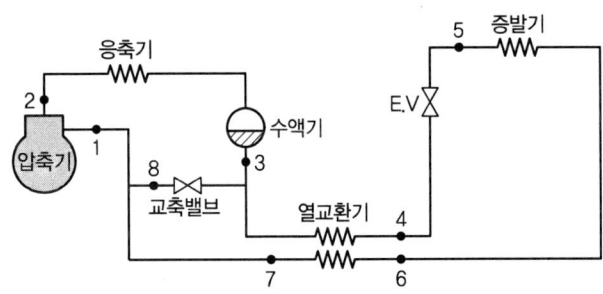

냉매	엔탈피(kJ/kg)
• 압축기 흡입 측 냉매엔탈피 h_1	357.7
• 단열 압축 후 압축기 출구 냉매엔탈피 h_2	438.5
• 수액기 출구 냉매엔탈피 h_3	243.9
• 증발기 출구의 냉매 증기와 열교환 후의 고압 측 냉매엔탈피 h_4	232.5
• 증발기 출구 과열증기 냉매엔탈피 h_6	394.6

[조건]
1. 응축기의 냉각수량 : 300L/min
2. 냉각수의 입·출구 온도차 : 5℃
3. 압축기의 압축효율 : $\eta_c = 0.75$

(1) 냉동장치에서의 각 점(1~8)을 아래의 $P-h$ 선도상에 표시하시오.

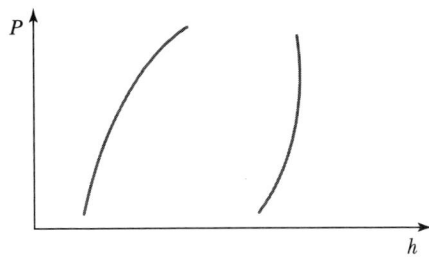

(2) 액-가스 열교환기에서의 열교환량(kW)을 구하시오.
(3) 실제 성적계수를 구하시오.

> **풀이**

(1) 냉동장치에서 각 점(1~8)을 $P-h$ 선도상에 표시

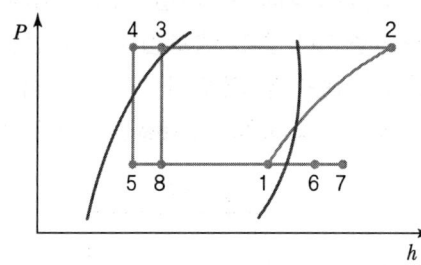

(2) 액가스 열교환기에서의 열교환량 q_H(kW)

$$q_H = (G-G_x)(h_7-h_6) = (G-G_x)(h_3-h_4)$$

① 순환냉매량 G 산출

- 응축열량 $Q_c = G_w C_w \Delta t = G(h_2'-h_3)$ 에서

  순환냉매량 $G = \dfrac{G_w C_w \Delta t}{h_2'-h_3}$

- 압축효율 $\eta_c = \dfrac{h_2-h_1}{h_2'-h_1}$ 을 통해 h_2' 산출

$$h_2' = h_1 + \frac{h_2-h_1}{\eta_c} = 375.5 + \frac{438.5-375.7}{0.75} = 459.43 \text{kJ/kg}$$

∴ 순환냉매량 $G = \dfrac{G_w C_w \Delta t}{h_2'-h_3} = \dfrac{(300 \times 60) \times 4.18 \times 5}{459.43-243.9} = 1,745.46 \text{kg/h}$

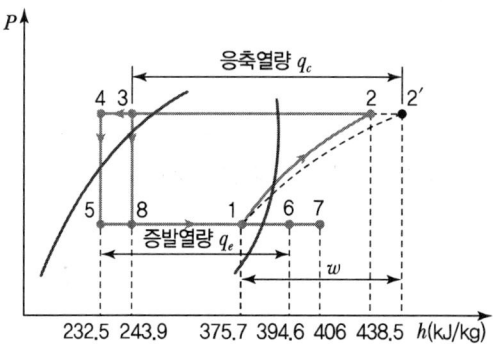

② 수액기에서 압축기로 분사되는 냉매량 G_x를 구한다.

- G_x를 구하기 위해 1점에서 열평형식을 세우면

$$Gh_1 = (G-G_x)h_7 + G_x h_8 = Gh_7 - G_x(h_7-h_8)$$

$$G_x(h_7-h_8) = G(h_7-h_1)$$

$$G_x = \frac{G(h_7-h_1)}{(h_7-h_8)}$$

- h_7을 산출하기 위해 열교환기 열평형 원리에 따라
  $(h_7 - h_6) = (h_3 - h_4)$
  $h_7 = h_6 + (h_3 - h_4) = 394.6 + (243.9 - 232.5) = 406\text{kJ/kg}$

  ∴ 분사되는 냉매량 $G_x = \dfrac{1,745.46 \times (406 - 375.7)}{406 - 243.9} = 326.26\text{kg/h}$

③ 열교환기에서 열교환량(q_H)

$q_H = (G - G_x)(h_7 - h_6) = (G - G_x)(h_3 - h_4)$
$= (1,745.46 - 326.26) \times (243.9 - 232.5) \div 3,600$
$= 4.49\text{kW}$

(3) 실제 성적계수(COP)

$COP = \dfrac{Q_e}{W} = \dfrac{(G - G_x)(h_6 - h_5)}{G(h_2' - h_1)}$

$= \dfrac{(1,745.46 - 326.26) \times (394.6 - 232.5)}{1,745.46 \times (459.43 - 375.7)}$

$= 1.57$

08 30m(가로)×50m(세로)×5m(높이)의 냉동 창고에 사과 600상자(1상자 18kg)가 들어있을 때 3시간 동안에 0℃까지 냉각시키기 위해서 다음의 조건에 의해 물음에 답하시오.

[조건]
1. 외기의 평균온도 : 25℃
2. 사과 저장 시 온도 : 15℃
3. 사과의 비열 : 3.64kJ/kg·K
4. 조명부하(백열등) : 20W/m²
5. 작업자의 발열 : 1일 중 3시간 동안 작업할 때 작업열량 1,200W
6. 환기횟수 : 0.5회/h
7. 공기의 밀도 : 1.2kg/m³
8. 실내 작업인원 : 20명(발열량 370W/인)
9. 벽체의 열관류율(W/m²·K)
   벽 : 1.25, 천정 : 1.54

(1) 구조체를 통하여 침입하는 열량(W)을 구하시오.
(2) 냉장품(사과)을 냉각하기 위해 제거해야 할 열량(W)을 구하시오.
(3) 조명부하(W)를 구하시오.
(4) 작업자에 의한 발열량(W)을 구하시오.
(5) 환기부하(W)를 구하시오.

> 풀이

(1) 구조체 침입열량

$q = K \cdot A \cdot \Delta t$

벽 $q_w = 1.25 \times (30 \times 5 \times 2 + 50 \times 5 \times 2) \times (25-0) = 25{,}000\text{W}$

천장 $q_c = 1.54 \times (30 \times 50) \times (25-0) = 57{,}750\text{W}$

∴ 구조체 침입열량 $= q_w + q_c = 25{,}000 + 57{,}750 = 82{,}750\text{W}$

(2) 냉장품(사과) 냉각열량

$q = G \cdot C \cdot \Delta t$

$= \dfrac{18 \times 600}{3 \times 3{,}600} \times 3.64 \times 10^3 \times (15-0) = 54{,}600\text{W}$

(3) 조명부하(백열등, W)

$q = W \times f$

$= 20 \times (30 \times 50) \times 1$

$= 30{,}000\text{W}$

여기서, f : 점등율

(4) 작업자에 의한 발열량(W)

$q =$ 작업자의 작업 움직임에 의한 발열량 + 인체의 체온에 의한 발열량

$= 1{,}200 + (370 \times 20)$

$= 8{,}600\text{W}$

(5) 환기부하(W)

$q = G \cdot C_P \cdot \Delta t = Q \rho \cdot C_P \cdot \Delta t$

$= \dfrac{(30 \times 50 \times 5 \times 0.5)}{3{,}600} \times 1.2 \times 1.01 \times 10^3 \times (25-0)$

$= 31{,}562\text{W}$

여기서, 정압비열 C_P는 특별한 조건이 없으면 1.01kJ/kg · K로 적용한다.

09 다음은 공기조화 설비 계통이다. 냉각 코일과 가열 코일에 공급되는 배관과 냉각탑 냉각수 배관도를 완성하시오.

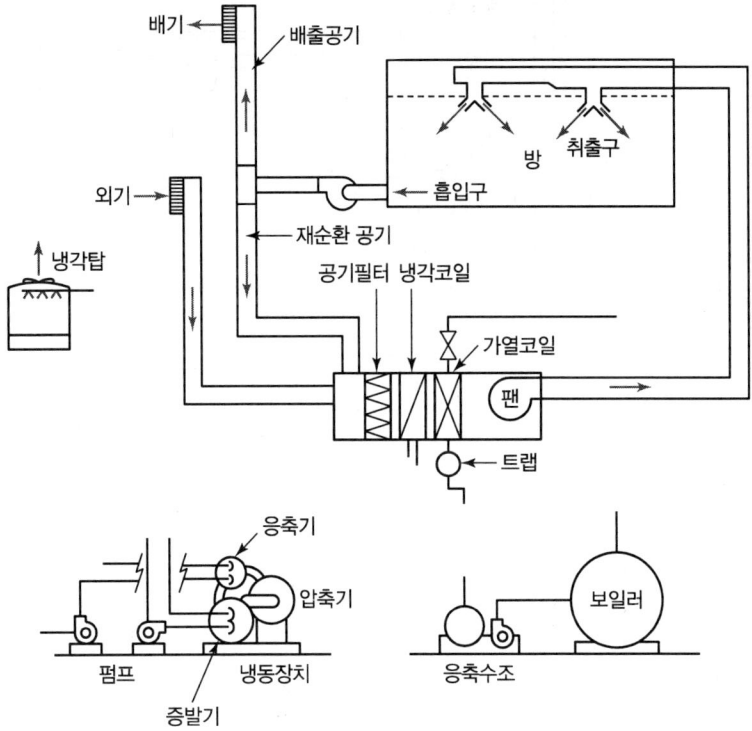

풀이

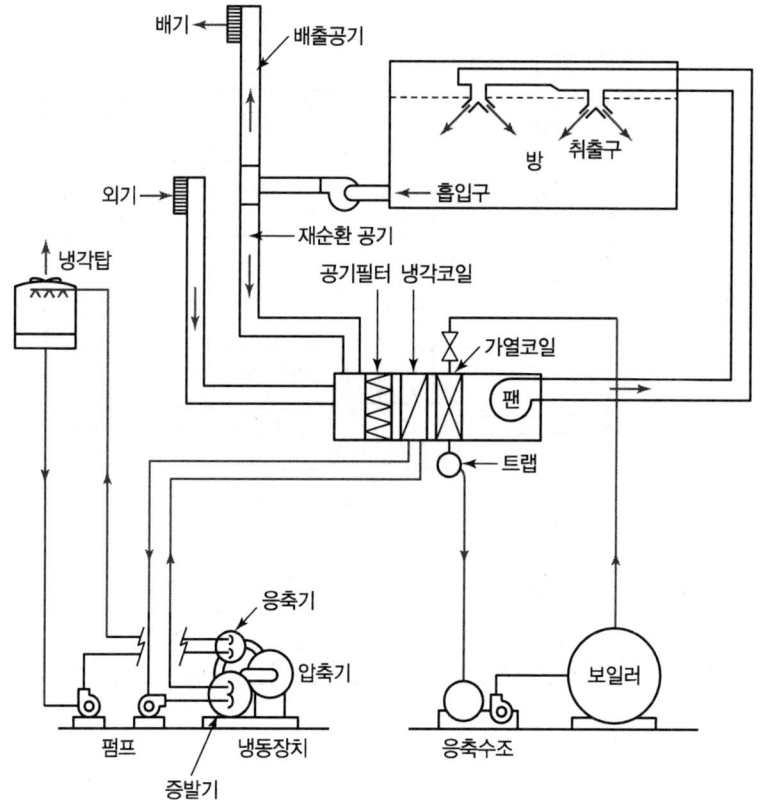

10 다음과 같은 조건의 냉동장치 압축기의 분당 회전수를 구하시오.

[조건]
1. 압축기 흡입증기의 비체적 : 0.15m³/kg, 압축기 흡입증기의 엔탈피 : 611kJ/kg
2. 압축기 토출증기의 엔탈피 : 687kJ/kg, 팽창밸브 직후의 엔탈피 : 460kJ/kg
3. 냉동능력 : 10RT, 압축기 체적효율 : 65%
4. 압축기 기통경 : 120mm, 행정 : 100mm, 기통수 6기통(단, 1RT=3.86kW)

[풀이]

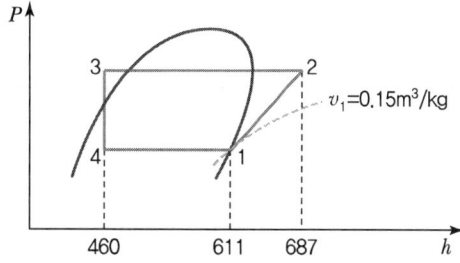

- 피스톤 배출량 $V = \dfrac{\pi}{4} D^2 \cdot L \cdot N \cdot Z \cdot 60$

  $N = \dfrac{4 \cdot V}{\pi D^2 \cdot L \cdot Z \cdot 60} [\text{rpm}]$

  여기서, V : 피스톤 배출량(m³/h)
  D : 기통경(m)
  L : 행정길이(m)
  N : 분당회전수(rpm)
  Z : 기통수

- V 산출

  냉동능력 $Q_e = G(h_1 - h_4) = \dfrac{V}{v_1} \eta_v (h_1 - h_4)$

  $V = \dfrac{Q_e \cdot v_1}{\eta_v (h_1 - h_4)} [\text{m}^3/\text{h}]$

- 압축기 분당 회전수 : 위 식에서 구하면

  $N = \dfrac{4}{\pi D^2 \cdot L \cdot Z \cdot 60} \times \dfrac{Q_e \cdot v_1}{\eta_v (h_1 - h_4)}$

  $= \dfrac{4}{\pi \times 0.12^2 \times 0.1 \times 6 \times 60} \times \dfrac{10 \times 3.86 \times 3{,}600 \times 0.15}{0.65 \times (611 - 460)}$

  $= 521.60 \text{rpm}$

11. 다음과 같은 공장용 원형 덕트를 주어진 도표를 이용하여 정압 재취득법으로 설계하시오. (단, 토출구 1개의 풍량은 5,000m³/h, 토출구의 간격은 5,000mm, 송풍기 출구의 풍속은 10m/s로 한다.)

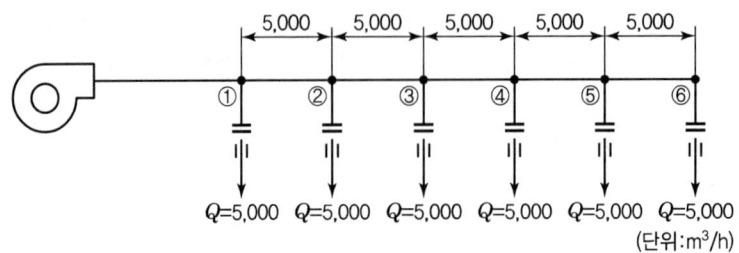

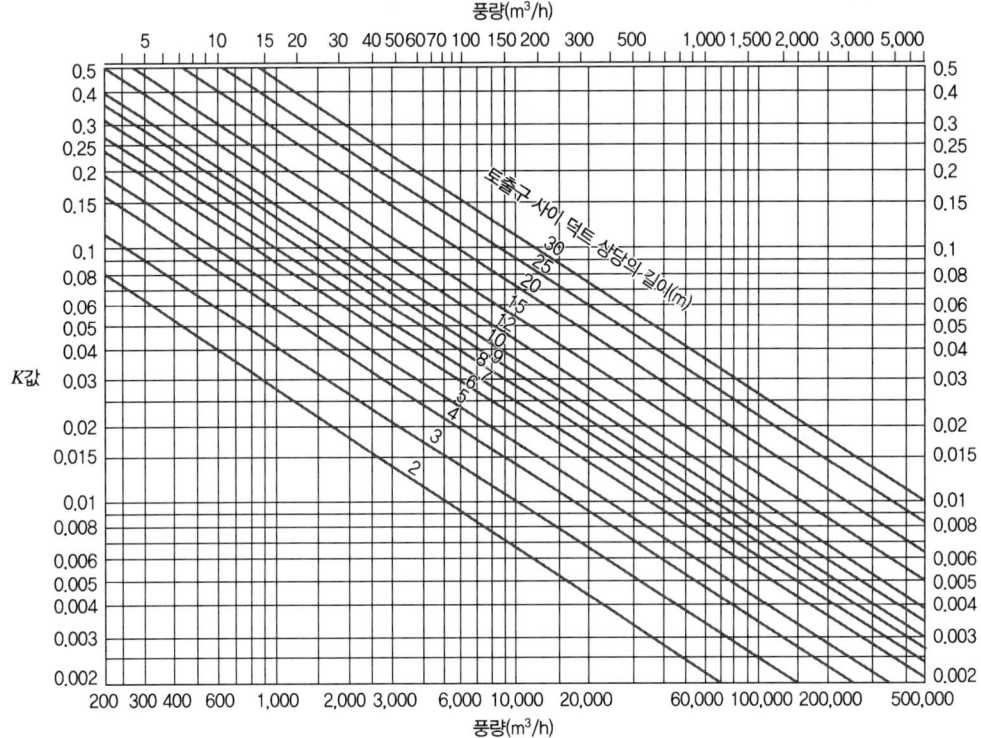

구간	풍량(m³/h)	K값	풍속(m/s)	덕트 단면적(m²)
①	30,000			
②	25,000			
③	20,000			
④	15,000			
⑤	10,000			
⑥	5,000			

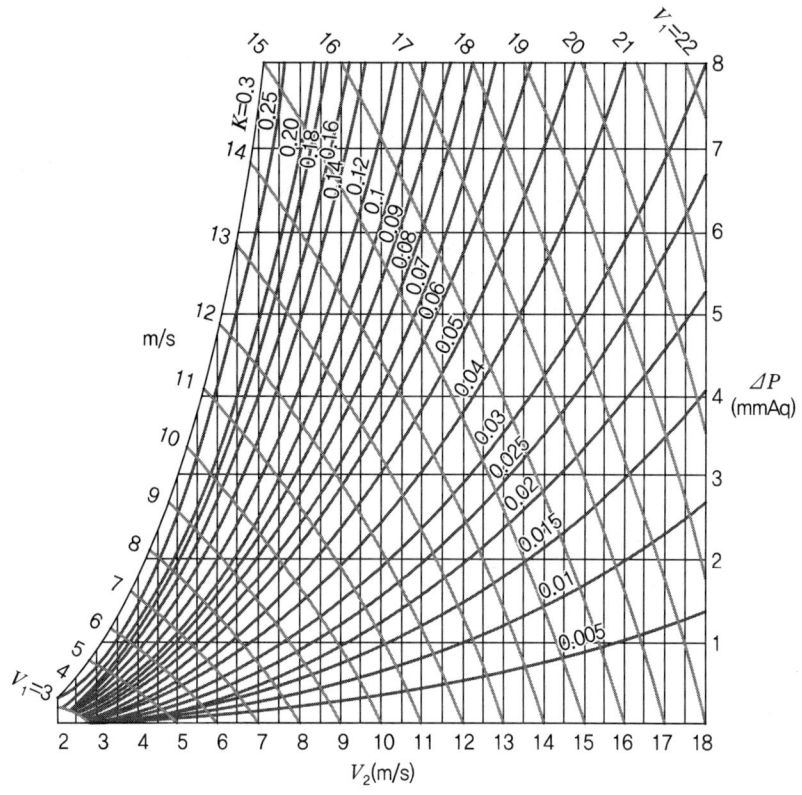

> **풀이**

정압 재취득법으로 설계

1. (풍량 – K값) 그래프에서 각 구간의 풍량과 토출구 사이 덕트 상당길이 5m선이 만나는 점에서 K값을 구한다.
2. (풍속 – 양정) 그래프에서 풍속 V_1과 위에서 구한 K값이 만나는 점을 찾고, 아래로 수직선을 그어 만나는 점 V_2가 다음 구간의 풍속이 된다.
   ① 구간의 풍속은 송풍기 출구 풍속이며, 10m/s로 주어졌다.
   ② 구간의 풍속 : ① 구간의 풍속 10m/s를 V_1으로 하고 $K=0.01$과 만나는 점에서 아래로 수직선을 그어 만나는 점 $V_2=9.4$m/s가 ② 구간 풍속이 된다.
   ③~⑥ 구간의 풍속 : 위와 같은 방법으로 구한다.
3. 덕트의 단면적(A)

   $Q=AV$에서 $A=\dfrac{Q}{V}$ 공식으로 각 구간의 덕트 단면적을 구한다.

   ① 구간 덕트 단면적 $A=\dfrac{30,000}{10\times 3,600}=0.83\text{m}^2$

   ②~⑥ 구간 덕트 단면적 : ① 구간과 같은 방법으로 구한다.

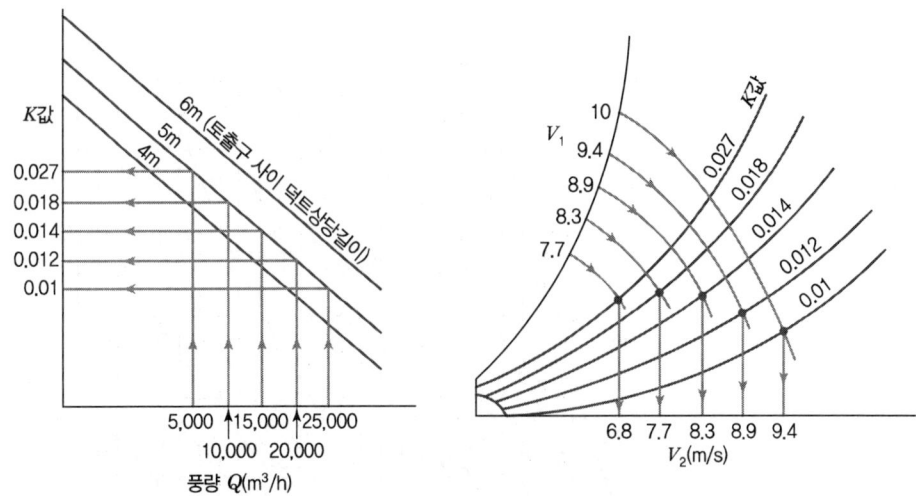

구간	풍량(m³/h)	K값	풍속(m/s)	덕트 단면적(m²)
①	30,000	—	10	0.83
②	25,000	0.01	9.4	0.74
③	20,000	0.012	8.9	0.62
④	15,000	0.014	8.3	0.50
⑤	10,000	0.018	7.7	0.36
⑥	5,000	0.027	6.8	0.20

12 아래의 주어진 $P-h$ 선도를 보고 미완성된 장치도를 완성하시오.

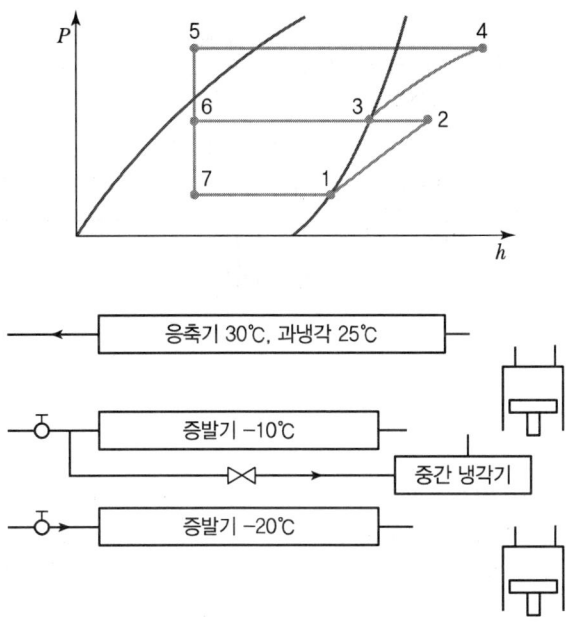

풀이

장치도 완성

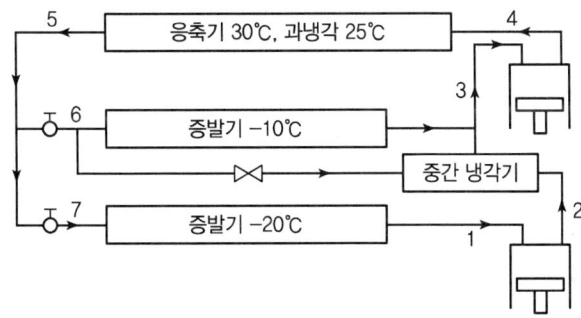

13 다음 그림과 같은 이중덕트 방식에 대한 설계에 있어서 주어진 조건을 참조하여 물음에 답하시오.

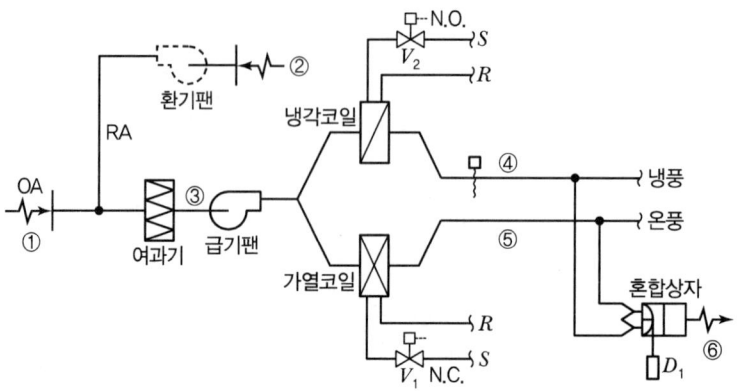

[조건]
1. 실내온도 26℃, 엔탈피 53kJ/kg
2. 외기온도 31℃, 엔탈피 83kJ/kg
3. 전풍량(총 공기 순환량) : 7,200kg/h
4. 외기량 : 1,800kg/h
5. 실 현열부하 : 16.5kW
6. 냉각코일 출구온도 : 13℃
7. 가열코일 출구온도 : 31℃
8. 공기의 비열 : 1.0kJ/kg·K
9. 공기의 밀도 : 1.2kg/m³

(1) 외기와 환기의 혼합 공기온도(℃) 및 엔탈피(kJ/kg)를 구하시오.
(2) 냉각코일 통과 공기량(m³/h)을 구하시오.
(3) 냉각부하(kW)를 구하시오.
(4) 가열부하(kW)를 구하시오.
(5) 외기부하(kW)를 구하시오.

[풀이]

(1) 혼합공기 온도(℃) 및 엔탈피(t_3, h_3)
- 혼합공기 온도(℃)
$$t_3 = \frac{G_1 t_1 + G_2 t_2}{G_3} = \frac{1{,}800 \times 31 + 5{,}400 \times 26}{7{,}200} = 27.25℃$$
- 혼합공기 엔탈피(kJ/kg)
$$h_3 = \frac{G_1 h_1 + G_2 h_2}{G_3} = \frac{1{,}800 \times 83 + 5{,}400 \times 53}{7{,}200} = 60.5\text{kJ/kg}$$

(2) 냉각코일 통과 공기량(G_4)
- t_6(실내 취출공기) 산출
$$q_S = G_6 C_p (t_2 - t_6)$$
$$t_6 = t_2 - \frac{q_S}{G_6 C_p} = 26 - \frac{16.5 \times 3{,}600}{7{,}200 \times 1.0} = 17.75℃$$

- G_4 산출

$$G_4(t_4-t_5) = G_6(t_6-t_5)$$

$$G_4 = \frac{G_6(t_6-t_5)}{t_4-t_5} = \frac{7{,}200 \times (17.75-31)}{13-31} = 5{,}300\,\text{kg/h} = 4{,}416.67\,\text{m}^3/\text{h}$$

(3) 냉각(코일)부하(현열부하)(q_c)

④점의 엔탈피를 알 수 없으므로 냉각(코일)부하는 현열부하로 산출한다.

$$q_c = G_4 C_p(t_3-t_4) = \frac{5{,}300 \times 1.0 \times (27.25-13)}{3{,}600} = 20.98\,\text{kW}$$

(4) 가열(코일)부하(q_H)

$$q_H = G_5 C_p(t_5-t_3) = \frac{(7{,}200-5{,}300) \times 1.0 \times (31-27.25)}{3{,}600} = 1.98\,\text{kW}$$

(5) 외기부하(q_O)

$$q_O = G_6(h_3-h_2) = \frac{7{,}200 \times (60.5-53)}{3{,}600} = 15\,\text{kW}$$

또는

$$q_O = G_o(h_1-h_2) = \frac{1{,}800 \times (83-53)}{3{,}600} = 15\,\text{kW}$$

14 2단 압축 1단 팽창 $P-h$ 선도와 같은 냉동사이클로 운전되는 장치에서 다음 물음에 답하시오(단, 냉동능력은 252MJ/h이고 압축기의 효율은 다음 표와 같다).

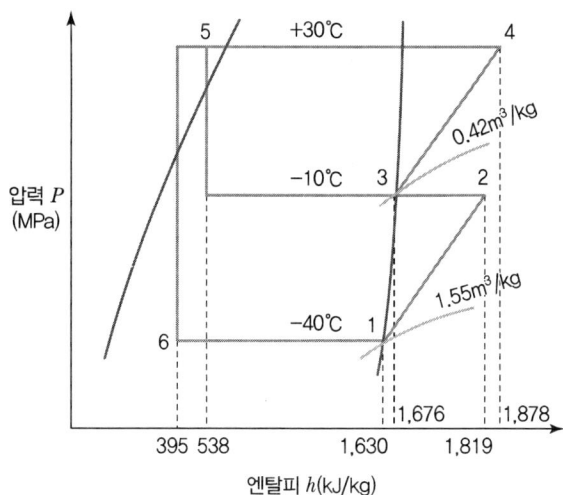

구분	체적효율(η_v)	압축효율(η_c)	기계효율(η_m)
고단	0.8	0.85	0.93
저단	0.7	0.82	0.95

(1) 저단 냉매순환량(G_L) : kg/h (2) 저단 피스톤 토출량(V_L) : m³/h
(3) 저단 소요동력(N_L) : kW (4) 고단 냉매순환량(G_H) : kg/h
(5) 고단 피스톤 압출량(V_H) : m³/h (6) 고단 소요동력(N_H) : kW

풀이

(1) 저단 냉매순환량(G_L)

$$Q_e = G_L(h_1 - h_6)$$

$$G_L = \frac{Q_e}{h_1 - h_6} = \frac{252 \times 10^3}{1,630 - 395} = 204.05 \text{kg/h}$$

(2) 저단 피스톤 토출량(V_L)

$$V_L = \frac{G_L \cdot v_1}{\eta_{VL}} = \frac{204.05 \times 1.55}{0.7} = 451.83 \text{m}^3/\text{h}$$

(3) 저단 소요동력(N_L)

$$N_L = \frac{G_L \times (h_2 - h_1)}{\eta_{cL} \times \eta_{mL}} = \frac{204.05 \times (1,819 - 1,630)}{3,600 \times 0.82 \times 0.95} = 13.75 \text{kW}$$

(4) 고단 냉매순환량(G_H)

$$\frac{G_H}{G_L} = \frac{h_2' - h_6}{h_3 - h_5} \rightarrow G_H = G_L \times \frac{h_2' - h_6}{h_3 - h_5}$$

- 저단 압축기 토출가스 실제 엔탈피 h_2' 산출

$$\text{압축효율 } \eta_{cL} = \frac{h_2 - h_1}{h_2' - h_1} \rightarrow h_2' = h_1 + \frac{h_2 - h_1}{\eta_{cL}}$$

$$h_2' = 1,630 + \frac{1,819 - 1,630}{0.82} = 1,860.49 \text{kJ/kg}$$

- 고단 냉매순환량

$$G_H = G_L \times \frac{h_2' - h_6}{h_3 - h_5} = 204.05 \times \frac{1,860.49 - 395}{1,676 - 538} = 262.77 \text{kg/h}$$

(5) 고단 피스톤 압출량

$$V_H = \frac{G_H \cdot v_3}{\eta_{vH}} = \frac{262.77 \times 0.42}{0.8} = 137.95 \text{m}^3/\text{h}$$

(6) 고단 소요동력

$$N_H = \frac{G_H \times (h_4 - h_3)}{\eta_{cH} \times \eta_{mH}} = \frac{262.77 \times (1,878 - 1,676)}{3,600 \times 0.85 \times 0.93} = 18.65 \text{kW}$$

15 다음 조건과 같은 사무실 A, B에 대해 물음에 답하시오.

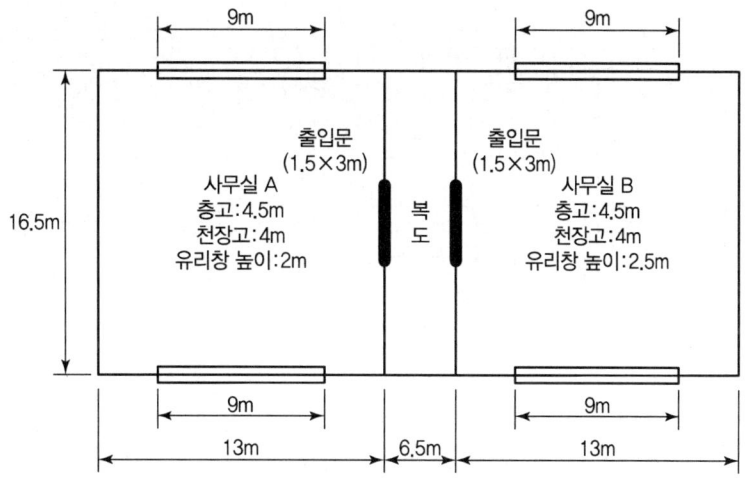

[조건]
1.

사무실	종류	실내부하(kJ/h)			기기부하 (kJ/h)	외기부하 (kJ/h)
		현열	잠열	전열		
A		60,400	7,200	67,600	12,800	28,200
B		45,200	4,300	49,500	8,900	21,600
계		105,600	11,500	117,100	21,700	49,800

2. 상·하층은 동일한 공조 조건이다.
3. 덕트에서의 열취득은 없는 것으로 한다.
4. 중앙 공조 System이며 냉동기+AHU에 의한 전공기 방식이다.
5. 공기의 밀도는 1.2kg/m³, 정압비열은 1.01kJ/kg·K이다.

(1) A, B 사무실의 실내 취출온도차가 11℃일 때 각 사무실의 풍량(m³/h)을 구하시오.

(2) AHU 냉각코일의 열전달률 K=3,300kJ/h·m²·K, 열, 냉수의 입구온도 5℃, 출구온도 10℃, 공기의 입구온도 26.3℃, 출구온도 16℃, 코일 통과면풍속은 2.5m/s이고 대향류 열교환을 할 때 A, B 사무실 총계부하에 대한 냉각코일의 열 수(Row)를 구하시오.

(3) 다음 물음에 답하시오. (단, 펌프 및 배관 부하는 냉각코일 부하의 5%이고 냉동기의 응축온도는 40℃, 증발온도 0℃, 과열 및 과냉각도 5℃, 압축기의 체적효율 0.8, 회전수 1,800rpm, 기통수 6이다.)
① A, B 사무실 총계부하에 대한 냉동기 부하를 구하시오.
② 이론 냉매순환량(kg/h)을 구하시오.
③ 피스톤의 행적체적(m³)을 구하시오.

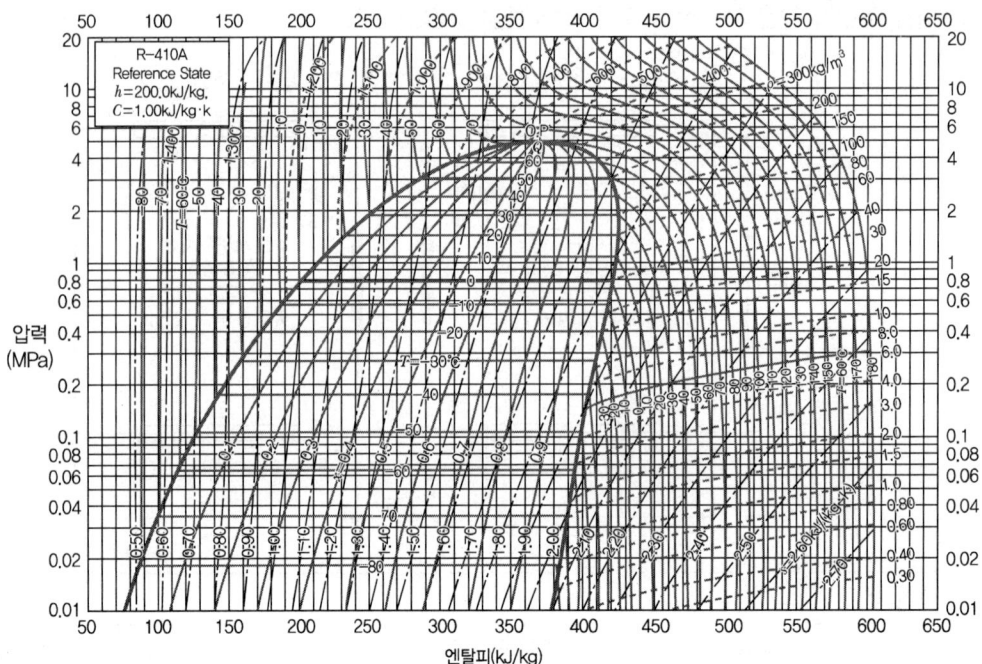

> [풀이]

(1) A, B 사무실의 풍량(Q)

$$q_s = G \cdot C_p \cdot \Delta t = Q\rho \cdot C_p \cdot \Delta t$$

∴ A 사무실 풍량 $Q_A = \dfrac{q_s}{\rho \cdot C_p \cdot \Delta t} = \dfrac{60{,}400}{1.2 \times 1.01 \times 11} = 4{,}530.45 \mathrm{m}^3/\mathrm{h}$

∴ B 사무실 풍량 $Q_B = \dfrac{q_s}{\rho \cdot C_p \cdot \Delta t} = \dfrac{45{,}200}{1.2 \times 1.01 \times 11} = 3{,}390.34 \mathrm{m}^3/\mathrm{h}$

(2) 냉각코일의 열수(N)

• 대수평균온도차(Δt_m) 산출

$$\Delta t_m = \dfrac{\Delta t_1 - \Delta t_2}{\ln \dfrac{\Delta t_1}{\Delta t_2}} = \dfrac{16.3 - 11}{\ln \dfrac{16.3}{11}} = 13.48\,\text{℃}$$

여기서, Δt_1 : 공기 입구 측에서의 냉수와의 온도차(26.3 - 10 = 16.3℃)

Δt_2 : 공기 출구 측에서의 냉수와의 온도차(16 - 5 = 11℃)

• 전면면적(F_A) 산출

풍량 $Q = F_A \cdot v$에서 (F_A : 전면면적, v : 풍속)

$F_A = \dfrac{Q}{v} = \dfrac{4{,}530.45 + 3{,}390.34}{2.5 \times 3{,}600} = 0.88 \mathrm{m}^2$

$q = K \cdot F_A \cdot N \cdot \Delta t_m \cdot C_W$

$$\therefore N = \frac{q}{K \cdot F_A \cdot \Delta t_m \cdot C_w} = \frac{117,100 + 21,700 + 49,800}{3,300 \times 0.88 \times 13.48 \times 1.0} = 4.817 ≒ 5열$$

여기서, 습면보정계수 C_w에 대한 조건이 없으므로 C_w는 1.0으로 적용한다.

(3) 냉동기 부하(q_R), 이론 냉매순환량(G), 피스톤 행적체적(V)

① 냉동기부하 q_R = 냉각코일부하 × 펌프 및 배관부하 할증
$$= (117,100 + 21,700 + 49,800) \times 1.05 = 198,030 \text{kJ/h}$$
여기서, 냉각코일부하 = 실내부하 + 기기부하 + 외기부하

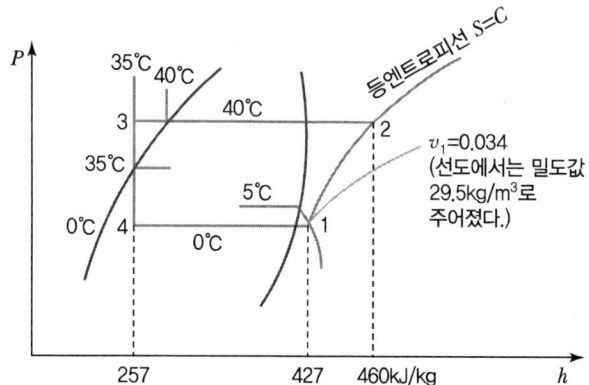

② 이론 냉매순환량 $G = \dfrac{\text{냉동기 부하 } q_R}{\text{증발기 출구엔탈피}(h_1) - \text{증발기 입구엔탈피}(h_4)}$

여기서, 증발기입구엔탈피 h_4와 출구엔탈피 h_1을 주어진 몰리에르 선도에서 찾아야 한다.

$$\therefore G = \frac{198,030}{427 - 257} = 1,164.88 \text{kg/h}$$

③ 피스톤 행적체적(V_S)

$$G = \frac{V \cdot \eta_V}{v_1}$$

여기서, G : 이론냉매량

$$V = \frac{G \cdot v_1}{\eta_V} = \frac{1,164.88 \times 0.034}{0.8} = 49.51 \text{m}^3/\text{h}$$

$$V = V_s \cdot n \cdot Z$$

여기서, V : 피스톤 총 배출량, n : 회전수, Z : 기통수

$$\therefore \text{피스톤 행정체적 } V_s = \frac{V}{n \cdot Z} = \frac{49.51}{1,800 \times 60 \times 6} = 0.0000764 = 7.64 \times 10^{-5} \text{m}^3$$

2020년 3회 기출문제

01 다음 용어를 설명하시오.

(1) 스머징(Smudging)
(2) 도달거리(Throw)
(3) 강하거리
(4) 등마찰손실법(등압법)

> **풀이**
>
> (1) 스머징
>   취출구 바깥쪽 부분으로 유인되는 실내공기에 의해 취출구 바깥쪽 천장면에 먼지 등이 달라붙어 더러워지는 현상을 말한다.
>
> (2) 도달거리(Throw)
>   취출구에서 취출기류의 풍속이 0.25m/s가 되는 위치까지의 거리이다.
>
> (3) 강하거리
>   냉풍을 취출할 때, 도달거리에 도달할 때까지 생긴 기류의 강하정도를 강하거리라고 한다.
>
> (4) 등마찰손실법(등압법)
>   덕트의 단위길이당 마찰손실 값을 전구간에 동일하게 적용하여 덕트 치수를 정하는 방법을 말하며, 정압법이라고도 한다.

02 다음과 같은 조건을 가진 냉방용 흡수식 냉동장치에서 증발기가 1RT의 능력을 갖도록 하기 위한 각 물음에 답하시오(단, 1RT = 3.86kW)

[조건]
1. 냉매와 흡수제 : 물 + 리튬브로마이드
2. 발생기 공급열원 : 80℃의 폐기가스
3. 용액의 출구온도 : 74℃
4. 냉각수 온도 : 25℃
5. 응축온도 : 30℃(압력 31.8mmHg)
6. 증발온도 : 5℃(압력 6.54mmHg)
7. 흡수기 출구 용액온도 : 28℃
8. 흡수기 압력 : 6mmHg
9. 발생기 내의 증기 엔탈피 $h_3' = 3,041.3$ kJ/kg
10. 증발기를 나오는 증기 엔탈피 $h_1' = 2,927.4$ kJ/kg
11. 응축기를 나오는 응축수 엔탈피 $h_3 = 545.1$ kJ/kg
12. 증발기로 들어가는 포화수 엔탈피 $h_1 = 438.4$ kJ/kg

상태점	온도(℃)	압력(mmHg)	농도(wt%)	엔탈피(kJ/kg)
4	74	31.8	60.4	316.5
8	46	6.54	60.4	273.0
6	44.2	6.0	60.4	270.5
2	28.0	6.0	51.2	238.6
5	56.5	31.8	51.2	291.4

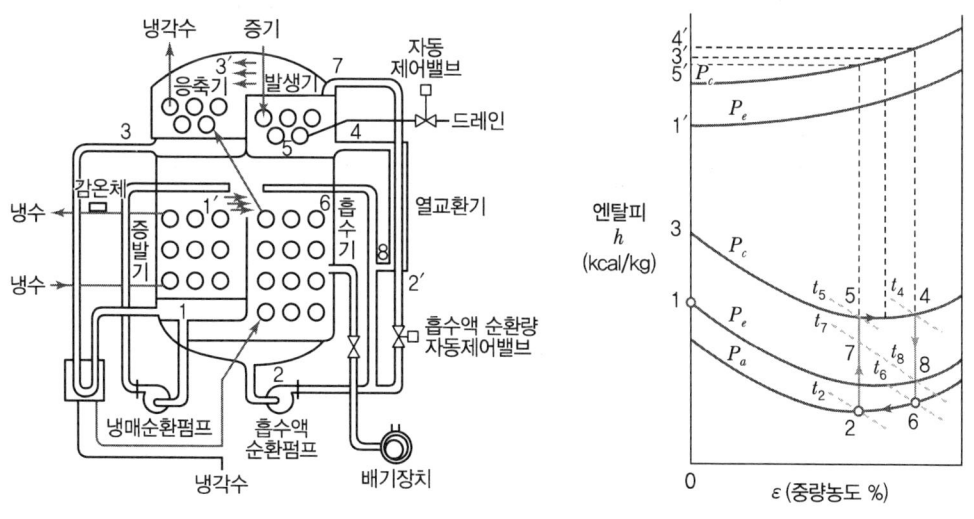

(1) 다음과 같이 나타내는 과정은 어떠한 과정인지 설명하시오.
   ① 4-8 과정　　　　② 6-2 과정　　　　③ 2-7 과정
(2) 응축기, 흡수기 열량을 구하시오.
(3) 1냉동톤당의 냉매순환량을 구하시오.

풀이

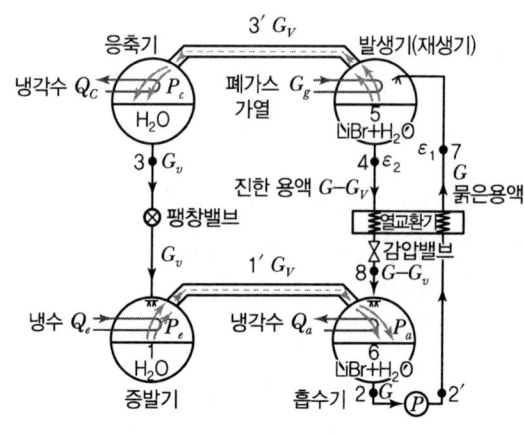

|장치도|

(1) 과정 설명
  ① 4-8 과정 : 재생기에서 냉매와 분리되어 농축된 진한 흡수액(LiBr)이 흡수기로 가는 과정으로서, 흡수기로 가는 과정 중 묽은 용액과 열교환하여 온도가 74℃에서 46℃로 냉각된다.
  ② 6-2 과정 : 흡수기에서 진한 흡수액(LiBr)이 냉매인 수증기를 흡수하여 묽은 용액이 되어 흡수기를 빠져나오는 과정이다. 6은 진한 용액, 2는 묽은 용액 상태이다.
  ③ 2-7 과정 : 흡수기의 묽은 용액이 재생기로 가는 과정 중 진한 흡수액(LiBr)과 열교환하여 가열된다.

(2) 응축기, 흡수기 열량
  ① 응축기 응축열량(Q_c)은 응축기 열평형식(나간 열량=들어온 열량)을 적용한다.

  $Q_c + G_v h_3 = G_v h_3'$ 에서

  $Q_c = G_v(h_3' - h_3)$

  여기서, G_v : 냉매(H_2O)

  G_v를 구하기 위해 증발기에서 열평형식을 세우면

  $Q_e + G_v h_3 = G_v h_1'$

  $Q_e = G_v(h_1' - h_3)$

  $G_v = \dfrac{Q_e}{h_1' - h_3} = \dfrac{1 \times 3.86 \times 3{,}600}{2{,}927.4 - 545.1} = 5.83 \, \text{kg/h}$

  ∴ $Q_c = G_v(h_3' - h_3) = 5.83 \times (3{,}041.3 - 545.1) = 14{,}552.85 \, \text{kJ/h}$

② 흡수기 열량(Q_a)은 흡수기에서 열평형식으로 산출한다.

$Q_a + Gh_2 = (G - G_v)h_8 + G_v h_1'$ 에서

$Q_a = (G - G_v)h_8 + G_v h_1' - Gh_2$

$\quad = \left[\left(\dfrac{G}{G_v} - 1\right)h_8 + h_1' - \dfrac{G}{G_v}h_2\right]G_v$

$\quad = [(f-1)h_8 + h_1' - fh_2]G_v$

여기서, $\dfrac{G}{G_v} = f$(용액순환비)

용액순환비 $f = \dfrac{G}{G_v} = \dfrac{\varepsilon_4}{\varepsilon_4 - \varepsilon_5}$ (여기서, ε는 리튬브로마이드 수용액의 농도)

$f = \dfrac{60.4}{60.4 - 51.2} = 6.57 \text{kg/kg}$ (f는 항상 1보다 크다.)

$\therefore Q_a = [(6.57 - 1) \times 273.0 + 2{,}927.4 - (6.57 \times 238.6)] \times 5.83$

$\quad = 16{,}792.78 \text{kJ/h}$

(3) 1냉동톤당 냉매순환량(G_v)

증발기에서 $Q_e = G_v(h_1' - h_3)$이므로, $G_v = \dfrac{Q_e}{h_1' - h_3} = \dfrac{1 \times 3.86 \times 3{,}600}{2{,}927.4 - 545.1} = 5.83 \text{kg/h}$

03 다음은 2단 압축 냉동장치의 개략도이다. 1단 팽창장치 및 2단 팽창장치도를 중각 냉각기, 증발기, 팽창밸브를 그려 넣어 완성하시오.

(1) 1단 팽창 장치도

(2) 2단 팽창 장치도

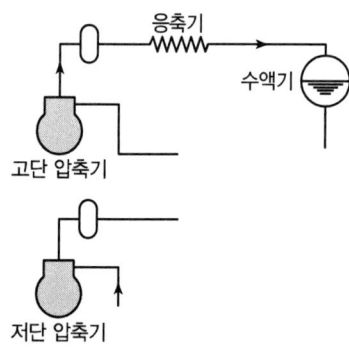
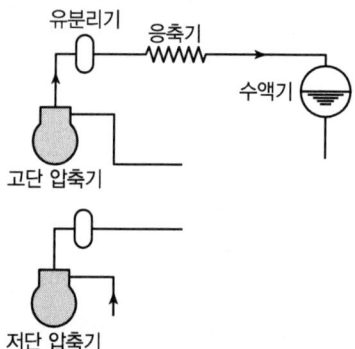

> 풀이

냉동장치도 완성

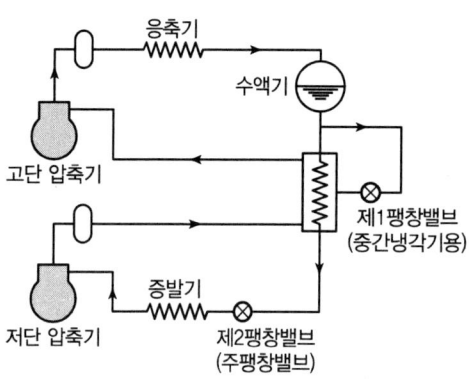
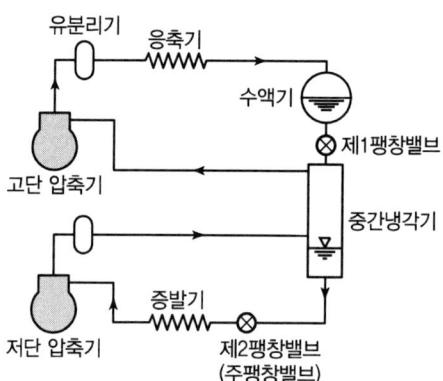

| 2단 압축 1단 팽창 장치도 | | 2단 압축 2단 팽창 장치도 |

04 20,000kg/h의 공기를 압력 35kPa·g의 증기로 0℃에서 50℃까지 가열할 수 있는 에어로핀(Aerofin) 열교환기가 있다. 주어진 설계조건을 이용하여 각 물음에 답하시오.

[조건]
1. 전면풍속 $V_f = 3\text{m/s}$
2. 증기온도 $t_s = 108.2℃$
3. 출구공기온도 보정계수 $k_t = 1.19$
4. 코일 열통과율 $K_c = 784\text{W/m}^2 \cdot \text{K} \cdot$ 열
5. 증발잠열 $q_e = 2,235\text{kJ/kg}(35\text{kPa}\cdot\text{g})$
6. 밀도 $\rho = 1.2\text{kg/m}^3$
7. 공기정압비열 $C_p = 1.01\text{kJ/kg}\cdot\text{K}$
8. 대수평균온도차 Δt_m(향류)을 사용

(1) 전면 면적 $A_f(\text{m}^2)$을 구하시오.
(2) 가열량 $q_H(\text{kW})$을 구하시오.
(3) 열수 N(열)을 구하시오.
(4) 증기소비량 $L_s(\text{kg/h})$을 구하시오.

풀이

(1) 전면 면적(A_f)

$$Q = A_f \cdot V_f \rightarrow A_f = \frac{Q}{V_f} = \frac{G}{\rho \cdot V_f} = \frac{20,000}{1.2 \times 3 \times 3,600} = 1.54\text{m}^2$$

(2) 가열량(q_H)

$$q_H = G \cdot C_p \cdot (t_2 - t_1)k_t = \frac{20,000}{3,600} \times 1.01 \times (50 - 0) \times 1.19 = 333.86\text{kW}$$

(3) 열수(N)

$$q_H = K_c \cdot A_f \cdot N \cdot \Delta t_m \rightarrow N = \frac{q_H}{K_c \cdot A_f \cdot \Delta t_m}$$

$$\Delta t_m = \frac{\Delta t_1 - \Delta t_2}{\ln \frac{\Delta t_1}{\Delta t_2}} = \frac{108.2 - 48.7}{\ln \frac{108.2}{48.7}} = 74.53℃$$

여기서, Δt_1 : 공기 입구 측에서의 증기와의 온도차(108.2 − 0 = 108.2)

　　　　Δt_2 : 공기 출구 측에서의 보정된 증기와의 온도차(108.2 − 59.5 = 48.7)

- 보정된 온도 상승 $\Delta t' = (t_2 - t_1)k_t$
  $\Delta t' = (50 - 0) \times 1.19 = 59.5℃$
- 보정된 출구공기온도 $t_2' = t_1 + \Delta t'$
  $t_2' = 0 + 59.5 = 59.5℃$

$$\therefore N = \frac{q_H}{K_c \cdot A_f \cdot \Delta t_m} = \frac{333.86 \times 1,000}{784 \times 1.54 \times 74.53} = 3.71 ≒ 4\text{ 열}$$

(4) 증기소비량(L_s)

$$q_H = q_e \times L_s \rightarrow L_s = \frac{q_H}{q_e} = \frac{333.86 \times 3,600}{2,235} = 537.76\text{kg/h}$$

05 2단 압축 냉동장치의 운전 조건이 다음의 몰리에르 선도($P-h$)와 같을 때 각 물음에 답하시오.

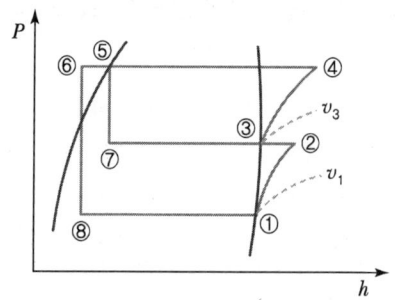

[조건]
1. $h_1 = 1,625$kJ/kg
2. $h_2 = 1,813$kJ/kg
3. $h_3 = 1,671$kJ/kg
4. $h_4 = 1,872$kJ/kg
5. $h_5 = h_7 = 536$kJ/kg
6. $h_6 = h_8 = 419$kJ/kg
7. 냉동능력(RT) = 5(1RT = 3.9kW)
8. $v_1 = 1.55$m³/kg, $v_3 = 0.63$m³/kg
9. 저단 측 압축기의 체적효율 : 0.7
10. 고단 측 압축기의 체적효율 : 0.8

(1) 저단 측 압축기의 이론적인 피스톤 압출량(V_{aL})
(2) 고단 측 압축기의 이론적인 피스톤 압출량(V_{aH})

풀이

(1) 저단 측 이론 피스톤 압출량(V_{aL})
- 저단 측 냉매순환량(G_L)

$$G_L = \frac{Q_e}{h_1 - h_8} = \frac{5 \times 3.9 \times 3,600}{1,625 - 419} = 58.208 \text{kg/h}$$

- 저단 측 이론 피스톤 압출량(V_{ar})

$$V_{aL} = \frac{G_L \cdot v_1}{\eta_{vL}} = \frac{58.208 \times 1.55}{0.7} = 128.89 \text{m}^3/\text{h}$$

(2) 고단 측 이론 피스톤 압출량(V_{aH})
- 고단 측 냉매순환량(G_H)

$$\frac{G_H}{G_L} = \frac{h_2 - h_6}{h_3 - h_7}$$

$$G_H = G_L \frac{h_2 - h_6}{h_3 - h_7} = 58.208 \times \frac{1,813 - 419}{1,671 - 536} = 71.49 \text{kg/h}$$

- 고단 측 이론 피스톤 압출량(V_{aH})

$$V_{aH} = \frac{G_H \cdot v_3}{\eta_{vH}} = \frac{71.49 \times 0.63}{0.8} = 56.30 \text{m}^3/\text{h}$$

06 냉장실의 냉동부하 7kW, 냉장실 내 온도를 −20℃로 유지하는 나관 상태의 천장 코일의 냉각관 길이(m)를 구하시오. (단, 천장 코일의 증발관 내 냉매의 증발온도는 −28℃, 외표면적 0.19m²/m, 열통과율은 8W/m²·K이다.)

> **풀이**
>
> **냉각관 길이(L)**
> $q = K \cdot A \cdot \Delta t$
> 여기서, A는 1m당 외표면적(A_k)과 냉각관 길이(L)의 곱이다.
> $q = K \cdot A_k \cdot L \cdot \Delta t$
> $\therefore L = \dfrac{q}{K \times A_k \times \Delta t}$
> $= \dfrac{7 \times 1{,}000}{8 \times 0.19 \times (-20 - (-28))} = 575.66\text{m}$

07 다음과 같은 조건의 건물 중간층 난방부하를 구하시오.

[조건]
1. 열관류율(W/m²·K) : 천장(0.98), 바닥(1.91), 문(3.95), 유리창(6.63)
2. 난방실의 실내온도 : 25℃, 비난방실의 온도 : 5℃
   외기온도 : −10℃, 상하층 난방실의 실내온도 : 25℃
3. 벽체 표면의 열전달률

구분	표면위치	대류의 방향	열전달률(W/m²·K)
실내 측	수직	수평(벽면)	9
실외 측	수직	수직·수평	23

4. 방위계수

방위	방위계수
북쪽 : 외벽, 창, 문	1.1
남쪽 : 외벽, 창, 문	1.0
동쪽, 서쪽 : 외벽, 창, 문	1.05

※ 내벽은 방위에 관계없이 방위계수 1.0 적용

5. 환기횟수 : 난방실(1회/h), 비난방실(3회/h)
6. 공기의 비열 : 1.01kJ/kg·K, 공기밀도 : 1.2kg/m³

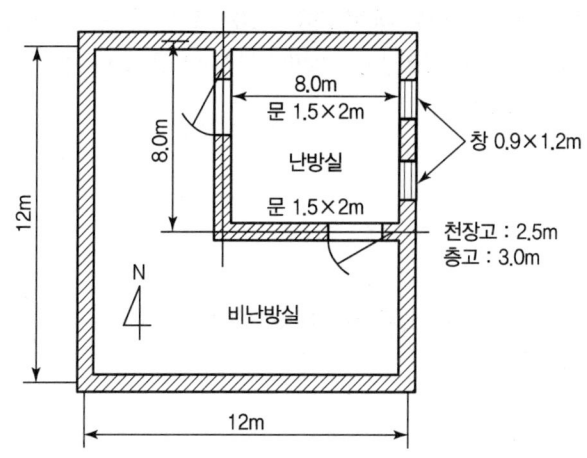

벽체의 종류	구조	재료	두께(mm)	열전도율(W/m·K)
외벽		타일	10	1.3
		모르타르	15	1.5
		콘크리트	120	1.6
		모르타르	15	1.5
		플라스터	3	0.6
내벽		콘크리트	100	1.5

(1) 외벽과 내벽의 열관류율을 구하시오.
(2) 다음 부하계산을 하시오.
　① 벽체를 통한 부하
　② 유리창을 통한 부하
　③ 문을 통한 부하
　④ 극간풍 부하(환기횟수에 의함)

풀이

(1) 외벽과 내벽 열관류율(K)
　① 외벽 열관류율(K_0)

$$R_o = \frac{1}{\alpha_i} + \frac{l_1}{\lambda_1} + \frac{l_2}{\lambda_2} + \frac{l_3}{\lambda_3} + \frac{l_4}{\lambda_4} + \frac{l_5}{\lambda_5} + \frac{1}{\alpha_o}$$

$$= \frac{1}{9} + \frac{0.01}{1.3} + \frac{0.015}{1.5} + \frac{0.120}{1.6} + \frac{0.015}{1.5} + \frac{0.003}{0.6} + \frac{1}{23} = 0.2623$$

$$\therefore K_o = \frac{1}{0.2623} = 3.81 \text{W/m}^2 \cdot \text{K}$$

② 내벽 열관류율(K_I)

$$\frac{1}{R_i} = \frac{1}{\alpha_i} + \frac{l_1}{\lambda_1} + \frac{1}{\alpha_i}$$

$$= \frac{1}{9} + \frac{0.1}{1.5} + \frac{1}{9} = 0.2889$$

$$\therefore K_i = \frac{1}{0.2889} = 3.46 \text{W/m}^2 \cdot \text{K}$$

(2) 부하계산

① 벽체를 통한 부하 $q_W = K \cdot A \cdot \Delta t \cdot k'$

- 동쪽 외벽 $q_{WE} = 3.81 \times (8 \times 3 - 0.9 \times 1.2 \times 2) \times (25 - (-10)) \times 1.05 = 3,057.982$W
- 북쪽 외벽 $q_{WN} = 3.81 \times (8 \times 3) \times (25 - (-10)) \times 1.1 = 3,520.44$W
- 서쪽 내벽 $q_{WI} = 3.46 \times (8 \times 2.5 - 1.5 \times 2) \times (25 - 5) \times 1.0 = 1,176.4$W
- 남쪽 내벽 $q_{WI} = 3.46 \times (8 \times 2.5 - 1.5 \times 2) \times (25 - 5) \times 1.0 = 1,176.4$W

∴ 벽체를 통한 부하 $q_W = 3,057.982 + 3,520.44 + 1,176.4 + 1,176.4 = 8,931.22$W

② 유리창을 통한 부하 $q_G = K \cdot A \cdot \Delta t \cdot k'$

$q_G = 6.63 \times (0.9 \times 1.2 \times 2) \times (25 - (-10)) \times 1.05 = 526.29$W

③ 문을 통한 부하 $q_D = K \cdot A \cdot \Delta t \cdot k'$

$q_D = 3.95 \times (1.5 \times 2 \times 2) \times (25 - 5) \times 1.0 = 474$W

④ 극간풍 부하

$q_I = Q\rho \cdot C_p \cdot \Delta t$

$$= \frac{[(8 \times 8 \times 2.5 \times 1) \times 1.2 \times 1.01 \times (25 - (-10))] \times 1,000}{3,600} = 1,885.33\text{W}$$

※ 문제에서 절대습도에 대한 조건이 명기되어 있지 않으므로 잠열에 대한 극간풍 부하는 산출하지 않는다.

08 다음과 같은 운전조건을 갖는 브라인 쿨러가 있다. 전열면적이 25m²일 때, 각 물음에 답하시오. (단, 평균온도차는 산출평균 온도차를 이용한다.)

[조건]
1. 브라인 비중 : 1.24
2. 브라인 비열 : 2.81kJ/kg·K
3. 브라인의 유량 : 200L/min
4. 쿨러로 들어가는 브라인 온도 : −18℃
5. 쿨러에서 나오는 브라인 온도 : −23℃
6. 쿨러 냉매 증발온도 : −26℃

(1) 브라인 쿨러의 냉동부하(kW)를 구하시오.
(2) 브라인 쿨러의 열통과율(W/m²·K)을 구하시오.

> **풀이**
>
> (1) 브라인 쿨러의 냉동부하(q)
> $$q = GC\Delta t = Q\rho C\Delta t$$
> $$= \frac{2.00 \times 1.24 \times 2.81 \times (-18-(-23))}{60} = 58.07\text{kW}$$
>
> (2) 브라인 쿨러의 열통과율(K)
> $$q = KA\Delta t_m \rightarrow K = \frac{q}{A\Delta t_m}$$
> $$\therefore K = \frac{58.07 \times 1,000}{25 \times (\frac{-18+(-23)}{2} - (-26))} = 422.33\text{W/m}^2 \cdot \text{K}$$

09 오존층이 파괴되는 프레온계 냉매 대신 CO_2 냉매(R−744)를 사용하려 한다. CO_2 냉매의 특징 5가지를 쓰시오.

> **풀이**
>
> ① 안정성이 뛰어나다.
> ② 무취, 무독하고 부식성이 없다.
> ③ 연소 및 폭발성이 없다.
> ④ 일반 윤활유와 양호한 상용성을 가지고 있다.
> ⑤ 포화압력이 높다.
> ⑥ 다른 냉매에 비하여 증발잠열이 크다.
> ⑦ 비체적이 매우 작기 때문에 체적유량(동일한 냉동능력에서 냉매순환량)이 적어 냉동장치를 소형화할 수 있다.

10 다음 응축기의 사양 및 사용 조건에서 유막이 없을 때 열통과율(K_1)에 비하여 유막이 있을 때 열통과율(K_2)이 몇 % 정도 감소하는지 계산식을 표시하여 답하시오.

[응축기의 사양 및 사용조건]
1. 형식 : 셸 앤드 튜브식
2. 표면 열전달률(냉각수 측) $\alpha_w = 2,326 \text{W/m}^2 \cdot \text{K}$
3. 표면 열전달률(냉매 측) $\alpha_r = 1744 \text{W/m}^2 \cdot \text{K}$
4. 물때의 두께 $\delta_s = 0.2\text{mm}$, 열전도율 $\lambda_s = 0.93 \text{W/m} \cdot \text{K}$
5. 냉각관 두께 $\delta_t = 3.0\text{mm}$, 열전도율 $\lambda_t = 349 \text{W/m} \cdot \text{K}$
6. 유막의 두께 $\delta_o = 0.01\text{mm}$, 열전도율 $\lambda_o = 0.14 \text{W/m} \cdot \text{K}$

풀이

(1) 유막이 없을 때의 열통과율(K_1)

$$R_1 = \frac{1}{\alpha_r} + \frac{\delta_t}{\lambda_t} + \frac{\delta_s}{\lambda_s} + \frac{1}{\alpha_w}$$

$$= \frac{1}{1,744} + \frac{3.0 \times 10^{-3}}{349} + \frac{0.2 \times 10^{-3}}{0.93} + \frac{1}{2,326}$$

$$= 0.001227$$

$$\therefore K_1 = \frac{1}{R_1} = \frac{1}{0.001227} = 815.00 \text{W/m}^2 \cdot \text{K}$$

(2) 유막이 있을 때의 열통과율(K_2)

$$R_2 = \frac{1}{\alpha_r} + \frac{\delta_o}{\lambda_o} + \frac{\delta_t}{\lambda_t} + \frac{\delta_s}{\lambda_s} + \frac{1}{\alpha_w}$$

$$= \frac{1}{1,744} + \frac{0.01 \times 10^{-3}}{0.14} + \frac{3.0 \times 10^{-3}}{349} + \frac{0.2 \times 10^{-3}}{0.93} + \frac{1}{2,326}$$

$$= 0.001298$$

$$\therefore K_2 = \frac{1}{R_2} = \frac{1}{0.001298} = 770.42 \text{W/m}^2 \cdot \text{K}$$

(3) 감소율(%)

$$\text{감소율}(\%) = \frac{K_1 - K_2}{K_1} = \frac{815.00 - 770.42}{815.00} \times 100 = 5.50\%$$

∴ 유막이 있을 때의 열통과율(k_2)이 없을 때(k_1)보다 5.50% 감소한다.

11 다음 그림에 표시한 200RT 냉동기를 위한 냉각수 순환계통의 냉각수 순환 펌프의 축동력(kW)을 구하시오.

[조건]
1. $H = 50\text{m}$
2. $h = 48\text{m}$
3. 배관 총길이 $l = 200\text{m}$
4. 부속류 상당길이 $l' = 100\text{m}$
5. 펌프효율 $\eta = 65\%$
6. 1RT당 응축열량 : 4.54kW
7. 노즐압력 $P = 30\text{kPa}$
8. 배관의 단위 길이당 저항 $r = 0.3\text{kPa/m}$
9. 냉동기(응축기)수 저항 $R_c = 60\text{kPa}$
10. 여유율(안전율) : 10%
11. 냉각수 온도차 : 5℃
12. 물의 비열 : 4.2kJ/kg · K

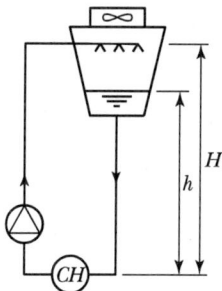

풀이

펌프의 축동력(kW)

- 전양정 H_T = 실양정 + 배관손실수두 + 기기손실수두 + 노즐압력

$$= (50 - 48) + (200 + 100) \times \frac{0.3}{9.8} + \frac{60}{9.8} + \frac{30}{9.8} = 20.37\text{m}$$

- 순환유량(Q)

$q_C = G \cdot C \cdot \Delta t = Q\rho \cdot C \cdot \Delta t$ 에서

$$Q = \frac{q_C}{\rho \cdot C \cdot \Delta t} = \frac{200 \times 4.54 \times 3,600}{1,000 \times 4.2 \times 5} = 155.66\text{m}^3/\text{h}$$

∴ 펌프의 축동력[kW] $= \dfrac{\gamma \cdot H_T \cdot Q}{102 \times \eta}$

여기서, γ : 비중량(kgf/m³), H_T : 전양정(m), Q : 순환유량(m³/s)

$$= \frac{1,000 \times 20.37 \times 155.66}{102 \times 3,600 \times 0.65} \times 1.1 = 14.61\text{kW}$$

12 다음과 같이 증발온도가 다른 2대의 증발기를 갖는 냉동시스템에 대해 주어진 각종 부속 장치의 설치 위치를 넣어 장치도를 완성하시오.

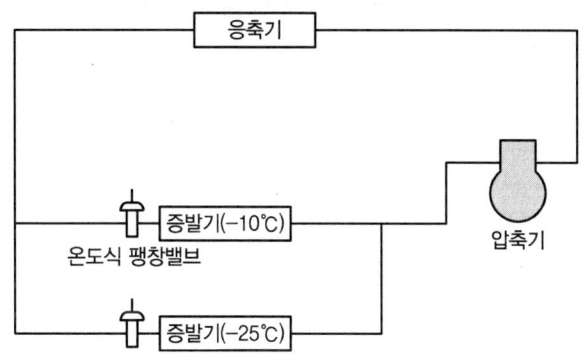

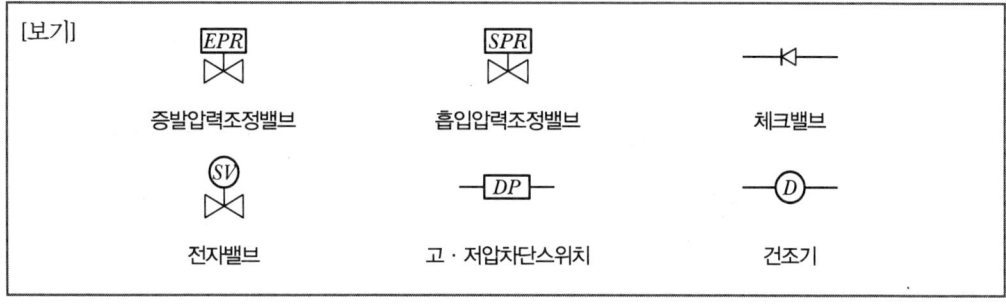

풀이

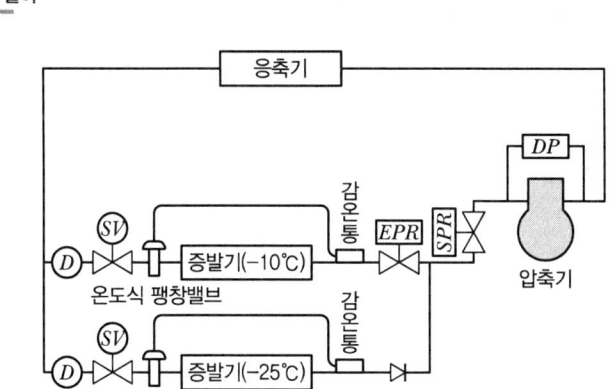

13 다음 그림과 같은 공조장치를 아래의 [조건]으로 냉방 운전할 때 공기 선도를 이용하여 그림의 번호를 공기조화 Process에 나타내고, 공기 냉각기에서 냉각열량(kJ/h)과 제습(감습)량(kg/h)을 계산하시오. (단, 환기덕트에 의한 공기의 온도 상승은 무시한다.)

[조건]
1. 실내 온습도 : 건구온도 26℃, 상대습도 50%
2. 외기상태 : 건구온도 33℃, 습구온도 27℃
3. 실내 급기량 1,000m³/h
4. 취입 외기량 : 급기풍량의 25%
5. 실내와 취출공기의 온도차 : 10℃
6. 송풍기 및 급기덕트에 의한 공기의 온도 상승 : 1℃
7. 공기의 밀도 : 1.2kg/m³
8. 공기의 정압비열 : 1kJ/kg·K, 냉각수 비열 4.2kJ/kg·K
9. SHF=0.89

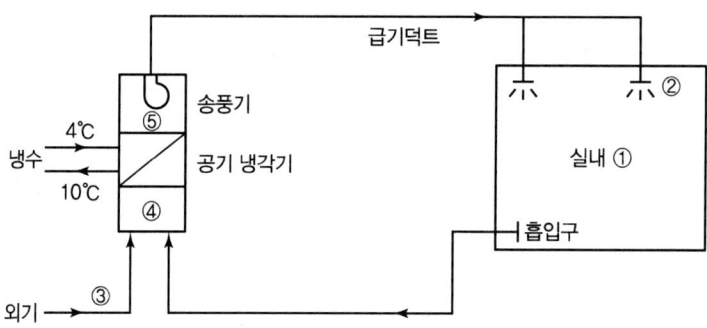

풀이

(1) 공기 선도에 공기조화 Process 표기
- ④점 : 혼합점 온도계산(외기 25%, 리턴 75%)
$$t_4 = \frac{33 \times 0.25 + 26 \times 0.75}{1.0} = 27.75℃$$
- ②점 : ①에서 SHF 0.89와 평행선을 긋고, 취출공기 26℃와 온도차가 10℃되는 16℃와 만나는 점
- ⑤점 : 송풍기 및 급기덕트에 의한 온도 상승이 1℃이므로 왼쪽으로 수평선을 긋고 15℃와 만나는 점

(2) 냉각기에서 냉각열량(kJ/h)
$$q_c = G\Delta h = Q\rho(h_4 - h_5)$$
$$= 1,000 \times 1.2 \times (61 - 40) = 25,200 \text{kJ/h}$$

(3) 제습(감습)량(kg/h)
$$L = G\Delta x = Q\rho(x_4 - x_3)$$
$$= 1,000 \times 1.2 \times (0.013 - 0.0097) = 3.96 \text{kg/h}$$

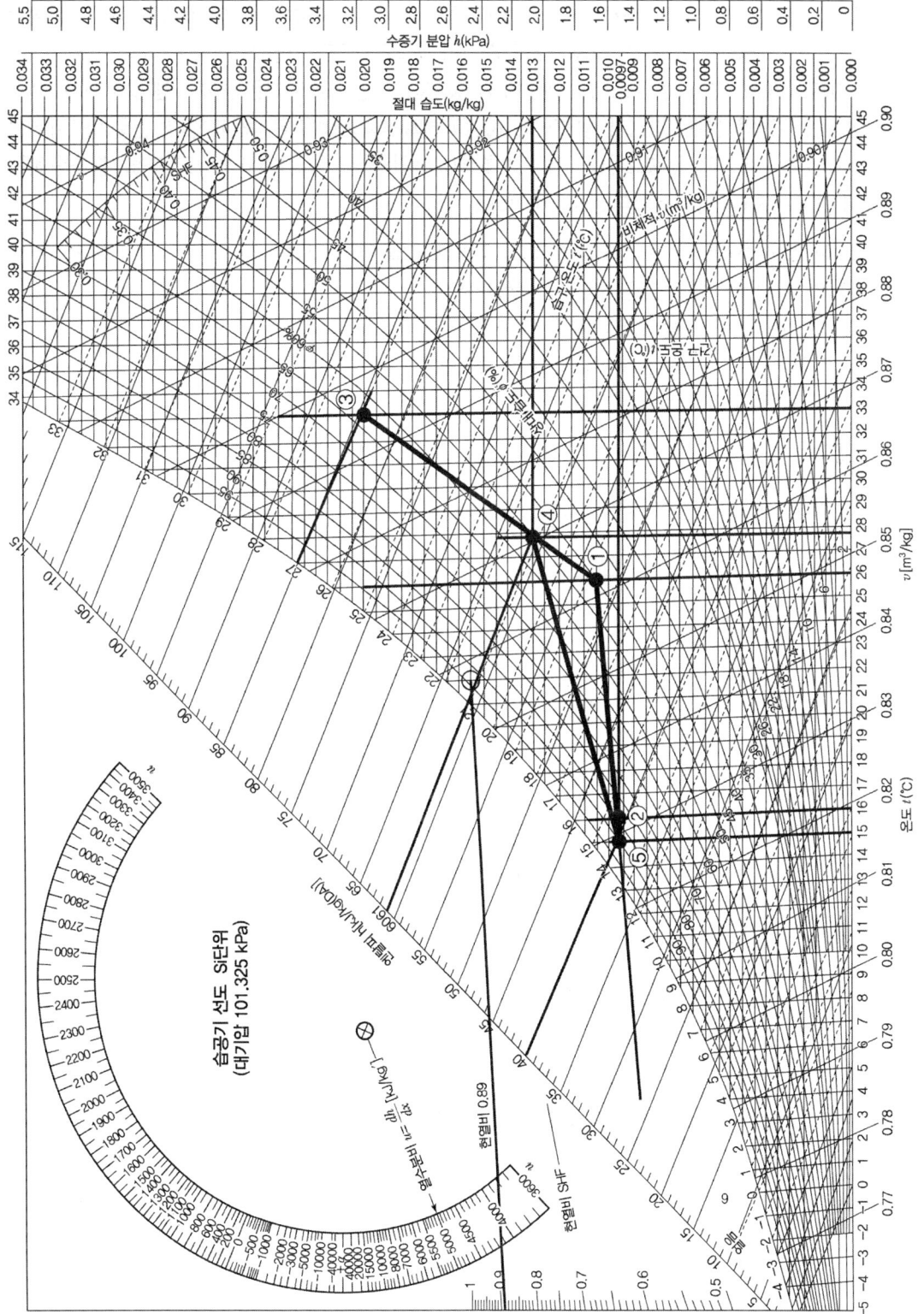

14 1단 압축, 1단 팽창의 이론사이클로 운전되고 있는 R-22 냉동장치가 있다. 이 냉동장치는 증발온도 -10℃, 응축온도 40℃, 압축기 흡입증기의 과열증기 엔탈피 및 비체적은 각각 405kJ/kg과 0.067m³/kg, 압축기 출구증기의 엔탈피 443kJ/kg, 팽창변을 통과한 냉매의 엔탈피 240kJ/kg, 팽창변 직전의 냉매는 과냉각 상태이고, 10냉동톤의 냉동능력을 유지하고 있다. 압축기의 체적효율(η_v)은 0.85이고, 압축효율(η_c) 및 기계효율(η_m)의 곱($\eta_c \times \eta_m$)이 0.73이라고 할 때 다음 물음에 답하시오. (단, 1냉동톤은 3.86kW이다.)

(1) 이 냉동장치의 $P-h$ 선도를 그리고 각 상태 값을 나타내시오.
(2) 압축기의 피스톤 토출량(m³/h)을 구하시오.
(3) 압축기의 소요 축동력(kW)을 구하시오.
(4) 이 냉동장치의 응축부하(kW)를 구하시오.
(5) 이 냉동장치의 성적계수를 구하시오.

풀이

(1) $P-h$ 선도 작성 및 상태값 표시

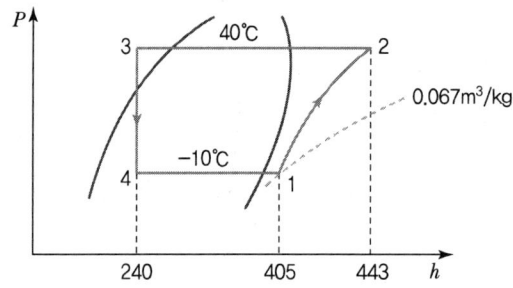

(2) 피스톤 토출량(V)

$$Q_e = G \cdot q_e = G(h_1 - h_4) = \frac{V \cdot \eta_v}{v_1}(h_1 - h_4)$$

$$Q_e = \frac{V \cdot \eta_v}{v_1}(h_1 - h_4)$$

$$\therefore V = \frac{Q_e \cdot v_1}{\eta_v \cdot (h_1 - h_4)} = \frac{10 \times 3.86 \times 3,600 \times 0.067}{0.85 \times (405 - 240)} = 66.38 \text{m}^3/\text{h}$$

(3) 압축기의 소요 축동력(L)

$$\therefore L = \frac{G_{act}(h_2 - h_1)}{\eta_c \times \eta_m} = \frac{0.2339 \times (443 - 405)}{0.73} = 12.18 \text{kW}$$

(여기서, $Q_e = G(h_1 - h_4) \Leftrightarrow G = \dfrac{Q_e}{h_1 - h_4} = \dfrac{10 \times 3.86}{405 - 240} = 0.2339 \text{kg/s}$)

(4) 응축부하(Q_c)

압축기의 압축효율(η_c)이 주어졌으므로 실제 응축부하를 구해야 한다.

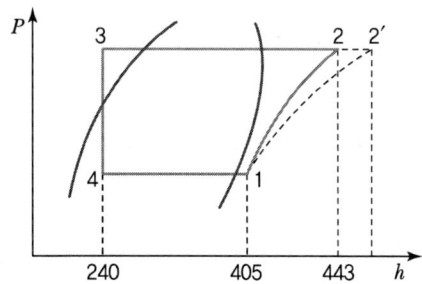

∴ 실제응축부하 $Q_c = G \times (h_2' - h_3) = 0.2339 \times (449.475 - 240) = 49.0 \text{kW}$

여기서, h_2'는 $\eta_c = \dfrac{h_2 - h_1}{h_2' - h_1}$, $\eta_c \times \eta_m = 0.73$ ($\eta_c = \eta_m$으로 가정)

$h_2' = h_1 + \dfrac{h_2 - h_1}{\eta_c} = 405 + \dfrac{443 - 405}{\sqrt{0.73}} = 449.475 \text{kJ/kg}$

(5) 성적계수(COP)

$\text{COP} = \dfrac{\text{냉동능력}}{\text{압축기 소요 축동력}} = \dfrac{10 \times 3.86}{12.18} = 3.17$

2020년 4회 기출문제

01 다음과 같은 벽체의 열관류율을 구하시오. (단, 외표면 열전달률 α_o = 23W/m² · K, 내표면 열전달률 α_i = 9W/m² · K로 한다.)

재료명	두께(mm)	열전도율(W/m · K)
1. 모르타르	30	1.4
2. 콘크리트	130	1.6
3. 모르타르	20	1.4
4. 스티로폼	50	0.037
5. 석고보드	10	0.21

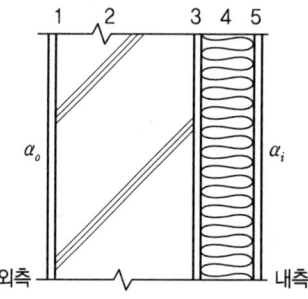

풀이

벽체의 열관류율(K)

$$R = \frac{1}{\alpha_o} + \frac{l_1}{\lambda_1} + \frac{l_2}{\lambda_2} + \frac{l_3}{\lambda_3} + \frac{l_4}{\lambda_4} + \frac{l_5}{\lambda_5} + \frac{1}{\alpha_i}$$

여기서, l은 m 단위로 환산하여 기입한다.

$$= \frac{1}{23} + \frac{0.03}{1.4} + \frac{0.13}{1.6} + \frac{0.02}{1.4} + \frac{0.05}{0.037} + \frac{0.01}{0.21} + \frac{1}{9} = 1.6705$$

$$\therefore K = \frac{1}{R} = \frac{1}{1.6705} = 0.60 \text{W/m}^2 \cdot \text{K}$$

02 아래와 같은 덕트계에서 각 부의 덕트 치수를 구하고, 송풍기 전압 및 정압을 구하시오.

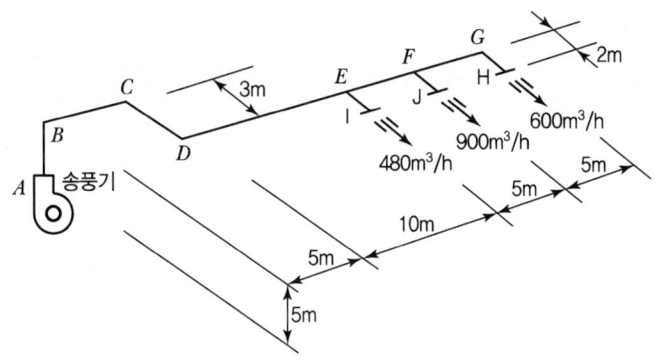

[조건]
1. 취출구 손실은 각 20Pa이고, 송풍기 출구풍속은 8m/s이다.
2. 직관의 마찰손실은 1Pa/m로 한다.
3. 곡관부 1개소의 상당길이는 원형 덕트(직경)의 20배로 한다.
4. 각 기기의 마찰저항은 다음과 같다.
   에어필터 : 100Pa, 공기냉각기 : 200Pa, 공기가열기 : 70Pa
5. 원형 덕트에 상당하는 사각형 덕트의 1변 길이는 20cm로 한다.
6. 풍량에 따라 제작 가능한 덕트의 치수표

풍량(m³/h)	원형 덕트 직경(mm)	사각형 덕트 치수(mm)
2,500	380	650×200
2,200	370	600×200
1,900	360	550×200
1,600	330	500×200
1,100	280	400×200
1,000	270	350×200
750	240	250×200
560	220	200×200

(1) 각 부의 덕트 치수를 구하시오.

구간	풍량(m³/h)	원형 덕트 직경(mm)	사각형 덕트 치수(mm)
A-E			
E-F			
F-H			
F-J			

(2) 송풍기 전압(Pa)을 구하시오.
(3) 송풍기 정압(Pa)을 구하시오.

> 풀이

(1) 각 부의 덕트 치수

구간	풍량(m³/h)	원형 덕트 직경(mm)	사각형 덕트 치수(mm)
A-E	1,980	370	600×200
E-F	1,500	330	500×200
F-H	600	240	250×200
F-J	900	270	350×200

(2) 송풍기 전압(P_T)

P_T = (직관+곡관+에어필터+공기냉각기+공기가열기)의 마찰저항+취출구 손실

직관 마찰저항 = (5+5+3+10+5+5+2)×1 = 35Pa

곡관 B, C, D 마찰저항 = (0.37×20)×3×1 = 22.2Pa

곡관 G 마찰저항 = (0.24×20)×1 = 4.8Pa

∴ P_T = 35+(22.2+4.8)+100+200+70+20 = 452Pa

(3) 송풍기 정압(P_s)

정압 = 전압 − 토출 측 동압

$$P_s = P_T - \frac{\rho V_d^2}{2} = 452 - \frac{1.2 \times 8^2}{2} = 413.6 \text{Pa}$$

여기서, ρ : 공기밀도 1.2kg/m³

03 흡수식 냉동장치에서 응축기 방열량이 50,000kJ/h이고, 흡수기에 공급되는 냉각수량이 1,200kg/h이며 냉각수 온도차가 8℃일 때, 냉동능력 2RT를 얻기 위하여 발생기에서 가열하는 열량(kJ/h)을 구하시오. (단, 냉각수의 비열은 4.2kJ/kg·K, 1RT = 3.86kW)

> 풀이

발생기에서 가열하는 열량(Q_g)

냉동장치 입출입의 열평형식을 통해 산출한다.

냉동장치로 들어간 열량 = 냉동장치에서 나간 열량

발생기 가열량(Q_g)+증발기 가열량(Q_e) = 흡수기 냉각열량(Q_a)+응축기 냉각열량(Q_c)

$Q_g + Q_e = Q_a + Q_c$

$Q_g = Q_a + Q_c - Q_e$

   = (1,200×4.2×8)+50,000−(2×3.86×3,600) = 62,528kJ/h

04 다음과 같은 공조시스템에 대해 계산하시오.

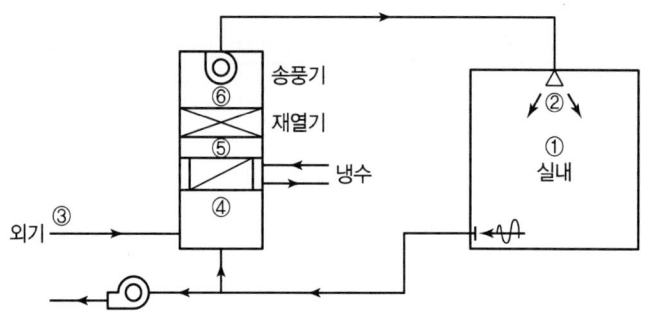

1. 실내온도 : 25℃, 실내 상대습도 : 50%
2. 외기온도 : 31℃, 외기 상대습도 : 60%
3. 실내급기풍량 : 6,000m³/h, 외기도입풍량 : 1,000m³/h, 공기밀도 : 1.2kg/m³
4. 취출공기온도 : 17℃, 공조기 송풍기 입구온도 : 16.5℃
5. 공기냉각기 냉수량 : 1.4L/s, 냉수입구온도(공기냉각기) : 6℃, 냉수출구온도(공기냉각기) : 12℃
6. 재열기(전열기) 소비전력 : 5kW
7. 공기의 정압비열 : 1.01kJ/kg·K, 냉수의 비열 : 4.2kJ/kg·K
8. 0℃ 물의 증발잠열 : 2,501kJ/kg

(1) 실내 냉방 현열부하(kW)를 구하시오.
(2) 실내 냉방 잠열부하(kW)를 구하시오.
(3) 습공기 선도를 작도하시오.

풀이

(1) 실내 냉방 현열부하(q_S)

$$q_S = G \cdot C_p \cdot \Delta t = Q\rho \cdot C_p(t_1 - t_2) = \frac{6,000 \times 1.2 \times 1.01 \times (25-17)}{3,600} = 16.16\text{kW}$$

(2) 실내 냉방 잠열부하(q_L)

$$q_L = 2,501 \times G(x_1 - x_2) = 2,501 \times Q\rho(x_1 - x_2)$$

x_1, x_2를 습공기 선도에서 구하기 위해 습공기 선도를 작성한다.

1) 혼합공기의 온도와 엔탈피(t_4, h_4)

$$t_4 = \frac{Q_1 t_1 + Q_3 t_3}{Q_4} = \frac{(6,000-1,000) \times 25 + 1,000 \times 31}{6,000} = 26℃$$

여기서, Q_1, t_1 : 실내 환기량(재순환공기량), 실내온도
Q_3, t_3 : 외기도입풍량, 외기온도
Q_4 : 실내급기풍량(혼합공기량)

$h_4 = 54.5\text{kJ/kg}$(공기 선도에서 혼합점 온도 26℃를 찾고 엔탈피 54.5를 읽는다.)

2) 냉각코일 출구엔탈피(h_5)

　냉각코일 부하 $q_{CC} = G_w \cdot C \cdot \Delta t_w = G_a(h_4 - h_5)$ 에서

　$h_5 = h_4 - \dfrac{G_w \cdot C \cdot \Delta t_w}{G_a} = 54.5 - \dfrac{(1.4 \times 3{,}600) \times 4.2 \times (12-6)}{1.2 \times 6{,}000} = 36.86 \text{kJ/kg}$

3) 냉각코일 출구온도(t_5)

　재열기부하 $q_{RH} = G_a \cdot C_p(t_6 - t_5)$ 에서

　$t_5 = t_6 - \dfrac{q_{RH}}{G_a C_p} = t_6 - \dfrac{q_{RH}}{\rho Q_a C_p}$

　여기서, $t_6 = 16.5$℃(재열기 출구=송풍기 입구)

　$\therefore t_5 = 16.5 - \dfrac{5 \times 3{,}600}{(1.2 \times 6{,}000) \times 1.01} = 14.02$℃

4) 공기 선도상에서 t_5와 h_5가 만나는 점 ⑤를 찾는다.
5) ⑤점에서 수평선을 그어 16.5℃와 만나는 점이 재열기 출구점 ⑥이다.
6) ⑤점에서 수평선을 그어 17℃와 만나는 점이 ②점이 된다.

　여기서, $t_6 = 16.5$℃(재열기 출구=송풍기 입구)

7) 실내냉방 잠열부하 q_L은

　$q_L = \dfrac{2{,}501 \times 1.2 \times 6{,}000 \times (0.0098 - 0.009)}{3{,}600} = 4.00 \text{kW}$

(3) 습공기 선도 작도

　$SHF = \dfrac{\text{현열}}{\text{전열}} = \dfrac{16.16}{16.16 + 4} = 0.80$

　※ ①점에서 SHF=0.80선과 평행한 선을 그어 ②점을 찾고 ⑥점, ⑤점을 찾아서 선도를 작도하는 것이 가능하다.

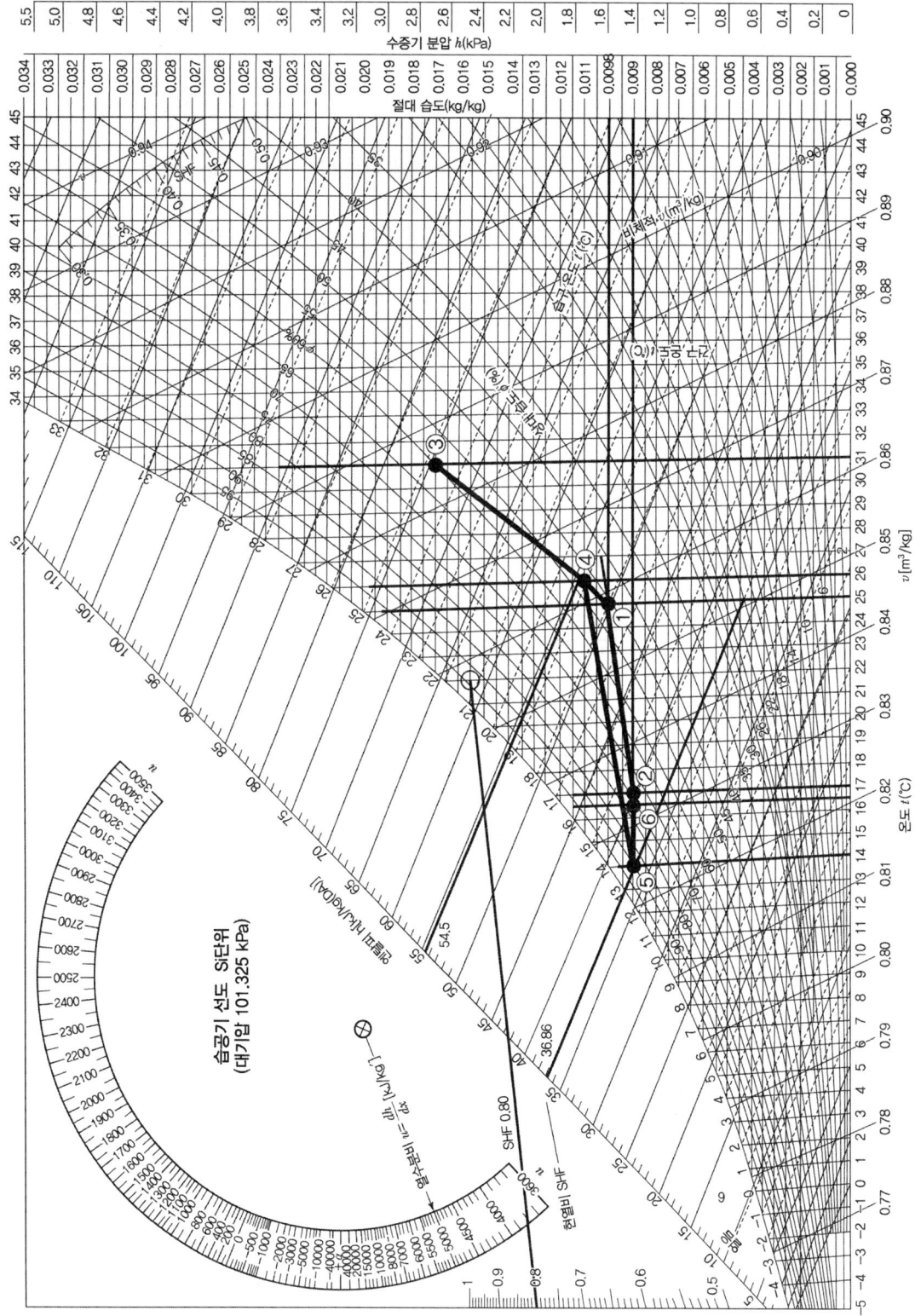

05 겨울철에 냉동장치 운전 중에 고압 측 압력이 갑자기 낮을 경우 장치 내에서 일어나는 현상을 3가지 쓰고 그 이유를 각각 설명하시오.

> 풀이
>
> ① 팽창밸브 통과하는 냉매량 감소 : 유속(V) 저하에 따른 시간당 통과하는 냉매량(G, 유량) 감소 ($G = AV$)
> ② 단위시간당 냉동능력 감소 : 통과 냉매량(G)이 감소하므로 단위시간당 냉동능력(Q_e) 감소 ($Q_e = G \cdot q_e$)
> ③ 압축기 소요동력 증가 : 냉동능력 감소에 따라 동일 냉동능력 확보를 위해 압축기 가동시간 증가 및 이에 따른 소요동력 증가

06 아래 난방배관 계통도를 역환수 배관(Reverse Return) 방식으로 완성하시오.

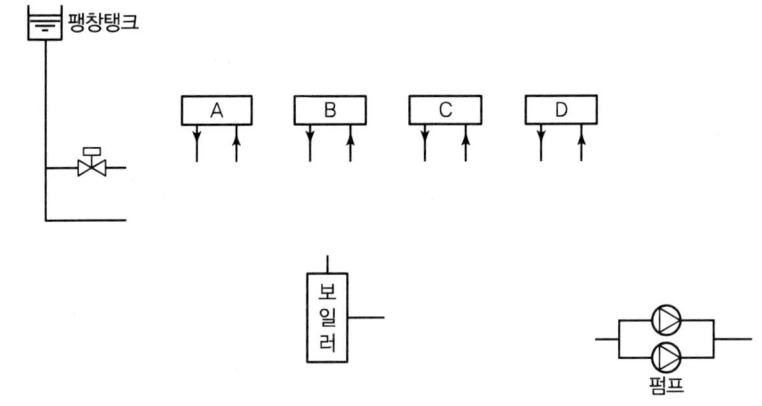

> 풀이

07 온도식 자동팽창밸브의 감온통의 설치 및 외부 균압관의 인출 위치를 바르게 도시하고, 그 이유를 설명하시오.

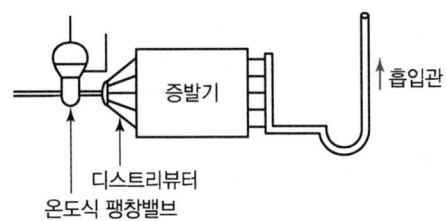

> **풀이**

(1) 설치 위치

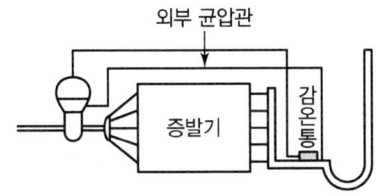

(2) 이유
① 흡입가스의 과열도를 정확히 감지하기 위해 감온통은 증발기 출구관 외부에 수평으로 설치한다.
② 외부 균압관의 인출 위치는 감온통의 설치 위치를 지나 흡입관 상부이며, 냉매가 팽창밸브를 통과한 후 증발기를 거쳐 감온통 부착 지점까지의 총 압력강하를 감지할 수 있는 위치로 한다.

08 900rpm으로 운전되는 송풍기가 풍량 8,000m³/h, 정압 40mmAq, 동력 15kW의 성능을 나타내고 있는 것으로 한다. 이 송풍기의 회전수를 1,080rpm으로 증가시키면 어떻게 되는가를 계산하시오.

> **풀이**

송풍기 상사법칙에 의해서

- 풍량 $Q_2 = \left(\dfrac{N_2}{N_1}\right) \times Q_1 = \left(\dfrac{1,080}{900}\right) \times 8,000 = 9,600 \mathrm{m^3/h}$

- 정압 $P_2 = \left(\dfrac{N_2}{N_1}\right)^2 \times P_1 = \left(\dfrac{1,080}{900}\right)^2 \times 40 = 57.6 \mathrm{mmAq}$

- 동력 $L_2 = \left(\dfrac{N_2}{N_1}\right)^3 \times L_1 = \left(\dfrac{1,080}{900}\right)^3 \times 15 = 25.92 \mathrm{kW}$

09 주어진 조건을 이용하여 R-12 냉동기의 (1) 이론 피스톤 토출량(m³/h), (2) 냉동능력(kW), (3) 압축기 축동력(kW), (4) 성적계수를 구하시오.

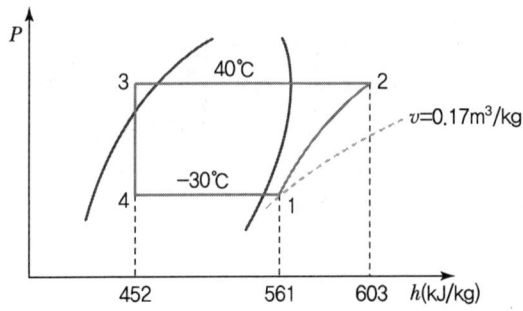

[조건]
1. 실린더 지름 : 80mm
2. 행정거리 : 90mm
3. 회전수 : 1,200rpm
4. 체적효율 : 70%
5. 기통수 : 4
6. 압축효율 : 82%
7. 기계효율 : 90%

풀이

(1) 이론 피스톤 토출량

$$V = \frac{\pi d^2}{4} \cdot L \cdot n \cdot Z$$

$$= \frac{\pi \times 0.08^2}{4} \times 0.09 \times 1,200 \times 4 \times 60 = 130.29 \, \text{m}^3/\text{h}$$

(2) 냉동능력

$$Q_e = G \cdot (h_1 - h_4) = \frac{V \cdot \eta_v}{v}(h_1 - h_4)$$

$$= \frac{130.29 \times 0.7}{0.17 \times 3,600} \times (561 - 452)$$

$$= 16.24 \, \text{kW}$$

(3) 압축기 축동력

$$\frac{G \cdot (h_2' - h_1)}{\eta_m} = \frac{V \cdot \eta_v \cdot (h_2 - h_1)}{v \cdot \eta_c \cdot \eta_m}$$

$$= \frac{130.29 \times 0.7 \times (603 - 561)}{0.17 \times 0.82 \times 0.9 \times 3,600} = 8.48 \, \text{kW}$$

(4) 성적계수

$$\text{COP} = \frac{\text{냉동능력}(Q_e)}{\text{압축기 축동력}(w)} = \frac{16.24}{8.48} = 1.92$$

10 R-22를 사용하는 2단 압축 1단 팽창 냉동장치가 있다. 압축기는 저단, 고단 모두 건조포화증기를 흡입하여 압축하는 것으로 하고, 운전상태에 있어서의 장치 주요 냉매값은 다음과 같을 때 다음 물음에 답하시오.

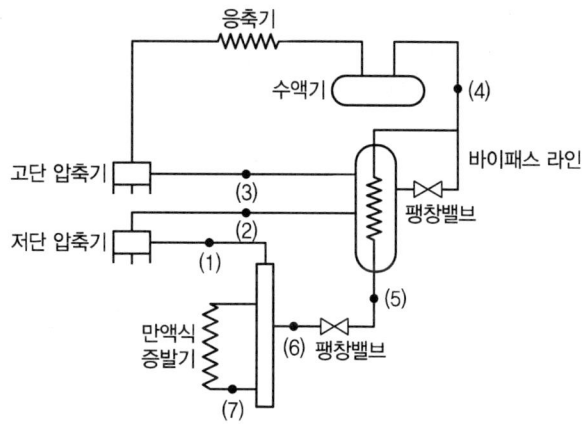

1. 냉동능력 : 200kW
2. 증발압력에서의 포화액의 엔탈피 : 380kJ/kg
3. 증발압력에서의 건조포화증기의 엔탈피 : 611kJ/kg
4. 중간냉각기 입구의 냉매액의 엔탈피 : 452kJ/kg
5. 중간냉각기 출구의 냉매액의 엔탈피 : 425kJ/kg
6. 중간압력에서의 건조포화증기의 엔탈피 : 627kJ/kg
7. 저단 압축기 토출가스 엔탈피 : 643kJ/kg

(1) 냉동효과(kJ/kg)를 구하시오.
(2) 저단 냉매순환량(kg/s)을 구하시오.
(3) 바이패스 냉매량(kg/s)을 구하시오.

풀이

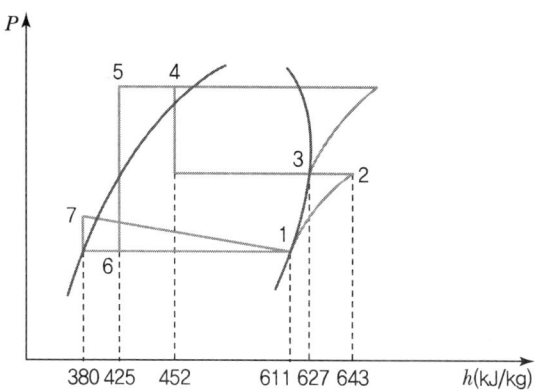

(1) 냉동효과(q_e)

$$q_e = h_1 - h_6 = 611 - 425 = 186 \text{kJ/kg}$$

냉동효과는 팽창밸브를 통과한 단위 냉매 질량(kg)당 증발기에서 증발한 열량이므로 h_6를 적용한다.

(2) 저단 냉매순환량(G_l)

$$G_l = \frac{냉동능력(Q_e)}{냉동효과(q_e)} = \frac{200 \text{kJ/s (kW)}}{186 \text{kJ/kg}} = 1.08 \text{kg/s}$$

(3) 바이패스 냉매량(G_m)

$$G_m = G_h - G_l$$

$$\frac{G_h}{G_l} = \frac{h_2 - h_5}{h_3 - h_4} \rightarrow G_h = G_l \times \frac{h_2 - h_5}{h_3 - h_4}$$

$$\therefore G_m = G_h - G_l = G_l \times \frac{h_2 - h_5}{h_3 - h_4} - G_l = G_l \left(\frac{h_2 - h_5}{h_3 - h_4} - 1 \right)$$

$$= 1.08 \times \left(\frac{643 - 425}{627 - 452} - 1 \right)$$

$$= 0.27 \text{kg/s}$$

11 다음과 같은 조건하에서 횡형 응축기를 설계하고자 한다. 냉동능력 10kW당 응축기 전열 면적(m²)은 얼마인가?(단, 방열계수 1.2, 응축온도 35℃, 냉각수 입구온도 28℃, 냉각수 출구온도 32℃, 응축온도와 냉각수 평균온도의 차 5℃, $K = 1.05 \text{kW/m}^2 \cdot \text{K}$이다.)

풀이

응축기 전열면적(A)

$$Q_c = K \cdot A \cdot \Delta t_m$$

$$A = \frac{Q_c}{K \cdot \Delta t_m} = \frac{Q_e \times 1.2}{K \cdot \Delta t_m}$$

$$= \frac{10 \times 1.2}{1.05 \times 5} = 2.29 \text{m}^2$$

여기서, 응축열량(Q_c) = 냉동능력(Q_e) × 방열계수(C)

12 ①의 공기상태 $t_1 = 25℃$, $x_1 = 0.022$kg/kg′, $h_1 = 91.7$kJ/kg, ②의 공기상태 $t_2 = 22℃$, $x_2 = 0.006$kg/kg′, $h_2 = 37.7$kJ/kg일 때 공기 ①을 25%, 공기 ②를 75%로 혼합한 후의 공기 ③의 상태(t_3, x_3, h_3)를 구하고, 공기 ①과 공기 ③ 사이의 열수분비를 구하시오.

> **[풀이]**
>
> (1) 혼합 후 공기 ③의 상태(t_3, x_3, h_3)
>
> ① $t_3 = \dfrac{0.25 \times 25 + 0.75 \times 22}{1} = 22.75℃$
>
> ② $x_3 = \dfrac{0.25 \times 0.022 + 0.75 \times 0.006}{1} = 0.01$kg/kg′
>
> ③ $h_3 = \dfrac{0.25 \times 91.7 + 0.75 \times 37.7}{1} = 51.2$kJ/kg
>
> (2) 공기 ①과 공기 ③ 사이의 열수분비(u)
>
> $u = \dfrac{\Delta h (엔탈피\ 변화량)}{\Delta x (절대습도\ 변화량)} = \dfrac{h_1 - h_3}{x_1 - x_3} = \dfrac{91.7 - 51.2}{0.022 - 0.01} = 3,375$kJ/kg

13 매 시간마다 40ton의 석탄을 연소시켜서 8MPa, 온도 400℃의 증기를 매 시간 250ton 발생시키는 보일러의 효율은 얼마인가?(단, 급수 엔탈피 504kJ/kg, 발생증기 엔탈피 3,360kJ/kg, 석탄의 저위발열량 23,100kJ/kg이다.)

> **[풀이]**
>
> **보일러 효율(η_B)**
>
> $\eta_B = \dfrac{G_w \times (h_2 - h_1)}{G \times H_l}$
>
> $= \dfrac{250,000 \times (3,360 - 504)}{40,000 \times 23,100} \times 100$
>
> $= 77.27\%$
>
> 여기서, G_w : 증기발생량(kg/h)
>
> h_1 : 급수엔탈피(kJ/kg)
>
> h_2 : 증기엔탈피(kJ/kg)
>
> G : 연료소비량(kg/h)
>
> H_l : 연료의 저위발열량(kJ/kg)

14 다음과 같은 건물의 A실에 대하여 아래 조건을 이용하여 부위별 난방부하를 구하시오. (단, 실 A는 최상층으로 사무실 용도이며, 아래층의 난방 조건은 동일하다.

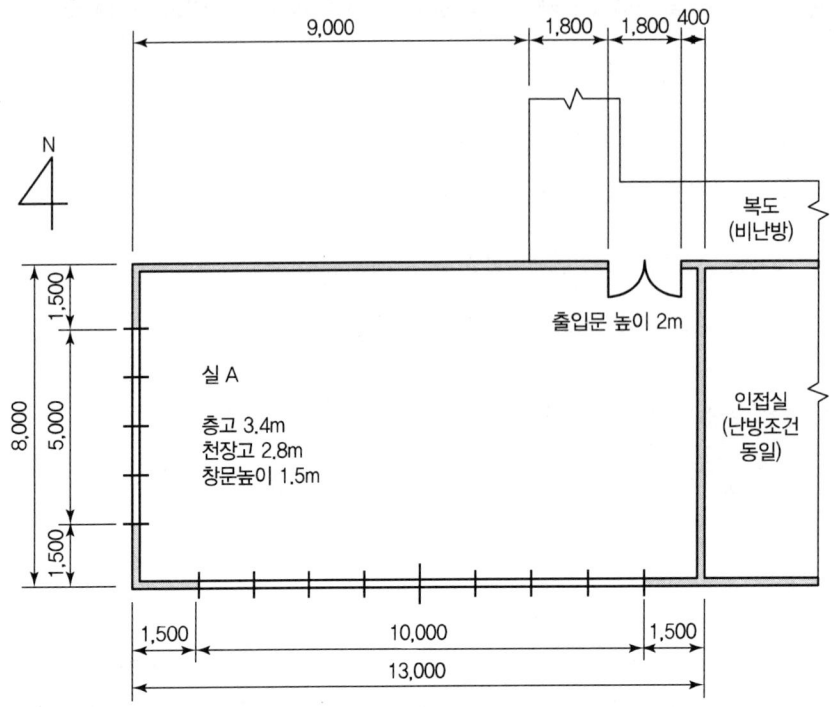

[조건]
1. 난방 설계용 온·습도

구분	난방	비고
실내	20℃ DB, 50% RH, x=0.00725kg/kg′	비공조실은 실내·외의 중간 온도로 약산함
외기	−5℃ DB, 70% RH, x=0.00175kg/kg′	

2. 유리 : 복층유리(공기층 6mm, 블라인드 없음, 열관류율 K=3.5W/m²·K
   출입문 : 목재 플래시문, 열관류율 K=2.2W/m²·K

3. 공기의 밀도 ρ=1.2kg/m³   공기의 정압비열 C_p=1.01kJ/kg·K
   수분의 증발잠열(상온) E_a=2,500kJ/kg   100℃ 물의 증발잠열 E_b=2,256kJ/kg

4. 외기 도입량은 25m³/h·인이다.
5. 외벽 열관류율 : 0.56W/m²·K
6. 내벽 열관류율 : 3.0W/m²·K, 지붕 열관류율 : 0.5W/m²·K
7. 방위계수

방위	N, 수평	E	W	S
방위계수	1.2	1.1	1.1	1.0

(1) 서측 : ① 외벽, ② 유리창
(2) 남측 : ① 외벽, ② 유리창
(3) 북측 외벽
(4) 지붕
(5) 내벽(북측 칸막이)
(6) 출입문

[풀이]

난방부하(q)

(1) 서측 $q_W = K \cdot A \cdot \Delta t \cdot k'$ (여기서, k는 방위계수)
　① 외벽 $q_{W1} = 0.56 \times (8 \times 3.4 - 5 \times 1.5) \times (20 - (-5)) \times 1.1 = 303.38\text{W}$
　　외벽의 벽체 높이는 층고(3.4m)를 적용한다.
　② 유리창 $q_{W2} = 3.5 \times (5 \times 1.5) \times (20 - (-5)) \times 1.1 = 721.88\text{W}$

(2) 남측 $q_S = K \cdot A \cdot \Delta t \cdot k'$
　① 외벽 $q_{S1} = 0.56 \times (13 \times 3.4 - 10 \times 1.5) \times (20 - (-5)) \times 1.0 = 408.8\text{W}$
　② 유리창 $q_{S2} = 3.5 \times (10 \times 1.5) \times (20 - (-5)) \times 1.0 = 1{,}312.5\text{W}$

(3) 북측 외벽 $q_N = K \cdot A \cdot \Delta t \cdot k'$
　$q_N = 0.56 \times (9 \times 3.4) \times (20 - (-5)) \times 1.2 = 514.08\text{W}$

(4) 지붕 $q_R = K \cdot A \cdot \Delta t \cdot k'$
　$q_R = 0.5 \times (8 \times 13) \times (20 - (-5)) \times 1.2 = 1{,}560\text{W}$

(5) 내벽(북측 칸막이) $q_I = K \cdot A \cdot \Delta t = K \cdot A \cdot \left(t_i - \dfrac{t_i + t_o}{2}\right)$
　$q_I = 3.0 \times (4 \times 2.8 - 1.8 \times 2) \times \left(20 - \dfrac{20 + (-5)}{2}\right) = 285\text{W}$
　내벽의 벽체 높이는 천장고(2.8m)를 적용한다.

(6) 출입문 $q_D = K \cdot A \cdot \Delta t = K \cdot A \cdot \left(t_i - \dfrac{t_i + t_o}{2}\right)$
　$q_D = 2.2 \times (1.8 \times 2) \times \left(20 - \dfrac{20 + (-5)}{2}\right) = 99\text{W}$

2021년 1회 기출문제

01 다음 공기조화 장치도를 보고 공기 선도상에 나타내고 번호를 쓰시오. (단, 냉각은 고장, 실내에 가습을 하고 가습은 온수가습이다.)

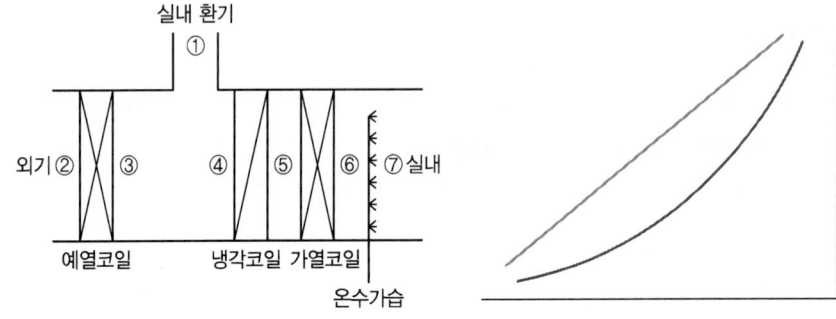

풀이

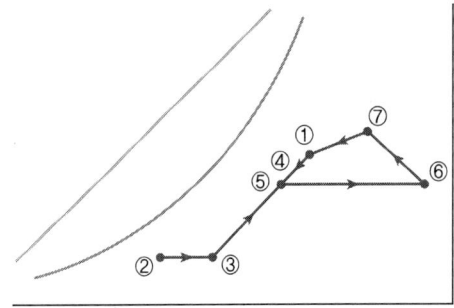

02 냉동창고 안에 사과가 있다.(동쪽 및 서쪽은 90m², 북쪽 및 남쪽은 66m²이고 창고 높이는 6m이다.) 외기는 30℃, 실내 0℃, 바닥 15℃, 단열재 열전도율 0.022W/m · K이다.

(1) 단열재 1m²당 41.8kJ/h가 침입한다고 할 때 서쪽 및 바닥 최소 단열두께(mm)는?(단, 여유율은 10%를 둔다.)

(2) 서쪽 및 남쪽 벽 침입열량(kW)은 얼마인가?(단, 보정온도 : 서 · 동 4.5℃, 남 · 북 2℃)

> 풀이

(1) 단열재 두께(mm)

$$q = K \cdot A \cdot \Delta t = \frac{\lambda}{d} \cdot A \cdot \Delta t$$

$$d = \frac{\lambda \cdot A \cdot \Delta t}{q}$$

① 서쪽 : $d = \dfrac{0.022 \times 1 \times (30-0) \times 3,600}{41.8 \times 1,000} \times 1,000 \times 1.1 = 62.53\,\text{mm}$

② 바닥 : $d = \dfrac{0.022 \times 1 \times (15-0) \times 3,600}{41.8 \times 1,000} \times 1,000 \times 1.1 = 31.26\,\text{mm}$

(2) 침입열량(kW)

$$q = K \cdot A \cdot \Delta t = \frac{\lambda}{d} \cdot A \cdot \Delta t$$

① 서쪽 벽 : $q = \dfrac{0.022 \times 10^{-3}}{62.53 \times 10^{-3}} \times 90 \times ((30-0)+4.5) = 1.09\,\text{kW}$

② 남쪽 벽 : $q = \dfrac{0.022 \times 10^{-3}}{62.53 \times 10^{-3}} \times 66 \times ((30-0)+2) = 0.74\,\text{kW}$

03 중앙공급식 난방장치에 온수 순환펌프를 선정하려고 한다. 다음 조건을 참조하여 온수 순환펌프의 유량(L/min), 양정(mAq) 및 동력(kW)을 구하시오.

[조건]
1. 직관 배관길이 : 500m
2. 단위길이당 열손실 : 0.35W/m · K
3. 배관의 마찰손실 : 20mmAq/m
4. 온수온도 : 60℃
5. 주위온도 : 5℃
6. 기기류, 밸브, 배관 부속류의 등가저항 : 직관의 50%
7. 기기류, 밸브 등의 열손실량 : 배관 열손실의 20%
8. 순환온수 온도차(Δt) : 10℃, 비열 4.2kJ/kg · K, 밀도 : 1kg/L
9. 펌프의 효율 : 40%, 순환온수 비중량 : 9,800N/m³

(1) 온수 순환펌프의 유량(L/s)은 얼마인가?
(2) 양정(mAq)은 얼마인가?
(3) 펌프동력(W)은 얼마인가?

풀이

(1) 온수 순환펌프의 유량(Q)
순환하는 온수의 열량 손실은 배관 및 기기류의 열손실 때문에 발생하므로
"순환온수의 열량 손실=배관 및 기기류의 열손실량"의 평형식을 이용할 수 있다.
여기서, K : 배관 단위길이당 열손실
L : 배관길이

$$Q\rho \cdot C \cdot \Delta t_w = K \cdot L \cdot \Delta t_L \times 1.2$$

$$Q = \frac{K \cdot L \cdot \Delta t_L \times 1.2}{\rho \cdot C \cdot \Delta t_w}$$

$$= \frac{0.35 \times 500 \times (60-5) \times 1.2}{1 \times 4.2 \times 10^3 \times 10} = 0.28 \text{L/s}$$

(2) 온수 순환펌프의 양정(H)
온수 밀폐 순환계의 경우 온수가 올라간 만큼 온수가 다시 순환하여 내려오므로 높이에 따른 실양정은 발생하지 않으며, 배관 및 기기류의 마찰손실만을 통해 펌프 양정을 산정한다.
온수 순환펌프 양정=배관 및 기기류의 마찰손실 수두
$H = (L + L')R = (500 \times 1.5) \times 20 \times 10^{-3} = 15 \text{mAq}$

(3) 온수 순환펌프의 동력(L_b)

$$L_b = \frac{\gamma H Q}{\eta} = \frac{9,800 \times 15 \times 0.28 \times 10^{-3}}{0.4} = 102.9 \text{W}$$

여기서, γ : 비중량(N/m³), H : 양정(mAq), Q : 유량(m³/s)

04 냉동장치에 사용되고 있는 NH_3와 R-22 냉매의 특성을 비교하여 빈칸에 기입하시오.

구분	분류	기입
1	高, 大, 難, 有, 분리	1
2	低, 小, 易, 無, 용해	2

비교사항	R-22	NH_3
윤활유와 분리성		
폭발성 및 가연성 유무		
수분 유입 시 위험의 크기		
오존 파괴의 대소		
독성의 여부		
1냉동톤당 냉매순환량의 대소		
대기압 상태에서 응고점 고저		

> 풀이

비교사항	R-22	NH_3
윤활유와 분리성	2	1
폭발성 및 가연성 유무	2	1
수분 유입 시 위험의 크기	1	2
오존 파괴의 대소	1	2
독성의 여부	2	1
1냉동톤당 냉매순환량의 대소	1	2
대기압 상태에서 응고점 고저	2	1

05 재실자 20명이 있는 실내에서 1인당 CO_2 발생량이 $0.015m^3/h$일 때 실내 CO_2 농도를 1,000ppm으로 유지하기 위하여 필요한 환기량을 구하시오. (단 외기의 CO_2 농도는 300ppm이다.)

> 풀이

환기량 $Q = \dfrac{M}{C_i - C_o} = \dfrac{20 \times 0.015}{(1,000 - 300) \times 10^{-6}} = 428.57 m^3/h$

여기서, M : CO_2 발생량(m^3/h)
C_i : 실내허용 CO_2 농도(m^3/m^3)
C_o : 외기 CO_2 농도(m^3/m^3)

06 다음은 냉수 시스템의 배관 지름을 결정하기 위한 계통도이다. 그림을 참조하여 각 표를 완성하시오. (단, 단위 마찰손실 0.5kPa/m, 방열기 입출구 온도차 5℃이다.)

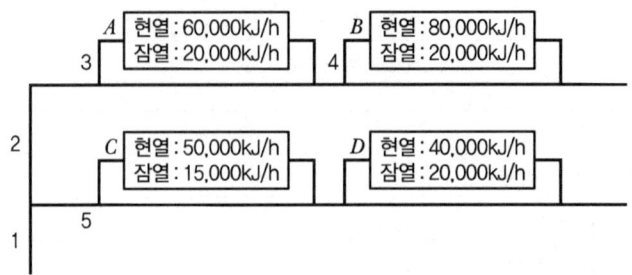

위치	유량(L/min)	관지름(선도표)	속도(선도표)
1			
2			
3			
4			
5	99.2	50	1

풀이

위치	유량(L/min)	관지름(선도표)	속도(선도표)
1	242.06	65	1.2
2	142.86	50	1.2
3	63.49	40	0.9
4	79.37	40	1.15
5	99.2	50	0.8

유량(Q)는 계산을 통해 산출하고, 관지름과 속도는 선도표를 통해 찾아준다.

위치 5를 통해 비열(C) 산출

$q_5 = Q\rho \cdot C \cdot \Delta t$에서

$C = \dfrac{q_5}{\rho Q \cdot \Delta t} = \dfrac{(65,000 + 60,000)}{1.0 \times 99.2 \times 60 \times 5} = 4.20 \text{kJ/kg} \cdot \text{K}$

각 위치의 유량(Q) 산출

$Q = \dfrac{q}{\rho \cdot C \cdot \Delta t}$

$Q_1 = \dfrac{(80,000 + 100,000 + 65,000 + 60,000)}{1.0 \times 4.2 \times 5 \times 60} = 242.06 \text{L/min}$

$Q_2 = \dfrac{(80,000 + 100,000)}{1.0 \times 4.2 \times 5 \times 60} = 142.86 \text{L/min}$

$$Q_3 = \frac{80{,}000}{1.0 \times 4.2 \times 5 \times 60} = 63.49 \text{L/min}$$

$$Q_4 = \frac{100{,}000}{1.0 \times 4.2 \times 5 \times 60} = 79.37 \text{L/min}$$

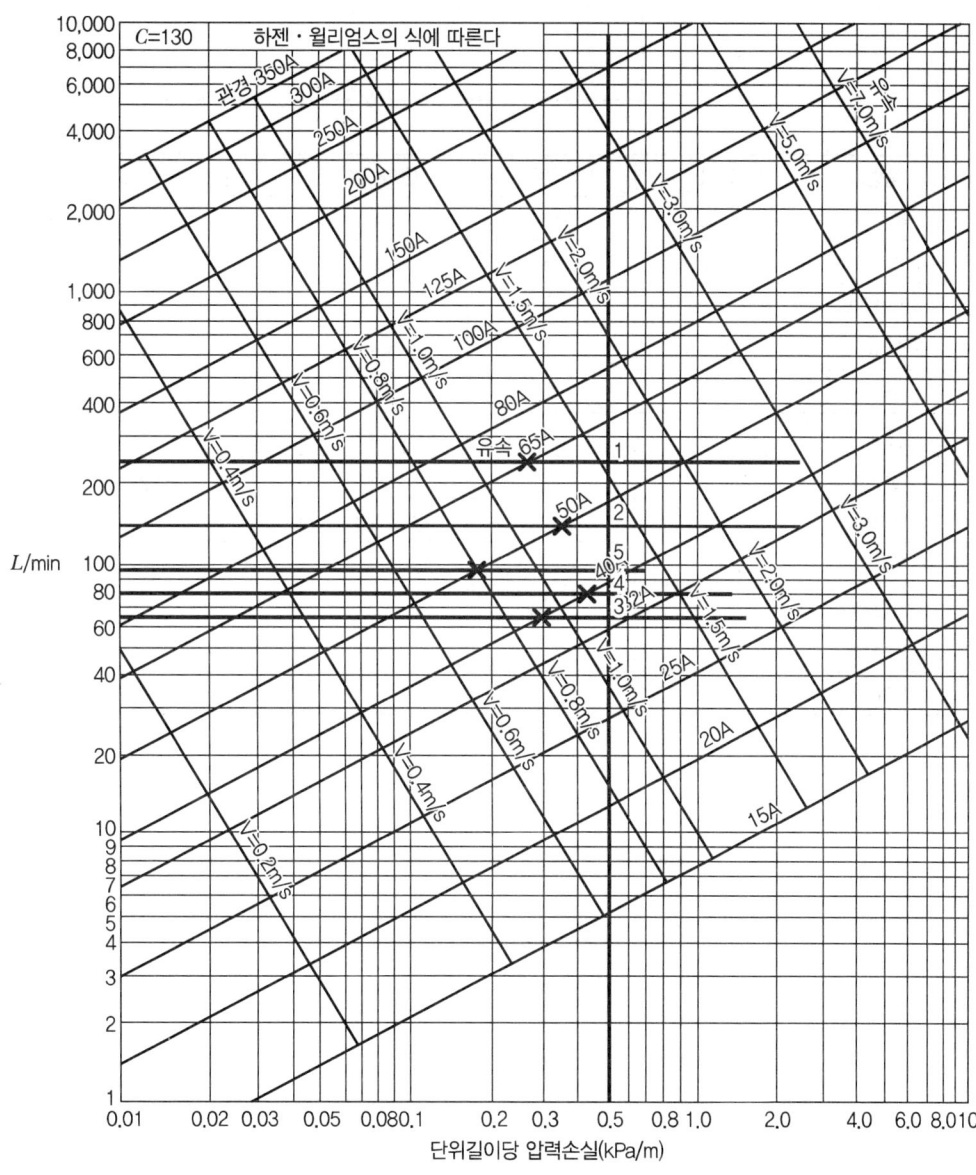

07 다음 배관 도면을 보고 배관 공사에 대한 내역서를 작성하시오.

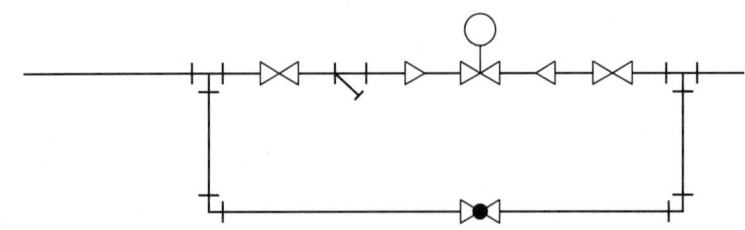

품명	규격	단위	단가(원)	수량	금액
백강관	50mm	m	10,000	4.2	42,000
게이트밸브	50mm	개	18,230		
글로브밸브	50mm	개	17,400		
스트레이너	50mm	개	1,600		
티	50mm	개	1,190		
엘보	50mm	개	1,220		
리듀서	50mm, 25mm	개	1,080		
잡자재	—	—	강관의 3%	—	
지지철물류	—	—	—	—	10,900
인건비	—	인	—		157,810
공구손류	—	식	—		42,259
계					

풀이

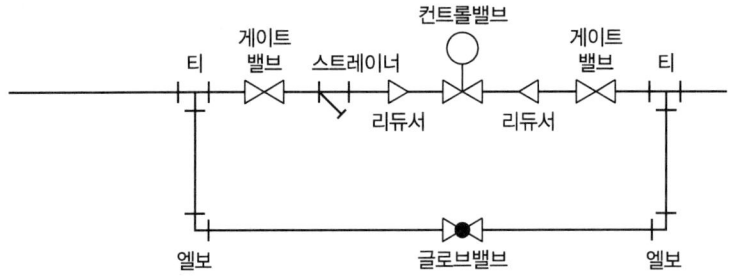

품명	규격	단위	단가(원)	수량	금액
백강관	50mm	m	10,000	4.2	42,000
게이트밸브	50mm	개	18,230	2	36,460
글로브밸브	50mm	개	17,400	1	17,400
스트레이너	50mm	개	1,600	1	1,600
티	50mm	개	1,190	2	2,380
엘보	50mm	개	1,220	2	2,440
리듀서	50mm, 25mm	개	1,080	2	2,160
잡자재	–	–	강관의 3%	–	1,260
지지철물류	–	–	–	–	10,900
인건비	–	인	–		157,810
공구손류	–	식	–		42,259
계					316,669

08 다음 냉동장치의 설치 위치 및 기능을 서술하시오.

구분	설치 위치	기능
유분리기		
수액기		

풀이

구분	설치 위치	기능
유분리기	압축기와 응축기 사이	압축기에서 토출되는 냉매가스 중 윤활유(오일입자)를 분리
수액기	응축기 하부	응축기에서 응축된 고온 고압의 냉매액을 일시 저장하는 목적의 용기

09 히트펌프의 난방일 때 배관도를 완성하시오.

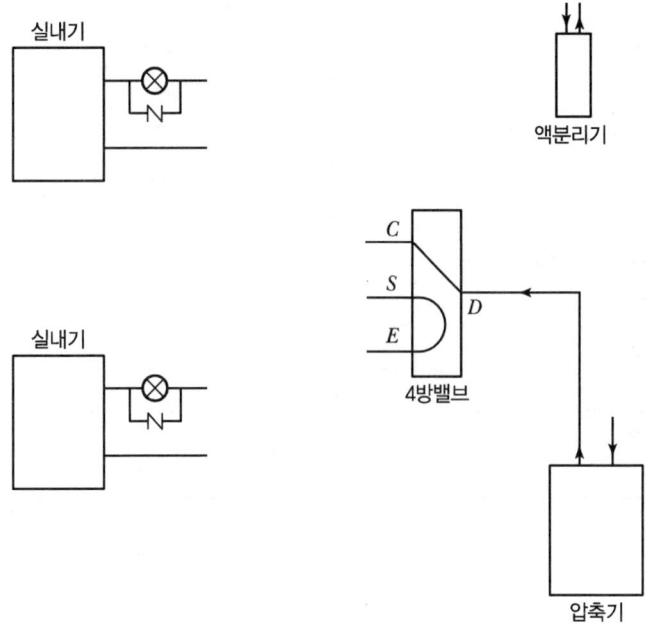

풀이

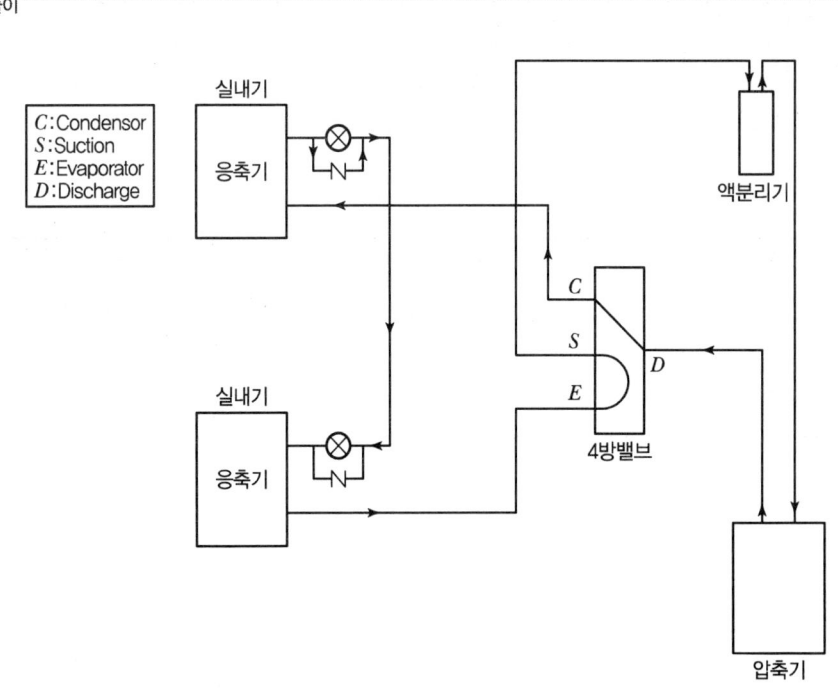

10 다음 사무실의 부하를 계산하시오.

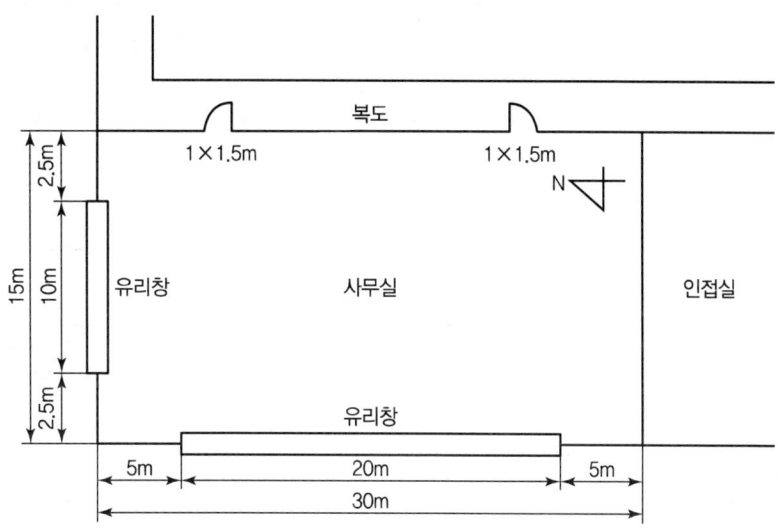

[조건]

구분	건구온도(℃)	상대습도(%)	절대습도(kg/kg′)
실내	26	52	0.01050
실외	32	68	0.02052

1. 최상층이며 하층과 인접실은 사무실과 동일한 공조 상태이며, 복도는 실내와 실외의 중간 온도이다.
   (냉방부하 계산 : 16시)
   열관류율은 아래와 같다.
   - 외벽 : 2.91W/m²·K
   - 내벽 : 3.5W/m²·K
   - 내부 문 : 3.5W/m²·K, 내부 문유리 : 3.5W/m²·K
   - 천장 : 1.97W/m²·K
   - 유리 : 서쪽 3.1W/m²·K, 북쪽 1.5W/m²·K
2. 유리는 6mm 반사유리이고 차폐계수는 0.65이다.
3. 외기 도입 환기량 : 10m³/m²·h, BF=0.15
4. 층고와 천장고의 높이는 3m 같다. 유리창 높이 2m
5. 보정된 상당외기온도차
   남쪽 : 8.4℃, 서쪽 : 5℃, 북쪽 : 2℃, 유리 : 3℃, 천장 : 28℃
6. 공기의 밀도는 1.2kg/m³, 정압비열은 1.0kJ/kg·K
7. 문의 유리창 면적은 40%
8. 침입외기에 의한 실내 환기횟수 : 0.5회/h

▼ 유리창에서의 일사열량(W/m²)

시간\방위	수평	N	NE	E	SE	S	SW	W	NW
10	629	39	101	312	312	101	39	39	39
12	726	43	43	43	103	156	103	43	43
14	629	39	39	39	39	101	312	312	101
16	379	28	28	28	28	28	343	493	349

▼ 재실인원 1인당의 면적 A_f(m²/인)

구분	사무소 건축		백화점, 상점			레스토랑	극장, 영화관의 관객석	학교의 보통교실
	사무실	회의실	평균	혼잡	한산			
일반 설계치	5	2	3.0	1.0	5.0	1.5	0.5	1.4

▼ 인체로부터의 발열량(W/인)

작업상태	실온		27		26		21	
	예	전발열량	H_s	H_L	H_s	H_L	H_s	H_L
정좌	극장	103	57	46	62	41	76	27
사무소 업무	사무소	132	58	74	63	69	84	48
착석업무	공장의 경작업	220	65	155	72	148	107	113
보행 4.8km/h	공장의 중작업	293	88	205	96	197	135	158
볼링	볼링장	425	136	289	141	284	178	247

(1) 서쪽 외벽 부하(W)는 얼마인가?
(2) 서쪽 유리창 부하(W)는 얼마인가?
(3) 천장 부하(W)는 얼마인가?
(4) 문 부하(W)는 얼마인가?
(5) 외기 현열부하(W)는 얼마인가?
(6) 인체 부하(W)는 얼마인가?
(7) 틈새 현열부하(W)는 얼마인가?

[풀이]

(1) 서쪽 외벽 부하(W)
$$q = K \cdot A \cdot \Delta t_e$$
$$= 2.91 \times (30 \times 3 - 20 \times 2) \times 5 = 727.5W$$

(2) 서쪽 유리창 부하(W)
유리창의 경우 일사부하와 관류부하를 모두 고려해 준다.
일사부하 $q_{GR} = I_{GR} \cdot A_G \cdot SC = 493 \times (20 \times 2) \times 0.65 = 12,818W$
관류부하 $q_{GT} = K \cdot A_G \cdot \Delta t_e$
$$= 3.1 \times (20 \times 2) \times 3 = 372W$$
∴ 서쪽 유리창 부하 $= 12,818 + 372 = 13,190W$

(3) 천장 부하(W)
$$q = K \cdot A \cdot \Delta t_e$$
$$= 1.97 \times (30 \times 15) \times 28 = 24,822W$$

(4) 문 부하(W)
$$q = K \cdot A \cdot \Delta t = K \cdot A \cdot \left(\frac{t_o + t_i}{2} - t_i\right)$$
$$= 3.5 \times (1 \times 1.5 \times 2) \times \left(\frac{32 + 26}{2} - 26\right) = 31.5W$$

(5) 외기 현열부하(W)
$$q = G \cdot C_P \cdot \Delta t = Q\rho \cdot C_P \cdot \Delta t$$
$$= \{(30 \times 15 \times 10) \times (1 - 0.15)\} \times 1.2 \times 1.0 \times (32 - 26) \times \frac{1,000}{3,600} = 7,650W$$

(6) 인체 부하(W)
$$q = n(H_S + H_L)$$
$$= \frac{\text{사무실 면적}(m^2)}{\text{재실인원 1인당 면적}(m^2/\text{인})} \times [\text{인당 현열부하}(W/\text{인}) + \text{인당 잠열부하}(W/\text{인})]$$
$$= \left(\frac{30 \times 15}{5}\right) \times (63 + 69) = 11,880W$$

(7) 틈새 현열부하(W)
틈새바람량(Q) 산정 시는 환기횟수를 고려한다.
$$q = G \cdot C_P \cdot \Delta t = Q\rho \cdot C_P \cdot \Delta t$$
$$= (30 \times 15 \times 3 \times 0.5) \times 1.2 \times 1.0 \times (32 - 26) \times \frac{1,000}{3,600} = 1,350W$$

11 다음과 같은 냉수코일의 조건과 도표를 이용하여 각 물음에 답하시오.

[냉수코일 조건]
1. 코일부하 : $q_c = 116$kW
2. 통과풍량 : $Q_c = 15,000$m³/h
3. 단수 : $S = 26$단
4. 풍속 : $V_f = 3$m/s
5. 유효높이 $a = 992$mm, 길이 $b = 1,400$mm, 관 안지름 $d_i = 12$mm
6. 공기 입구온도 : 건구온도 $t_1 = 28$℃, 노점온도 $t_1'' = 19.3$℃
7. 공기 출구온도 : 건구온도 $t_2 = 14$℃
8. 코일의 입·출구 수온차 : 5℃(입구수온 7℃)
9. 코일의 열통과율 : 1,012W/m²·K·열
10. 물의 비열 : 4.2kJ/kg·K
11. 습면 보정계수 : $C_{ws} = 1.4$

계산된 열수(N)	2.26~3.70	3.71~5.00	5.01~6.00	6.01~7.00	7.01~8.00
실제 사용열수(N)	4	5	6	7	8

(1) 정면 면적 A_f(m²)를 구하시오.
(2) 냉수량 L(L/min)를 구하시오.
(3) 코일 내의 수속 V_w(m/s)를 구하시오.
(4) 대수평균온도차(평행류) Δt_m(℃)를 구하시오.
(5) 코일 열수 N을 구하시오.

풀이

(1) 정면 면적(A_f)

$Q_c = A_f V_f$

$A_f = \dfrac{Q_c}{V_f} = \dfrac{15,000}{3 \times 3,600} = 1.39\text{m}^2$

(2) 냉수량(L/min)

$q_c = L \cdot C \cdot \Delta t_w$

$L = \dfrac{q_c}{C \cdot \Delta t_w} = \dfrac{116 \times 60}{4.2 \times 5} = 331.43\text{kg/min} = 331.43\text{L/min}$

여기서, 물의 밀도 $\rho = 1$kg/L

(3) 코일 내의 수속(V_w)

$L = A \cdot V_w$

$V_w = \dfrac{L}{A} = \dfrac{L}{\dfrac{\pi d_i^2}{4} \times S} = \dfrac{331.43}{\dfrac{\pi \times 0.012^2}{4} \times 26 \times 60 \times 1,000} = 1.88\text{m/s}$

(4) 대수평균온도차(평행류)(Δt_m)

$$\Delta t_m = \frac{\Delta t_1 - \Delta t_2}{\ln \frac{\Delta t_1}{\Delta t_2}} = \frac{21 - 2}{\ln \frac{21}{2}} = 8.08 \,^\circ\text{C}$$

여기서, Δ_1 : 공기 입구 측 온도차($t_1 - t_{w1} = 28 - 7 = 21$)
Δ_2 : 공기 입구 측 온도차($t_2 - t_{w2} = 14 - (7+5) = 2$)

(5) 코일의 열수(N)

$q_C = K \cdot A_f \cdot N \cdot \Delta t_m \cdot C_{ws}$

$N = \dfrac{q_C}{K \cdot A_f \cdot \Delta t_m \cdot C_{ws}}$

$= \dfrac{116 \times 1{,}000}{1{,}012 \times 1.39 \times 8.08 \times 1.4} = 7.28 \fallingdotseq 8$열

코일의 열수는 제시된 표에 따라 적용한다.

12 암모니아 냉동장치, 부하변동이 심한 냉동장치 등에서 증발기와 압축기 사이의 흡입가스배관에 액분리기를 설치하여 흡입가스에 냉매액이 혼합되어 있을 때 냉매액을 분리하여 증기만을 압축기에 흡입시켜 액압축으로 인한 압축기의 파손을 방지하게 된다.

(1) 압축기가 액체상태의 냉매를 흡입하는 상태 혹은 현상을 무엇이라 하는가?
(2) 위의 현상을 대비하기 위하여 압축기 전단 흡입측에 액분리기(Accumulator)를 설치한다. 액분리기 내 하부에 모인 냉매액의 용도를 두 가지 쓰시오.

풀이

(1) 액백현상(Liquid Back)
(2) 액분리기 내 하부에 모인 냉매액의 용도
① 액회수 장치를 통해 고압 측 수액기로 회수
② 자중에 의해 증발기로 재순환

13 다음 냉동장치에서 A Cycle(1-2-3-4)로 운전하다 증발온도가 내려가서 B Cycle(1'-2'-3'-4')로 운전될 때 B Cycle의 냉동능력과 소요동력을 A Cycle과 비교하여라.

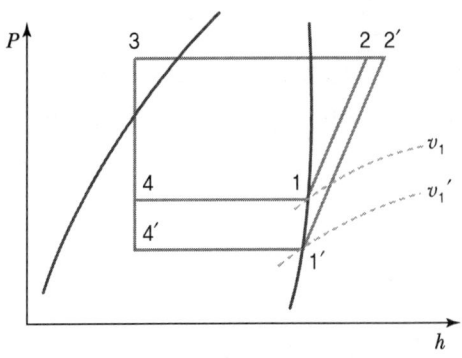

비체적 $v_1 = 0.85 \text{m}^3/\text{kg}$, $v_1' = 1.2 \text{m}^3/\text{kg}$, $h_1 = 630 \text{kJ/kg}$, $h_1' = 622 \text{kJ/kg}$
$h_2 = 676 \text{kJ/kg}$, $h_2' = 693 \text{kJ/kg}$, $h_3 = 458 \text{kJ/kg}$

구분	체적효율(η_v)	기계효율(η_m)	압축효율(η_c)
A 사이클	0.78	0.9	0.85
B 사이클	0.72	0.88	0.79

(1) 냉동효과 비는 얼마인가?
(2) 소요동력 비는 얼마인가?

풀이

(1) 냉동효과 비

∴ 냉동효과 비 $\dfrac{q_B}{q_A} = \dfrac{(h_1' - h_4')}{(h_1 - h_4)} = \dfrac{622 - 458}{630 - 458} = 0.95$

(2) 소요동력 비 $\left(\dfrac{W_B}{W_A}\right)$

$\dfrac{W_B}{W_A} = \dfrac{G_B(h_2' - h_1')/(\eta_{cB}\eta_{mB})}{G_A(h_2 - h_1)/(\eta_{cA}\eta_{mA})}$

$= \dfrac{\dfrac{V}{v_1'}\eta_{vB}(h_2' - h_1')/(\eta_{cB}\eta_{mB})}{\dfrac{V}{v_1}\eta_{vA}(h_2 - h_1)/(\eta_{cA}\eta_{mA})}$ $\left(\because G = \dfrac{V}{v} \cdot \eta_v\right)$

$= \dfrac{v_1 \eta_{vB}(h_2' - h_1')\eta_{cA}\eta_{mA}}{v_1' \eta_{vA}(h_2 - h_1)\eta_{cB}\eta_{mB}}$ (∵ 압출량 V 동일)

$= \dfrac{0.85 \times 0.72 \times (693 - 622) \times 0.85 \times 0.9}{1.2 \times 0.78 \times (676 - 630) \times 0.79 \times 0.88} = 1.11$

14 증발기에서 냉매 온도는 −18℃, 공기입구온도 23℃, 출구온도 19℃, 대수평균온도차를 이용하고, 내외표면적비 $m = 1.16$, 증발기 전열면적 15.37m², 내경 30mm, 두께 2.4mm, 증발기 외표면 기준 열통과율 $K = 0.36W/m^2 \cdot K$이다. 다음 물음에 답하시오. (단, 증발기에서의 열교환은 대항류형이다.)

(1) 증발기 냉동능력(W)은 얼마인가?
(2) 코일 길이(m)는 얼마인가?

풀이

(1) 증발기 냉동능력(W)
$q = K \cdot A \cdot \Delta t_m$

$$\Delta t_m = \frac{\Delta t_1 - \Delta t_2}{\ln \frac{\Delta t_1}{\Delta t_2}} = \frac{41 - 37}{\ln \frac{41}{37}} = 38.97℃$$

여기서, Δt_1 : 입구공기 측 온도차($23 - (-18) = 41$)
Δt_2 : 출구공기 측 온도차($19 - (-18) = 37$)

∴ $q = 0.36 \times 15.37 \times 38.97 = 215.63W$

(2) 코일 길이(m)

내외표면적비 $\frac{A_o}{A_i} = 1.16$이므로

외표면적 $A_o = 1.16 A_i = 1.16 \times (\pi D_i L)$이며, 외표면적은 증발기 전열면적과 같으므로 $A_o = 15.37m^2$이다.

∴ 코일 길이 $L = \frac{A_o}{1.16 \times (\pi D_i)}$

$= \frac{15.37}{1.16 \times (\pi \times 30 \times 10^{-3})} = 140.59m$

2021년 2회 기출문제

01 펌프에서 손실수두를 고려하는 이유와 손실수두 종류 3가지를 서술하시오.

풀이

(1) 손실수두를 고려하는 이유
 전양정을 산출할 때는 펌프의 양수 높이에 따른 실양정과 더불어 이송 과정에서 발생하는 손실수두를 반영해야 한다.

(2) 손실수두의 종류
 ① 기구 손실수두
 ② 배관 마찰 수두
 ③ 속도 손실수두

02 어느 사무실의 실내온도가 20℃, 습구온도 13.8℃, 습도 50%이고 냉방부하는 현열부하 350kW, 잠열부하 150kW이다. 외기 30℃, 습도 70%, 취출구 온도차 15℃일 때 사무실의 송풍량(m^3/s)은 얼마인가?(단, 공기의 밀도 1.2kg/m^3, 비열 1.01kJ/kg·K이다.)

풀이

송풍량(Q)

$q_S = G \cdot C_P \cdot \Delta t_S = Q\rho \cdot C_P \cdot \Delta t_S$

$Q = \dfrac{q_S}{\rho \cdot C_P \cdot \Delta t_S}$

$= \dfrac{350}{1.2 \times 1.01 \times 15} = 19.25 m^3/s$

여기서, q_S : 실내 현열부하(kW, kJ/s)
 ρ : 공기의 밀도(kg/m^3)
 C_P : 정압비열(kJ/kg·K)
 Δt_S : 취출구 온도차(℃)

03 다음 그림은 2단 압축 1단 팽창과 2단 팽창 냉동 Cycle을 나타낸 것이다. 이 두 냉동 Cycle 중 COP를 2단 팽창에 대하여 1단 팽창과 비교하여 얼마나 증대하였는지 비교하시오.

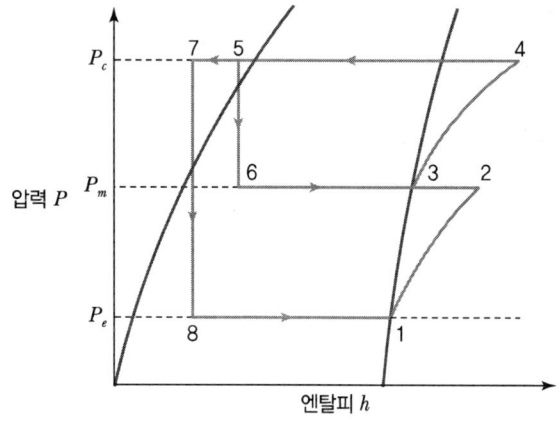

각점	엔탈피(kJ/kg)
1	625
2	665
3	653
4	690
5, 6	451
7, 8	410
9, 10	387

[2단 압축 1단 팽창]

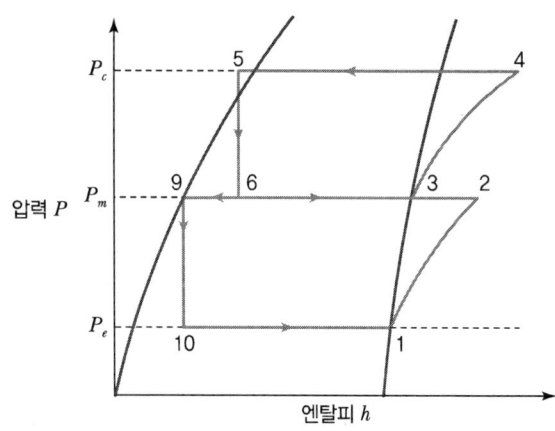

[2단 압축 2단 팽창]

풀이

$\text{COP}_1 = \dfrac{Q_e}{W_L + W_H}$ 과 $\dfrac{G_H}{G_L} = \dfrac{h_2 - h_7}{h_3 - h_6}$ 을 조합한다.

$\text{COP}_1 = \dfrac{G_L(h_1 - h_8)}{G_L(h_2 - h_1) + G_H(h_4 - h_3)}$

G_L로 나눈다.

$= \dfrac{(h_1 - h_8)}{(h_2 - h_1) + \dfrac{G_H}{G_L}(h_4 - h_3)}$

$\dfrac{G_H}{G_L} = \dfrac{h_2 - h_7}{h_3 - h_6}$ 을 대입한다.

$$= \frac{(h_1-h_8)}{(h_2-h_1)+\frac{(h_2-h_7)}{(h_3-h_6)}(h_4-h_3)}$$

$$= \frac{(625-410)}{(665-625)+\frac{(665-410)}{(653-451)}(690-653)} = 2.48$$

$COP_2 = \frac{Q_e}{W_L+W_H}$ 과 $\frac{G_H}{G_L} = \frac{h_2-h_9}{h_3-h_6}$ 을 조합한다.

$$COP_2 = \frac{G_L(h_1-h_{10})}{G_L(h_2-h_1)+G_H(h_4-h_3)}$$

G_L로 나눈다.

$$= \frac{(h_1-h_{10})}{(h_2-h_1)+\frac{G_H}{G_L}(h_4-h_3)}$$

$\frac{G_H}{G_L} = \frac{h_2-h_9}{h_3-h_6}$ 을 대입한다.

$$= \frac{(h_1-h_{10})}{(h_2-h_1)+\frac{(h_2-h_9)}{(h_3-h_6)}(h_4-h_3)}$$

$$= \frac{(625-387)}{(665-625)+\frac{(665-387)}{(653-451)}(690-653)} = 2.62$$

$COP_2 - COP_1 = 2.62 - 2.48 = 0.14$

∴ 2단 팽창이 1단 팽창보다 COP가 0.14 크다.

04 다음 표는 어느 사무실의 냉방부하를 시간대로 나타낸 것이다. 변풍량 방식으로 설계할 때 냉방부하(RT)를 구하시오. (단, 냉방부하 여유율은 10%이고 1RT = 3.86kW이다.)

구분(단위 : kW)	10시	12시	14시	16시
A	14	15	18	20
B	16	16	20	18
C	11	15	19	23
D	14	14	15	21
총 합계	55	60	72	82

풀이

변풍량방식의 경우 시간대별 부하 총 합계가 가장 큰 시간의 부하가 냉방부하이다.

냉방부하 = $\frac{82}{3.86} \times 1.1 = 23.37$ RT

05 아래와 같은 덕트계에서 각부의 덕트 치수를 구하고, 송풍기의 전압을 구하시오.

[조건]
1. 송풍기 출구 풍속 : 8m/s
2. 직관의 마찰손실 : 0.1mmAq/m
3. 곡관부 1개소의 상당길이 : 원형 덕트 직경의 20배
4. 취출구 저항 2mmAq/m
5. 원형 덕트에 상당하는 덕트의 단변 길이 : 20cm
6. 공기의 밀도 : 1.2kg/m³

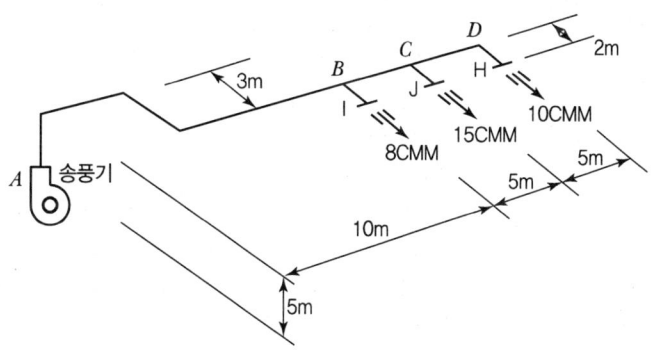

(1) 각 덕트부의 치수를 구하시오.

구간	풍량(CMM)	풍량(CMH)	원형 덕트 지름(mm)	사각형 장변치수(mm)
A–B				
B–C				
C–D				

(2) 송풍기의 전압(Pa)을 구하시오.

풀이

(1) 각 덕트부의 치수

구간	풍량(CMM)	풍량(CMH)	원형 덕트 지름(mm)	사각형 장변치수(mm)
A–B	33	1,980	360	600
B–C	25	1,500	320	450
C–D	10	600	230	250

(2) 송풍기 전압(P_t)

P_t = 직관 덕트 마찰손실 + 곡관부 마찰손실 + 취출구 저항
= [(5+10+3+5+5+2)×0.1 + (0.36×3×20 + 0.23×1×20)×0.1 + 2]×9.8
= 74.68Pa

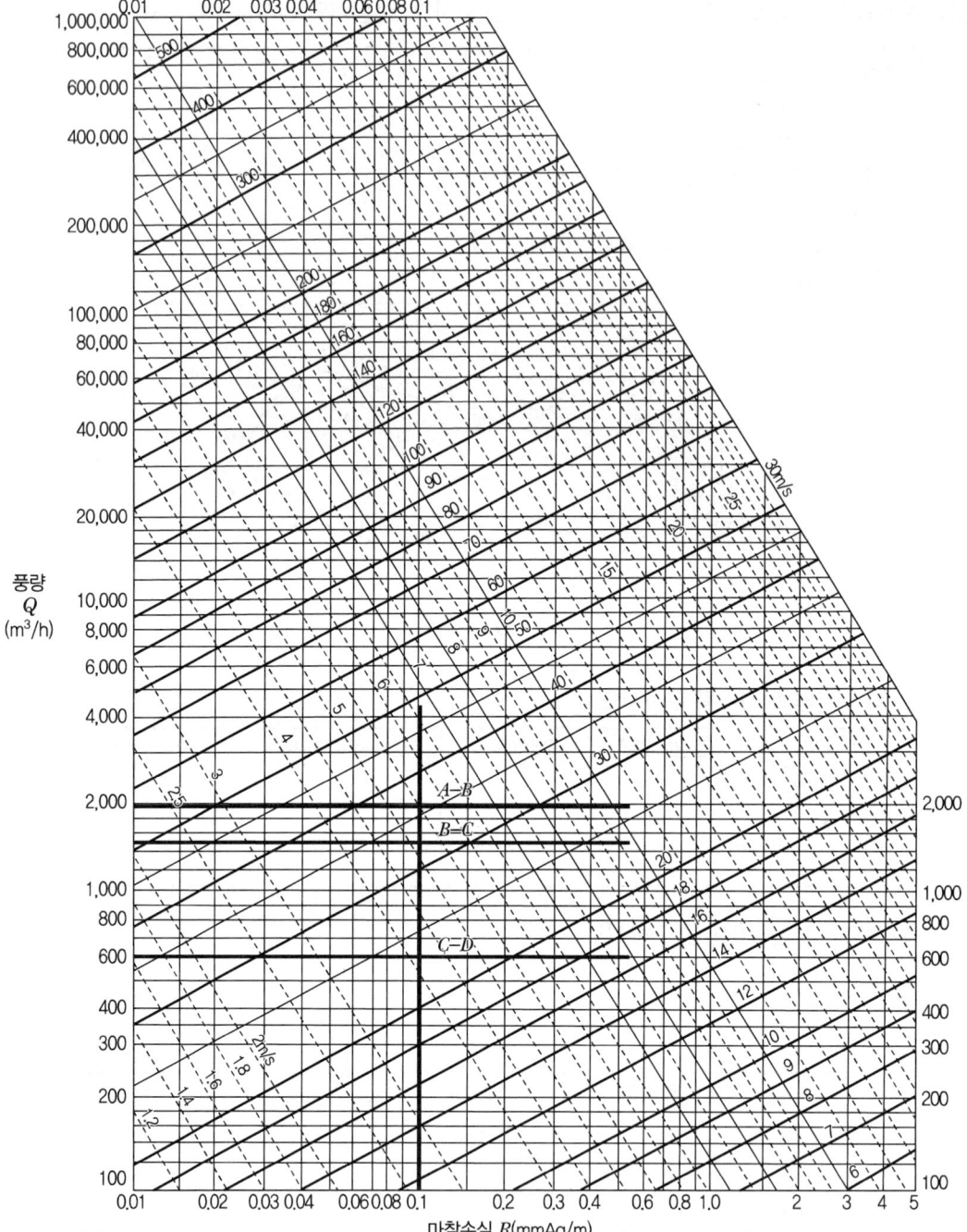

▼ 장방형 덕트와 원형 덕트의 환산표

장변\단변	10	15	20	25	30	35	40	45	50	55	60	65	70	75	80	85	90	95	100
10	10.9																		
15	13.3	16.4																	
20	15.2	18.9	21.9																
25	16.9	21.0	24.4	27.3															
30	18.3	22.9	26.6	29.9	32.8														
35	19.5	24.5	28.6	32.2	35.4	38.3													
40	20.7	26.0	30.5	34.3	37.8	40.9	43.7												
45	21.7	27.4	32.1	36.3	40.0	43.3	46.4	49.2											
50	22.7	28.7	33.7	38.1	42.0	45.6	48.8	51.8	54.7										
55	23.6	29.9	35.1	39.8	43.9	47.7	51.1	54.3	57.3	60.1									
60	24.5	31.0	36.5	41.4	45.7	49.6	53.3	56.7	59.8	62.8	65.6								
65	25.3	32.1	37.8	42.9	47.4	51.5	55.3	58.9	62.2	65.3	68.3	71.1							
70	26.1	33.1	39.1	44.3	49.0	53.3	57.3	61.0	64.4	67.7	70.8	73.7	76.5						
75	26.8	34.1	40.2	45.7	50.6	55.0	59.2	63.0	66.6	69.7	73.2	76.3	79.2	82.0					
80	27.5	35.0	41.4	47.0	52.0	56.7	60.9	64.9	68.7	72.2	75.5	78.7	81.8	84.7	87.5				
85	28.2	35.9	42.4	48.2	53.4	58.2	62.6	66.8	70.6	74.3	77.8	81.1	84.2	87.2	90.1	92.9			
90	28.9	36.7	43.5	49.4	54.8	59.7	64.2	68.6	72.6	76.3	79.9	83.3	86.6	89.7	92.7	95.6	198.4		

06 다음 냉장실을 보고 각 물음에 답하시오. (지중온도 14℃, 실내 열전달율 20W/m² · K)

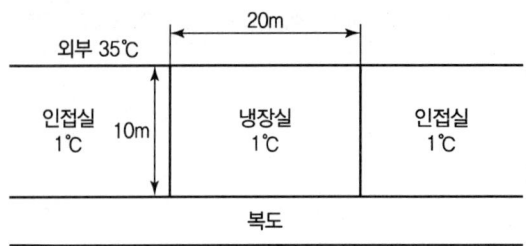

바닥재료	두께(mm)	열전도율(W/m · K)
A	150	0.4
B	200	0.6
C	230	1.5
D	440	0.95
E	430	0.65

(1) 바닥에서 열통과율(W/m² · K)을 구하시오.
(2) 바닥을 통한 침입열량(W)을 구하시오.

풀이

(1) 바닥에서의 열통과율(K)

$$R = \frac{1}{\alpha_i} + \frac{l_A}{\lambda_A} + \frac{l_B}{\lambda_B} + \frac{l_C}{\lambda_C} + \frac{l_D}{\lambda_D} + \frac{l_E}{\lambda_E}$$

$$= \frac{1}{20} + \frac{0.15}{0.4} + \frac{0.2}{0.6} + \frac{0.23}{1.5} + \frac{0.44}{0.95} + \frac{0.43}{0.65} = 2.0363$$

$$\therefore K = \frac{1}{R} = \frac{1}{2.0363} = 0.49 \text{W/m}^2 \cdot \text{K}$$

(2) 바닥을 통한 침입열량(q)

$q = K \cdot A \cdot \Delta t$
$= 0.49 \times (20 \times 10) \times (14 - 1) = 1,274 \text{W}$

여기서, Δt = 지중온도 − 냉장실 온도

07 다음 사무실에 대해서 부하를 구하시오.

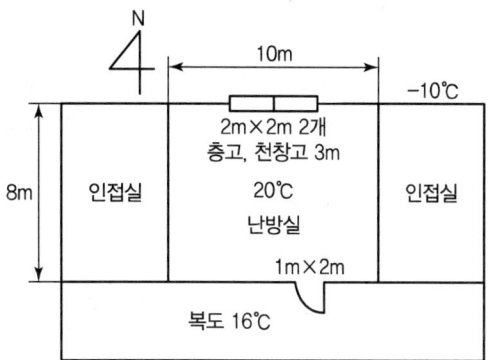

[조건]
1. 구조체의 열관류율(W/m² · K)
   외벽 : 0.58, 유리 : 3.72, 내벽 : 2.9, 문 : 2.32
2. 환기횟수 0.5회/h, 공기밀도 1.2kg/m³, 공기비열 1.01kJ/kg · K
3. 방위계수 및 차폐계수는 무시한다.
4. 상 · 하층 및 인접실은 동일 난방을 한다.

(1) 외벽 부하(W)를 구하시오.
(2) 유리창 부하(W)를 구하시오.
(3) 내벽 부하(W)를 구하시오.
(4) 문 부하(W)를 구하시오.
(5) 환기 부하(W)를 구하시오.

풀이

(1) 외벽 부하
$q = K \cdot A \cdot \Delta t = 0.58 \times (10 \times 3 - 2 \times 2 \times 2) \times (20 - (-10)) = 382.8\text{W}$

(2) 유리창 부하
$q = K \cdot A \cdot \Delta t = 3.72 \times (2 \times 2 \times 2) \times (20 - (-10)) = 892.8\text{W}$

(3) 내벽 부하
$q = K \cdot A \cdot \Delta t = 2.9 \times (10 \times 3 - 1 \times 2) \times (20 - 16) = 324.8\text{W}$

(4) 문 부하
$q = K \cdot A \cdot \Delta t = 2.32 \times (1 \times 2) \times (20 - 16) = 18.56\text{W}$

(5) 환기 부하
$q_S = G \cdot C_p \cdot \Delta t = Q\rho \cdot C_p \cdot \Delta t$
$= (10 \times 8 \times 3 \times 0.5) \times 1.2 \times 1.01 \times (20 - (-10)) \times \dfrac{1,000}{3,600} = 1,212\text{W}$

08 열교환기를 쓰고 그림과 같이 구성되는 냉동장치에서 냉동능력이 1RT이고 각 점의 상태값 및 조건은 아래와 같다. 다음 각 물음에 답하시오.

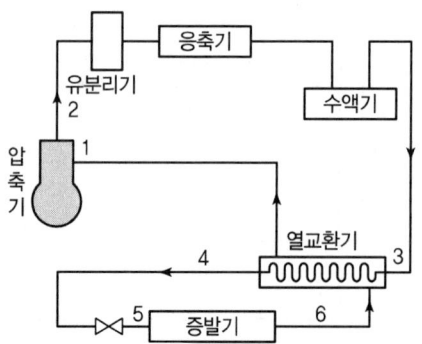

각 점	엔탈피(kJ/kg)
1	400
2	424
3	286
4	258

구분	효율
기계효율	0.81
체적효율	0.71
압축효율	0.75

(1) 이 장치의 냉매순환량(kg/s)은 얼마인가?
(2) 열교환기에서 열교환되는 열량(kW)은 얼마인가?
(3) 실제 COP는 얼마인가?

풀이

(1) 냉매순환량(G)

$$Q_e = G(h_6 - h_5) \rightarrow G = \frac{Q_e}{(h_6 - h_5)}$$

열교환기 열평형 원리에 따라
$(h_1 - h_6) = (h_3 - h_4)$
$h_6 = h_1 - (h_3 - h_4) = 400 - (286 - 258) = 372 \text{kJ/kg}$

$$\therefore G = \frac{Q_e}{h_6 - h_5} = \frac{1 \times 3.86}{372 - 258} = 0.034 \text{kg/s}$$

(2) 열교환되는 열량(q)
$q = G(h_3 - h_4) = G(h_1 - h_6) = 0.034 \times (286 - 258) = 0.95 \text{kW}$

(3) 실제 COP

$$\text{COP} = \frac{q_e}{w_a} = \frac{(h_6 - h_5)}{(h_2 - h_1)/(\eta_c \cdot \eta_m)} = \frac{(372 - 258)}{(424 - 400)/(0.75 \times 0.81)} = 2.89$$

여기서, q_e는 팽창밸브 출구 ⑤에서 열교환기 입구 ⑥까지의 냉동효과로 산정한다.

09 다음 그림과 같은 공조장치를 냉방운전하고자 한다. 각 물음에 답하시오.

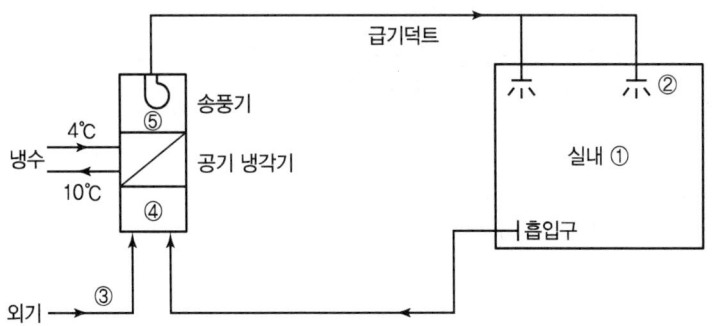

[조건]
1. 외기 : 33℃, 습구온도 : 27℃
2. 실내 : 26℃, 상대습도 : 50%, 현열 : 13.5kW, 잠열 : 2.3kW
3. 취출구온도 : 16℃
4. 송풍기 부하 : 1kW, 급기덕트 취득열 : 0.35kW
5. 외기 도입량 : 급기송풍량의 30%
6. 공기 비체적 : 0.83m³/kg, 정압비열 : 1.01kJ/kg · K
7. 냉수 비열 : 4.2kJ/kg · K

(1) 급기송풍량(m³/s)은 얼마인가?
(2) 공기냉각기의 유량(kg/h)은 얼마인가?(단, 공기 선도를 이용하고, 계산에 필요한 수치는 공기 선도에 표시하시오.)

풀이

(1) 급기송풍량(Q)

$$q_S = G \cdot C_p \cdot \Delta t = \rho Q \cdot C_p \cdot \Delta t = \frac{1}{\nu} Q \cdot C_P \cdot \Delta t$$

$$Q = \frac{q_S}{\frac{1}{\nu} \cdot C_P \cdot \Delta t} = \frac{13.5}{\frac{1}{0.83} \times 1.01 \times (26-16)} = 1.11 \text{m}^3/\text{s}$$

(2) 냉수량(G_w)

① 외기와 실내환기의 혼합공기온도(t_4)

$$t_4 = \frac{G_1 t_1 + G_3 t_3}{G_4} = \frac{0.7 \times 26 + 0.3 \times 33}{0.7 + 0.3} = 28.1℃$$

여기서, G_1, t_1 : 실내공기 비율, 실내온도
G_3, t_3 : 외기 도입 비율, 외기온도

② 송풍기와 급기덕트에서 열취득에 의한 상승온도(Δt)

송풍기 : $q = G \cdot C_p \cdot \Delta t$

$$\Delta t = \frac{q}{\frac{1}{v}Q \cdot C_p} = \frac{1}{\frac{1}{0.83} \times 1.11 \times 1.01} = 0.74°C$$

급기덕트 : $q = G \cdot C_p \cdot \Delta t$

$$\Delta t = \frac{q}{\frac{1}{v}Q \cdot C_p} = \frac{0.35}{\frac{1}{0.83} \times 1.11 \times 1.01} = 0.26°C$$

∴ 상승온도 $\Delta t = 0.74 + 0.26 = 1.0°C$

③ 현열비$(SHF) = \frac{13.5}{13.5 + 2.3} = 0.85$

④ 냉수량(G_w) 산출

공기냉각기에서 공기와 냉수 간의 열교환량이 같으므로

$q_C = G_a \cdot \Delta h = G_w \cdot C_w \cdot \Delta t_w$

공기 선도에서 공기냉각기 입·출구 엔탈피를 읽으면 $h_4 = 63$kJ/kg, $h_3 = 39.5$kJ/kg이다.

∴ 냉수량 $G_w = \frac{G_a \cdot \Delta h}{C_w \cdot \Delta t_w}$

$$= \frac{\left(\frac{1}{0.83} \times 1.11\right) \times (63 - 39.5)}{4.2 \times (10 - 4)} = 1.247 \text{kg/s} = 4,489.96 \text{kg/h}$$

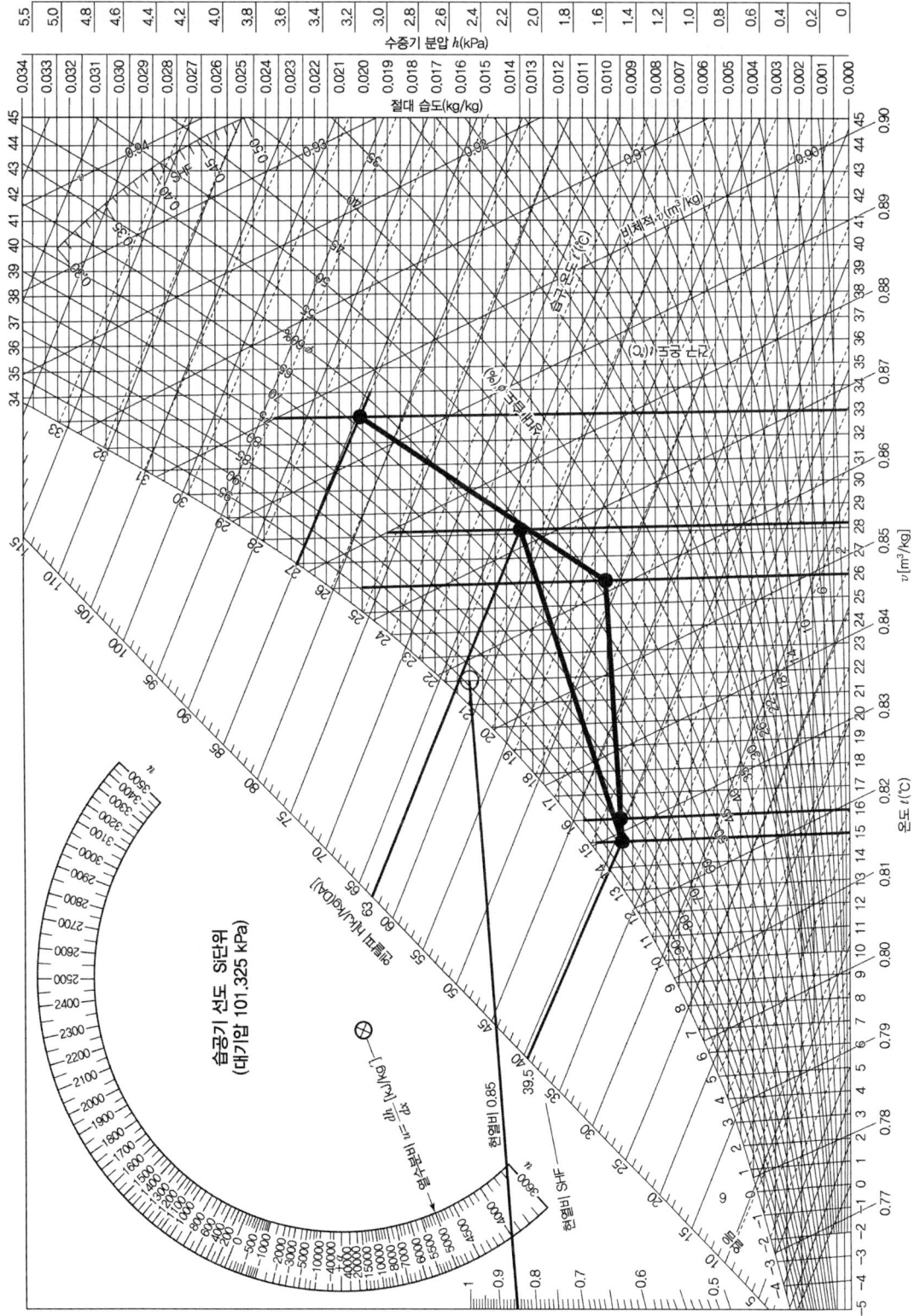

10 프레온 압축기 흡입관(Suction Riser)에 있어서 이중 입상관(Double Suction Riser)을 사용하는 경우가 있다. 이중 입상관의 배관도를 그리고, 그 역할을 설명하시오.

(1) 이중 입상관의 배관도를 그리시오.

압축기

증발기

(2) 이중 입상관의 역할을 서술하시오.

풀이

(1) 이중 입상관 배관도

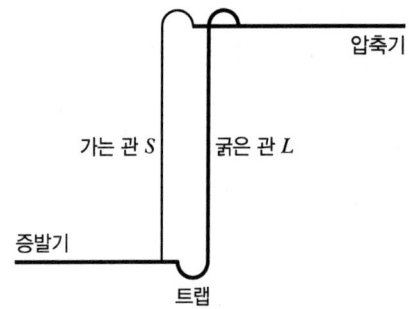

가는 관 S 굵은 관 L
증발기   트랩   압축기

(2) 역할 : 오일의 회수를 용이하게 하기 위하여
   ① 가는 관과 굵은 관을 설치하여 흡입 및 토출배관의 오일의 회수를 용이하게 하는 이중 입상관은 부분부하에 대처하는 효과를 가진다.
   ② 굵은 관 입구에 트랩을 설치하여 최소 부하 시에는 오일이 트랩에 고여 굵은 관을 막아 가는 관으로만 가스가 통과하여 오일을 회수하고, 최대 부하 시에는 두 관을 통해 가스가 통과되면서 오일을 회수한다.

11 에어와셔의 조건이 아래와 같을 때 각 물음에 답하시오. (단, 물의 비열 4.2kJ/kg·K, 공기밀도 1.2kg/m³이고, 에어와셔 유량은 공기 풍량의 두 배로 한다.)

> [조건]
> 1. 공기풍량 55,000kg/h, 풍속 3m/s
> 2. 공기 입구온도 30℃, 습도 55%, $h=67.8$kJ/kg, 공기 출구습도 90%, $h=50.6$kJ/kg
> 3. 에어와셔 입구수온(t_{w1}) 10℃, $h=29.2$kJ/kg
> 4. 에어와셔 노즐 한 개당 유량 700kg/h

(1) 전열효율(%)은 얼마인가?
(2) 정면면적(m²)은 얼마인가?
(3) 와셔 출구수온(℃)은 얼마인가?
(4) 와셔 노즐의 개수는 몇 개인가?

풀이

(1) 전열효율(X)

$$X = \frac{h_1 - h_2}{h_1 - h_{w1}} \times 100 = \frac{67.8 - 50.6}{67.8 - 29.2} \times 100 = 44.56\%$$

(2) 정면면적(A)

$Q = AV$에서 $A = \dfrac{Q}{V} = \dfrac{55,000}{1.2 \times 3 \times 3,600} = 4.24\text{m}^2$

(3) 출구수온(t_{w2})

에어워셔 유량이 얻은 열량 = 통과 공기가 잃은 열량

$G_w \cdot C_w \cdot (t_{w2} - t_{w1}) = G_a(h_1 - h_2)$

$t_{w2} = t_{w1} + \dfrac{G_a(h_1 - h_2)}{G_w \cdot C_w}$

$= 10 + \dfrac{55,000 \times (67.8 - 50.6)}{(55,000 \times 2) \times 4.2} = 12.05℃$

(4) 에어와셔 노즐 개수(N)

$G_w = G_N \times N$

$N = \dfrac{G_w}{G_N} = \dfrac{55,000 \times 2}{700} = 158$개

12 냉동장치에서 다음의 냉동 System이 작동할 수 있게 배관을 연결하시오.

풀이

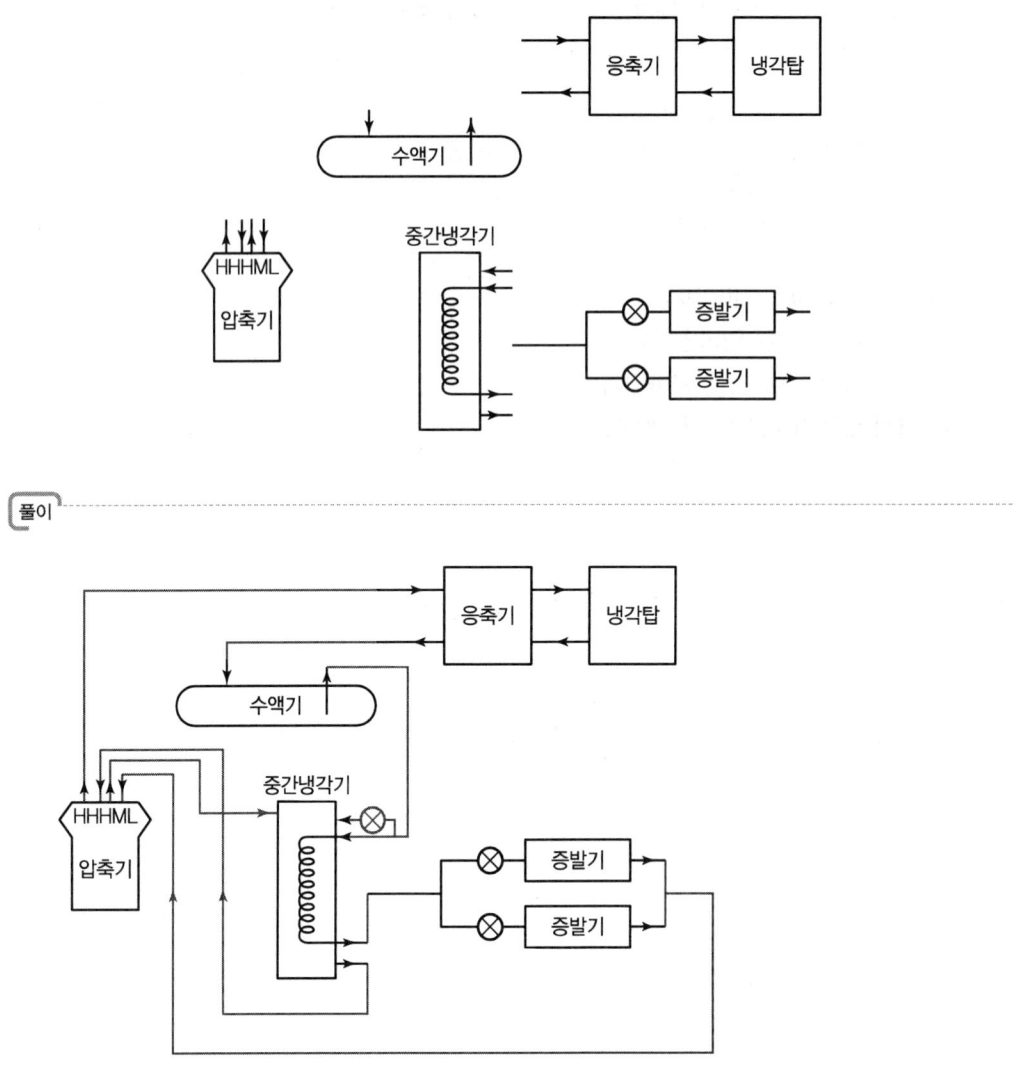

13 다음과 같은 중앙식 공기조화설비의 계통도에서 각 기기의 명칭을 보기에서 골라 쓰시오.

[보기]
1. 냉동기   2. 증기보일러   3. 송풍기
4. 공기조화기   5. 냉각수펌프   6. 냉매펌프
7. 냉수펌프   8. 냉각탑   9. 공기가열기
10. 에어필터   11. 응축기   12. 증발기
13. 공기냉각기   14. 트랩   15. 냉매건조기
16. 보일러 급수펌프   17. 가습기   18. 취출구

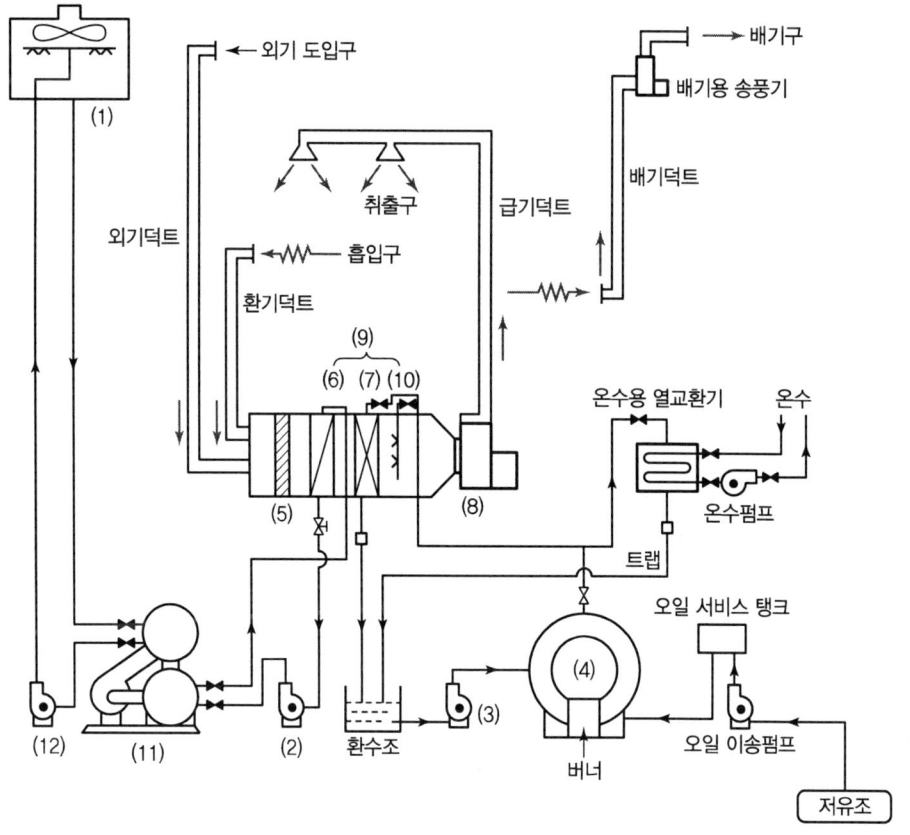

풀이

(1) 냉각탑   (2) 냉수펌프   (3) 보일러 급수펌프
(4) 증기보일러   (5) 에어필터   (6) 공기냉각기
(7) 공기가열기   (8) 송풍기   (9) 공기조화기
(10) 가습기   (11) 냉동기   (12) 냉각수펌프

14 겨울철이나 중간기에 응축기의 운전 중 압력이 갑자기 낮아지는 경우가 있다. 다음 물음에 답하시오.

(1) 응축기의 압력이 갑자기 낮아지는 이유를 쓰시오.
(2) 응축기를 증발기로 사용할 경우 응축식 증발기에서 압력이 갑자기 낮아지는 경우 조치방법을 3가지 쓰시오.

풀이

(1) 응축기의 압력이 갑자기 낮아지는 이유
 겨울철 낮은 외기온도에 의해 응축기 통과 공기온도가 낮아짐에 따라 응축기 압력이 갑자기 낮아지게 된다.

(2) 응축식 증발기 압력이 갑자기 낮아지는 경우 조치방법 3가지
 ① 응축압력조정밸브(CPR : Condenser Pressure Regulator) 설치
 ② 증발기 통과 풍량 증가
 ③ 팽창밸브의 개도를 크게 하여 많은 냉매가 증발기에 유입되도록 하여 증발압력을 높인다.
 ④ 히터를 이용하여 증발기에서 냉매의 증발을 촉진시킨다.
 ⑤ 증발기에 서리가 끼어 있으면 제상하여 증발이 원활하게 이루어지도록 한다.

2021년 3회 기출문제

01 다음과 같은 덕트설비에 대해서 물음에 답하시오.

[조건]
1. 각 취출구에서의 풍량은 각각 2,000m³/h
2. 직관저항 : 1.0Pa/m
3. 곡관부저항 : a부, b부, c부, d부의 각각 손실계수 (ζ)=0.3
   (단, a부와 b부의 속도는 8m/s이며, c부와 d부의 속도는 10m/s로 간주한다.)
4. 공기흡입구저항 : 50Pa, 공기취출구저항 : 40Pa
5. 공기의 밀도 : 1.2kg/m³

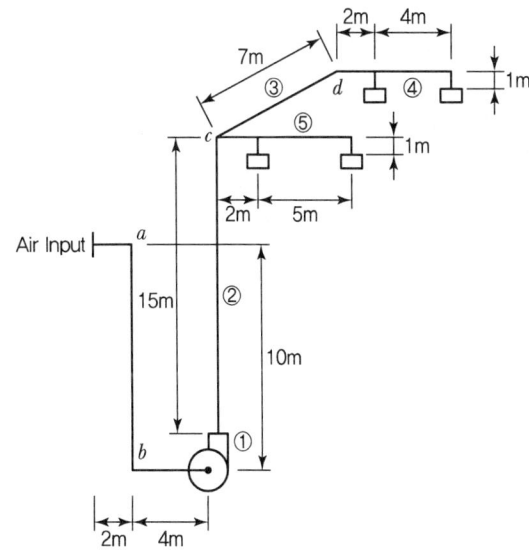

(1) 정압법(1.0Pa/m)에 의한 풍량, 풍속, 원형 덕트의 크기를 구하시오.

구간	풍량(m³/h)	저항(1.0Pa/m)	풍속(m/s)	원형 덕트(cm)
②		−		
③		−		
④		−		
⑤		−		

(2) 덕트에서의 전손실(Pa)을 구하시오.

[풀이]

(1) 풍량, 풍속, 원형 덕트의 크기
각 구간의 풍량을 구하고 덕트의 마찰손실 선도에서 풍속과 덕트크기를 구한다.

구간	풍량(m³/h)	저항(1.0Pa/m)	풍속(m/s)	원형 덕트(cm)
②	8,000	—	7.7	60
③	4,000	—	6.5	46
④	2,000	—	5.5	36
⑤	2,000	—	5.5	36

(2) 덕트에서의 전손실

① 직관 덕트 손실 $\Delta P_{l1} = l \times R$

$\Delta P_{l1} = (2+10+4+15+7+2+4+1) \times 1.0 = 45\text{Pa}$

② 곡관부 손실 $\Delta P_{l2} = \zeta \dfrac{\rho V^2}{2}$

a부+b부 $\Delta P_{l2} = 0.3 \times \dfrac{1.2 \times 8^2}{2} \times 2 = 23.04\text{Pa}$

c부+d부 $\Delta P_{l2} = 0.3 \times \dfrac{1.2 \times 10^2}{2} \times 2 = 36\text{Pa}$

∴ 덕트의 전손실 $\Delta P_l =$ 직관손실 + 곡관손실 + 흡입구저항 + 취출구저항
$= 45 + 23.04 + 36 + 50 + 40 = 194.04\text{Pa}$

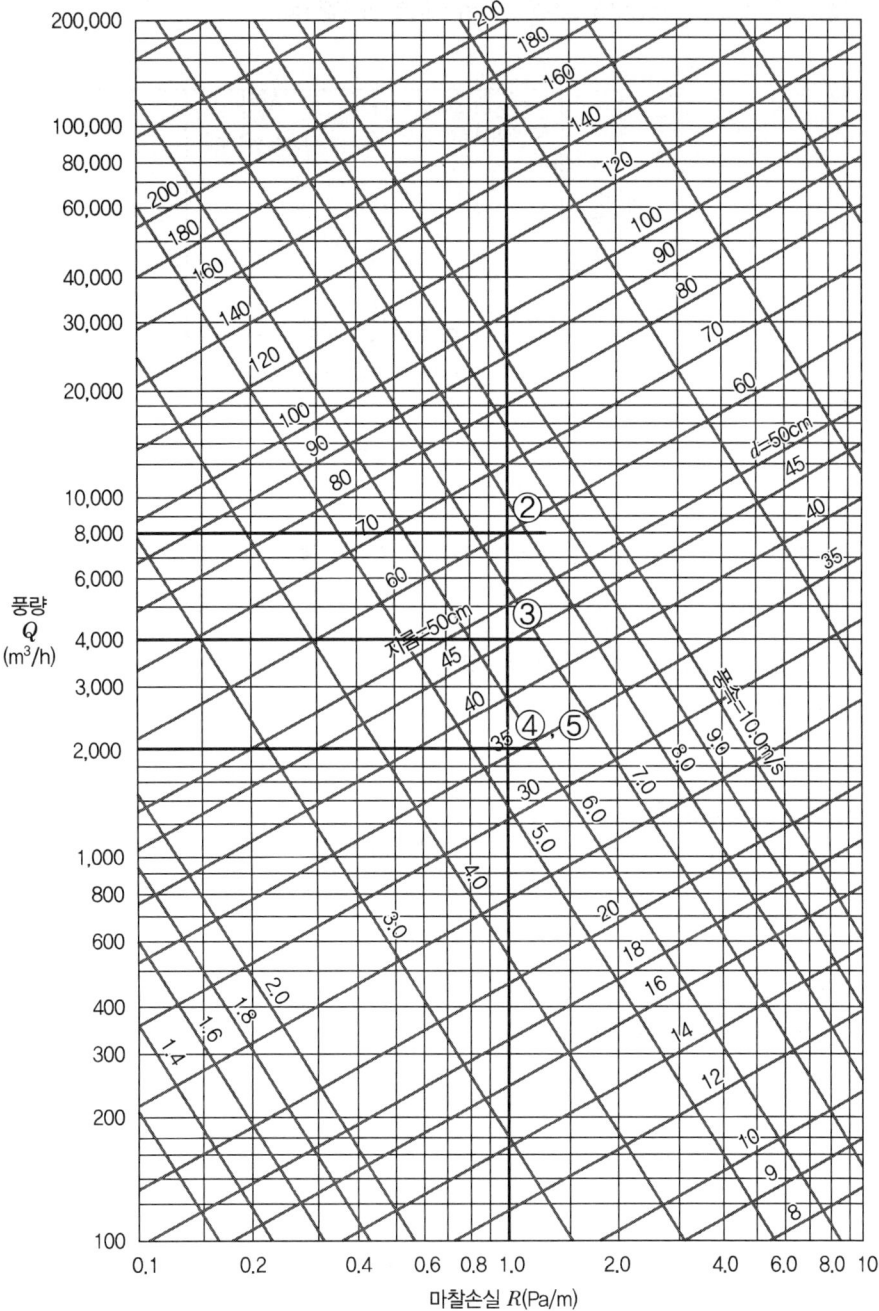

02 다음 설계조건을 이용하여 실내의 난방부하를 구하시오.

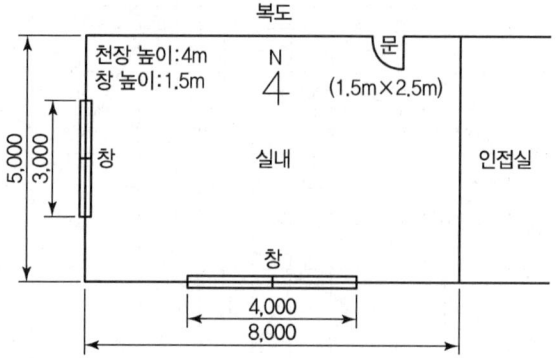

[조건]
1. 열관류율
   외벽과 천장 : 3.5W/m²·K, 내벽 : 2.5W/m²·K, 창문 : 5.2W/m²·K, 문 : 3.1W/m²·K, 바닥 : 2.8W/m²·K
2. 실내온도 : 22℃, 외기온도 : −10℃
3. 공기의 밀도 : 1.2kg/m³, 공기정압비열 : 1.0kJ/kg·K
4. 방위계수
   북 : 1.2, 남 : 1.0, 동·서 : 1.1
5. 환기횟수 : 1회/h
6. 방(실내)의 바로 위는 옥상이다.
7. 방(실내)의 하부와 다른 방은 같은 온도로 난방한다.
8. 복도의 온도는 외기와 내부의 중간온도로 설정한다.
9. 천장높이와 층고는 동일하다.

(1) 문과 창의 난방부하를 구하시오.
(2) 외벽체의 총 난방부하를 구하시오.
(3) 내벽체의 난방부하를 구하시오.
(4) 천장부하를 구하시오.
(5) 환기부하를 구하시오.

풀이

(1) 문과 창의 난방부하

① 문의 난방부하 : $q = K \cdot A \cdot \Delta t = K \cdot A \cdot \left(t_i - \dfrac{t_i + t_o}{2}\right)$

$q = 3.1 \times (1.5 \times 2.5) \times \left(22 - \dfrac{(22 + (-10))}{2}\right) = 186\text{W}$

② 창의 난방부하 : $q = K \cdot A \cdot \Delta t \cdot k'$
 서쪽 창 $q = 5.2 \times (3 \times 1.5) \times (22 - (-10)) \times 1.1 = 823.68\text{W}$
 남쪽 창 $q = 5.2 \times (4 \times 1.5) \times (22 - (-10)) \times 1.0 = 998.4\text{W}$
 ∴ 문과 창의 난방부하 = 186 + 823.6 + 998.4 = 2,008.08W

(2) 외벽의 총 난방부하 : $q = K \cdot A \cdot \Delta t \cdot k'$
 서쪽 외벽 $q = 3.5 \times (5 \times 4 - 3 \times 1.5) \times (22 - (-10)) \times 1.1 = 1,909.6\text{W}$
 남쪽 외벽 $q = 3.5 \times (8 \times 4 - 3 \times 1.5) \times (22 - (-10)) \times 1.0 = 2,912\text{W}$
 ∴ 외벽체의 총 난방부하 = 1,909.6 + 2,912 = 4,821.6W

(3) 내벽체의 난방부하 : $q = K \cdot A \cdot \Delta t = K \cdot A \cdot \left(t_i - \dfrac{t_i + t_o}{2}\right)$

$q = 2.5 \times (8 \times 4 - 1.5 \times 2.5) \times \left(22 - \dfrac{(22 + (-10))}{2}\right) = 1,130\text{W}$

(4) 천장부하 : $q = K \cdot A \cdot \Delta t \cdot k'$
 $q = 3.5 \times (5 \times 8) \times (22 - (-10)) = 4,480\text{W}$

(5) 환기부하 : $q = G \cdot C_p \cdot \Delta t = Q\rho \cdot C_p \cdot \Delta t$
 환기풍량 Q는 체적(5×8×4)과 환기횟수(1회/h)의 곱으로 정리한다.

$q = \dfrac{(5 \times 8 \times 4 \times 1\text{회}) \times 1.2 \times 1.0 \times (22 - (-10)) \times 10^3}{3,600} = 1,707.67\text{W}$

03 아래 조건과 그림 및 주어진 몰리에르 선도를 참고하여 1대의 콘덴싱 유닛에 증발온도가 다른 2대의 증발기가 있는 R-134a 냉동장치에 대해 다음 물음에 답하시오. (단, 압축기 체적효율 = 0.75, 압축효율 = 0.75, 기계효율 = 0.9이며, 배관에 있어서 압력손실 및 열손실은 무시한다. (단, 1RT = 3.86kW)

[조건]
1. 증발기 A : 증발온도 -10℃, 과열도 10℃, 냉동부하 2RT(한국냉동톤)
2. 증발기 B : 증발온도 -30℃, 과열도 10℃, 냉동부하 4RT(한국냉동톤)
3. 팽창밸브 직전의 냉매액 온도 : 30℃
4. 응축온도 : 35℃

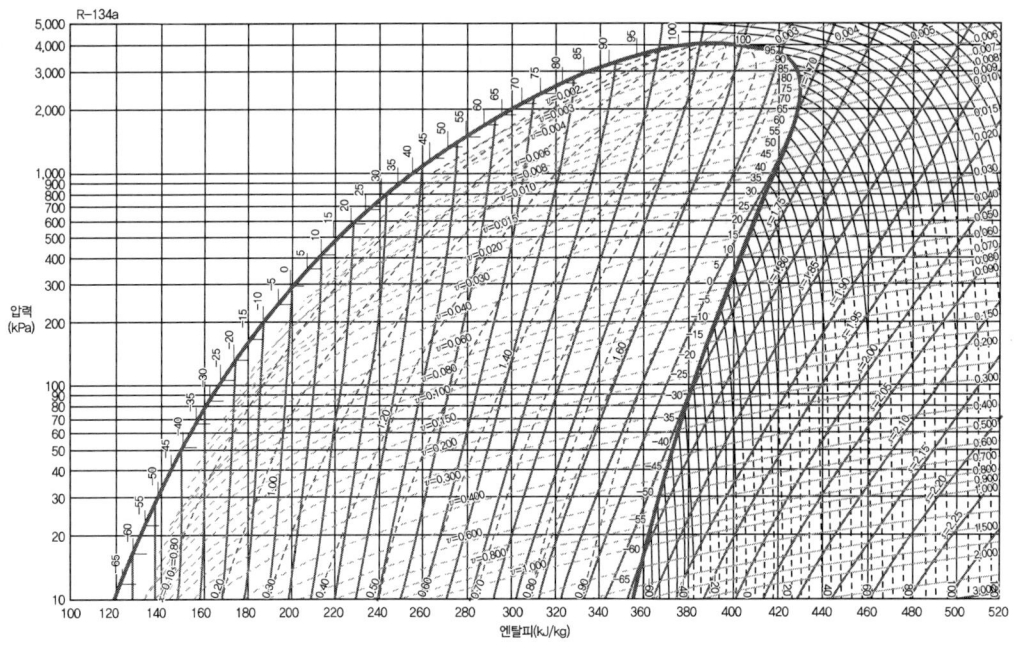

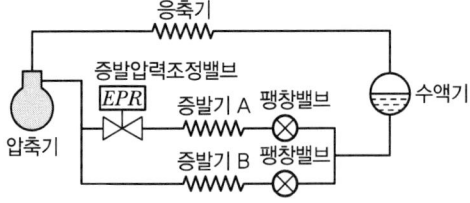

(1) 압축기의 피스톤 압출량(m^3/h)을 구하시오.
(2) 축동력(kW)을 구하시오.

> 풀이

냉동장치도의 $P-h$ 선도 작도

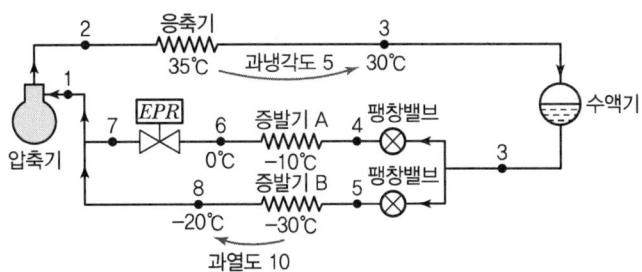

∥ 냉동장치도 ∥

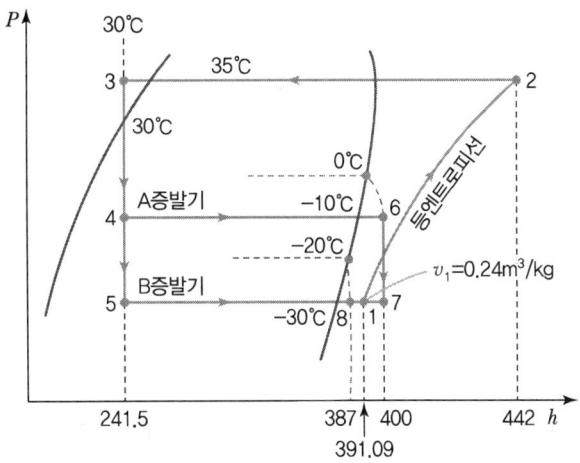

∥ $P-h$ 선도 ∥

(1) 압축기의 피스톤 압출량(V)

$$V = \frac{(G_A + G_B) \cdot v_1}{\eta_V}$$

여기서, G_A : A증발기 냉매순환량(kg/h)

G_B : B증발기 냉매순환량(kg/h)

v_1 : 압축기 입구 냉매가스 비체적(m³/h)

η_V : 체적효율

① A증발기 냉매순환량(G_A)

$Q_A = G_A \cdot (h_6 - h_4)$에서

$$G_A = \frac{Q_A}{(h_6 - h_4)} = \frac{2 \times 3.86 \times 3{,}600}{(400 - 241.5)} = 175.34 \text{kg/h}$$

② B증발기 냉매순환량(G_B)

$Q_B = G_B \cdot (h_8 - h_5)$에서

$G_B = \dfrac{Q_B}{(h_8 - h_5)} = \dfrac{4 \times 3.86 \times 3,600}{(387 - 241.5)} = 382.02 \text{kg/h}$

③ 압축기 입구의 냉매가스 비체적(v_1)

v_1을 $P-h$ 선도에서 찾아야 하므로 1점의 엔탈피 h_1을 구한다.

열평형식 $G_A h_7 + G_B h_8 = (G_A + G_B) h_1$에서

$h_1 = \dfrac{G_A h_7 + G_B h_8}{(G_A + G_B)} = \dfrac{(175.34 \times 400) + (382.02 \times 387)}{(175.34 + 382.02)} = 391.09 \text{kJ/kg}$

$P-h$ 선도상에서 $h_1 = 391.09$점을 찾고 수직선을 그어 증발기 B의 증발선과 만나는 점을 찾으면 1점(압축기 입구점)이 되며, 1점의 비체적 $v_1 = 0.24 \text{m}^3/\text{kg}$이 된다.

④ 피스톤 압출량(V)

$V = \dfrac{(G_A + G_B) \cdot v_1}{\eta_V} = \dfrac{(175.34 + 382.02) \times 0.24}{0.75} = 178.36 \text{m}^3/\text{h}$

(2) 축동력(L_b)

$L_b = \dfrac{(G_A + G_B) \times (h_2 - h_1)}{\eta_c \times \eta_m} = \dfrac{(175.34 + 382.02) \times (442 - 391.09)}{3,600 \times 0.75 \times 0.9} = 11.68 \text{kW}$

04 댐퍼가 있는 취출구에서의 풍량이 10m³/min이고 속도가 2m/s라고 한다. 자유면적비가 0.5일 때 전면적(m²)을 구하여라.

풀이

$Q = A_e \times V = (A \times R) \times V$

$A = \dfrac{Q}{V \times R} = \dfrac{10}{2 \times 0.5 \times 60} = 0.17 \text{m}^2$

여기서, A_e : 유효면적(m²), A : 전면적(m²), R : 자유면적비

05 1대의 압축기에 증발온도가 다른 2대의 증발기를 이용하는 냉동장치의 배관을 완성하시오. (단, 증발압력조정밸브(EPR) 및 체크밸브(CV)를 배관에 그리고 냉매 흐름 방향을 표시할 것)

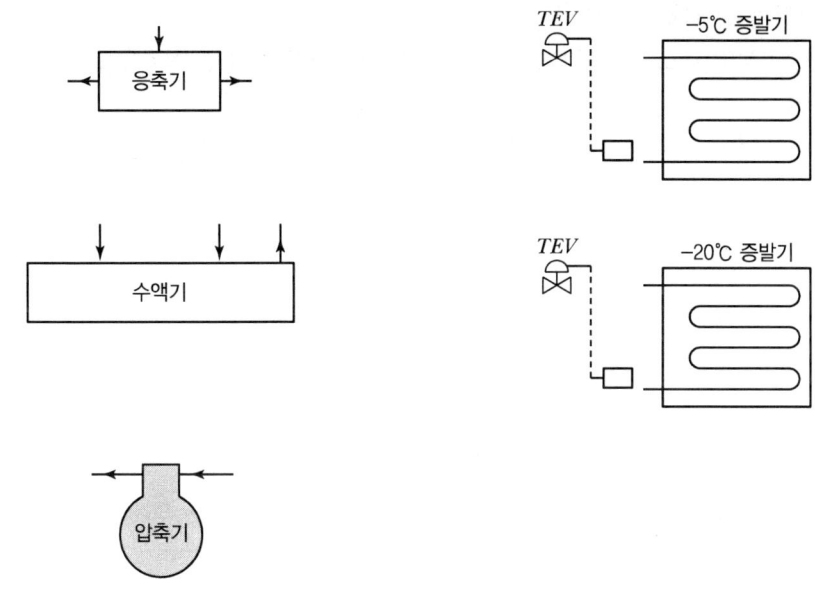

풀이

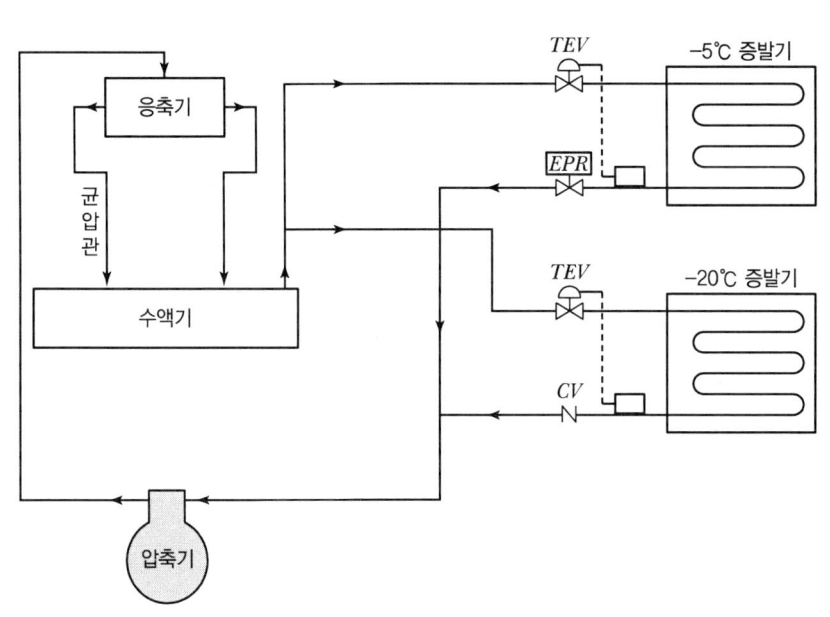

06 수랭식 응축기의 응축온도 43℃, 냉각수 입구온도 32℃, 출구온도 37℃에서 냉각수 순환수량이 320L/min이다.

(1) 응축열량(kW)을 구하여라.
(2) 전열면적이 20m²이라면 열통과율은 몇 W/m²·K인가?(단, 응축온도와 냉각수 평균온도는 산술평균온도차로 하며 냉각수의 비열은 4.2kJ/kg·K이다.)
(3) 응축조건이 같은 상태에서 냉각수량을 400L/min으로 하면 응축온도는 몇 ℃인가?

풀이

(1) 응축열량(Q_C)
$Q_C = G \cdot C \cdot \Delta t_w = 320 \times 4.2 \times (37-32) = 6,720 \text{kJ/min} = 112 \text{kW}$

(2) 열통과율(K)
$Q_C = K \cdot A \cdot \Delta t_w \rightarrow K = \dfrac{Q_C}{A \cdot \Delta t_m}$

$\therefore K = \dfrac{Q_c}{A \cdot \Delta t_m} = \dfrac{Q_c}{A \cdot \left(t_c - \dfrac{t_1+t_2}{2}\right)} = \dfrac{112 \times 10^3}{20 \times \left(43 - \dfrac{32+37}{2}\right)} = 658.82 \text{W/m}^2 \cdot \text{K}$

(3) 응축온도(t_c)

$\Delta t_m = t_c - \dfrac{t_1+t_2}{2}$

$t_c = \Delta t_m + \dfrac{t_1+t_2}{2}$

여기서, t_2는
$Q_C = G \cdot C \cdot (t_2 - t_1)$

$t_2 = t_1 + \dfrac{Q_C}{G \cdot C} = 32 + \dfrac{112 \times 60}{400 \times 4.2} = 36℃$

여기서, 문제조건에 따라 냉각수량 G는 400L/min으로 적용한다.

$\therefore t_c = 8.5 + \dfrac{32+36}{2} = 42.5℃$

07 단일덕트 방식의 공기조화 시스템을 설계하고자 할 때 어떤 사무소의 냉방부하를 계산한 결과 현열부하 q_S = 7.0kW, 잠열부하 q_L = 1.7kW였다. 주어진 조건을 이용하여 물음에 답하시오.

[조건]
1. 설계 조건
    • 실내 : 26℃ DB, 50% RH
    • 실외 : 32℃ DB, 70% RH
2. 외기 취입량 : 500m³/h
3. 공기의 비열 : C_p = 1.01kJ/kg·K
4. 취출 공기온도 : 16℃
5. 공기의 밀도 : ρ = 1.2kg/m³

(1) 냉방풍량(m³/h)을 구하시오.
(2) 현열비(①) 및 실내공기와 실외공기의 혼합온도(②)를 구하고, 공기조화 Cycle을 습공기 선도상에 도시(③)하시오.

풀이

(1) 냉방풍량(Q)

$$q_S = G \cdot C_p \cdot \Delta t = Q\rho \cdot C_p \cdot \Delta t$$

$$Q = \frac{q_S}{\rho C_p \Delta t} = \frac{7 \times 3{,}600}{1.2 \times 1.01 \times (26-16)} = 2{,}079.21 \text{m}^3/\text{h}$$

(2) 현열비(SHF), 혼합공기온도(t_3), 공기조화 Cycle

① 현열비(SHF)

$$SHF = \frac{q_S}{q_S + q_L} = \frac{7}{7+1.7} = 0.8$$

② 혼합공기온도(t_3)

$$t_3 = \frac{Q_1 t_1 + Q_2 t_2}{Q_1 + Q_2} = \frac{(2{,}079.21 - 500) \times 26 + 500 \times 32}{(2{,}079.21 - 500) + 500} = 27.44℃$$

여기서, Q_1, t_1 : 실내 환기량(재순환량), 실내온도
   Q_2, t_2 : 외기 도입량, 외기(실외)온도

③ 공기조화 cycle

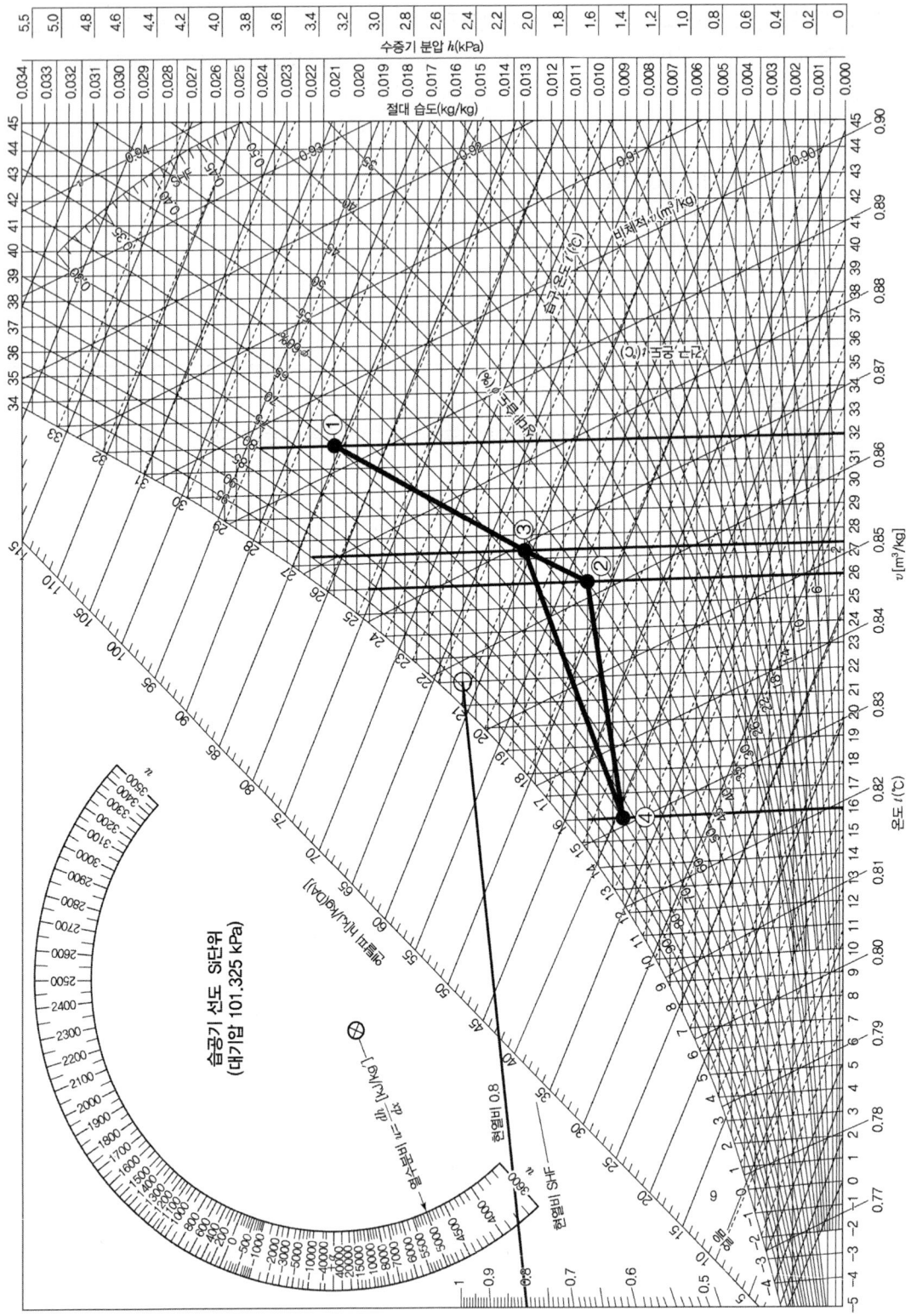

08 공기조화 부하에서 극간풍(틈새바람)을 구하는 방법 3가지와 틈새바람을 방지하는 방법 3가지를 서술하시오.

> 풀이

(1) 극간풍(틈새바람)을 구하는 방법
  ① 환기횟수에 의한 방법
  ② 틈새법(Crack법, 틈새길이에 의한 방법)
  ③ 창면적에 의한 방법

(2) 극간풍(틈새바람)을 방지하는 방법
  ① Air Curtain의 사용
  ② 회전문 설치
  ③ 충분히 간격을 두고 이중문 설치
  ④ 이중문의 중간에 강제 대류 Convector 또는 FCU 설치
  ⑤ 실내를 가압하여 외부압력보다 높게 유지
  ⑥ 건물 기밀성 유지와 현관의 방풍실 설치, 층간의 구획 철저

09 냉동장치에 사용되는 증발압력조정밸브(EPR), 흡입압력조정밸브(SPR), 응축압력조정밸브(CPR, 공냉식 응축기와 수액기가 적용된 냉동장치)에 대해서 설치 위치와 설치 목적을 서술하시오.

> 풀이

(1) 증발압력조정밸브(Evaporator Pressure Regulator)
  • 설치 위치 : 증발기에서 압축기에 이르는 흡입배관에 설치
  • 설치 목적 : 증발압력(온도)이 소정압력(온도) 이하가 되는 것을 방지(증발온도의 저온화 및 동파 방지)

(2) 흡입압력조정밸브(Suction Pressure Regulator)
  • 설치 위치 : 압축기 흡입 측 배관에 설치
  • 설치 목적 : 증발압력(온도)이 소정압력(온도) 이상이 되는 것을 방지(증발온도의 고온화 방지)

(3) 응축압력조정밸브(Condenser Pressure Regulator)
  • 설치 위치 : 응축기와 수액기 사이에 설치
  • 설치 목적 : 외기온도가 너무 낮아 응축압력 저하로 냉동능력이 감소하는 것을 방지

10 다음과 같은 조건하에서 운전되는 공기조화기에서 각 물음에 답하시오. (단, 공기의 밀도 ρ = 1.2kg/m³, 비열 C_p = 1.01kJ/kg · K이다.)

[조건]
1. 외기 : 32℃ DB, 28℃ WB
2. 실내 : 26℃ DB, 50% RH
3. 실내 현열부하 : 40kW, 실내 잠열부하 : 7kW
4. 외기 도입량 : 2,000m³/h

(1) 실내 현열비를 구하시오.
(2) 토출온도와 실내온도의 차를 10.5℃로 할 경우 송풍량(m³/h)을 구하시오.
(3) 혼합점의 온도(℃)를 구하시오.

풀이

(1) 실내 현열비(SHF)

$$SHF = \frac{현열}{전열} = \frac{현열}{현열 + 잠열} = \frac{40}{40+7} = 0.85$$

(2) 송풍량(Q)

$$q_S = Q\rho \cdot C_p \cdot \Delta t$$

$$Q = \frac{q_S}{\rho C_p \Delta t} = \frac{40 \times 3,600}{1.2 \times 1.01 \times 10.5} = 11,315.42 \text{m}^3/\text{h}$$

(3) 혼합점의 온도(t_3)

$$t_3 = \frac{Q_1 t_1 + Q_2 t_2}{Q_1 + Q_2} = \frac{Q_1 t_1 + (Q - Q_1) t_2}{Q_1 + (Q - Q_1)}$$

여기서, Q : 송풍량
Q_1, t_1 : 외기 도입 풍량, 외기온도
Q_2, t_2 : 실내환기량(재순환량, 송풍량 - 외기 도입 풍량), 실내온도

$$= \frac{2,000 \times 32 + (11,315.42 - 2,000) \times 26}{2,000 + (11,315.42 - 2,000)} = 27.06℃$$

11 냉각능력이 30RT인 셸 앤드 튜브식 브라인 냉각기가 있다. 주어진 조건을 이용하여 물음에 답하시오.

[조건]
1. 브라인 유량 : 300L/min
2. 브라인 비열 : 3.0kJ/kg · K
3. 브라인 밀도 : 1,190kg/m³
4. 브라인 출구온도 : -10℃
5. 냉매의 증발온도 : -15℃
6. 냉각관의 브라인 측 열전달률 : 2.79kW/m² · K
7. 냉각관의 냉매 측 열전달률 : 0.7kW/m² · K
8. 냉각관의 바깥지름 : 32mm, 두께 : 2.4mm
9. 브라인 측의 오염계수 : 0.172m² · K/kW
10. 1RT=3.86kW, 평균온도차 : 산술평균온도차

(1) 브라인 평균온도(℃)를 구하시오.
(2) 열관류율(kW/m² · K)을 구하시오.
(3) 냉각관의 외표면적(m²)을 구하시오.

> 풀이

(1) 브라인 평균온도(t_{bm})

$Q_e = G_b \cdot C_b(t_{b1} - t_{b2})$

$t_{b1} = t_{b2} + \dfrac{Q_e}{G_b \cdot C_b} = -10 + \dfrac{30 \times 3.86}{\left(\dfrac{300}{1,000 \times 60} \times 1,190\right) \times 3.0} = -3.512℃$

$\therefore t_{bm} = \dfrac{t_{b1} + t_{b2}}{2} = \dfrac{-3.512 + (-10)}{2} = -6.76℃$

(2) 열통과율(K)

$\dfrac{1}{K} = \dfrac{1}{\alpha_o} + m\left(\dfrac{l}{\lambda} + \dfrac{1}{\alpha_i} + f\right)$

여기서, f : 오염계수, $m : \dfrac{A_o}{A_i} = \dfrac{\pi D_2 L}{\pi D_1 L} = \dfrac{D_2}{D_1}$, $\dfrac{l}{\lambda} = 0$(주어지지 않았으므로 0으로 간주)

$\dfrac{1}{K} = \dfrac{1}{0.7} + \dfrac{32}{27.2} \times \left(0 + \dfrac{1}{2.79} + 0.172\right) = 2.05259$

$\therefore K = \dfrac{1}{2.05259} = 0.49 \text{kW/m}^2 \cdot \text{K}$

(3) 냉각관의 외표면적(A_o)

$q = K \cdot A_o \cdot \Delta t_m = K \cdot A_o(t_{bm} - t_e)$

여기서, t_e : 냉매 증발온도, t_{bm} : 브라인 평균온도

$\therefore A_o = \dfrac{q}{K \cdot (t_{bm} - t_e)} = \dfrac{30 \times 3.86}{0.49 \times (-6.76 - (-15))} = 28.68 \text{m}^2$

12 60m³ 사무실 실내 공간에 재실인원 10명이 있다. 실내 온·습도 26℃, 0.0126kg/kg′, 외기 온·습도 35℃, 0.0262kg/kg′일 때 환기와 인체 발열에 의한 총 냉각부하(kW)를 구하시오. (단, 공기의 밀도 1.2kg/m³ 공기의 비열 1.01kJ/kg℃, 물의 증발잠열 2,501kJ/kg, 인체 1인당 현열 0.057kW, 잠열 0.061kW, 환기횟수 0.5회/h)

[풀이]

환기와 인체발열에 의한 총 냉각부하 산출(q_T)

(1) 환기에 의한 냉각부하

- 현열부하

$$q_{IS} = G \cdot C_P \cdot \Delta t = Q\rho \cdot C_P \cdot \Delta t$$
$$= \frac{(60 \times 0.5) \times 1.2 \times 1.01 \times (35-26)}{3,600} = 0.0909 \text{kW}$$

- 잠열부하

$$q_{IL} = 2,501 G \cdot \Delta x = 2,501 Q\rho \cdot \Delta x$$
$$= \frac{2,501 \times (60 \times 0.5) \times 1.2 \times (0.0262 - 0.0126)}{3,600} = 0.340 \text{kW}$$

(2) 인체 발열에 의한 냉각부하

- 현열부하

$$q_{HS} = n \cdot H_S = 10 \times 0.057 = 0.57 \text{kW}$$

- 잠열부하

$$q_{HL} = n \cdot H_L = 10 \times 0.061 = 0.61 \text{kW}$$

(3) 총 냉각부하

$$q_T = (q_{IS} + q_{IL}) + (q_{HS} + q_{HL})$$
$$= 0.0909 + 0.3401 + 0.57 + 0.61 = 1.61 \text{kW}$$

13 다음과 같은 2단 압축 1단 팽창 냉동장치를 보고 $P-h$ 선도상에 냉동사이클을 그리고 1~8점을 표시하시오.

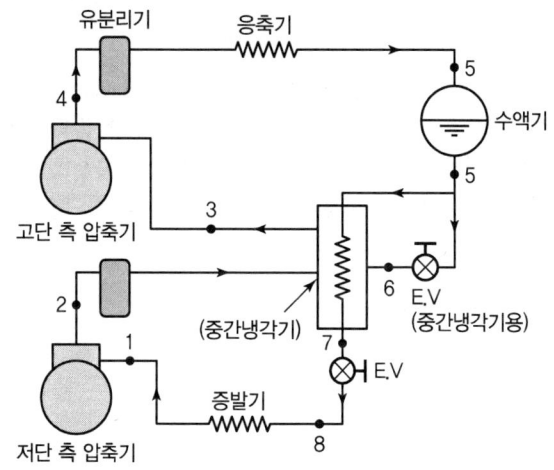

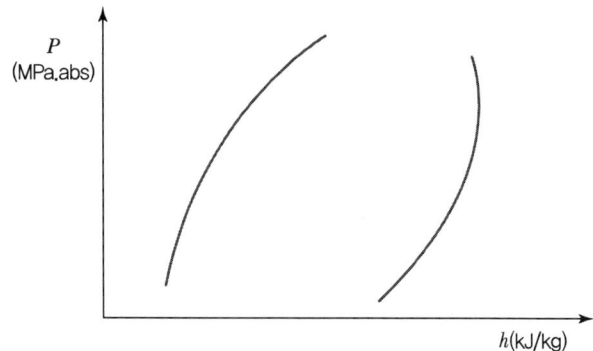

풀이

냉동사이클 표시

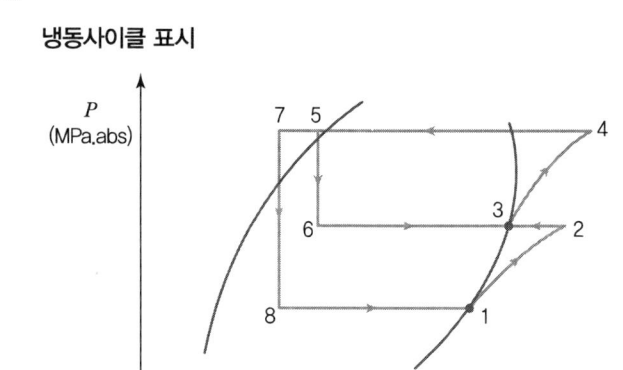

14 냉동장치의 동 도금(동 부착 : Copper Plating) 현상에 대하여 서술하시오.

> 풀이

(1) 발생개념
　① 프레온계, 탄화수소계 냉매를 사용하는 냉동장치의 동(Copper)배관에 수분이 혼입되면 수분과 프레온계, 탄화수소계 냉매가 작용(가수분해)하여 염산, 불화수소산 등의 산성물질을 발생한다.
　② 이 산성물질은 동을 침식시켜 분말화하고, 이 분말이 냉동장치를 순환하다가 고온부 실린더 내벽, 피스톤, 밸브 등에 부착(코팅)되는 현상을 동 도금(동 부착, Copper Plating)이라고 한다.

(2) 문제점
　① 체적효율 및 냉동능력 감소
　② 각종 소손 발생
　③ 실린더 과열 및 윤활유 열화

2022년 1회 기출문제

01 겨울철에 냉동장치 운전 중에 고압 측 압력이 갑자기 낮을 경우 장치 내에서 일어나는 현상을 3가지 쓰고 그 이유를 각각 설명하시오.

> 풀이

(1) 팽창밸브 통과하는 냉매량 감소
유속(V) 저하에 따른 시간당 통과하는 냉매량(G, 유량) 감소($G = AV$)

(2) 단위시간당 냉동능력 감소
통과 냉매량(G)이 감소하므로 단위시간당 냉동능력(Q_e) 감소($Q_e = G \cdot q_e$)

(3) 압축기 소요동력 증가
냉동능력 감소에 따라 동일 냉동능력 확보를 위해 압축기 가동시간 증가 및 이에 따른 소요동력 증가

02 다음과 같은 급기장치에서 주어진 조건을 이용하여 각 물음에 답하시오.

[조건]
1. 직관덕트 내의 마찰저항손실 : 1.0Pa/m
2. 환기횟수 : 10회/h
3. 공기 도입구의 저항손실 : 5Pa
4. 에어필터의 저항손실 : 100Pa
5. 공기 취출구의 저항손실 : 50Pa
6. 굴곡부 1개소의 상당길이 : 직경 10배(b, e, h 부분도 굴곡부로 간주한다.)
7. 송풍기의 전압효율(η_t) : 60%
8. 각 취출구의 풍량은 모두 같다.
9. $R = 1.0$Pa/m에 대한 원형 덕트의 지름은 다음 표에 의한다.

풍량(m³/h)	200	400	600	800	1,000	1,200	1,400	1,600	1,800
지름(mm)	152	195	227	252	276	295	316	331	346
풍량(m³/h)	2,000	2,500	3,000	3,500	4,000	4,500	5,000	5,500	6,000
지름(mm)	360	392	418	444	465	488	510	528	545

10. $\text{kW} = \dfrac{Q' \times \Delta P}{E}$ ($Q'(\text{m}^3/\text{s})$, $\Delta P(\text{kPa})$)

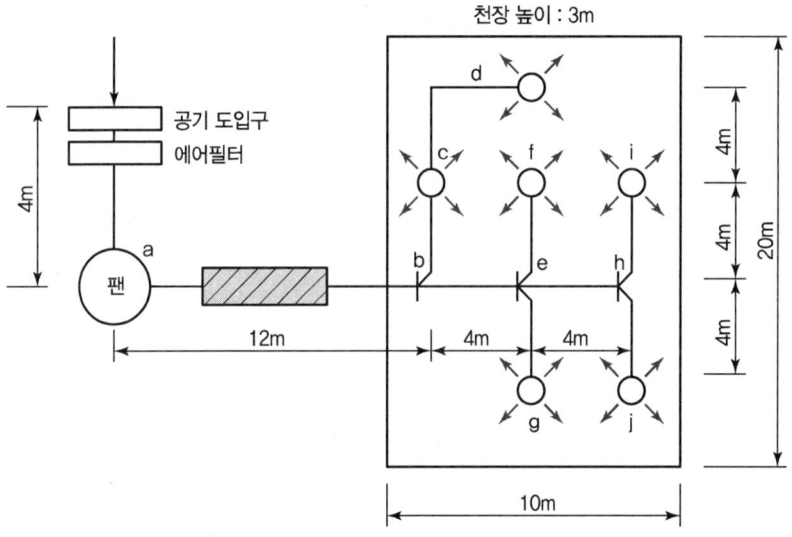

(1) 각 구간의 풍량(m³/h)과 덕트지름(mm)을 구하시오.

구간	풍량(m³/h)	덕트지름(mm)
a-b		
b-c		
c-d		
b-e		

(2) 전 덕트 저항손실(Pa)을 구하시오.
(3) 송풍기의 소요동력(kW)을 구하시오.

풀이

(1) 각 구간의 풍량과 덕트지름
- 총 급기 풍량 $Q_T = nV = 10 \times (10 \times 20 \times 3) = 6,000 \text{m}^3/\text{h}$

  여기서, η : 환기횟수(회/h)

  V : 실의 체적(m³)

- 각 취출구 풍량 $= \dfrac{6,000}{6} = 1,000 \text{m}^3/\text{h}$

- 각 구간 풍량과 덕트지름

구간	풍량(m³/h)	덕트지름(mm)
a-b	6,000	545
b-c	2,000	360
c-d	1,000	276
b-e	4,000	465

(2) 전 덕트 저항손실(Pa)

전 덕트 저항손실이므로, 공기도입구로부터 가장 먼 거리에 있는 취출구까지의 저항손실을 산출해 준다.(공기도입구 → a → b → e → h → i)
- 직관덕트 손실 = 직관 덕트 길이 × R = (4+12+4+4+4) × 1.0 = 28Pa
  여기서, R : 길이당 압력손실(Pa/m)
- 굴곡관 덕트 손실 = 굴곡관 덕트 상당 길이 × R
  = (0.545×10+0.465×10+0.360×10) × 1.0 = 13.7Pa
- 도입구, 에어필터, 취출구 손실 = 5+100+50 = 155Pa
∴ 전 덕트 저항손실 = 28+13.7+155 = 196.7Pa

(3) 송풍기의 송풍동력(kW)

$$kW = \frac{Q' \times P_T}{\eta_T} = \frac{6{,}000 \times 196.7}{3{,}600 \times 1{,}000 \times 0.6} = 0.55 kW$$

여기서, Q' : 총 급기풍량(m³/s)
P_T : 전 덕트 저항손실(kPa)
η_T : 송풍기의 전압효율

03 공조 방식에서 유인유닛 방식과 팬코일유닛 방식의 차이점을 기술하시오.

> 풀이

(1) 유인유닛 방식(Induction Unit System)
중앙의 1차 공조기에서 가열, 냉각, 가습, 감습처리한 공기를 고속 · 고압으로 각 실 유닛으로 공급하면 유닛의 노즐에서 불어내어, 그 불어낸 압력으로 실내의 2차 공기를 유인하여 혼합 · 분출한다.

(2) 팬코일유닛 방식(Fan Coil Unit System)
① 물만을 열매로 하여 실내유닛으로 공기를 냉각 · 가열하는 방식이다.
② 냉온수 코일 및 필터가 구비된 소형 유닛을 각 실에 설치하고 중앙기계실에서 냉수 또는 온수를 공급받아 공기조화를 하는 방식이다.

(3) 차이점

구분	유인유닛 방식	팬코일유닛 방식
장점	• 부하변동에 대응하기 쉽다. • 각 실별로 개별 제어가 가능하다. • 유닛에 송풍기나 전동기 등의 동력장치가 없어 전기배선이 없어도 된다. • 공조기가 소형으로 기계실면적 및 덕트면적이 작다.	• 각 유닛마다의 조절, 운전이 가능하고, 개별 제어를 할 수 있다. • 덕트면적이 필요하지 않다. • 열운반동력이 적게 든다. • 나중에 부하가 증가해도 유닛을 증설하여 대처할 수 있다. • 1차 공기를 사용하는 경우에는 페리미터 방식이 가능하다.
단점	• 유닛의 실내 설치로 건축계획상 지장이 있다. • 유닛의 수량이 많아져 유지관리가 어렵다.	• 공급외기량이 적으므로 실내공기가 오염되기 쉽다. • 필터를 매월 1회 정도 세정, 교체해야 한다. • 외기냉방이 곤란하고, 실내수배관이 필요하다. • 실내배관에 의한 누수의 염려가 있다. • 실내유닛의 방음이나 방진에 유의해야 한다.

04 다음 그림과 같이 2대의 증발기를 가진 냉동시스템에서 핫가스 제상을 위한 배관을 완성하시오. 그리고 [Ⅰ] 증발기에서 서리가 발생하여 핫가스 제상할 경우 [Ⅱ] 증발기로 냉매를 회수하는 방법을 밸브 조작을 이용하여 설명하시오.

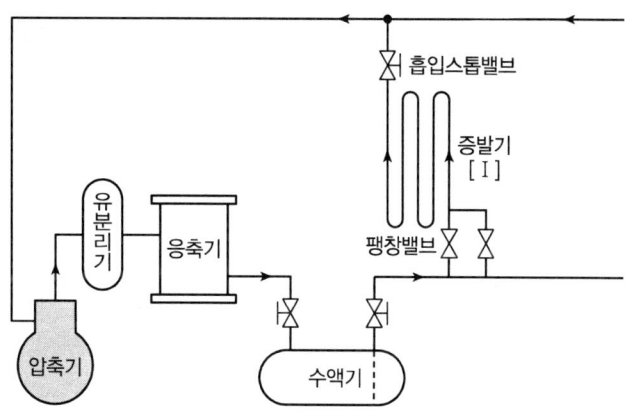

(1) 배관을 완성하시오.
(2) 제상 시 냉매회수 방법을 설명하시오.

> 풀이

(1) 배관 계통

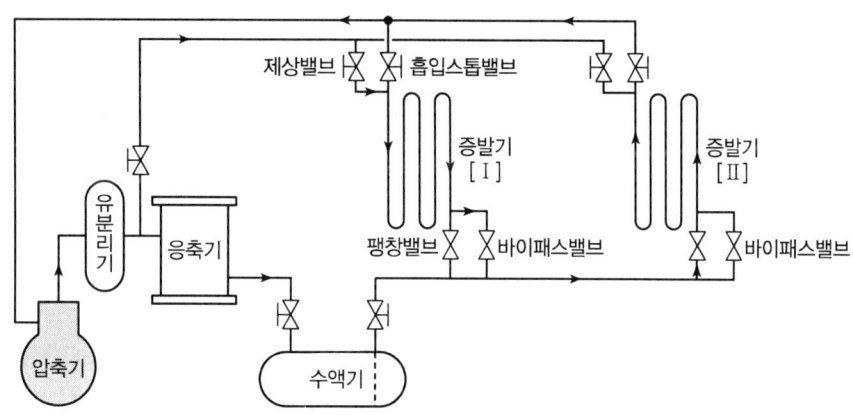

(2) 제상 시 냉매 회수 방법
① 증발기[Ⅰ]의 팽창밸브와 흡입스톱밸브를 닫는다.
② 유분리기 다음 배관에 설치된 핫가스밸브와 증발기[Ⅰ]의 제상밸브를 열어 고온 고압가스를 증발기[Ⅰ]에 유입시켜 제상을 하면 냉매는 액화된다.
③ 제상이 끝나면 유분리기 다음 배관에 설치된 핫가스밸브와 증발기[Ⅰ]의 제상밸브를 닫는다.
④ 수액기 출구밸브를 닫은 후 증발기[Ⅰ]의 바이패스밸브를 열어 액화된 냉매액을 증발기[Ⅱ]의 팽창밸브를 통해 증발기[Ⅱ]에 보내어 증발시켜 증발된 냉매증기를 압축기로 회수한다.

05 아래 그림과 같은 팬코일 유닛 연결배관(냉수공급, 환수, 응축수라인)에 대하여 역환수식 배관도면을 완성하시오. (단, 밸브류는 생략하고 배관연결과 흐름 방향을 기입하시오. FCS(팬코일냉수 공급), FCR(팬코일냉수 환수), FCD(팬코일 드레인))

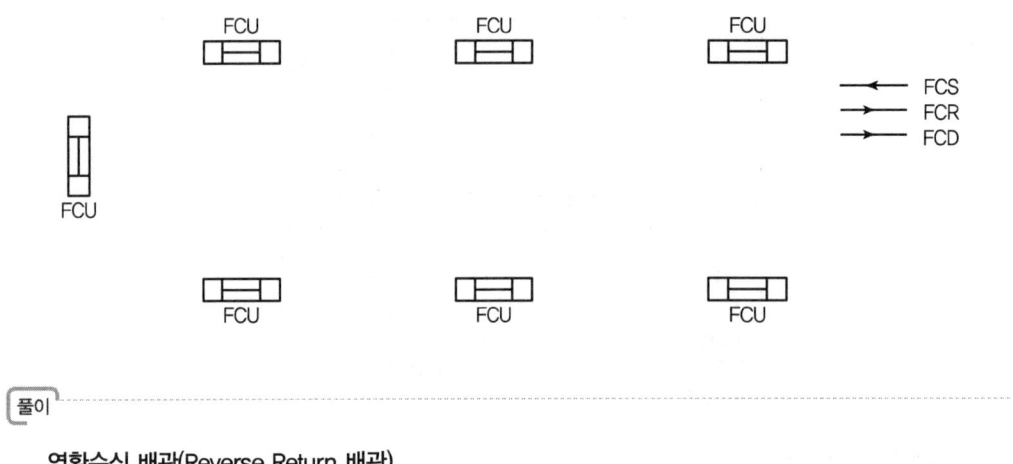

풀이

역환수식 배관(Reverse Return 배관)

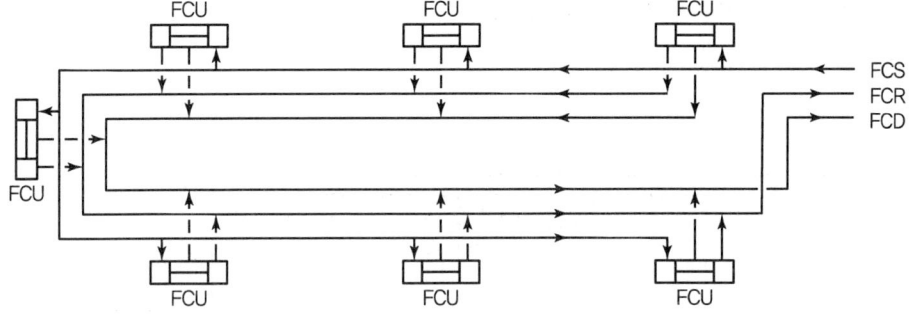

06 다음 조건에 대하여 각 물음에 답하시오. (단, 사무실은 최상층이다.)

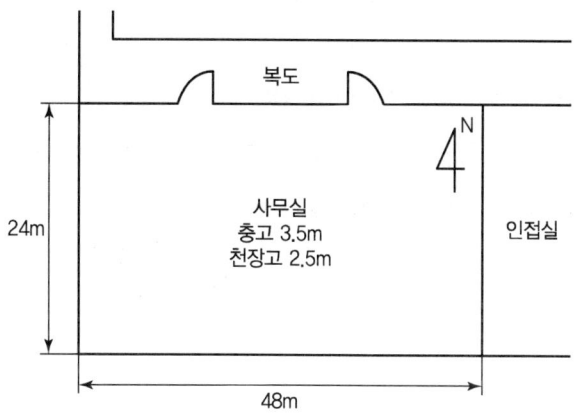

구분	건구온도(℃)	절대습도(kg/kg′)
실내	26	0.0107
실외	31	0.0186

[조건]
1. 인접실과 하층은 동일한 공조상태이다.
2. 지붕 열통과율 $K=1.76W/m^2 \cdot K$이고, 상당외기온도차 $\Delta t_e = 3.9℃$이다.
3. 조명은 바닥면적당 $20W/m^2$, 형광등, 제거율 0.25이다.
4. 외기 도입량은 바닥면적당 $5m^3/h \cdot m^2$이다.
5. 인원수 $0.5인/m^2$, 인체 발생 현열 58W/인, 잠열 73W/인이다.
6. 공기의 밀도 $1.2kg/m^3$, 비열 $1.91kJ/kg \cdot K$, 포화액증발잠열 $2,501kJ/kg$

(1) 인체의 발열부하(W) ① 현열, ② 잠열을 구하시오.

(2) 조명부하(W)를 구하시오.

(3) 지붕부하(W)를 구하시오.

(4) 외기부하(W) ① 현열, ② 잠열을 구하시오.

(1) 인체발열부하

① 현열 q_{HS} = 면적×면적당 인원수×인당 인체 발생 현열
$= n \cdot H_S = (48 \times 24) \times 0.5 \times 58 = 33,408W$

② 잠열 q_{HL} = 면적×면적당 인원수×인당 인체 발생 잠열
$= n \cdot H_L = (48 \times 24) \times 0.5 \times 73 = 42,048W$

(2) 조명부하(형광등)

$q_E = W \times f$ (여기서, f는 발열률이며 "1 − 제거율"과 같다.)
$= (48 \times 24) \times 20 \times (1 - 0.25) = 17,280W$

(3) 지붕부하
$q = K \cdot A \cdot \Delta t_e = 1.76 \times (48 \times 24) \times 3.9 = 7{,}907.33\text{W}$

(4) 외기부하
① 현열 $q_S = G \cdot C_P \cdot \Delta t = Q\rho \cdot C_P \cdot \Delta t$
$= \dfrac{(48 \times 24) \times 5 \times 1.2}{3{,}600} \times 1.01 \times 10^3 \times (31 - 26) = 9{,}696\text{W}$

② 잠열 $q_L = \gamma \cdot G \cdot \Delta x = 2{,}501 \cdot Q\rho \cdot \Delta x$
$= 2{,}501 \times 10^3 \times \dfrac{(48 \times 24) \times 5 \times 1.2 \times (0.0186 - 0.0107)}{3{,}600} = 37{,}935.17\text{W}$

07 500rpm으로 회전하는 송풍기를 600rpm으로 증가하여 운행하였을 때 처음 회전수 대비 압력의 비(P_2/P_1)와 축동력의 비(L_2/L_1)를 각각 구하시오.

[풀이]

송풍기 상사법칙을 적용한다.
• 압력의 비(P_2/P_1)

$$\dfrac{P_2}{P_1} = \left(\dfrac{N_2}{N_1}\right)^2 = \left(\dfrac{600}{500}\right)^2 = 1.44$$

• 축동력의 비(L_2/L_1)

$$\dfrac{L_2}{L_1} = \left(\dfrac{N_2}{N_1}\right)^3 = \left(\dfrac{600}{500}\right)^3 = 1.73$$

08 다음 그림과 같은 물 – 리튬브로마이드 2중 효용 흡수식 냉동기 계통도를 보고 혼합용액 상태변화 사이클을 주어진 듀링 선도에 나타내시오.

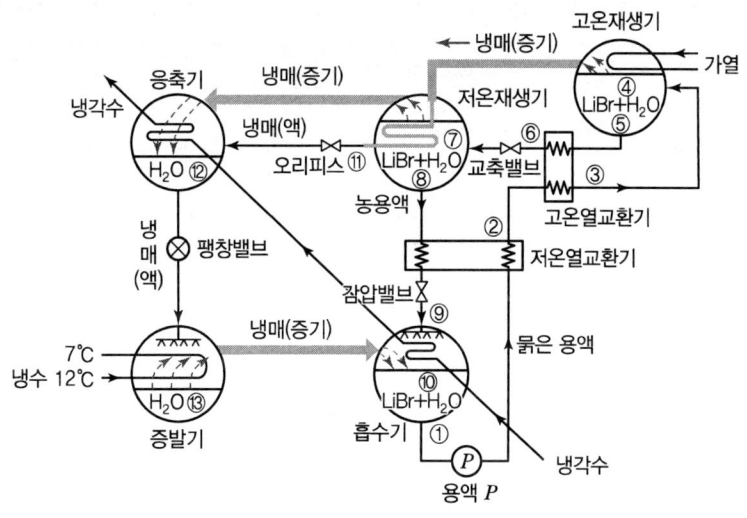

┃2중효용 흡수식냉동기($H_2O + LiBr$)┃

> 풀이

듀링 선도 작성

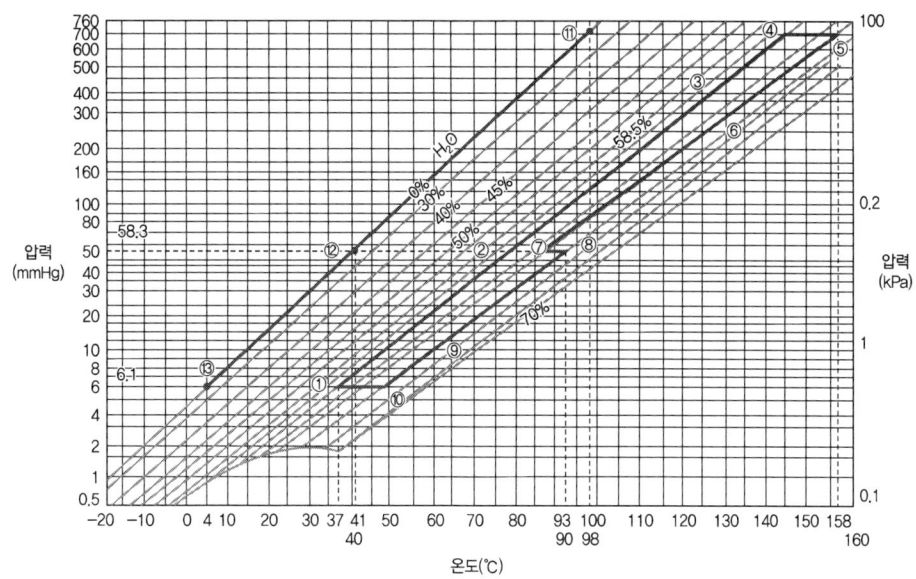

┃2중효용 흡수식냉동기 듀링 선도[냉매(H_2O), 흡수액($LiBr$)]┃

09 다음 그림과 같은 두께 100mm의 콘크리트 벽 내측을 두께 50mm의 방열층으로 시공하고, 그 내면의 두께 15mm의 목재로 마무리한 냉장실 외벽이 있다. 각 층의 열전도율 및 열전달률의 값은 다음 표와 같다. 외기온도 30℃, 상대습도 85%, 냉장실 온도 −30℃인 경우 다음 물음에 답하시오.

재질	열전도율(W/m · K)	벽면	열전달률(W/m² · K)
콘크리트	1.0	외표면	23
방열재	0.06	내표면	7
목재	0.17		

공기온도(℃)	상대습도(%)	노점온도(℃)
30	80	26.2
30	90	28.2

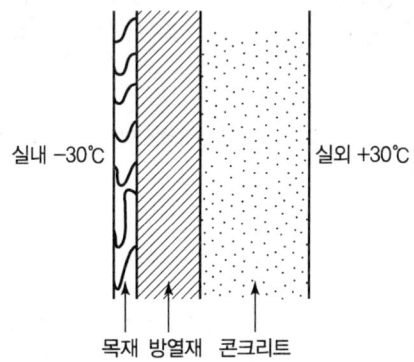

(1) 열통과율(W/m² · K)을 구하시오.
(2) 외벽 표면온도(℃)를 구하고 결로여부를 판별하시오.

풀이

(1) 열통과율(K)

$$R = \frac{1}{\alpha_o} + \frac{l_1}{\lambda_1} + \frac{l_2}{\lambda_2} + \frac{l_3}{\lambda_3} + \frac{1}{\alpha_i}$$

$$= \frac{1}{23} + \frac{0.1}{1.0} + \frac{0.05}{0.06} + \frac{0.015}{0.17} + \frac{1}{7} = 1.2079$$

$$\therefore K = \frac{1}{R} = \frac{1}{1.2079} = 0.83 \text{W/m}^2 \cdot \text{K}$$

(2) 외벽 표면온도 및 결로여부 판별

① 외벽 표면온도(t_S)

열평형식 $\alpha_o \cdot A \cdot \Delta t_S = K \cdot A \cdot \Delta t$

$$\Delta t_S = \frac{K}{\alpha_o} \Delta t = \frac{K}{\alpha_o}(t_o - t_i)$$

$$\Delta t_S = \frac{0.83}{23} \times (30-(-30)) = 2.17℃$$

$$\therefore \Delta t_S = t_o - t_S$$

$$t_S = t_o - \Delta t_S = 30 - 2.17 = 27.83℃$$

② 결로여부 판별

- 외기온도 30℃, 상대습도 85%일 때의 노점온도 t_D를 주어진 표에서 직선보간법으로 구한다.

$$\frac{85-80}{90-80} = \frac{t_D - 26.2}{28.2 - 26.2}$$ 에서

$$t_D = 26.2 + \frac{85-80}{90-80}(28.2 - 26.2) = 27.2℃$$

- 결로 여부 판별 : 외벽 표면온도 t_S(27.83℃)가 외기 노점온도 t_D(27.2℃)보다 높으므로 결로는 발생하지 않는다.

10 어느 벽체의 구조가 다음과 같은 조건을 갖출 때 각 물음에 답하시오.

[조건]
1. 실내온도 : 27℃, 외기온도 : 32℃
2. 공기층 열 컨덕턴스 : 5.2W/m² · K
3. 외벽의 면적 : 40m²
4. 벽체의 구조

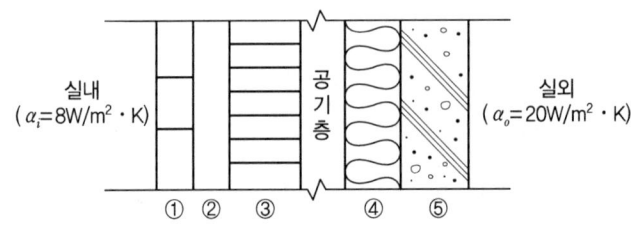

재료	두께(m)	열전도율(W/m · K)
1. 타일	0.01	1.1
2. 시멘트 모르타르	0.03	1.1
3. 시멘트 벽돌	0.19	1.2
4. 스티로폼	0.05	0.03
5. 콘크리트	0.10	1.4

(1) 벽체의 열통과율(W/m² · K)을 구하시오.
(2) 벽체의 손실열량(W)을 구하시오.
(3) 벽체의 외표면 온도(℃)를 구하시오.

풀이

(1) 벽체 열통과율(K)

$$\frac{1}{K} = \frac{1}{\alpha_i} + \frac{l_1}{\lambda_1} + \frac{l_2}{\lambda_2} + \frac{l_3}{\lambda_3} + \frac{1}{c} + \frac{l_4}{\lambda_4} + \frac{l_5}{\lambda_5} + \frac{1}{\alpha_o}$$

여기서, c : 공기층 열 컨덕턴스

$$= \frac{1}{8} + \frac{0.01}{1.1} + \frac{0.03}{1.1} + \frac{0.19}{1.2} + \frac{1}{5.2} + \frac{0.05}{0.03} + \frac{0.10}{1.4} + \frac{1}{20} = 2.300$$

$$\therefore K = \frac{1}{2.300} = 0.435 \, \text{W/m}^2 \cdot \text{K}$$

(2) 벽체 손실열량(q)

$$q = KA\Delta t = 0.435 \times 40 \times (32 - 27) = 87 \, \text{W}$$

(3) 벽체 외표면 온도(t_s)

$q_1 = q$이므로

$\alpha_o A(32 - t_s) = KA(32 - 27)$에서

$t_s = 32 - \dfrac{K(32-27)}{\alpha_o}$

$= 32 - \dfrac{0.435 \times 5}{20} = 31.89℃$

11 배관지름이 25mm이고 수속이 2m/s, 밀도 1,000kg/m³일 때 다음 물음에 답하시오.

(1) 관의 유동 단면적(m²)을 구하시오. (소수점 5째 자리까지)
(2) 체적 유량(m³/s)을 구하시오. (소수점 5째 자리까지)
(3) 질량 유량(kg/s)을 구하시오. (소수점 2째 자리까지)

풀이

(1) 관의 유동 단면적

$A = \dfrac{\pi d^2}{4} = \dfrac{\pi \times 0.025^2}{4} = 0.00049 \text{m}^2$

(2) 체적 유량

$Q = A \cdot v = 0.00049 \times 2 = 0.00098 \text{m}^3/\text{s}$

(3) 질량 유량

$G = \rho \cdot Q = 1,000 \times 0.00098 = 0.98 \text{kg/s}$

12 2단 압축 1단 팽창 냉동사이클 각 점의 상태값이 아래와 같다. 저단 압축기의 압축효율이 0.79일 때 이론 고단압축기 피스톤 압출량 V_h와 실제 고단 압축기 피스톤 압출량 V_a의 비(V_a/V_h)는 얼마인가?

- 저단 압축기 흡입 측 냉매의 엔탈피 $h_1 = 615.5$ kJ/kg
- 고단 압축기 흡입 측 냉매의 엔탈피 $h_2 = 628$ kJ/kg
- 저단 압축기 토출 측 냉매의 엔탈피 $h_3 = 634.4$ kJ/kg
- 중간냉각기 팽창밸브 직전 냉매액의 엔탈피 $h_4 = 460.5$ kJ/kg
- 증발기용 팽창밸브 직전의 냉매액의 엔탈피 $h_5 = 415.5$ kJ/kg

풀이

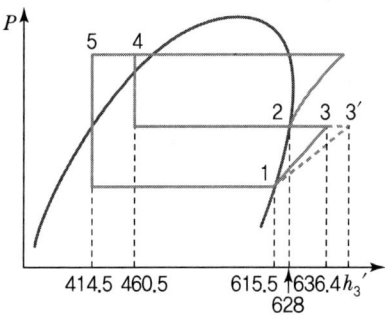

$$\frac{\text{실제 압출량}(V_a)}{\text{이론 압출량}(V_h)} = \frac{G_h'}{G_h} = \frac{G_l \frac{h_3' - h_5}{h_2 - h_4}}{G_l \frac{h_3 - h_5}{h_2 - h_4}} = \frac{h_3' - h_5}{h_3 - h_5}$$

$$\left(\because \text{여기서 } \frac{G_h}{G_l} = \frac{h_3 - h_5}{h_2 - h_4} \Leftrightarrow G_h = G_l \cdot \frac{h_3 - h_5}{h_2 - h_4} \right)$$

h_3' 산출

압축효율 $\eta_d = \dfrac{h_3 - h_1}{h_3' - h_1}$

$h_3' = h_1 + \dfrac{h_3 - h_1}{\eta_d} = 615.5 + \dfrac{636.4 - 615.5}{0.79} = 641.96$

$\therefore \dfrac{V_a}{V_h} = \dfrac{h_3' - h_5}{h_3 - h_5} = \dfrac{641.96 - 414.5}{636.4 - 414.5} = 1.03$

13 다음 (   ) 안에 알맞은 말을 [보기]에서 골라 넣으시오.

표준 냉동장치에서 흡입가스는(①)을 따라서 (②)하여 과열증기가 되어 외부와 열교환을 하고, 응축기 출구 (③)에서 5℃ 과냉각시켜서 (④)을 따라서 교축작용으로 단열팽창되어 증발기에서 등압선을 따라 포화증기가 된다.

[보기]
- 단열압축
- 등온압축
- 습압축
- 등엔탈피선
- 등비체적선
- 등엔트로피선
- 포화액선
- 습증기선
- 등온선

풀이

① 등엔트로피선   ② 단열압축   ③ 포화액선   ④ 등엔탈피선

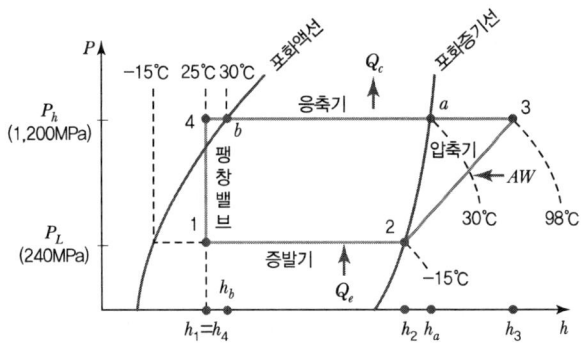

∥ 표준 냉동사이클 $P-h$ 선도 ∥

14 전열면적 $A = 60m^2$의 수랭식 응축기가 응축온도 $t_c = 32℃$, 냉각수량 $G = 500L/min$, 입구수온 $t_{w1} = 23℃$, 출구수온 $t_{w2} = 31℃$로서 운전되고 있다. 이 응축기를 장기 운전하였을 때 냉각관의 오염이 원인이 되어 냉각수량을 640L/min로 증가하지 않으면 원래의 응축온도를 유지할 수 없게 되었다. 이 상태에 대한 수랭식 응축기의 냉각관의 열통과율은 약 몇 $W/m^2 \cdot K$인가?(단, 냉각수 비열은 $4.2kJ/kg \cdot K$, 냉매와 냉각수 사이의 온도차는 산술평균온도차를 사용하고 열통과율과 냉각수량 외의 응축기의 열적상태는 변하지 않는 것으로 한다.)

풀이

수랭식 응축기의 열통과율(K)

- 기존 냉각탑 발생열량(q) 산출

$$q = G_1 \cdot C \cdot \Delta t_1 = \frac{500 \times 4.2 \times (31-23)}{60} = 280kW$$

- 냉각관 오염에 따른 냉각수 출구온도(t_{w2}') 산출

$$q = G_2 \cdot C \cdot \Delta t_2 = \frac{640 \times 4.2 \times (t_{w2}' - 23)}{60}$$

$$t_{w2}' = 23 + \frac{280 \times 60}{640 \times 4.2} = 29.25℃$$

$$\therefore q = K \cdot A \cdot \Delta t_m \Leftrightarrow K = \frac{q}{A \cdot \Delta t_m} = \frac{280 \times 10^3}{60 \times 5.875} = 794.33 W/m^2 \cdot K$$

여기서, $\Delta t_m = 32 - \frac{23 + 29.25}{2} = 5.875℃$

냉각관 오염 전후 동일열적 상태를 가정하였으므로 q는 기존 냉각탑 발생열량을 적용한다.

2022년 2회 기출문제

01 2단 압축 1단 팽창 사이클의 직접팽창형 중간냉각기이다. 빈칸에 보기의 용어를 써 넣으시오.

[보기]
1. 고압 수액기
2. 고압 측 압축기
3. 저압 측 압축기
4. 응축기
5. 증발기
6. 드레인
7. 솔레노이드밸브
8. 엘리미네이터
9. 안전밸브
10. 팽창밸브

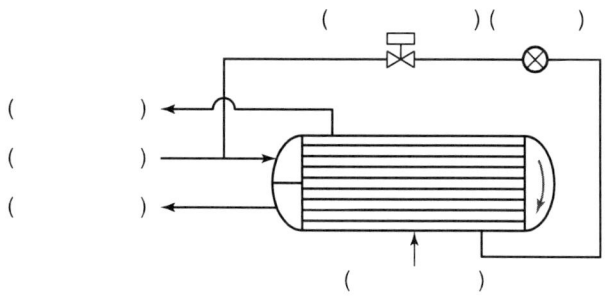

┃직접 팽창형 중간냉각기┃

풀이

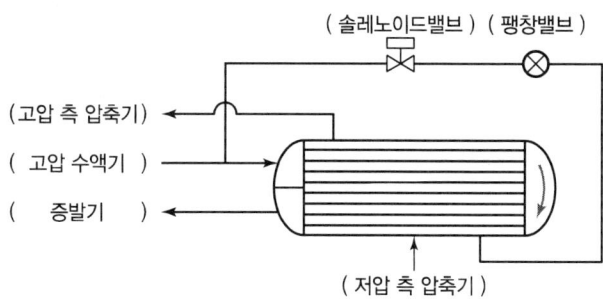

02 다음과 같은 덕트 시스템에 대하여 덕트 치수를 등압법(1.0Pa/m)에 의하여 결정하시오.(단, 각 토출구의 토출풍량은 1,000m³/h이며 덕트풍속은 선도에서 읽어서 구한다.)

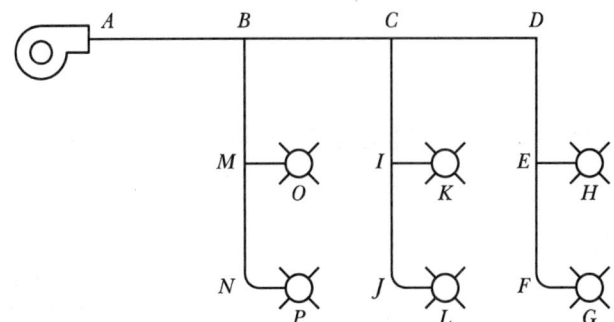

구간	풍량(m³/h)	지름(cm)	풍속(m/s)	직사각형 덕트 a×b(mm)
A-B				( )×200
B-C				( )×200
C-E				( )×200
E-G				( )×200

풀이

덕트 치수 결정
원형 덕트의 지름과 풍속은 마찰저항 선도를 통해 구하고, 직사각형 덕트의 크기는 장방형 덕트와 원형 덕트의 환산표를 통해 산출한다.

구간	풍량(m³/h)	지름(cm)	풍속(m/s)	직사각형 덕트 a×b(mm)
A-B	6,000	54	7.0	(1,550)×200
B-C	4,000	46	6.5	(1,050)×200
C-E	2,000	36	5.5	(600)×200
E-G	1,000	26	4.7	(350)×200

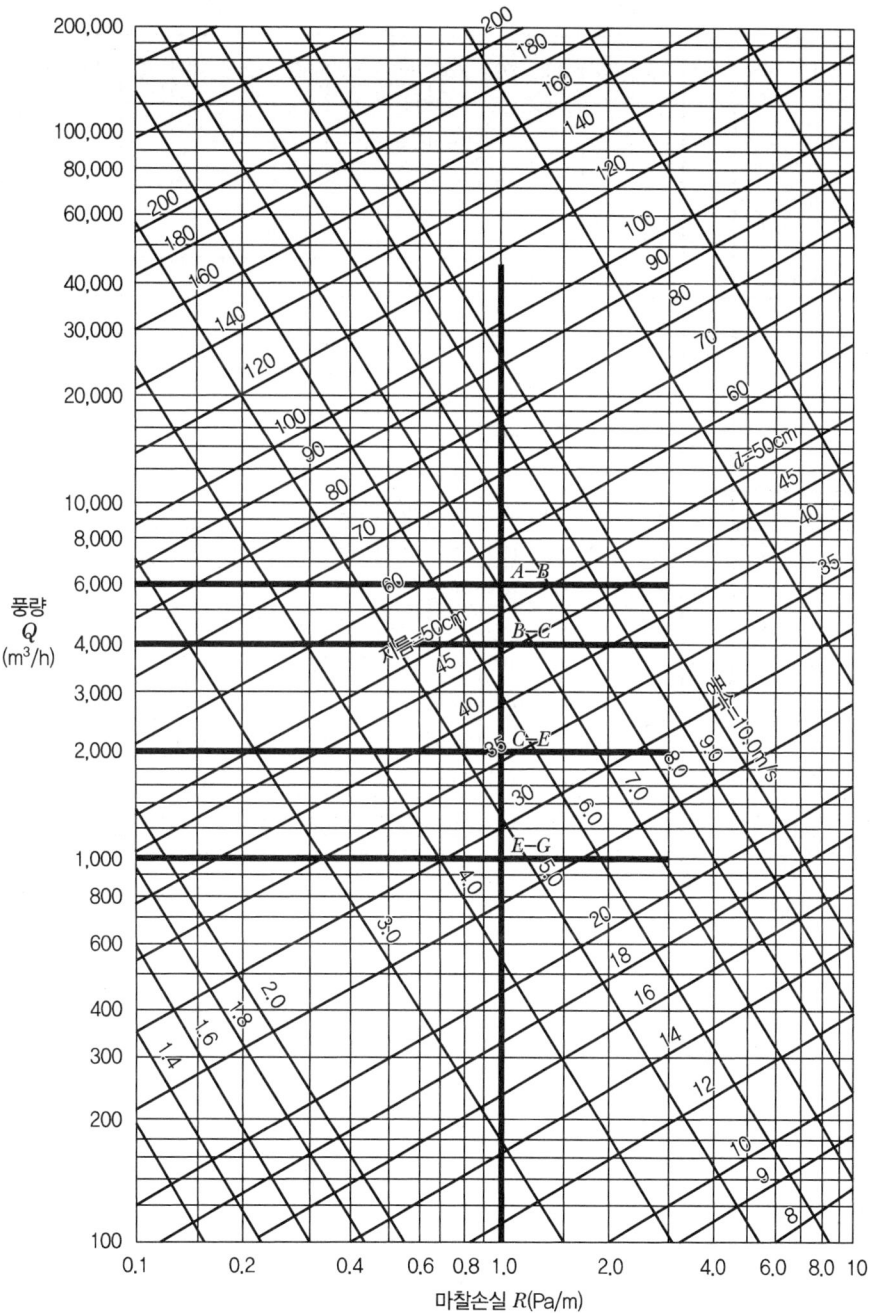

▼ 장방형 덕트와 원형 덕트의 환산표

장변\단변	10	15	20	25	30	35	40	45	50	55	60	65	70	75	80	85	90	95	100
10	10.9																		
15	13.3	16.4																	
20	15.2	18.9	21.9																
25	16.9	21.0	24.4	27.3															
30	18.3	22.9	26.6	29.9	32.8														
35	19.5	24.5	28.6	32.2	35.4	38.3													
40	20.7	26.0	30.5	34.3	37.8	40.9	43.7												
45	21.7	27.4	32.1	36.3	40.0	43.3	46.4	49.2											
50	22.7	28.7	33.7	38.1	42.0	45.6	48.8	51.8	54.7										
55	23.6	29.9	35.1	39.8	43.9	47.7	51.1	54.3	57.3	60.1									
60	24.5	31.0	36.5	41.4	45.7	49.6	53.3	56.7	59.8	62.8	65.6								
65	25.3	32.1	37.8	42.9	47.4	51.5	55.3	58.9	62.2	65.3	68.3	71.1							
70	26.1	33.1	39.1	44.3	49.0	53.3	57.3	61.0	64.4	67.7	70.8	73.7	76.5						
75	26.8	34.1	40.2	45.7	50.6	55.0	59.2	63.0	66.6	69.7	73.2	76.3	79.2	82.0					
80	27.5	35.0	41.4	47.0	52.0	56.7	60.9	64.9	68.7	72.2	75.5	78.7	81.8	84.7	87.5				
85	28.2	35.9	42.4	48.2	53.4	58.2	62.6	66.8	70.6	74.3	77.8	81.1	84.2	87.2	90.1	92.9			
90	28.9	36.7	43.5	49.4	54.8	59.7	64.2	68.6	72.6	76.3	79.9	83.3	86.6	89.7	92.7	95.6	198.4		
95	29.5	37.5	44.5	50.6	56.1	61.1	65.9	70.3	74.4	78.3	82.0	85.5	88.9	92.1	95.2	98.2	101.1	103.9	
100	30.1	38.4	45.4	51.7	57.4	62.6	67.4	71.9	76.2	80.2	84.0	87.6	91.1	94.4	97.6	100.7	103.7	106.5	109.3
105	30.7	39.1	46.4	52.8	58.6	64.0	68.9	73.5	77.8	82.0	85.9	89.7	93.2	96.7	100.0	103.1	106.2	109.1	112.0
110	31.3	39.9	47.3	53.8	59.8	65.2	70.3	75.1	79.6	83.8	87.8	91.6	95.3	98.8	102.2	105.5	108.6	111.7	114.6
115	31.8	40.6	48.1	54.8	60.9	66.5	71.7	76.6	81.2	85.5	89.6	93.6	97.3	100.9	104.4	107.8	111.0	114.1	117.2
120	32.4	41.3	49.0	55.8	62.0	67.7	73.1	78.0	82.7	87.2	91.4	95.4	99.3	103.0	106.6	110.0	113.3	116.5	119.6
125	32.9	42.0	49.9	56.8	63.1	68.9	74.4	79.5	84.3	88.8	93.1	97.3	101.2	105.0	108.6	112.2	115.6	118.8	122.0
130	33.4	42.6	50.6	57.5	64.2	70.1	75.7	80.8	85.7	90.4	94.8	99.0	103.1	106.9	110.7	114.3	117.7	121.1	124.4
135	33.9	43.3	51.4	58.6	65.2	71.3	76.9	82.2	87.2	91.9	96.4	100.7	104.9	108.8	112.6	116.3	119.9	123.3	126.7
140	34.4	43.9	52.2	59.5	66.2	72.4	78.1	83.5	88.6	93.4	98.0	102.4	106.6	110.7	114.6	118.3	122.0	125.5	128.9
145	34.9	44.5	52.9	60.4	67.2	73.5	79.3	84.8	90.0	94.9	99.6	104.1	108.4	112.5	116.5	120.3	124.0	127.6	131.1
150	35.3	45.2	53.6	61.2	68.1	74.5	80.5	86.1	91.3	96.3	101.1	105.7	110.0	114.3	118.3	122.2	126.0	129.7	133.2
155	35.8	45.7	54.4	62.1	69.1	75.6	81.6	87.3	92.6	97.4	102.6	107.2	111.7	116.0	120.1	124.1	127.9	131.7	135.3
160	36.2	46.3	55.1	62.9	70.6	76.6	82.7	88.5	93.9	99.1	104.1	108.8	113.3	117.7	121.9	125.9	129.8	133.6	137.3
165	36.7	46.9	55.7	63.7	70.9	77.6	83.8	89.7	95.2	100.5	105.5	110.3	114.9	119.3	123.6	127.7	131.7	135.6	139.3
170	37.1	47.5	56.4	64.4	71.8	78.5	84.9	90.8	96.4	101.8	106.9	111.8	116.4	120.9	125.3	129.5	133.5	137.5	141.3

03 냉매액 강제 순환식 냉동장치에서 다음에 답하시오.

(1) 아래 냉매액 강제 순환식 암모니아 냉동장치의 주요장치에 대한 배관을 완성하시오. (단, 고압 측은 점선, 저압 측은 실선으로 표시하시오.)

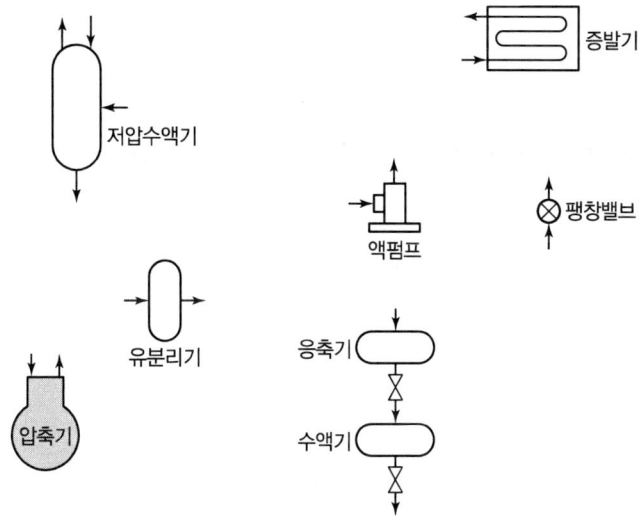

(2) 냉매액 강제 순환식 냉동장치의 장점 2가지를 적으시오.

풀이

(1) 배관완성

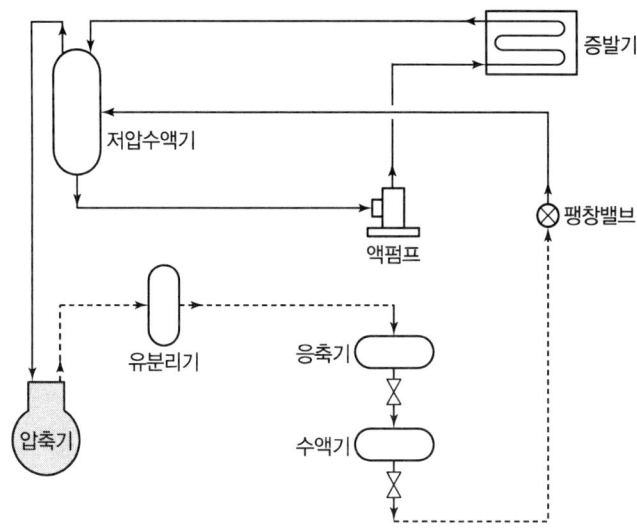

(2) 냉매액 강제 순환식 냉동장치 장점 2가지
① 전열이 양호하며 증발기 내에 윤활유가 체류할 염려가 없다.
② Liquid Back을 방지할 수 있으며 제상의 자동화가 용이하다.
③ 증발기 냉각관 내에서의 압력 강하의 문제를 해소한다.

04 다음 보기의 기호를 사용하여 공조배관 계통도를 작성하시오. (단, 냉수공급관 및 환수관은 개별식으로 배관한다.)

> 풀이

계통도 작성

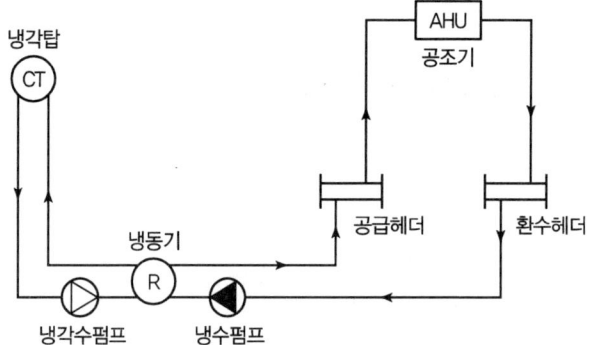

05 주어진 설계조건을 이용하여 사무실 각 부분에 대하여 손실열량을 구하시오.

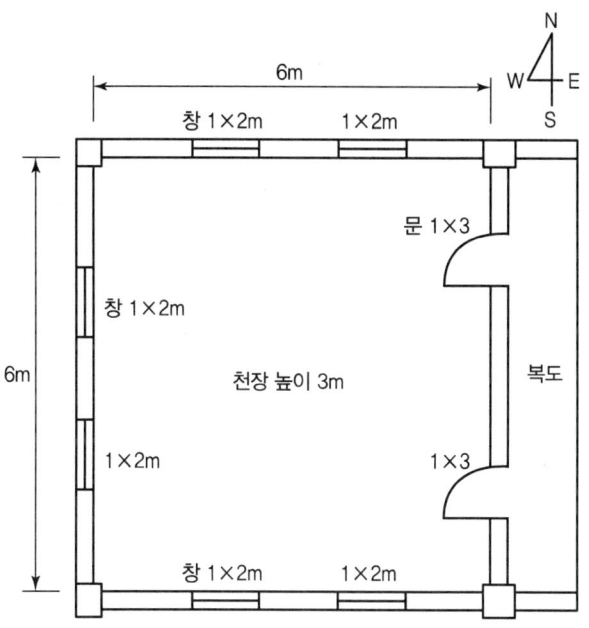

[설계조건]
1. 설계온도(℃) : 실내온도 19℃, 실외온도 -1℃, 복도온도 10℃
2. 열관류율(W/m²·K) : 외벽 3.2, 내벽 3.5, 바닥 1.9, 유리(2중) 2.2, 문 3.5
3. 방위보정계수(k')
   - 북쪽, 북서쪽, 북동쪽 : 0.15
   - 동남쪽, 남서쪽 : 0.05
   - 동쪽, 서쪽 : 0.10
   - 남쪽 : 0.0
4. 환기횟수 : 1회/h
5. 천장 높이와 층고는 동일하게 간주한다.
6. 공기의 정압비열 : 1.01kJ/kg·K, 공기의 밀도 : 1.2kg/m³

구분	열관류율(W/m²·K)	면적(m²)	온도차(℃)	방위계수(1+K)	부하(W)
동쪽 내벽				–	
동쪽 문				–	
서쪽 외벽					
서쪽 창					
남쪽 외벽					
남쪽 창					
북쪽 외벽					
북쪽 창					
환기 부하	• 계산식 : • 부하량 :				
난방 부하	• 계산식 : • 부하량 :				

풀이

부하 $q = K \cdot A \cdot \Delta t \cdot k$을 적용한다.

구분	열관류율(W/m²·K)	면적(m²)	온도차(℃)	방위계수(1+K)	부하(W)
동쪽 내벽	3.5	6×3−(1×3×2)=12	9	–	378
동쪽 문	3.5	1×3×2=6	9	–	189
서쪽 외벽	3.2	6×3−(1×2×2)=14	20	1.1	985.6
서쪽 창	2.2	1×2×2=4	20	1.1	193.6
남쪽 외벽	3.2	6×3−(1×2×2)=14	20	1.0	896
남쪽 창	2.2	1×2×2=4	20	1.0	176
북쪽 외벽	3.2	6×3−(1×2×2)=14	20	1.15	1,030.4
북쪽 창	2.2	1×2×2=4	20	1.15	202.4
환기 부하	• 계산식 : $\dfrac{(6 \times 6 \times 3 \times 1회) \times 1.2}{3,600} \times 1.01 \times (19-(-1)) = 7.272\text{kW} = 727.2\text{W}$ • 부하량 : 727.2W				
난방 부하	• 계산식 : 378+189+985.6+193.6+896+176+1,030.4+202.4+727.2=4,778.2W • 부하량 : 4,778.2W				

06 기통비 2인 컴파운드 R-22 고속 다기통 압축기가 다음 그림에서와 같이 중간 냉각이 불완전한 2단 압축 1단 팽창식으로 운전되고 있다. 이때 중간냉각기 팽창밸브 직전의 냉매액 온도가 33℃, 저단 측 흡입냉매의 비체적이 $0.15\text{m}^3/\text{kg}$, 고단 측 흡입냉매의 비체적이 $0.06\text{m}^3/\text{kg}$이라고 할 때 저단 측의 냉동효과(kJ/kg)는 얼마인가?(단, 고단 측과 저단 측의 체적효율은 같다.)

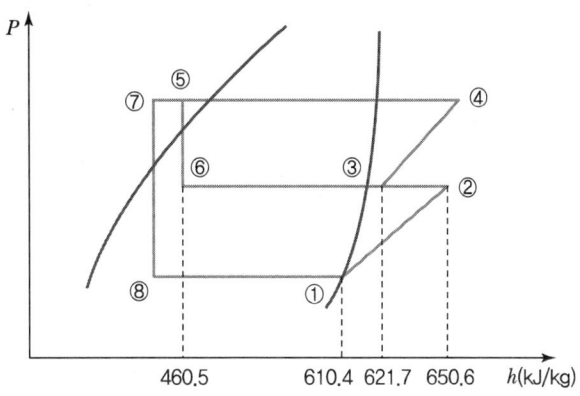

풀이

저단 측 냉동효과(q_e)

- 냉동효과 $q_e = h_1 - h_8$
- h_8 산출

$$\text{기통비} = \frac{\text{저단 기통수}}{\text{고단 기통수}} = 2$$

$$\frac{G_l}{G_h} = \frac{2V/v_1}{V/v_3} = \frac{2v_3}{v_1} \cdots ①$$

$$\frac{G_l}{G_h} = \frac{h_3 - h_6}{h_2 - h_7} = \frac{h_3 - h_6}{h_2 - h_8} \cdots ②$$

①, ②에 의해 $\dfrac{2v_3}{v_1} = \dfrac{h_3 - h_6}{h_2 - h_8}$,

$$h_8 = h_2 - \frac{v_1}{2v_3}(h_3 - h_6)$$

$$= 650.6 - \frac{0.15}{2 \times 0.06}(621.7 - 460.5) = 449.1\text{kJ/kg}$$

∴ 냉동효과 $q_e = h_1 - h_8 = 610.4 - 449.1 = 161.3\text{kJ/kg}$

07 900rpm으로 운전되는 송풍기가 풍량 8,000m³/h, 정압 40mmAq, 동력 15kW의 성능을 나타내고 있는 것으로 한다. 이 송풍기의 회전수를 1,080rpm으로 증가시키면 어떻게 되는가를 계산하시오.

> **풀이**

송풍기 상사법칙에 의해서

- 풍량 $Q_2 = \left(\dfrac{N_2}{N_1}\right) \times Q_1 = \left(\dfrac{1,080}{900}\right) \times 8,000 = 9,600 \text{m}^3/\text{h}$

- 정압 $P_2 = \left(\dfrac{N_2}{N_1}\right)^2 \times P_1 = \left(\dfrac{1,080}{900}\right)^2 \times 40 = 57.6 \text{mmAq}$

- 동력 $L_2 = \left(\dfrac{N_2}{N_1}\right)^3 \times L_1 = \left(\dfrac{1,080}{900}\right)^3 \times 15 = 25.92 \text{kW}$

08 증기보일러에 부착된 인젝터의 작용을 설명하시오.

> **풀이**

1. 인젝터(Injector)는 보일러의 증기압을 이용하여 급수하는 급수보조장치이다.
2. 증기노즐 끝에 있는 밸브를 열어 증기를 분출시키면 증기노즐 부근이 진공상태가 되어 물을 흡수하게 된다.
3. 혼합노즐에서 물과 공기는 함께 우측으로 흐르다가 혼합노즐 출구에서 공기는 없어지고 수류(물의 흐름)가 강해지면서 급수된다.

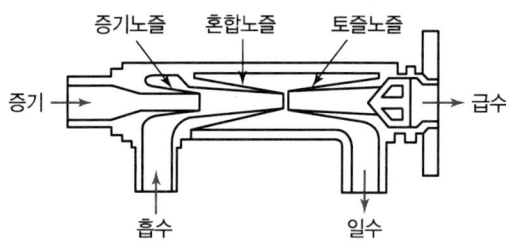

09 공조장치에서 증발기 부하가 100kW이고 냉각수 순환수량이 0.2m³/min, 성적계수가 2.5이고 응축기 전열면적 3.0m², 열관류율 6.0kW/m²·K에서 냉각수 입구온도 20℃일 때 (1) 응축 필요 부하(kW), (2) 응축기 냉각수 출구온도(℃), (3) 냉매의 응축온도(℃)를 구하시오.(단, 냉각수의 비열은 4.2kJ/kg·K이며 산술평균온도차를 이용한다.)

> **풀이**
>
> (1) 응축 필요 부하(Q_C)
>   응축 필요 부하 $Q_C = Q_e + W = 100 + 40 = 140\text{kW}$
>
>   여기서, $COP = \dfrac{Q_e}{W}$에서 압축기 부하 $W = \dfrac{Q_e}{COP} = \dfrac{100}{2.5} = 40\text{kW}$
>
> (2) 응축기 냉각수 출구온도(t_{w2})
> $Q_C = G \cdot C(t_{w2} - t_{w1})$
> $t_{w2} = t_{w1} + \dfrac{Q_C}{G \cdot C} = 20 + \dfrac{140 \times 60}{(0.2 \times 1,000) \times 4.2} = 30℃$
>
> (3) 냉매의 응축온도(t_C)
> $Q_C = K \cdot A \cdot \Delta t_m$
> $\Delta t_m = \dfrac{Q_C}{K \cdot A} = \dfrac{140}{6.0 \times 3.0} = 7.778℃$
> $\Delta t_m = t_C - \dfrac{t_{w1} + t_{w2}}{2}$
>   ∴ $t_C = \Delta t_m + \dfrac{t_{w1} + t_{w2}}{2} = 7.778 + \dfrac{20 + 30}{2} = 32.78℃$

10 펌프 운전 중에 일어나는 공동현상(Cavitation)에 대하여 각 물음에 답하시오.
  (1) 정의
  (2) 발생원인(2가지)

> **풀이**
>
> (1) 정의
>   공동현상이란 수온이 상승하거나 빠른 속도로 물이 운동할 때 물의 압력이 증기압 이하로 낮아져서 물 내에 공동(기포, 기체거품)이 발생하는 현상이다.
>
> (2) 발생원인(2가지)
>   ① 펌프의 흡입양정이 클 경우
>   ② 펌프의 마찰손실이 과대할 경우
>   ③ 펌프의 임펠러 속도가 클 경우
>   ④ 펌프의 흡입관경이 작을 경우
>   ⑤ 펌프의 흡입수온이 높을 경우

11 실린더 안지름 80mm, 피스톤 행정거리 80mm, 회전수 1,500rpm, 4기통 왕복동식 압축기의 이론 피스톤 토출량(m^3/h)을 구하시오.

> **풀이**
>
> 이론 피스톤 토출량 $V = \dfrac{\pi}{4} d_i^2 \cdot L \cdot n \cdot Z$
>
> $\quad = \dfrac{\pi}{4} \times 0.08^2 \times 0.08 \times 1,500 \times 4 \times 60$
>
> $\quad = 144.76 \, m^3/h$
>
> 여기서, d_i : 실린더 안지름(m)
> L : 피스톤 행정거리(m)
> n : 회전수(rpm)
> Z : 기통수

12 다음 그림의 증기난방에 대한 증기공급 배관지름(①~③)을 구하시오. (단, 증기압은 30kPa, 압력강하 $r = 1.0$ kPa/100m로 한다.)

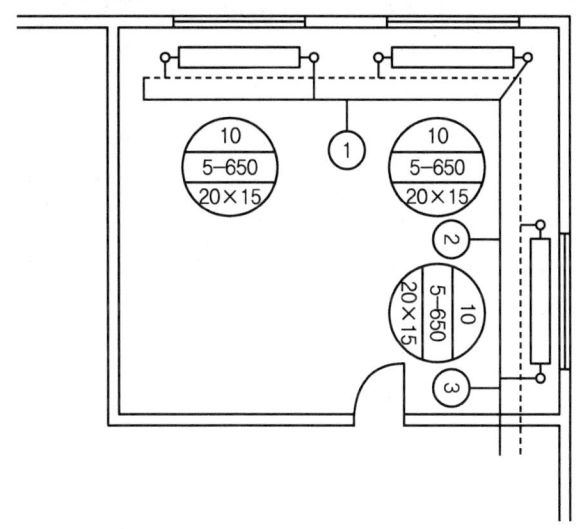

▼ 저압증기관의 관지름

관지름 (mm)	저압증기관의 용량(EDR m²)									
	순구배 횡주관 및 하향급기 입관(복관식 및 단관식)						역구배 횡주관 및 상향급기 입관			
	R = 압력강하(kPa/100m)						복관식		단관식	
	0.5	1.0	2.0	5.0	10	20	입관	횡주관	입관	횡주관
20	2.1	3.1	4.5	7.4	10.6	15.3	4.5	–	3.1	–
25	3.9	5.7	8.4	14	20	29	8.4	3.7	5.7	3.0
32	7.7	11.5	17	28	41	59	17.0	8.2	11.5	6.8
40	12	17.5	26	42	61	88	26	12	17.5	10.4
50	22	33	48	80	115	166	48	21	33	18
65	44	64	94	155	225	325	90	51	63	34
80	70	102	150	247	350	510	130	85	96	55
90	104	150	218	360	520	740	180	134	135	85
100	145	210	300	500	720	1,040	235	192	175	130
125	260	370	540	860	1,250	1,800	440	360		
150	410	600	860	1,400	2,000	2,900	770	610		
200	850	1,240	1,800	2,900	4,100	5,900	1,700	1,340		
250	1,530	2,200	3,200	5,100	7,300	10,400	3,000	2,500		
300	3,450	3,500	5,000	8,100	11,500	17,000	4,800	4,000		

▼ 주철방열기의 치수와 방열면적

형식	치수(mm)			1쪽당 상당 방열면적 $F(m^2)$	내용적(L)	중량(공) (kg)
	높이 H	폭 b	길이 L			
2주	950	187	65	0.35	3.60	12.3
	800	187	65	0.29	2.85	11.3
	700	187	65	0.25	2.50	8.7
	650	187	65	0.23	2.30	8.2
	600	187	65	0.12	2.10	7.7
3주	950	228	65	0.42	2.40	15.8
	800	228	65	0.35	2.20	12.6
	700	228	65	0.30	2.00	11.0
	650	228	65	0.27	1.80	10.3
	600	228	65	0.25	1.65	9.2
3세주	800	117	50	0.19	0.80	6.0
	700	117	50	0.16	0.73	5.5
	650	117	50	0.15	0.70	5.0
	600	117	50	0.13	0.60	4.5
	500	117	50	0.11	0.54	3.7
5세주	950	203	50	0.40	1.30	11.9
	800	203	50	0.33	1.20	10.0
	700	203	50	0.28	1.10	9.1
	650	203	50	0.25	1.00	8.3
	600	203	50	0.23	0.90	7.2
	500	203	50	0.19	0.85	6.9

[풀이]

증기공급 배관 지름

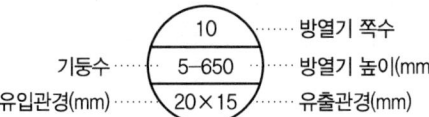

- 방열기 1대의 방열면적 : 10쪽×0.25＝2.5m²(5세주, 높이 650방열기)
- 각 구간 방열면적
  ① 구간 방열면적 : 2.5×1대＝2.5m²
  ② 구간 방열면적 : 2.5×2대＝5.0m²
  ③ 구간 방열면적 : 2.5×3대＝7.5m²
- 저압증기관, 순구배 횡주관(복관식), 압력강하 $R=1.0$(kPa/100m) 칸에서 관지름을 구한다.
  ① 구간 배관 지름 : 20mm(EDR 2.5m² 바로 위 값 3.1m²에 해당하는 관지름)
  ② 구간 배관 지름 : 25mm(EDR 5.0m² 바로 위 값 5.7m²에 해당하는 관지름)
  ③ 구간 배관 지름 : 32mm(EDR 7.5m² 바로 위 값 11.5m²에 해당하는 관지름)

13 다음 그림과 같은 공조장치를 냉방운전하고자 한다. 각 물음에 답하시오.

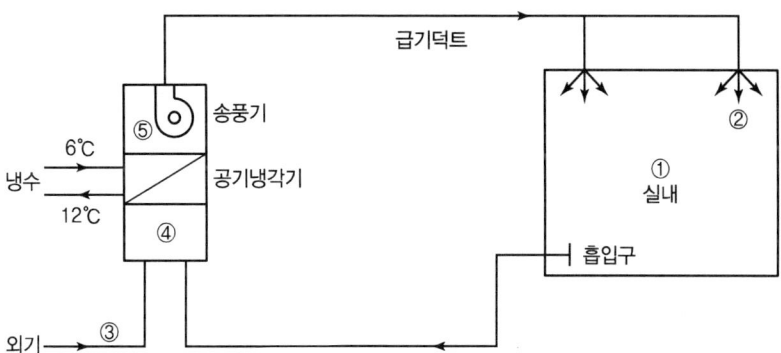

[조건]
1. 외기 : 33℃, 습구온도 27℃
2. 실내 : 26℃, 상대습도 50%, 현열부하 : 13.5kW, 잠열부하 : 2.4kW
3. 취출구온도 : 16℃
4. 송풍기 부하 : 1kW, 급기덕트 취득열 : 0.35kW
5. 취입 외기량 : 급기송풍량의 30%
6. 공기밀도 : 1.2kg/m³, 정압비열 : 1.01kJ/kg·K
7. 냉수 비열 : 4.2kJ/kg·K

(1) 1~5점을 공기 선도에 표시하시오. (2) 현열비의 구하시오.
(3) 실내풍량을 구하시오. (m³/h) (4) 냉각기 출구 공기온도를 구하시오.
(5) 냉수량을 구하시오. (L/min)

풀이

(1) 1~5점 공기 선도에 표시
다음 페이지 참고

(2) 현열비(SHF)

$$현열비 = \frac{현열}{전열} = \frac{13.5}{13.5+2.4} = 0.85$$

(3) 실내풍량(Q)

$$q_S = G \cdot C_p \cdot \Delta t = Q\rho \cdot C_p \cdot \Delta t$$

$$Q = \frac{q_S}{\rho \cdot C_p \cdot \Delta t} = \frac{13.5 \times 3,600}{1.2 \times 1.01 \times (26-16)} = 4,009.90 \text{m}^3/\text{h}$$

(4) 냉각기 출구 공기온도(t_5)

- 송풍기와 급기덕트의 열취득에 의한 온도 상승(Δt)

송풍기 $q = G \cdot C_P \cdot \Delta t = Q\rho C_P \Delta t$

$$\Delta t = \frac{q}{\rho \cdot Q \cdot C_P} = \frac{1 \times 3,600}{1.2 \times 4,009.9 \times 1.01} = 0.74℃$$

급기 덕트 $q = G \cdot C_P \cdot \Delta t = Q\rho C_P \Delta t$

$$\Delta t = \frac{q}{\rho \cdot Q \cdot C_P} = \frac{0.35 \times 3,600}{1.2 \times 4,009.9 \times 1.01} = 0.26℃$$

온도상승 $\Delta t = 0.76 + 0.24 = 1℃$

- 냉각기 출구 공기온도(t_5) = 취출구 온도(t_2) $- \Delta t = 16 - 1.0 = 15℃$

(5) 냉수량(G_w)

① 외기와 실내환기의 혼합공기온도(t_4)

$G_1 C_p t_1 + G_3 C_p t_3 = G_4 C_p t_4$에서

$$t_4 = \frac{G_1 t_1 + G_3 t_3}{G_4} = \frac{0.7 \times 26 + 0.3 \times 33}{1.0} = 28.1℃$$

② 냉수량(G_w) 산출

공기냉각기에서 공기 냉각열량 = 냉수 가열량

$q_C = G_a \cdot \Delta h = G_w \cdot C_w \cdot \Delta t_w$

공기 선도에서 공기냉각기 입·출구 엔탈피를 읽으면

$h_4 = 63\text{kJ/kg}$, $h_5 = 39.5\text{kJ/kg}$이다.

$$\therefore 냉수량\ G_w = \frac{G_a \cdot \Delta h}{C_w \cdot \Delta t_w} = \frac{Q_a \cdot \rho \cdot (h_4 - h_5)}{C_w \cdot \Delta t_w}$$

$$= \frac{4,009.9 \times 1.2 \times (63-39.5)}{4.2 \times (12-6)} = 4,487.27 \text{L/h} = 72.79 \text{L/min}$$

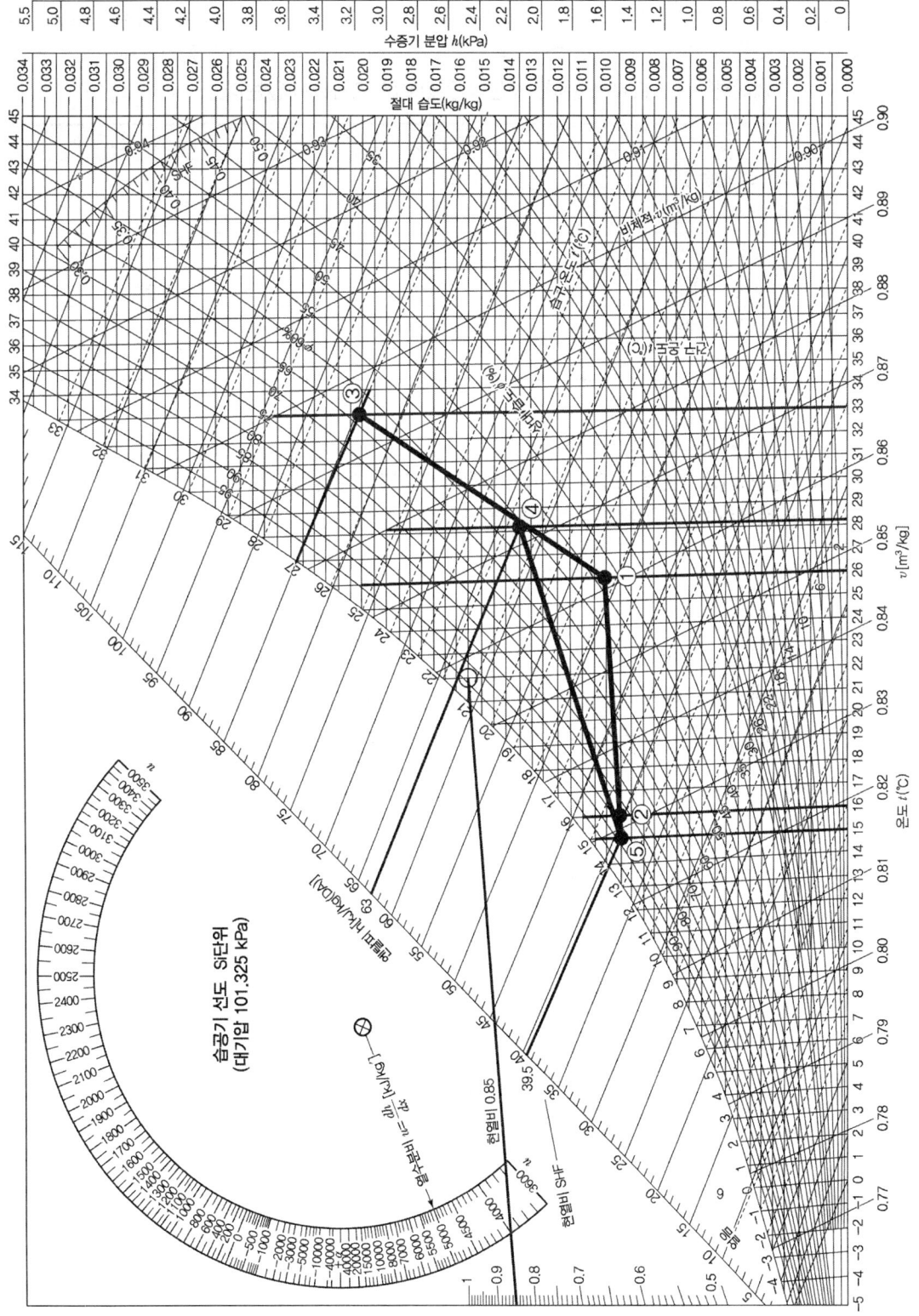

14 어느 사무실의 취득열량 및 외기부하를 산출하였더니 다음과 같았다. 각 물음에 답하시오. (단, 급기온도와 실온의 차이는 11℃로 하고, 공기의 밀도는 1.2kg/m³, 공기의 정압비열은 1.01kJ/kg·K, 1냉각톤은 4.54kW로 한다. 계산상 안전율은 고려하지 않는다.)

항목	현열(kJ/h)	잠열(kJ/h)
벽체로부터의 열취득	25,000	0
유리로부터의 열취득	33,000	0
바이패스 외기열량	580	2,500
재실자 발열량	4,000	5,000
형광등 발열량	10,000	0
외기부하	5,900	20,000

(1) 현열비를 구하시오.
(2) 냉각코일 부하(kJ/h)를 구하시오.
(3) 냉각탑 용량(냉각톤)을 구하시오. (단, 냉동기증발열량은 냉각코일 부하에서 펌프 및 배관손실 5%를 적용하며, 응축열량은 증발열량에서 20% 할증한다.)

풀이

(1) 현열비(SHF)
- 실내 취득 현열량 $q_S = 25,000 + 33,000 + 580 + 4,000 + 10,000 = 72,580$ kJ/h
- 실내 취득 잠열량 $q_L = 2,500 + 5,000 = 7,500$ kJ/h

∴ 현열비(SHF) = $\dfrac{\text{현열량}}{\text{전열량}} = \dfrac{72,580}{72,580 + 7,500} = 0.91$

(2) 냉각코일 부하(q_C)

q_C = 실내부하 + 외기부하 = (실내취득 현열량 + 실내취득 잠열량) + 외기부하
= (72,580 + 7,500) + (5,900 + 20,000) = 105,980 kJ/h

(3) 냉각탑 용량(냉각톤)

냉동기 증발열량 = 냉각코일 부하 + 펌프 및 배관손실부하(q_c의 5%)
= 105,980 × 1.05 = 111,279 kJ/h

∴ 냉각탑 용량 = $\dfrac{\text{응축열량}}{\text{1냉각톤(CRT)}} = \dfrac{\text{냉동기 증발열량} \times 1.2}{\text{1냉각톤(CRT)}}$

= $\dfrac{111,279 \times 1.2}{3,600 \times 4.54} = 8.17$ 냉각톤(CRT)

2022년 3회 기출문제

01 송풍기 총 풍량 6,000m³/h, 송풍기 출구 풍속을 8m/s로 하는 직사각형 단면 덕트 시스템을 등마찰 손실법으로 설치할 때 종횡비($a : b$)가 3 : 1일 때 단면 덕트 길이(cm)를 구하시오.

> **풀이**
>
> 원형 덕트 지름을 산출한 후 덕트 환산식을 통해 덕트 길이를 산출하는 문제이다.
>
> $Q = AV = \dfrac{\pi}{4}d^2 \cdot V$에서
>
> 원형 덕트 지름 $d = \sqrt{\dfrac{4Q}{\pi V}} = \sqrt{\dfrac{4 \times 6,000}{\pi \times 8 \times 3,600}} = 0.51503\text{m} = 51.50\text{cm}$
>
> **각형 덕트의 원형 덕트 환산식**
>
> $d = 1.3 \left[\dfrac{(a \times b)^5}{(a+b)^2} \right]^{\frac{1}{8}}$
>
> 여기서, d : 원형 덕트 지름(cm), a : 각형 덕트의 장변길이(cm), b : 각형 덕트의 단변길이(cm)
>
> $a = 3b(\because$ 종횡비 $a : b = 3 : 1$)이므로,
>
> $51.50 = 1.3 \left[\dfrac{(3b \times b)^5}{(3b+b)^2} \right]^{\frac{1}{8}} = 1.3 \left[\dfrac{(3b^2)^5}{(4b)^2} \right]^{\frac{1}{8}}$
>
> $\qquad = 1.3 \left(\dfrac{3^5 \times b^{10}}{4^2 \times b^2} \right)^{\frac{1}{8}} = 1.3 \left(\dfrac{3^5}{4^2} \times b^8 \right)^{\frac{1}{8}}$
>
> $\therefore\ b$(단변) $= 28.20\text{cm}$
>
> $\quad a$(장변) $= 3 \times b = 3 \times 28.20 = 84.60\text{cm}$

02 다음의 공기조화 장치도는 외기의 건구온도 및 절대습도가 각각 32℃와 0.020kg/kg′ 실내의 건구온도 및 상대습도가 각각 26℃와 50%일 때 여름의 냉방운전을 나타낸 것이다. 실내 현열 및 잠열부하가 33.5kW와 11.1kW이고 실내 취출 공기온도 20℃, 재열기 출구 공기온도 19℃, 공기냉각기 출구온도가 15℃일 때 다음 물음에 답하시오.(단, 외기량은 환기량의 $\frac{1}{3}$ 이고, 공기의 정압비열은 1.01kJ/kg·K이며, 공기밀도는 1.2kg/m³ 환기의 온도 및 습도는 실내공기와 동일하다.)

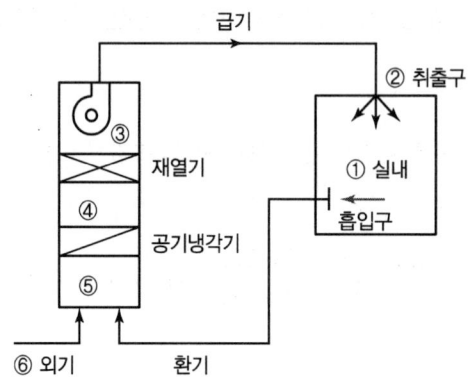

(1) 장치도의 각 점을 습공기 선도에 나타내시오.
(2) 실내 송풍량(급기량)(m³/h)을 구하시오.
(3) 취입 외기량(m³/h)을 구하시오.
(4) 공기냉각기의 냉각 감습 열량(kW)을 구하시오.
(5) 재열기의 가열량(kW)을 구하시오.

풀이

(1) 습공기 선도 작성
① $SHF = \dfrac{\text{현열}}{\text{전열}} = \dfrac{33.5}{33.5+11.1} = 0.75$

② 혼합공기 온도(t_5)

$$t_5 = \dfrac{t_1 + \dfrac{1}{3}t_6}{1+\dfrac{1}{3}} = \dfrac{26+\dfrac{1}{3}\times 32}{\dfrac{4}{3}} = 27.5℃$$

③ 습공기선도
다음 그림 참고

(2) 실내 송풍량(급기량)(Q)

$q_S = G \cdot C_p \cdot \Delta t = Q\rho\, C_p(t_1 - t_2)$

$Q = \dfrac{q_S}{\rho \cdot C_p \cdot \Delta t} = \dfrac{33.5 \times 3,600}{1.2 \times 1.01 \times (26-20)} = 16,584.16\,\text{m}^3/\text{h}$

(3) 취입 외기량(Q_6)

$Q_2 = Q_1 + Q_6 = 3Q_6 + Q_6$ (∵ $Q_1 = 3Q_6$)

$16,584.16 = 3Q_6 + Q_6$

∴ $Q_6 = 4,146.04 \text{m}^3/\text{h}$

(4) 공기냉각기의 냉각 감습 열량(q_{CC})

$q_{CC} = G \cdot \Delta h = Q\rho(h_5 - h_4)$

$= \dfrac{16,584.16 \times 1.2}{3,600} \times (60.5 - 39.9) = 113.88 \text{kW}$

(5) 재열기의 가열량(q_{RH})

$q_{RH} = G \cdot C_p \cdot \Delta t = Q\rho \cdot C_p \times (t_3 - t_4)$

$= \dfrac{16,584.16 \times 1.2}{3,600} \times 1.01 \times (19 - 15) = 22.33 \text{kW}$

(1)-③ 습공기 선도

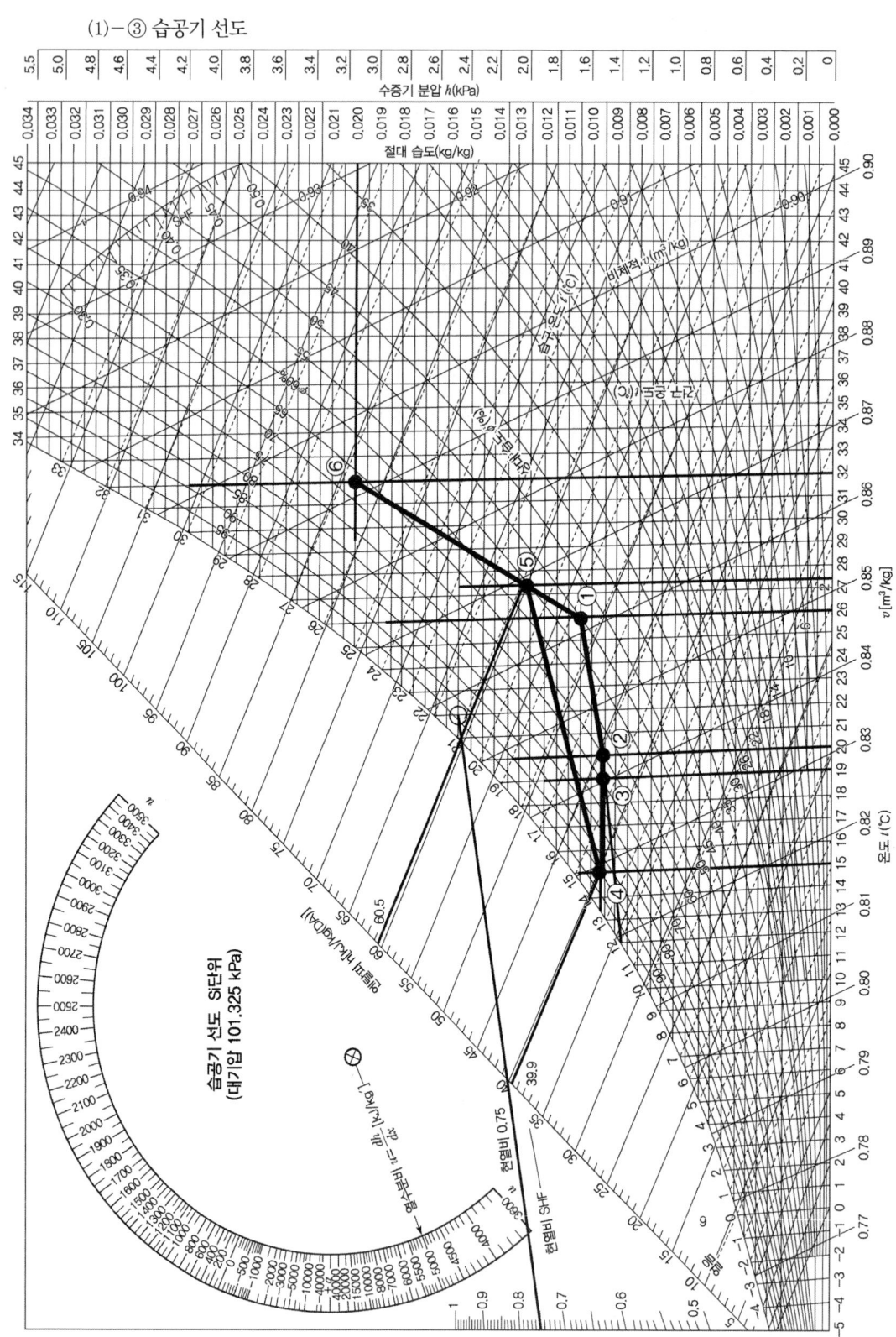

03 다음은 R-22용 콤파운드 압축기를 이용한 2단 압축 1단 팽창 냉동장치의 이론 냉동사이클을 나타 낸 것이다. 이 냉동장치의 냉동능력이 15RT일 때 각 물음에 답하시오.(단, 배관에서의 열손실은 무시한다.)

[조건]
1. 압축기의 체적효율(저단 및 고단) : 0.75
2. 압축기의 압축효율(저단 및 고단) : 0.73
3. 압축기의 기계효율(저단 및 고단) : 0.90
4. 1RT = 3.86kW

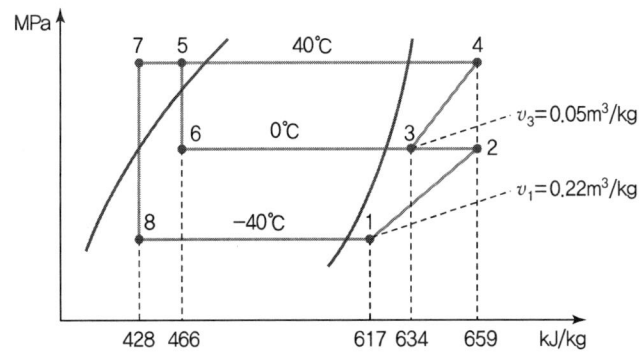

(1) 저단 압축기와 고단 압축기의 실제 피스톤 배출량 비는 얼마인가?
(2) 압축기의 실제 소요동력(kW)은 얼마인가?

풀이

(1) 실제 피스톤 배출량 비
① 저단 압축기 실제 피스톤 배출량(V_l)

$$Q_e = G_l(h_1 - h_8)$$

$$G_l = \frac{Q_e}{h_1 - h_8} = \frac{15 \times 3.86 \times 3,600}{617 - 428} = 1,102.857 \text{kg/h}$$

$$\therefore V_l = \frac{G_l \cdot v_1}{\eta_V} = \frac{1,102.857 \times 0.22}{0.75} = 323.50 \text{m}^3/\text{h}$$

② 고단 압축기 실제 피스톤 배출량(V_h)

$$\eta_c = \frac{h_2 - h_1}{h_2' - h_1} \text{에서 } h_2' = h_1 + \frac{h_2 - h_1}{\eta_c}$$

$$h_2' = 617 + \frac{659 - 617}{0.73} = 674.534 \text{kJ/kg}$$

$$\frac{G_h}{G_l} = \frac{h_2' - h_7}{h_3 - h_6}$$

$$G_h = G_l \cdot \frac{h_2' - h_7}{h_3 - h_6} = 1,102.857 \times \frac{674.534 - 428}{634 - 466} = 1,618.403 \text{kg/h}$$

$$\therefore V_h = \frac{G_h \cdot v_3}{\eta_V} = \frac{1{,}618.403 \times 0.05}{0.75} = 107.89 \mathrm{m^3/h}$$

∴ 실제 피스톤 배출량 비=저단 피스톤 배출량(V_L) : 고단 피스톤 배출량(V_h)
=323.50 : 107.89≒3 : 1

(2) 압축기의 실제 소요동력(L_b)

$$L_b = \frac{L}{\eta_c \cdot \eta_m} = \frac{G_l(h_2 - h_1) + G_h(h_4 - h_3)}{\eta_c \cdot \eta_m}$$

$$= \frac{1{,}102.857 \times (659 - 617) + 1{,}618.403 \times (659 - 634)}{0.73 \times 0.9 \times 3{,}600} = 36.69 \mathrm{kW}$$

여기서, η_c : 압축기의 압축효율
η_m : 압축기의 기계효율

04 2대의 증발기가 압축기 위쪽에 위치하고 각각 다른 층에 설치되어 있는 경우 프레온 증발기 출구와 흡입구 배관을 연결하는 배관 계통을 도시하시오.

증발기

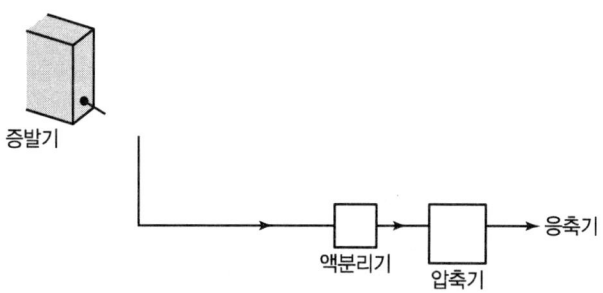
증발기 　 액분리기 　 압축기 　 응축기

풀이

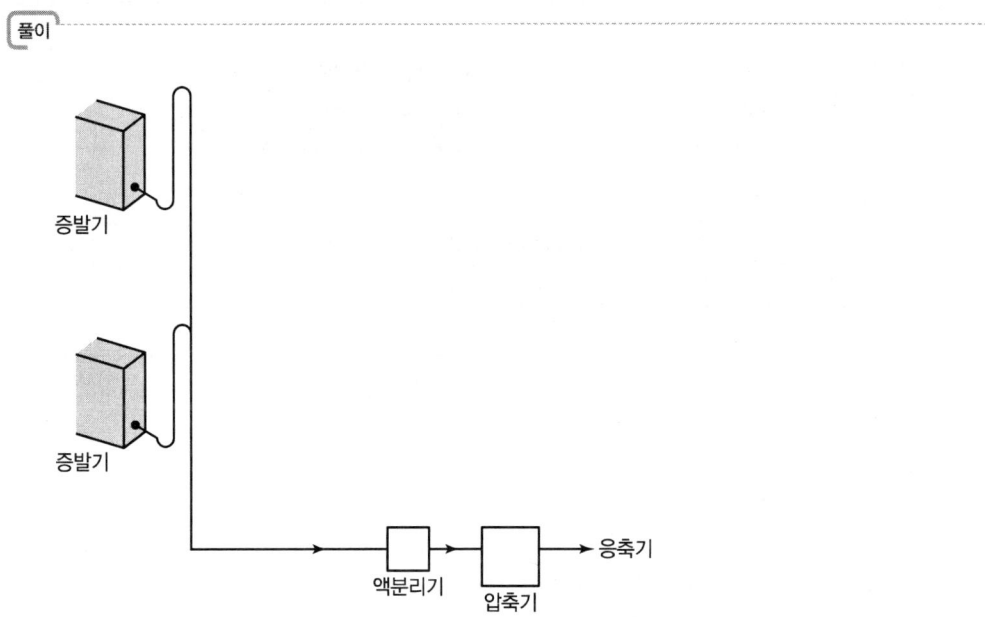

05 다음과 같은 냉각수 배관 시스템에 대해 각 물음에 답하시오.

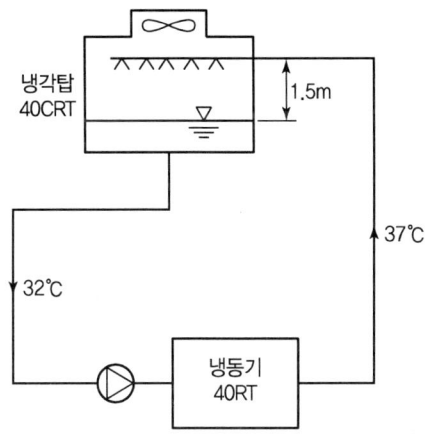

[조건]
1. 배관 총 길이 : 60m
2. 응축기 압력손실 : 6mAq
3. 노즐 살수 압력 : 3mAq
4. 자연수위 높이차 : 1.5m
5. 1냉각톤(CRT) : 4.53kW
6. 물의 비열 : 4.2kJ/kg · K

• 배관 부속기구 수량

부속명	엘보	스윙체크밸브	게이트밸브	볼밸브	스트레이너
수량	10개	1개	3개	1개	1개

• 부속기구 국부저항 상당길이(m)

부속명	엘보	스윙체크밸브	게이트밸브	볼밸브	스트레이너
상당길이	3.1	12.7	1.4	36.6	8.7

(1) 필요 냉각수량(L/min)을 구하시오.
(2) ① 배관경을 구하시오.(마찰손실은 100mmAq/m로 한다.)
　② 위에서 구한 배관경의 실제 마찰저항(mmAq/m)을 구하시오.
　③ ①과 ②를 고려하여 유속(m/s)을 구하시오.
(3) 배관 부속기구에 의한 국부저항 상당길이(m)를 구하시오.
(4) 배관상의 총 마찰손실수두(mAq)를 구하시오.
(5) 속도에 의한 마찰손실수두(mAq)를 구하시오.

풀이

(1) 필요 냉각수량(L/min)

$q = G \cdot C \cdot \Delta t$

$G = \dfrac{q}{C \cdot \Delta t}$

$= \dfrac{40 \times 4.53 \times 60}{4.2 \times (37-32)} = 517.71 \text{L/min}$

(2) ① 배관경

주어진 마찰손실 선도에서 냉각수량 517.71L/min와 마찰손실 100mmAq/m가 만나는 점 사이에서 바로 위의 배관경을 선정한다.

∴ 배관경 = 80A

② 실제 마찰저항(mmAq/m)

선정된 배관경 80A와 냉각수량 517.71L/min이 만나는 점에서 마찰손실을 읽는다.

∴ 실제 마찰저항 = 62mmAq/m

③ ①과 ②를 고려한 유속(m/s)

배관 마찰 선도에서 냉각수량 517.71L/min와 배관경 80A가 만나는 점에서 유속을 읽는다.

∴ 유속 = 1.7m/s

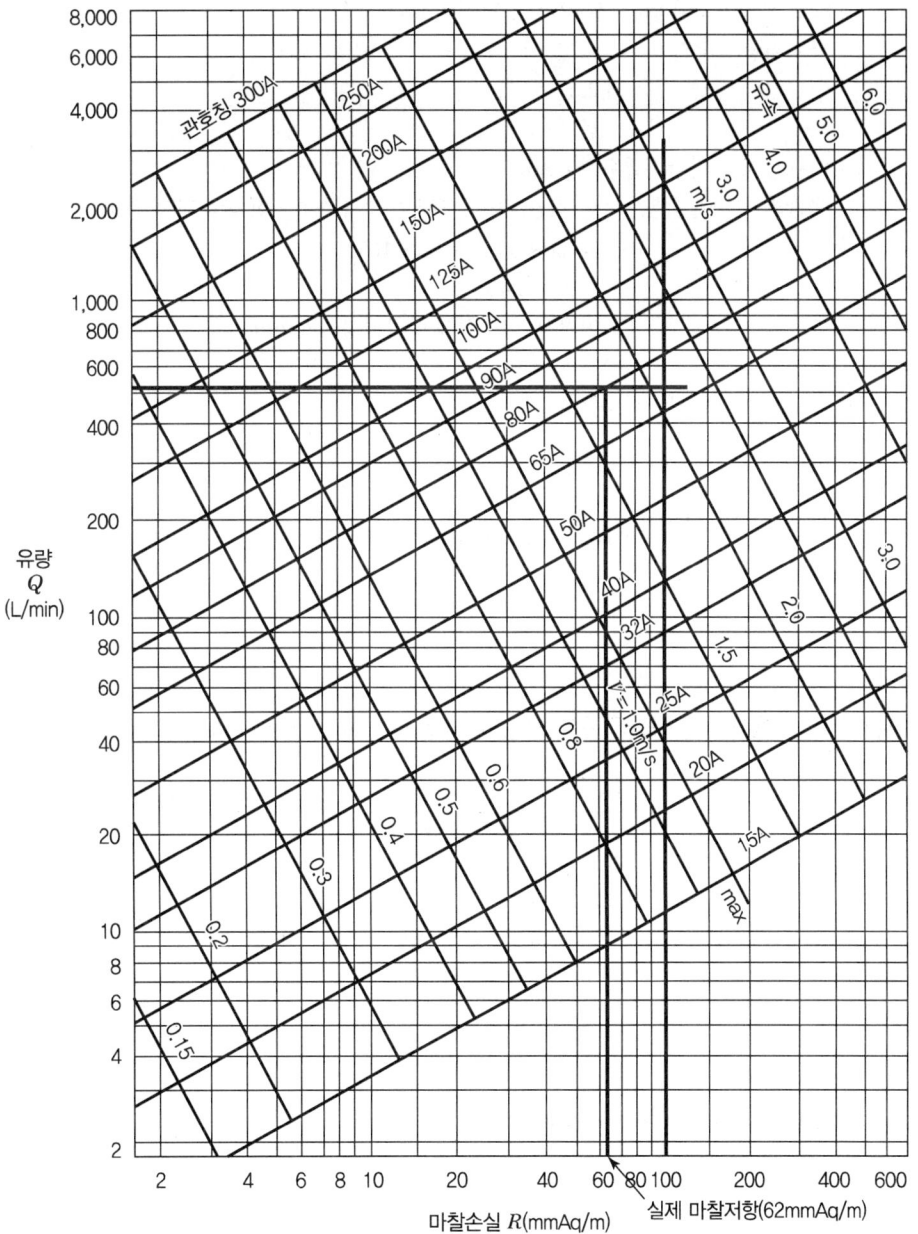

(3) 배관 부속기구에 의한 국부저항 상당길이(m)

국부저항 상당길이 $= 10 \times 3.1 + 1 \times 12.7 + 3 \times 1.4 + 1 \times 36.6 + 1 \times 8.7$
$= 93.2\,\mathrm{m}$

(4) 배관상의 총 마찰손실수두(mAq)

배관의 총 마찰손실수두 $=$ (직관길이 $+$ 배관 부속기구에 의한 국부저항 상당길이)R
$= (60 + 93.2) \times 62 \times 10^{-3}$
$= 9.50\,\mathrm{mAq}$

여기서, R : 실제 마찰저항(mAq/m)

(5) 속도에 의한 마찰손실수두(mAq)

속도 수두 $= \dfrac{v^2}{2g} \cdot \gamma [\mathrm{mmAq}]$
$= \dfrac{1.7^2}{2 \times 9.8} \times 1{,}000 = 150\,\mathrm{mmAq} = 0.15\,\mathrm{mAq}$

06 시스템이 가동되도록 다음의 온수난방 설비를 배치하고 역환수 배관 계통도를 작성하시오.

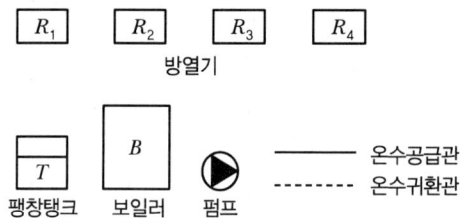

풀이

온수난방설비 배치 및 역환수 배관 계통도 작성

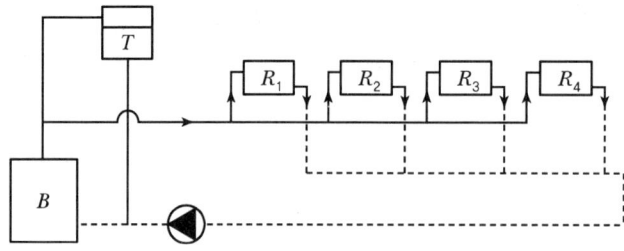

07 과열증기 압축사이클로 작동하는 냉동시스템에서 압축기 흡입 냉매 엔탈피는 390.21kJ/kg이다. 가역 단열과정으로 압축했을 때 압축기 출구 엔탈피는 425.47kJ/kg이다. 실제 압축기의 압축효율이 85%일 때 다음을 구하시오.

(1) 압축기 출구 실제 엔탈피(kJ/kg)를 구하시오.

(2) 압축기 냉매 질량유량이 1.5kg/s이고 체적효율이 82%이며 기계효율이 91%일 때 실제 압축기를 구동시키는 전동기 동력(kW)을 구하시오.

풀이

(1) 압축기 출구 실제 엔탈피($h_2{'}$)

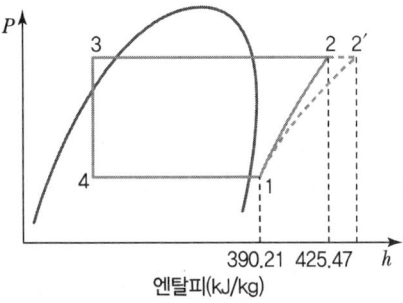

실제와 이론적 압축기 구동의 차이를 나타내는 압축효율을 활용하여 산출한다.

압축효율 $\eta_C = \dfrac{h_2 - h_1}{h_2{'} - h_1}$ 이므로

압축기 출구 실제 엔탈피 $h_2{'} = h_1 + \dfrac{h_2 - h_1}{\eta_C}$

$$= 390.21 + \dfrac{425.47 - 390.21}{0.85}$$

$$= 431.69 \text{kJ/kg}$$

(2) 실제 압축기를 구동시키는 전동기 동력(L)

$$L = \dfrac{G \cdot (h_2 - h_1)}{\eta_C \cdot \eta_m}$$

$$= \dfrac{1.5 \times (425.47 - 390.21)}{0.85 \times 0.91} = 68.38 \text{kW}$$

08 취출(吹出)에 관한 다음 용어를 설명하시오.

(1) 셔터
(2) 전면적(Face Area)

> 풀이

(1) 셔터(Shutter)
취출구 후부에 설치하여 풍량을 조절하는 댐퍼역할을 하는 기기이다.

(2) 전면적(Face Area)
취출구 표면의 바깥둘레를 기준으로 한 면적이다.

09 두께 100mm의 콘크리트벽 내면에 200mm의 발포스티로폼 방열을 시공하고, 그 내면에 10mm의 판을 댄 냉장고가 있다. 이 냉장고의 고내 온도는 −20℃, 외기온도 30℃, 벽면적이 100m² 일 때 각 물음에 답하시오.

재료명	열전도율(W/m · K)
콘크리트	1.10
발포스티로폼	0.047
판	0.17

벽면	열전달률(W/m² · K)
외벽면	23.3
내벽면	5.8

(1) 이 벽의 열관류율(W/m² · K)은 얼마인가?
(2) 이 냉장고 벽면의 전열량(kW)은 얼마인가?

> 풀이

(1) 열관류율(K)

$$\frac{1}{K} = \frac{1}{\alpha_o} + \frac{l_1}{\lambda_1} + \frac{l_2}{\lambda_2} + \frac{l_3}{\lambda_3} + \frac{1}{\alpha_i}$$

$$= \frac{1}{23.3} + \frac{0.1}{1.10} + \frac{0.2}{0.047} + \frac{0.01}{0.17} + \frac{1}{5.8} = 4.6204$$

$$\therefore K = \frac{1}{4.6204} = 0.22 \text{W/m}^2 \cdot \text{K}$$

(2) 전열량(q)

$q = K \cdot A \cdot \Delta t = 0.22 \times 100 \times (30 - (-20)) = 1,100\text{W} = 1.1\text{kW}$

10 암모니아용 압축기에 대하여 피스톤 압출량 1m³/h 당의 냉동능력 R_1, 증발온도 t_1 및 응축온도 t_2와의 관계는 아래 그림과 같다. 피스톤 압출량 100m³/h 인 압축기가 운전되고 있을 때 저압 측 압력계에 0.26MPa, 고압 측 압력계에 1.1MPa으로 각각 나타내고 있다. 이 압축기에 대한 냉동부하(RT)는 얼마인가?(단, 1RT는 3.86kW로 한다.)

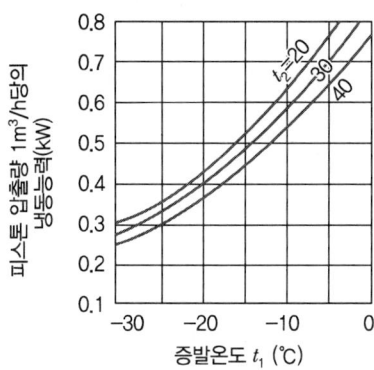

온도(℃)	포화압력(MPa · abs)	온도(℃)	포화압력(MPa · abs)
40	1.6	-5	0.36
35	1.4	-10	0.30
30	1.2	-15	0.24
25	1.0	-20	0.19

풀이

냉동부하
- 증발압력 = 0.26 + 0.1 = 0.36MPa · abs → 표에서 증발온도 $t_1 = -5$℃
- 응축압력 = 1.1 + 0.1 = 1.2MPa · abs → 표에서 응축온도 $t_2 = 30$℃
- 증발온도 $t_1 = -5$℃, 응축온도 $t_2 = 30$℃를 적용하여 그래프에서 피스톤 압출량 1m³/h당의 냉동능력 0.7kW를 찾는다.

∴ 냉동부하 = $\dfrac{Q \times V}{1\text{RT}} = \dfrac{0.7 \times 100}{3.86} = 18.13\text{RT}$

여기서, Q : 피스톤 압출량 1m³/h당 냉동능력(kW)
V : 피스톤 압출량(m³/h)

11 어느 공장이 겨울철에 휴업하였다가 봄이 되어 토출밸브를 열고 암모니아 냉동기를 가동하였더니 소음과 함께 피스톤이 파괴되었다. 이 현상이 일어난 이유를 쓰시오.

> **풀이**
>
> ① 겨울철에 냉동기를 장시간 휴지시키면 압축기 크랭크케이스 하부의 온도가 낮아져 크랭크케이스에 냉매액이 고이게 된다.
> ② 압축기 재가동 시 크랭크케이스에 고여있던 액 냉매가 오일과 함께 압축기로 흡입되어 액압축을 일으켜 소음과 함께 피스톤이 파괴되었다.

12 송풍기 상사법칙에서 비중량이 일정하고 같은 덕트 장치의 회전수가 N_1에서 N_2로 변경될 때 풍량(Q), 전압(P), 동력(L)에 대하여 설명하시오.

> **풀이**
>
> N_1에서 N_2로 변경될 때 풍량, 전압, 동력
>
> ① 풍량 $Q_2 = \left(\dfrac{N_2}{N_1}\right) \times Q_1$: 풍량은 회전수 변화량에 비례하여 변한다
>
> ② 정압 $P_2 = \left(\dfrac{N_2}{N_1}\right)^2 \times P_1$: 전압은 회전수 변화량의 2승에 비례하여 변한다.
>
> ③ 동력 $L_2 = \left(\dfrac{N_2}{N_1}\right)^3 \times L_1$: 동력은 회전수 변화량의 3승에 비례하여 변한다.

13 냉동장치 각 기기의 온도 변화 시에 이론적인 값이 상승하면 ○, 감소하면 ×, 무관하면 △을 하시오.

온도 변화 상태변화	응축온도 상승	증발온도 상승	과열도 증가	과냉각도 증가
성적계수				
압축기 토출가스온도				
압축일량				
냉동효과				
압축기 흡입가스 비체적				

풀이

온도 변화 상태변화	응축온도 상승	증발온도 상승	과열도 증가	과냉각도 증가
성적계수	×	○	○	○
압축기 토출가스온도	○	×	○	△
압축일량	○	×	○	△
냉동효과	×	○	○	○
압축기 흡입가스 비체적	△	×	○	△

14 최상층 사무실 겨울철 난방부하를 구하시오.

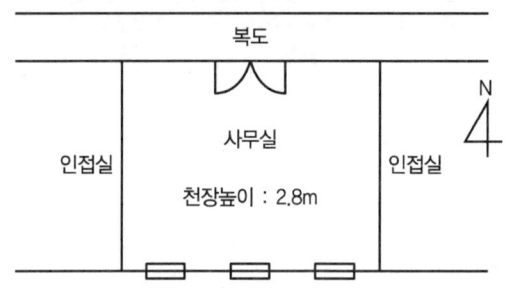

[조건]

1.
구분	실내	옥외	복도	인접실, 아래층
온도 ℃	18	-10	5	동일 공조 상태

2.
구분	면적(m²)	열통과율(W/m²·K)
외벽(콘크리트)	34.8	2.8
유리창	3.6	5.4
내벽(콘크리트)	29.6	2.3
문	4	3.5
바닥	70	2.8
지붕	70	2.7

3. 방위계수 : 지붕 : 1.2, 동·서·남·북 : 1.0
4. 극간풍 : 환기횟수 0.5회
5. 공기의 정압비열 : 1.0kJ/kg·K, 공기밀도 : 1.2kg/m³
6. 증기방열기 표준방열량 : 755.8W/m²
7. 방열기 쪽당 방열면적 : 0.26m²

(1) 각 난방부하를 구하시오.
  ① 외벽(콘크리트)(W) ② 유리창(W)
  ③ 내벽(콘크리트)(W) ④ 문(W)
  ⑤ 지붕(W) ⑥ 극간풍부하(W)

(2) 총 난방부하(W)를 구하시오.(안전율 15%)

(3) 방열기 1대당 상당방열면적을 구하시오.(방열기는 3대 설치)

(4) 방열기 1대당 쪽수를 구하시오.

풀이

(1) 각 난방부하

① 외벽(콘크리트)부하 = $K \cdot A \cdot \Delta t \cdot k' = 2.8 \times 34.8 \times (18-(-10)) \times 1.0 = 2,728.32\text{W}$

② 유리창부하 = $K \cdot A \cdot \Delta t \cdot k' = 5.4 \times 3.6 \times (18-(-10)) \times 1.0 = 544.32\text{W}$

③ 내벽(콘크리트)부하 = $K \cdot A \cdot \Delta t = 2.3 \times 29.6 \times (18-5) = 885.04\text{W}$

④ 문부하 = $K \cdot A \cdot \Delta t = 3.5 \times 4 \times (18-5) = 182\text{W}$

⑤ 지붕부하 = $K \cdot A \cdot \Delta t \cdot k = 2.7 \times 70 \times (18-(-10)) \times 1.2 = 6,350.4\text{W}$

⑥ 극간풍부하

문제조건에 절대습도가 나오지 않았으므로 극간풍부하는 현열부하로만 구한다.

$q_I = G_I \cdot C_P \cdot \Delta t = Q_I \cdot \rho \cdot C_P \cdot \Delta t$

$= (70 \times 2.8 \times 0.5) \times 1.2 \times 1.0 \times (18-(-10))$

$= 3,292.8\text{kJ/h} = 0.91467\text{kW} = 914.67\text{W}$

(2) 총 난방부하

총 난방부하 $= (2,728.32 + 544.32 + 885.04 + 182 + 6,350 + 914.67) \times 1.15$

$= 13,345\text{W}$

(3) 방열기 1대당 상당방열면적(EDR)

$\text{EDR} = \dfrac{\text{방열기 방열량(W)}}{\text{방열기 표준발열량(W/m}^2\text{)}} = \dfrac{13,345}{755.8 \times 3} = 5.89\text{m}^2$

(4) 방열기 1대당 쪽수

방열기 1대당 쪽수 $= \dfrac{\text{방열기 1대당 상당 방열면적}(EDR)}{\text{방열기 1쪽당 방열면적}}$

$= \dfrac{5.89}{0.26} = 22.65 ≒ 23쪽$

특별한 조건이 없으면 쪽수는 소수점 첫째자리에서 올림하여 정수로 적는다.

2023년 1회 기출문제

01 다음 주어진 조건을 이용하여 사무실 건물의 부하를 구하시오.

[조건]
1. 실내 : 26℃ DB, 50% RH, 절대습도＝0.0106kg/kg′
2. 외기 : 32℃ DB, 80% RH, 절대습도＝0.0248kg/kg′
3. 천장 : $K=2.0W/m^2 \cdot K$
4. 문 : 목재 패널 $K=2.8W/m^2 \cdot K$
5. 외벽 : $K=3.3W/m^2 \cdot K$
6. 내벽 : $K=3.2W/m^2 \cdot K$
7. 바닥 : 하층 공조로 계산(본 사무실과 동일 조건)
8. 창문 : 1중 보통유리(내측 베니션 블라인드 진한색)
9. 조명 : 형광등 1,800W, 전구 1,000W(주간조명 1/2 점등)
10. 인원수 : 거주 90인
11. 계산시각 : 오전 8시
12. 환기횟수 : 0.5회/h
13. 공기의 정압비열 : 1.01kJ/kg · K
14. 0℃ 포화액의 증발잠열 : 2,501kJ/kg
15. 08시 일사량 : 동쪽 647W/m², 남쪽 44W/m²
16. 08시 유리창 전도열량 : 동쪽 3.1W/m², 남쪽 6.3W/m²

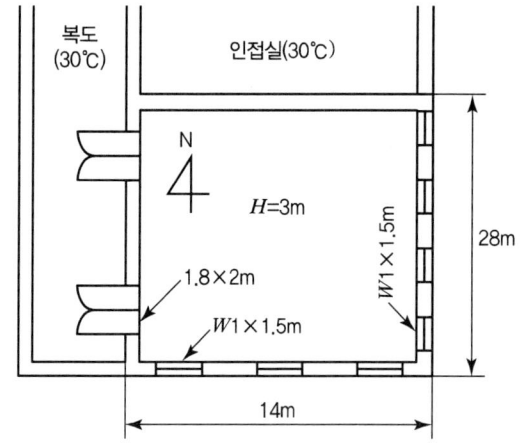

▼ 인체로부터의 발열량(W/인)

작업상태		실온	27℃		26℃		21℃	
	예	전발열량	H_S	H_L	H_S	H_L	H_S	H_L
정좌	극장	103	57	46	62	41	76	27
사무소 업무	사무소	132	58	74	63	69	84	48
착석 업무	공장의 경작업	220	65	155	72	148	107	113
보행 4.8km/h	공장의 중작업	293	88	205	96	197	135	158
볼링	볼링장	425	136	289	141	284	178	247

▼ 외벽 및 지붕의 상당외기온도차 Δt_e (t_o' : 31.7℃, t_i = 26℃)

구분	시각	H	N	NE	E	SE	S	SW	W	NW	지붕
콘크리트	8	4.7	2.3	4.5	5.0	3.5	1.6	2.4	2.8	2.1	7.5
	9	6.8	3.0	7.5	8.7	5.9	1.9	2.5	2.9	2.5	7.5
	10	10.2	3.6	10.2	12.5	8.9	2.7	3.0	3.3	3.0	8.4
	11	14.5	4.2	12.0	15.5	11.7	4.1	3.7	3.9	3.7	10.2
	12	19.3	4.9	12.6	17.1	14.0	5.9	4.5	4.6	3.4	12.9
	13	24.0	5.6	12.3	17.2	15.3	8.0	5.6	5.4	5.2	16.0
	14	28.2	6.3	11.9	16.4	15.5	9.9	7.5	6.5	6.0	19.4
	15	31.4	6.8	11.4	15.2	14.8	14.4	10.0	8.6	6.9	22.7
	16	33.5	7.3	11.1	14.2	14.0	12.2	12.8	11.6	8.6	25.6
	17	34.2	7.6	10.1	13.3	13.1	12.3	15.3	15.1	11.0	27.7
	18	33.4	7.9	10.3	12.4	12.2	11.8	17.2	18.3	13.6	29.0
	19	31.1	8.3	9.7	11.4	14.3	11.0	17.9	20.4	15.7	29.3
	20	27.7	8.3	8.9	10.3	10.2	9.9	17.1	20.3	16.1	28.5

(1) 외벽체를 통한 부하 (2) 내벽체를 통한 부하
(3) 극간풍에 의한 부하 (4) 인체부하

> 풀이

(1) 외벽체를 통한 부하
외기온도(t_o : 32℃)와 상당외기온도차(Δt_e)로 제시된 표의 기준외기온도(t_o' : 31.7℃)가 서로 상이하므로 보정상당온도차($\Delta t_e'$)를 적용한다.

• 동쪽 벽 $q_w = K \cdot A \cdot \Delta t_e'$
보정상당온도차 $\Delta t_e' = \Delta t_e + (t_o - t_o') - (t_i - t_i')$
$= 5.0 + (32 - 31.7) - (26 - 26) = 5.3℃$
$q_W = 3.3 \times [28 \times 3 - (1 \times 1.5 \times 4)] \times 5.3 = 1,364.22W$

- 남쪽 벽 $q_w = K \cdot A \cdot \Delta t_e'$

  $\Delta t_e' = 1.6 + (32 - 31.7) - (26 - 26) = 1.9℃$

  $q_W = 3.3 \times [14 \times 3 - (1 \times 1.5 \times 3)] \times 1.9 = 235.125 ≒ 235.13\text{W}$

  ∴ 외벽체를 통한 부하 $q = 1,364.22 + 235.13 = 1,599.35\text{W}$

(2) 내벽체를 통한 부하

내벽의 경우 일사에 의한 축열이 없으므로 상당외기온도차가 아닌 단순 실내외 온도차를 적용한다.

- 서쪽 벽 $q_W = K \cdot A \cdot \Delta t = 3.2 \times [28 \times 3 - (1.8 \times 2 \times 2)] \times (30 - 26) = 983.04\text{W}$
- 서쪽 문 $q_D = K \cdot A \cdot \Delta t = 2.8 \times (1.8 \times 2 \times 2) \times (30 - 26) = 80.64\text{W}$
- 북쪽 벽 $q_W = K \cdot A \cdot \Delta t = 3.2 \times (14 \times 3) \times (30 - 26) = 537.6\text{W}$

  ∴ 내벽체를 통한 부하 $q = 983.04 + 80.64 + 537.6 = 1,601.28\text{W}$

(3) 극간풍에 의한 부하($q_I = q_{IS} + q_{IL}$)

- 현열 $q_{IS} = G_I \cdot C_P \cdot \Delta t = Q_I \rho \cdot C_P \cdot \Delta t$

  $= \dfrac{\{(28 \times 14 \times 3) \times 0.5\} \times 1.2 \times 1.01 \times (32 - 26) \times 1,000}{3,600} = 1,187.76\text{W}$

- 잠열 $q_{IL} = 2,501 G_I \cdot \Delta x = 2,501 Q_I \rho \cdot \Delta x$

  $= \dfrac{2,501 \times \{(28 \times 14 \times 3) \times 0.5\} \times 1.2 \times (0.0248 - 0.0106) \times 1,000}{3,600}$

  $= 6,960.78\text{W}$

  ∴ 극간풍에 의한 부하 $q_I = 1,187.76 + 6,960.78 = 8,148.54\text{W}$

(4) 인체부하($q_H = q_{HS} + q_{HL}$)

- 현열 $q_{HS} = n \cdot H_S = 90 \times 63 = 5,670\text{W}$
- 잠열 $q_{HL} = n \cdot H_L = 90 \times 69 = 6,210\text{W}$

  ∴ 인체부하 $q_H = 5,670 + 6,210 = 11,880\text{W}$

02 다음과 같은 $P-h$ 선도를 보고 물음에 답하시오. (단, 중간 냉각에 냉각수를 사용하지 않는 것으로 하고, 냉동능력은 1RT(3.86kW)로 한다.)

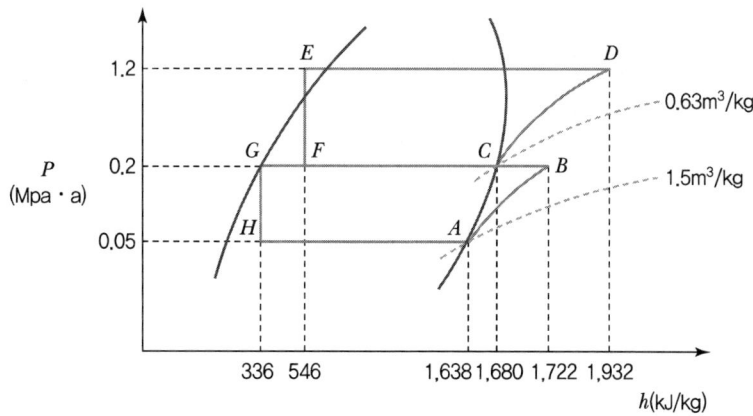

효율 \ 압축비	2	4	6	8	10	24
체적효율(n_v)	0.86	0.78	0.72	0.66	0.62	0.48
기계효율(n_m)	0.92	0.90	0.88	0.86	0.84	0.70
압축효율(n_c)	0.90	0.85	0.79	0.73	0.67	0.52

(1) 저단 측의 냉매순환량 G_L(kg/h), 피스톤 토출량 V_L(m³/h), 압축기 소요동력 N_L(kW)을 구하시오.

(2) 고단 측의 냉매순환량 G_H(kg/h), 피스톤 토출량 V_H(m³/h), 압축기 소요동력 N_H(kW)을 구하시오.

[풀이]

(1) 저단 측 값(G_L, V_L, N_L)

① 냉매순환량(G_L)

$Q_e = G_L \times (h_A - h_H)$ 이므로

$G_L = \dfrac{1 \times 3.86 \times 3{,}600}{1{,}638 - 336} = 10.67 \text{kg/h}$

② 피스톤 토출량(V_L)

저단 측 압축비 $\alpha_1 = \dfrac{0.2}{0.05} = 4$

표에서 압축비 4일 때 체적효율 $\eta_{VL} = 0.78$ 이므로

$V_L = \dfrac{G_L \cdot v_L}{\eta_{VL}} = \dfrac{10.67 \times 1.5}{0.78} = 20.52 \text{m}^3/\text{h}$

③ 압축기 소요동력(축동력)

$$N_L = \frac{G_L(h_B - h_A)}{\eta_{cL} \times \eta_{mL}} = \frac{10.67 \times (1,722 - 1,638)}{3,600 \times 0.85 \times 0.9} = 0.33 \text{kW}$$

(2) 고단 측 값(G_H, V_H, N_H)

① 냉매순환량(G_H)

$$\frac{G_H}{G_L} = \frac{h_B' - h_G}{h_C - h_F} \text{에서 } G_H = G_L \frac{h_B' - h_G}{h_C - h_F}$$

h_B'를 모르므로 h_B'를 먼저 구해야 한다.

압축효율 $\eta_{cL} = \dfrac{h_B - h_A}{h_B' - h_A}$에서

$$h_B' = h_A + \frac{h_B - h_A}{\eta_{cL}} c$$

$$= 1,638 + \frac{1,722 - 1,638}{0.85} = 1,736.82 \text{kJ/kg}$$

$$\therefore G_H = 10.67 \times \frac{1,736.82 - 336}{1,680 - 546} = 13.18 \text{kg/h}$$

② 피스톤 토출량(V_H)

고단 측 압축비 $\alpha_2 = \dfrac{1.2}{0.2} = 6$

압축비 6일 때 표에서 체적효율 $\eta_{VH} = 0.72$

$$V_H = \frac{G_H \cdot v_H}{\eta_{VH}} = \frac{13.18 \times 0.63}{0.72} = 11.53 \text{m}^3/\text{h}$$

③ 압축기 소요동력(축동력)

$$N_H = \frac{G_H(h_D - h_C)}{\eta_{cH} \times \eta_{mH}} = \frac{13.18 \times (1,932 - 1,680)}{3,600 \times 0.79 \times 0.88} = 1.33 \text{kW}$$

03 다음 그림과 같은 2중 덕트 장치도를 보고 공기 선도에 각 상태점을 나타내어 흐름도를 완성시키시오.

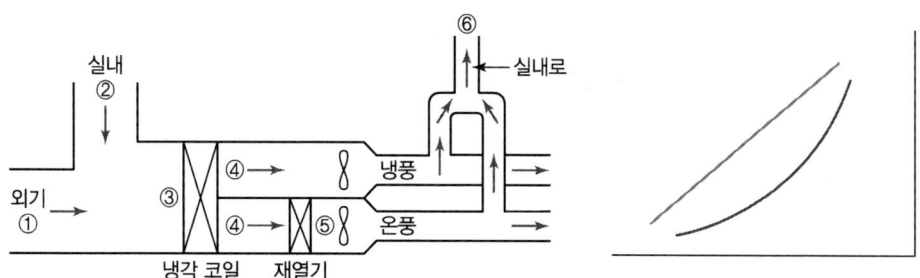

> 풀이

흐름도 완성

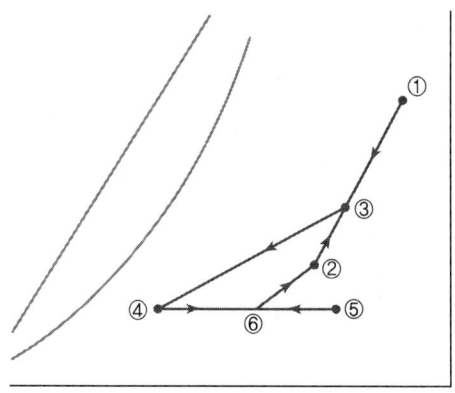

04 다음 그림의 배관 평면도를 입체도로 그리고 필요한 엘보 수를 구하시오. (단, 굽힘부분에서는 반드시 엘보를 사용한다.)

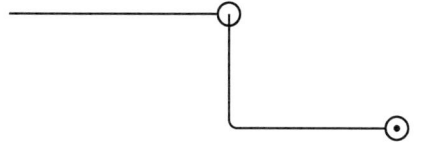

> 풀이

(1) 입체도 작성

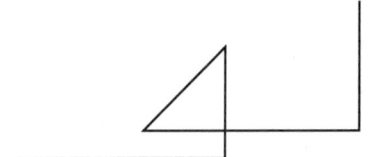

(2) 엘보 수 : 4개

05 다음과 같이 2대의 증발기를 이용하는 냉동장치에서 고압가스 제상을 위한 배관을 완성하시오.

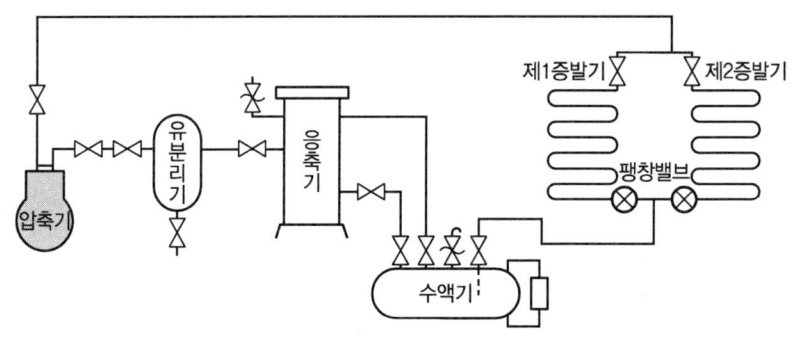

> 풀이

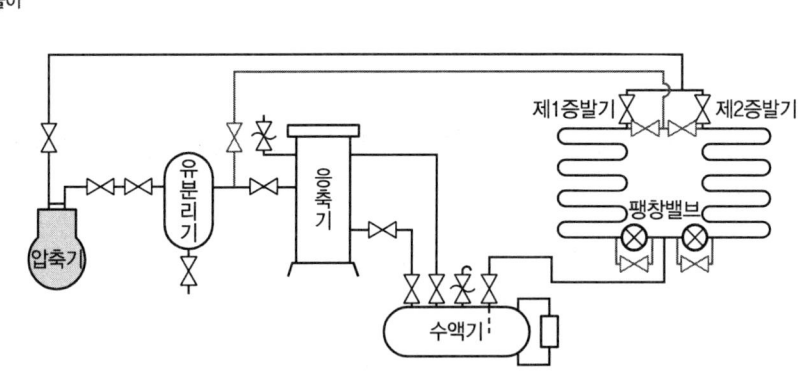

06 다음 회로도는 삼상유도전동기 정역 운전회로이다. 회로의 동작 설명 중 맞는 번호를 고르시오.

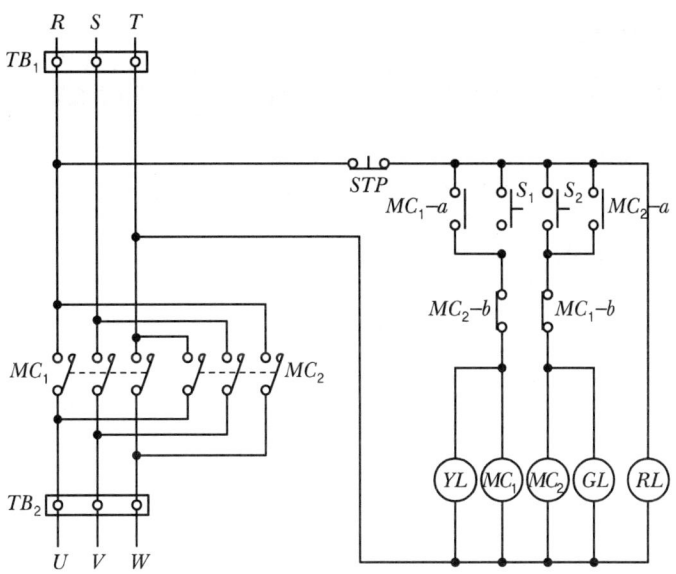

[동작 상태]
(가) 전원을 투입하면 YL이 점등된다.
(나) S_1을 누르면 MC_1이 여자되어 전동기는 정회전하며, YL은 점등되고 GL은 소등된다.
(다) S_2를 누르면 MC_2가 여자되어 전동기는 역회전하며, YL은 점등되고 GL은 소등된다.
(라) 이 회로는 자기유지회로이다.
(마) STP를 누르면 모든 동작이 정지된다.

풀이

회로의 동작설명 중 맞는 번호
(나), (라), (마)

07 24시간 동안에 30℃의 원료수 5,000kg을 −10℃의 얼음으로 만들 때 냉동기용량(냉동 톤)을 구하시오. (단, 냉동기 안전율은 10%로 하고 물의 응고잠열은 334kJ/kg, 물과 얼음의 비열 각각 4.2kJ/kg, 2.1kJ/kg · K이고, 1RT는 3.86kW이다.)

> 풀이

냉동기 용량(냉동톤)

30℃ 물 →현열 Q_1→ 0℃ 물 →잠열 Q_2→ 0℃ 얼음 →현열 Q_3→ -10℃ 얼음

$Q_1 = G \cdot C_1 \cdot \Delta t_1 = \dfrac{5,000 \times 4.2 \times (30-0)}{24 \times 3,600} = 7.29 \text{kW}$

$Q_2 = G \cdot \gamma = \dfrac{5,000 \times 334}{24 \times 3,600} = 19.33 \text{kW}$

$Q_3 = G \cdot C_3 \cdot \Delta t_3 = \dfrac{5,000 \times 2.1 \times (0-(-10))}{24 \times 3,600} = 1.22 \text{kW}$

∴ 냉동기 용량 = $\dfrac{열량}{1냉동톤} \times 안전율 = \dfrac{7.29+19.33+1.22}{3.86} \times 1.1 = 7.93 \text{RT}$

08 다음 그림과 같은 장치로 공기조화를 할 때 주어진 공기선도와 조건을 이용하여 겨울철의 공기조화에 대한 각 물음에 답하시오. (단, 공기의 정압비열 = 1.0 kJ/kg · K)

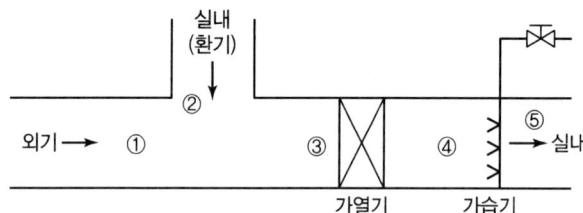

	t[℃]	ϕ[%]	x[kg/kg′]	h[kJ/kg]
실내	20	50	0.00725	38.7
외기	4	35	0.00175	8.4
실내 손실열량	$q_s = 35\text{kW}, q_l = 15\text{kW}$			
송풍량	9,000 kg/h			
외기량비	$K_F = 0.3$			
가습	증기분무 : 0.2MPa, $h_u = 2,730$ kJ/kg			

(1) 현열비를 구하시오.
(2) 혼합 공기상태(t_3, h_3)를 구하시오.
(3) 취출 공기상태(t_5, h_5)를 구하시오.
(4) 공기 ④의 상태를 공기선도를 이용하여 구하시오.

(5) 가열기의 가열량(kW)을 구하시오.
(6) 가습열량(kW)을 구하시오.

풀이

(1) 현열비(SHF)

$$SHF = \frac{q_s}{q_t} = \frac{q_s}{q_s + q_\ell} = \frac{35}{35+15} = 0.7$$

(2) 혼합 공기상태(t_3, h_3)

$$t_3 = \frac{G_1 t_1 + G_2 t_2}{G_3} = \frac{(9,000 \times 0.3 \times 4) + (9,000 \times 0.7 \times 20)}{9,000} = 15.2℃$$

$$h_3 = \frac{G_1 h_1 + G_2 h_2}{G_3} = \frac{(9,000 \times 0.3 \times 8.4) + (9,000 \times 0.7 \times 38.7)}{9,000} = 29.61 kJ/kg$$

(3) 취출 공기상태(t_5, h_5)

$$q_s = G \cdot C_p \cdot (t_5 - t_2)$$

$$\rightarrow t_5 = t_2 + \frac{q_s}{G \cdot C_P} = 20 + \frac{35 \times 3600}{9,000 \times 1.0} = 34℃$$

$$q_t = G \cdot (h_5 - h_2)$$

$$\rightarrow h_5 = h_2 + \frac{q_t}{G} = 38.7 + \frac{(35+15) \times 3,600}{9,000} = 58.7 kJ/kg$$

(4) 공기 ④의 상태(습공기 선도표 참고)
- ①점 : 4℃, 35%
- ②점 : 20℃, 50%
- ③점 : 15.2℃
- ⑤점 : ②점에서 $SHF = 0.7$ 선과 평행선을 긋고 34℃와 만나는 점이 ⑤점
- ④점 : ⑤점에서 $u = 2,730$ 선과 평행선을 긋고 ③에서 그은 수평선과 만나는 점이 ④점

온도 $t_4 = 33.2℃$, 엔탈피 $h_4 = 47.6 kJ/kg$, 절대습도 $x_4 = 0.0056 kg/kg'$

(5) 가열기의 가열량(q_h)
- 가열과정(③ → ④)은 현열과정이므로 ③번과 ④번의 온도차를 이용한다.

$$q_h = G \cdot C_P \cdot (t_4 - t_3) = \frac{9,000 \times 1.0 \times (33.2 - 15.2)}{3,600} = 45 kW$$

(6) 가습열량(q_l)
- 가습과정(④ → ⑤)은 온도변화(잠열변화)와 함께 절대습도변화(잠열변화)가 수반되므로 ④번과 ⑤번의 엔탈피(전열)차를 이용한다.

$$q_l = G \cdot (h_5 - h_4) = \frac{9,000 \times (58.7 - 47.6)}{3,600} = 27.75 kW$$

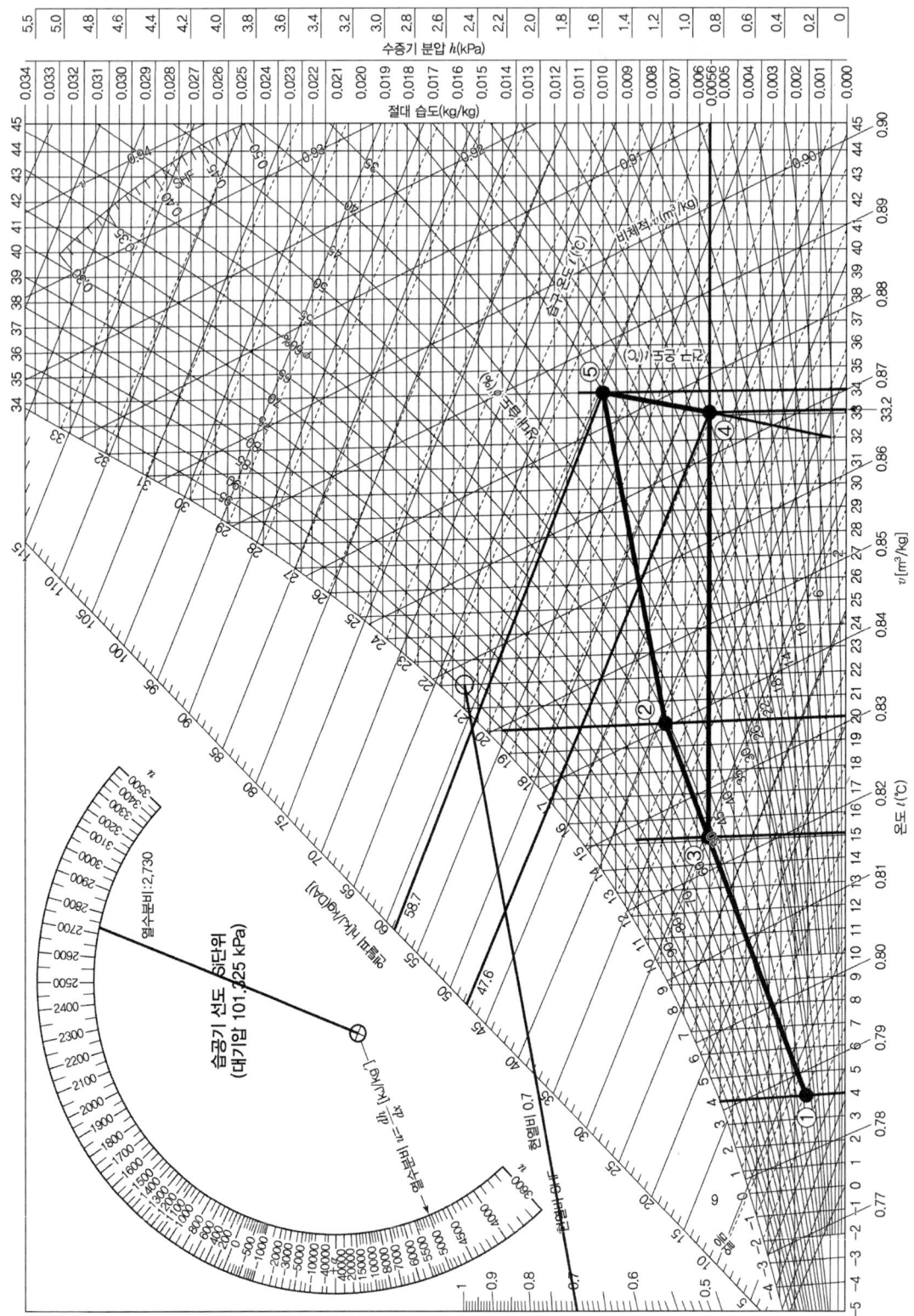

09 다음과 같은 덕트 시스템을 등마찰손실법(Equal Friction Method)으로 덕트의 각 구간을 설계하여 표를 완성하시오. [단, 급기 주덕트(①-A-②)의 풍속은 8m/s이고, 환기 주덕트(④-⑤)의 풍속은 4m/s이다. 급기 덕트는 각 취출구의 취출량이 1,350m³/h이고, 환기 덕트의 흡입량은 각 3,780m³/h이다. 직사각형 단면 덕트의 크기는 Aspect Ratio가 2인 구간(④-⑤)의 급기 덕트에서만 구한다.]

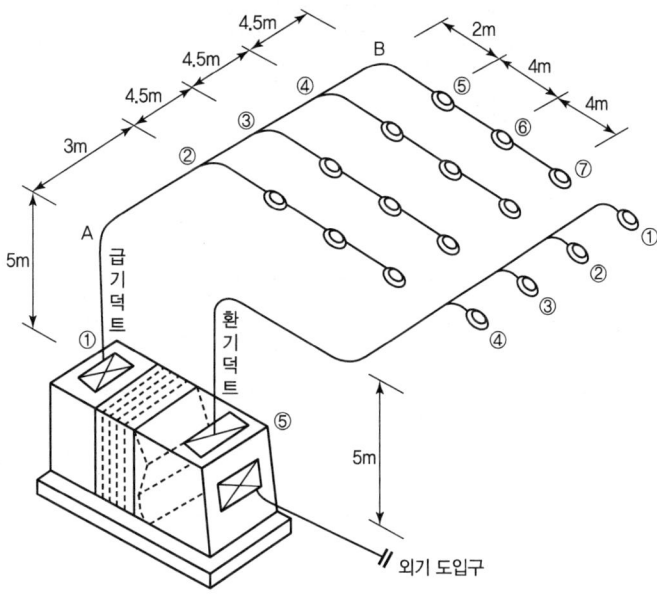

▼ 급기덕트

구간	풍량(m³/h)	원형 덕트(cm)	사각 덕트
①-②			-
②-③			-
③-④			-
④-⑤			
⑤-⑥			-
⑥-⑦			-

풀이

※ 덕트 구간 설계표가 [급기덕트]에 대하여 제시되었으므로 [급기덕트]에 대하여 산출 진행한다.

(1) 각 구간의 풍량 산출

(2) 단위 길이당 마찰손실(등마찰손실) 값 확인 - 마찰선도표 적용
   ① 덕트 마찰손실표에서 총 풍량 16,200m³/h와 풍속 8m/s가 만나는 점을 찾는다.
   ② ①에서 찾은 교점을 아래로 내려 등마찰손실 값을 확인한다. ($R = 0.7\text{Pa/m}$)

(3) 각 구간의 원형덕트 지름 산출

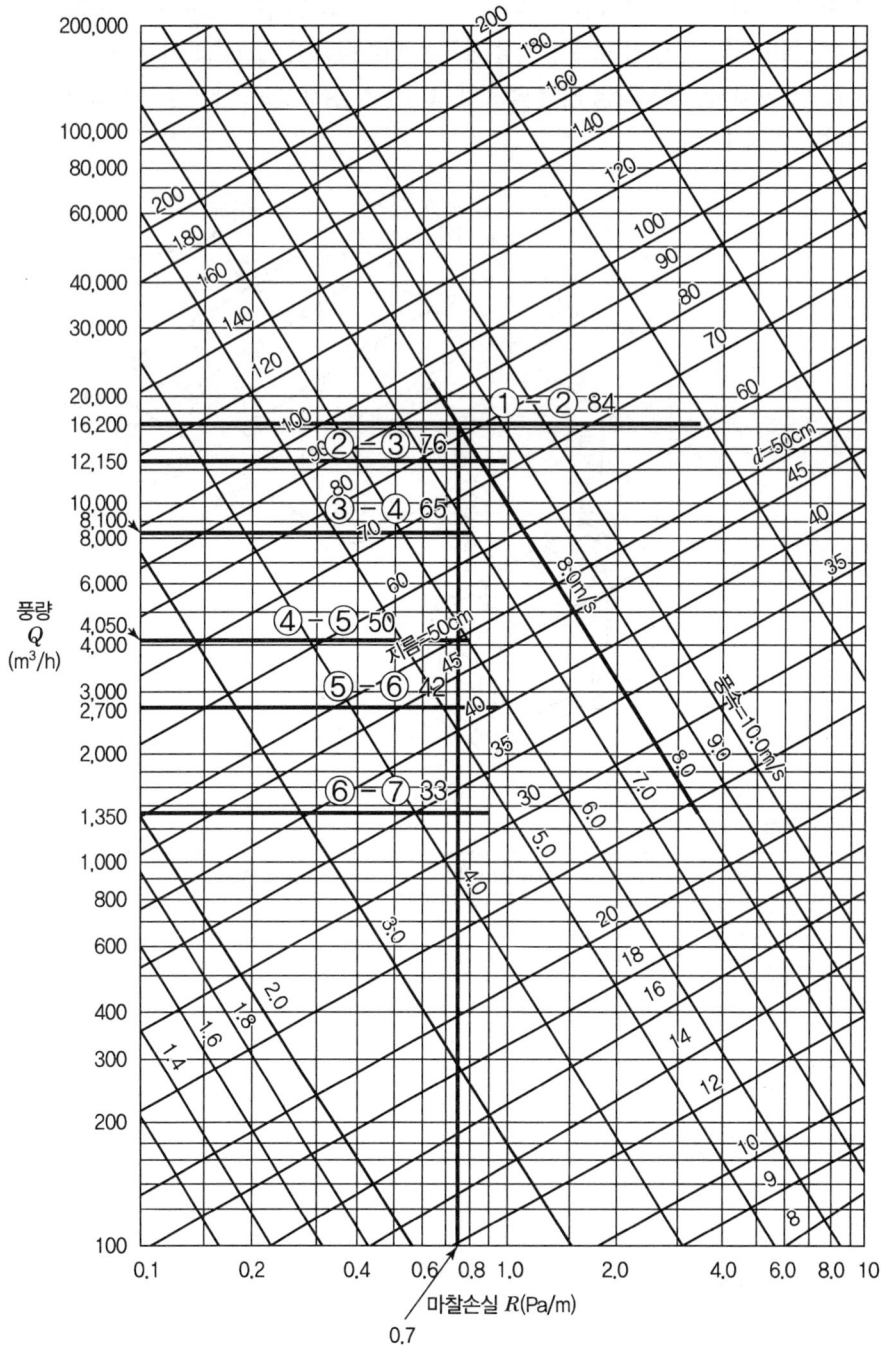

(4) ④-⑤ 구간의 사각 덕트 산출
해당 구간의 원형 덕트 지름을 갖고 아스펙트비(장단변비)가 2인 장단변 조합을 찾는다. (표에서 원형 덕트 지름 50cm 이상이 되는 덕트에 해당하는 가장 작은 단면을 가지면서 사각 덕트 중에서 어스팩트비가 2인 덕트는 70×35이다.

▼ 장방형 덕트와 원형 덕트의 환산표

장변\단변	10	15	20	25	30	35	40	45	50	55	60	65	70	75	80	85	90	95	100
10	10.9																		
15	13.3	16.4																	
20	15.2	18.9	21.9																
25	16.9	21.0	24.4	27.3															
30	18.3	22.9	26.6	29.9	32.8														
35	19.5	24.5	28.6	32.2	35.4	38.3													
40	20.7	26.0	30.5	34.3	37.8	40.9	43.7												
45	21.7	27.4	32.1	36.3	40.0	43.3	46.4	49.2											
50	22.7	28.7	33.7	38.1	42.0	45.6	48.8	51.8	54.7										
55	23.6	29.9	35.1	39.8	43.9	47.7	51.1	54.3	57.3	60.1									
60	24.5	31.0	36.5	41.4	45.7	49.6	53.3	56.7	59.8	62.8	65.6								
65	25.3	32.1	37.8	42.9	47.4	51.5	55.3	58.9	62.2	65.3	68.3	71.1							
70	~~26.1~~	~~33.1~~	~~39.1~~	~~44.3~~	~~49.0~~	53.3	57.3	61.0	64.4	67.7	70.8	73.7	76.5						
75	26.8	34.1	40.2	45.7	50.6	55.0	59.2	63.0	66.6	69.7	73.2	76.3	79.2	82.0					
80	27.5	35.0	41.4	47.0	52.0	56.7	60.9	64.9	68.7	72.2	75.5	78.7	81.8	84.7	87.5				
85	28.2	35.9	42.4	48.2	53.4	58.2	62.6	66.8	70.6	74.3	77.8	81.1	84.2	87.2	90.1	92.9			
90	28.9	36.7	43.5	49.4	54.8	59.7	64.2	68.6	72.6	76.3	79.9	83.3	86.6	89.7	92.7	95.6	198.4		
95	29.5	37.5	44.5	50.6	56.1	61.1	65.9	70.3	74.4	78.3	82.0	85.5	88.9	92.1	95.2	98.2	101.1	103.9	
100	30.1	38.4	45.4	51.7	57.4	62.6	67.4	71.9	76.2	80.2	84.0	87.6	91.1	94.4	97.6	100.7	103.7	106.5	109.3
105	30.7	39.1	46.4	52.8	58.6	64.0	68.9	73.5	77.8	82.0	85.9	89.7	93.2	96.7	100.0	103.1	106.2	109.1	112.0
110	31.3	39.9	47.3	53.8	59.8	65.2	70.3	75.1	79.6	83.8	87.8	91.6	95.3	98.8	102.2	105.5	108.6	111.7	114.6
115	31.8	40.6	48.1	54.8	60.9	66.5	71.7	76.6	81.2	85.5	89.6	93.6	97.3	100.9	104.4	107.8	111.0	114.1	117.2
120	32.4	41.3	49.0	55.8	62.0	67.7	73.1	78.0	82.7	87.2	91.4	95.4	99.3	103.0	106.6	110.0	113.3	116.5	119.6
125	32.9	42.0	49.9	56.8	63.1	68.9	74.4	79.5	84.3	88.8	93.1	97.3	101.2	105.0	108.6	112.2	115.6	118.8	122.0
130	33.4	42.6	50.6	57.5	64.2	70.1	75.7	80.8	85.7	90.4	94.8	99.0	103.1	106.9	110.7	114.3	117.7	121.1	124.4
135	33.9	43.3	51.4	58.6	65.2	71.3	76.9	82.2	87.2	91.9	96.4	100.7	104.9	108.8	112.6	116.3	119.9	123.3	126.7
140	34.4	43.9	52.2	59.5	66.2	72.4	78.1	83.5	88.6	93.4	98.0	102.4	106.6	110.7	114.6	118.3	122.0	125.5	128.9
145	34.9	44.5	52.9	60.4	67.2	73.5	79.3	84.8	90.0	94.9	99.6	104.1	108.4	112.5	116.5	120.3	124.0	127.6	131.1
150	35.3	45.2	53.6	61.2	68.1	74.5	80.5	86.1	91.3	96.3	101.1	105.7	110.0	114.3	118.3	122.2	126.0	129.7	133.2
155	35.8	45.7	54.4	62.1	69.1	75.6	81.6	87.3	92.6	97.4	102.6	107.2	111.7	116.0	120.1	124.1	127.9	131.7	135.3
160	36.2	46.3	55.1	62.9	70.6	76.6	82.7	88.5	93.9	99.1	104.1	108.8	113.3	117.7	121.9	125.9	129.8	133.6	137.3
165	36.7	46.9	55.7	63.7	70.9	77.6	83.8	89.7	95.2	100.5	105.5	110.3	114.9	119.3	123.6	127.7	131.7	135.6	139.3
170	37.1	47.5	56.4	64.4	71.8	78.5	84.9	90.8	96.4	101.8	106.9	111.8	116.4	120.9	125.3	129.5	133.5	137.5	141.3

▼ 급기 덕트

구간	풍량(m³/h)	원형 덕트(cm)	사각 덕트
①-②	16,200	84	-
②-③	12,150	76	-
③-④	8,100	65	-
④-⑤	4,050	50	70×35
⑤-⑥	2,700	42	-
⑥-⑦	1,350	33	-

10 다음 설명에 대한 알맞은 용어를 기재하시오.

(1) 압축기에서 토출되는 냉매가스 중 윤활유(오일입자)를 분리하는 기기
(2) 응축기에서 응축된 고온 고압의 냉매액을 일시 저장하는 목적의 용기
(3) 증발기의 냉매액이 전부 증발하지 못하고, 액체상태로 압축기로 흡입되는 현상
(4) 액압축 시 압축기 파손을 방지하기 위해 압축기의 실린더 상부에 설치한 안전장치
(5) 냉동장치의 저압 측을 수리하거나 장기간 휴지(정지) 시에 저압 측의 냉매를 고압 측의 수액기로 회수하는 것
(6) 냉동장치의 고압 측을 수리할 때 냉매를 저압 측 증발기 또는 외부 용기에 모아 보관하는 것
(7) 응축기에서 응축된 냉매액이 과냉각이 덜 되어 팽창밸브로 가는 도중 액의 일부가 기체로 된 것
(8) 흡입가스 중의 액립을 분리하여 증기만 압축기에 흡입시켜서 액압축(Liquid Hammer)으로부터 위험을 방지하기 위한 기기

풀이

(1) 유분리기
(2) 수액기
(3) 액백(액압축)현상
(4) 안전두
(5) 펌프다운
(6) 펌프아웃
(7) 플래시 가스
(8) 액분리기

11 연돌효과의 발생원리를 쓰고 대책 3가지를 설명하시오.

> 풀이

(1) 발생원리
   고층건물의 계단실이나 엘리베이터(ELEV.)와 같은 수직공간 내의 온도와 건물 밖의 온도차에 의한 압력차로 공기가 상승하는 현상이다.

(2) 대책
   ① 1층 출입구에 회전방풍문 설치
   ② 아래층에서 공기의 유입을 최대한 억제(이중문 설치)
   ③ 계단실이나 엘리베이터(ELEV.) 등 수직 통로에 공기 유출구 설치
   ④ 공기 통로의 미로 형성
   ⑤ 출입구에 에어커튼(Air Curtain) 설치
   ⑥ 이중문 중간에 대류식 난방기(Convector) 또는 소형공기조화장치(FCU ; Fan Coil Unit) 설치
   ⑦ 실내를 가압하여 외부보다 압력을 높일 것

12 냉장실의 냉동부하 7kW, 냉장실 내 온도를 −20℃로 유지하는 나관 상태의 천장 코일의 냉각관 길이(m)를 구하시오. (단, 천장 코일의 증발관 내 냉매의 증발온도는 −28℃, 외표면적 $0.19m^2/m$, 열통과율은 $8W/m^2 \cdot K$이다.)

> 풀이

냉각관 길이(L)

$q = K \cdot A \cdot \Delta t$

여기서, A는 1m당 외표면적(A_k)과 냉각관 길이(L)의 곱이다.

$q = K \cdot A_k \cdot L \cdot \Delta t$

$\therefore L = \dfrac{q}{K \times A_k \times \Delta t}$

$= \dfrac{7 \times 1,000}{8 \times 0.19 \times (-20-(-28))} = 575.66\text{m}$

13 다음과 같은 운전조건을 갖는 브라인 쿨러가 있다. 전열면적이 $25m^2$일 때, 각 물음에 답하시오. (단, 평균온도차는 대수평균온도차를 이용한다.)

[조건]
1. 브라인 비중 : 1.24
2. 브라인 비열 : 2.81kJ/kg · K
3. 브라인의 유량 : 300L/min
4. 쿨러로 들어가는 브라인 온도 : $-18℃$
5. 쿨러에서 나오는 브라인 온도 : $-23℃$
6. 쿨러 냉매 증발온도 : $-26℃$

(1) 브라인 쿨러의 냉동부하(kW)를 구하시오.
(2) 브라인 쿨러의 열통과율($W/m^2 \cdot K$)을 구하시오.

풀이

(1) 브라인 쿨러의 냉동부하(q)

$q = GC\Delta t = Q\rho C \Delta t$

$= \dfrac{300 \times 1.24 \times 2.81 \times (-18-(-23))}{60} = 87.11 kW$

(2) 브라인 쿨러의 열통과율(K)

$q = KA\Delta t_m$에서

$K = \dfrac{q}{A\Delta t_m}$

$\Delta t_m = \dfrac{\Delta t_1 - \Delta t_2}{\ln \dfrac{\Delta t_1}{\Delta t_2}} = \dfrac{8-3}{\ln \dfrac{8}{3}} = 5.1℃$

여기서, $\Delta t_1 : -18-(-26) = 8$
$\Delta t_2 : -23-(-26) = 3$

$\therefore K = \dfrac{87.11 \times 1,000}{25 \times 5.1} = 683.22 W/m^2 \cdot K$

14 다음 (   ) 안에 알맞은 말을 [보기]에서 골라 넣으시오.

표준 냉동장치에서 흡입가스는 (①)을 따라서 (②)하여 과열증기가 되어 외부와 열교환을 하고, 응축기 출구 (③)에서 5℃ 과냉각시켜서 (④)을 따라서 교축작용으로 단열팽창되어 증발기에서 등압선을 따라 포화증기가 된다.

[보기]
- 단열압축
- 등온압축
- 습압축
- 등엔탈피선
- 등비체적선
- 등엔트로피선
- 포화액선
- 습증기선
- 등온선

풀이

① 등엔트로피선   ② 단열압축   ③ 포화액선   ④ 등엔탈피선

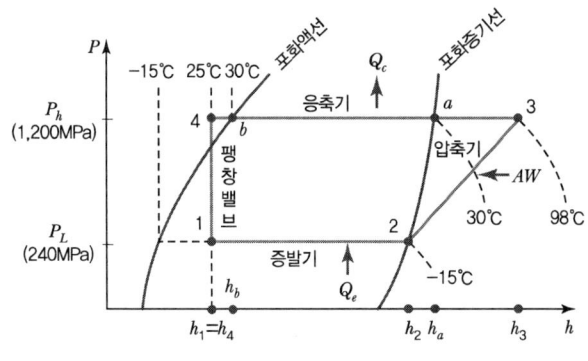

∥ 표준 냉동사이클 $P-h$ 선도 ∥

2023년 2회 기출문제

01 다음 R-22 냉동장치도를 보고 각 물음에 답하시오.

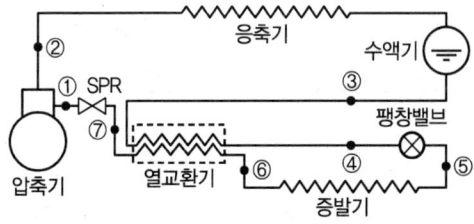

$h_2 = 491\text{kJ/kg}$
$h_3 = 254\text{kJ/kg}$
$h_4 = 241\text{kJ/kg}$
$h_6 = 409\text{kJ/kg}$

(1) 장치도의 냉매 상태점 ①~⑦까지를 $p-h$ 선도상에 표시하시오.

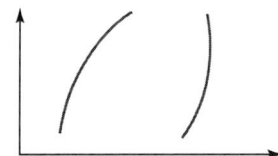

(2) 장치도의 운전상태가 다음과 같을 때 압축기의 축마력(kW)을 구하시오.

[조건]
• 냉매순환량 : 50kg/h   • 압축효율(η_c) : 0.55   • 기계효율(η_m) : 0.9

풀이

(1) 장치도의 냉매 상태점 표시 $p-h$ 선도

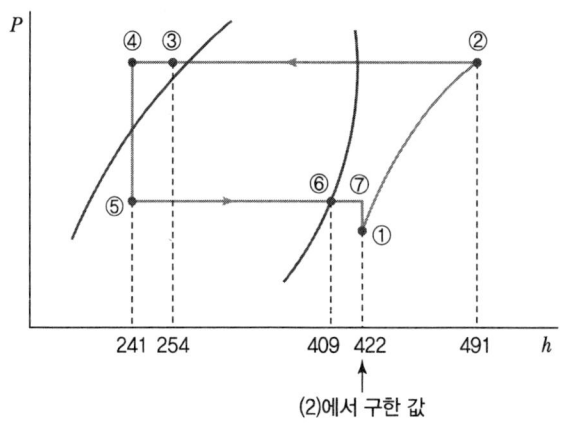

※ ⑦ → ① 과정은 압축기에 흡입되는 냉매의 압력이 소정압력 이상으로 올라가지 않도록 조절하기 위해 설치하는 SPR(흡입압력조정밸브)가 적용되므로, 해당 구간을 통과하면서 압축기의 흡입압력까지 압력이 감소한다고 설정한다.

(2) 압축기의 축마력

$$축마력(kW) = \frac{G \times (h_2 - h_1)}{3,600 \times \eta_c \times \eta_m}$$

여기서, h_1은 열교환기에서의 열평형원리를 통해 산출한다.

$(h_3 - h_4) = (h_7 - h_6)$ ∵ $h_7 = h_1$

$h_1 = (h_3 - h_4) + h_6 = (254 - 241) + 409 = 422 \text{kJ/kg}$

∴ 축마력$(kW) = \dfrac{50 \times (491 - 422)}{3,600 \times 0.55 \times 0.9} = 1.94 \text{kW}$

02
다음 $p-h$ 선도와 같은 조건에서 운전되는 R-502 냉동장치가 있다. 이 장치의 축동력이 7kW, 이론 피스톤 토출량(V)이 66m³/h, $\eta_V = 0.7$일 때 다음 각 물음에 답하시오.

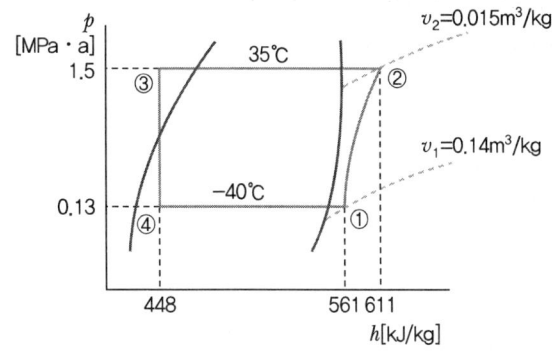

(1) 냉동장치의 냉매순환량(kg/h)을 구하시오.
(2) 냉동능력(kW)을 구하시오.
(3) 실제 성적계수를 구하시오.
(4) 압축비를 구하시오.

풀이

(1) 냉동장치의 냉매순환량(kg/h)

$G = \dfrac{V}{v_1} \cdot \eta_V = \dfrac{66}{0.14} \times 0.7 = 330 \text{kg/h}$

(2) 냉동능력(kW)

$$Q_e = G \times (h_1 - h_4) = \frac{330}{3,600} \times (561 - 448) = 10.36 \text{kW}$$

(3) 실제 성적계수

$$\varepsilon = \frac{Q_e}{W} = \frac{10.36}{7} = 1.48$$

(4) 압축비

$$\alpha = \frac{P_2}{P_1} = \frac{1.5}{0.13} = 11.54$$

03 냉동장치 운전 중에 발생되는 현상과 운전관리에 대한 다음 물음에 답하시오.

(1) 플래시 가스(Flash Gas)에 대하여 설명하시오.
(2) 액압축(Liquid Hammer)에 대하여 설명하시오.
(3) 안전두(Safety Head)에 대하여 설명하시오.
(4) 펌프다운(Pump Down)에 대하여 설명하시오.
(5) 펌프아웃(Pump Out)에 대하여 설명하시오.

풀이

(1) 플래시 가스(Flash Gas)
플래시 가스란 응축기에서 응축된 냉매액이 과냉각이 덜 되어 팽창밸브로 가는 도중 액의 일부가 기체로 된 것을 말한다.

(2) 액압축(Liquid Hammer)
증발기의 냉매액이 전부 증발하지 못하고, 액체상태로 압축기로 흡입되는 현상을 말한다.

(3) 안전두(Safety Head)
액압축 시 압축기 파손을 방지하기 위해 압축기의 실린더 상부에 설치한 안전장치이다.

(4) 펌프다운(Pump Down)
냉동장치의 저압 측을 수리하거나 장기간 휴지(정지) 시에 저압 측의 냉매를 고압 측의 수액기로 회수하는 것(운전)을 펌프다운이라 한다.

(5) 펌프아웃(Pump Out)
냉동장치의 고압 측을 수리할 때 냉매를 저압 측 증발기 또는 외부 용기에 모아 보관하는 것(운전)을 펌프아웃이라 한다.

04 건구온도 25℃, 상대습도 50%, 5,000kg/h의 공기를 15℃로 냉각할 때와 35℃로 가열할 때의 열량(kW)을 공기 선도에 작도하여 엔탈피로 계산하시오.

풀이

공기 선도에 작도 후 각 상태의 엔탈피를 확인하여, 열량을 산정한다.(이때 습공기 선도상에서 엔탈피를 읽는 부분의 일부 오차는 허용하게 된다.)

(1) 공기 선도 작도

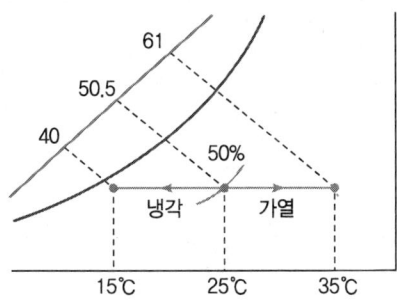

(2) 15℃로 냉각할 때의 열량(q)

$$q = G \cdot \Delta h = \frac{5,000}{3,600} \times (50.5 - 40) = 14.58 \text{kW}$$

(3) 35℃로 가열할 때의 열량(q)

$$q = G \cdot \Delta h = \frac{5,000}{3,600} \times (61 - 50.5) = 14.58 \text{kW}$$

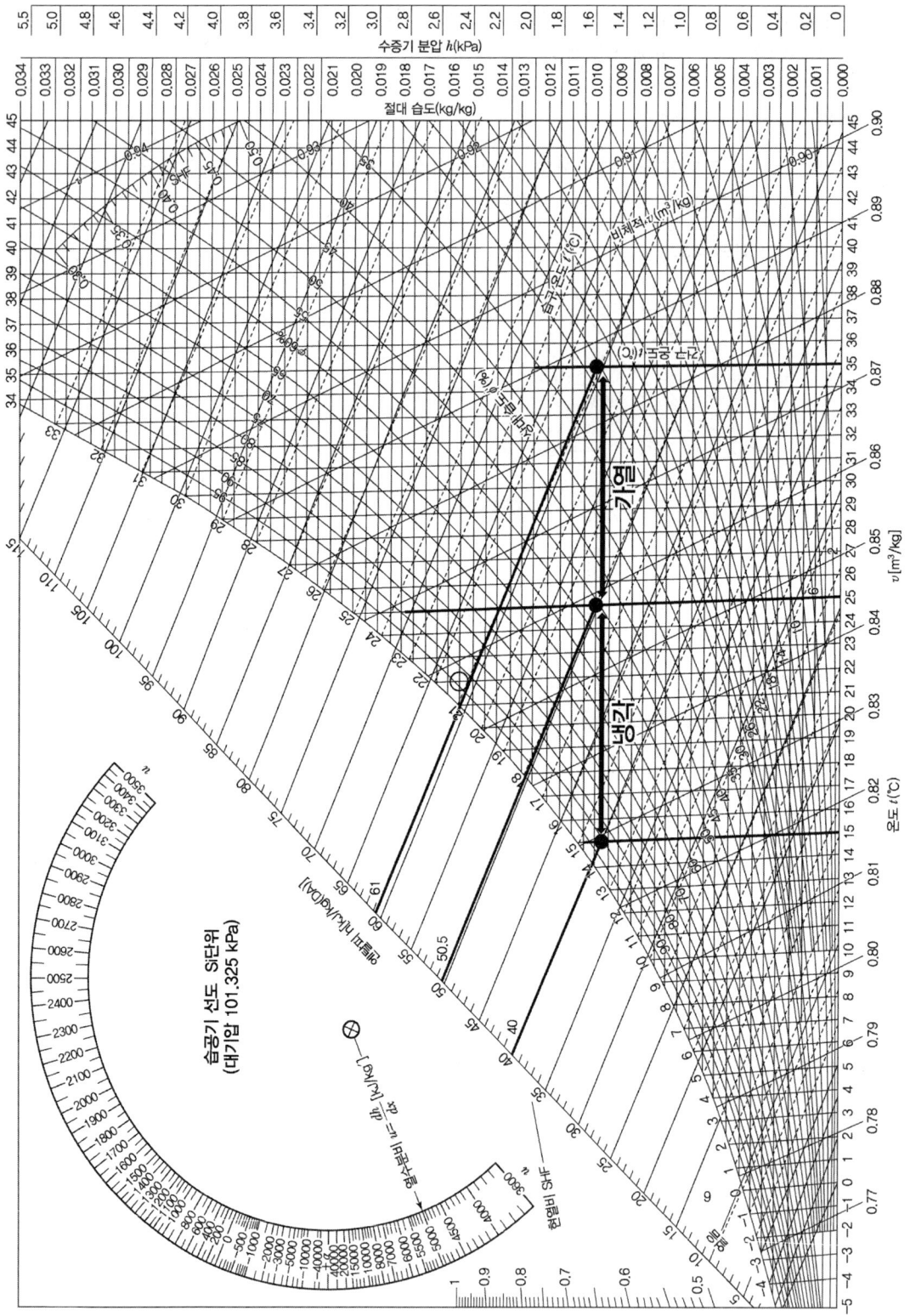

05 송풍기 총 풍량 6,000m³/h, 송풍기 출구 풍속을 7m/s로 하는 다음의 덕트 시스템에서 등마찰손실법에 의하여 Z-A-B, B-C, C-D-E 구간의 원형 덕트의 크기와 덕트 풍속을 구하시오.

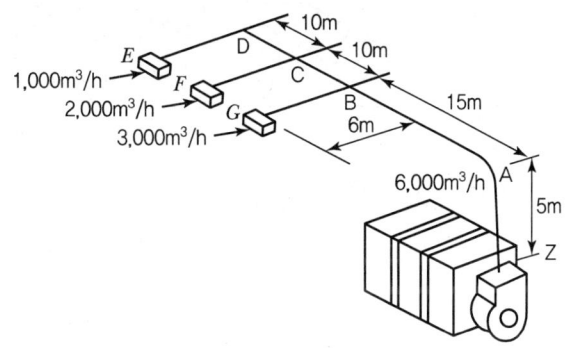

구간	원형 덕트 크기(cm)	풍속(m/s)
Z-A-B		
B-C		
C-D-E		

풀이

(1) 각 구간의 풍량 산출
- Z-A-B 구간 : 1,000+2,000+3,000=6,000m³/h
- B-C 구간 : 1,000+2,000=3,000m³/h
- C-D-E 구간 : 1,000m³/h

(2) 단위 길이당 마찰손실(등마찰손실) 값 확인 – 마찰선도표 적용
① 덕트 마찰손실표에서 총 풍량 6,000m³/h와 풍속 7m/s가 만나는 점을 찾는다.
② ①에서 찾은 교점을 아래로 내려 등마찰손실 값을 확인한다.($R=0.98\text{Pa/m}$)

(3) 각 구간의 원형 덕트 지름과 풍속 산출

구간	원형 덕트 크기(cm)	풍속(m/s)
Z-A-B	54	7.0
B-C	41.5	6.1
C-D-E	27.5	4.6

마찰선도표의 등마찰손실값에서 각 구간의 원형 덕트 크기와 풍속을 읽어준다.

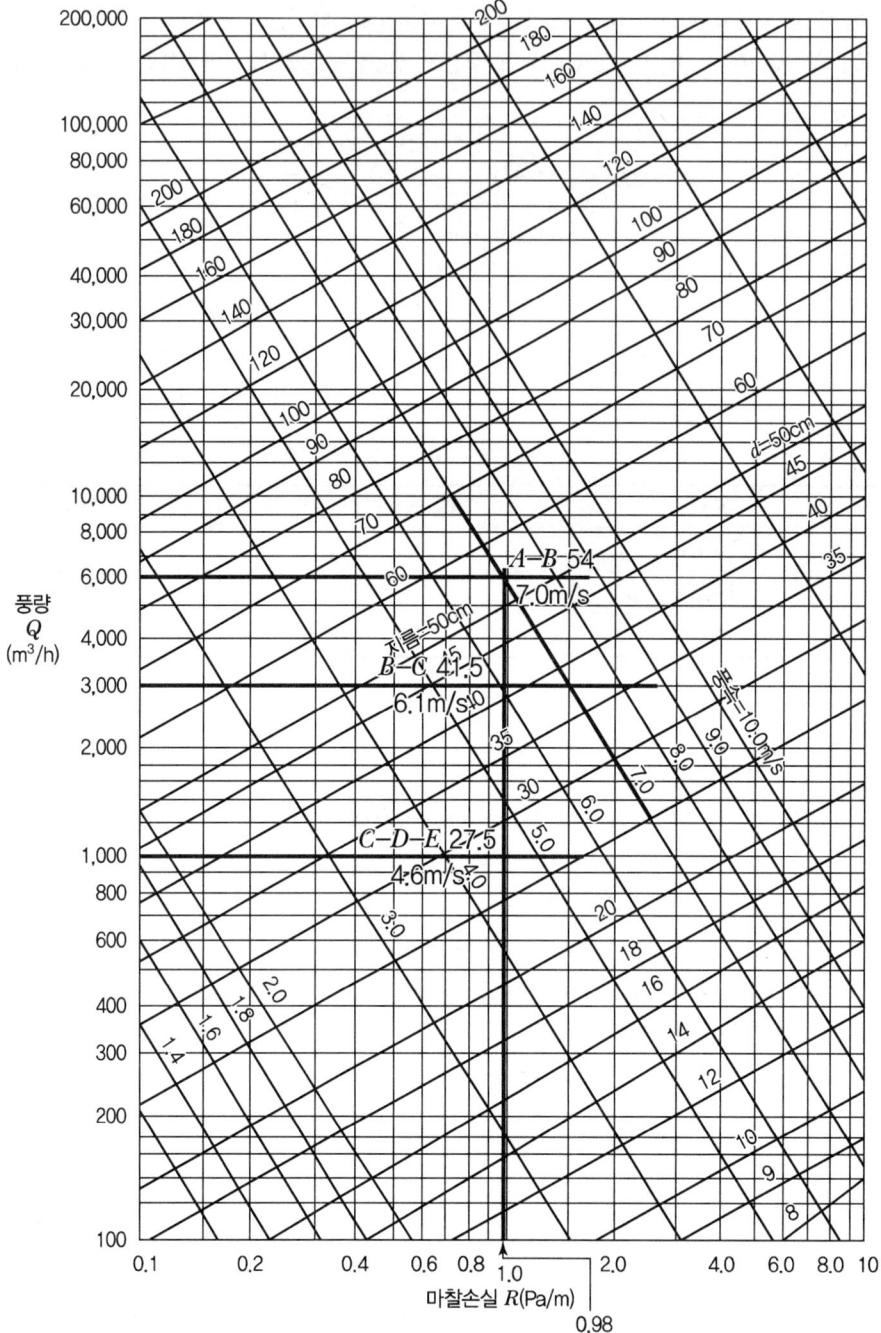

06 다음 설계조건을 이용하여 각 부분의 손실열량을 시간별(10시, 12시)로 각각 구하시오.

[조건]
1. 공조시간 : 10시간
2. 외기 : 10시 31℃, 12시 33℃, 16시 32℃
3. 인원 : 6인
4. 실내설계 온·습도 : 26℃, 50%
5. 조명(형광등) : 20W/m²
6. 각 구조체의 열통과율[K(W/m²·K)] : 외벽 3.5, 칸막이벽 2.3, 유리창 5.8
7. 인체에서의 발열량 : 현열 63W/인, 잠열 69W/인
8. 유리 일사량(W/m²)

구분	10시	12시	16시
일사량	361	52	35

9. 상당 온도차(Δt_e)

구분	N	E	S	W	유리	내벽온도차
10시	5.5	12.5	3.5	5.0	5.5	2.5
12시	4.7	20.0	6.6	6.4	6.5	3.5
16시	7.5	9.0	13.5	9.0	5.6	3.0

10. 유리창 차폐계수 $k_s = 0.70$

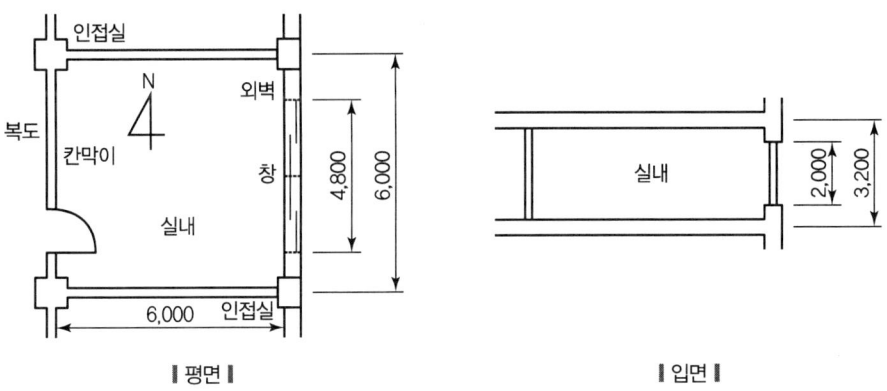

|평면| |입면|

(1) 벽체를 통한 취득열량
  ① 동쪽 외벽
  ② 칸막이벽 및 문(단, 문의 열통과율은 칸막이벽과 동일)
(2) 유리창을 통한 취득열량
(3) 조명 발생열량
(4) 인체 발생열량

풀이

(1) 벽체를 통한 취득열량 $q_W = K \cdot A \cdot \Delta t_e$

　① 동쪽 외벽
　　• 10시 : $q_W = 3.5 \times (6 \times 3.2 - 4.8 \times 2) \times 12.5 = 420\text{W}$
　　• 12시 : $q_W = 3.5 \times (6 \times 3.2 - 4.8 \times 2) \times 20 = 672\text{W}$

　② 칸막이벽 및 문
　　• 10시 : $q_W = 2.3 \times (6 \times 3.2) \times 3 \times 2.5 = 331.2\text{W}$
　　• 12시 : $q_W = 2.3 \times (6 \times 3.2) \times 3 \times 3.5 = 463.68\text{W}$

(2) 유리창을 통한 취득열량(관류열량 + 일사량) $q_G = q_{GT} + q_{GR}$

　• 10시 : $q_{GT} = K \cdot A \cdot \Delta t_e = 5.8 \times (4.8 \times 2.0) \times 5.5 = 306.24\text{W}$
　　　　　$q_{GR} = I_{GR} \cdot A \cdot k_s = 361 \times (4.8 \times 2.0) \times 0.7 = 2,425.92\text{W}$
　　　　　$\therefore q_G = 306.24 + 2,425.92 = 2,732.16\text{W}$

　• 12시 : $q_{GT} = K \cdot A \cdot \Delta t_e = 5.8 \times (4.8 \times 2.0) \times 6.5 = 361.92\text{W}$
　　　　　$q_{GR} = I_{GR} \cdot A \cdot k_s = 52 \times (4.8 \times 2.0) \times 0.7 = 349.44\text{W}$
　　　　　$\therefore q_G = 361.92 + 349.44 = 711.36\text{W}$

(3) 조명 발생열량 $q_E = W \times A$

　• 10시, 12시 : $q_E = 20\text{W/m}^2 \times 6\text{m} \times 6\text{m} = 720\text{W}$

(4) 인체 발생열량 $q_H = q_{HS} + q_{HL}$

　• 10시, 12시 : $q_{HS} = n \cdot H_S = 6 \times 63 = 378\text{W}$
　　　　　　　　$q_{HL} = n \cdot H_L = 6 \times 69 = 414\text{W}$
　　　　　　　　$\therefore q_H = 378 + 414 = 792\text{W}$

07 전공기 방식에서 덕트 소음 방지 방법 3가지를 쓰시오.

> **풀이**
> ① 덕트의 도중에 흡음재를 부착한다.
> ② 송풍기 출구 부근에 플리넘 체임버(Plenum Chamber)를 장치한다.
> ③ 덕트의 적당한 장소에 흡음장치(셀형, 플레이트형)를 설치한다.
> ④ 댐퍼나 취출구에 흡음재를 부착한다.
> ⑤ 주덕트 철판 두께를 표준치보다 두껍게 한다.

08 다음 그림과 같은 이중덕트 방식에 대한 설계에 있어서 주어진 조건을 참조하여 물음에 답하시오.

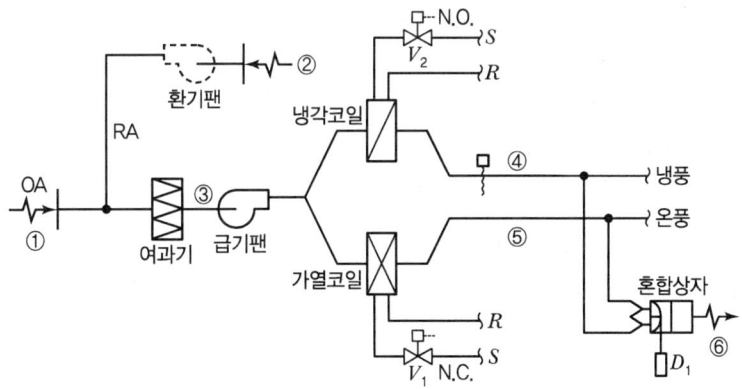

[조건]
1. 실내온도 26℃, 엔탈피 53kJ/kg
2. 외기온도 31℃, 엔탈피 83kJ/kg
3. 전풍량(총 공기 순환량) : 7,200kg/h
4. 외기량 : 1,800kg/h
5. 실 현열부하 : 16.5kW
6. 냉각코일 출구온도 : 13℃
7. 가열코일 출구온도 : 31℃
8. 공기의 비열 : 1.00kJ/kg·K
9. 공기의 밀도 : 1.2kg/m³

(1) 외기와 환기의 혼합 공기온도(℃) 및 엔탈피(kJ/kg)를 구하시오.
(2) 냉각코일 통과 공기량(m³/h)을 구하시오.
(3) 냉각부하(kW)를 구하시오.
(4) 가열부하(kW)를 구하시오.
(5) 외기부하(kW)를 구하시오.

[풀이]

(1) 혼합공기 온도(℃) 및 엔탈피(t_3, h_3)
- 혼합공기 온도(℃)

$$t_3 = \frac{G_1 t_1 + G_2 t_2}{G_3} = \frac{1,800 \times 31 + (7,200 - 1,800) \times 26}{7,200} = 27.25℃$$

- 혼합공기 엔탈피(kJ/kg)

$$h_3 = \frac{G_1 h_1 + G_2 h_2}{G_3} = \frac{1,800 \times 83 + (7,200 - 1,800) \times 53}{7,200} = 60.5 \text{kJ/kg}$$

(2) 냉각코일 통과 공기량(G_4)
- t_6(실내 취출공기) 산출

$$q_S = G_6 C_p (t_2 - t_6)$$

$$t_6 = t_2 - \frac{q_S}{G_6 C_p} = 26 - \frac{16.5 \times 3,600}{7,200 \times 1.0} = 17.75℃$$

- G_4 산출

$$G_4 (t_4 - t_5) = G_6 (t_6 - t_5)$$

$$G_4 = \frac{G_6 (t_6 - t_5)}{t_4 - t_5} = \frac{7,200 \times (17.75 - 31)}{13 - 31} = 5,300 \text{kg/h} = 4,416.67 \text{m}^3/\text{h}$$

(3) 냉각(코일)부하(현열부하)(q_c)

④점의 엔탈피를 알 수 없으므로 냉각(코일)부하는 현열부하로 산출한다.

$$q_c = G_4 C_p (t_3 - t_4) = \frac{5,300 \times 1.0 \times (27.25 - 13)}{3,600} = 20.98 \text{kW}$$

(4) 가열(코일)부하(q_H)

$$q_H = G_5 C_p (t_5 - t_3) = \frac{(7,200 - 5,300) \times 1.0 \times (31 - 27.25)}{3,600} = 1.98 \text{kW}$$

(5) 외기부하(q_O)

$$q_O = G_6 (h_3 - h_2) = \frac{7,200 \times (60.5 - 53)}{3,600} = 15 \text{kW}$$

또는

$$q_O = G_o (h_1 - h_2) = \frac{1,800 \times (83 - 53)}{3,600} = 15 \text{kW}$$

09 다음은 2단 압축 냉동장치의 개략도이다. 1단 팽창장치 및 2단 팽창장치도를 중각 냉각기, 증발기, 팽창밸브를 그려 넣어 완성하시오.

(1) 1단 팽창 장치도

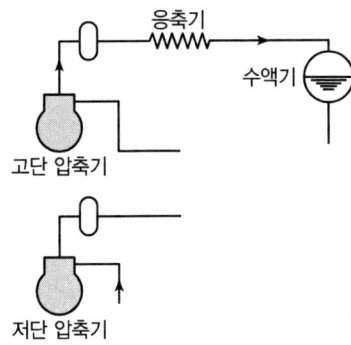

(2) 2단 팽창 장치도

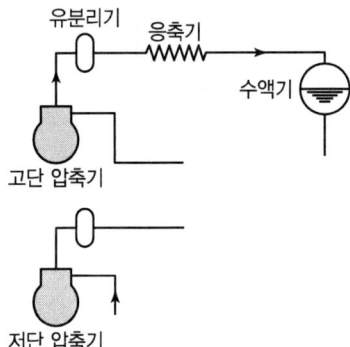

풀이

냉동장치도 완성

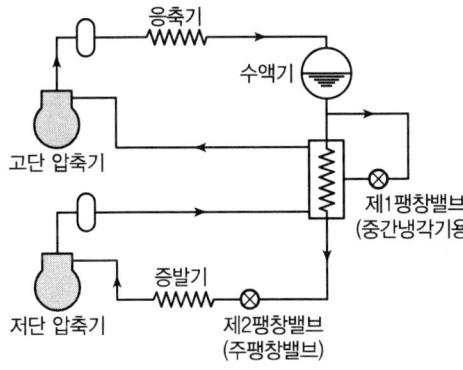

▮ 2단 압축 1단 팽창 장치도 ▮

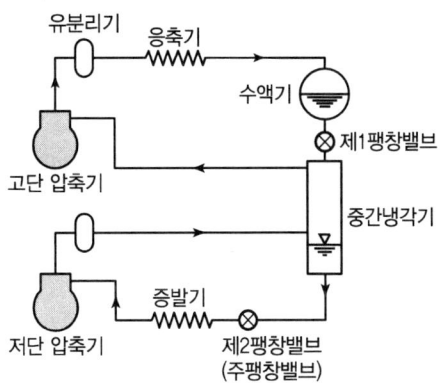

▮ 2단 압축 2단 팽창 장치도 ▮

10 2대의 증발기가 압축기 위쪽에 위치하고 각각 다른 층에 설치되어 있는 경우 프레온 증발기 출구와 흡입구 배관을 연결하는 배관 계통을 도시하시오.

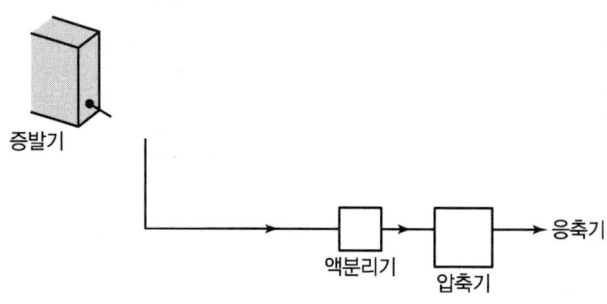

[풀이]

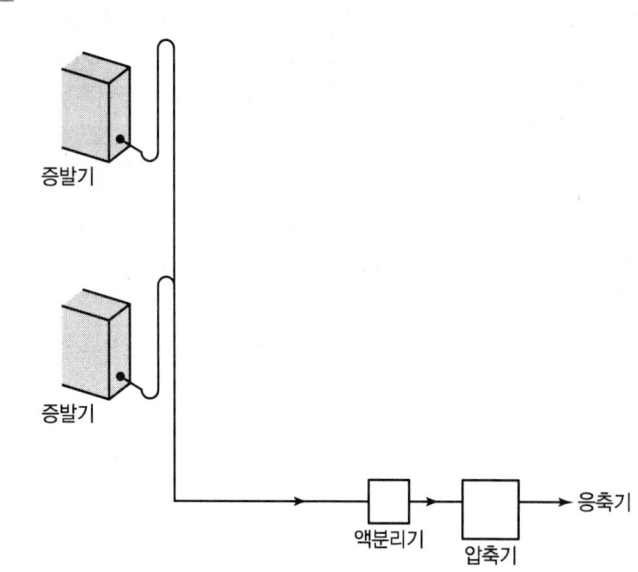

11 다음 조건을 이용하여 응축기 설계 시 1RT(3.86kW)당 응축면적(m²)을 구하시오. (단, 온도차는 산술평균온도차를 적용한다.)

[조건]
- 응축온도 : 35℃
- 냉각수 출구온도 : 32℃
- 냉각수 입구온도 : 28℃
- 열통과율 : 1.05kW/m² · ℃

풀이

응축면적(A) 산출

$q_c = KA\Delta T = q_e$

여기서, K : 열통과율(W/m² · K)
A : 응축면적(m²)
Δt : 응축온도 − 냉각수 평균온도
q_e : 냉동능력

$KA\Delta T = q_e$

$A = \dfrac{q_e}{K \times \Delta T} = \dfrac{1 \times 3.86\text{kW}}{1.05\text{kW/m}^2 \cdot \text{K} \times \left(35 - \dfrac{28+32}{2}\right)} = 0.74\text{m}^2$

12 다음의 빈칸에 들어갈 용어 혹은 숫자를 쓰시오.

공비냉매는 400번 대 비공비냉매 500번 대이다. 600번 대는 (①)이고, 무기화합물냉매는 700번 대이며, 700번 대 뒤의 00은 화합물의 분자량을 쓴다. 그리고 불포화유기화합물은 (②)번 대이다.

풀이

① 유기화합물 냉매
② 1,000

13 ①의 공기상태 $t_1 = 25℃$, $x_1 = 0.022\text{kg/kg}'$, $h_1 = 91.7\text{kJ/kg}$, ②의 공기상태 $t_2 = 22℃$, $x_2 = 0.006\text{kg/kg}'$, $h_2 = 37.7\text{kJ/kg}$일 때 공기 ①을 25%, 공기 ②를 75%로 혼합한 후의 공기 ③의 상태(t_3, x_3, h_3)를 구하고, 공기 ①과 공기 ③ 사이의 열수분비를 구하시오.

풀이

(1) 혼합 후 공기 ③의 상태(t_3, x_3, h_3)

① $t_3 = \dfrac{0.25 \times 25 + 0.75 \times 22}{1} = 22.75℃$

② $x_3 = \dfrac{0.25 \times 0.022 + 0.75 \times 0.006}{1} = 0.01\text{kg/kg}'$

③ $h_3 = \dfrac{0.25 \times 91.7 + 0.75 \times 37.7}{1} = 51.2\text{kJ/kg}$

(2) 공기 ①과 공기 ③ 사이의 열수분비(u)

$u = \dfrac{\Delta h(\text{엔탈피 변화량})}{\Delta x(\text{절대습도 변화량})} = \dfrac{h_1 - h_3}{x_1 - x_3} = \dfrac{91.7 - 51.2}{0.022 - 0.01} = 3,375\text{kJ/kg}$

14 펌프에서 수직높이 25m의 고가수조와 5m 아래의 지하수까지를 관경 50mm의 파이프로 연결하여 2m/s의 속도로 양수할 때 다음 물음에 답하시오.(단, 배관의 마찰손실은 0.3mAq/100m이다.)

(1) 펌프의 전양정(m)을 구하시오.
(2) 펌프의 유량(m³/s)을 구하시오.
(3) 펌프의 축동력(kW)을 구하시오.(펌프효율 : 70%)

풀이

(1) 펌프의 전양정(H)

전양정 = 실양정 + 배관마찰 손실수두 + 토출 측 속도수두

전양정 $= (25 + 5) + (25 + 5) \times \dfrac{0.3}{100} + \dfrac{2^2}{2 \times 9.8} = 30.29\text{m}$

(2) 펌프의 유량(Q)

$Q = A \cdot V = \dfrac{\pi d^2}{4} \times V = \dfrac{\pi \times 0.05^2}{4} \times 2 = 3.93 \times 10^{-3}\text{m}^3/\text{s}$

(3) 펌프의 축동력(L)

$L = \dfrac{\gamma H Q}{102 \times \eta} = \dfrac{1,000 \times 30.29 \times 3.93 \times 10^{-3}}{102 \times 0.7} = 1.67\text{kW}$

여기서, γ : 비중량(kgf/m³), H : 전양정(m), Q : 펌프의 유량(m³/s)

2023년 3회 기출문제

01 다음과 같은 온수난방설비에서 각 물음에 답하시오. (단, 방열기 입·출구 온도차는 10℃, 국부저항 상당관 길이는 직관길이의 50%, 1m당 마찰손실은 147Pa, 온수비열은 4.2kJ/kg·K이다.)

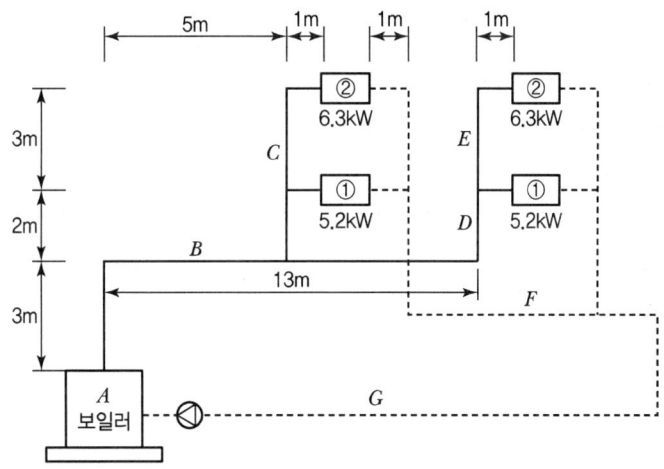

(1) 순환펌프의 전마찰손실(Pa)을 구하시오. (단, 환수관의 길이는 30m이다.)
(2) ①과 ②의 온수순환량(L/min)을 구하시오.
(3) 각 구간의 온수순환량을 구하시오.

구간	B	C	D	E	F	G
순환수량 (L/min)						

[풀이]

(1) 순환펌프의 전마찰손실(H)
   H = (직관길이 + 국부저항상당관 길이) × 단위길이당 마찰손실
   = [(3+13+2+3+1+30) × 1.5m)] × 147Pa/m
   = 11,466Pa
   여기서, 직관길이는 가장 먼 방열기를 기준으로 한다.

(2) $q = W \cdot C \cdot \Delta t$에서 ①의 온수순환량($W_1$)
   $W_1 = \dfrac{q_1}{C \cdot \Delta t} = \dfrac{5.2 \times 60}{4.2 \times 10} = 7.43 \text{kg/min} = 7.43 \text{L/min}$
   여기서, 물의 밀도 : 1kg/L

②의 온수순환량(W_2)

$$W_2 = \frac{q_2}{C \cdot \Delta t} = \frac{6.3 \times 60}{4.2 \times 10} = 9.00 \text{kg/min} = 9.00 \text{L/min}$$

(3) 각 구간의 온수순환량(Q)

①의 온수순환량 $W_1 = 7.34 \text{L/min}$

②의 온수순환량 $W_2 = 9.00 \text{L/min}$

B 구간 순환량 $W_B = 2 \times W_1 + 2 \times W_2 = 2 \times 7.43 + 2 \times 9.00 = 32.86 \text{L/min}$

C 구간 순환량 $W_C = W_2 = 9.00 \text{L/min}$

D 구간 순환량 $W_D = W_1 + W_2 = 7.43 + 9.00 = 16.43 \text{L/min}$

E 구간 순환량 $W_E = W_2 = 9.00 \text{L/min}$

F 구간 순환량 $W_F = W_1 + W_2 = 16.43 \text{L/min}$

G 구간 순환량 $W_G = 2W_1 + 2W_2 = 2 \times 7.43 + 2 \times 9.00 = 32.86 \text{L/min}$

구간	B	C	D	E	F	G
순환수량 (L/min)	32.86	9.00	16.43	9.00	16.43	32.86

02 실내조건이 온도 27℃, 습도 60%인 정밀기계공장 실내에 피복하지 않은 덕트가 노출되어 있다. 결로방지(結露防止)를 위한 보온이 필요한지 여부를 계산식으로 나타내어 판정하시오. (단, 덕트 내 공기온도를 20℃로 하고 실내노점온도는 $t_a'' = 19.5℃$, 덕트표면 열전달률 $\alpha_0 = 9.3 \text{W/m}^2 \cdot \text{K}$, 덕트재료 열관류율 $K = 0.58 \text{W/m}^2 \cdot \text{K}$로 한다.)

보온 필요여부 판정

$q = q_s$

$K \cdot A\Delta t = \alpha_o \cdot A\Delta t_S$에서

$\Delta t_S = \dfrac{K \times \Delta t}{\alpha_o} = \dfrac{0.58 \times (27-20)}{9.3} = 0.44℃$

$\Delta t_S = t_i - t_S \rightarrow t_S = t_i - \Delta t_S = 27 - 0.44 = 26.56℃$

∴ 표면온도 $t_S(26.56℃)$ > 노점온도 $t_a''(19.5℃)$이므로, 결로 발생하지 않으며, 이에 따라 결로 방지를 위한 보온 필요하지 않다.

03 프레온 냉동장치에서 1대의 압축기로 증발온도가 다른 2대의 증발기를 냉각운전하고자 한다. 이때 1대의 증발기에 증발압력조정밸브를 부착하여 제어하고자 한다면, 아래의 냉동장치는 어디에 증발압력조정밸브 및 체크밸브를 부착하여야 하는지 흐름도를 완성하시오. 또 증발압력조정밸브의 기능을 간단히 설명하시오.

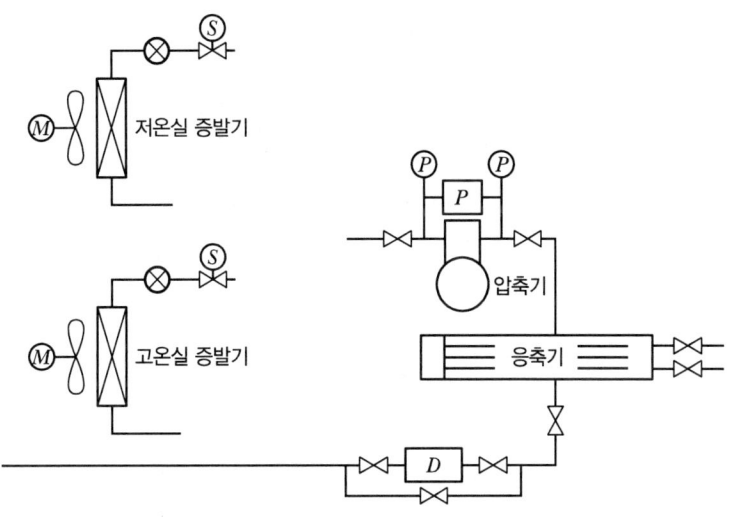

풀이

(1) 냉동장치의 흐름도

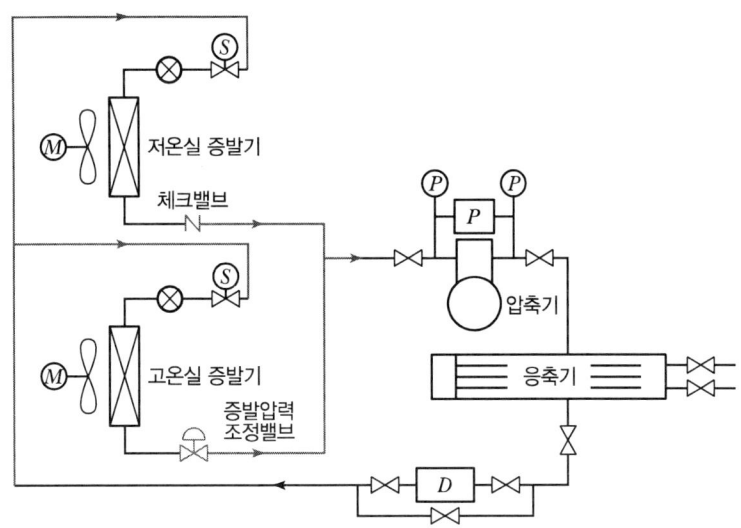

(2) 증발압력조정밸브(EPR)의 기능
증발압력조정밸브(EPR : Evaporator Pressure Regulator)는 증발압력(온도)이 소정압력(온도) 이하가 되는 것을 방지(증발온도의 저온화 및 동파를 방지)하는 역할을 한다.

04 다음과 같은 벽체의 열관류율을 구하시오. (단, 외표면 열전달률 α_o = 23W/m² · K, 내표면 열전달률 α_i = 9W/m² · K로 한다.)

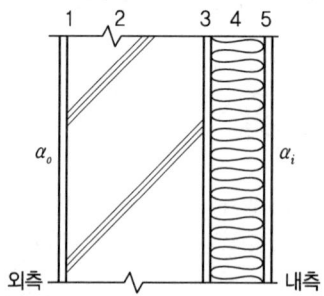

재료명	두께(mm)	열전도율(W/m · K)
1. 모르타르	30	1.4
2. 콘크리트	130	1.6
3. 모르타르	20	1.4
4. 스티로폼	50	0.037
5. 석고보드	10	0.21

풀이

벽체의 열관류율(K)

$$R = \frac{1}{\alpha_o} + \frac{l_1}{\lambda_1} + \frac{l_2}{\lambda_2} + \frac{l_3}{\lambda_3} + \frac{l_4}{\lambda_4} + \frac{l_5}{\lambda_5} + \frac{1}{\alpha_i}$$

여기서, l은 m 단위로 환산하여 기입한다.

$$= \frac{1}{23} + \frac{0.03}{1.4} + \frac{0.13}{1.6} + \frac{0.02}{1.4} + \frac{0.05}{0.037} + \frac{0.01}{0.21} + \frac{1}{9} = 1.6705$$

$$\therefore K = \frac{1}{R} = \frac{1}{1.6705} = 0.60 \text{W/m}^2 \cdot \text{K}$$

05 다음과 같은 건물의 A실에 대하여 아래 조건을 이용하여 각 물음에 답하시오. (단, A실은 최상층으로 사무실 용도이며 아래층의 난방 조건은 동일하다.)

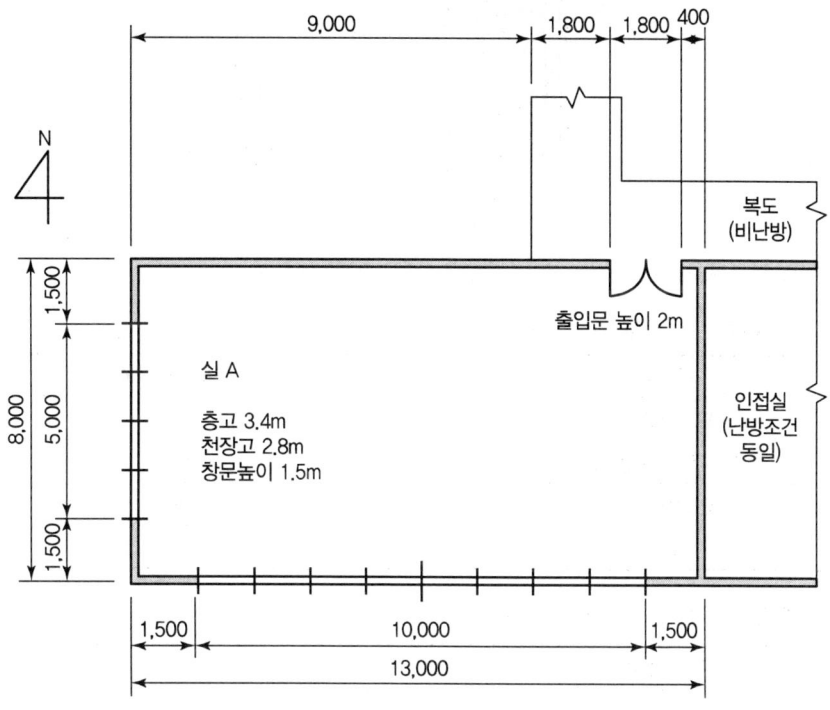

[조건]
1. 난방 설계용 온·습도

구분	난방	비고
실내	20℃ DB, 50% RH, $x=0.00725$kg/kg′	비공조실은 실내·외의 중간 온도로 약산함
외기	-5℃ DB, 70% RH, $x=0.00175$kg/kg′	

2. 유리 : 복층유리(공기층 6mm), 블라인드 없음, 열관류율 $K=3.5$W/m²·K
   출입문 : 목제 플래시문, 열관류율 $K=2.2$W/m²·K

3. 공기의 밀도 $\rho=1.2$kg/m³
   공기의 정압비열 $C_p=1.01$kJ/kg·K
   수분의 증발잠열(상온) $E_a=2,500$kJ/kg
   100℃ 물의 증발잠열 $E_b=2,256$kJ/kg

4. 외기 도입량은 25m³/h·인이다.

5. 외벽

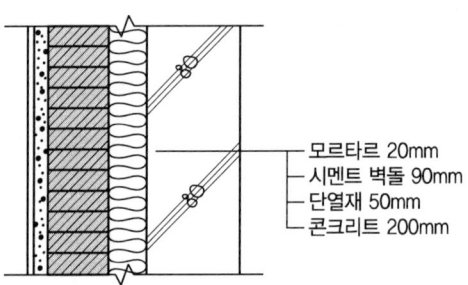
- 모르타르 20mm
- 시멘트 벽돌 90mm
- 단열재 50mm
- 콘크리트 200mm

6. 내벽 열관류율 : 3.0W/m² · K, 지붕 열관류율 : 0.5W/m² · K

▼ 각 재료의 열전도율

재료명	열전도율(W/m · K)
1. 모르타르	1.4
2. 시멘트 벽돌	1.4
3. 단열재	0.035
4. 콘크리트	1.6

▼ 표면 열전달률 α_i, α_o(W/m² · K)

표면의 종류	난방 시	냉방 시
내면	8.4	8.4
외면	24.2	22.7

▼ 방위계수

방위	N, 수평	E	W	S
방위계수	1.2	1.1	1.1	1.0

▼ 재실인원1인당 상면적(m²/인)

방의 종류	상면적(m²/인)	방의 종류		상면적(m²/인)
사무실(일반)	5.0		객실	18.0
은행 영업실	5.0	백화점	평균	3.0
레스토랑	1.5		혼잡	1.0
상점	3.0		한산	6.0
호텔로비	6.5	극장		0.5

▼ 환기횟수

실용적(m³)	500 미만	500~1,000	1,000~1,500	1,500~2,000	2,000~2,500	2,500~3,000	3,000 이상
환기횟수(회/h)	0.7	0.6	0.55	0.5	0.42	0.40	0.35

(1) 외벽 열관류율을 구하시오.
(2) 난방부하를 계산하시오.
　① 서측　　　　② 남측　　　　③ 북측
　④ 지붕　　　　⑤ 내벽　　　　⑥ 출입문

> 풀이

(1) 외벽 열관류율(K)

$$R = \frac{1}{\alpha_i} + \frac{l_1}{\lambda_1} + \frac{l_2}{\lambda_2} + \frac{l_3}{\lambda_3} + \frac{l_4}{\lambda_4} + \frac{1}{\alpha_o}$$

$$= \frac{1}{8.4} + \frac{0.02}{1.4} + \frac{0.09}{1.4} + \frac{0.05}{0.035} + \frac{0.2}{1.6} + \frac{1}{24.2} = 1.7925$$

$$\therefore K = \frac{1}{R} = \frac{1}{1.7925} = 0.56 \text{W/m}^2 \cdot \text{K}$$

(2) 난방부하(q)

① 서측 $q_W = K \cdot A \cdot \Delta t \cdot k$
- 외벽 $q_{W1} = 0.56 \times (8 \times 3.4 - 5 \times 1.5) \times (20 - (-5)) \times 1.1 = 303.38\text{W}$
  외벽의 벽체 높이는 층고(3.4m)를 적용한다.
- 유리창 $q_{W2} = 3.5 \times (5 \times 1.5) \times (20 - (-5)) \times 1.1 = 721.875\text{W}$
∴ 서측 부하 $q_W = q_{W1} + q_{W2} = 303.38 + 721.875 = 1,025.26\text{W}$

② 남측 $q_S = K \cdot A \cdot \Delta t \cdot k'$
- 외벽 $q_{S1} = 0.56 \times (13 \times 3.4 - 10 \times 1.5) \times (20 - (-5)) \times 1.0 = 408.8\text{W}$
- 유리창 $q_{S2} = 3.5 \times (10 \times 1.5) \times (20 - (-5)) \times 1.0 = 1,312.5\text{W}$
∴ 남측 부하 $q_S = q_{S1} + q_{S2} = 408.8 + 1,312.5 = 1,721.3\text{W}$

③ 북측(외벽) $q_N = K \cdot A \cdot \Delta t \cdot k'$
$q_N = 0.56 \times (9 \times 3.4) \times (20 - (-5)) \times 1.2 = 514.08\text{W}$

④ 지붕 $q_R = K \cdot A \cdot \Delta t \cdot k'$
$q_R = 0.5 \times (8 \times 13) \times (20 - (-5)) \times 1.2 = 1,560\text{W}$

⑤ 내벽 $q_I = K \cdot A \cdot \Delta t = K \cdot A \cdot \left(t_i - \frac{t_i + t_o}{2}\right)$

$q_I = 3.0 \times (4 \times 2.8 - 1.8 \times 2) \times \left(20 - \frac{20 + (-5)}{2}\right) = 285\text{W}$

내벽의 벽체 높이는 천장고(2.8m)를 적용한다.

⑥ 출입문 $q_D = K \cdot A \cdot \Delta t = K \cdot A \cdot \left(t_i - \frac{t_i + t_o}{2}\right)$

$q_D = 2.2 \times (1.8 \times 2) \times \left(20 - \frac{20 + (-5)}{2}\right) = 99\text{W}$

06 어떤 사무소 공조설비 과정이 다음과 같다. 물음에 답하시오.

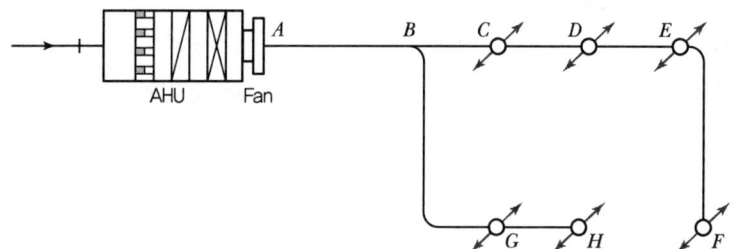

- 덕트 구간 길이
  A~B : 60m, B~C : 6m, C~D : 12m, D~E : 12m, E~F : 20m, B~G : 18m, G~H : 12m

[조건]
- 마찰손실 $R = 1.0$Pa/m
- 1개당 취출구 풍량 : 3,000m³/h
- 정압효율 : 50%
- 가열 코일 저항 : 150Pa
- 송풍기 저항 : 100Pa
- 국부저항계수 $\zeta = 0.29$
- 송풍기 출구 풍속 $V = 13$m/s
- 에어필터 저항 : 50Pa
- 냉각기 저항 : 150Pa
- 취출구 저항 : 50Pa

(1) 실내에 설치한 덕트 시스템을 위의 그림과 같이 설계하고자 한다. 각 취출구의 풍량이 동일할 때, 장방형 덕트의 크기를 결정하고 풍속을 구하시오.(단, 공기밀도 1.2kg/m³, 중력가속도 9.8m/s²이다.)

구간	풍량(m³/h)	원형 덕트 지름(cm)	장방형 덕트(cm)	풍속(m/s)
A-B			×35	
B-C			×35	
C-D			×35	
D-E			×35	
E-F			×35	

(2) 송풍기 정압(Pa)을 구하시오.
(3) 송풍기 동력(kW)을 구하시오.

> 풀이

(1) 장방형 덕트 크기 결정 및 풍속
덕트 선도에서 원형 덕트 지름을 구하고, 덕트표에서 장방형 덕트 크기를 구한다.

구간	풍량(m³/h)	원형 덕트 지름(cm)	장방형 덕트(cm)	풍속(m/s)
A-B	18,000	82	190×35	$\frac{18,000 \div 3,600}{1.9 \times 0.35} = 7.52$
B-C	12,000	71	135×35	$\frac{12,000 \div 3,600}{1.35 \times 0.35} = 7.05$
C-D	9,000	63	105×35	$\frac{9,000 \div 3,600}{1.05 \times 0.35} = 6.80$
D-E	6,000	54	75×35	$\frac{6,000 \div 3,600}{0.75 \times 0.35} = 6.35$
E-F	3,000	42	45×35	$\frac{3,000 \div 3,600}{0.45 \times 0.35} = 5.29$

(2) 송풍기 정압(P_S)

- 정압 = 전압 - 토출 측 동압($\frac{\rho V^2}{2}$)
- 전압 = 덕트 마찰손실 + 각종저항

구간별 마찰손실 산출 후 큰 값을 적용한다.

① A-F 구간 덕트 마찰손실
- 직관덕트 마찰손실 = (60+6+12+12+20)×1.0 = 110Pa
- 밴드부 마찰손실 = $\zeta \frac{\rho V^2}{2} = 0.29 \times \frac{1.2 \times 5.29^2}{2} = 4.869$Pa

∴ A-F 구간 마찰손실 = 110 + 4.869 = 114.87Pa

② A-H 구간 덕트 마찰손실
- 직관덕트 마찰손실 = (60+18+12)×1.0 = 90Pa
- B부 국부 마찰손실 = $\zeta \frac{\rho V_1^2}{2} = 0.29 \times \frac{1.2 \times 7.52^2}{2} = 9.839$Pa
- 밴드부 마찰손실 = $\zeta \frac{\rho V_2^2}{2} = 0.29 \times \frac{1.2 \times 6.35^2}{2} = 7.016$Pa

(B-G 구간의 풍량 6,000m³/h, 풍속 6.35m/s)

∴ A-H 구간 마찰손실 = 90 + 9.839 + 7.016 = 106.86Pa

③ 송풍기 정압 : 덕트 마찰손실 중 큰쪽인 A-F 구간 마찰손실 114.87Pa를 적용한다.

$$P_S = \{114.87 + (150+100+50+150+50)\} - \frac{1.2 \times 13^2}{2} = 513.47\text{Pa}$$

(3) 송풍기 동력(L)

$$L(\text{kW}) = \frac{P_S(\text{kPa}) \times Q(\text{m}^3/\text{s})}{\eta_s} = \frac{513.47 \times 18,000}{1,000 \times 3,600 \times 0.5} = 5.13\text{kW}$$

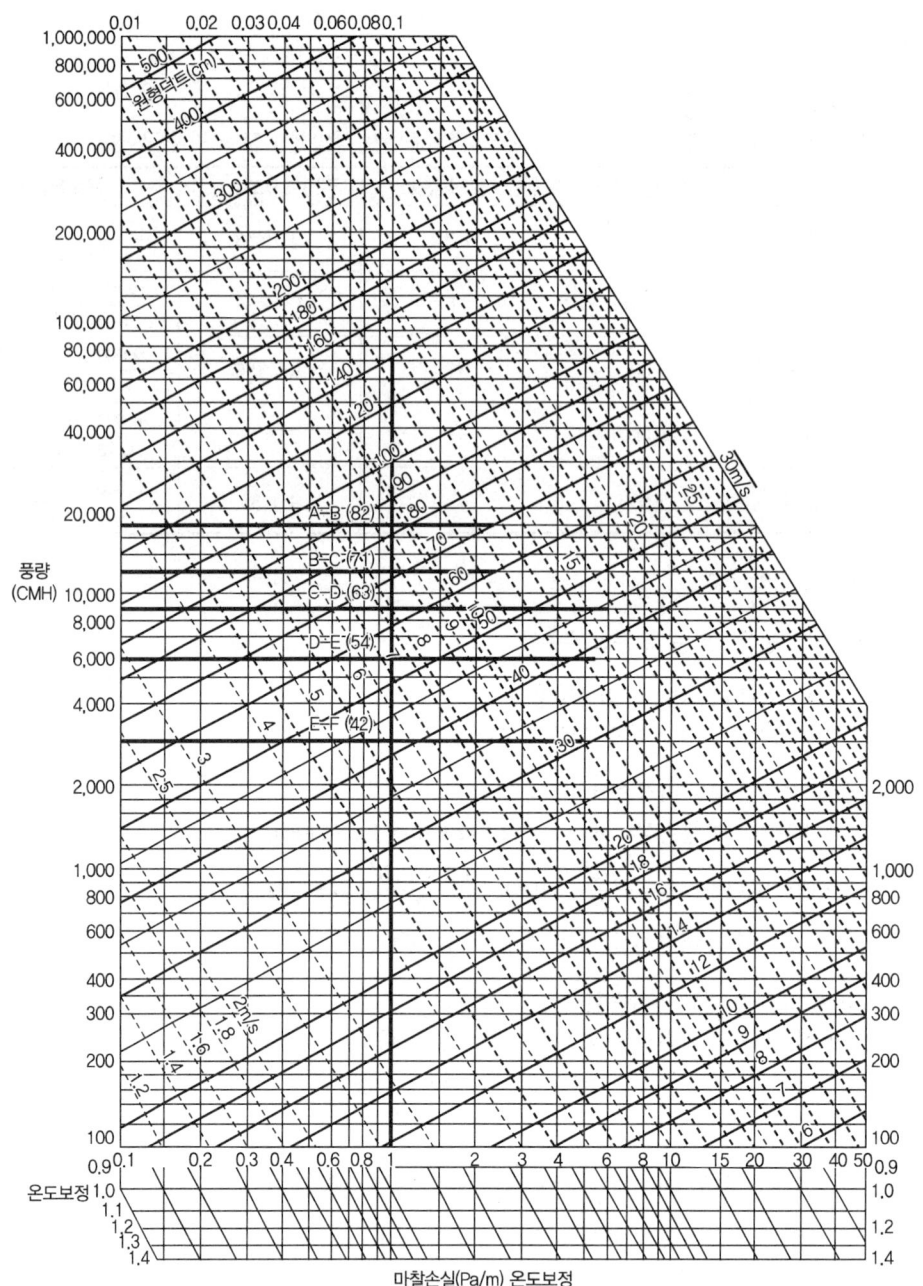

▼ 장방형 덕트와 원형 덕트의 환산표

장변\단변	10	15	20	25	30	35	40	45	50	55	60	65	70	75	80	85	90	95	100
10	10.9																		
15	13.3	16.4																	
20	15.2	18.9	21.9																
25	16.9	21.0	24.4	27.3															
30	18.3	22.9	26.6	29.9	32.8														
35	19.5	24.5	28.6	32.2	35.4	38.3													
40	20.7	26.0	30.5	34.3	37.8	40.9	43.7												
45	21.7	27.4	32.1	36.3	40.0	43.3	46.4	49.2											
50	22.7	28.7	33.7	38.1	42.0	45.6	48.8	51.8	54.7										
55	23.6	29.9	35.1	39.8	43.9	47.7	51.1	54.3	57.3	60.1									
60	24.5	31.0	36.5	41.4	45.7	49.6	53.3	56.7	59.8	62.8	65.6								
65	25.3	32.1	37.8	42.9	47.4	51.5	55.3	58.9	62.2	65.3	68.3	71.1							
70	26.1	33.1	39.1	44.3	49.0	53.3	57.3	61.0	64.4	67.7	70.8	73.7	76.5						
75	26.8	34.1	40.2	45.7	50.6	55.0	59.2	63.0	66.6	69.7	73.2	76.3	79.2	82.0					
80	27.5	35.0	41.4	47.0	52.0	56.7	60.9	64.9	68.7	72.2	75.5	78.7	81.8	84.7	87.5				
85	28.2	35.9	42.4	48.2	53.4	58.2	62.6	66.8	70.6	74.3	77.8	81.1	84.2	87.2	90.1	92.9			
90	28.9	36.7	43.5	49.4	54.8	59.7	64.2	68.6	72.6	76.3	79.9	83.3	86.6	89.7	92.7	95.6	198.4		
95	29.5	37.5	44.5	50.6	56.1	61.1	65.9	70.3	74.4	78.3	82.0	85.5	88.9	92.1	95.2	98.2	101.1	103.9	
100	30.1	38.4	45.4	51.7	57.4	62.6	67.4	71.9	76.2	80.2	84.0	87.6	91.1	94.4	97.6	100.7	103.7	106.5	109.3
105	30.7	39.1	46.4	52.8	58.6	64.0	68.9	73.5	77.8	82.0	85.9	89.7	93.2	96.7	100.0	103.1	106.2	109.1	112.0
110	31.3	39.9	47.3	53.8	59.8	65.2	70.3	75.1	79.6	83.8	87.8	91.6	95.3	98.8	102.2	105.5	108.6	111.7	114.6
115	31.8	40.6	48.1	54.8	60.9	66.5	71.7	76.6	81.2	85.5	89.6	93.6	97.3	100.9	104.4	107.8	111.0	114.1	117.2
120	32.4	41.3	49.0	55.8	62.0	67.7	73.1	78.0	82.7	87.2	91.4	95.4	99.3	103.0	106.6	110.0	113.3	116.5	119.6
125	32.9	42.0	49.9	56.8	63.1	68.9	74.4	79.5	84.3	88.8	93.1	97.3	101.2	105.0	108.6	112.2	115.6	118.8	122.0
130	33.4	42.6	50.6	57.5	64.2	70.1	75.7	80.8	85.7	90.4	94.8	99.0	103.1	106.9	110.7	114.3	117.7	121.1	124.4
135	33.9	43.3	51.4	58.6	65.2	71.3	76.9	82.2	87.2	91.9	96.4	100.7	104.9	108.8	112.6	116.3	119.9	123.3	126.7
140	34.4	43.9	52.2	59.5	66.2	72.4	78.1	83.5	88.6	93.4	98.0	102.4	106.6	110.7	114.6	118.3	122.0	125.5	128.9
145	34.9	44.5	52.9	60.4	67.2	73.5	79.3	84.8	90.0	94.9	99.6	104.1	108.4	112.5	116.5	120.3	124.0	127.6	131.1
150	35.3	45.2	53.6	61.2	68.1	74.5	80.5	86.1	91.3	96.3	101.1	105.7	110.0	114.3	118.3	122.2	126.0	129.7	133.2
155	35.8	45.7	54.4	62.1	69.1	75.6	81.6	87.3	92.6	97.4	102.6	107.2	111.7	116.0	120.1	124.1	127.9	131.7	135.3
160	36.2	46.3	55.1	62.9	70.6	76.6	82.7	88.5	93.9	99.1	104.1	108.8	113.3	117.7	121.9	125.9	129.8	133.6	137.3
165	36.7	46.9	55.7	63.7	70.9	77.6	83.8	89.7	95.2	100.5	105.5	110.3	114.9	119.3	123.6	127.7	131.7	135.6	139.3
170	37.1	47.5	56.4	64.4	71.8	78.5	84.9	90.8	96.4	101.8	106.9	111.8	116.4	120.9	125.3	129.5	133.5	137.5	141.3
175	37.5	48.0	57.1	65.2	72.6	79.5	85.9	91.9	97.6	103.1	108.2	113.2	118.0	122.5	127.0	131.2	135.3	139.3	143.2
180	37.9	48.5	57.7	66.0	73.5	80.4	86.9	93.0	98.8	104.3	109.6	114.6	119.5	124.1	128.6	133.9	137.1	141.2	145.1
185	38.3	49.1	58.4	66.7	74.3	81.4	87.9	94.1	100.0	105.6	110.9	116.0	120.9	125.6	130.2	134.6	138.8	143.0	147.0
190	38.7	49.6	59.0	67.4	75.1	82.2	88.9	95.2	101.2	106.8	112.2	117.4	122.4	127.2	131.8	136.2	140.5	144.7	148.8

07 플래시 가스(Flash Gas)의 발생 원인 3가지와 방지책 3가지를 쓰시오.

> 풀이

(1) 발생 원인
  ① 액관이 현저하게 입상한 경우
  ② 액관 및 액관에 설치한 각종 부속기기의 구경이 작은 경우(전자밸브, 드라이어, 스트레이너, 밸브 등)
  ③ 액관 및 수액기가 직사광선을 받고 있을 경우
  ④ 액관이 방열되지 않고 따뜻한 곳을 통과할 경우

(2) 방지책
  ① 액가스 열교환기를 설치한다.
  ② 액관 및 부속기기의 구경을 충분한 것으로 사용한다.
  ③ 압력강하가 적도록 배관 설계를 한다.
  ④ 액관을 방열한다.
  ⑤ 냉매를 과냉각한다.
  ⑥ 액관과 수액기가 외부에서 열을 얻지 않도록 단열한다.

08 온도 21.5℃, 수증기 포화 압력 17.54mmHg, 상대습도 50%, 대기압력은 760mmHg이다. 물음에 답하시오. (단, 공기 비열 1.01kJ/kg·K, 수증기 비열 1.85kJ/kg·K, 물의 증발잠열 2,501kJ/kg이다.)

(1) 수증기분압(mmHg)을 구하시오.
(2) 절대습도(kg/kg′)를 구하시오.
(3) 습공기 엔탈피는 몇 kJ/kg인가?

> 풀이

(1) 수증기분압(mmHg)

상대습도 $\phi = \dfrac{P_w}{P_{ws}} \times 100\,[\%]$

$\therefore P_w = \dfrac{\phi P_{ws}}{100} = \dfrac{50 \times 17.54}{100} = 8.77\,\text{mmHg}$

여기서, P_w : 습공기 수증기분압
P_{ws} : 포화공기 수증기분압

(2) 절대습도

$$x = 0.622 \times \frac{P_w}{P - P_w}$$

$$= 0.622 \times \frac{8.77}{760 - 8.77}$$

$$= 0.007261 = 7.26 \times 10^{-3} \text{kg/kg}'$$

(3) 습공기 엔탈피(kJ/kg)

$$h = h_a + x h_w$$

$$= C_p \cdot t + x(\gamma + C_w \cdot t)$$

$$= 1.01 \times 21.5 + 7.26 \times 10^{-3} \times (2,501 + 1.85 \times 21.5)$$

$$= 40.16 \text{kJ/kg}$$

09 공기조화 부하에서 극간풍(틈새바람)을 구하는 방법 3가지와 틈새바람을 방지하는 방법 3가지를 서술하시오.

풀이

(1) 극간풍(틈새바람)을 구하는 방법
　① 환기횟수에 의한 방법
　② 틈새법(Crack법, 틈새길이에 의한 방법)
　③ 창면적에 의한 방법

(2) 극간풍(틈새바람)을 방지하는 방법
　① Air Curtain의 사용
　② 회전문 설치
　③ 충분히 간격을 두고 이중문 설치
　④ 이중문의 중간에 강제 대류 Convector 또는 FCU 설치
　⑤ 실내를 가압하여 외부압력보다 높게 유지
　⑥ 건물 기밀성 유지와 현관의 방풍실 설치, 층간의 구획 철저

10 다음의 그림은 각종 송풍기의 임펠러 형상을 나타낸 것이고, [보기]는 각종 송풍기의 명칭이다. 이들 중에서 가장 관계가 깊은 것끼리 골라서 번호와 기호를 선으로 연결하시오. [해답 예 : (8) – (a)]

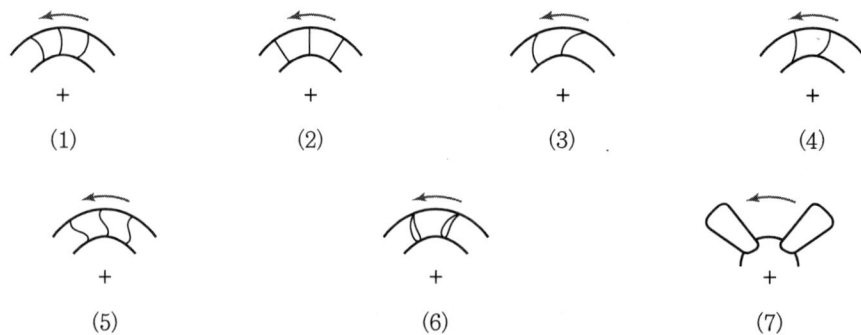

[보기]
(a) 터보 팬(사일런트형)
(b) 에어로 휠 팬
(c) 시로코 팬(다익송풍기)
(d) 리밋 로드 팬
(e) 플레이트 팬
(f) 프로펠러 팬
(g) 터보 팬(일반형)

> 풀이

(1) – (c)   (2) – (e)   (3) – (a)   (4) – (g)
(5) – (d)   (6) – (b)   (7) – (f)

---

11 다음 그림과 같은 공조장치를 아래의 [조건]으로 냉방 운전할 때 공기 선도를 이용하여 그림의 번호를 공기조화 Process에 나타내고, 공기 냉각기에서 냉각열량(kJ/h)과 제습(감습)량(kg/h)을 계산하시오. (단, 환기덕트에 의한 공기의 온도 상승은 무시한다.)

[조건]
1. 실내 온습도 : 건구온도 26℃, 상대습도 50%
2. 외기상태 : 건구온도 33℃, 습구온도 27℃
3. 실내 급기량 1,000m³/h
4. 취입 외기량 : 급기풍량의 25%
5. 실내와 취출공기의 온도차 : 10℃
6. 송풍기 및 급기덕트에 의한 공기의 온도 상승 : 1℃
7. 공기의 밀도 : 1.2kg/m³
8. 공기의 정압비열 : 1kJ/kg · K, 냉각수 비열 4.2kJ/kg · K
9. SHF = 0.89

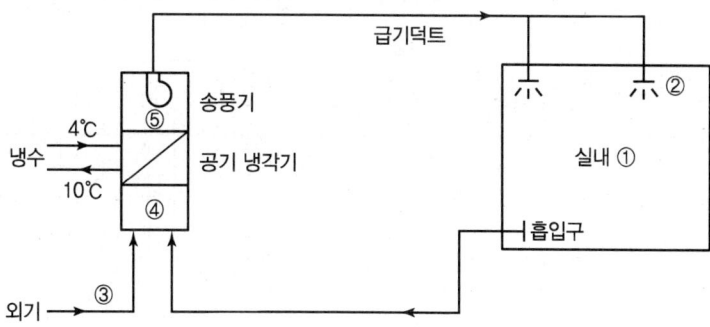

풀이

(1) 공기 선도에 공기조화 Process 표기
- ④점 : 혼합점 온도계산(외기 25%, 리턴 75%)
$$t_4 = \frac{33 \times 0.25 + 26 \times 0.75}{1.0} = 27.75℃$$
- ②점 : ①에서 SHF 0.89와 평행선을 긋고, 취출공기 26℃와 온도차가 10℃되는 16℃와 만나는 점
- ⑤점 : 송풍기 및 급기덕트에 의한 온도 상승이 1℃이므로 왼쪽으로 수평선을 긋고 15℃와 만나는 점

(2) 냉각기에서 냉각열량(kJ/h)
$$q_c = G\Delta h = Q\rho(h_4 - h_5)$$
$$= 1,000 \times 1.2 \times (61 - 40) = 25,200\text{kJ/h}$$

(3) 제습(감습)량(kg/h)
$$L = G\Delta x = Q\rho(x_4 - x_3)$$
$$= 1,000 \times 1.2 \times (0.013 - 0.0097) = 3.96\text{kg/h}$$

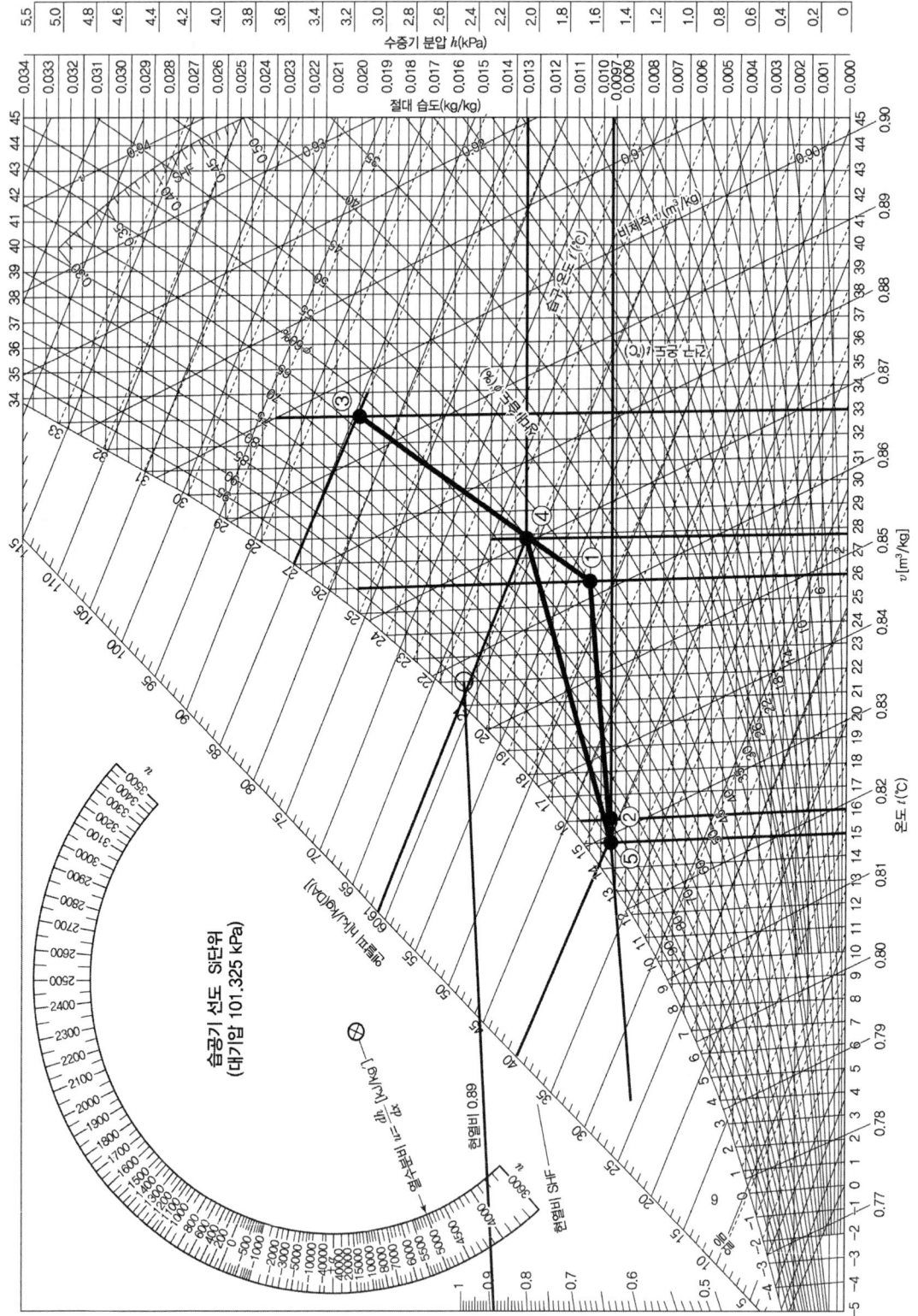

12 열교환기를 쓰고 그림과 같이 구성되는 냉동장치에서 냉동능력이 1RT이고 각 점의 상태값 및 조건은 아래와 같다. 다음 각 물음에 답하시오.

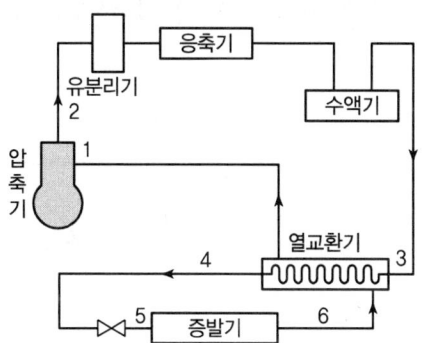

각 점	엔탈피(kJ/kg)
1	400
2	424
3	286
4	258

구분	효율
기계효율	0.81
체적효율	0.71
압축효율	0.75

(1) 이 장치의 냉매순환량(kg/s)은 얼마인가?
(2) 열교환기에서 열교환되는 열량(kW)은 얼마인가?
(3) 실제 COP는 얼마인가?

풀이

(1) 냉매순환량(G)

$$Q_e = G(h_6 - h_5) \rightarrow G = \frac{Q_e}{(h_6 - h_5)}$$

열교환기 열평형 원리에 따라
$(h_1 - h_6) = (h_3 - h_4)$
$h_6 = h_1 - (h_3 - h_4) = 400 - (286 - 258) = 372 \text{kJ/kg}$

$$\therefore G = \frac{Q_e}{h_6 - h_5} = \frac{1 \times 3.86}{372 - 258} = 0.034 \text{kg/s}$$

(2) 열교환되는 열량(q)
$q = G(h_1 - h_6) = G(h_3 - h_4) = 0.034 \times (286 - 258) = 0.95 \text{kW}$

(3) 실제 COP

$$\text{COP} = \frac{q_e}{w_a} = \frac{(h_6 - h_5)}{(h_2 - h_1)/(\eta_c \cdot \eta_m)} = \frac{(372 - 258)}{(424 - 400)/(0.75 \times 0.81)} = 2.89$$

여기서, q_e는 팽창밸브 출구 ⑤에서 열교환기 입구 ⑥까지의 냉동효과로 산정한다.

13 2단 압축 1단 팽창 암모니아 냉매를 사용하는 냉동장치가 응축온도 30℃, 증발온도 −32℃, 제1팽창밸브 직전의 냉매액 온도 25℃, 제2팽창밸브 직전의 냉매액 온도 0℃, 저단 및 고단 압축기 흡입증기를 건조포화증기라고 할 때 다음 각 물음에 답하시오.(단, 저단 압축기 냉매순환량은 1kg/h이다.)

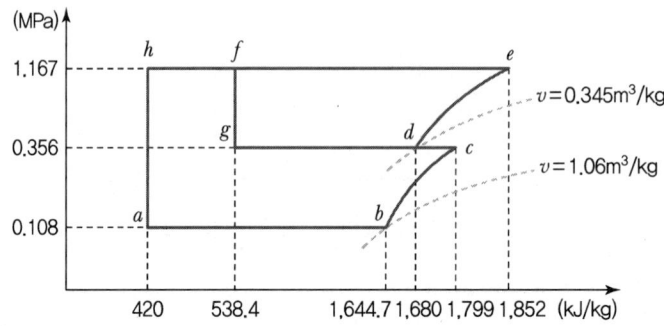

(1) 냉동장치의 장치도를 그리고 각 점(a~h)의 상태를 나타내시오.
(2) 중간냉각기에서 증발하는 냉매량을 구하시오.
(3) 중간냉각기의 기능 3가지를 쓰시오.

> 풀이

(1) 냉동장치 장치도 작성

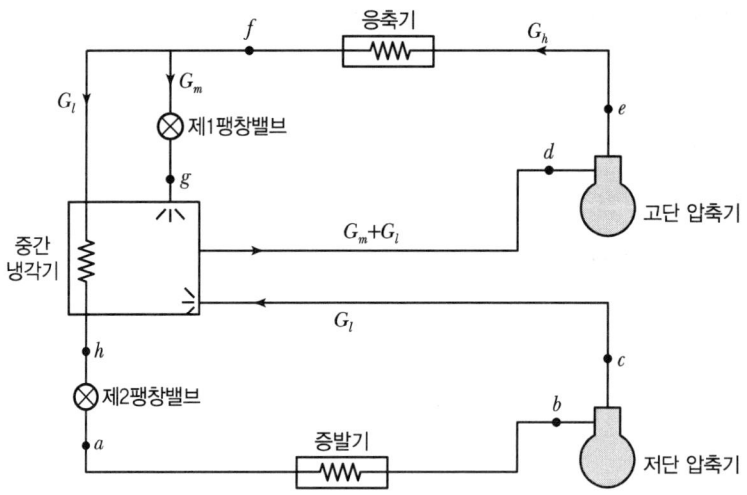

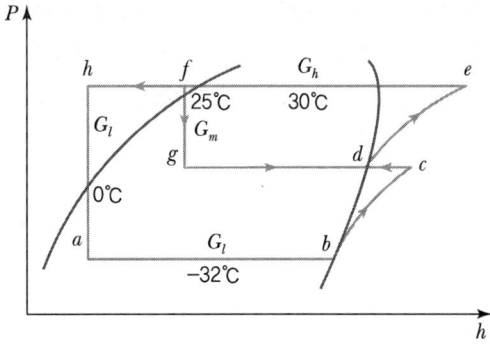

┃ $P-h$ 선도 ┃

(2) 중간냉각기에서 증발하는 냉매량(G_m)

- $G_h = G_l + G_m$
- $\dfrac{G_h}{G_l} = \dfrac{h_c - h_h}{h_d - h_f}$

  $G_h = \dfrac{h_c - h_h}{h_d - h_f} \times G_l$

  여기서, G_h : 고단 압축기 냉매순환량
  G_l : 저단 압축기 냉매순환량
  G_m : 중간냉각기에서 증발하는 냉매량

  $\therefore G_m = G_h - G_l = \dfrac{h_c - h_h}{h_d - h_f} \times G_l - G_l$

  $= \dfrac{1,799 - 420}{1,680 - 538.4} \times 1 - 1 = 0.21 \text{kg/h}$

(3) 중간냉각기의 기능

① 저단 측 압축기(Booster) 토출가스의 과열을 제거하여 고단 측 압축기에서의 과열을 방지한다. (부스터의 용량은 고단 압축기보다 커야 한다.)
② 증발기로 공급되는 냉매액을 과냉시켜서 냉동효과 및 성적계수를 높인다.
③ 고단 측 압축기 흡입가스 중의 액을 분리시켜 액압축을 방지한다.
④ 중간냉각기의 종류로는 플래시식(암모니아 냉매), 액체냉각식(암모니아 냉매), 직접팽창식(Freon 냉매)이 있다.

14 R-22 냉동장치에서 응축압력이 1.43MPa(포화온도 40℃), 냉각수량 800L/min, 냉각수 입구온도 32℃, 냉각수 출구온도 36℃, 열통과율 900W/m² · K일 때 냉각면적(m²)을 구하시오.(단, 냉매와 냉각수의 평균온도차는 산술평균 온도차로 하며, 냉각수의 비열은 4.2kJ/kg · K이고, 밀도는 1.0kg/L이다.)

> 풀이

냉각면적(A)
열 평형식을 통해 산출한다.
응축기 전달열량($K \cdot A \cdot \Delta t_m$) = 냉각수 흡수열량($W \cdot C \cdot \Delta t_w$)
$q = K \cdot A \cdot \Delta t_m = G \cdot C \cdot \Delta t_w$ 에서
$$A = \frac{W \cdot C \cdot \Delta t_w}{K \cdot \Delta t_m} = \frac{\rho Q \cdot C \cdot \Delta t_w}{K \cdot \Delta t_m}$$

여기서, 산술평균 온도차 $\Delta t_m = t_c - \frac{t_{w1} + t_{w2}}{2} = 40 - \frac{32+36}{2} = 6℃$

$\therefore A = \dfrac{1 \times 800 \times 4.2 \times (36-32)}{900 \times 10^{-3} \times 60 \times 6} = 41.48 \text{m}^2$

2024년 1회 기출문제

01 다음과 같은 공조시스템에 대해 계산하시오.

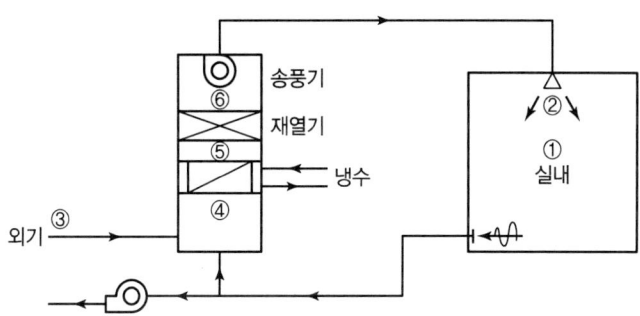

1. 실내온도 : 25℃, 실내 상대습도 : 50%
2. 외기온도 : 31℃, 외기 상대습도 : 60%
3. 실내급기풍량 : 6,000m³/h, 외기도입풍량 : 1,000m³/h, 공기밀도 : 1.2kg/m³
4. 취출공기온도 : 17℃, 공조기 송풍기 입구온도 : 16.5℃
5. 공기냉각기 냉수량 : 1.4L/s, 냉수입구온도(공기냉각기) : 6℃, 냉수출구온도(공기냉각기) : 12℃
6. 재열기(전열기) 소비전력 : 5kW
7. 공기의 정압비열 : 1.01kJ/kg·K, 냉수의 비열 : 4.2kJ/kg·K
8. 0℃ 물의 증발잠열 : 2,501kJ/kg

(1) 실내 냉방 현열부하(kW)를 구하시오.
(2) 실내 냉방 잠열부하(kW)를 구하시오.

풀이

(1) 실내 냉방 현열부하(q_S)

$$q_S = G \cdot C_p \cdot \Delta t = Q\rho \cdot C_p(t_1 - t_2) = \frac{6,000 \times 1.2 \times 1.01 \times (25 - 17)}{3,600} = 16.16\text{kW}$$

(2) 실내 냉방 잠열부하(q_L)

$$q_L = 2,501 \times G(x_1 - x_2) = 2,501 \times Q\rho(x_1 - x_2)$$

x_1, x_2를 습공기 선도에서 구하기 위해 습공기 선도를 작성한다.

1) 혼합공기의 온도와 엔탈피(t_4, h_4)

$$t_4 = \frac{Q_1 t_1 + Q_3 t_3}{Q_4} = \frac{(6,000 - 1,000) \times 25 + 1,000 \times 31}{6,000} = 26℃$$

여기서, Q_1, t_1 : 실내 환기량(재순환공기량), 실내온도

Q_3, t_3 : 외기도입풍량, 외기온도

Q_4 : 실내급기풍량(혼합공기량)

$h_4 = 54.5\text{kJ/kg}$(공기 선도에서 혼합점 온도 26℃를 찾고 엔탈피 54.5를 읽는다.)

2) 냉각코일 출구엔탈피(h_5)

   냉각코일 부하 $q_{CC} = G_w \cdot C \cdot \Delta t_w = G_a(h_4 - h_5)$에서

   $$h_5 = h_4 - \frac{G_w \cdot C \cdot \Delta t_w}{G_a} = 54.5 - \frac{(1.4 \times 3{,}600) \times 4.2 \times (12-6)}{1.2 \times 6{,}000} = 36.86\text{kJ/kg}$$

3) 냉각코일 출구온도(t_5)

   재열기부하 $q_{RH} = G_a \cdot C_p(t_6 - t_5)$에서

   $$t_5 = t_6 - \frac{q_{RH}}{G_a C_p} = t_6 - \frac{q_{RH}}{\rho Q_a C_p}$$

   여기서, $t_6 = 16.5$℃(재열기 출구=송풍기 입구)

   $$\therefore t_5 = 16.5 - \frac{5 \times 3{,}600}{(1.2 \times 6{,}000) \times 1.01} = 14.02\text{℃}$$

4) 공기 선도상에서 t_5와 h_5가 만나는 점 ⑤를 찾는다.
5) ⑤점에서 수평선을 그어 16.5℃와 만나는 점이 재열기 출구점 ⑥이다.
6) ⑤점에서 수평선을 그어 17℃와 만나는 점이 ②점이 된다.

   여기서, $t_6 = 16.5$℃(재열기 출구=송풍기 입구)

7) 실내냉방 잠열부하 q_L은

   $$q_L = \frac{2{,}501 \times 1.2 \times 6{,}000 \times (0.0098 - 0.009)}{3{,}600} = 4.00\text{kW}$$

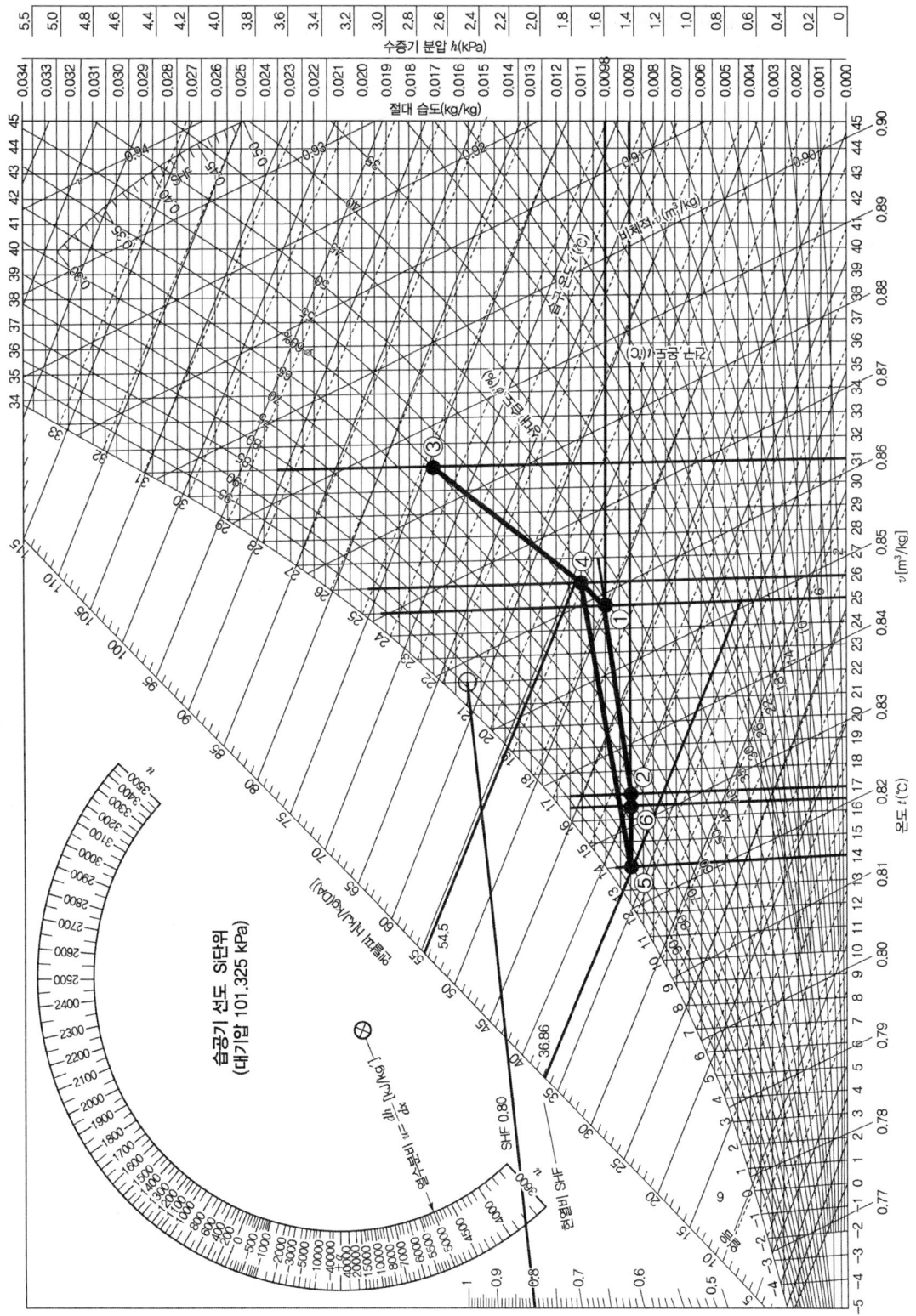

02 다음 조건에 대하여 사무실의 실내부하를 구하시오.

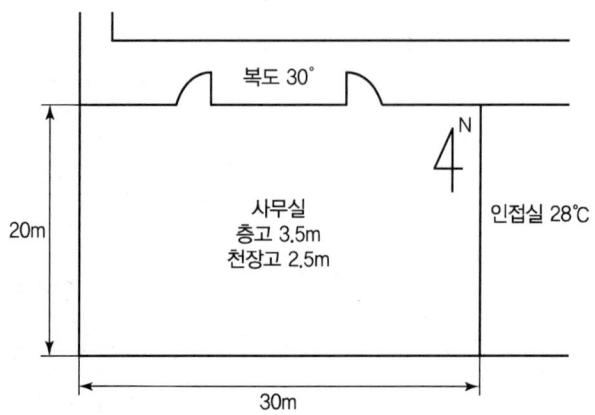

[조건]

구분	건구온도(℃)	상대습도(%)	절대습도(kg/kg′)
실내	27	50	0.0112
실외	32	68	0.0206

1. 상·하층은 사무실과 동일한 공조 상태이다.
2. 남쪽 및 서쪽 벽은 외벽이 40%이고 창면적이 60%이다.
3. 열관류율
    ① 외벽 : 2.91W/m²·K
    ② 내벽 : 3.5W/m²·K
    ③ 내부문 : 3.5W/m²·K
4. 유리는 6mm 반사유리이고, 차폐계수는 0.65이다.
5. 인체발열량
    ① 현열 : 58W/인
    ② 잠열 : 74W/인
6. 침입외기에 의한 실내 환기횟수 : 0.5회/h
7. 실내 사무기기 : 200W×5개, 실내조명(형광등) : 20W/m²
8. 실내인원 : 0.2인/m², 1인당 필요 외기량 : 25m³/h·인
9. 공기의 밀도는 1.2kg/m³, 정압비열은 1.0kJ/kg·K이다.
10. 보정된 외벽의 상당외기온도차 : 남쪽 8.4℃, 서쪽 5℃
11. 유리를 통한 열량의 침입(W/m²)

구분 \ 방위	동	서	남	북
직달일사 I_{GR}	28.7	171.9	58.2	28.7
전도대류 I_{GC}	43.2	82.4	58.2	43.2

(1) 벽체를 통한 부하
(2) 유리를 통한 부하
(3) 인체부하
(4) 조명부하
(5) 실내 사무기기 부하
(6) 틈새부하

> 풀이

(1) 벽체를 통한 부하
   ① 외벽 $q = K \cdot A \cdot \Delta t_e$
   - 남쪽 벽(S) $q = 2.91 \times (30 \times 3.5 \times 0.4) \times 8.4 = 1,026.648W$
   - 서쪽 벽(W) $q = 2.91 \times (20 \times 3.5 \times 0.4) \times 5 = 407.4W$
   ② 내벽 $q = K \cdot A \cdot \Delta t$
   - 동쪽 벽(E) $q = 3.5 \times (20 \times 2.5) \times (28-27) = 175W$
   - 북쪽 벽(N) $q = 3.5 \times (30 \times 2.5) \times (30-27) = 787.5W$
   ∴ 벽체를 통한 부하 = 2,396.55W

(2) 유리를 통한 부하
   ① 직달일사 $q = I_{GR} \cdot A \cdot SC$
   - 남쪽 유리(S) $q = 58.2 \times (30 \times 3.5 \times 0.6) \times 0.65 = 2,383.29W$
   - 서쪽 유리(W) $q = 171.9 \times (20 \times 3.5 \times 0.6) \times 0.65 = 4,692.87W$
   ② 전도대류 $q = I_{GC} \cdot A$
   - 남쪽 유리(S) $q = 58.2 \times (30 \times 3.5 \times 0.6) = 3,666.6W$
   - 서쪽 유리(W) $q = 82.4 \times (20 \times 3.5 \times 0.6) = 3,460.8W$
   ∴ 유리를 통한 부하 = 14,203.56W

(3) 인체부하
   현열부하 $q_s = n \cdot H_s = (30 \times 20 \times 0.2) \times 58 = 6,960W$
   잠열부하 $q_L = n \cdot H_L = (30 \times 20 \times 0.2) \times 74 = 8,880W$
   ∴ 인체부하 = 15,840W

(4) 조명부하
   $q = 20 \times 30 \times 20 \times 1 = 12,000W$

(5) 실내 사무기기부하
   $q = 200 \times 5 = 1,000W$

(6) 틈새부하
   현열부하 $q_s = m \cdot C_p \cdot \Delta t = Q\rho \cdot C_p \cdot \Delta t$
   $q_s = \dfrac{(0.5 \times 30 \times 20 \times 2.5) \times 1.2}{3,600} \times 1.0 \times 10^3 \times (32-27) = 1,250W$
   잠열부하 $q_L = 2,501 \times Q\rho\Delta x$

$$q_L = \frac{2,501 \times 10^3 \times (0.5 \times 30 \times 20 \times 2.5) \times 1.2}{3,600} \times (0.0206 - 0.0112) = 5,877.35\text{W}$$

∴ 틈새부하=7,127.35W

03 냉동능력 R = 4kW인 R-22 냉동시스템의 증발기에서 냉매와 공기의 평균온도차가 8℃로 운전되고 있다. 이 증발기는 내외 표면적비 m = 8.3, 공기 측 열전달률 α_a = 35W/m²·K, 냉매 측 열전달률 α_γ = 698W/m²·K의 플레이트 핀 코일이고, 핀 코일 재료의 열전달 저항은 무시한다. 각 물음에 답하시오.

(1) 증발기의 외표면 기준 열통과율 K(W/m²·K)는?
(2) 증발기 내경이 23.5mm일 때, 증발기 코일 길이는 몇 m인가?

> **풀이**
>
> (1) 증발기의 외표면 기준 열통과율(K)
>
>   외표면적 기준 $R = \dfrac{1}{\alpha_a} + m\left(\dfrac{l}{\lambda} + \dfrac{1}{a_r}\right)$
>
>   핀 코일 재료의 열전달저항 $\left(\dfrac{l}{\lambda}\right)$은 무시한다는 조건에 따라 0이 되게 된다.
>
> $R = \dfrac{1}{35} + 8.3 \times \left(0 + \dfrac{1}{698}\right) = 0.04046$
>
>   ∴ $K = \dfrac{1}{R} = \dfrac{1}{0.04046} = 24.72\text{W/m}^2 \cdot \text{K}$
>
> (2) 증발기 코일 길이(l)
>
> $q = KA_o \Delta t_m = K(mA_i)\Delta t_m = K(m\pi D_i l)\Delta t_m$
>
>   여기서, K : 외표면 기준 열통과율(W/m²·K)
> A_o : 외표면적(m²)
> A_i : 내표면적(m²)
> D_i : 증발기 내경(m)
> Δt_m : 냉매와 공기의 평균온도차
>
> $l = \dfrac{q}{K(m\pi D_i)\Delta t_m} = \dfrac{4 \times 1,000}{24.72 \times (8.3 \times \pi \times 0.0235) \times 8} = 33.01\text{m}$

04 다음에 열거하는 난방용 기기가 기능을 발휘할 수 있도록 기호를 서로 연결하여 배관 계통도를 완성하시오.

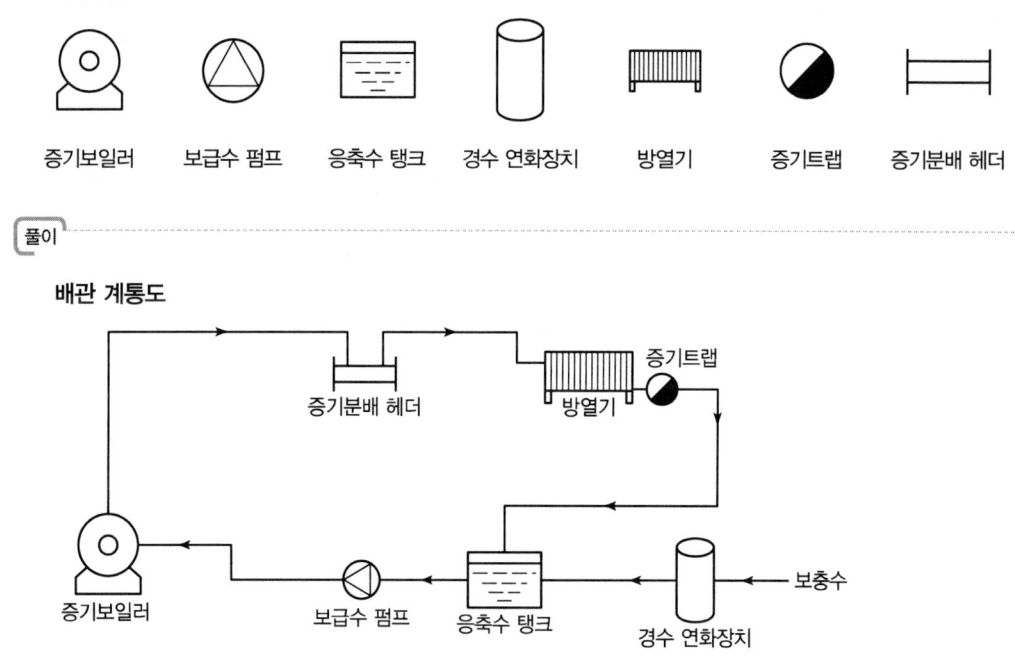

풀이

05 서징(Surging)현상에 대하여 간단히 설명하시오.

풀이

① 산형(山形) 특성의 양정곡선을 갖는 펌프의 산형 왼쪽 부분에서 유량과 양정이 주기적으로 변동하는 현상이다.
② 펌프와 송풍기 등이 운전 중에 한숨을 쉬는 것과 같은 상태가 되어 펌프인 경우 입구와 출구의 진공계, 압력계의 침이 흔들리고 동시에 송출유량이 변화하는 현상, 즉 송출압력과 송출유량 사이에 주기적인 변동이 일어나는 현상을 말한다.

06 다음 그림에 표시한 200RT 냉동기를 위한 냉각수 순환계통의 냉각수 순환 펌프의 축동력(kW)을 구하시오.

[조건]
1. $H = 50\text{m}$
2. $h = 48\text{m}$
3. 배관 총길이 $l = 200\text{m}$
4. 부속류 상당길이 $l' = 100\text{m}$
5. 펌프효율 $\eta = 65\%$
6. 1RT당 응축열량 : 4.54kW
7. 노즐압력 $P = 30\text{kPa}$
8. 배관의 단위길이당 저항 $r = 0.3\text{kPa/m}$
9. 냉동기(응축기)수 저항 $R_c = 60\text{kPa}$
10. 여유율(안전율) : 10%
11. 냉각수 온도차 : 5℃
12. 물의 비열 : 4.2kJ/kg · K

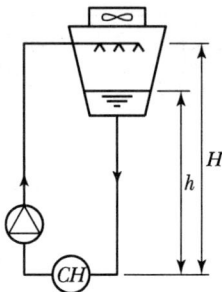

풀이

펌프의 축동력(kW)

- 전양정 H_T = 실양정 + 배관손실수두 + 기기손실수두 + 노즐압력

$$= (50 - 48) + (200 + 100) \times \frac{0.3}{9.8} + \frac{60}{9.8} + \frac{30}{9.8} = 20.37\text{m}$$

- 순환유량(Q)

$q_C = G \cdot C \cdot \Delta t = Q\rho \cdot C \cdot \Delta t$ 에서

$$Q = \frac{q_C}{\rho \cdot C \cdot \Delta t} = \frac{200 \times 4.54 \times 3{,}600}{1{,}000 \times 4.2 \times 5} = 155.66\text{m}^3/\text{h}$$

∴ 펌프의 축동력[kW] $= \dfrac{\gamma \cdot H_T \cdot Q}{102 \times \eta}$

여기서, γ : 비중량(kgf/m³), H_T : 전양정(m), Q : 순환유량(m³/s)

$$= \frac{1{,}000 \times 20.37 \times 155.66}{102 \times 3{,}600 \times 0.65} \times 1.1 = 14.61\text{kW}$$

07 다음 배관 도면을 보고 배관 공사에 대한 내역서를 작성하시오.

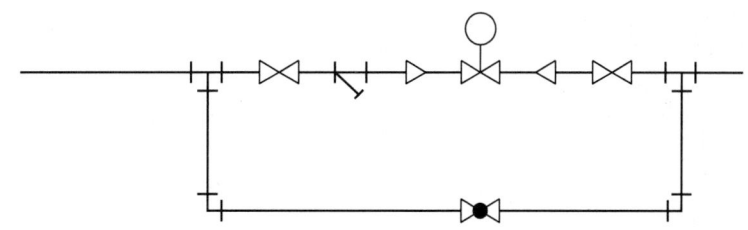

품명	규격	단위	단가(원)	수량	금액
백강관	50mm	m	10,000	4.2	42,000
게이트밸브	50mm	개	18,230		
글로브밸브	50mm	개	17,400		
스트레이너	50mm	개	1,600		
티	50mm	개	1,190		
엘보	50mm	개	1,220		
리듀서	50mm, 25mm	개	1,080		
잡자재	—	—	강관의 3%	—	
지지철물류	—	—	—	—	10,900
인건비	—	인	—		157,810
공구손류	—	식	—		42,259
계					

풀이

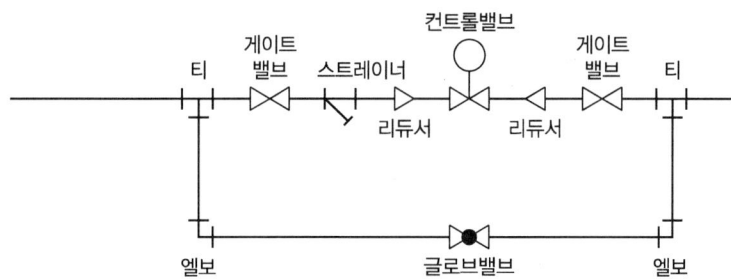

품명	규격	단위	단가(원)	수량	금액
백강관	50mm	m	10,000	4.2	42,000
게이트밸브	50mm	개	18,230	2	36,460
글로브밸브	50mm	개	17,400	1	17,400
스트레이너	50mm	개	1,600	1	1,600
티	50mm	개	1,190	2	2,380
엘보	50mm	개	1,220	2	2,440
리듀서	50mm, 25mm	개	1,080	2	2,160
잡자재	—	—	강관의 3%	—	1,260
지지철물류	—	—	—	—	10,900
인건비	—	인	—	—	157,810
공구손류	—	식	—	—	42,259
계					316,669

08 다음은 프레온 압축기 흡인관(Suction Riser)에 적용하는 이중 입상관(Double Suction Riser)이다. 이중 입상관의 적용이유를 설명하시오.

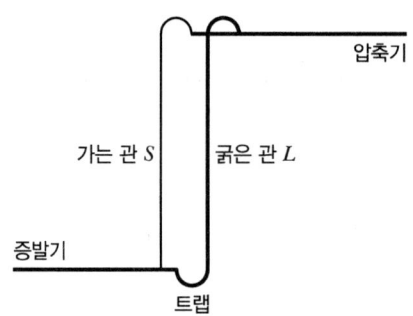

① 오일의 회수를 용이하게 하기 위해서 적용한다.
② 가는 관과 굵은 관을 설치하여 흡입 및 토출배관의 오일의 회수를 용이하게 하는 이중 입상관은 일종의 부분부하에 대처하는 효과를 가진다.
③ 굵은 관 입구에 트랩을 설치하여 최소 부하 시에는 오일이 트랩에 고여 굵은 관을 막아가는 관으로만 가스가 통과하여 오일을 회수하고, 최대 부하 시에는 두 관을 통해 가스가 통과되면서 오일을 회수한다.

09 댐퍼가 있는 취출구에서의 풍량이 10m³/min이고 속도가 2m/s라고 한다. 자유면적비가 0.5일 때 전면적(m²)을 구하여라.

> **풀이**
>
> $Q = A_e \times V = (A \times R) \times V$
>
> $A = \dfrac{Q}{V \times R} = \dfrac{10}{2 \times 0.5 \times 60} = 0.17\text{m}^2$
>
> 여기서, A_e : 유효면적(m²), A : 전면적(m²), R : 자유면적비

10 공기조화 부하에서 침입외기를 산정하는 방법 2가지를 제시하고 설명하시오.

> **풀이**
>
> (1) 환기횟수에 의한 방법
>   ① 환기횟수란 1시간당 순환공기량을 실의 용적으로 나눈 값으로, 실이 외기와 접하는 창 및 문의 면이 많고 적음에 따라 결정된다.
>   ② 산출공식
> $Q = n \cdot V$
>   여기서, Q : 환기량(m³/h)
> n : 환기횟수(회/h)
> V : 실체적(m³)
>
> (2) 틈새법(크랙법, 틈새길이에 의한 방법)
>   ① 창 및 문의 틈새길이를 계산하여 틈새바람의 양을 계산하는 방법으로 풍속 및 창문의 형식과 재질에 따라 다르다.
>   ② 산출공식
> $Q = L \cdot V$
>   여기서, Q : 환기량(m³/h)
> L : 크랙 길이(m)
> V : 크랙 길이당 극간풍량(m³/m · h)
>
> (3) 창면적에 의한 방법
>   ① 침입외기량(m³/h)은 창 및 문의 총면적에 풍속과 문의 형식에 따른 단위면적, 단위시간당의 침입외기량을 곱하여 구한다.
>   ② 산출공식
> $Q = A \cdot V$
>   여기서, Q : 환기량(m³/h)
> A : 창문면적(m²)
> V : 면적당 극간풍량(m³/m² · h)

11 다음 그림은 -100℃ 정도의 증발온도를 필요로 할 때 사용되는 2원 냉동사이클의 $P-h$ 선도이다. $P-h$ 선도를 참고로 하여 각 지점의 엔탈피로서 2원 냉동사이클의 성적계수(ε)를 나타내시오.(단, 저온 증발기의 냉동능력 : Q_{2L}, 고온 증발기의 냉동능력 : Q_{2H}, 저온부의 냉매순환량 : G_1, 고온부의 냉매순환량 : G_2)

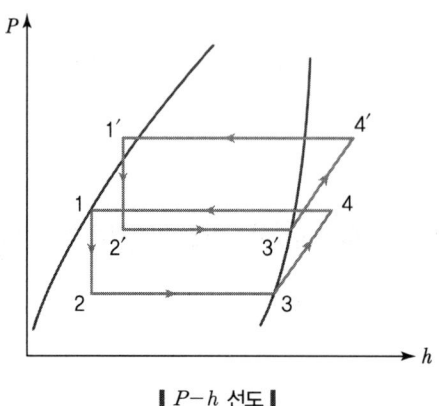

❙ $P-h$ 선도 ❙

풀이

$$\text{성적계수}(\varepsilon) = \frac{Q_{2L}}{W_1 + W_2}$$

$$= \frac{G_1(h_3 - h_2)}{G_1(h_4 - h_3) + G_2(h_4' - h_3')}$$

12 R-22 냉동장치에서 응축압력이 1.43MPa(포화온도 40℃), 냉각수량 800L/min, 냉각수 입구온도 32℃, 냉각수 출구온도 36℃, 열통과율 900W/m²·K일 때 냉각면적(m²)을 구하시오.(단, 냉매와 냉각수의 평균온도차는 산술평균 온도차로 하며, 냉각수의 비열은 4.2kJ/kg·K이고, 밀도는 1.0kg/L이다.)

풀이

냉각면적(A)

열평형식을 통해 산출한다.

응축기 전달열량($K \cdot A \cdot \Delta t_m$) = 냉각수 흡수열량($W \cdot C \cdot \Delta t_w$)

$q = K \cdot A \cdot \Delta t_m = W \cdot C \cdot \Delta t_w$ 에서

$$A = \frac{W \cdot C \cdot \Delta t_w}{K \cdot \Delta t_m} = \frac{\rho Q \cdot C \cdot \Delta t_w}{K \cdot \Delta t_m}$$

여기서, 산술평균 온도차 $\Delta t_m = t_c - \dfrac{t_{w1}+t_{w2}}{2} = 40 - \dfrac{32+36}{2} = 6℃$

$\therefore A = \dfrac{1 \times 800 \times 4.2 \times (36-32)}{900 \times 10^{-3} \times 60 \times 6} = 41.48 \text{m}^2$

13 두께 100mm의 콘크리트벽 내면에 200mm의 발포스티로폼 방열을 시공하고, 그 내면에 10mm의 판을 댄 냉장고가 있다. 이 냉장고의 고내 온도는 -20℃, 외기온도 30℃, 벽면적이 100m²일 때 각 물음에 답하시오.

재료명	열전도율(W/m · K)
콘크리트	1.10
발포스티로폼	0.047
판	0.17

벽면	열전달률(W/m² · K)
외벽면	23.3
내벽면	5.8

(1) 이 벽의 열관류율(W/m² · K)은 얼마인가?
(2) 이 냉장고 벽면의 전열량(kW)은 얼마인가?

풀이

(1) 열관류율(K)

$\dfrac{1}{K} = \dfrac{1}{\alpha_o} + \dfrac{l_1}{\lambda_1} + \dfrac{l_2}{\lambda_2} + \dfrac{l_3}{\lambda_3} + \dfrac{1}{\alpha_i}$

$= \dfrac{1}{23.3} + \dfrac{0.1}{1.10} + \dfrac{0.2}{0.047} + \dfrac{0.01}{0.17} + \dfrac{1}{5.8} = 4.6204$

$\therefore K = \dfrac{1}{4.6204} = 0.22 \text{W/m}^2 \cdot \text{K}$

(2) 전열량(q)

$q = K \cdot A \cdot \Delta t = 0.22 \times 100 \times (30-(-20)) = 1,100 \text{W} = 1.1 \text{kW}$

14 온도식 자동팽창밸브의 감온통의 설치 및 외부 균압관의 인출 위치를 바르게 도시하고, 그 이유를 설명하시오.

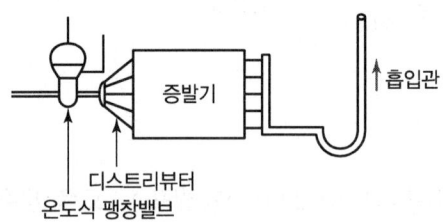

> 풀이

(1) 설치 위치

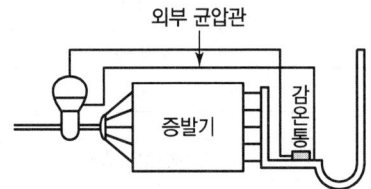

(2) 이유
① 흡입가스의 과열도를 정확히 감지하기 위해 감온통은 증발기 출구관 외부에 수평으로 설치한다.
② 외부 균압관의 인출 위치는 감온통의 설치 위치를 지나 흡입관 상부이며, 냉매가 팽창밸브를 통과한 후 증발기를 거쳐 감온통 부착 지점까지의 총 압력강하를 감지할 수 있는 위치로 한다.

2024년 2회 기출문제

01 냉동장치에 사용되고 있는 NH_3와 R-22 냉매의 특성을 비교하여 빈칸에 기입하시오.

구분	분류	기입
1	高, 大, 難, 有, 분리	1
2	低, 小, 易, 無, 용해	2

비교사항	R-22	NH_3
윤활유와 분리성		
폭발성 및 가연성 유무		
수분 유입 시 위험의 크기		
오존 파괴의 대소		
독성의 여부		
1냉동톤당 냉매순환량의 대소		
대기압 상태에서 응고점 고저		

풀이

비교사항	R-22	NH_3
윤활유와 분리성	2	1
폭발성 및 가연성 유무	2	1
수분 유입 시 위험의 크기	1	2
오존 파괴의 대소	1	2
독성의 여부	2	1
1냉동톤당 냉매순환량의 대소	1	2
대기압 상태에서 응고점 고저	2	1

02 1대의 압축기에 증발온도가 다른 2대의 증발기를 이용하는 냉동장치의 배관을 완성하시오. (단, 증발압력 조정밸브(EPR) 및 체크밸브(CV)를 배관에 그리고 냉매 흐름 방향을 표시할 것)

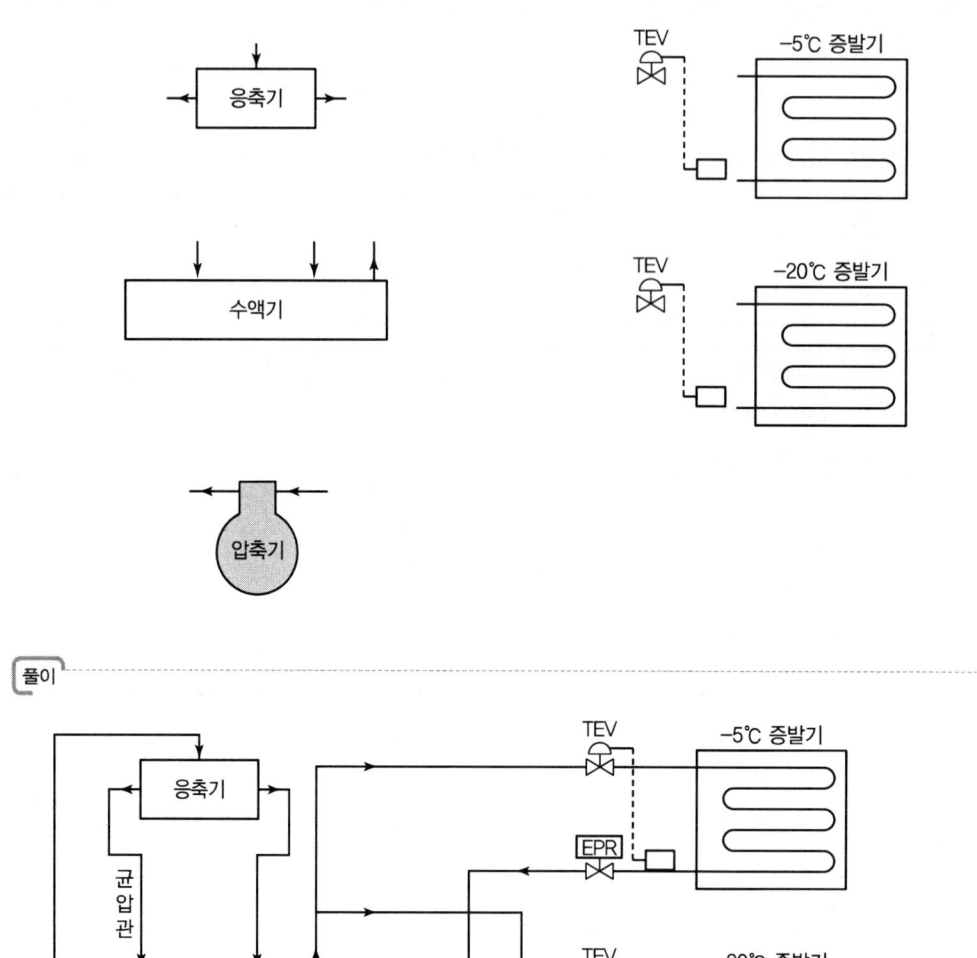

풀이

03 다음 그림과 같은 공조장치를 아래의 조건으로 냉방 운전할 때 공기 선도를 이용하여 그림의 번호를 공기조화 Process에 나타내고, 실내 송풍량 및 공기 냉각기에 공급하는 냉각수량을 계산하시오. (단, 환기덕트에 의한 공기의 온도 상승은 무시하고, 풍량은 비체적을 0.83m³/kg(DA)로 계산한다.)

[조건]
1. 실내 온습도 : 건구온도 26℃, 상대습도 50%
2. 외기상태 : 건구온도 33℃, 습구온도 27℃
3. 실내 냉방부하 : 현열부하 10,000W, 잠열부하 1,200W
4. 취입 외기량 : 급기풍량의 25%
5. 실내와 취출공기의 온도차 : 10℃
6. 송풍기 및 급기덕트에 의한 공기의 온도 상승 : 1℃
7. 공기의 밀도 : 1.2kg/m³
8. 공기의 정압비열 : 1.01kJ/kg · K
   냉각수의 비열 : 4.19kJ/kg · K

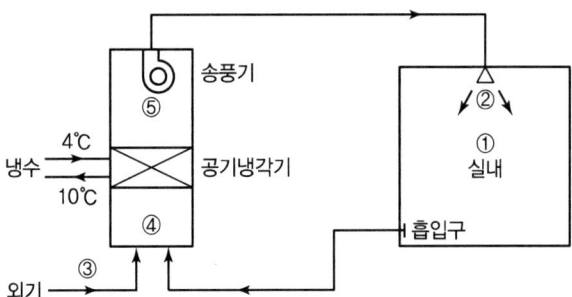

풀이

(1) 공기 선도에 공기조화 Process 표기
- 혼합점 온도 계산(외기 25%, 리턴 75%)
$$t_4 = \frac{33 \times 0.25 + 26 \times 0.75}{1.0} = 27.75℃$$
- SHF 계산
$$SHF = \frac{10,000}{10,000 + 1,200} = 0.89$$
- 점 ② : ①에서 SHF 0.89와 평행선을 긋고, 취출공기 26℃와 10℃ 온도차가 되는 16℃와 만나는 점
- 점 ⑤ : 송풍기 및 급기덕트에 의한 온도 상승이 1℃이므로 왼쪽으로 수평선을 긋고 15℃와 만나는 점

(2) 송풍량(Q)
$$q_s = G \cdot C_p \cdot \Delta t = Q\rho \cdot C_p \cdot \Delta t = Q\frac{1}{v} \cdot C_p \cdot \Delta t$$
여기서, v는 비체적

$$Q = \frac{q_s}{\frac{1}{v} \cdot C_p \cdot \Delta t} = \frac{v \cdot q_s}{C_p \cdot \Delta t} = \frac{0.83 \times 10{,}000 \times 3{,}600}{1.01 \times 10^3 \times 10} = 2{,}958.42 \, \text{m}^3/\text{h}$$

(3) 냉각수량(L)

공기의 냉각열량과 냉각수의 취득열량의 열평형식을 통해 산출한다.

$G \cdot \Delta h = L \cdot C \cdot \Delta t$에서

$$L = \frac{G \cdot \Delta h}{C \cdot \Delta t} = \frac{\frac{1}{v} \cdot Q \cdot \Delta h}{C \cdot \Delta t} = \frac{Q \cdot (h_4 - h_5)}{v \cdot C \cdot \Delta t}$$

여기서, h_4와 h_5는 각각 냉각코일 입출구 엔탈피이며, 습공기 선도를 통해 찾는다.

$$\therefore L = \frac{2{,}958.42 \times (61 - 40)}{0.83 \times 4.19 \times (10 - 4)} = 2{,}977.39 \, \text{kg/h}$$

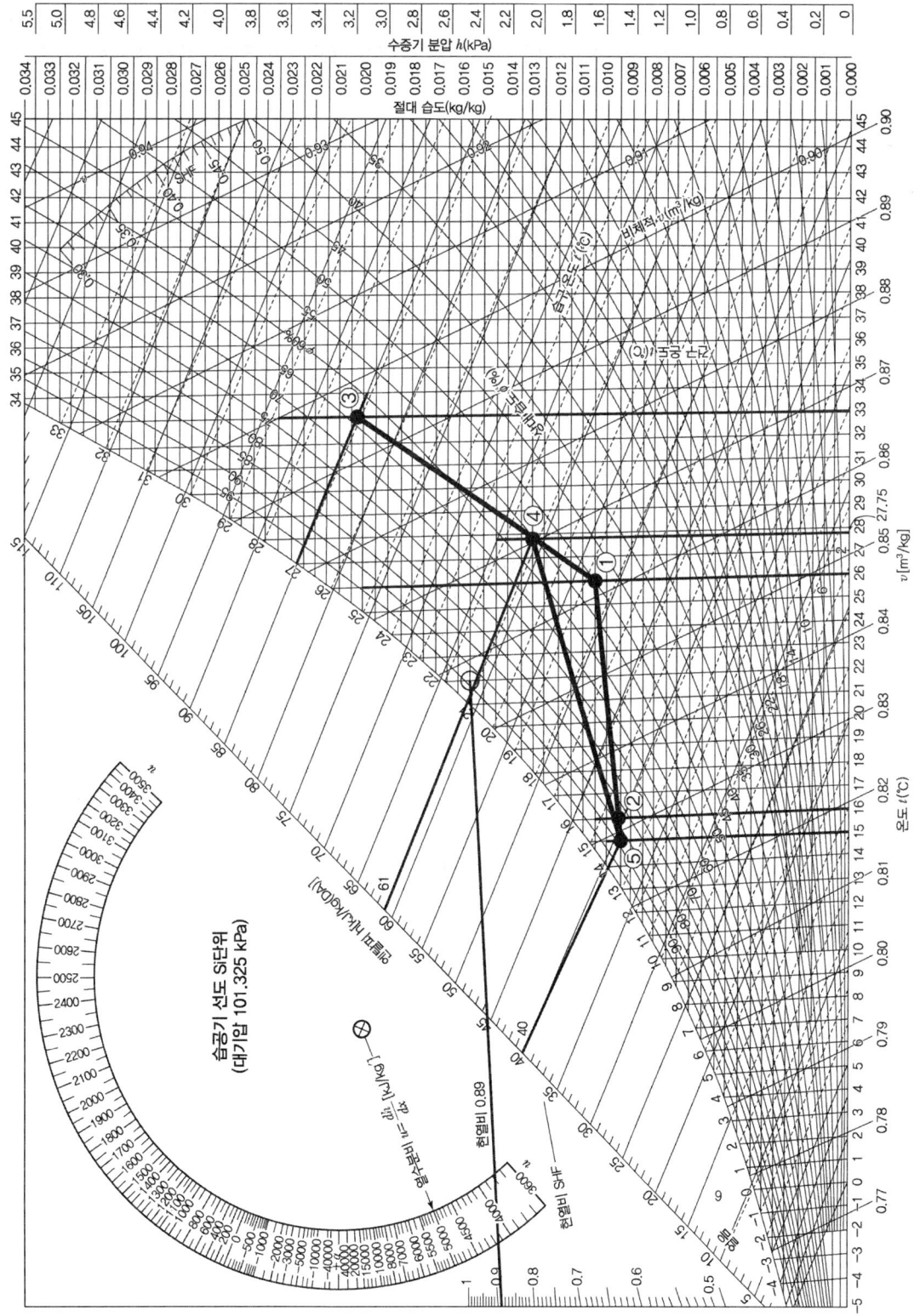

04 다음 그림 (a), (b)는 응축온도 35℃, 증발온도 −35℃로 운전되는 냉동사이클을 나타낸 것이다. 이 두 냉동사이클의 성적계수를 통해 어느 것이 에너지 절약 차원에서 유리한가를 계산하여 비교하시오.

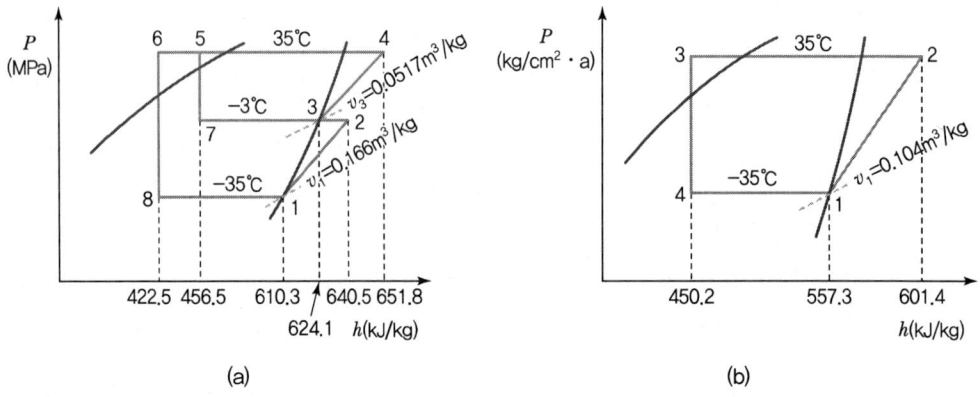

(a)   (b)

풀이

(1) 2단 압축 1단 팽창 사이클 성적계수(COP_1)

$$COP_1 = \frac{Q_e}{AW_1 + AW_2} = \frac{G_L(h_1 - h_8)}{G_L(h_2 - h_1) + G_H(h_4 - h_3)}$$

$$= \frac{h_1 - h_8}{(h_2 - h_1) + \dfrac{h_2 - h_6}{h_3 - h_7}(h_4 - h_3)}$$

$$= \frac{610.3 - 422.5}{(640.5 - 610.3) + \dfrac{640.5 - 422.5}{624.1 - 456.5}(651.8 - 624.1)} = 2.835$$

여기서, G_H : 고단 측 냉매순환량

G_L : 저단 측 냉매순환량

$$\frac{G_H}{G_L} = \frac{h_2 - h_6}{h_3 - h_7}$$

(2) 1단 압축 1단 팽창 사이클 성적계수(COP_2)

$$COP_2 = \frac{Q_e}{A_W} = \frac{h_1 - h_4}{h_2 - h_1} = \frac{557.3 - 450.2}{601.4 - 557.3} = 2.428$$

∴ 2단 압축 1단 팽창 사이클인 (a)의 성적계수(2.835)가 1단 압축 1단 팽창 사이클인 (b)의 성적계수(2.428)보다 크므로 (a) 사이클이 에너지 절약 차원에서 유리하다.

05 아래 난방배관 계통도를 역환수 배관(Reverse Return) 방식으로 완성하시오.

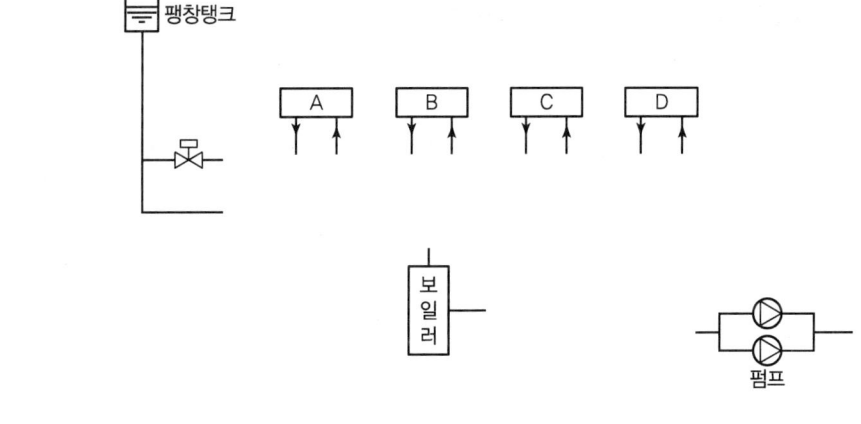

풀이

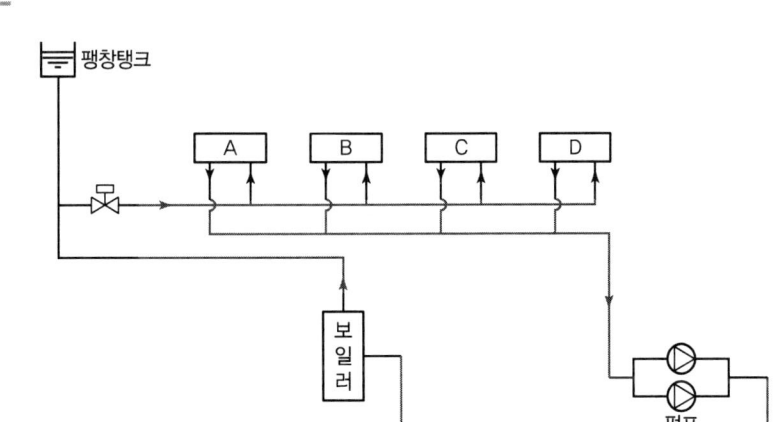

06 냉각탑과 관련하여 다음 용어를 설명하시오.

(1) 쿨링레인지

(2) 백연현상

(3) 캐리오버

풀이

(1) 쿨링레인지
① 냉각탑 입구 수온과 출구 수온의 온도차이다.
② 냉각탑에서 냉각되는 온도차로서 5℃ 정도이다.

(2) 백연현상

포화상태의 공기가 냉각탑 주변의 차가운 공기와 만나서 희석되는 과정에서 토출 습공기가 노점 이하로 내려갈 때 습공기 중의 수증기가 미세한 물방울로 응축되면서 발생하는 현상으로 냉각탑 주변으로 뿌연 연기가 낀 듯이 보이게 된다.

(3) 캐리오버

냉각수가 냉각탑에서 증발되거나 비산되어 냉각수 순환수량이 감소하는 것을 말한다.

07 어느 벽체의 구조가 다음과 같은 조건을 갖출 때 벽체의 열통과율($kJ/m^2 \cdot h \cdot K$)을 구하시오.

[조건]
1. 실내온도 : 25℃, 외기온도 −5℃
2. 외벽의 면적 : 40m²
3. 벽체의 구조
4. 공기층 열 컨덕턴스 : 21.8kJ/m² · h · K

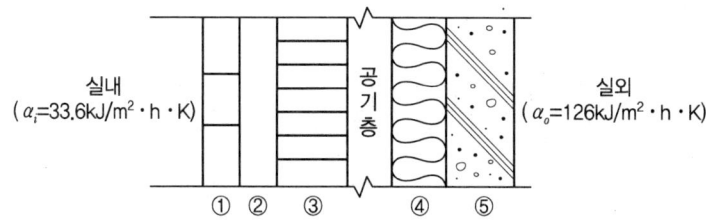

재료	두께(m)	열전도율(kJ/m · h · K)
타일	0.01	4.6
시멘트 모르타르	0.03	4.6
시멘트 벽돌	0.19	5
스티로폼	0.05	0.13
콘크리트	0.10	5.9

풀이

벽체 열통과율(K)

$$R = \frac{1}{\alpha_i} + \frac{l_1}{\lambda_1} + \frac{l_2}{\lambda_2} + \frac{l_3}{\lambda_3} + \frac{1}{c} + \frac{l_4}{\lambda_4} + \frac{l_5}{\lambda_5} + \frac{1}{\alpha_o}$$

여기서, c : 공기층 열 컨덕턴스

$$= \frac{1}{33.6} + \frac{0.01}{4.6} + \frac{0.03}{4.6} + \frac{0.19}{5} + \frac{1}{21.8} + \frac{0.05}{0.13} + \frac{0.10}{5.9} + \frac{1}{126} = 0.5318$$

$$\therefore K = \frac{1}{R} = \frac{1}{0.5318} = 1.88 kJ/m^2 \cdot h \cdot K$$

08 다음 조건과 같은 사무실 A, B에 대해 물음에 답하시오.

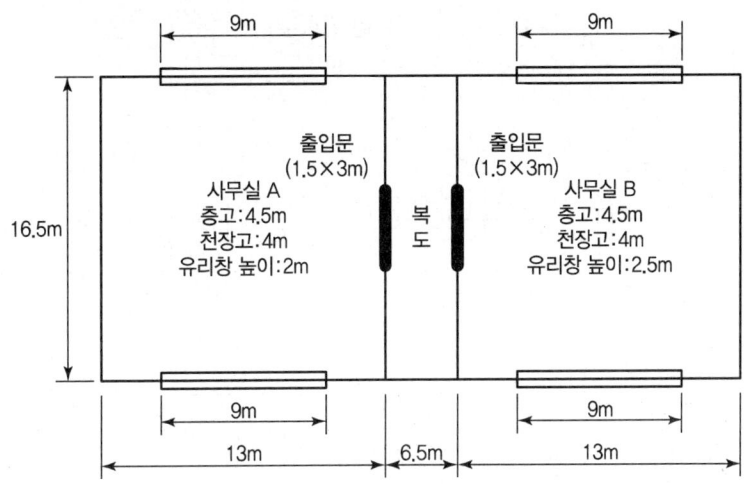

[조건]

1.

사무실	종류	실내부하(kJ/h)			기기부하 (kJ/h)	외기부하 (kJ/h)
		현열	잠열	전열		
A		60,400	7,200	67,600	12,800	28,200
B		45,200	4,300	49,500	8,900	21,600
계		105,600	11,500	117,100	21,700	49,800

2. 상·하층은 동일한 공조 조건이다.
3. 덕트에서의 열취득은 없는 것으로 한다.
4. 중앙 공조 System이며 냉동기+AHU에 의한 전공기 방식이다.
5. 공기의 밀도는 1.2kg/m³, 정압비열은 1.01kJ/kg·K이다.

(1) A, B 사무실의 실내 취출온도차가 11℃일 때 각 사무실의 풍량(m³/h)을 구하시오.

(2) AHU 냉각코일의 열전달률 K = 3,300kJ/h·m²·K·열, 냉수의 입구온도 5℃, 출구온도 10℃, 공기의 입구온도 26.3℃, 출구온도 16℃, 코일 통과면풍속은 2.5m/s이고 대향류 열교환을 할 때 A, B 사무실 총계부하에 대한 냉각코일의 열수(Row)를 구하시오.

(3) 다음 물음에 답하시오.(단, 펌프 및 배관 부하는 냉각코일 부하의 5%이고 냉동기의 응축온도는 40℃, 증발온도 0℃, 과열 및 과냉각도 5℃, 압축기의 체적효율 0.8, 회전수 1,800rpm, 기통수 6이다.)

① A, B 사무실 총계부하에 대한 냉동기 부하를 구하시오.
② 이론 냉매순환량(kg/h)을 구하시오.
③ 피스톤의 행적체적(m³)을 구하시오.

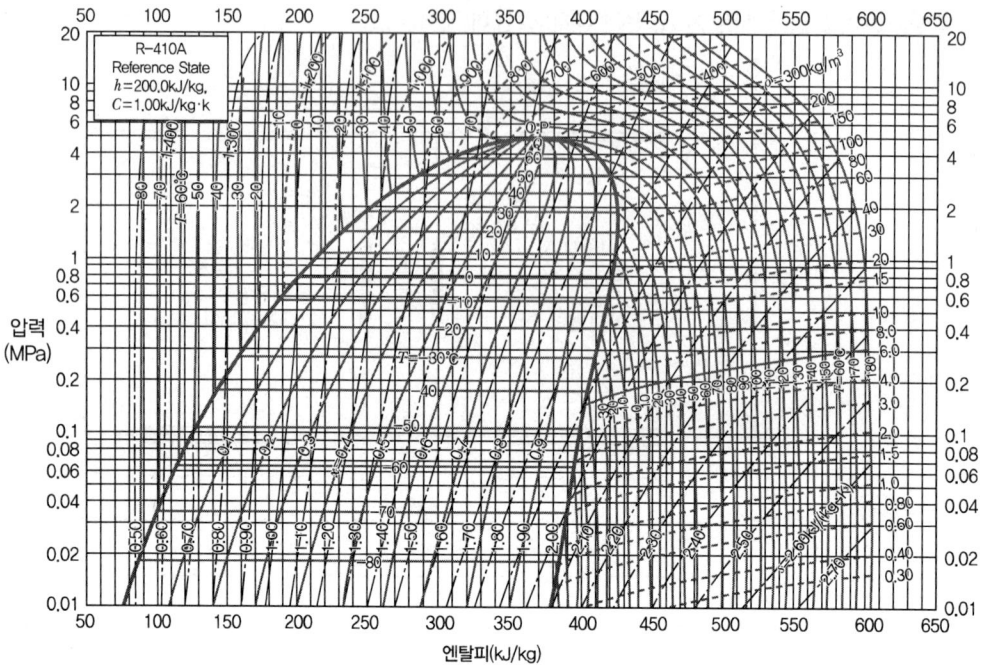

> [풀이]

(1) A, B 사무실의 풍량(Q)

$$q_s = G \cdot C_p \cdot \Delta t = Q\rho \cdot C_p \cdot \Delta t$$

∴ A 사무실 풍량 $Q_A = \dfrac{q_s}{\rho \cdot C_p \cdot \Delta t} = \dfrac{60{,}400}{1.2 \times 1.01 \times 11} = 4{,}530.45 \text{m}^3/\text{h}$

∴ B 사무실 풍량 $Q_B = \dfrac{q_s}{\rho \cdot C_p \cdot \Delta t} = \dfrac{45{,}200}{1.2 \times 1.01 \times 11} = 3{,}390.34 \text{m}^3/\text{h}$

(2) 냉각코일의 열수(N)

- 대수평균온도차(Δt_m) 산출

$$\Delta t_m = \dfrac{\Delta t_1 - \Delta t_2}{\ln \dfrac{\Delta t_1}{\Delta t_2}} = \dfrac{16.3 - 11}{\ln \dfrac{16.3}{11}} = 13.48 ℃$$

여기서, Δt_1 : 공기 입구 측에서의 냉수와의 온도차(26.3−10=16.3℃)

Δt_2 : 공기 출구 측에서의 냉수와의 온도차(16−5=11℃)

- 전면면적(F_A) 산출

풍량 $Q = F_A \cdot v$에서 (F_A : 전면면적, v : 풍속)

$F_A = \dfrac{Q}{v} = \dfrac{4{,}530.45 + 3{,}390.34}{2.5 \times 3{,}600} = 0.88 \text{m}^2$

$q = K \cdot F_A \cdot N \cdot \Delta t_m \cdot C_W$

∴ $N = \dfrac{q}{K \cdot F_A \cdot \Delta t_m \cdot C_w} = \dfrac{117{,}100 + 21{,}700 + 49{,}800}{3{,}300 \times 0.88 \times 13.48 \times 1.0} = 4.817 ≒ 5$열

여기서, 습면보정계수 C_w에 대한 조건이 없으므로 C_w는 1.0으로 적용한다.

(3) 냉동기 부하(q_R), 이론 냉매순환량(G), 피스톤 행적체적(V)
   ① 냉동기 부하 q_R = 냉각코일 부하 × 펌프 및 배관 부하 할증
   $$= (117,100 + 21,700 + 49,800) \times 1.05 = 198,030 \text{kJ/h}$$
   여기서, 냉각코일 부하 = 실내부하 + 기기부하 + 외기부하

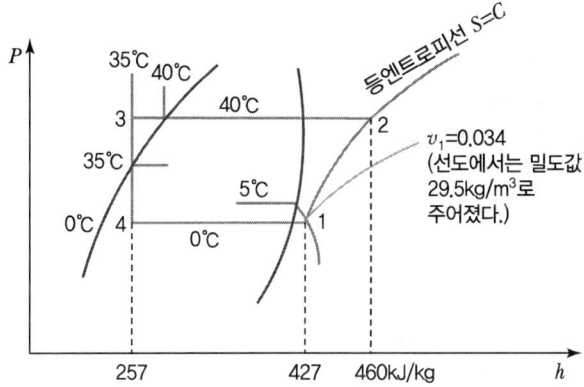

   ② 이론 냉매순환량 $G = \dfrac{\text{냉동기 부하 } q_R}{\text{증발기 출구엔탈피}(h_1) - \text{증발기 입구엔탈피}(h_4)}$

   여기서, 증발기 입구엔탈피 h_4와 출구엔탈피 h_1을 주어진 몰리에르 선도에서 찾아야 한다.

   $\therefore G = \dfrac{198,030}{427 - 257} = 1,164.88 \text{kg/h}$

   ③ 피스톤 행적체적(V_s)

   $G = \dfrac{V \cdot \eta_V}{v_1}$

   여기서, G : 이론 냉매량

   $V = \dfrac{G \cdot v_1}{\eta_V} = \dfrac{1,164.88 \times 0.034}{0.8} = 49.51 \text{m}^3/\text{h}$

   $V = V_s \cdot n \cdot Z$

   여기서, V : 피스톤 총 배출량, n : 회전수, Z : 기통수

   $\therefore$ 피스톤 행정체적 $V_s = \dfrac{V}{n \cdot Z} = \dfrac{49.51}{1,800 \times 60 \times 6} = 0.0000764 = 7.64 \times 10^{-5} \text{m}^3$

09 다음과 같은 급기장치에서 주어진 조건을 이용하여 각 물음에 답하시오.

[조건]
1. 직관덕트 내의 마찰저항손실 : 1.0Pa/m
2. 환기횟수 : 10회/h
3. 공기 도입구의 저항손실 : 5Pa
4. 에어필터의 저항손실 : 100Pa
5. 공기 취출구의 저항손실 : 50Pa
6. 굴곡부 1개소의 상당길이 : 직경 10배(b, e, h 부분도 굴곡부로 간주한다.)
7. 송풍기의 전압효율(η_t) : 60%
8. 각 취출구의 풍량은 모두 같다.
9. $R=1.0$Pa/m에 대한 원형 덕트의 지름은 다음 표에 의한다.

풍량(m³/h)	200	400	600	800	1,000	1,200	1,400	1,600	1,800
지름(mm)	152	195	227	252	276	295	316	331	346
풍량(m³/h)	2,000	2,500	3,000	3,500	4,000	4,500	5,000	5,500	6,000
지름(mm)	360	392	418	444	465	488	510	528	545

10. $kW = \dfrac{Q' \times \Delta P}{E}$ (Q'(m³/s), ΔP(kPa))

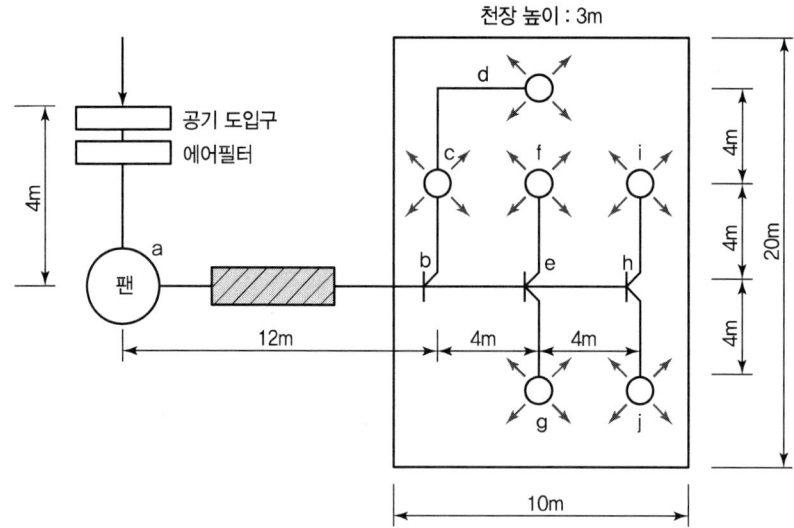

(1) 각 구간의 풍량(m³/h)과 덕트지름(mm)을 구하시오.

구간	풍량(m³/h)	덕트지름(mm)
a-b		
b-c		
c-d		
b-e		

(2) 전 덕트 저항손실(Pa)을 구하시오.
(3) 송풍기의 소요동력(kW)을 구하시오.

> 풀이

(1) 각 구간의 풍량과 덕트지름
- 총 급기 풍량 $Q_T = nV = 10 \times (10 \times 20 \times 3) = 6,000 \text{m}^3/\text{h}$
    여기서, η : 환기횟수(회/h)
            V : 실의 체적(m³)
- 각 취출구 풍량 $= \dfrac{6,000}{6} = 1,000 \text{m}^3/\text{h}$
- 각 구간 풍량과 덕트지름

구간	풍량(m³/h)	덕트지름(mm)
a-b	6,000	545
b-c	2,000	360
c-d	1,000	276
b-e	4,000	465

(2) 전 덕트 저항손실(Pa)
전 덕트 저항손실이므로, 공기도입구로부터 가장 먼 거리에 있는 취출구까지의 저항손실을 산출해 준다.(공기도입구 → a → b → e → h → i)
- 직관덕트 손실 = 직관 덕트 길이 × R = $(4+12+4+4+4) \times 1.0 = 28 \text{Pa}$
    여기서, R : 길이당 압력손실(Pa/m)
- 굴곡관 덕트 손실 = 굴곡관 덕트 상당 길이 × R
    $= (0.545 \times 10 + 0.465 \times 10 + 0.360 \times 10) \times 1.0 = 13.7 \text{Pa}$
- 도입구, 에어필터, 취출구 손실 $= 5 + 100 + 50 = 155 \text{Pa}$
∴ 전 덕트 저항손실 $= 28 + 13.7 + 155 = 196.7 \text{Pa}$

(3) 송풍기의 송풍동력(kW)

$$\text{kW} = \frac{Q' \times P_T}{\eta_T} = \frac{6,000 \times 196.7}{3,600 \times 1,000 \times 0.6} = 0.55 \text{kW}$$

여기서, Q' : 총 급기풍량(m³/s)
        P_T : 전 덕트 저항손실(kPa)
        η_T : 송풍기의 전압효율

10 건구온도 32℃, 습구온도 27℃(엔탈피 84.4kJ/kg)인 공기 21,600kg/h를 12℃의 수돗물 (20,000L/h)로서 냉각하여 건구온도 및 습구온도가 20℃ 및 18℃(엔탈피 51.2kJ/kg)로 되었을 때 코일의 필요 열수를 구하시오.(단, 코일통과풍속 2.5m/s, 습윤면계수 1.45, 열통과율은 1.07kW/m² · K · 열, 물의 비열 4.2kJ/kg · K이고, 대수평균온도차를 이용하며 공기의 통과 방향과 물의 통과 방향은 역으로 한다.)

> **풀이**
>
> **코일의 열수(N) 산출**
> 코일의 열전달열량은 공기 냉각열량과 동일하므로
> $q_T = K \cdot F_A \cdot N \cdot \Delta t_m \cdot C_w = G_a \cdot \Delta h_a$
> $N = \dfrac{G_a \cdot \Delta h_a}{K \cdot F_A \cdot \Delta t_m \cdot C_w}$
>
> • 코일전면면적(F_A) 산출
>
> $F_A = \dfrac{Q_a}{V_a} = \dfrac{G_a}{\rho_a V_a} = \dfrac{21{,}600}{1.2 \times 2.5 \times 3{,}600} = 2\,\text{m}^3$
>
> • 대수평균온도차(Δt_m) 산출
> 대수평균온도차를 구하기 위해 먼저 수돗물 출구온도 t_{w2}를 구한다.
> 냉각수 냉각열량 $q_T = G_w \cdot C \cdot (t_{w2} - t_{w1}) = G_a \cdot \Delta h_a$
>
> $t_{w2} = t_{w1} + \dfrac{G_a \cdot \Delta h_a}{G_w \times C} = 12 + \dfrac{21{,}600 \times (84.4 - 51.2)}{20{,}000 \times 4.2} = 20.54\,℃$
>
> $\Delta t_m = \dfrac{\Delta t_1 - \Delta t_2}{\ln \dfrac{\Delta t_1}{\Delta t_2}} = \dfrac{11.46 - 8}{\ln \dfrac{11.46}{8}} = 9.63\,℃$
>
> 여기서, Δt_1 : 공기 입구 측 온도차($32 - 20.54 = 11.46$)
> Δt_2 : 공기 출구 측 온도차($20 - 12 = 8$)
>
> $\therefore N = \dfrac{G_a \cdot \Delta h_a}{K \cdot F_A \cdot \Delta t_m \cdot C_w} = \dfrac{21{,}600 \times (84.4 - 51.2)}{1.07 \times 3{,}600 \times 2 \times 9.63 \times 1.45} = 6.66 \fallingdotseq 7\,\text{열}$

11 다음과 같은 사무실 (1)에 대해 주어진 조건에 따라 각 물음에 답하시오.

> 1. 사무실 (1)
>   ① 층 높이 : 3.4m
>   ② 천장 높이 : 2.8m
>   ③ 창문 높이 : 1.5m
>   ④ 출입문 높이 : 2m
> 2. 설계조건
>   ① 실외 : 33℃ DB, 68% RH, $x = 0.0218$kg/kg′
>   ② 실내 : 26℃ DB, 50% RH, $x = 0.0105$kg/kg′
> 3. 계산시각 : 오후 2시
> 4. 유리 : 보통유리 3mm
> 5. 내측 베니션 블라인드(색상은 중간색) 설치
> 6. 틈새바람이 없는 것으로 한다.
> 7. 1인당 신선외기량 : 25m³/h
> 8. 조명
>   ① 형광등 50W/m²
>   ② 천장 매입에 의한 제거율 없음
> 9. 중앙 공조 시스템이며, 냉동기+AHU에 의한 전공기방식
> 10. 벽체구조
>
>
>
> 11. 외벽 열통과율 : 3.30W/m² · K
> 12. 위·아래층은 동일한 공조 상태이다.
> 13. 복도는 28℃이고 출입문의 열관류율은 2.4W/m² · K이다.
> 14. 공기 밀도 $\rho = 1.2$kg/m³, 공기의 정압비열 $C_p = 1.0$kJ/kg · K이다.
> 15. 실내측(α_i)=7.5W/m² · K, 실외측(α_o)=20W/m² · K

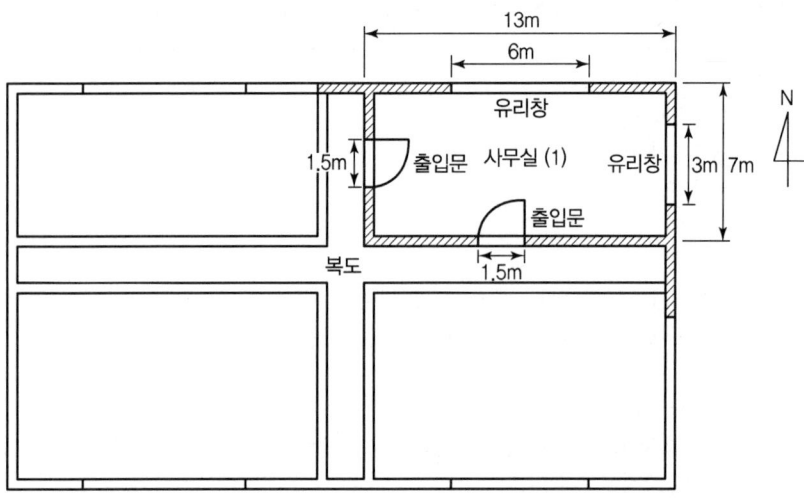

▼ [표 1] 재실인원 1인당 면적 A_f(m²/인)

구분	사무소 건축		백화점, 상점			레스토랑	극장, 영화관의 관객석	학교의 보통교실
	사무실	회의실	평균	혼잡	한산			
일반 설계치	5	2	3.0	1.0	5.0	1.5	0.5	1.4

▼ [표 2] 인체로부터의 발열량(W/인)

작업상태	실온	전발열량	27℃		26℃		21℃	
	예		H_S	H_L	H_S	H_L	H_S	H_L
정좌	극장	103	57	46	62	41	76	27
사무소 업무	사무소	132	58	74	63	69	84	48
착석업무	공장의 경작업	220	65	155	72	148	107	113
보행 4.8km/h	공장의 중작업	293	88	205	96	197	135	158
볼링	볼링장	425	136	289	141	284	178	247

▼ [표 3] 외벽의 상당 외기온도차

시각	H	N	NE	E	SE	S	SW	W	NW
8	4.9	2.8	7.5	8.6	5.3	1.2	1.5	1.6	1.5
9	9.3	3.7	11.6	14.0	9.4	2.1	2.2	2.3	2.2
10	15.0	4.4	14.2	18.1	13.3	3.7	3.2	3.3	3.2
11	21.1	5.2	15.0	20.4	16.3	6.1	4.4	4.4	4.4
12	27.0	6.1	14.3	20.5	18.0	8.8	5.6	5.5	5.4
13	32.2	6.9	13.1	18.8	18.2	11.3	7.6	6.6	6.4
14	36.1	7.5	12.2	16.6	16.9	13.2	10.6	8.7	7.3

	15	38.3	8.0	11.5	14.8	15.1	14.3	14.1	12.3	9.0
	16	38.8	8.4	11.0	13.4	13.7	14.3	17.4	16.6	11.8
	17	37.4	8.5	10.4	12.2	12.4	13.3	19.9	20.8	15.1
	18	34.1	8.9	9.7	11.0	11.2	11.9	20.9	23.9	18.1

▼ [표 4] 보통유리의 일사량(W/m²)

	시각	H	N	NE	E	SE	S	SW	W	NW
I_{GR}	6	73.9	76.0	270.5	294.4	139.3	21.5	21.5	21.5	21.5
	7	204.6	54.1	353.0	433.2	251.8	30.2	30.2	30.2	30.2
	8	351.1	36.0	313.3	449.9	308.3	35.9	35.9	35.9	35.9
	9	480.1	40.0	215.3	392.9	315.4	58.4	40.0	40.0	40.0
	10	575.4	42.7	100.4	276.9	276.9	100.5	42.7	42.7	42.7
	11	635.0	44.3	44.3	130.9	197.9	134.7	44.3	44.3	44.3
	12	655.2	44.8	44.8	44.8	101.3	147.4	101.3	44.8	44.8
	13	635.0	44.3	44.3	44.3	44.3	134.7	197.9	130.9	44.3
	14	575.4	42.7	42.7	42.7	42.7	100.5	276.9	276.9	100.4
	15	480.1	40.0	40.0	40.0	40.0	58.4	315.4	392.9	215.4
	16	351.1	36.0	35.9	35.9	35.9	35.9	308.3	449.9	313.3
	17	204.6	54.1	30.2	30.2	30.2	30.2	251.8	433.2	353.0
	18	73.9	76.0	21.5	21.5	21.5	21.5	139.3	294.4	270.6
I_{GC}	6	2.2	2.4	4.7	4.9	3.4	0.4	0.4	0.4	0.4
	7	12.0	8.7	13.4	14.2	12.3	7.4	7.4	7.4	7.4
	8	23.2	16.7	22.6	24.0	22.5	16.6	16.6	16.6	16.6
	9	32.9	24.7	29.7	31.7	30.9	25.7	24.7	24.7	24.7
	10	40.3	31.1	33.8	36.9	36.9	33.8	31.1	31.1	31.1
	11	44.4	34.5	34.5	38.2	39.2	38.3	34.5	34.5	34.5
	12	47.0	36.8	36.8	36.8	39.5	40.8	39.5	36.8	3.68
	13	47.9	37.9	37.9	37.9	37.9	41.7	42.6	41.6	37.9
	14	47.1	37.9	37.9	37.9	37.9	40.7	43.8	43.8	40.7
	15	46.0	37.9	37.9	37.9	37.9	38.9	44.0	44.8	42.8
	16	39.8	33.2	33.2	33.2	33.2	33.2	39.1	40.6	39.1
	17	33.1	28.6	28.6	28.5	28.5	28.5	33.5	35.4	34.6
	18	23.9	22.1	22.1	22.1	22.1	22.1	25.1	26.7	26.4

▼ [표 5] 유리의 차폐계수

종류		차폐계수(k_s)
보통유리		1.00
마판유리		0.94
내측 venetian blind (보통유리)	엷은색	0.56
	중간색	0.65
	진한색	0.75
외측 venetian blind (보통유리)	엷은색	0.12
	중간색	0.15
	진한색	0.22

(1) 내벽체 열통과율(K)
(2) 벽체를 통한 부하
    ① 동   ② 서
    ③ 남   ④ 북
(3) 출입문을 통한 부하
(4) 유리를 통한 부하
    ① 동   ② 북
(5) 인체부하
(6) 조명부하

[풀이]

(1) 내벽체 열통과율(K)

$$\frac{1}{K} = \frac{1}{\alpha_i} + \frac{\ell_1}{\lambda_1} + \frac{\ell_2}{\lambda_2} + \frac{\ell_3}{\lambda_3} + \frac{\ell_4}{\lambda_4} + \frac{1}{\alpha_i}$$

$$= \frac{1}{7.5} + \frac{0.03}{1.2} + \frac{0.12}{1.4} + \frac{0.02}{1.2} + \frac{0.003}{0.53} + \frac{1}{7.5} = 0.3997$$

$$\therefore K = \frac{1}{0.3997} = 2.50 \text{W/m}^2 \cdot \text{K}$$

(2) 벽체를 통한 부하(q_W)

    외벽은 상당외기온도차(Δt_e)를 적용한다.

    ① 동쪽(외벽) $q_{WE} = K \cdot A \cdot \Delta t_e$
                              $= 3.03 \times (7 \times 3.4 - 3 \times 1.5) \times 16.6 = 970.75\,W$

    ② 서쪽(내벽) $q_{WW} = K \cdot A \cdot \Delta t$
                              $= 2.5 \times (7 \times 2.8 - 1.5 \times 2) \times (28 - 26) = 83\,W$

③ 남쪽(내벽) $q_{WS} = K \cdot A \cdot \Delta t$
$$= 2.5 \times (13 \times 2.8 - 1.5 \times 2) \times (28 - 26) = 167\,W$$

④ 북쪽(외벽) $q_{WN} = K \cdot A \cdot \Delta t_e$
$$= 3.03 \times (13 \times 3.4 - 6 \times 1.5) \times 7.5 = 799.92\,W$$

(3) 출입문을 통한 부하(q_D)

$q_D = K \cdot A \cdot \Delta t$
$$= 2.4 \times (1.5 \times 2) \times 2 \times (28 - 26) = 28.8\,W$$

(4) 유리를 통한 부하(q_G)

유리의 경우 일사와 전도·대류 부하를 모두 고려해야 한다.

$q_G = I_{GR} \cdot A \cdot k_o + I_{GC} \cdot A$

여기서, I_{GR} : 단위면적당 일사량(W/m²)
I_{GC} : 단위면적당 전도·대류 열량(W/m²)
K_o : 유리의 차폐계수

① 동쪽 $q_{GE} = 42.7 \times (3 \times 1.5) \times 0.65 + 37.9 \times (3 \times 1.5) = 295.45\,W$
② 북쪽 $q_{GN} = 42.7 \times (6 \times 1.5) \times 0.65 + 37.9 \times (6 \times 1.5) = 590.90\,W$

(5) 인체 부하(q_H)

인체 부하 산출 시 적용하는 인원수는 제시도면과 재실인원 1인당 면적[표 1]을 통해 산정한다.

$q_{HS} = \dfrac{13 \times 7}{5} \times 63 = 1,146.6\,W$

$q_{HL} = \dfrac{13 \times 7}{5} \times 69 = 1,255.8\,W$

∴ $q_{HL} = 1,146.6 + 1,255.8 = 2,402.4\,W$

(6) 조명 부하(q_E)

$q_E = W \times f$ (f : 점등율)
$$= 50 \times 13 \times 7 \times 1 = 4,550\,W$$

여기서, 점등율 f는 "1 − 제거율"로서, 조건상 제거율이 없으므로 1로 적용한다.

12 원심식 압축기 용량제어 방법 3가지를 제시하고 설명하시오.

> 풀이

구분	세부사항
흡입베인 제어	• 임펠러에 유입되는 냉매의 유입각도를 변화시켜 제어
바이패스 제어	• 용량 10% 이하로 안전운전이 필요할 때 적용(서징 방지) • 응축기 내 압축된 가스 일부를 증발기로 By-pass
회전수 제어	• 증기터빈 구동 압축기일 때 적용할 수 있는 최적 제어법 • 구조가 간단
흡입댐퍼 제어	• 댐퍼를 교축하여 서징 전까지 풍량 감소 가능 • 제어가능 범위는 전 부하의 60% 정도
Diffuser 제어	• R-12 등 고압냉매를 이용한 것에 사용 • 흡입베인 제어와 병용 적용 • 와류 발생 시 효율 저하, 소음 발생, 서징 등의 문제가 발생 • Diffuser의 역할 : 토출가스를 감속하여 냉매의 속도에너지를 압력으로 변환

13 일반형 흡수식 냉동기(단중효용식)와 비교한 이중효용 흡수식 냉동장치의 특징 3가지를 쓰시오.

> 풀이

이중효용 흡수식 냉동장치의 특징

1. 연료소비량 절감

   열에너지를 2중으로 이용(고온발생기에서 증발한 냉매증기의 열을 저온발생기의 가열원으로 사용)하기 때문에 단중효용식에 비해 약 65% 정도 연료소비량을 절감할 수 있다.

2. 냉각탑 용량 축소 가능

   고온발생기에서 발생한 냉매증기의 열을 저온발생기에서 방출하므로 응축열량이 단중효용식에 비해 75% 정도 감소하게 되어 냉각탑의 용량을 축소할 수 있다.

3. 성적계수 향상

   이중효용식의 성적계수는 0.9~1.3으로, 단중효용식(0.7~0.8)에 비해 높다.

14 그림과 같은 온풍로 난방에서 다음 각 물음에 답하시오.(단, 공기의 정압비열은 1.0kJ/kg·K)

[조건]
1. 덕트 도중에서의 열손실 및 잠열부하는 무시한다.
2. 각 취출구에서의 풍량은 같다.
3. 덕트의 P점에서 송풍기 소음 파워레벨은 중심 주파수 210c/s(Hz)의 옥타브 벤드에 대해 81dB이다. 또한 P점과 각 취출구 간의 덕트에 의한 자연감음 및 덕트 취출구에서의 발생소음은 무시한다.
4. 취출구는 모두 750mm×250mm의 베인 격자 취출구로 한다.

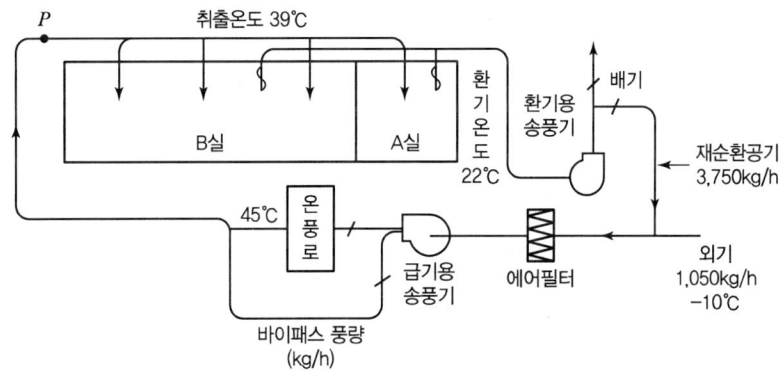

(1) A실의 실내부하(kW)
(2) 외기부하(kW)
(3) 바이패스 풍량(kg/h)
(4) 온풍로 출력(kW)

풀이

(1) A실의 실내부하(q_a)

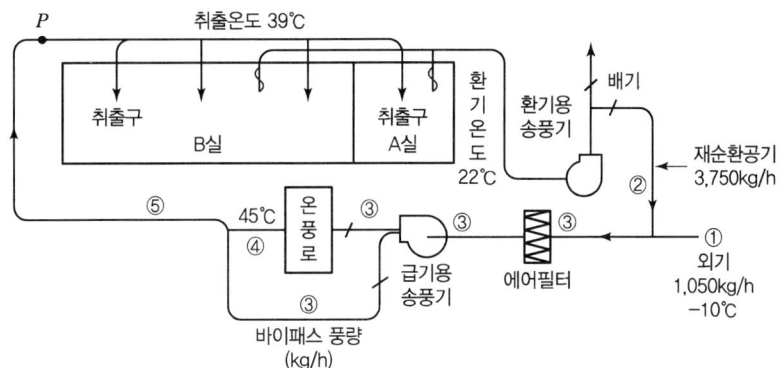

4개의 취출구 중 A실에 1개가 있으므로 A실의 풍량 $G_a = \dfrac{3{,}750 + 1{,}050}{4} = 1{,}200$kg/h

$q_a = G_a \cdot C_p \cdot (t_5 - t_2) = \dfrac{1{,}200}{3{,}600} \times 1.0 \times (39 - 22) = 5.67$kW

(2) 외기부하(q_o)

$$q_o = G_o \cdot C_p \cdot (t_2 - t_1) = \frac{1,050}{3,600} \times 1.0 \times (22 - (-10)) = 9.33 \text{kW}$$

(3) 바이패스 풍량(G_B)

$$t_3 = \frac{G_1 \cdot t_1 + G_2 \cdot t_2}{G_3} = \frac{1,050 \times (-10) + 3,750 \times 22}{1,050 + 3,750} = 15℃$$

여기서, G_1, t_1 : 외기 도입량, 실외온도
G_2, t_2 : 실내 환기(재순환)량, 실내온도
G_3 : 실내 송풍량(전체 송풍량)

온풍로를 통과한 공기(④)와 바이패스한 공기(③)가 합쳐져서 취출공기 온도 t_5(39℃)가 되므로 열평형식에 의해

$(G - G_B)C_p t_4 + G_B C_p t_3 = G C_p t_5$

$G_B(t_3 - t_4) = G(t_5 - t_4)$

$\therefore G_B = \dfrac{G(t_5 - t_4)}{(t_3 - t_4)} = \dfrac{4,800 \times (39 - 45)}{(15 - 45)} = 960 \text{kg/h}$

(4) 온풍로 출력

$$q = G \cdot C_p \cdot (t_5 - t_3) = \frac{4,800}{3,600} \times 1.0 \times (39 - 15) = 32 \text{kW}$$

또는

$q = (G - G_B) \cdot C_p \cdot (t_4 - t_3)$
$= \dfrac{(4,800 - 960) \times 1.0 \times (45 - 15)}{3,600} = 32 \text{kW}$

2024년 3회 기출문제

01 다음과 같이 증발온도가 다른 2대의 증발기를 갖는 냉동시스템에 대해 주어진 각종 부속 장치의 설치 위치를 넣어 장치도를 완성하시오.

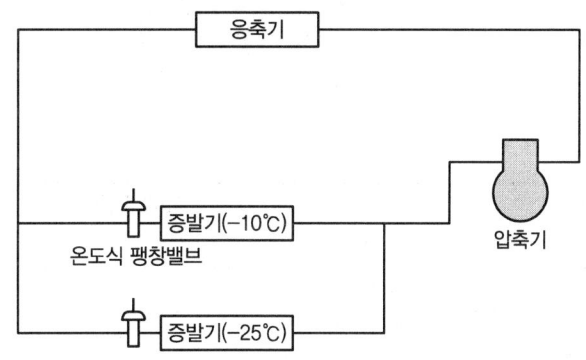

풀이

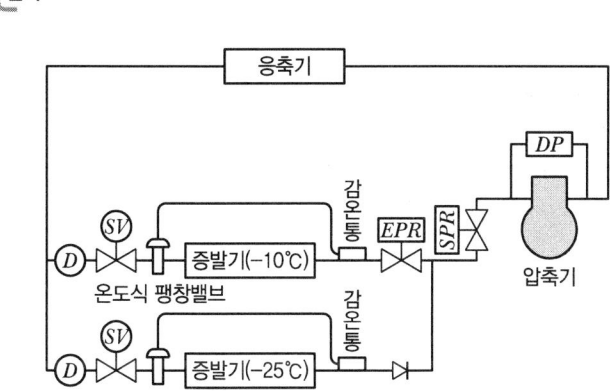

02 다음과 같은 벽체의 열관류율($W/m^2 \cdot K$)을 구하시오.

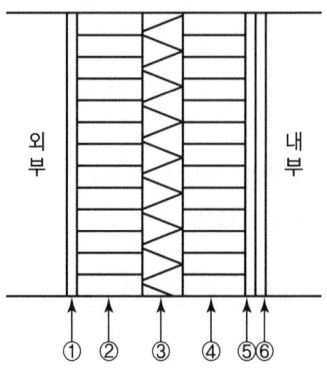

▼ 재료표

재료번호	종류	재료 두께(mm)	열전도율($W/m \cdot K$)
①	모르타르	20	1.3
②	시멘트벽돌	100	0.78
③	글라스울	50	0.04
④	시멘트벽돌	100	0.78
⑤	모르타르	20	1.3
⑥	비닐벽지	2	0.23

▼ 벽 표면의 열전달율($W/m^2 \cdot K$)

실내 측	수직면	8.7
실외 측	수직면	23.3

풀이

벽체의 열관류율(K)

$$R = \frac{1}{\alpha_o} + \frac{l_1}{\lambda_1} + \frac{l_2}{\lambda_2} + \frac{l_3}{\lambda_3} + \frac{l_4}{\lambda_4} + \frac{l_5}{\lambda_5} + \frac{l_6}{\lambda_6} + \frac{1}{\alpha_i}$$

$$= \frac{1}{23.3} + \frac{0.03}{1.3} + \frac{0.1}{0.78} + \frac{0.05}{0.04} + \frac{0.1}{0.78} + \frac{0.02}{1.3} + \frac{0.002}{0.23} + \frac{1}{8.7} = 1.7037$$

$$\therefore K = \frac{1}{R} = \frac{1}{1.7037} = 0.59 W/m^2 \cdot K$$

03 50RT, R-22 냉동장치에서 증발식 응축기가 다음과 같은 조건일 때 과냉각도를 결정하시오.

[조건]
- 관 압력손실 : 10kPa
- 밸브 기타의 압력손실 : 30kPa
- 액주의 압력손실 : 291kPa
- 응축온도 : 30℃

▼ R-22의 온도, 압력 관계

온도	압력(kPa · abs)	온도	압력(kPa · abs)	온도	압력(kPa · abs)
10	680.70	20	909.93	30	1,191.88
12	722.65	22	961.89	32	1,255.20
14	766.50	24	1,016.01	34	1,320.97
16	812.29	26	1,072.34	36	1,389.24
18	860.08	28	1,130.95	38	1,460.06

풀이

과냉각도는 냉매가 액체상태로서 응축압력에서의 온도와 팽창밸브직전 압력에 따른 온도의 차로 구한다.
- 포화온도가 30℃이므로 R-22표에 따라 응축압력 P_C = 1,191.88kPa
- 압력손실 ΔP = 관 압력손실 + 액주의 압력손실 + 밸브 기타의 압력손실
  = 10 + 291 + 30 = 331kPa
- 팽창밸브직전 압력 P = 응축압력 − 압력손실 = 1,191.88 − 331 = 860.88kPa

팽창밸브직전 압력이 860.88kPa이므로, 표에 따라 액상을 유지할 수 있는 온도는 18℃(압력 860.08kPa)가 된다.

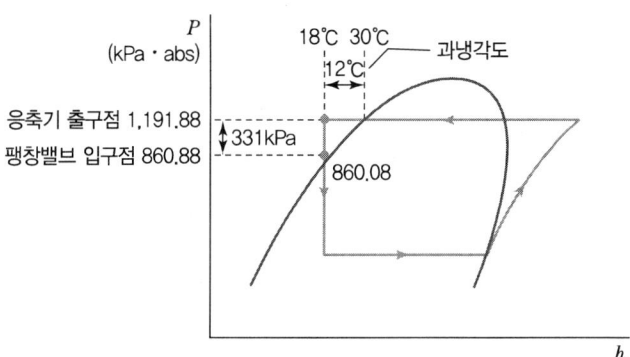

∴ 과냉각도 = 30 − 18 = 12℃

04 다음 도면과 같은 온수난방에 있어서 리버스 리턴 방식에 의한 배관도를 완성하시오. (단, A, B, C, D는 방열기를 표시한 것이며, 온수공급관은 실선으로, 귀환관은 점선으로 표시하시오.)

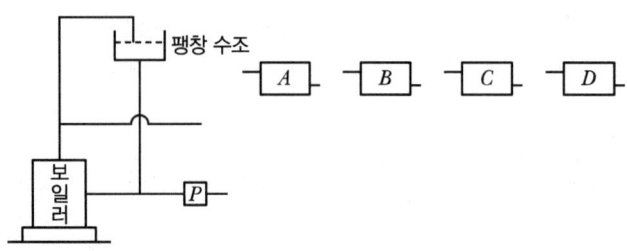

풀이

리버스 리턴(Reverse Return) 배관 방식에 의한 배관도

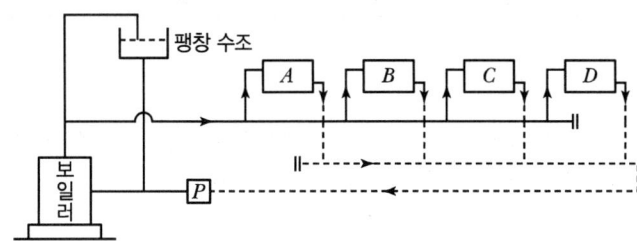

05 다음 조건에 따른 압축기 피스톤의 체적효율을 구하시오.

[조건]
- 토출량(V_a) : 300m³/h
- 흡입가스 비체적(v) : 0.6m³/kg
- 1RT=3.86kW
- 냉동능력 : 30RT
- 냉동효과 : 1,130.8kJ/kg

풀이

$$G = \frac{V}{v}\eta_v = \frac{Q_e}{q_e}$$

$$\eta_v = \frac{Q_e \times v}{q_e \times V_a} = \frac{30\text{RT} \times 3.86\text{kW} \times 0.6\text{m}^3/\text{kg} \times 3,600}{1,130.8\text{kJ/kg} \times 300\text{m}^3/\text{h}} = 0.737$$

∴ 73.7%

06 다음 그림은 사무소 건물의 기준 층에 위치한 실의 일부를 나타낸 것이다. 각종 설계조건으로부터 대상 실의 냉방부하를 산출하고자 한다. 주어진 조건을 이용하여 냉방부하를 계산하시오.

[설계조건]
1. 외기조건 : 32℃ DB, 70% RH
2. 실내 설정조건 : 26℃ DB, 50% RH
3. 열관류율
   ① 외벽 : 0.5W/m²·K
   ② 유리창 : 5.5W/m²·K
   ③ 내벽 : 2.0W/m²·K
   ④ 유리창 차폐계수 : 0.71
4. 재실인원 : 0.2인/m²
5. 인체 발생열 : 현열 63W/인, 잠열 69W/인
6. 조명부하 : 20W/m² (형광등)
7. 틈새바람에 의한 외풍은 없는 것으로 하며 인접실의 실내조건은 대상 실과 동일하다.

▼ [표 1] 유리창에서의 일사열량(W/m²)

시간\방위	수평	N	NE	E	SE	S	SW	W	NW
10	629	39	101	312	312	101	39	39	39
12	726	43	43	43	103	156	103	43	43
14	629	39	39	39	39	101	312	312	101
16	379	28	28	28	28	28	343	493	349

▼ [표 2] 상당온도차(하기 냉방용(deg))

시간\방위	수평	N	NE	E	SE	S	SW	W	NW
10	12.8	3.9	10.9	14.2	11.0	4.0	3.2	3.3	5.2
12	21.4	5.6	10.6	14.9	13.8	8.1	5.6	5.3	5.2
14	27.2	7.0	9.8	12.4	12.6	11.2	10.2	8.7	7.0
16	26.2	7.6	9.4	10.9	11.0	11.6	15.0	15.0	11.2

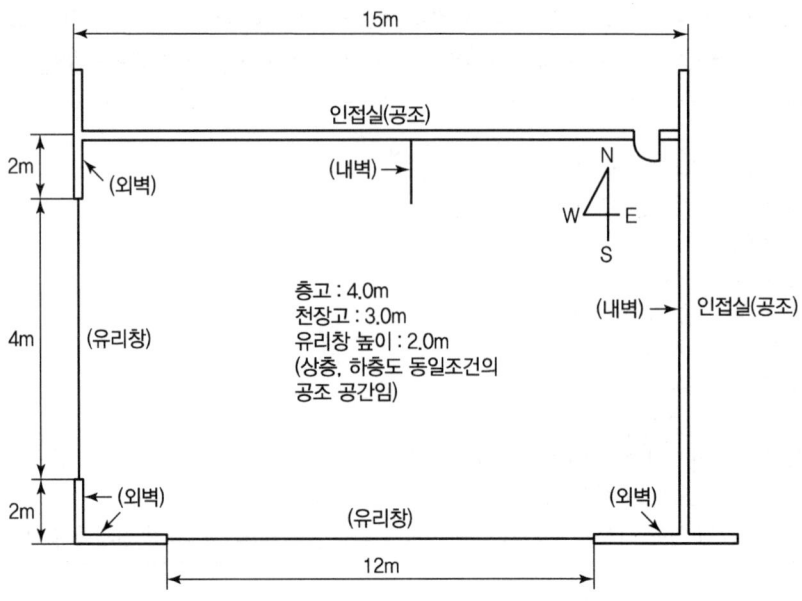

(1) 설계조건에 의해 12시, 14시, 16시의 냉방부하를 구하시오.
   ① 구조체에서의 부하
   ② 유리를 통한 일사에 의한 열부하
   ③ 실내에서의 부하
(2) 실내 냉방부하의 최대 발생시각을 결정하고, 이때의 현열비를 구하시오.
(3) 최대 부하 발생 시의 취출풍량(m^3/h)을 구하시오.(단, 취출온도는 15℃, 공기의 비열 1.0kJ/kg · K, 공기의 밀도 1.2kg/m^3로 한다. 또한, 실내의 습도 조절은 고려하지 않는다.)

풀이

(1) 냉방부하
   ① 구조체에서의 부하
      • 외벽에서의 부하 : $q = K \cdot A \cdot \Delta t_e$
        여기서 Δt_e는 상당온도차로서 〈표 2〉의 값을 적용한다.
        남쪽 벽(S) 12시 $q = 0.5 \times (15 \times 4 - 12 \times 2) \times 8.1 = 145.8$W
                  14시 $q = 0.5 \times (15 \times 4 - 12 \times 2) \times 11.2 = 201.6$W
                  16시 $q = 0.5 \times (15 \times 4 - 12 \times 2) \times 11.6 = 208.8$W
        서쪽 벽(W) 12시 $q = 0.5 \times (8 \times 4 - 4 \times 2) \times 5.3 = 63.6$W
                  14시 $q = 0.5 \times (8 \times 4 - 4 \times 2) \times 8.7 = 104.4$W
                  16시 $q = 0.5 \times (8 \times 4 - 4 \times 2) \times 15.0 = 180$W
      • 유리창에서의 부하(관류부하) : $q = K \cdot A \cdot \Delta t$
      ※ 유리창의 경우에는 축열을 고려하지 않으므로 상당외기온도차를 적용하지 않고, 실내외 온도차를 적용한다.

　　　　남쪽 유리창(S) $q = 5.5 \times (12 \times 2) \times (32-26) = 792W$
　　　　서쪽 유리창(W) $q = 5.5 \times (4 \times 2) \times (32-26) = 264W$
　∴ 12시 부하 = $145.8 + 63.6 + 792 + 264 = 1,265.4W$
　　 14시 부하 = $201.6 + 104.4 + 792 + 264 = 1,362W$
　　 16시 부하 = $208.8 + 180 + 792 + 264 = 1,444.8W$

② 유리를 통한 열사에 의한 열부하 $q = I \cdot A \cdot SC$
　여기서, I는 일사열량으로서 〈표 1〉의 값을 적용한다. SC는 차폐계수를 의미한다.
　남쪽 유리창(S) 12시 $q = 156 \times (12 \times 2) \times 0.71 = 2,658.24W$
　　　　　　　　14시 $q = 101 \times (12 \times 2) \times 0.71 = 1,721.04W$
　　　　　　　　16시 $q = 28 \times (12 \times 2) \times 0.71 = 477.12W$
　서쪽 유리창(W) 12시 $q = 43 \times (4 \times 2) \times 0.71 = 244.24W$
　　　　　　　　14시 $q = 312 \times (4 \times 2) \times 0.71 = 1,772.16W$
　　　　　　　　16시 $q = 493 \times (4 \times 2) \times 0.71 = 2,800.24W$
　∴ 12시 부하 = $2,658.24 + 244.24 = 2,902.48W$
　　 14시 부하 = $1,721.04 + 1,772.16 = 3,493.2W$
　　 16시 부하 = $477.12 + 2,800.24 = 3,277.36W$

③ 실내에서의 부하
　인체 현열 $q_S = n \cdot H_S = 0.2 \times (15 \times 8) \times 63 = 1,512W$
　인체 잠열 $q_L = n \cdot H_L = 0.2 \times (15 \times 8) \times 69 = 1,656W$
　조명부하 $q_E = (15 \times 8) \times 20 = 2,400W$
　∴ 12시, 14시, 16시 부하 = $1,512 + 1,656 + 2,400 = 5,568W$

(2) 실내 냉방부하 최대 발생시각 및 현열비
　① 실내 냉방부하 최대 발생시각 : 14시
　　12시 : 10,215.88W ($1,265.4 + 2,902.48 + 5,568 = 9,735.88$)
　　14시 : 10,903.2W ($1,362 + 3,493.2 + 5,568 = 10,423.2$)
　　16시 : 10,770.16W ($1,444.8 + 3,277.36 + 5,568 = 10,290.16$)

　② 현열비 $SHF = \dfrac{현열}{전열} = \dfrac{전열 - 잠열}{전열} = \dfrac{10,423.2 - 1,656}{10,423.2} = 0.84$

(3) 최대부하 발생 시의 취출풍량(Q)
　$q_S = mC_p \Delta t = \rho Q C_p \Delta t$에서
　$Q = \dfrac{q_S}{\rho C_p \Delta t} = \dfrac{(10,423.2 - 1,656) \times 3,600}{1.2 \times 1.0 \times 10^3 \times (26-15)} = 2,391.05 \text{m}^3/\text{h}$

07 열원설비와 반송(물)배관설비에서의 에너지절약방법을 각각 2가지씩 쓰시오.

> **풀이**

(1) 열원설비
　① 열원설비는 부분부하 및 전부하 운전효율이 좋은 것을 선정한다.
　② 대수분할 또는 비례제어운전이 되도록 한다.
　③ 고효율제품 또는 이와 동등 이상의 효율을 가진 제품을 설치한다.
　④ 폐열을 회수하기 위한 열회수설비를 설치한다. 폐열회수를 위한 열회수설비를 설치할 때에는 중간기에 대비한 바이패스(By-pass)설비를 설치한다.
　⑤ 냉방기기는 심야전기를 이용한 축열·축냉 시스템을 활용하여 전력피크 부하를 줄일 수 있도록 한다.

(2) 반송(물)배관설비
　① 냉방 또는 난방 순환수 펌프, 냉각수 순환 펌프는 대수제어 또는 가변속제어방식을 채택하여 부하상태에 따라 최적 운전상태가 유지될 수 있도록 한다.
　② 급수용 펌프 또는 급수가압펌프의 전동기에는 가변속제어방식 등 에너지절약적 제어방식을 채택한다.
　③ 펌프는 효율이 높은 것을 채택한다.

08 프레온 냉동장치에 사용되고 있는 원형 원통 다관식 증발기가 있다. 이 증발기가 다음 조건에서 운전된다고 할 때 증발온도(℃)를 구하시오.(단, 냉매온도와 브라인 온도의 온도차는 산술평균 온도차를 사용한다.)

[조건]
1. 브라인 유량 : 150L/min
2. 브라인 입구온도 : −18℃
3. 브라인 출구온도 : −23℃
4. 브라인의 비중량 : 1.25kg/L
5. 브라인의 비열 : 2.76kJ/kg·K
6. 냉각면적 : 18m²
7. 열통과율 : 436W/m²·K

> **풀이**

증발기의 열교환량과 브라인의 냉각열량이 같다는 열평형식을 이용하여 증발온도(t_e)를 산정한다.
$$KA\Delta t_m = G_b C_b (t_{b1} - t_{b2})$$
냉매온도와 브라인 온도의 온도차는 산술평균 온도차를 사용하므로 증발온도 t_e는 다음과 같다.

$$\Delta t_m = \frac{t_{b1} + t_{b2}}{2} - t_e$$

$$t_e = \frac{t_{b1} + t_{b2}}{2} - \Delta t_m$$

여기서, $KA\Delta t_m = G_b C_b(t_{b1} - t_{b2})$ 이므로 $\Delta t_m = \dfrac{G_b C_b(t_{b1} - t_{b2})}{KA}$ 이다.

그러므로 $t_e = \dfrac{t_{b1} + t_{b2}}{2} - \dfrac{G_b C_b(t_{b1} - t_{b2})}{KA}$ 가 된다.

$$\therefore t_e = \dfrac{t_{b1} + t_{b2}}{2} - \dfrac{G_b C_b(t_{b1} - t_{b2})}{KA}$$
$$= \dfrac{-18 + (-23)}{2} - \dfrac{(150 \times 1.25) \times 2.76 \times (-18 - (-23))}{60 \times 436 \times 10^{-3} \times 18} = -25.995\,℃$$

약 $-26\,℃$

09 다음 R-22 냉동장치도를 보고 각 물음에 답하시오.

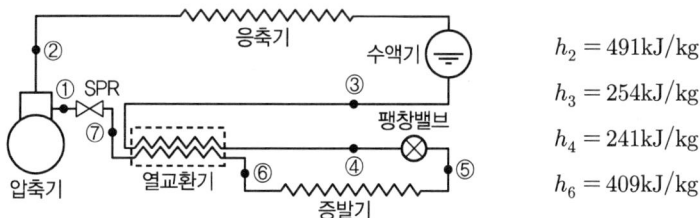

(1) 장치도의 냉매 상태점 ①~⑦까지를 $p-h$ 선도상에 표시하시오.

(2) 장치도의 운전상태가 다음과 같을 때 압축기의 축마력(kW)을 구하시오.

[조건]
- 냉매순환량 : 50kg/h
- 압축효율(η_c) : 0.55
- 기계효율(η_m) : 0.9

[풀이]

(1) 장치도의 냉매 상태점 표시 $p-h$ 선도

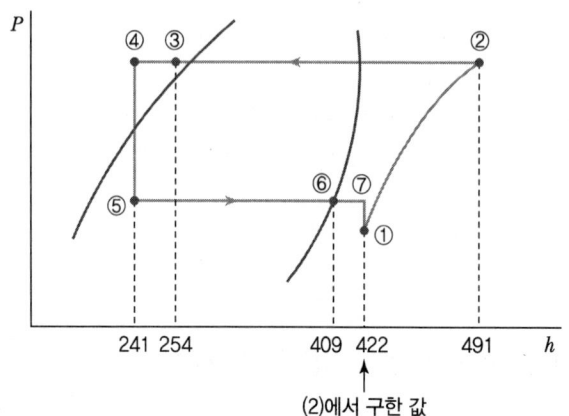

※ ⑦→① 과정은 압축기에 흡입되는 냉매의 압력이 소정압력 이상으로 올라가지 않도록 조절하기 위해 설치하는 SPR(흡입압력조정밸브)가 적용되므로, 해당 구간을 통과하면서 압축기의 흡입압력까지 압력이 감소한다고 설정한다.

(2) 압축기의 축마력

$$\text{축마력}(\text{kW}) = \frac{G \times (h_2 - h_1)}{3,600 \times \eta_c \times \eta_m}$$

여기서, h_1은 열교환기에서의 열평형원리를 통해 산출한다.

$(h_3 - h_4) = (h_7 - h_6)$ ∴ $h_7 = h_1$

$h_1 = (h_3 - h_4) + h_6 = (254 - 241) + 409 = 422 \text{kJ/kg}$

∴ 축마력(kW) $= \dfrac{50 \times (491 - 422)}{3,600 \times 0.55 \times 0.9} = 1.94 \text{kW}$

10 냉각탑(Cooling Tower)의 성능 평가에 대한 다음 물음에 답하시오.

(1) 쿨링레인지(Cooling Range)에 대하여 서술하시오.
(2) 쿨링어프로치(Cooling Approach)에 대하여 서술하시오.
(3) 냉각탑의 공칭능력을 쓰고 계산하시오.
(4) 냉각탑 설치 시 주의사항 3가지만 쓰시오.

> 풀이

(1) 쿨링레인지(Cooling Range)
  ① 냉각탑 입구 수온과 출구 수온의 온도차이다.
  ② 냉각탑에서 냉각되는 온도차로서 5℃ 정도이다.

(2) 쿨링어프로치(Cooling Approach)
  ① 냉각탑 출구 수온과 냉각탑 입구공기 습구온도의 차이를 말한다.
  ② 냉각수가 이론적으로 냉각 가능한 접근값으로서, 작을수록 냉각탑의 열교환 성능이 좋다고 판단한다.

(3) 냉각탑의 공칭능력
  ① 공칭능력은 대기습구온도 27℃에서 냉각탑 입구수온이 37℃인 냉각수 순환수량 13L/min의 유량을 출구수온 32℃로 만들기 위한 냉각능력(열량)을 말한다.
  ② 이때의 공칭능력은 약 4.54kW이며, 이것을 1냉각톤(1CRT)이라고 한다.
  ③ 공칭능력 = $\dfrac{13\text{L/min} \times 4.19\text{kJ/kg℃} \times (37-32)℃}{60\sec} = 4.54\text{kW}$

(4) 냉각탑 설치 시 주의사항
  ① 통풍이 잘되는 곳에 설치할 것
  ② 진동, 소음이 주거환경에 영향을 미치지 않을 것
  ③ 물의 비산작용으로 인접건물에 피해가 발생하지 않을 것
  ④ 겨울철 사용 시 동파방지용 Heater(전기식) 설치
  ⑤ 건물옥상에 설치 시 운전중량이 건축구조계산에 반영 여부 검토

11 다음 조건과 같이 혼합, 냉각을 하는 공기조화기가 있다. 이에 대해 다음 각 물음에 답하시오.

[조건]
1. 외기 : 건구온도 33℃, 상대습도 65%
2. 실내 : 건구온도 27℃, 상대습도 50%
3. 부하 : 실내 전열 부하 52.5kW, 실내 잠열부하 14.0kW
4. 송풍기 부하는 실내 취득 현열부하의 12% 가산할 것
5. 실내 필요 외기량은 송풍량의 1/5로 하며, 실내인원 120명, 1인당 25.5m³/h
6. 습공기의 비열은 1.0kJ/kg · K, 비용적을 0.83m³/kg(DA)으로 한다.
여기서, kg(DA)은 습공기 중의 건조공기 중량(kg)을 표시하는 기호이다.
또한, 별첨의 습공기 선도를 사용하여 답은 계산 과정을 기입한다.

(1) 상대습도 90%일 때 실내 송풍온도(취출온도)는 몇 ℃인가?
(2) 실내풍량(m³/h)을 구하시오.
(3) 냉각코일 입구 혼합온도를 구하시오.
(4) 냉각코일 부하는 몇 kW인가?
(5) 외기부하는 몇 kW인가?
(6) 냉각코일의 제습량은 몇 kg/h인가?

풀이

(1) 실내 송풍온도(t_s) : 공기 선도를 작성하여 t_s를 찾는다.

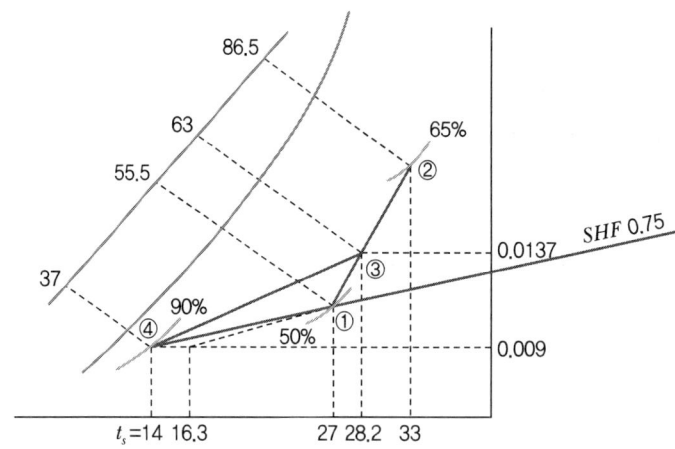

① 송풍기 부하 $q_F = (52.5 - 14.0) \times 0.12 = 4.62$ kW

② $SHF = \dfrac{(52.5 - 14.0) + 4.62}{52.5 + 4.62} = 0.75$

③ 공기 선도의 점 ①에서 SHF 0.75 선과 평행한 선을 그어 상대습도 90%와 만나는 점이 취출점이 되며 취출온도 $t_s = 14$℃이다.

(2) 실내풍량(Q)

$$q_S = Q\rho C_P \Delta t = Q\frac{1}{v} C_P \Delta t \text{에서}$$

$$Q = \frac{q_S \cdot v}{C_P \Delta t} = \frac{\{(52.5-14.0)+4.62\} \times 3{,}600 \times 0.83}{1.0 \times (27-14)} = 9{,}910.97 \text{m}^3/\text{h}$$

(3) 냉각코일 입구 혼합온도(t_3)

$$t_3 = \frac{G_1 t_1 + G_2 t_2}{G_1 + G_2} = \frac{4 \times 27 + 1 \times 33}{4+1} = 28.2\text{℃}$$

G_1(환기)와 G_2(외기)의 비는 문제조건(외기량을 송풍량의 1/5)에 따라 4 : 1로 한다.

(4) 냉각코일 부하(q_{CC})

공기 선도에서 $h_3 = 63\text{kJ/kg}$

$$q_{CC} = G \cdot \Delta h = \frac{Q}{v}(h_3 - h_4) = \frac{9{,}910.97}{3{,}600 \times 0.83} \times (63-37) = 86.24\text{kW}$$

(5) 외기부하(q_o)

$$q_O = G_O(h_2 - h_1) = \frac{Q_O}{v}(h_2 - h_1) = \frac{9{,}910.97}{5 \times 3{,}600 \times 0.83} \times (86.5-55.5) = 20.56\text{kW}$$

(6) 냉각코일의 제습량(L)

$$L = G \cdot \Delta x = \frac{Q}{v}(x_3 - x_4) = \frac{9{,}910.97}{0.83} \times (0.0137-0.009) = 56.12\text{kg/h}$$

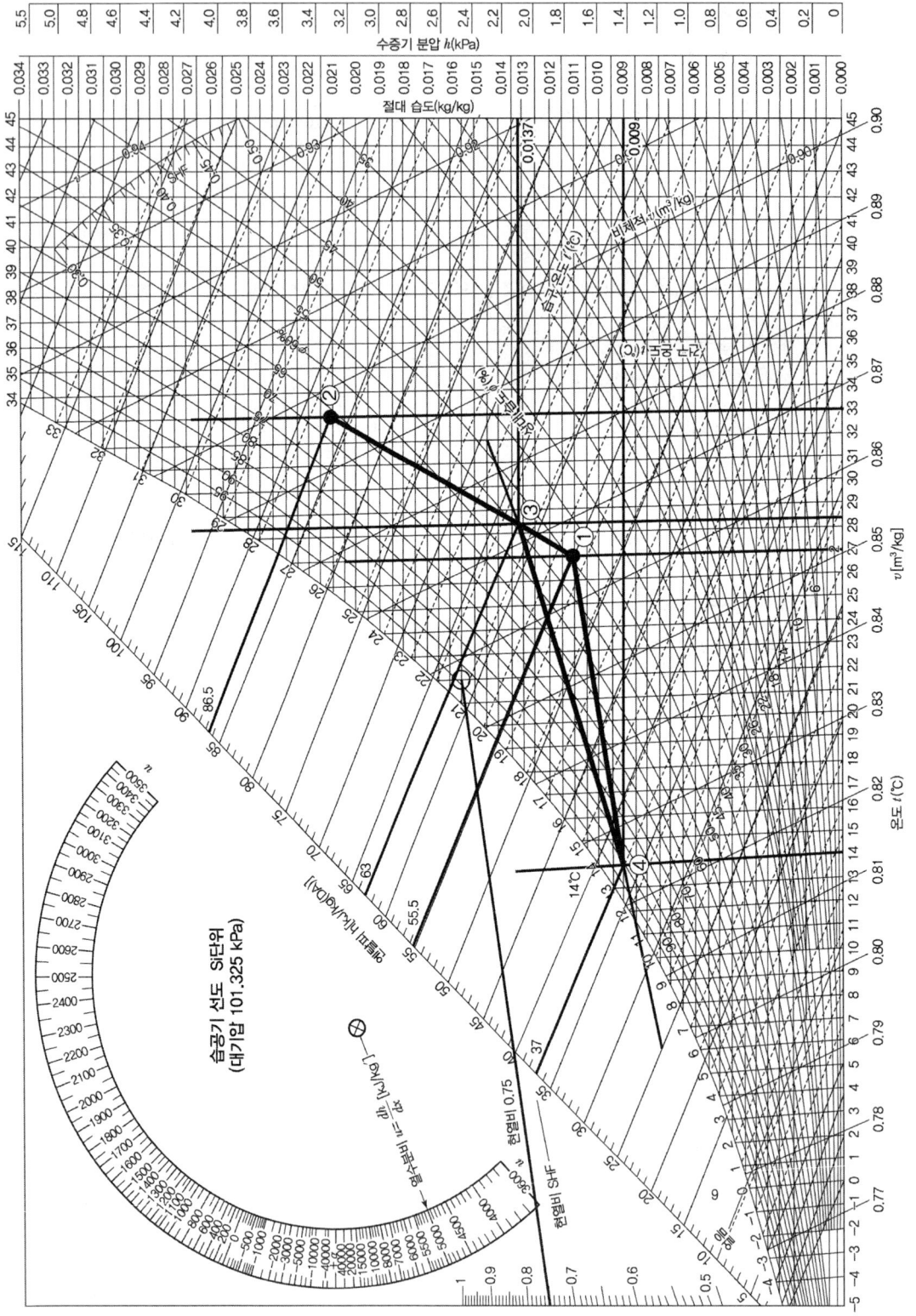

12 다음 그림과 같은 냉동장치에서 압축기 축동력은 몇 kW인가?(단, 1RT = 3.86kW)

(1) 장치도

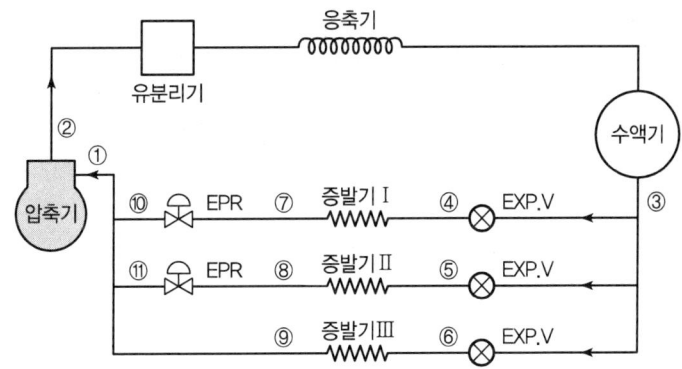

(2) 증발기의 냉동능력(RT)

증발기	I	II	III
냉동톤	1	2	2

(3) 냉매의 엔탈피(kJ/kg)

구분	h_2	h_3	h_7	h_8	h_9
h	682	458	626	622	617

(4) 압축효율 0.65, 기계효율 0.85

[풀이]

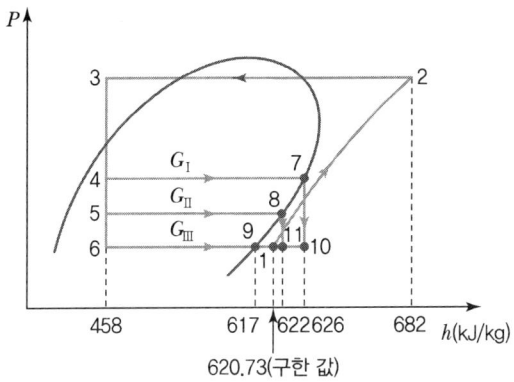

축동력 $L = \dfrac{(G_{\text{I}} + G_{\text{II}} + G_{\text{III}}) \times (h_2 - h_1)}{3,600 \times \eta_c \times \eta_m}$ 이므로

냉매순환량 $G_{\text{I}}, G_{\text{II}}, G_{\text{III}}$ 및 엔탈피 h_1을 구하여 대입한다.
(여기서, η_c : 압축효율, η_m : 기계효율)

- 냉매순환량

$$G_\text{I} = \frac{Q_{e1}}{h_7 - h_4} = \frac{Q_{e1}}{h_7 - h_3} = \frac{1 \times 3.86 \times 3,600}{626 - 458} = 82.71 \text{kg/h}$$

$$G_\text{II} = \frac{Q_{e2}}{h_8 - h_5} = \frac{Q_{e2}}{h_8 - h_3} = \frac{2 \times 3.86 \times 3,600}{622 - 458} = 169.46 \text{kg/h}$$

$$G_\text{III} = \frac{Q_{e3}}{h_9 - h_6} = \frac{Q_{e3}}{h_9 - h_3} = \frac{2 \times 3.86 \times 3,600}{617 - 458} = 174.79 \text{kg/h}$$

- 혼합가스의 엔탈피(h_1)

$$(G_\text{I} + G_\text{II} + G_\text{III})h_1 = G_\text{I} h_{10} + G_\text{II} h_{11} + G_\text{III} h_9$$

$$h_1 = \frac{G_\text{I} h_{10} + G_\text{II} h_{11} + G_\text{III} h_9}{G_\text{I} + G_\text{II} + G_\text{III}}$$

여기서, $h_{10} = h_7$, $h_{11} = h_8$이므로

$$h_1 = \frac{(82.71 \times 626) + (169.46 \times 622) + (174.79 \times 617)}{82.71 + 169.46 + 174.79} = 620.73 \text{kJ/kg}$$

$$\therefore \text{축동력 } L = \frac{(82.71 + 169.46 + 174.79) \times (682 - 620.73)}{3,600 \times 0.65 \times 0.85} = 13.15 \text{kW}$$

13 다음과 같은 덕트 시스템에 대하여 덕트 치수를 등압법(1.0Pa/m)에 의하여 결정하시오. (단, 각 토출구의 토출풍량은 1,000m³/h이며 덕트풍속은 선도에서 읽어서 구한다.)

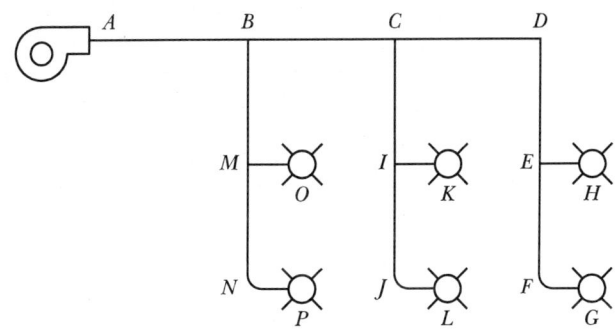

구간	풍량(m³/h)	지름(cm)	풍속(m/s)	직사각형 덕트 $a \times b$(mm)
A-B				( )×200
B-C				( )×200
C-E				( )×200
E-G				( )×200

> **풀이**

덕트 치수 결정
원형 덕트의 지름과 풍속은 마찰저항 선도를 통해 구하고, 직사각형 덕트의 크기는 장방형 덕트와 원형 덕트의 환산표를 통해 산출한다.

구간	풍량(m³/h)	지름(cm)	풍속(m/s)	직사각형 덕트 $a \times b$(mm)
A-B	6,000	54	7.0	(1,550)×200
B-C	4,000	46	6.5	(1,050)×200
C-E	2,000	36	5.5	(600)×200
E-G	1,000	26	4.7	(350)×200

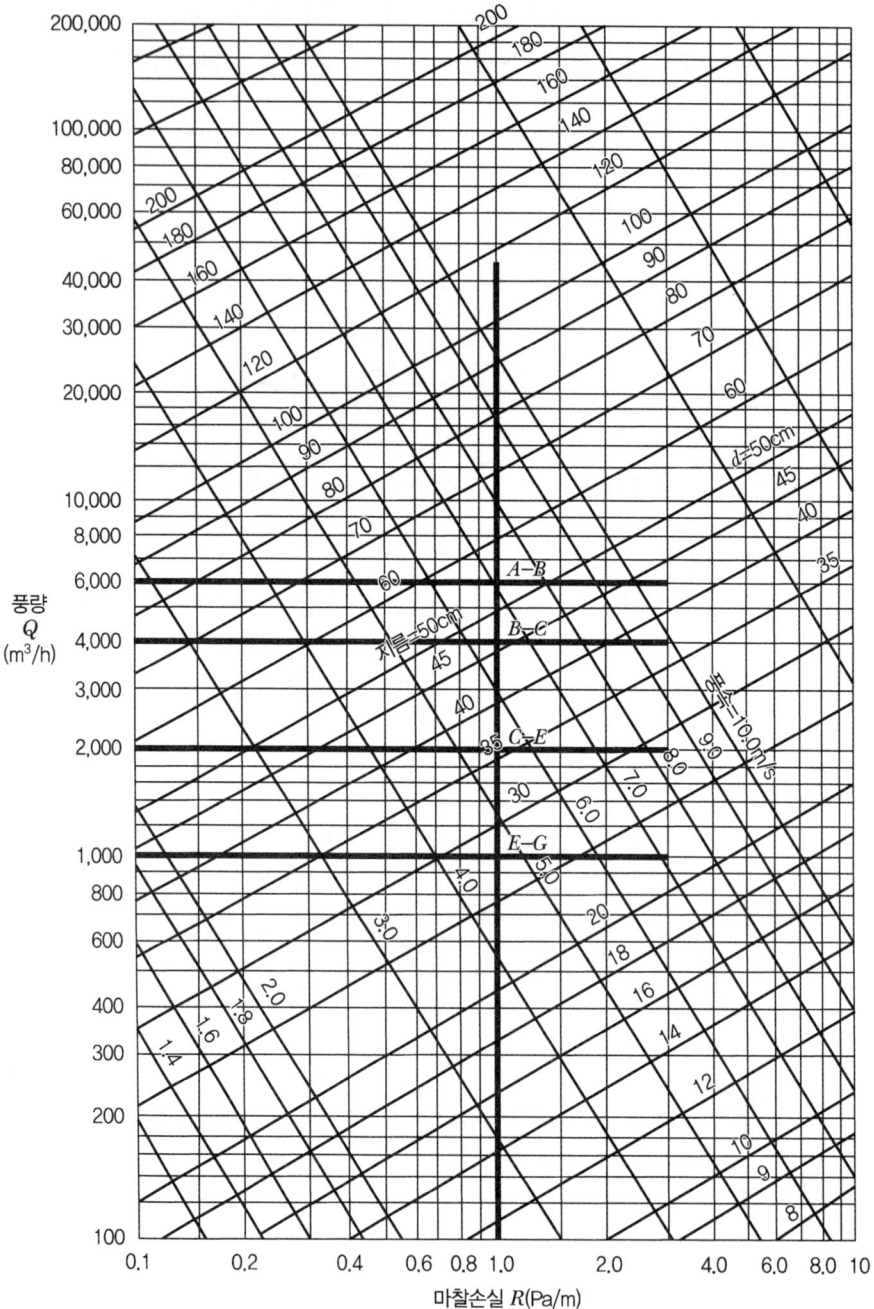

▼ 장방형 덕트와 원형 덕트의 환산표

장변\단변	10	15	20	25	30	35	40	45	50	55	60	65	70	75	80	85	90	95	100
10	10.9																		
15	13.3	16.4																	
20	15.2	18.9	21.9																
25	16.9	21.0	24.4	27.3															
30	18.3	22.9	26.6	29.9	32.8														
35	19.5	24.5	28.6	32.2	35.4	38.3													
40	20.7	26.0	30.5	34.3	37.8	40.9	43.7												
45	21.7	27.4	32.1	36.3	40.0	43.3	46.4	49.2											
50	22.7	28.7	33.7	38.1	42.0	45.6	48.8	51.8	54.7										
55	23.6	29.9	35.1	39.8	43.9	47.7	51.1	54.3	57.3	60.1									
60	24.5	31.0	36.5	41.4	45.7	49.6	53.3	56.7	59.8	62.8	65.6								
65	25.3	32.1	37.8	42.9	47.4	51.5	55.3	58.9	62.2	65.3	68.3	71.1							
70	26.1	33.1	39.1	44.3	49.0	53.3	57.3	61.0	64.4	67.7	70.8	73.7	76.5						
75	26.8	34.1	40.2	45.7	50.6	55.0	59.2	63.0	66.6	69.7	73.2	76.3	79.2	82.0					
80	27.5	35.0	41.4	47.0	52.0	56.7	60.9	64.9	68.7	72.2	75.5	78.7	81.8	84.7	87.5				
85	28.2	35.9	42.4	48.2	53.4	58.2	62.6	66.8	70.6	74.3	77.8	81.1	84.2	87.2	90.1	92.9			
90	28.9	36.7	43.5	49.4	54.8	59.7	64.2	68.6	72.6	76.3	79.9	83.3	86.6	89.7	92.7	95.6	198.4		
95	29.5	37.5	44.5	50.6	56.1	61.1	65.9	70.3	74.4	78.3	82.0	85.5	88.9	92.1	95.2	98.2	101.1	103.9	
100	30.1	38.4	45.4	51.7	57.4	62.6	67.4	71.9	76.2	80.2	84.0	87.6	91.1	94.4	97.6	100.7	103.7	106.5	109.3
105	30.7	39.1	46.4	52.8	58.6	64.0	68.9	73.5	77.8	82.0	85.9	89.7	93.2	96.7	100.0	103.1	106.2	109.1	112.0
110	31.3	39.9	47.3	53.8	59.8	65.2	70.3	75.1	79.6	83.8	87.8	91.6	95.3	98.8	102.2	105.5	108.6	111.7	114.6
115	31.8	40.6	48.1	54.8	60.9	66.5	71.7	76.6	81.2	85.5	89.6	93.6	97.3	100.9	104.4	107.8	111.0	114.1	117.2
120	32.4	41.3	49.0	55.8	62.0	67.7	73.1	78.0	82.7	87.2	91.4	95.4	99.3	103.0	106.6	110.0	113.3	116.5	119.6
125	32.9	42.0	49.9	56.8	63.1	68.9	74.4	79.5	84.3	88.8	93.1	97.3	101.2	105.0	108.6	112.2	115.6	118.8	122.0
130	33.4	42.6	50.6	57.5	64.2	70.1	75.7	80.8	85.7	90.4	94.8	99.0	103.1	106.9	110.7	114.3	117.7	121.1	124.4
135	33.9	43.3	51.4	58.6	65.2	71.3	76.9	82.2	87.2	91.9	96.4	100.7	104.9	108.8	112.6	116.3	119.9	123.3	126.7
140	34.4	43.9	52.2	59.5	66.2	72.4	78.1	83.5	88.6	93.4	98.0	102.4	106.6	110.7	114.6	118.3	122.0	125.5	128.9
145	34.9	44.5	52.9	60.4	67.2	73.5	79.3	84.8	90.0	94.9	99.6	104.1	108.4	112.5	116.5	120.3	124.0	127.6	131.1
150	35.3	45.2	53.6	61.2	68.1	74.5	80.5	86.1	91.3	96.3	101.1	105.7	110.0	114.3	118.3	122.2	126.0	129.7	133.2
155	35.8	45.7	54.4	62.1	69.1	75.6	81.6	87.3	92.6	97.4	102.6	107.2	111.7	116.0	120.1	124.1	127.9	131.7	135.3
160	36.2	46.3	55.1	62.9	70.6	76.6	82.7	88.5	93.9	99.1	104.1	108.8	113.3	117.7	121.9	125.9	129.8	133.6	137.3
165	36.7	46.9	55.7	63.7	70.9	77.6	83.8	89.7	95.2	100.5	105.5	110.3	114.9	119.3	123.6	127.7	131.7	135.6	139.3
170	37.1	47.5	56.4	64.4	71.8	78.5	84.9	90.8	96.4	101.8	106.9	111.8	116.4	120.9	125.3	129.5	133.5	137.5	141.3

14 어떤 방열벽의 열통과율이 0.35W/m² · K이며, 벽 면적은 1,000m²인 냉장고가 외기온도 30℃에서 사용되고 있다. 이 냉장고의 증발기는 열통과율이 29W/m² · K이고 전열면적은 24m²이다. 이 때 각 물음에 답하시오.(단, 이 식품 이외의 냉장고 내 발생열 부하는 무시하며, 증발온도는 −10℃로 한다.)

(1) 냉장고 내 온도가 0℃일 때 외기로부터 방열벽을 통해 침입하는 열량은 몇 kW인가?

(2) 냉장고 내 열전달률 5.8W/m² · K, 전열면적 600m², 온도 10℃인 식품을 보관했을 때 이 식품의 발생열 부하에 의한 고내 온도는 몇 ℃가 되는가?

> **풀이**

(1) 냉장고 내 온도가 0℃일 때 방열벽 침입열량(q)
$q = K \cdot A \cdot \Delta t$
$= 0.35 \times 1,000 \times (30-0) = 10,500 \text{W} = 10.5 \text{kW}$

(2) 식품의 발생열에 의한 고내 온도(t)
① 발생열량(식품, 침입열량)과 냉각열량이 평형이 되는 온도가 고내 온도가 된다.
즉, 증발기 냉각열량(q_1) = 식품발생열량(q_2) + 벽체침입열량(q_3)
② $q = K \cdot A \cdot \Delta t$에 의해
$q_1 = q_2 + q_3$
$k_1 A_1 \Delta t_1 = k_2 A_2 \Delta t_2 + k_3 A_3 \Delta t_3$
$29 \times 24 \times (t-(-10)) = 5.8 \times 600 \times (10-t) + 0.35 \times 1,000 \times (30-t)$
∴ $t = 8.47℃$

부록

각종 선도 및 환산표

[부록 1] 습공기 선도

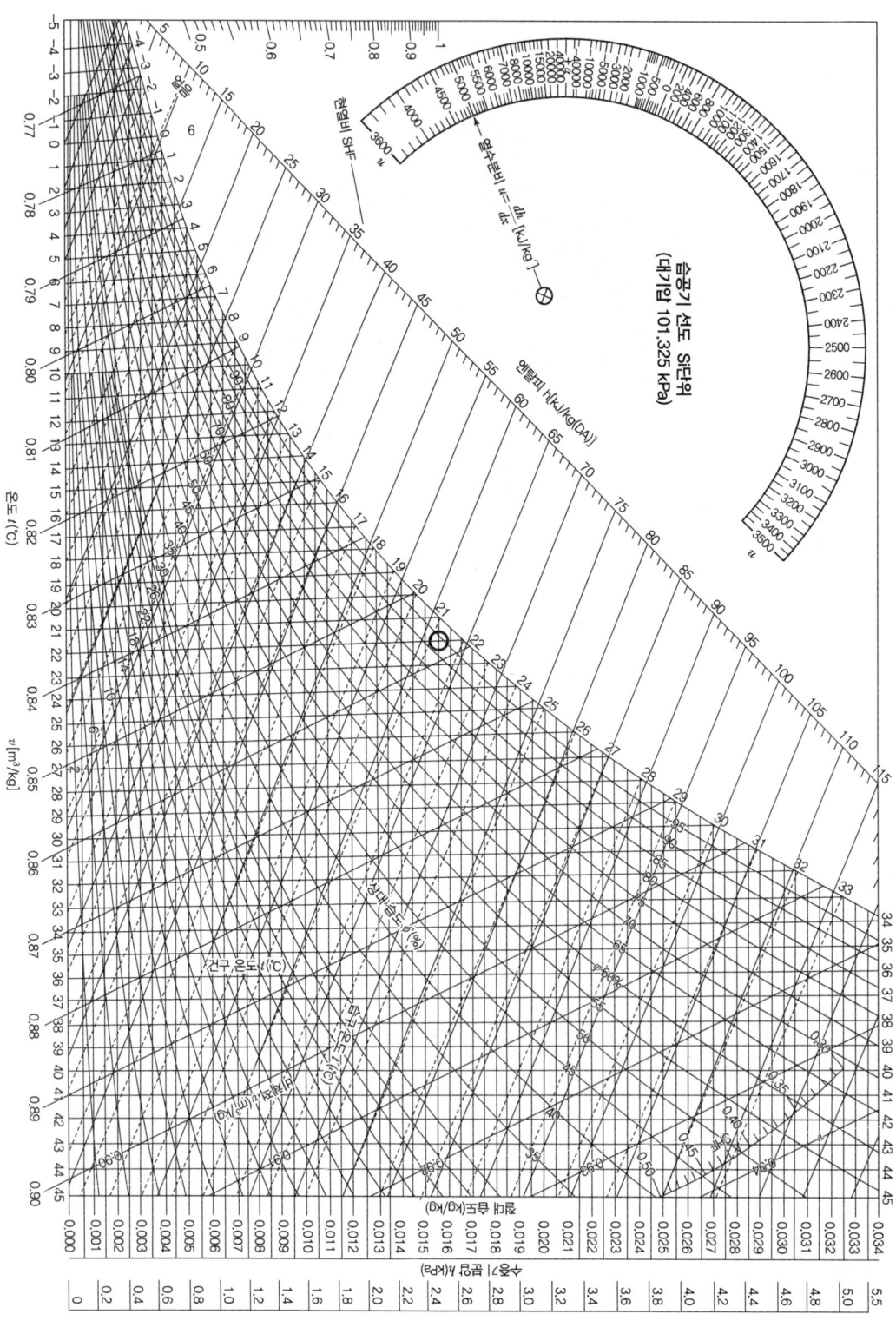

[부록 2] 관경마찰선도[m³/h - Pa]

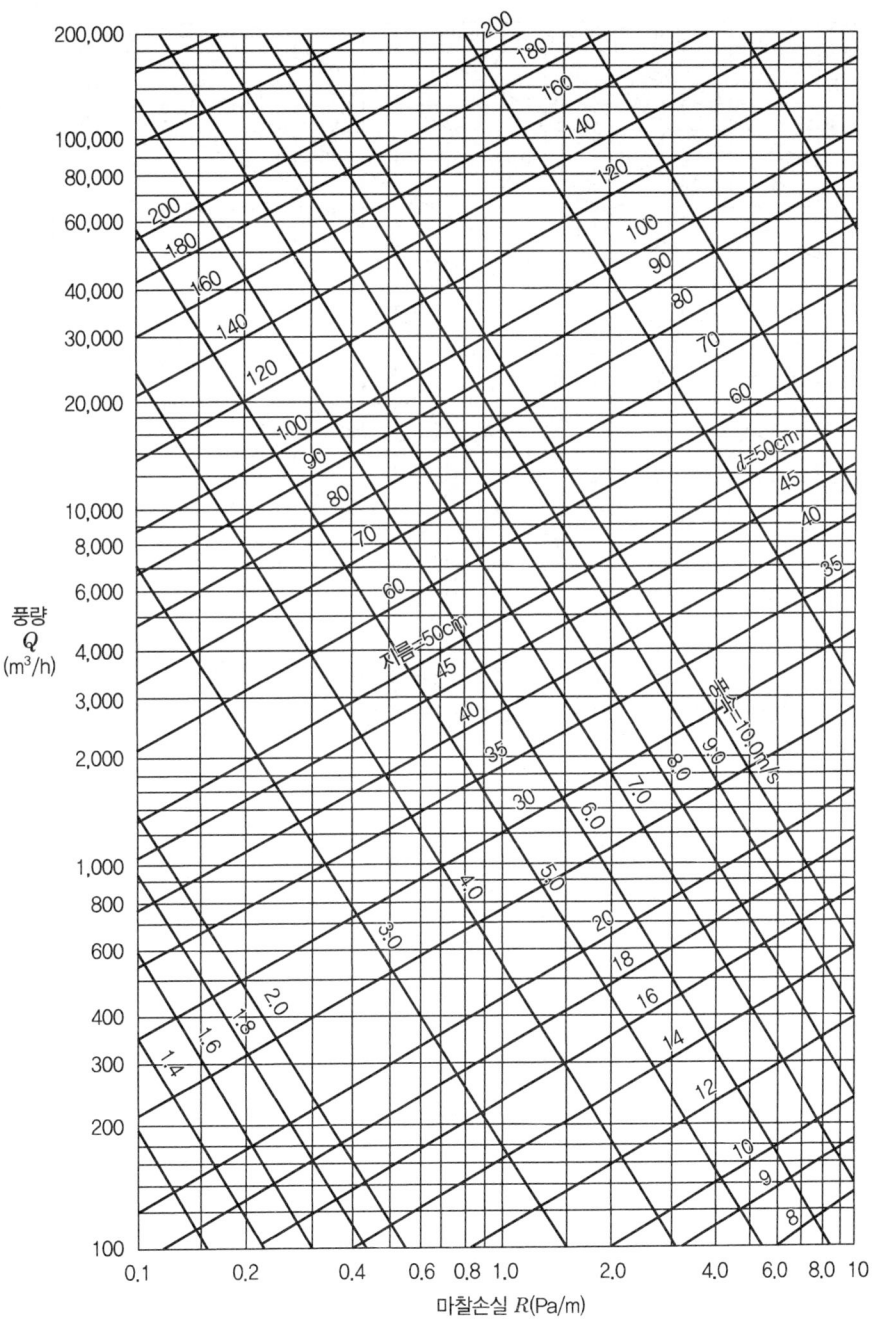

[부록 3] 배관마찰선도[L/min - kPa]

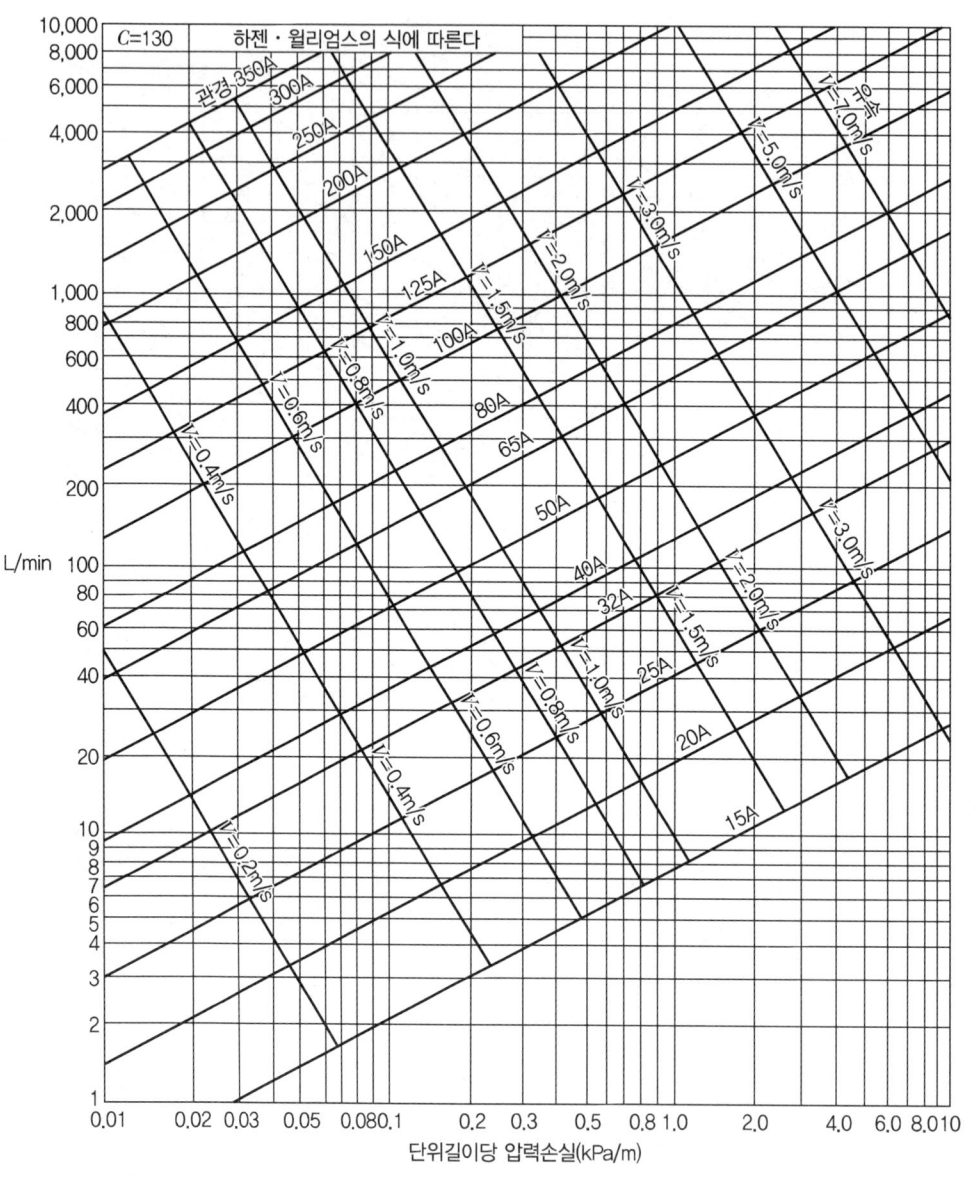

[부록 4] 관경마찰선도[m³/h - mmAq]

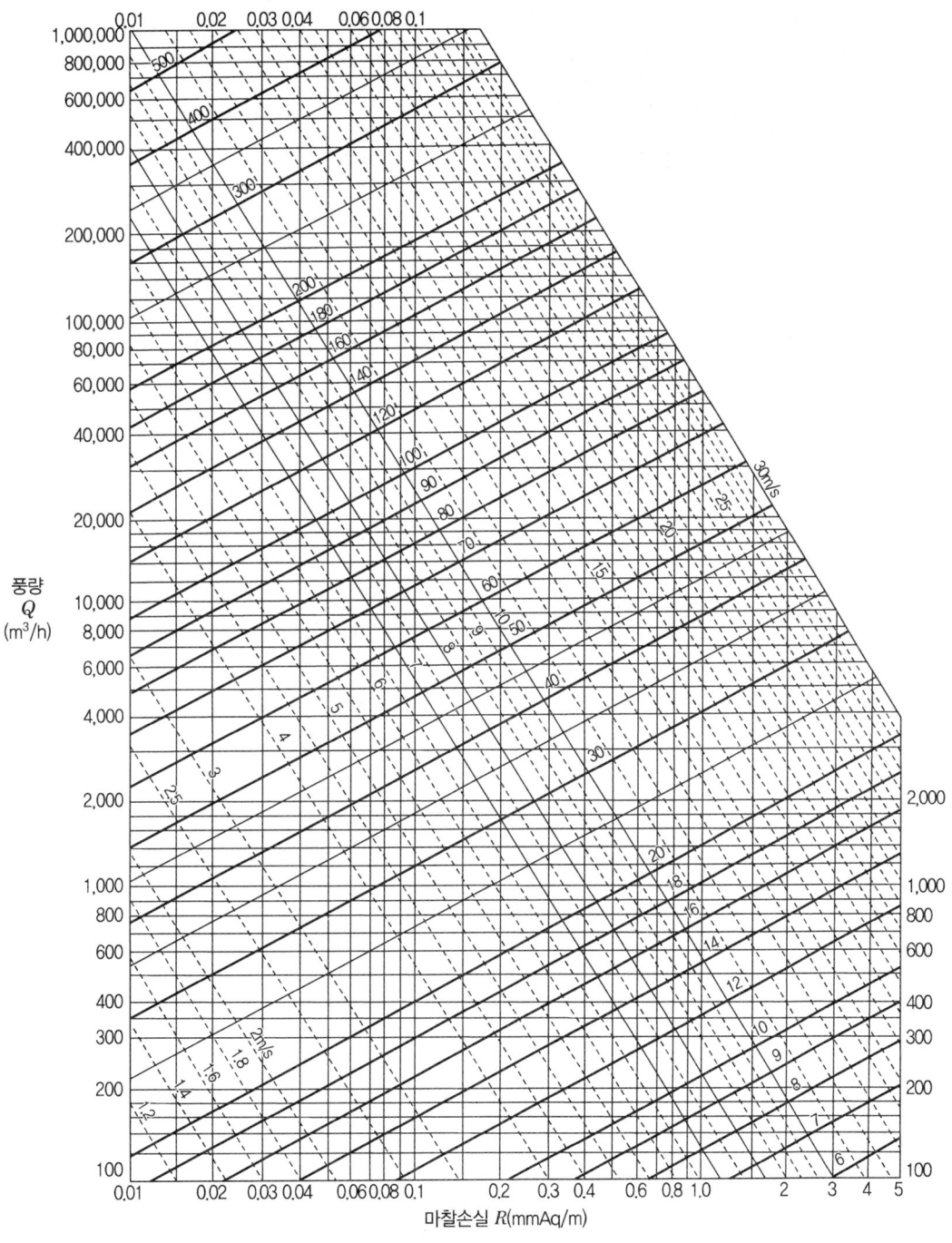

[부록 5] 관경마찰선도[L/min - mmAq]

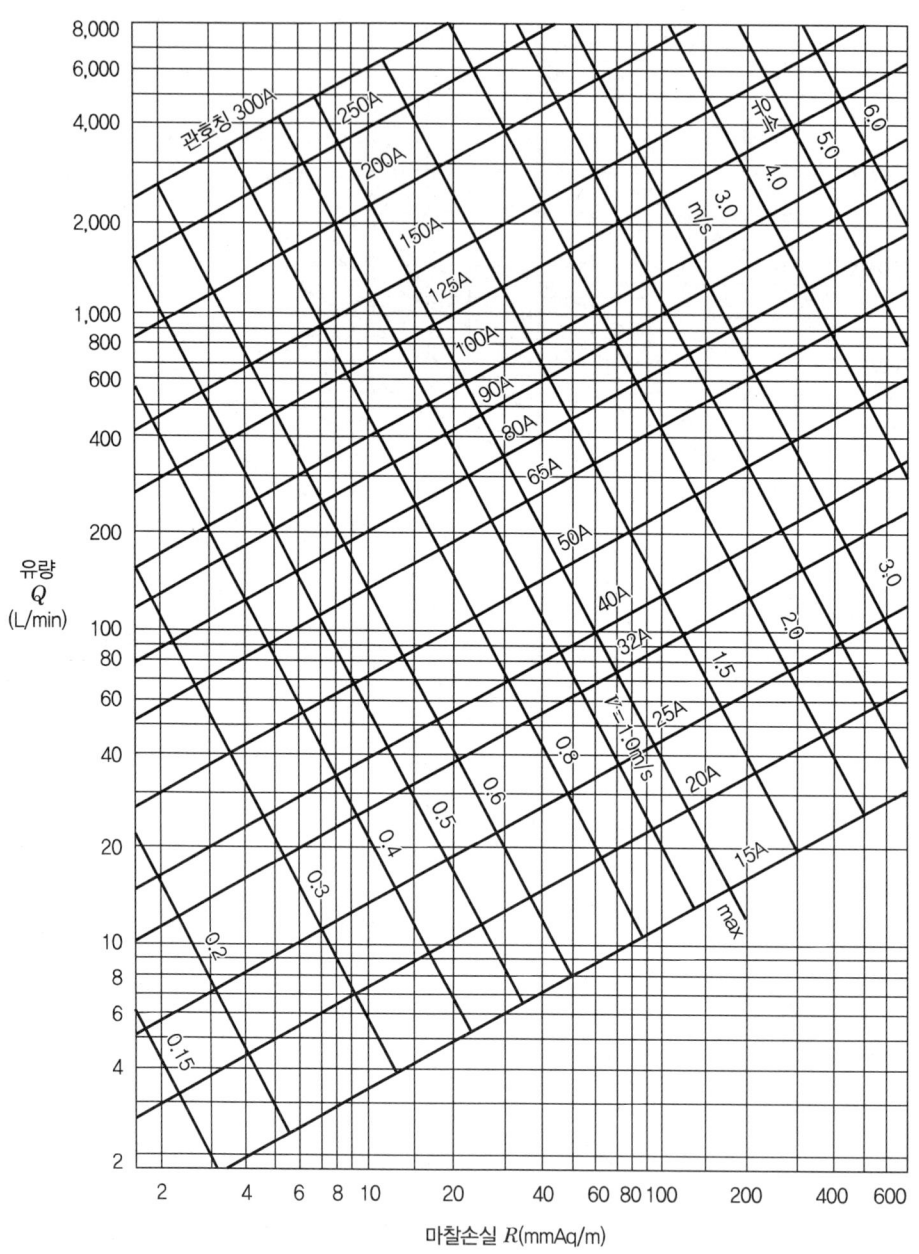

[부록 6] 장방형 덕트와 원형 덕트 환산표

장변\단변	10	15	20	25	30	35	40	45	50	55	60	65	70	75	80	85	90	95	100
10	10.9																		
15	13.3	16.4																	
20	15.2	18.9	21.9																
25	16.9	21.0	24.4	27.3															
30	18.3	22.9	26.6	29.9	32.8														
35	19.5	24.5	28.6	32.2	35.4	38.3													
40	20.7	26.0	30.5	34.3	37.8	40.9	43.7												
45	21.7	27.4	32.1	36.3	40.0	43.3	46.4	49.2											
50	22.7	28.7	33.7	38.1	42.0	45.6	48.8	51.8	54.7										
55	23.6	29.9	35.1	39.8	43.9	47.7	51.1	54.3	57.3	60.1									
60	24.5	31.0	36.5	41.4	45.7	49.6	53.3	56.7	59.8	62.8	65.6								
65	25.3	32.1	37.8	42.9	47.4	51.5	55.3	58.9	62.2	65.3	68.3	71.1							
70	26.1	33.1	39.1	44.3	49.0	53.3	57.3	61.0	64.4	67.7	70.8	73.7	76.5						
75	26.8	34.1	40.2	45.7	50.6	55.0	59.2	63.0	66.6	69.7	73.2	76.3	79.2	82.0					
80	27.5	35.0	41.4	47.0	52.0	56.7	60.9	64.9	68.7	72.2	75.5	78.7	81.8	84.7	87.5				
85	28.2	35.9	42.4	48.2	53.4	58.2	62.6	66.8	70.6	74.3	77.8	81.1	84.2	87.2	90.1	92.9			
90	28.9	36.7	43.5	49.4	54.8	59.7	64.2	68.6	72.6	76.3	79.9	83.3	86.6	89.7	92.7	95.6	198.4		
95	29.5	37.5	44.5	50.6	56.1	61.1	65.9	70.3	74.4	78.3	82.0	85.5	88.9	92.1	95.2	98.2	101.1	103.9	
100	30.1	38.4	45.4	51.7	57.4	62.6	67.4	71.9	76.2	80.2	84.0	87.6	91.1	94.4	97.6	100.7	103.7	106.5	109.3
105	30.7	39.1	46.4	52.8	58.6	64.0	68.9	73.5	77.8	82.0	85.9	89.7	93.2	96.7	100.0	103.1	106.2	109.1	112.0
110	31.3	39.9	47.3	53.8	59.8	65.2	70.3	75.1	79.6	83.8	87.8	91.6	95.3	98.8	102.2	105.5	108.6	111.7	114.6
115	31.8	40.6	48.1	54.8	60.9	66.5	71.7	76.6	81.2	85.5	89.6	93.6	97.3	100.9	104.4	107.8	111.0	114.1	117.2
120	32.4	41.3	49.0	55.8	62.0	67.7	73.1	78.0	82.7	87.2	91.4	95.4	99.3	103.0	106.6	110.0	113.3	116.5	119.6
125	32.9	42.0	49.9	56.8	63.1	68.9	74.4	79.5	84.3	88.8	93.1	97.3	101.2	105.0	108.6	112.2	115.6	118.8	122.0
130	33.4	42.6	50.6	57.5	64.2	70.1	75.7	80.8	85.7	90.4	94.8	99.0	103.1	106.9	110.7	114.3	117.7	121.1	124.4
135	33.9	43.3	51.4	58.6	65.2	71.3	76.9	82.2	87.2	91.9	96.4	100.7	104.9	108.8	112.6	116.3	119.9	123.3	126.7
140	34.4	43.9	52.2	59.5	66.2	72.4	78.1	83.5	88.6	93.4	98.0	102.4	106.6	110.7	114.6	118.3	122.0	125.5	128.9
145	34.9	44.5	52.9	60.4	67.2	73.5	79.3	84.8	90.0	94.9	99.6	104.1	108.4	112.5	116.5	120.3	124.0	127.6	131.1
150	35.3	45.2	53.6	61.2	68.1	74.5	80.5	86.1	91.3	96.3	101.1	105.7	110.0	114.3	118.3	122.2	126.0	129.7	133.2
155	35.8	45.7	54.4	62.1	69.1	75.6	81.6	87.3	92.6	97.4	102.6	107.2	111.7	116.0	120.1	124.1	127.9	131.7	135.3
160	36.2	46.3	55.1	62.9	70.6	76.6	82.7	88.5	93.9	99.1	104.1	108.8	113.3	117.7	121.9	125.9	129.8	133.6	137.3
165	36.7	46.9	55.7	63.7	70.9	77.6	83.8	89.7	95.2	100.5	105.5	110.3	114.9	119.3	123.6	127.7	131.7	135.6	139.3
170	37.1	47.5	56.4	64.4	71.8	78.5	84.9	90.8	96.4	101.8	106.9	111.8	116.4	120.9	125.3	129.5	133.5	137.5	141.3

이 석 훈

한양대학교 졸업/서울대학교 대학원 석사과정 졸업
공조냉동기계기술사/건축기계설비기술사
건축물에너지평가사/건축시공기술사
국제기술사/APEC Engineer
한국기술사회 정회원/대한설비공학회 정회원
JS기술사사무소 대표

공조냉동기계기사 실기

발행일	2024. 1. 10	초판발행
	2025. 1. 10	개정 1판 1쇄
	2025. 6. 20	개정 1판 2쇄

저 자 | 이석훈
발행인 | 정용수
발행처 | 예문사

주 소 | 경기도 파주시 직지길 460(출판도시) 도서출판 예문사
T E L | 031) 955-0550
F A X | 031) 955-0660
등록번호 | 11-76호

- 이 책의 어느 부분도 저작권자나 발행인의 승인 없이 무단 복제하여 이용할 수 없습니다.
- 파본 및 낙장은 구입하신 서점에서 교환하여 드립니다.
- 예문사 홈페이지 http://www.yeamoonsa.com

정가 : 32,000원

ISBN 978-89-274-5635-3 13550